Word/Excel/PPT 2019应用大全

（视频教学版）

徐宁生　韦余靖　编著

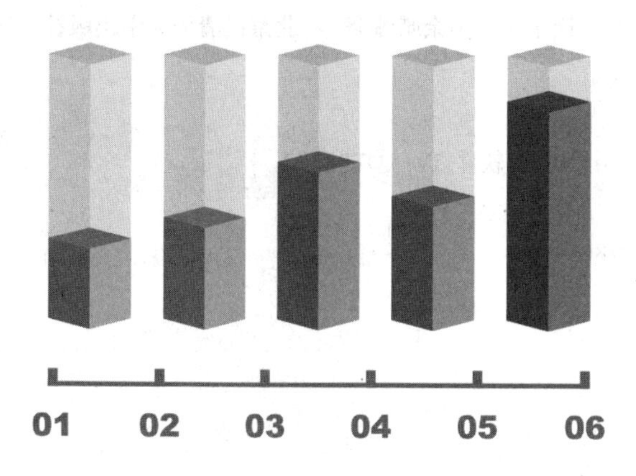

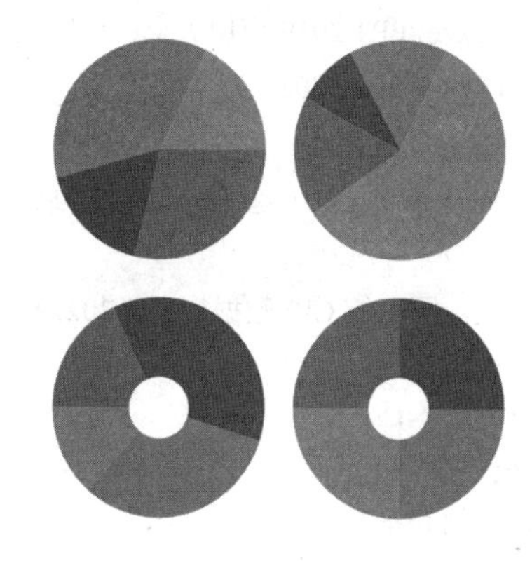

清華大学出版社
北　京

内 容 简 介

《Word/Excel/PPT 2019 应用大全：视频教学版》由 Office 资深培训讲师编写，通过对 Word、Excel、PPT 2019 基础知识的介绍，再结合大量的实际操作范例进行讲解，让读者“学”与“用”完美结合收到事半功倍的效果。

全书共分 16 章，分别介绍 Office 2019 基础知识、Office 文档的基本操作、Word 文本输入与编辑、文字的格式设置、文档的排版、文档的图文混排、文档页面设置及打印、工作表及单元格的基本操作、表格数据的管理与分析、表格数据的计算、编辑 Excel 图表、幻灯片新建及整体布局、图文混排型幻灯片的编排、多媒体应用及动画效果实现，演示文稿的放映及输出、以及 Microsoft 365 云办公等内容。

本书读者定位于 Word、Excel、PPT 2019 初学者和有一定经验的办公人员，适合不同年龄段的公司行政与文秘人员、HR 人员、管理人员、商务人员等相关人员学习和参考，也可作为大中专院校和各种电脑培训班的财务管理教材。

图书在版编目（CIP）数据

Word/Excel/PPT 2019 应用大全：视频教学版 / 徐宁生，韦余靖编著. – 北京：清华大学出版社，2021.6
ISBN 978-7-302-58029-4

I. ①W… II. ①徐… ②韦… III. ①办公自动化－应用软件 IV. ①TP317.1

中国版本图书馆 CIP 数据核字（2021）第 078619 号

责任编辑：王金柱
封面设计：王　翔
责任校对：闫秀华
责任印制：宋　林

出版发行：清华大学出版社
网　　址：http://www.tup.com.cn，http://www.wqbook.com
地　　址：北京清华大学学研大厦 A 座　　**邮　　编：**100084
社 总 机：010-62770175　　**邮　　购：**010-62786544
投稿与读者服务：010-62776969，c-service@tup.tsinghua.edu.cn
质量反馈：010-62772015，zhiliang@tup.tsinghua.edu.cn
印 装 者：三河市铭诚印务有限公司
经　　销：全国新华书店
开　　本：190mm×260mm　　**印　　张：**29.75　　**字　　数：**762 千字
版　　次：2021 年 6 月第 1 版　　**印　　次：**2021 年 6 月第 1 次印刷
定　　价：109.00 元

产品编号：089868-01

前　言

如今，绝大多数公司在招聘新员工时强调应聘者需具备熟练操作办公软件的能力。在这个注重效率的职场中，在尽可能使用简便工具实现工作目标的时代背景下，Office 演变成人们展示自我、获得职业发展的一大利器，Word、Excel 与 PPT 更是职场人员必须掌握的办公工具。

作为多年从事职场技能培训的一线讲师，我们发现培训的群体越来越趋向职场精英，而且数量明显呈上升趋势。这些精英人士在工作中非常努力、干劲十足、升职也快，当然自身的不足也慢慢呈现出来，职场充电势在必行。无论你是职场新人，还是职场精英，学习新知识要讲究方法，正确的学习方法能使人快速进步；反之会使人止步不前，甚至失去学习的兴趣，所以学习方法很重要。带着问题学习、有明确目的学习，其效果会事半功倍。

- ✧ “Office 软件经常听人提起，但它们都是干什么用的？都有什么功能？”
- ✧ “有没有轻松简便的方法？不想拿起一本书就看不进去！”
- ✧ “应该学些什么？如何立即解决我现在遇到的问题？”
- ✧ “这些数据好麻烦，怎样可以避免重复，实现自动化操作？”
- ✧ “那些复杂的图表和表格如何制作？”
- ✧ “这个 PPT 设计的太棒了，我什么时候也能制作出这样的作品？”

本书为了便于读者更好地学习和使用，具体写作时突出如下的特点：

- ✧ 采用真实职场数据：本书由职场培训团队策划与编写，所有写作范例的素材都选用真实的工作数据。这样读者可以即学即用，又可获得宝贵的行业专家的真实操作经验。
- ✧ 全程图解讲解细致：详细步骤+图解方式，让读者掌握更加直观、更加符合现在快节奏的学习方式。
- ✧ 突出重点解疑排惑：本书内容讲解过程中，遇到重点知识和问题时会以“提示”“知识扩展”等形式进行突出讲解。让读者不会因为某处的讲解不明了、不理解而产生疑惑，而是让读者能彻底读懂、看懂，这样让读者少走弯路。
- ✧ 触类旁通直达本质：日常工作的问题可能很多，逐一列举问题既繁杂也无必要。本书注意选择一类问题，给出思路、方法和应用扩展，方便读者触类旁通。
- ✧ 手机即扫即看教学视频：为了全面提高学习效率，让读者像在课堂上听课一样轻松掌握，我们全程录制本书的教学视频。读者只需要打开手机扫描书中的二维码，即可看到该处的知识点教学视频，认真看完后，根据书中的素材和讲解步骤能快速完成该知识点的学习与实操。

本书定位于 Word、Excel、PPT 2019 初学者和有一定经验的办公人员，适合不同年龄段的公司行政与文秘人员、HR 人员、管理人员、商务人员等相关人员学习和参考，也可作为大中专院校和各种电脑培训班的财务管理教材。

源文件下载

本书所有示例文件和赠送的电子书（书中部分章节的内容以 PDF 方式提供）必须扫描下方的二维码获得。如果有疑问，请联系 booksaga@126.com，邮件主题为“Word/Excel/PPT 2019 应用大全：视频教学版”。

全稿数据源

赠送第 17-19 章

编　者

2021 年 2 月

目 录

第 1 章
初识 Office 2019

学习导读

本章将会介绍启动和创建 Office 2019 快捷方式的技巧，了解 Office 2019 功能区可以帮助我们更好地应用程序达到想要的操作结果，对于经常使用的工具按钮，可以将其添加到“快速访问工具栏”中。

学习要点

- 启动 Office 2019
- 学习 Office 2019 功能区
- Office 2019 快速访问工具栏的创建技巧

1.1 快速启动程序

Office 2019 需要安装在 Windows 10 系统中，当计算机中安装了 Office 软件后，在“开始”菜单中可以看到所有安装的 Office 软件，单击即可启动程序。下面以启动 Word 程序为例进行介绍。

1.1.1 启动程序

在桌面上单击左下角的“开始”按钮，在展开的菜单中单击“Word”命令（见图 1-1），即可启用 Microsoft Word 2019 程序。

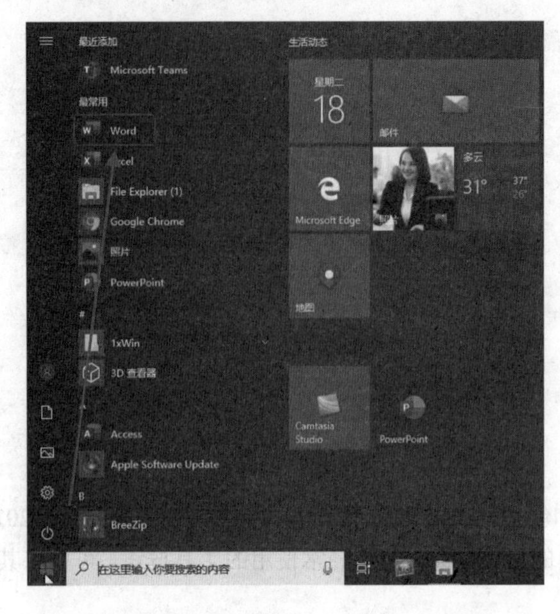

图 1-1

1.1.2 在桌面上创建 Microsoft Office 程序的快捷方式

Office 程序是日常办公必备软件，因此为了使用方便，可以创建 Office 程序的快捷方式到桌面上，这样以后要启动程序时，在桌面上双击即可。下面以发送 Word 2019 程序到桌面上为例介绍操作方法。

打开安装 Word 所在文件夹。将鼠标指向“Word”图标并右击，在弹出的快捷菜单中依次单击“发送到”→“桌面快捷方式”命令（见图 1-2），即可桌面上创建“Microsoft Word 2019”的快捷方式，如图 1-3 所示。

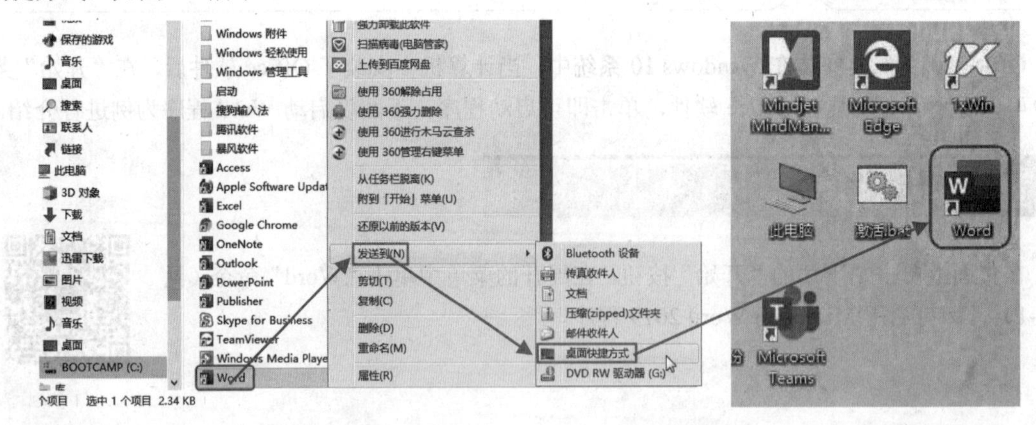

图 1-2　　　　图 1-3

1.2 了解 Office 2019 的功能区

要想使用 Office 2019，首先需要了解 Office 2019 的功能区。Office 2019 的功能区与过去版本相比其可视效果更好一些，同时也有一些新增的功能按钮。这里我们以 Word 2019 为例介绍各主要功能区。

1.2.1 认识 Office 2019 的功能区

功能区位于 Office 屏幕顶端的带状区域，它包含了用户使用 Office 程序时需要的几乎所有功能。例如 Word 2019 有“文件”“开始”“插入”“设计”“布局”“引用”“邮件”“审阅”“视图”9 个功能选项卡，如图 1-4 所示。

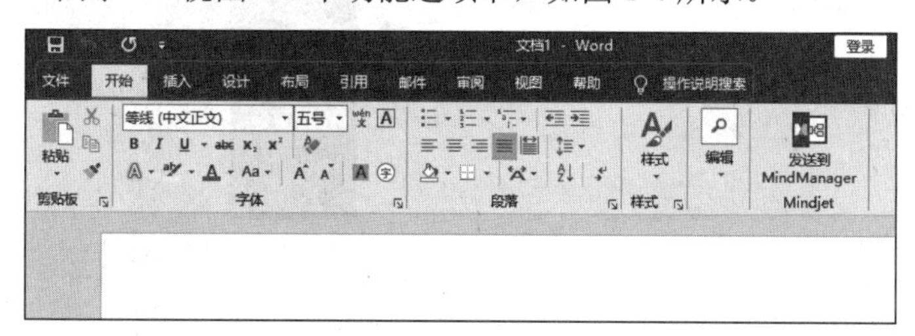

图 1-4

- “开始”选项卡：包括剪贴板、字体、段落、样式和编辑 5 个选项组，主要用于帮助用户对 Word 2019 文档进行文字编辑和格式设置，是用户常用的选项卡。
- “插入”选项卡：包括页面、表格、插图、图标、3D 模型、应用程序、媒体、链接、批注、页眉和页脚、文本和符号几个组，主要用于在 Word 2019 文档中插入各种元素。
- “设计”选项卡：包括文档格式和页面背景两个组，主要用于文档的格式以及背景设置。
- “布局”选项卡：包括页面设置、稿纸、段落和排列四个组，主要用于帮助用户设置 Word 2019 文档页面样式。
- “引用”选项卡：包括目录、脚注、引文与书目、题注、索引和引文目录几个选项组，主要用于实现在 Word 2019 文档中插入目录等比较高级的功能。
- “邮件”选项卡：包括创建、开始邮件合并、编写和插入域、预览结果和完成几个选项组，该选项卡的作用比较专一，专门用于在 Word 2019 文档中进行邮件合并方面的操作。
- “审阅”选项卡：包括校对、语言、中文简繁转换、批注、修订、更改、比较和保护几个选项组，主要用于对 Word 2019 文档进行校对和修订等操作，适用于多人协作处理 Word 2019 长文档。
- “视图”选项卡：包括文档视图、显示、显示比例、窗口和宏几个选项组，主要用于帮助用户设置 Word 2019 操作窗口的视图类型，以方便操作。比如垂直对比文档、在任意文档之间切换窗口、以及启用文档导航窗格等。

1.2.2 查看“文件”选项卡

“文件”选项卡代替了 Office 2007 版的 Office 按钮，如图 1-5 所示。单击“文件”选项卡，展开列表，列表中提供了“信息”“新建”“打开”“保存”“打印”等标签，如图 1-6 所示。单击不同标签时，右侧面板中会展开相应的设置项。

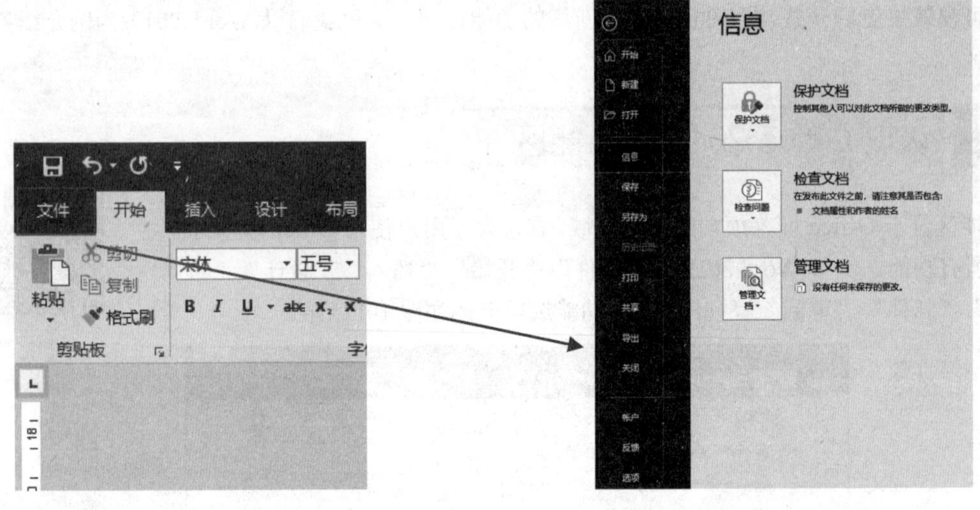

图 1-5　　　　图 1-6

如果要新建文档，则依次单击“文件”→“新建”标签，在右侧的窗口中选择文档的模板类型，单击即可创建相应的文档，如图 1-7 所示。例如单击“空白文档”选项，即可新建空白文档。

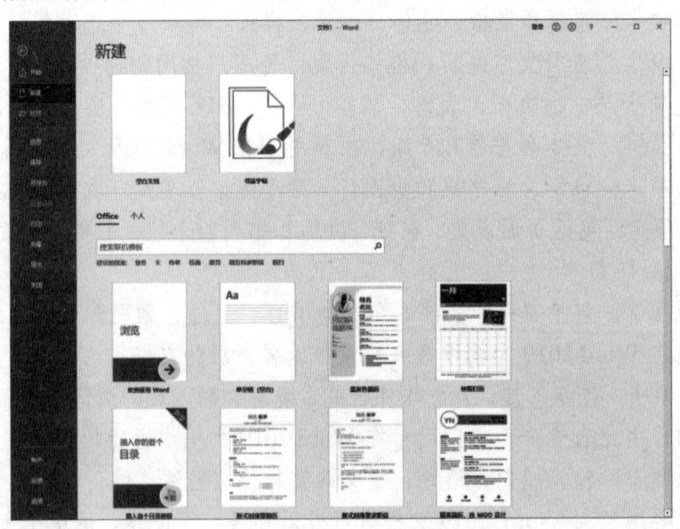

图 1-7

单击“文件”→“打印”标签，在右侧的窗口中可对当前文档的打印操作进行设置，如图 1-8 所示。

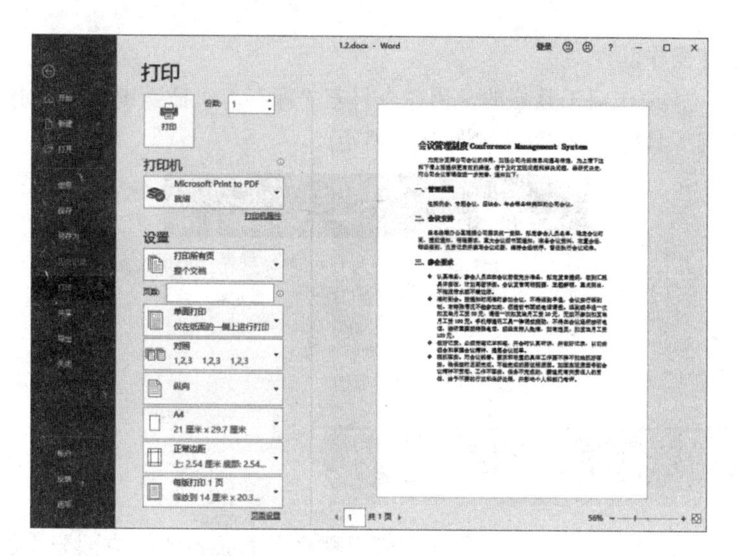

图 1-8

除此之外，“文件”选项卡中，还有“打开”“保存”“另存为”等标签按钮，单击即可执行相应的操作。

另外，“选项”命令是一个特殊项。单击“选项”标签，打开“Word 选项”对话框，如图 1-9 所示。一般对于程序的一些默认属性的修改、个性化设置等可以在此进行操作。在后面的章节中会穿插讲解一些实用的设置，读者也可以自己打开对话框逐一切换左侧的选项，在右侧可以进一步查看有哪些实用设置，一般都是复选框式的选项，操作起来非常方便。

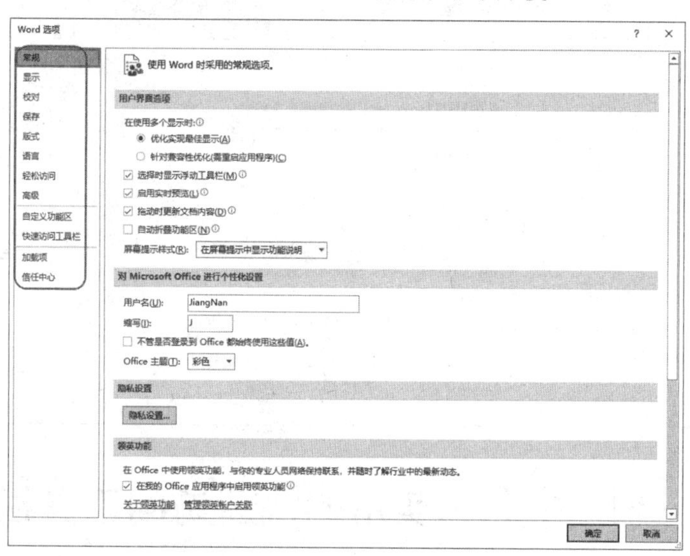

图 1-9

1.2.3 查看快速访问工具栏

Word 2019 快速访问工具栏位于操作界面左上角，我们可以将常用的命令放在

这里，可以实现快速操作。

在默认设置中，快速访问工具栏的常用命令只有“保存”“撤销键入”“重复键入”三项以及“自定义快速访问工具栏” 按钮，如图 1-10 所示。

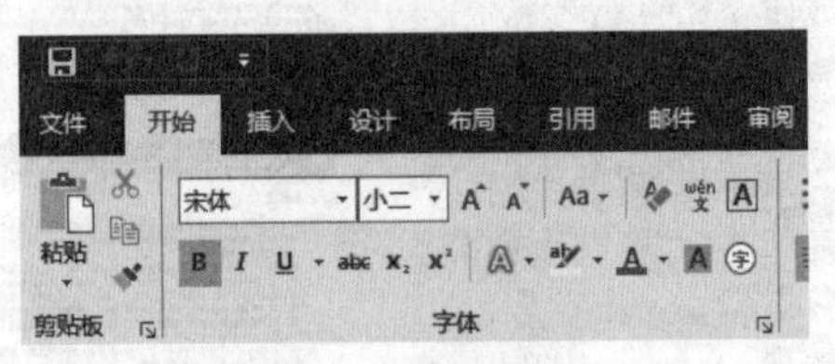

图 1-10

1.2.4 查看标题栏和状态栏

标题栏和状态栏是 Windows 操作系统下应用程序界面必备的组成部分，在 Office 2019 中仍得以保留。

标题栏位于程序界面的顶端，用于显示当前应用程序的名称和正在编辑的文档名称。标题栏右侧有 4 个控制按钮，分别是“功能区显示选项”按钮，以及程序窗口的最小化、最大化（或还原）和关闭按钮，如图 1-11 所示。

状态栏位于 Office 2019 应用程序窗口的最底部，通常会显示页码以及字数统计等。

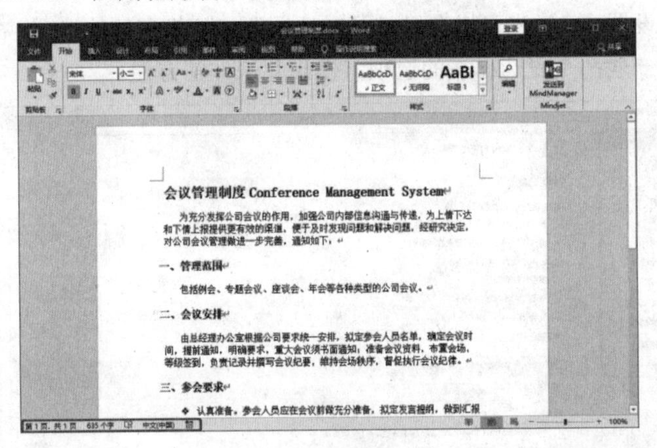

图 1-11

1.3 实用的快速访问工具栏

如果有些功能按钮在操作文档时要频繁使用，我们可以将它放置到快速访问工具栏中。快速访问工具栏位于程序窗口的左上角位置。

1.3.1 增删快速访问工具栏中的快捷按钮

将常用的功能命令按钮添加到快速访问工具栏中，就可以实现一键操作。例如当我们要新建文档时，正常的操作需要单击“文件”→“新建”→“空白文档”按钮，才能新建文档。如果将“新建”功能添加到快速访问工具栏中，则可以单击此按钮就迅速新建文档。

❶ 单击“自定义快速访问工具栏”下拉按钮，展开下拉菜单，如要添加“新建”命令，则单击“新建”命令（见图 1-12），即可将该命令添加到快速访问工具栏中，如图 1-13 所示。

❷ 对于已经添加到快速访问工具栏中的命令，其左侧会出现“√”符号，如果要将某个命令从快速访问工具栏中删除（如删除“新建”命令），那么依次单击“自定义快速访问工具栏”→“新建”命令（见图 1-14）即可。

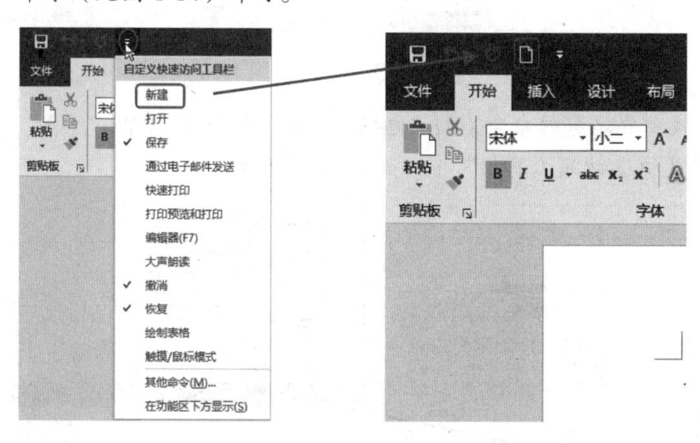

图 1-12　　图 1-13

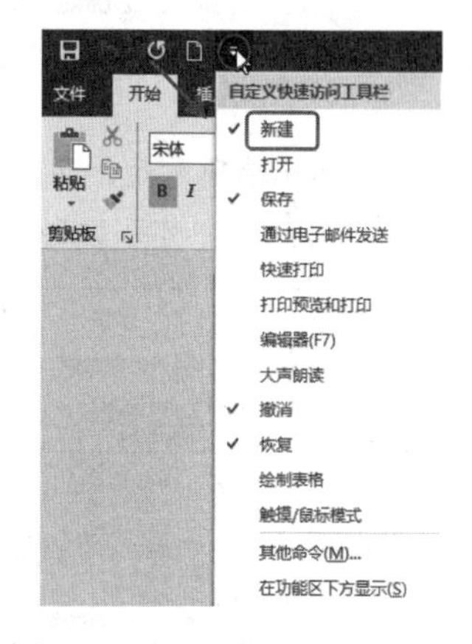

图 1-14

如果只是添加“自定义快速访问工具栏”下拉菜单中的命令到快速访问工具栏中，操作很容易，只要勾选即可。但是要将其他不常用的命令添加到快速访问工具栏中，则需要打开“Word 选项”对话框进行操作。

❶ 单击“自定义快速访问工具栏”下拉按钮，展开下拉菜单，单击“其他命令”命令（见图 1-15），打开“Word 选项”对话框。

❷ 在“从下列位置选择命令”列表框中可以选择要添加的是哪个选项卡中的命令，这样可以缩小查找范围（比如本例是“开始”选项卡），如图 1-16 所示。

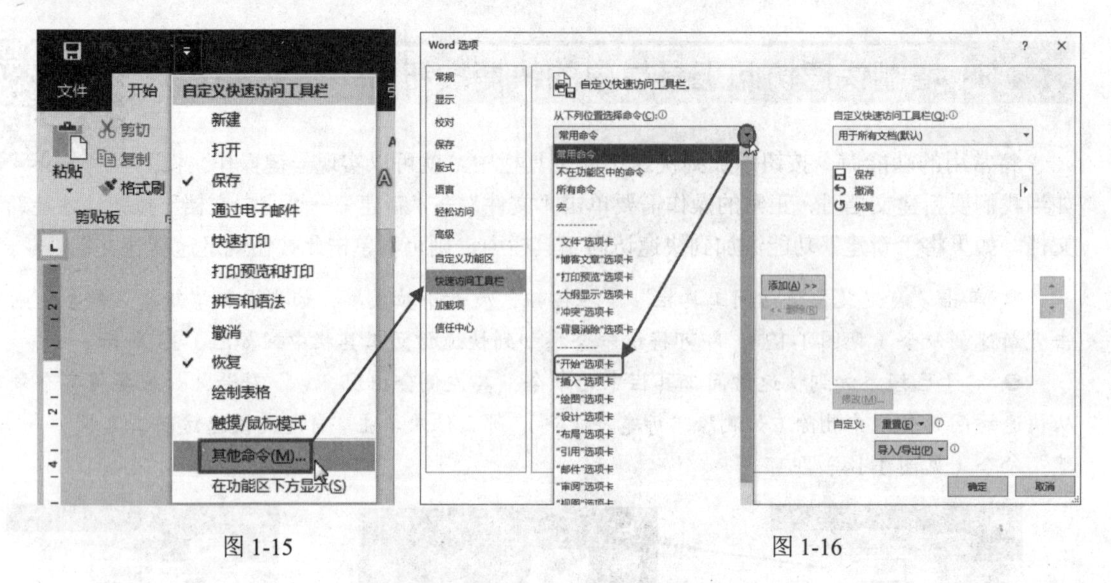

图 1-15　　　　　　　　　　　　图 1-16

❸ 选择选项卡后，在列表中找到要添加的命令（如“边框和底纹”命令），单击“添加”按钮（见图 1-17），即可添加到“自定义快速访问工具栏”中，如图 1-18 所示。

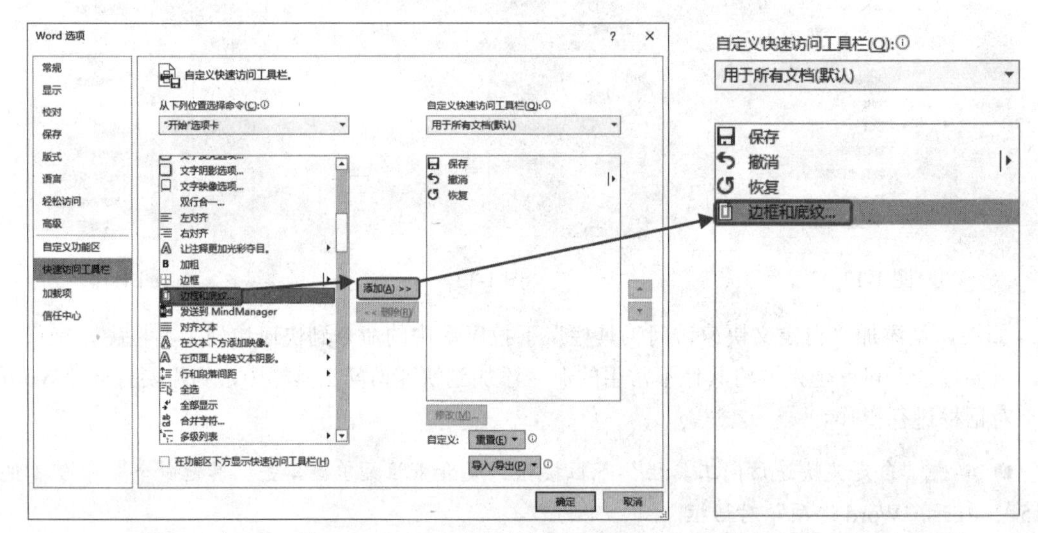

图 1-17　　　　　　　　　　　　图 1-18

❹ 单击“确定”按钮返回到文档中，即可在快速访问工具栏中看到所添加的“边框与底纹”快捷按钮，如图 1-19 所示。

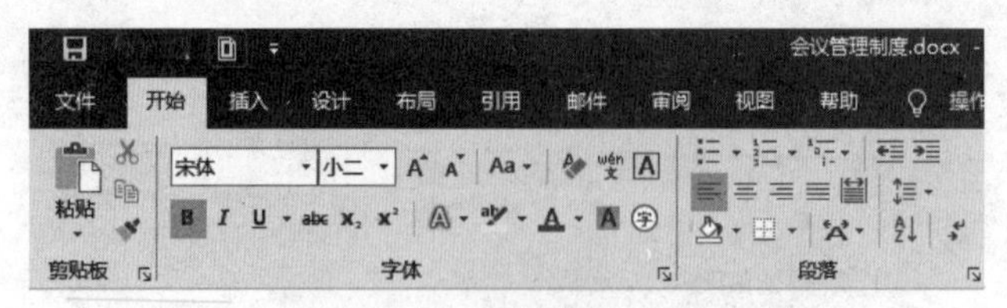

图 1-19

1.3.2 改变快速访问工具栏的位置

快速访问工具栏的默认位置是在功能区的上方，用户也可以根据习惯，将快速访问工具栏调整到功能区的下方，具体操作如下。

单击“自定义快速访问工具栏”按钮，展开下拉菜单，单击“在功能区下方显示”命令（见图 1-20），即可调整快速访问工具栏的位置，如图 1-21 所示。

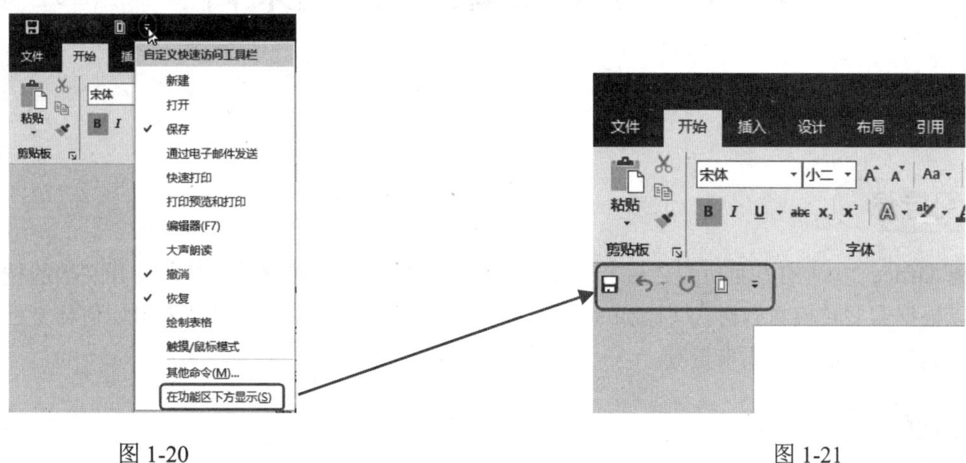

图 1-20　　　　图 1-21

当快速访问工具栏位于功能区的下方时，单击“自定义快速访问工具栏”下拉按钮，单击下拉菜单中的“在功能区上方显示”命令，即可还原快速访问工具栏的位置。

第 2 章
Office 文档的基本操作

学习导读

了解 Office 2019 的界面功能之后，可以根据本章的学习了解创建、保存、打开文档的技巧。用户可以根据需要转换文档格式（比如 Web 页面、PDF 或 XPS 格式），以及学习如何将文档页面显示效果调整至合适的形式来查看。

学习要点

- 新建和保存文档
- 打开 Office 2019 文档的方式
- 文档格式的转换技巧
- 文档窗口的操作（缩放、显示目录、拆分冻结窗格、并排查看文档）

2.1 新建 Office 2019 文档

要想使用程序编辑文档，首先必须创建文档，通常我们在启动程序时就已经创建了一个文档，如 Word 文档或 Excel 工作簿。除此之外，还可以有其他几种方法创建新文档。下面以创建 Word 文档为例介绍操作步骤。

2.1.1 新建空白文档

❶ 首先进入的是启动界面，界面右侧显示的是最近使用的文件列表（见图 2-1），在右侧单击“新建空白文档”，即可新建空白文档，如图 2-2 所示。

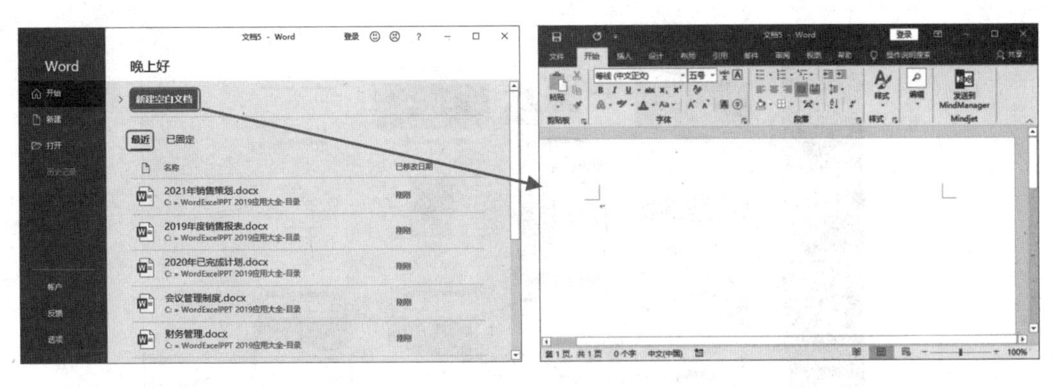

图 2-1　　　　　　　　　　图 2-2

❷ 如果已经启动了 Word 程序后又想再创建一个新文档，则可以在程序界面上单击“文件”选项卡，如图 2-3 所示。

❸ 单击“新建”标签，然后在界面右侧单击“空白文档”（见图 2-4），即可创建新文档。

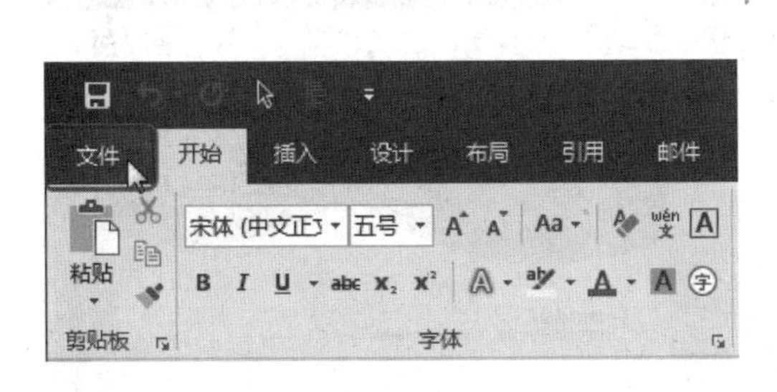

图 2-3

图 2-4

2.1.2 新建基于模板的文档

模板文档是指可以直接套用从而省去多项设置的一项功能。Office 中的 Word、Excel、PowerPoint 软件都提供了一些模板，用户可以基于这些模板来创建新文档，创建后的文档已具备相应的格式，可以节约实际操作中的一些步骤。下面以 Word 软件为例介绍应用模板文档的操作步骤。

❶ 单击“文件”选项卡（见图 2-5），打开 Word 面板。

❷ 单击“新建”标签，然后在界面右侧通过拖动滚动条，查找并选择需要的模板，如图 2-6 所示。

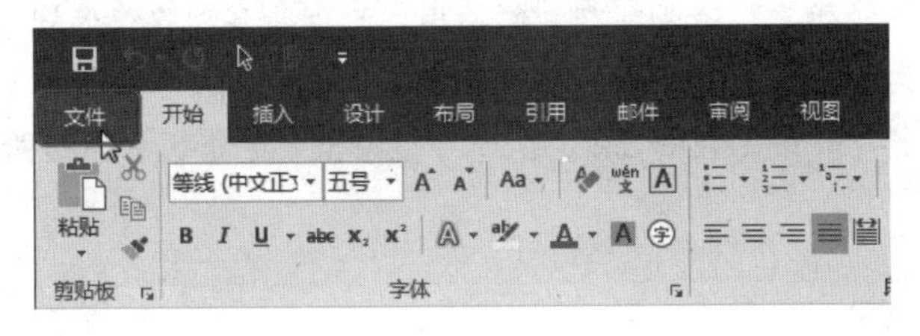

图 2-5

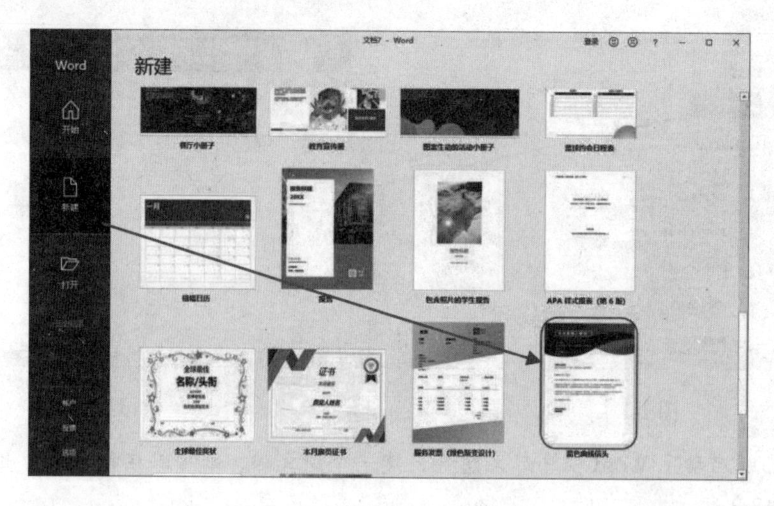

图 2-6

❸ 单击需要下载的模板图标后，会弹出如图 2-7 所示的提示框，单击“创建”按钮即可完成模板文档的创建，效果如图 2-8 所示。

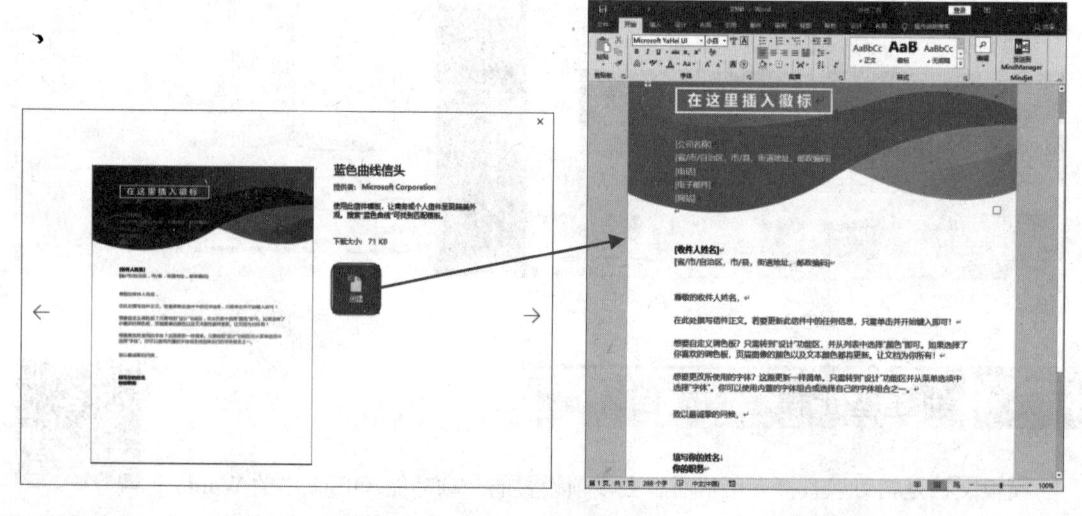

图 2-7　　　　图 2-8

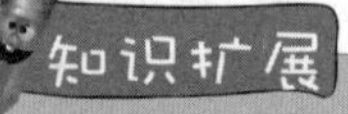

搜索其他模板

如果所需的模板比较具有针对性，则可以采用搜索联机模板的方法。

单击“文件”→“新建”命令，在右侧面板中可以看到“建议的搜索”中有几个标签，可以单击它们来搜索模板，也可以自定义在搜索文本框中输入要查找模板的关键字，如“工作报告”，然后单击🔍按钮（见图 2-9），即可搜索出“工作报告”相关的模板，如图 2-10 所示。

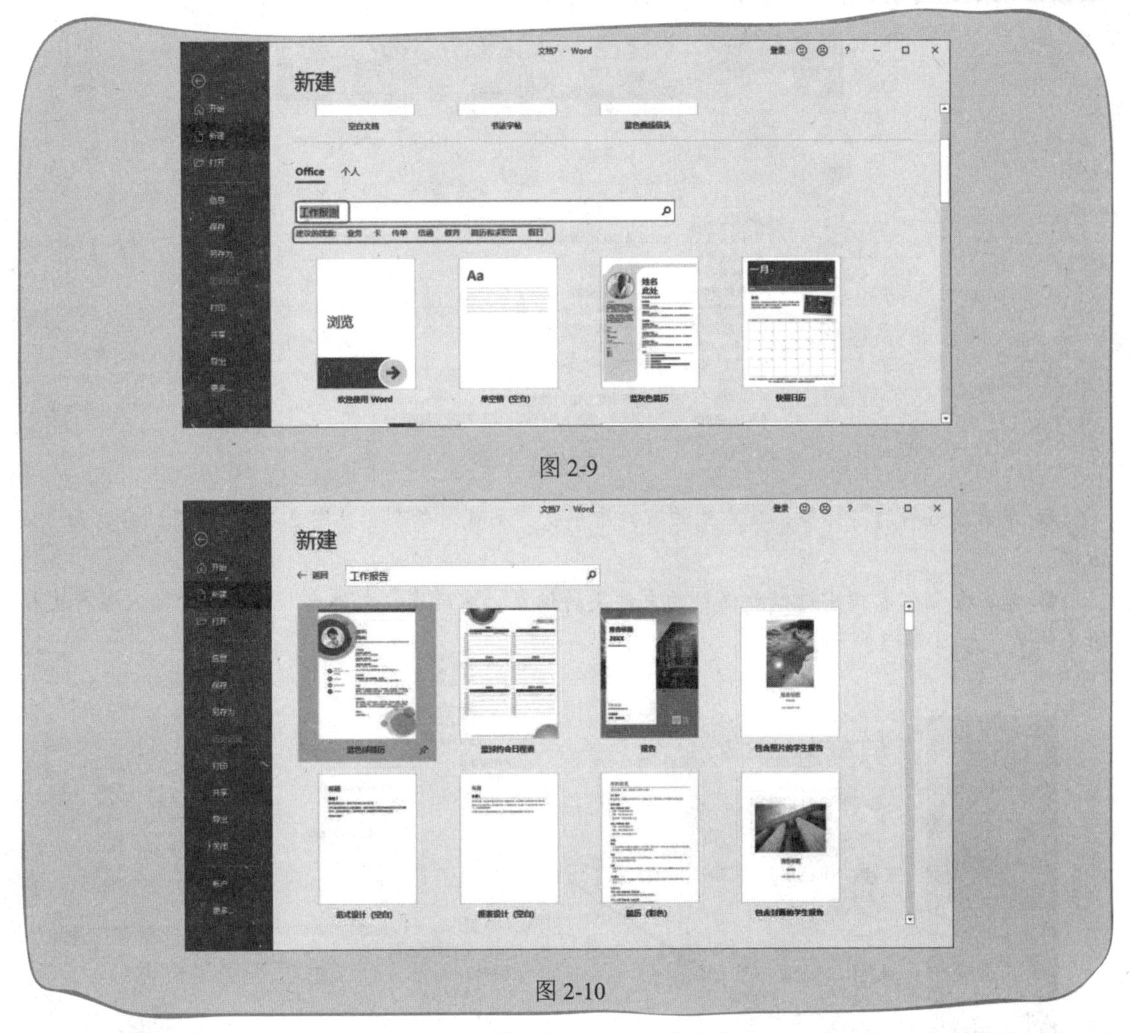

图 2-9

图 2-10

2.2 文档的保存

创建文档并编辑后如果不保存，关闭程序后此文件将不再存在了，因此为了便于文档的编辑和使用，必须将创建的文档保存下来。

首次保存文档时会弹出对话框提示设置将文档保存的位置和保存的名称。后期再打开已保存过的文档进行补充编辑时，还是需要随时保存，以便将最新的编辑重新更新保存下来。保存文档的操作很重要，同时还可以根据需要选择不同的保存类型，如模板方式、网页方式等，下面以 Word 程序为例介绍文档的保存技巧。

2.2.1 使用“另存为”对话框保存文档

❶ 文档创建并编辑后，单击“文件”选项卡，如图 2-11 所示。

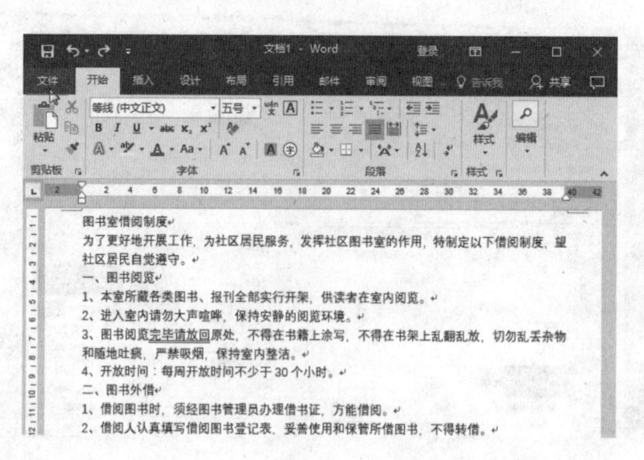

图 2-11

❷ 单击“另存为”标签，在右侧的窗口中单击“浏览”命令（见图 2-12），打开“另存为”对话框。

❸ 先在左侧列表框中选择要保存的文件夹的位置，然后在“文件名”文本框中输入保存文档的文件名，如图 2-13 所示。

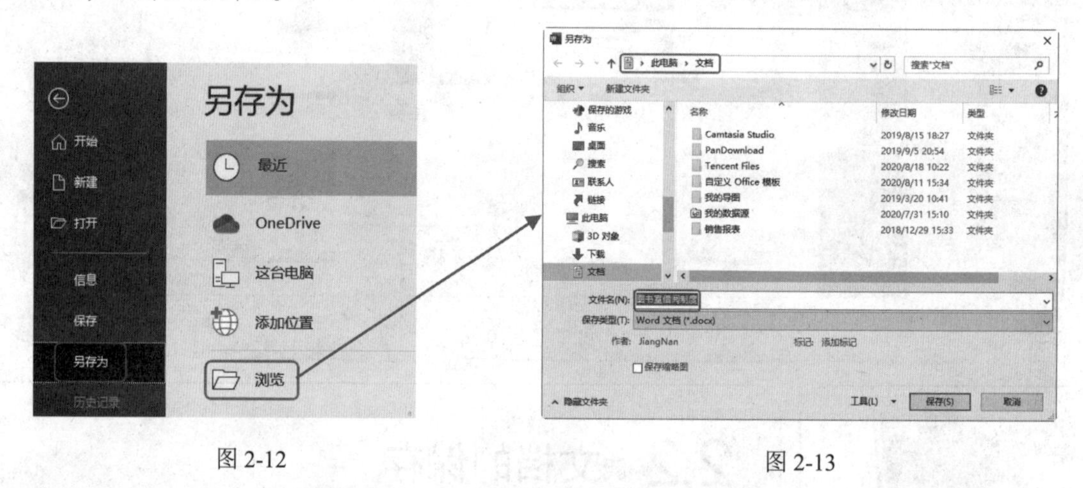

图 2-12　　　　图 2-13

❹ 单击“保存”按钮即可保存文档。保存文档后，在窗口顶部可以看到文档的名称，如图 2-14 所示。

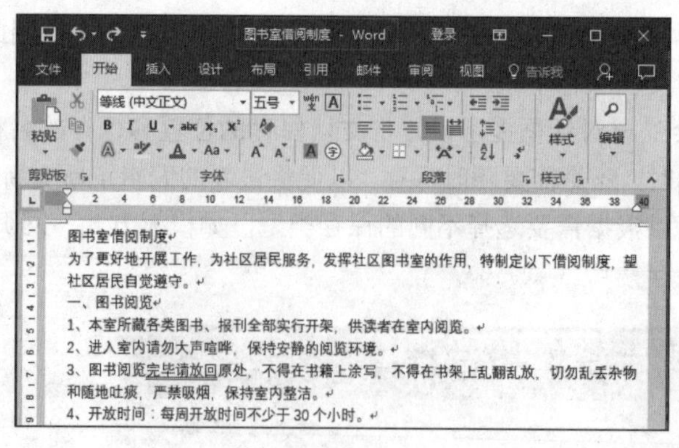

图 2-14

提 示

文档保存后，在以后的编辑中用户可随时单击“快速访问工具栏”中的“保存”按钮，或使用 Ctrl+S 快捷键进行保存。因此在创建文件后无论是否编辑文档，可以先按上面的步骤保存文档，然后在编辑的过程中不断单击按钮来更新保存。

2.2.2 保存为其他不同类型的文档

文档在保存时可以设置保存为不同类型的文档，例如为了保证文档在任何版本中都可以正确的打开和编辑，可以将文档保存为兼容模式（“Word 97-2003 文档”“Excel 97-2003 文档”等），具体操作如下。

❶ 单击“文件”选项卡，如图 2-15 所示。

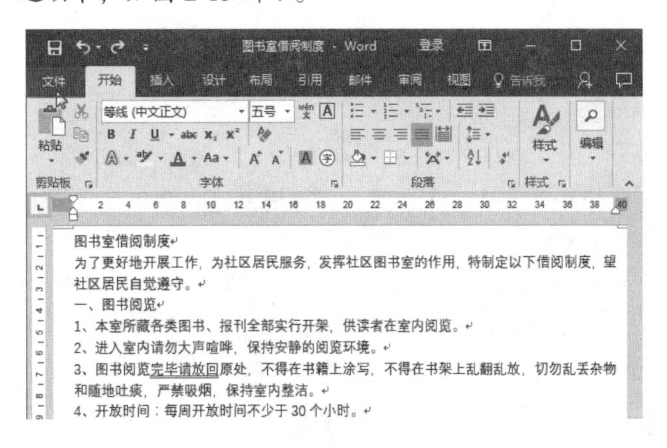

图 2-15

❷ 单击“另存为”标签，在右侧的窗口中单击“浏览”命令（见图 2-16），打开“另存为”对话框。

❸ 设置好保存位置与文件名后，单击“保存类型”列表框右侧的下拉按钮，在弹出的列表中单击“Word 97-2003 文档”选项，如图 2-17 所示。

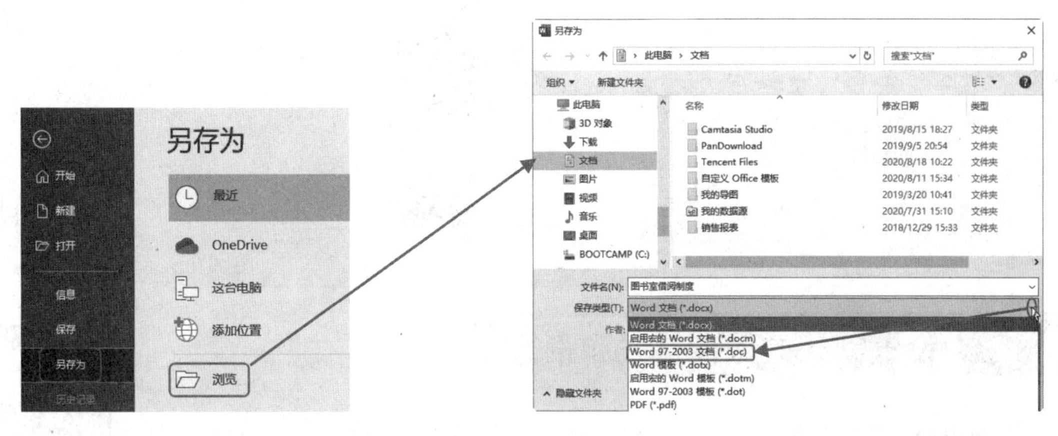

图 2-16　　图 2-17

❹ 单击“保存”按钮，即可将文档另存为兼容模式，如图 2-18 所示。

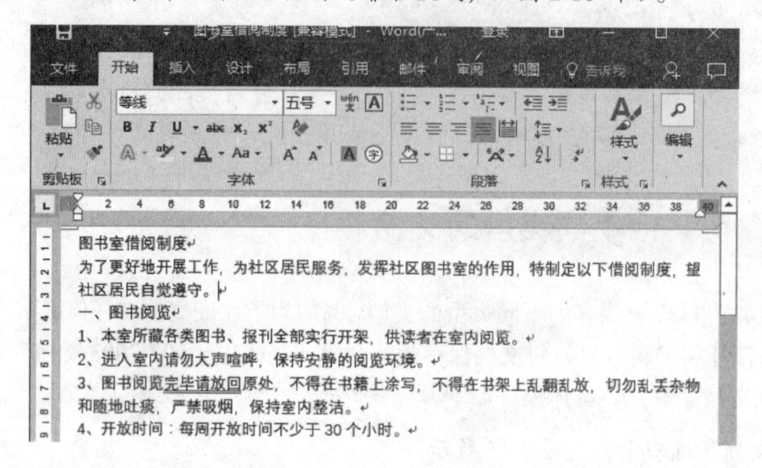

图 2-18

知识扩展

将文档保存为模板

套用模板来创建文档可以节省许多时间，因此用户可以将自己设置并排版好的文档保存为模板，方便以后使用。

具体操作如下：单击“文件”→“另存为”标签，在提示面板右侧的窗口中单击“浏览”按钮，打开“另存为”对话框。单击“保存类型”右侧的下拉按钮，在展开的下拉列表中单击“Word 模板”选项（见图 2-19），即可将文档保存为模板（保存为模板后，后期要使用这个模板新建文档，则在“文件”→“新建”标签中，单击“个人”链接，在下方即可看到所保存的模板，如图 2-20 所示。

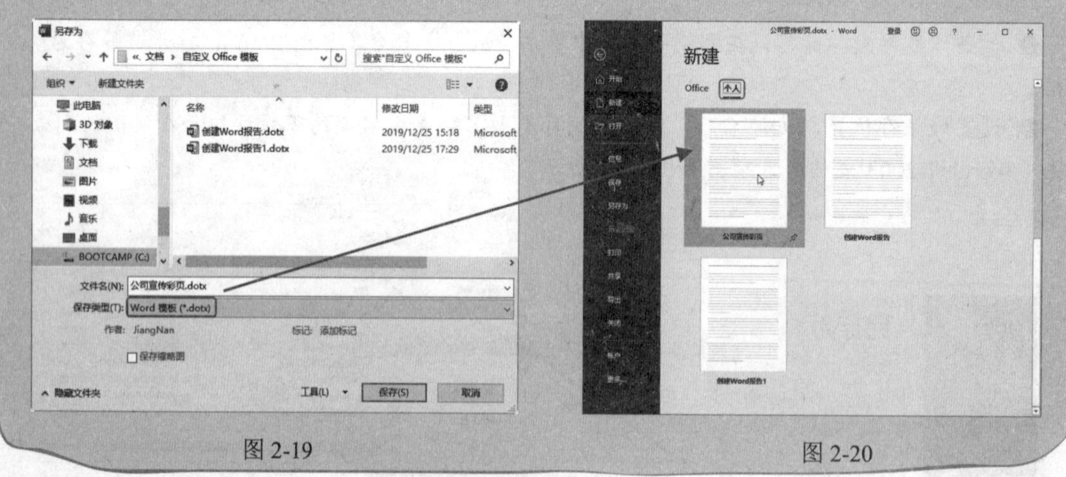

图 2-19　　图 2-20

2.2.3 设置默认的保存格式和路径

日常办公中的文档有时属于同一期的或是同一类型的，将这些文档放在同一路

径下更加便于管理。因此为了避免每次保存新文档时都去设置保存位置，可以先为文件设置默认的保存格式和路径。设置完毕后，当保存新文档时无须设置保存位置，通过按 Ctrl+S 组合键，文档会自动保存到默认位置。

❶ 单击“文件”选项卡，如图 2-21 所示。

❷ 单击“选项”标签（见图 2-22），打开“Word 选项”对话框。

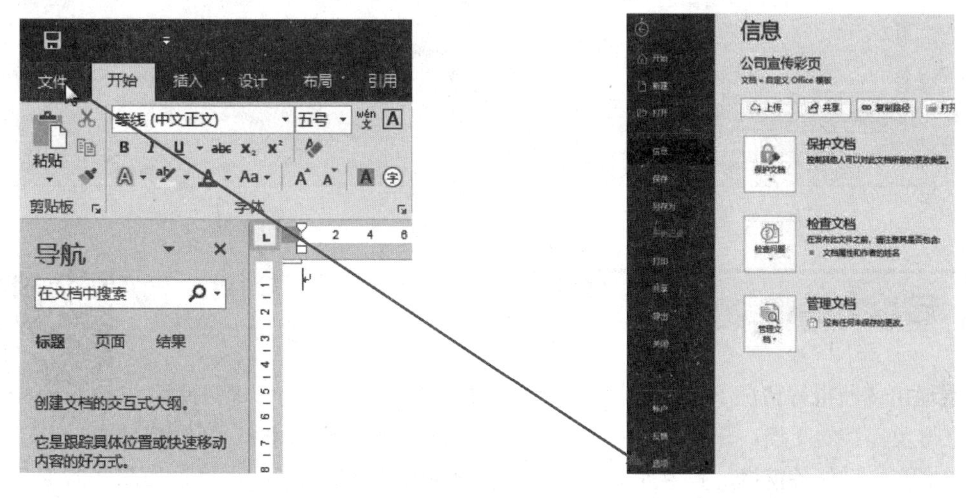

图 2-21　　　　图 2-22

❸ 单击“保存”标签，在“将文件保存为此格式”下拉列表中单击“Word 文档（*.docx）”选项，如图 2-23 所示。

❹ 单击“默认本地文件位置”右侧的“浏览”按钮（见图 2-24），打开“修改位置”对话框。

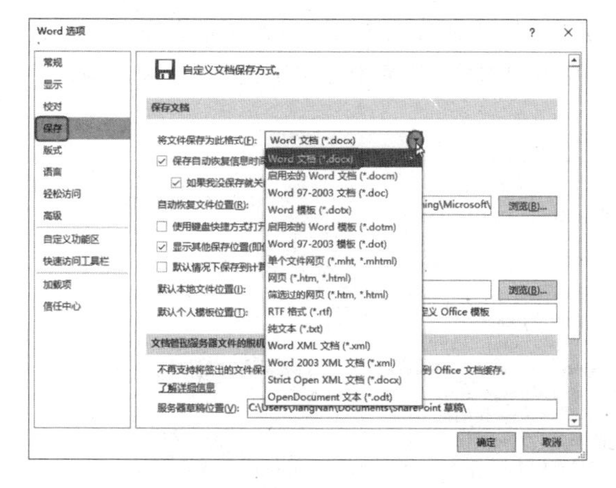

图 2-23　　　　图 2-24

❺ 选择好保存位置，如图 2-25 所示。单击“确定”按钮返回“Word 选项”对话框。

❻ 单击“确定”按钮关闭“Word 选项”对话框完成设置。此时新建空白文档，单击“保存”按钮，在打开的“另存为”对话框中可以看到文件默认是 Word 格式，保存位置为前面把设定的位置，如图 2-26 所示。

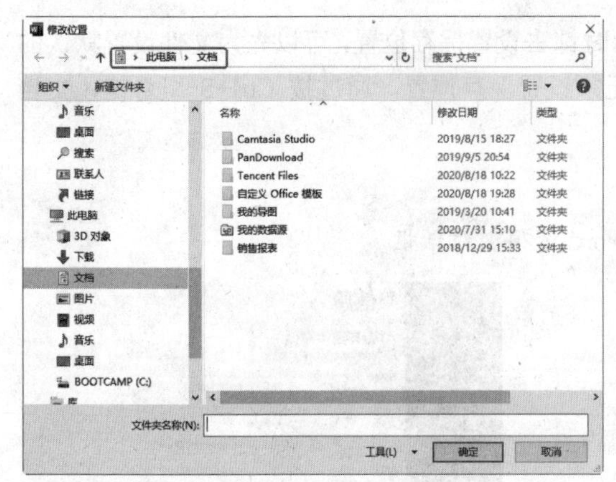

图 2-25

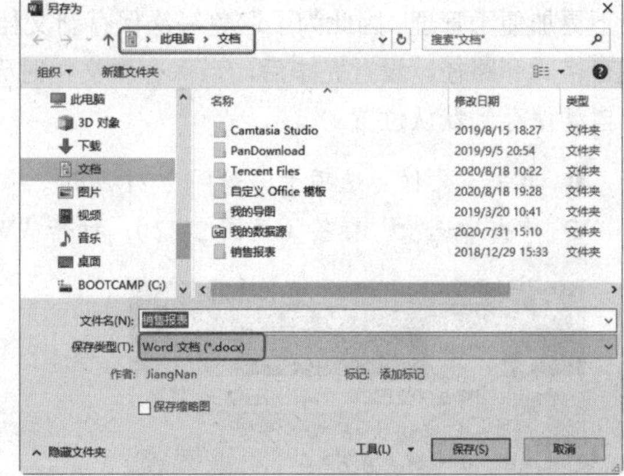

图 2-26

2.2.4 启用文档自动恢复功能

在错误退出或断电等情况下，如果启用了文档的自动恢复功能，则可以帮助用户恢复未来得及保存的文档。开启此功能并且文档在非正常情况下关闭时，再次启动 Word，程序将打开“文档恢复”任务窗格，其中列出了程序停止响应时已恢复的所有文件，如图 2-27 所示。

用户可以保存这些文档，不过在替代原来的文档前，要验证恢复文件是否包含所需的信息。如果选择了不进行保存，该文件就会被删除。如果选择了保存恢复文件，将会替换原来的文档，如果不想替换原来文档，则可以重新更改名称再保存。开启此功能的操作如下。

❶ 单击“文件”选项卡，单击“选项”标签，打开“Word 选项”对话框。

❷ 单击“保存”选项，在“保存文档”栏下勾选“保存自动恢复信息时间间隔”复选框，并在后面的数值框中输入分钟值，如图 2-28 所示（如输入“10”，这表示系统每隔 10 分钟自动保存一次）。

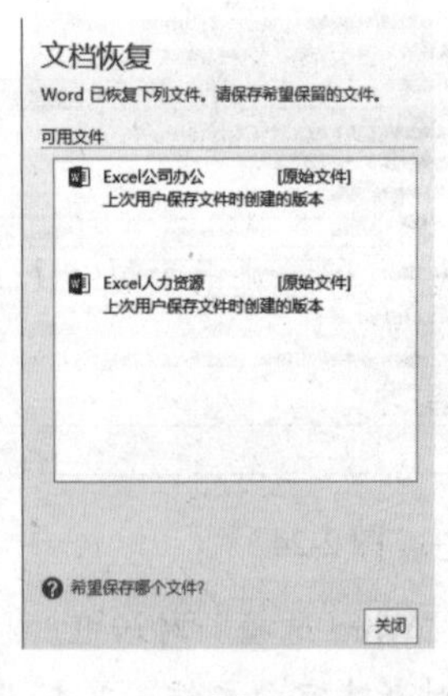

图 2-27

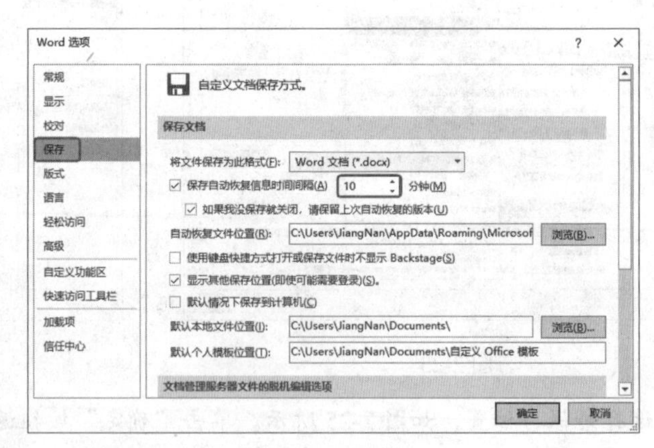

图 2-28

❸ 单击“确定”按钮，即可启用文档自动恢复功能。

2.3 打开 Office 2019 文档

当创建文档并保存之后，后期需要使用时则重新打开它们。当要打开目标文档时，可以进入保存目录中双击文档将其打开，也可以先启动程序再执行打开操作。下面以打开 Word 文档为例介绍操作方法。

2.3.1 在计算机中打开文档

1. 进入保存目录中打开文档

要打开某个文档时，可以在计算机中找到目标文档，双击打开或右击使用命令功能打开。

❶ 在“文件资源管理器”中逐层进入目录中找到文件的位置，如图 2-29 所示。

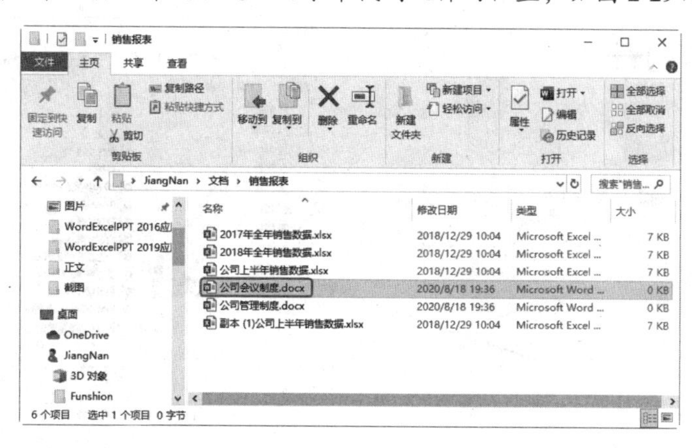

图 2-29

❷ 如双击文件“会议管理制度”，即可打开此文档。

2. 启动程序后打开文档

如果已经启动了程序，又想打开电脑中保存的某个文件，可以按照如下方法进行操作。

❶ 启动 Word 2019 程序，打开的界面如图 2-30 所示。可以看到，在页面的左侧显示了最近使用的文档的列表。

❷ 如果要打开的文档就在“最近”列表中，则单击该文档即可将其打开。如果要打开其他文档，则单击“更多文档”按钮，打开“打开”面板。

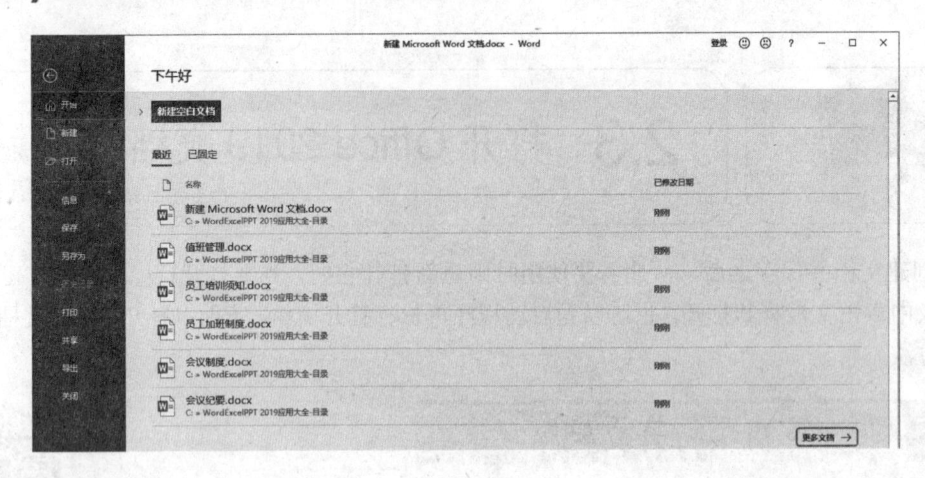

图 2-30

❸ 单击“浏览”命令（见图 2-31），弹出“打开”对话框。在地址栏中逐步定位文档的保存文件夹（也可以从左侧树状目录中定位），选中文件后单击“打开”按钮（见图 2-32），即可打开该文档。

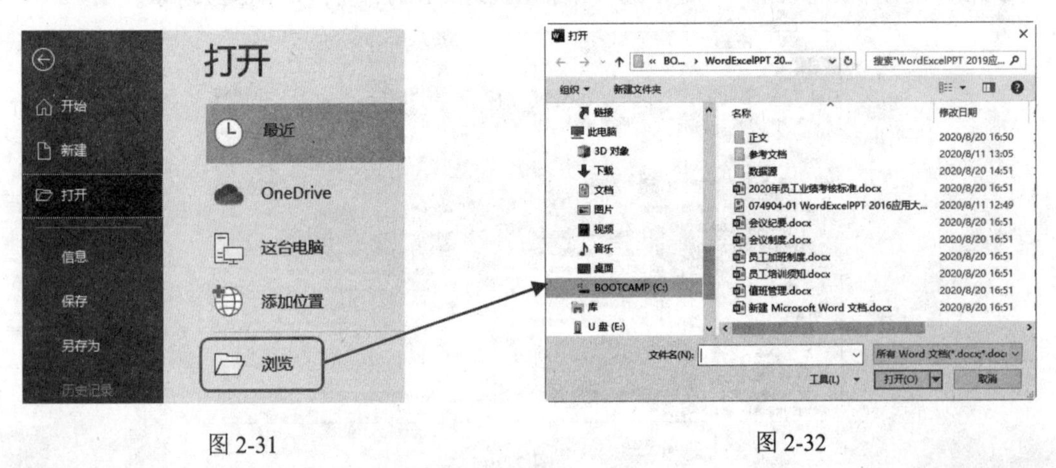

图 2-31　　　　图 2-32

2.3.2 快速打开最近使用的文档

Office 程序中的 Word、Excel、PowerPoint 软件都具有保存最近使用文件的功能，这是程序将用户近期打开的文档保存为一个临时的列表，如果你近期经常使用某些文件，那么打开时不需要逐层进入保存目录下去打开，只要启动程序，然后去这个临时列表中查找，找到后双击即可打开。下面以 Word 程序的操作为例。

❶ 在 Word 2019 主界面中，单击“文件”选项卡，单击“打开”标签，在右侧面板中单击“最近”标签，右侧即可显示出文档列表，如图 2-33 所示。

❷ 找到目标文档，在文件名上单击即可打开。

图 2-33

知识扩展

屏蔽最近使用的文档列表

如果你操作的文档具有一定的保密性质，不想让他人看到你最近打开了哪些文档，则可以通过设置取消最近使用的文档列表。具体设置如下：首先打开“Word 选项”对话框。单击“高级”标签，在“显示”栏下，在“显示此数目的‘最近使用文档’”数值框中输入数值 0（见图 2-34），单击“确定”按钮完成设置。进行此操作后再次启动程序，可以看到“最近使用的文档”标签下已无任何文件列表。

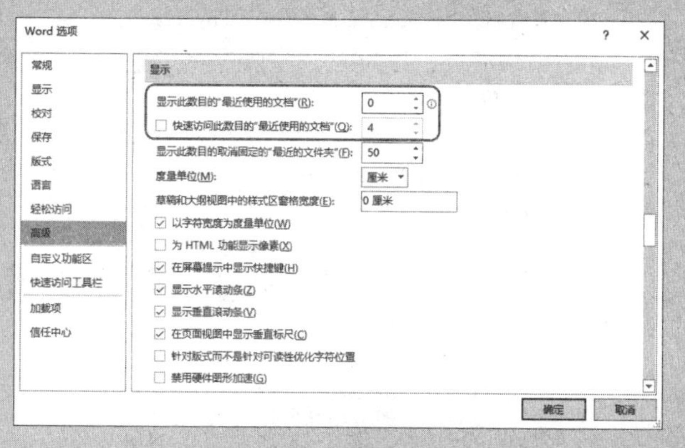

图 2-34

2.3.3 以副本方式打开文档

如果在修改文档时不想替换原文档，即可以副本方式打开文档。以副本方式打开文档时，程序会在此文档的保存目录中自动创建一个副本文件，即所有编辑与修改将保存到副本文件中，原始文件保留不变。

❶ 单击“文件”选项卡，单击“打开”标签，在右侧的面板中单击“浏览”按钮（见图 2-35），

打开“打开”对话框。

❷ 选择要打开的文件，然后单击“打开”下拉按钮，在弹出的列表中单击“以副本方式打开”选项（见图 2-36），即可创建副本并同时打开文档。此时文档名前显示“副本”字样，如图 2-37 所示。

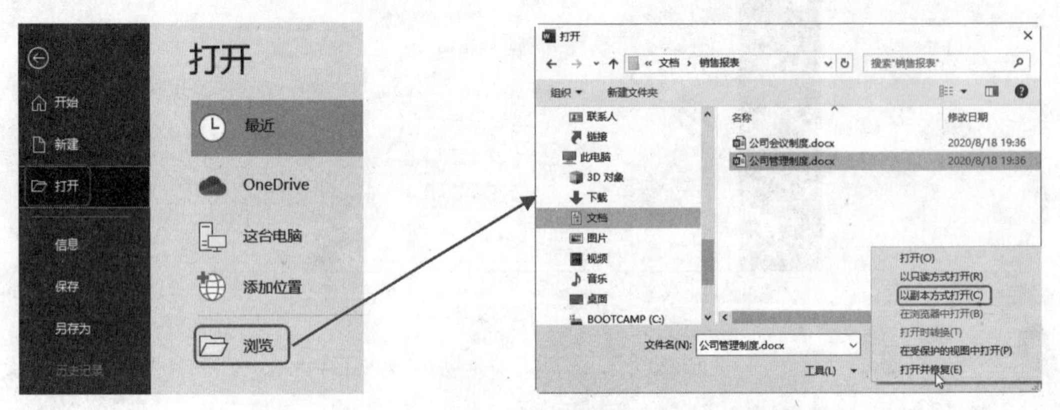

图 2-35　　　　　　　　　　　　　　　图 2-36

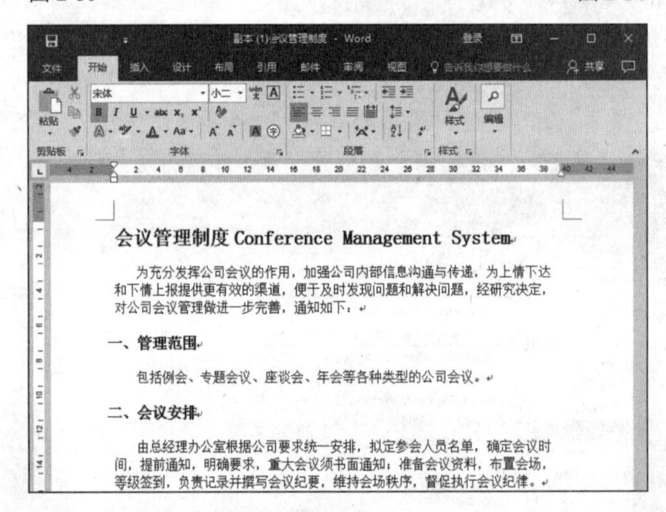

图 2-37

2.3.4 以只读方式打开文档

如果只想查看文档而不想对其进行修改操作，可以让文档以只读方式打开。以此方法打开的文档可以在一定程度保护文档不被他人随意修改。

❶ 单击“文件”选项卡，单击“打开”标签，在右侧的窗口单击“浏览”按钮（见图 2-38），弹出“打开”对话框。

❷ 选择要打开的文件，然后单击“打开”下拉按钮，在弹出的列表中单击“以只读方式打开”选项（见图 2-39），即可让打开文档直接进入阅读状态，文档名称后面有“只读”字样，如图 2-40 所示。

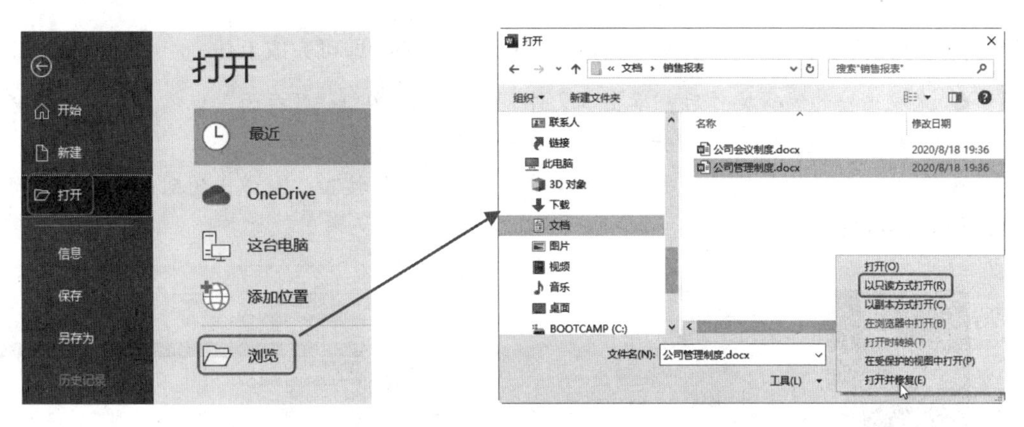

图 2-38　　　　图 2-39

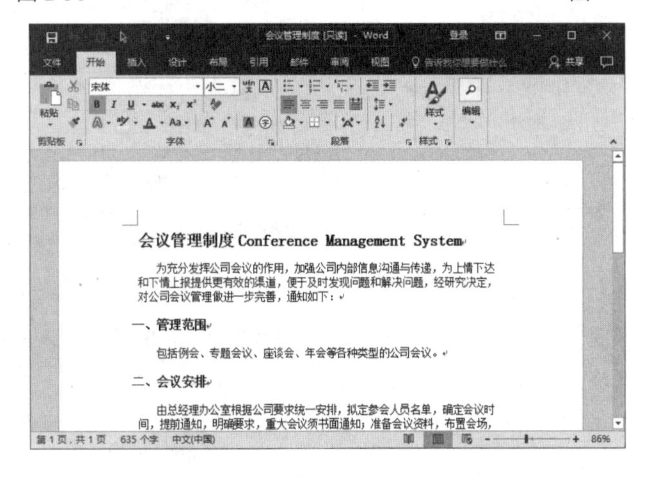

图 2-40

提　示

以只读方式打开文档后，文档可以被修改但是无法在当前文档中替换保存，当单击🖫按钮更新保存时会弹出“另存为”对话框，也就是要想保存所做的更改，则需要重新将其另存为新的文档。

2.4　文档的格式转换

除了将文档保存为普通的格式外（如.docx、.xlsx、.pptx），还可以将文档保存为其他的格式，例如保存为网页格式、PDF 格式等。

2.4.1　将文档转化为 Web 页面

有些文档创建完成后需要发布到网站中使用（如企业简介文档），对于此类文

档建立完成后可以将其保存为 Web 页，后期通过后台链接即可完成上传。

❶ 完成文档的编辑操作后，单击“文件”选项卡，单击“另存为”标签，在右侧的窗口单击“浏览”命令（见图 2-41），打开“另存为”对话框。

❷ 输入文本名称，然后单击“保存类型”右侧的下拉按钮，在弹出的列表中单击“网页”选项，如图 2-42 所示。

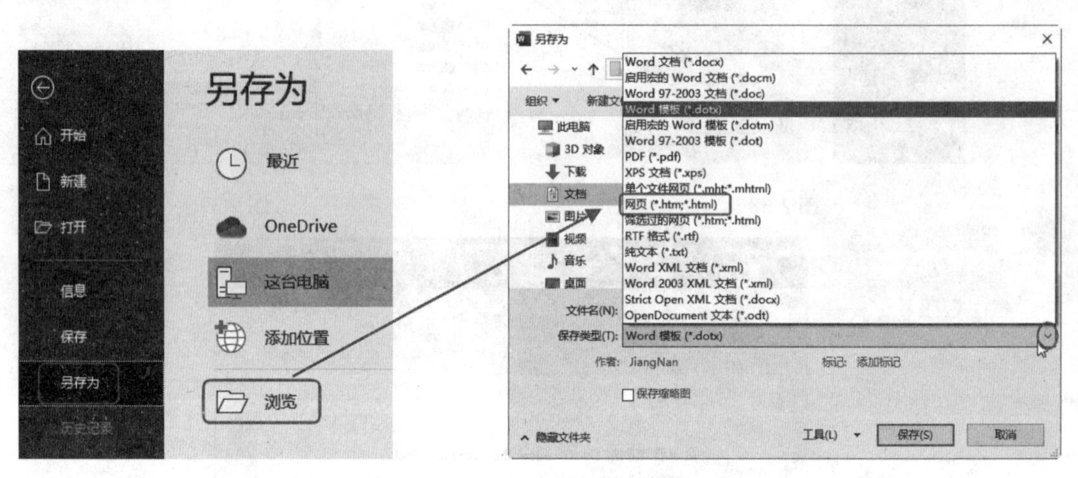

图 2-41　　　　图 2-42

❸ 完成设置后，单击“保存”按钮，即可将文档另存为 Web 页。进入文件所在文件夹（见图 2-43），双击文件即可在浏览器中打开该网页，如图 2-44 所示。

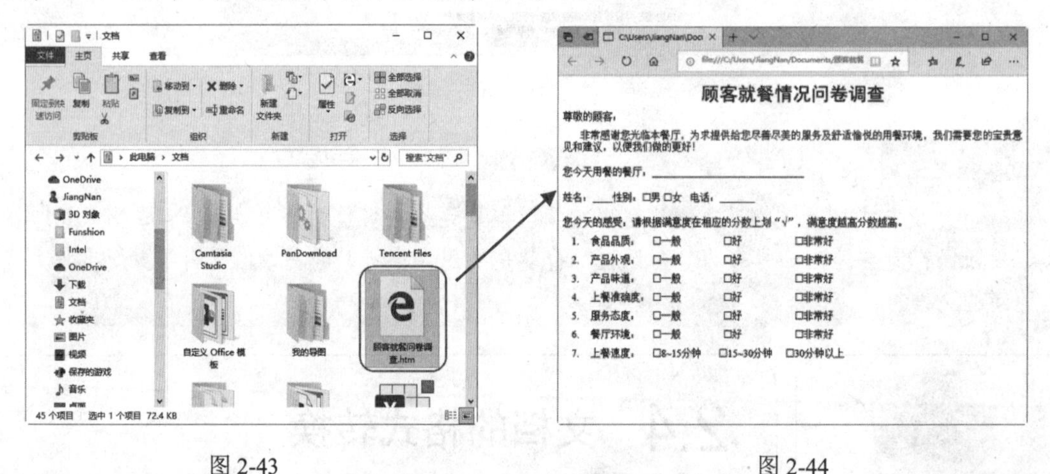

图 2-43　　　　图 2-44

2.4.2 将文档转化为 PDF 或 XPS 格式

有时为了方便文档的阅读以及正常的打印，经常会将文档转化为其他格式，如 PDF 或 XPS 格式。例如 Word 文档、Excel 表格都有可能会被转换成 PDF 文档，因为转换后的文档可以更加便于通过移动设备查看，符合现代办公的需求。需要注意的是：在 PDF 格式下，只能查看而无法对文档进行编辑。下面要将一篇编辑好的 Word 文档转换为 PDF 文档。

❶ 完成文档的编辑操作后，单击“文件”选项卡，再单击“另存为”命令，在右侧的窗口单击“浏览”命令（见图 2-45），打开“另存为”对话框。

❷ 输入文件名称，然后单击“保存类型”右侧的下拉按钮，在弹出的列表中单击“PDF”选项，如图 2-46 所示。

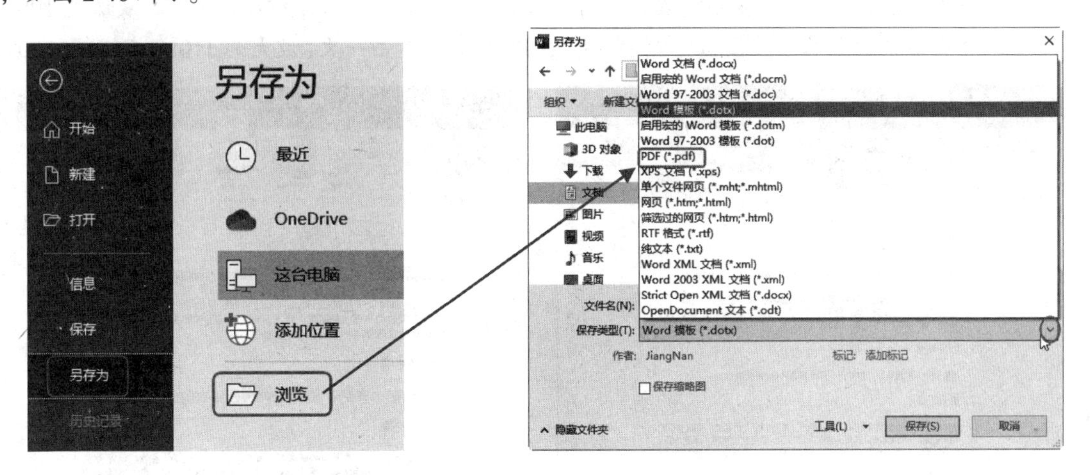

图 2-45　　　　图 2-46

❸ 完成设置后，单击“保存”按钮，即可将文档另存为 PDF 格式。进入文件所保存的文件夹中（见图 2-47），双击该文件即可打开进行查看，如图 2-48 所示。

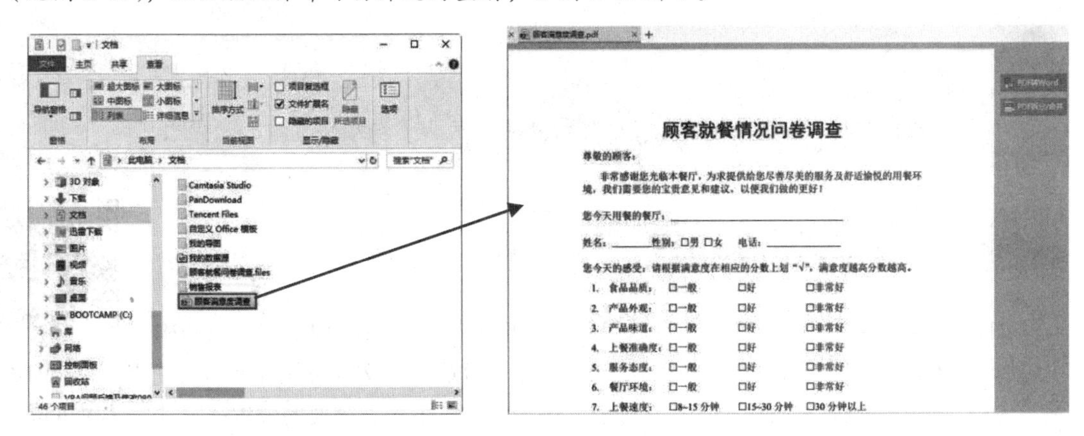

图 2-47　　　　图 2-48

2.5　文档窗口的操作

2.5.1　缩放文档显示

文档的右下角设置了缩放滑块，用户可以通过缩放滑块来放大或缩小文档的显示比例，但是并不改变文档内容的字号。例如，文字字号为 5 号，缩放显示文档后，会呈现给用户一种减小字号的感觉，但实际上字号并没有改变。如果当前文档的字号较小不便于阅读，则可以放大显示比例。

❶ 单击右下位置的缩放按钮（左侧减号，见图 2-49），单击一次，缩小到 90%（默认是 100%）。

❷ 单击右下位置的缩放按钮（右侧加号，见图 2-50），单击一次，放大到 110%（默认是 100%）。

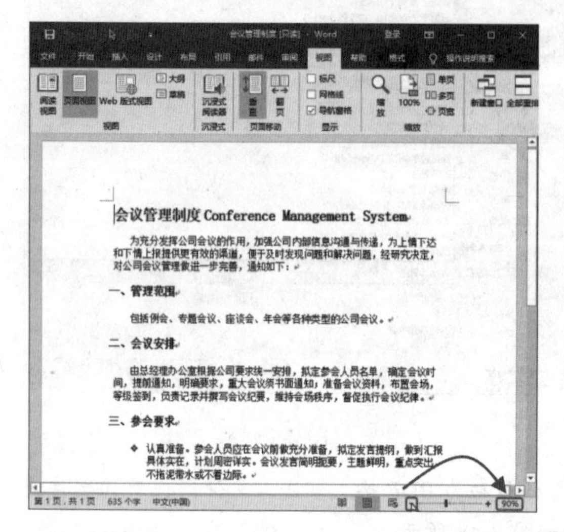

图 2-49

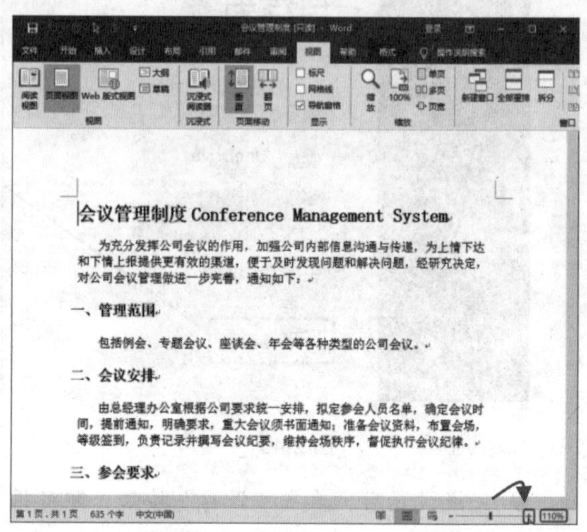

图 2-50

提示

在 Excel 与 PPT 文档中也可以按这项操作进行放大或缩小显示。

2.5.2 显示文档目录结构

如果文档有目录结构，可以通过启用导航窗格来显示目录结构。在目录结构中可以通过单击目录，让正文快速跳转到该标题下。短篇幅的文档可能并不需要使用目录，但如果是长文档，使用目录是很有必要的，它可辅助快速定位、跳转到需要的位置；同时目录也可以提取出来显示在文档的前面。关于文档目录创建，在后面的章节中会具体介绍，此处只介绍当文档已有目录时，如何将其显示出来。

❶ 在“视图”→“显示”选项组中勾选“导航窗格”复选框，如图 2-51 所示。

❷ 完成操作后，即可启动“导航”窗格，此时就可以看到文档的目录了（注意在“导航”窗格中要选择“标题”标签），如图 2-52 所示。

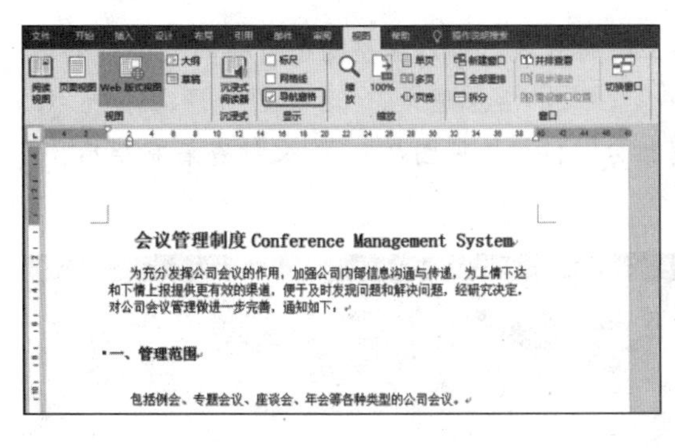

图 2-51

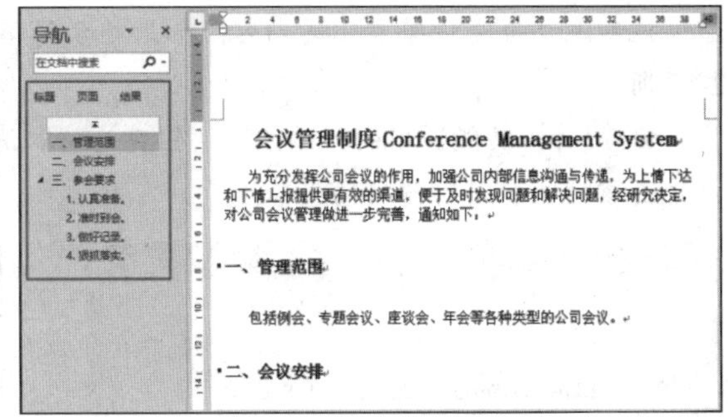

图 2-52

❸ 单击想要查看的标题，例如“3. 做好记录。”，即可跳转到该标题下查看内容，如图 2-53 所示。

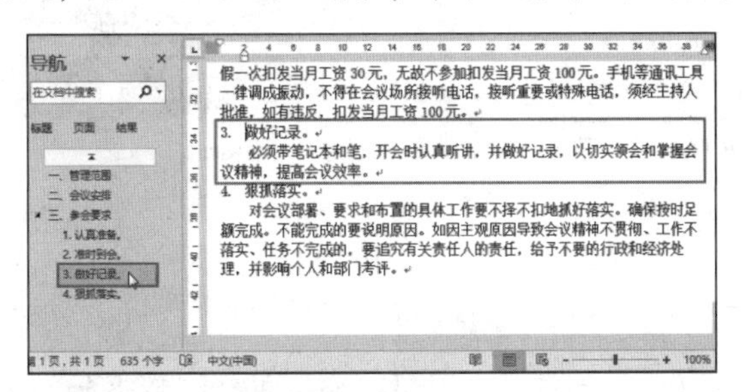

图 2-53

2.5.3 拆分文档窗口方便前后对比

在进行文档处理时，经常需要查看同一文档中不同部分的内容。如果文档很长，而需要对比查看的内容又分别位于文档的不同页面中，此时拆分文档窗口是一个很好的解决问题的方法。所谓拆分文档窗口，是指将当前一个窗口拆分为两个窗口，两个窗口中都包含全部文档，可以通过拖动滚动条定位到任意位置，方便文档的对比查看。同样，在 Excel 工作表中也可以通过拆分窗口方便前后对比数据。下面介绍 Word 2019 中拆分文档窗口的操作方法。

❶ 打开需要拆分的文档，在“视图”→“窗口”选项组中单击“拆分”按钮，如图 2-54 所示。

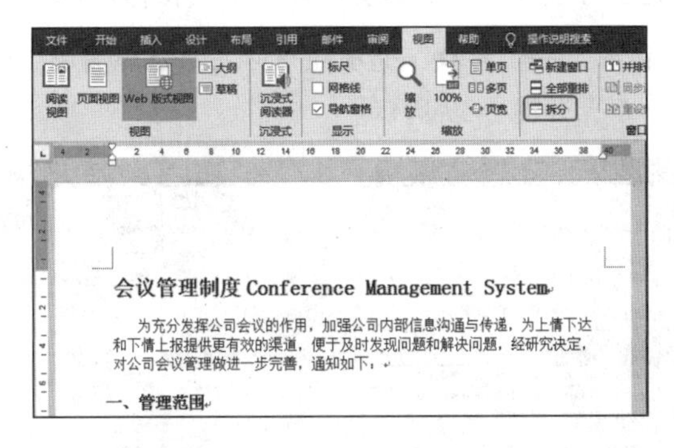

图 2-54

❷ 此时文档中会出现一条拆分线，文档窗口将被拆分为两个部分，可以在这两个窗口中分别

通过拖动滚动条来调整显示的内容。如果拖动窗格上的拆分线，可以调整两个窗格的大小，如图 2-55 所示。

❸ 此时，功能区中的“拆分”按钮变为“取消拆分”按钮（见图 2-56）。文档查看完毕后，可以单击该按钮取消对窗格的拆分。

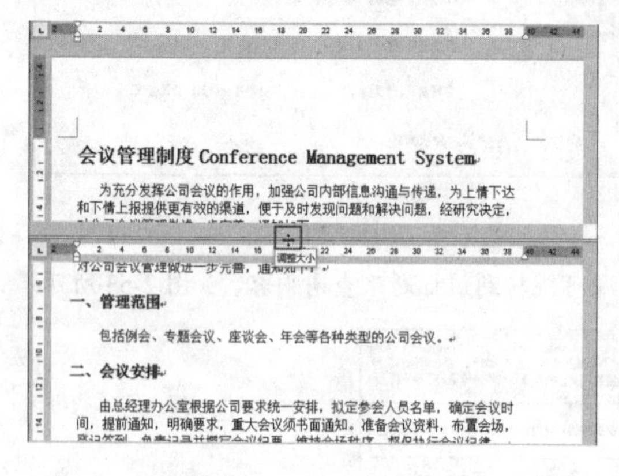

图 2-55

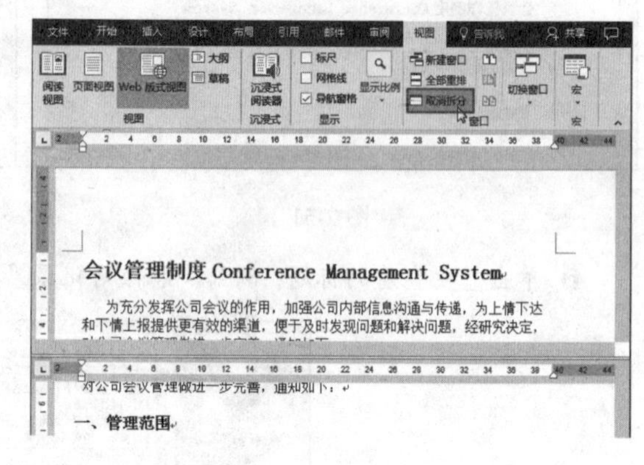

图 2-56

> **提 示**
>
> 拆分文档窗口是将窗口拆分为两个窗格，而不是将文档拆分为两个文档，在这两个窗格中对文档进行编辑处理会同时产生影响。当需要对比长文档前后的内容并进行编辑时，可以拆分窗口后在一个窗口中查看文档内容，而在另一个窗口中对文档进行修改。如果需要将文档的一段内容复制到相隔多个页面的某个页面中，可以在一个窗口中显示复制文档的位置，而在另一个窗口中显示粘贴文档的位置。这样能够极大地提高编辑效率。

2.5.4 冻结窗格让列标识始终可见

冻结窗格让列标题始终可见，主要是针对 Excel 表格的操作。表格不可或缺的元素包括列标题，它是用来说明该列下数值的含义，对于内容量较大的表格，在向下滑动超过当前页时，列标题将被隐藏。为了方便对数据的理解，需要冻结窗格，让列标题始终可见，具体如下。

❶ 打开工作簿，在“视图”→“窗口”选项组中单击“冻结窗格”下拉按钮，在弹出的下拉菜单中单击“冻结首行”命令，如图 2-57 所示。

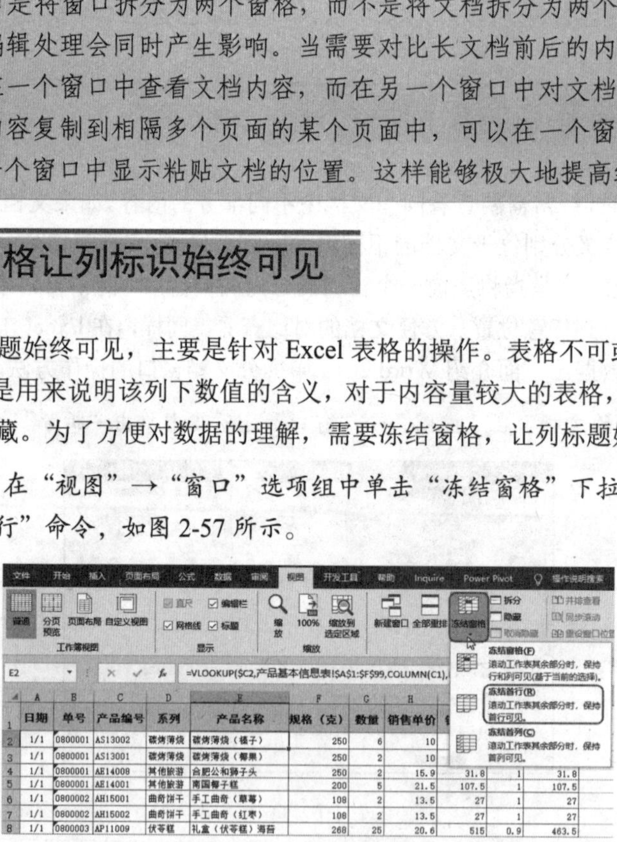

图 2-57

❷ 完成上面的操作后，向下拖动滚动条，可以看到首行被冻结，始终处于可见状态，如图 2-58 所示。

K1　交易金额

	A	B	C	D	E	F	G	H	I
1	日期	单号	产品编号	系列	产品名称	规格（克）	数量	销售单价	销售额
20	1/2	0800005	AE14004	其他旅游	上海龙须酥	200	1	12.8	12.8
21	1/2	0800006	AP11007	伏苓糕	伏苓糕（芝麻）	200	15	9.8	147
22	1/2	0800007	AE14004	其他旅游	上海龙须酥	200	2	12.8	25.6
23	1/2	0800007	AE14005	其他旅游	台湾芋头酥	200	10	13.5	135
24	1/2	0800007	AH15001	曲奇饼干	手工曲奇（草莓）	108	2	13.5	27
25	1/2	0800007	AS13004	碳烤薄烧	碳烤薄烧（杏仁）	250	2	10	20
26	1/2	0800007	AS13003	碳烤薄烧	碳烤薄烧（醇香）	250	2	10	20
27	1/2	0800008	AH15003	曲奇饼干	手工曲奇（迷你）	68	15	12	180
28	1/2	0800008	AS13003	碳烤薄烧	碳烤薄烧（醇香）	250	1	10	10
29	1/2	0800009	AE14007	其他旅游	河南道口烧鸡	400	1	35	35
30	1/2	0800009	AS13003	碳烤薄烧	碳烤薄烧（醇香）	250	20	10	200
31	1/2	0800009	AL16002	甘栗	甘栗仁（香辣）	180	10	18.5	185
32	1/2	0800009	AH15002	曲奇饼干	手工曲奇（红枣）	108	2	13.5	27
33	1/2	0800009	AS13005	碳烤薄烧	碳烤薄烧（208*2礼盒）	盒	10	25.6	256
34	1/2	0800010	AH15001	曲奇饼干	手工曲奇（草莓）	108	5	13.5	67.5
35	1/3	0800011	AH15003	曲奇饼干	手工曲奇（迷你）	68	5	12	60

图 2-58

2.5.5 并排查看比较文档

在查看和比较两个文档中有什么相同和不同的内容时，并排查看并同时滚动更加便于查看。

❶ 打开需要并排查看比较的两个文档，如图 2-59 和图 2-60 所示。

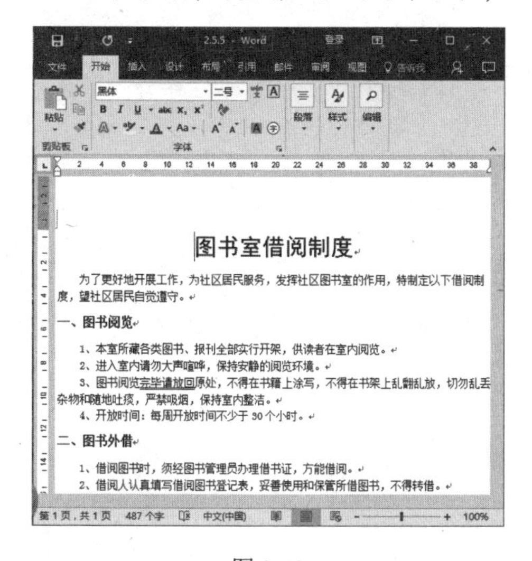

图 2-59

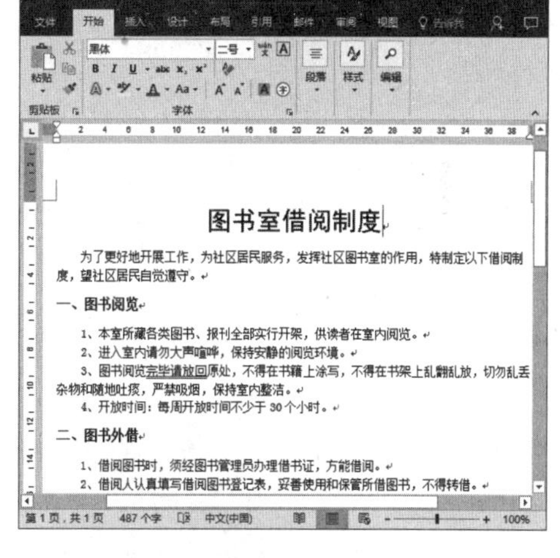

图 2-60

❷ 选中其中的任意文档，在“视图”→“窗口”选项组中单击“并排查看”按钮，如图 2-61 所示。

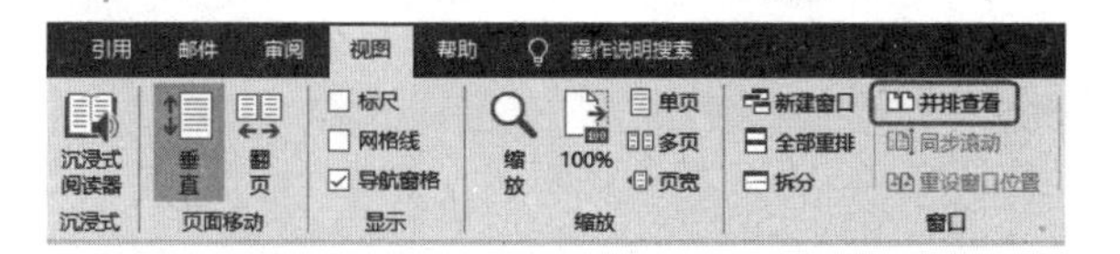

图 2-61

❸ 完成上面的操作后，就可看到两个文档并排显示，并且拖动鼠标向下滑动时会同时进行，如图 2-62 所示。

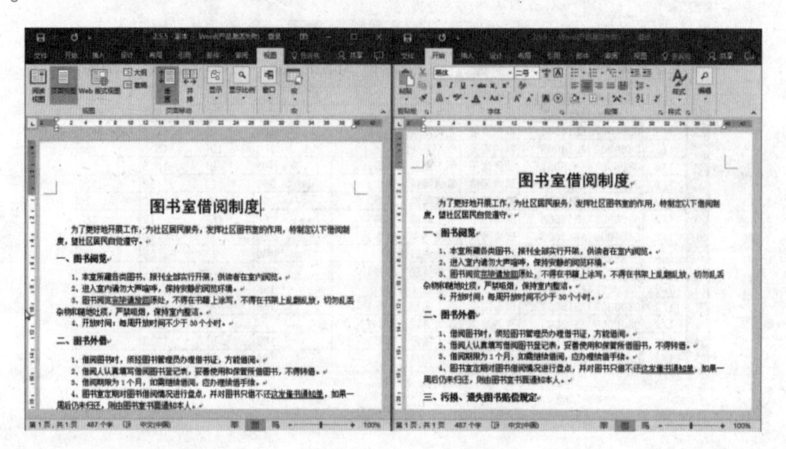

图 2-62

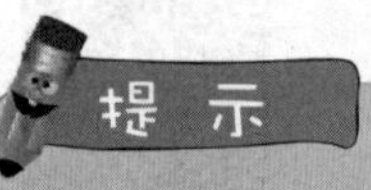

在 Excel 与 PPT 中也可以通过并排查看比较两篇文档。

第3章 Word 文本输入与编辑

学习导读

掌握文档的保存和查看操作技巧之后，用户需要根据实际工作学习要求，在 Word 文档中输入、选取文本，复制和粘贴文本，查找和替换文本。另外，通过掌握几种不同的 Word 文档视图方式，让文档的阅读更加轻松。

学习要点

- 文本的输入技巧
- 文本的选取技巧
- 文本的复制粘贴技巧
- 文本的查找和替换技巧
- 了解 Word 的几种视图
- 沉浸式阅读

3.1 输入文本

使用 Word 程序编辑电子文档，最基础的操作是输入文本。文本是 Word 文档的主体，因此输入文本是重中之重。输入文本时，会包括中文文本、英文文本、特殊符号等。下面以输入“会议管理制度”文档（见图 3-1）中的文本为例介绍相关的基础操作技巧。

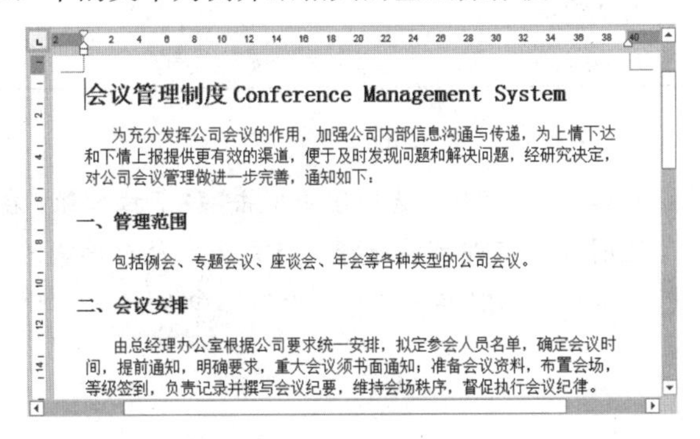
会议管理制度 Conference Management System

为充分发挥公司会议的作用，加强公司内部信息沟通与传递，为上情下达和下情上报提供更有效的渠道，便于及时发现问题和解决问题，经研究决定，对公司会议管理做进一步完善，通知如下：

一、管理范围

包括例会、专题会议、座谈会、年会等各种类型的公司会议。

二、会议安排

由总经理办公室根据公司要求统一安排，拟定参会人员名单，确定会议时间，提前通知，明确要求，重大会议须书面通知；准备会议资料，布置会场，等级签到，负责记录并撰写会议纪要，维持会场秩序，督促执行会议纪律。

图 3-1

3.1.1 输入中英文文本

一篇文档中，中文文本或英文文本占据绝大的篇幅，具体输入方法如下。

1. 输入中文文本

❶ 新建文档后，光标默认在首行顶格位置闪烁，可以直接输入文本，如图 3-2 所示。

❷ 按键盘上的 Enter 键可以形成多个空行，需要在哪里录入内容，则将鼠标光标移至目标位置处，单击一次即可定位光标，依次输入文本即可，如图 3-3 所示。

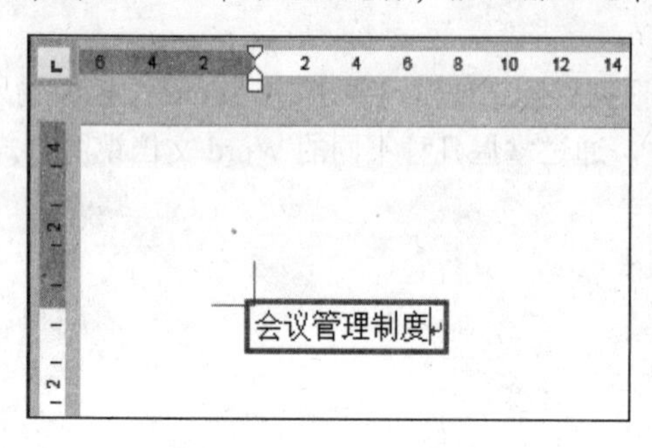

图 3-2

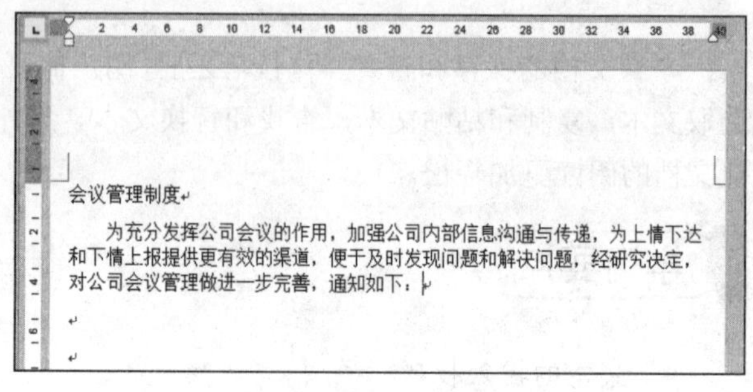

图 3-3

2. 输入英文文本

如果要输入英文文本，定位光标位置后，在英文状态下即可输入英文。输入英文时，需要注意切换字母的大小写，也可以先输入小写字母，完成输入后再通过“更改大小写”功能按钮转换。

❶ 将鼠标指针移至要输入英文文本的位置，单击即可定位光标，切换输入法到英文状态下，输入英文，如图 3-4 所示。

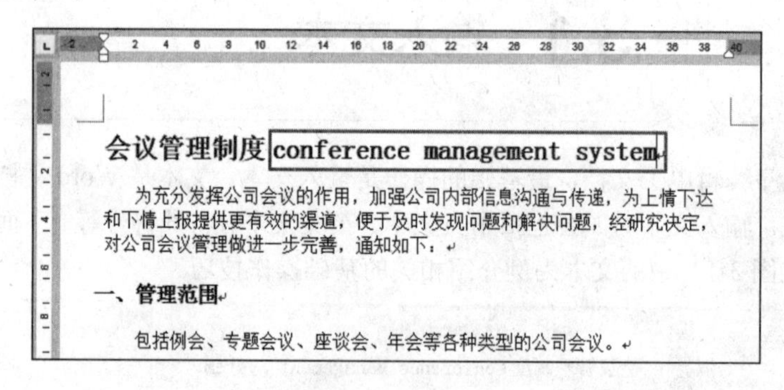

图 3-4

❷ 选中英文文本，在“开始”→“字体”选项组中单击 Aa 下拉按钮，在弹出的菜单中单击“每个单词首字母大写”命令（见图 3-5），即可将选择的英文文本每个单词的首字母一次性转换为大写，如图 3-6 所示。如果想全部大写，则单击“全部大写”命令。

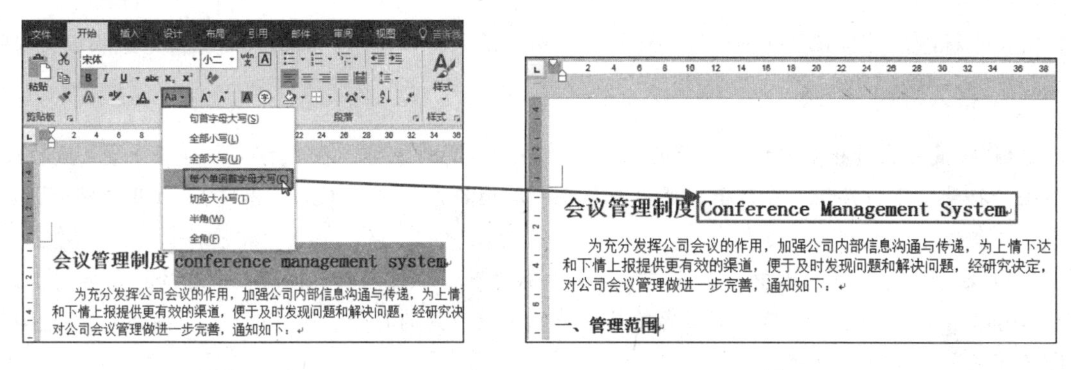

图 3-5　　　　图 3-6

3. 在任意位置插入和改写文字

编辑文档的过程中，出现需要修改文字和在某个位置插入新文字的情况很常见。这个操作并不难，首要操作是要准确定位光标的位置。

❶ 将鼠标指针移至要插入文字的位置，单击即可定位光标，如图 3-7 所示。输入要插入的文字即可，如图 3-8 所示。

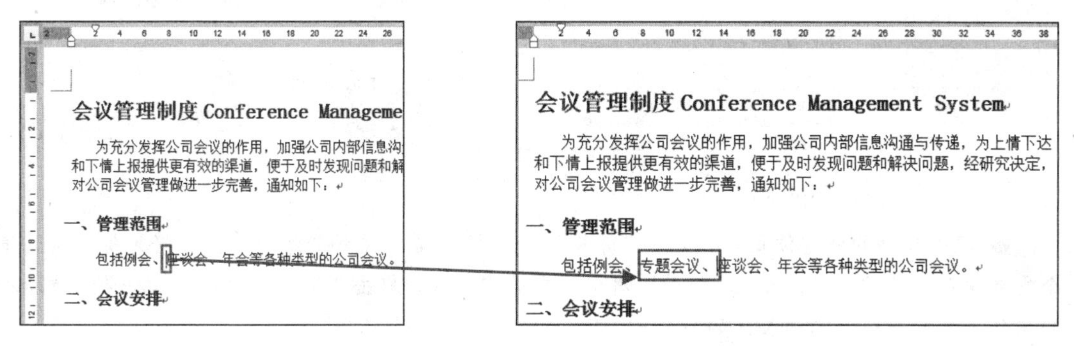

图 3-7　　　　图 3-8

❷ 如果要修改文字（见图 3-9），可以将光标定位到文字的后面，按键盘上的 Backspace 键先将其删除，然后重新输入新文字，如图 3-10 所示。

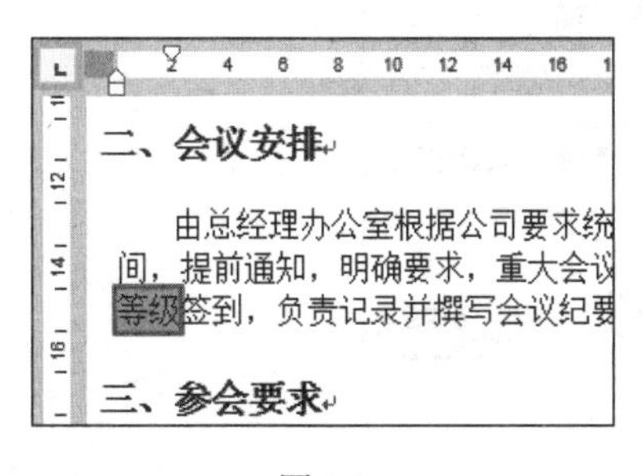

图 3-9　　　　图 3-10

3.1.2 输入符号

有些文档中需要使用一些符号修饰，例如如果在文档的小标题前插入符号，可

以突出小标题，并且起到代替编号的作用。还可以输入特殊符号，如输入商标符号或版权符号等。

1. 插入符号

❶ 将鼠标指针移至要插入符号的位置，单击即可定位光标，在“插入”→“符号”选项组中单击“符号”下拉按钮，在弹出的菜单中单击“其他符号”命令（见图 3-11），打开“符号”对话框。

❷ 在“符号”选项卡中，单击“字体”右侧的下拉按钮，在下拉列表中选择符号类别，如“Wingdings”（默认），然后在下面的符号框中选中想使用的符号，单击“插入”按钮（见图 3-12），即可将符号插入到光标处。

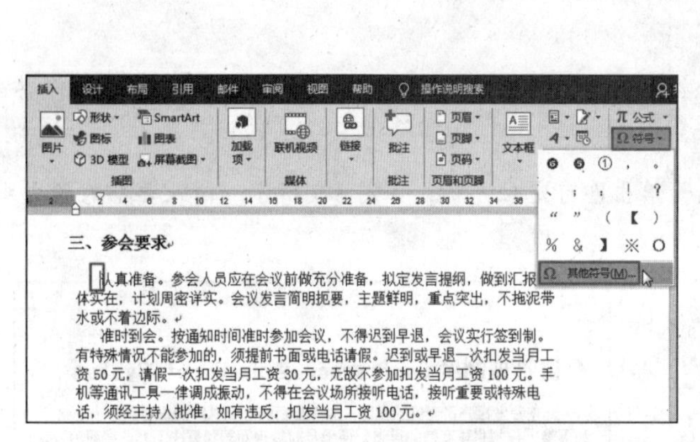

图 3-11

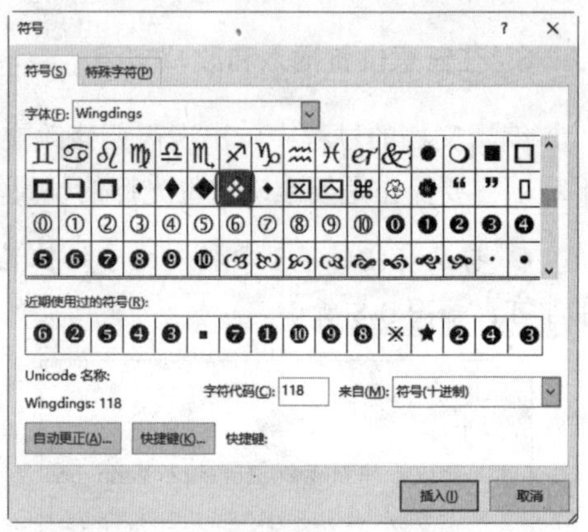

图 3-12

❸ 单击文档的任意位置（不关闭“符号”对话框），返回文档的编辑状态，将光标定位到下一个需要插入符号的位置，再从“符号”对话框中选中符号，单击“插入”按钮插入符号。重新相同的操作直到所有符号都插入，如图 3-13 所示。

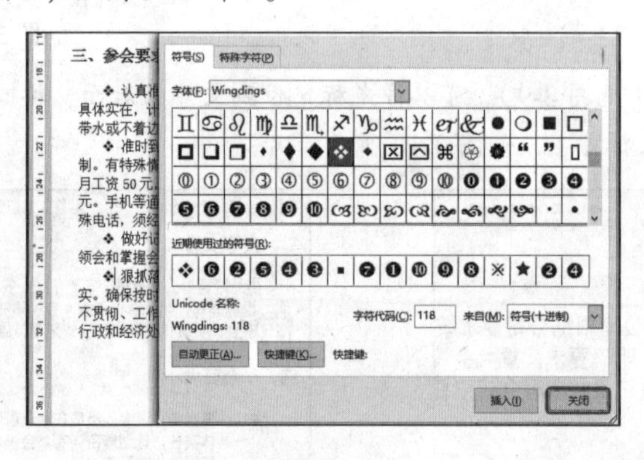

图 3-13

❹ 单击“关闭”按钮即可返回到文档中。

2. 插入特殊符号

特殊符号有版权符、商标符、注册符等几种常用的符号，当文档中需要使用时，可以通过插入符号的方法实现。下面以插入“版权所有”符号为例进行介绍。

❶ 将光标定位于需要插入版权符号或商标符号的位置。在“插入”→“符号”选项组中单击“符号”下拉按钮，在展开的下拉菜单中单击“其他符号”命令（见图 3-14），打开“符号”对话框。

❷ 单击“特殊字符”选项卡，在“字符”列表框中选择“注册”符号，如图 3-15 所示。

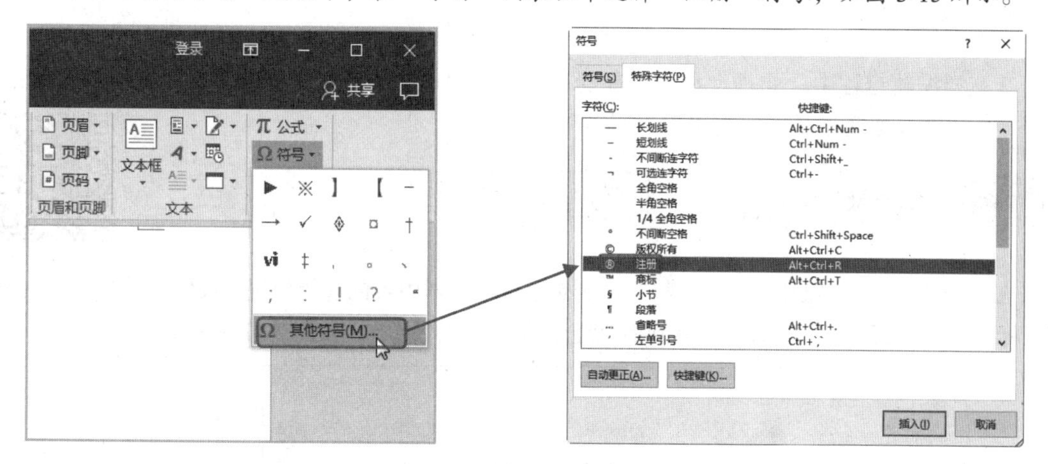

图 3-14　　　　图 3-15

❸ 单击“插入”按钮，再单击对话框右上角的“关闭”按钮，即可看到插入到文档中的“注册”符号，如图 3-16 所示。

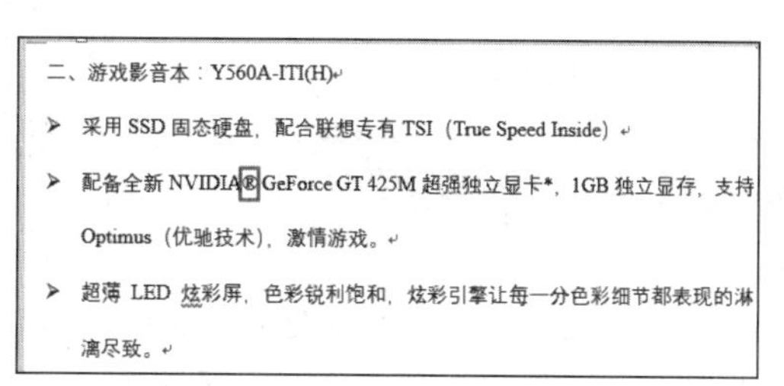
二、游戏影音本：Y560A-ITI(H)

➤ 采用 SSD 固态硬盘，配合联想专有 TSI（True Speed Inside）

➤ 配备全新 NVIDIA®GeForce GT 425M 超强独立显卡*，1GB 独立显存，支持 Optimus（优驰技术），激情游戏。

➤ 超薄 LED 炫彩屏，色彩锐利饱和，炫彩引擎让每一分色彩细节都表现的淋漓尽致。

图 3-16

知识扩展

用快捷键输入版权符、商标等几种特殊符号

对于版权符、商标符等几种常用的符号，可能记住如下快捷键，从而实现快速输入。

- 版权符：按下 Ctrl+Alt+C 组合键，即可得到“©”。
- 商标符：按下 Ctrl+Alt+T 组合键，即可得到“™”。
- 注册商标符：按下 Ctrl+Alt+R 组合键，即可得到“®”。
- 欧元符号：按下 Alt+Ctrl+E 组合键，即可得到“€”。

3.2 选取文本

在文档编辑过程中，要进行移动、复制、删除等操作之前必须选取文本，因此能够做到准确无误、快速地选取文本是操作文本前的一项重要工作。

3.2.1 连续文本的选取

在打开的Word文档中，先将光标定位到想要选取文本内容的起始位置，按住鼠标左键不放拖曳到目标位置时释放鼠标，这时可以看到拖曳经过的区域都被选中，如图3-17所示。

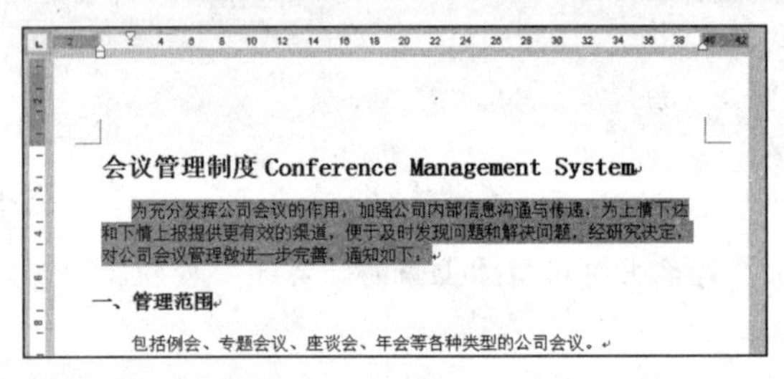

图3-17

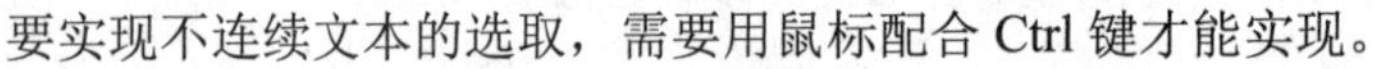

3.2.2 不连续文本的选取

要实现不连续文本的选取，需要用鼠标配合Ctrl键才能实现。

在文档操作中，使用鼠标拖曳的方法先将第1个文字区域选中，接着按住Ctrl键不放，继续用鼠标拖曳的方法选取不连续的第2个文字区域，直到最后一个区域选取完成后，松开Ctrl键，可以看到一次性选取了几个不连续的区域，如图3-18所示。

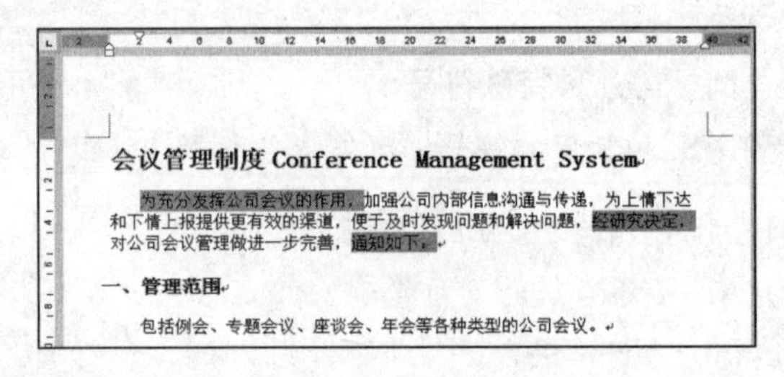

图3-18

提 示

如果要选中文档中的全部文本，在“开始→编辑”选项组中单击“选择”按钮，在展开的下拉菜单中选择“全选”命令可以选中全部文本，或者按Ctrl+A组合键也可以选中整篇文档文本内容。

3.2.3 选取句、行、段落、块区域

1. 句子的快捷选取法

要在文档中快速选取句子文本（一个完整的句子是指，以句号、问号、感叹号等为结束的文本），可以使用以下操作来实现。

打开文档，先按住 Ctrl 键，再在该整句的任意处单击，即可将该句全部选中，如图 3-19 所示。

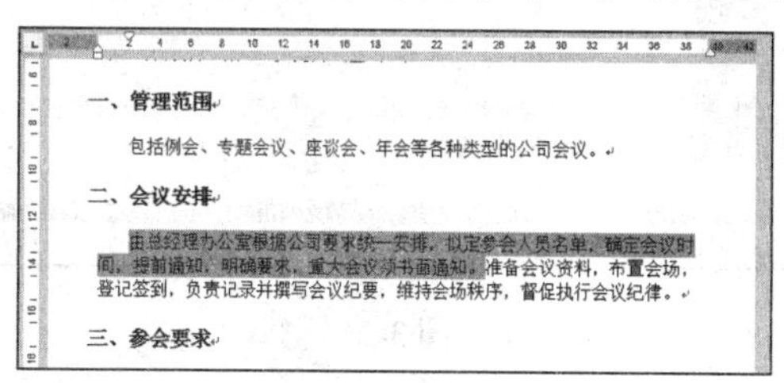

图 3-19

2. 行的快捷选取法

当要在文档中快速选取一行文本时，可以使用以下操作实现。

❶ 将鼠标指针指向要选择行的左侧空白位置，如图 3-20 所示。

❷ 单击鼠标左键，即可选中该行，如图 3-21 所示。

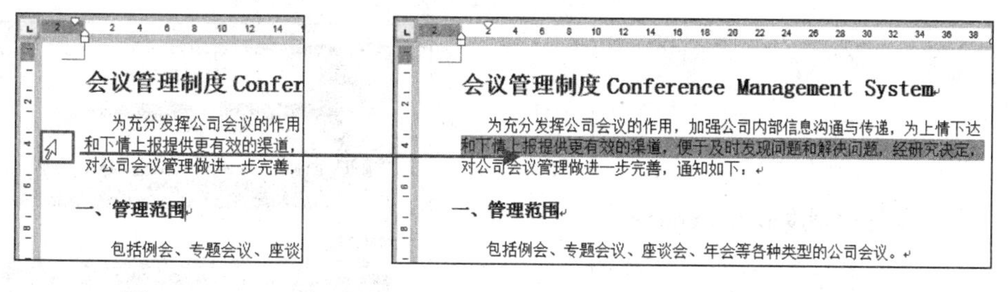

图 3-20　　图 3-21

3. 段落的快捷选取法

当要在文档中快速选取某段落时，可以使用以下操作实现。

❶ 将鼠标指针指向要选择段落的左侧空白位置，如图 3-22 所示。

❷ 双击鼠标左键，即可选中该段落，如图 3-23 所示。

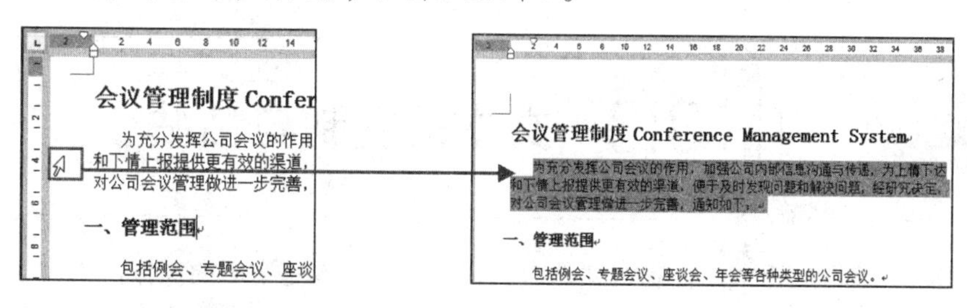

图 3-22　　图 3-23

4. 块区域文本选取

在文档操作中，若要选取文档中某个块区域内容，则需要利用 Alt 键配合鼠标才能实现。

先将光标定位在想要选取区域的开始位置，按住 Alt 键不放，按住鼠标左键拖曳至结束位置处释放鼠标，即可实现块区域内容的选取，如图 3-24 所示。

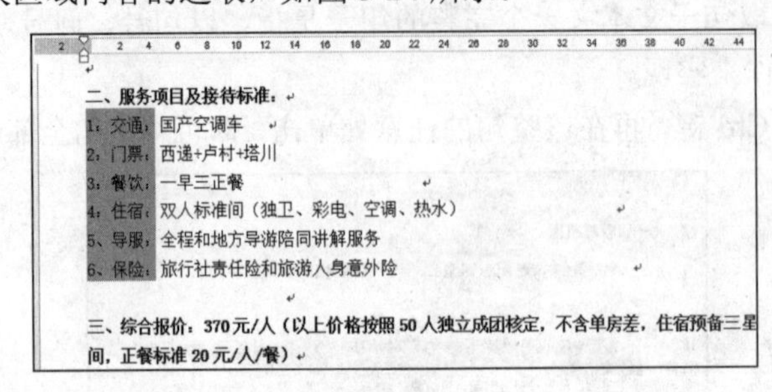

图 3-24

5. 选取较长文本（如多页）内容

要选取长文本时，使用鼠标拖动的方法选取可能会造成选取不便或选取不准确，此时可以使用如下方法来实现选取（注：由于篇幅限制，本例中选取的长文本并非很长，但操作方法相同）。

将光标定位到想要选取内容的开始位置，接着滑动鼠标到要选择内容的结束位置处（见图 3-25），按住 Shift 键，在想要选取内容的结束处单击鼠标，即可将两端内的全部内容选中，如图 3-26 所示。

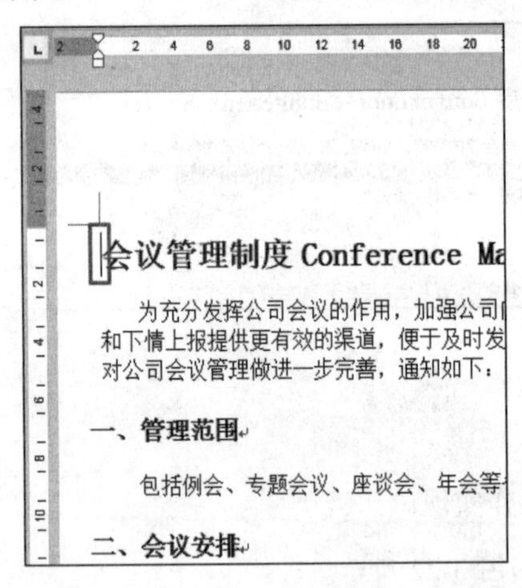

图 3-25

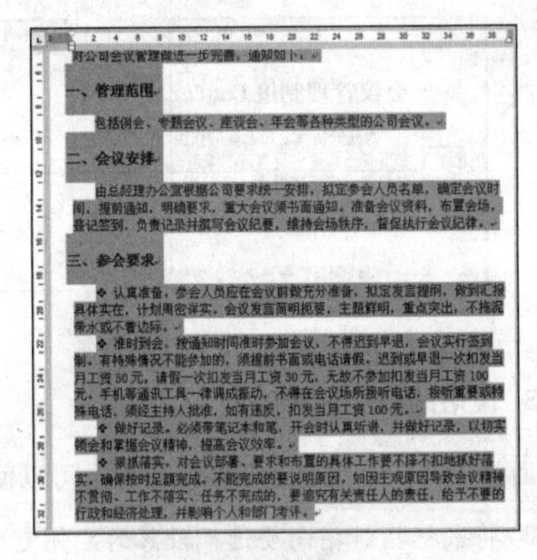

图 3-26

3.3 文本的复制与粘贴

在文档录入编辑过程中，复制、移动、查找、替换文本是常用的操作，因此学会这些操作则是编辑文档的必备技能。

3.3.1 移动文本

文本的移动在文档的编辑过程经常被反复使用，快速地移动文本可以省去重新编辑的步骤，有效地提高文档编辑的效率。快速移动文本的几种方法如下。

1. 利用功能按钮移动文本

“剪切”是在删除所选内容的同时，并将其放到剪贴板上，方便粘贴到其他位置。

❶ 选中需要移动的文本，在“开始”→“剪贴板”选项组中单击“剪切”按钮，如图 3-27 所示。

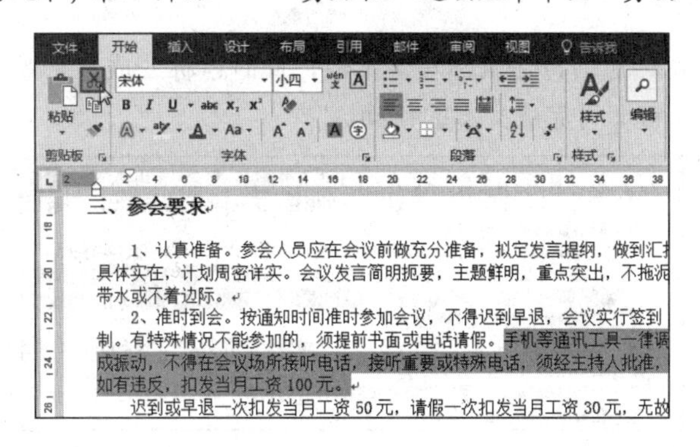

图 3-27

❷ 光标定位到要移动到的目标位置处，在“开始”→“剪贴板”选项组中单击“粘贴”按钮（见图 3-28），即可完成文本的移动，如图 3-29 所示。

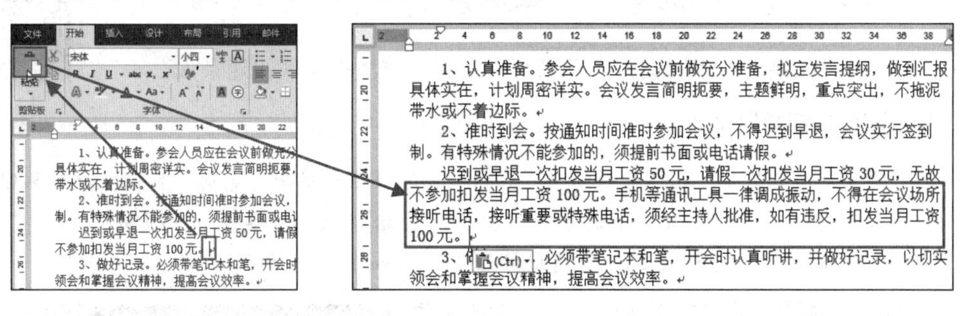

图 3-28　　图 3-29

2. 利用快捷键移动文本

“剪切”功能的快捷键是 Ctrl+X，利用快捷键可以快速实现文本的剪切和粘贴。

❶ 选中需要移动的文本，如图 3-30 所示。

❷ 按 Ctrl+X 快捷键剪切选择的文本内容，原文档的内容消失，并被复制到剪切板中。

❸ 将光标定位在文档需要粘贴的位置（见图 3-31），按 Ctrl+V 快捷键完成剪切文本的移动。

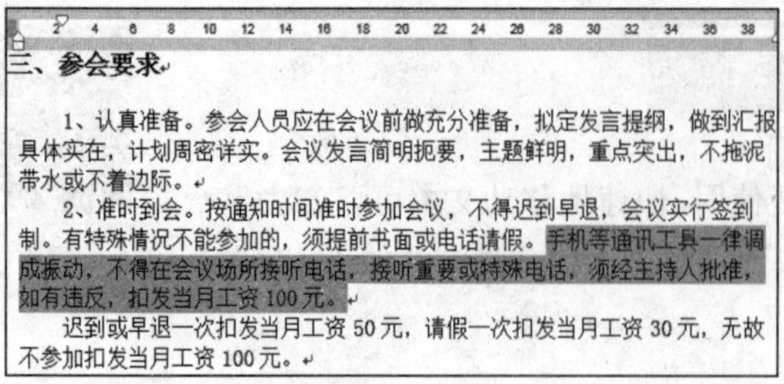

图 3-30

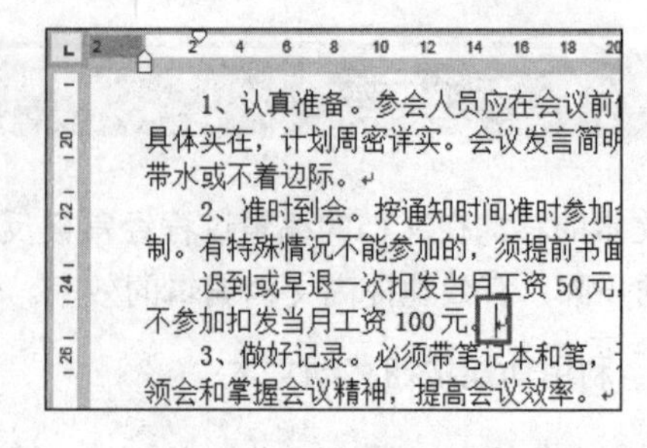

图 3-31

3. 鼠标左键拖动移动

选中需要移动的文本，然后按住鼠标左键不放，此时鼠标变成形状，将鼠标移动到目标位置（见图 3-32），松开左键即可完成文本的移动。

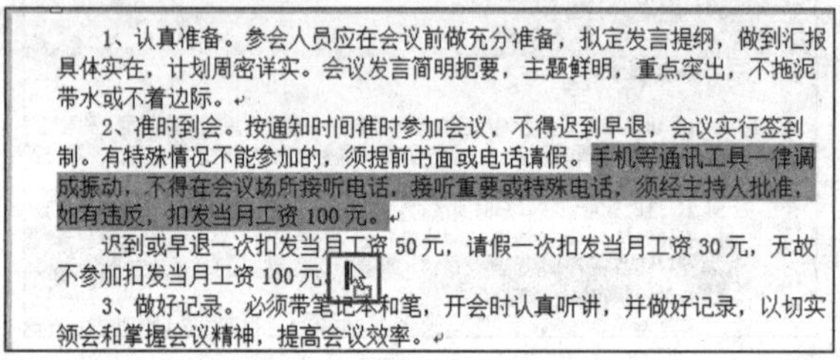

图 3-32

3.3.2 复制文本

在输入文本时如果出现相同文本，可以利用复制的方法以实现快速录入。

1. 利用功能按钮复制文本

❶ 选中需要复制的文本，在“开始”→“剪贴板”选项组中单击“复制”按钮，如图 3-33 所示。

❷ 将光标定位到需要粘贴此文本的位置处，在“开始”→“剪贴板”选项组中单击“粘贴”按钮（见图 3-34），即可将选中文本粘贴到目标位置处，如图 3-35 所示。

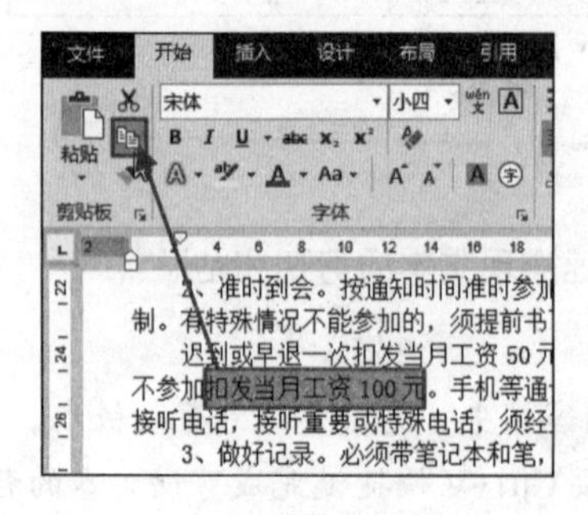

图 3-33

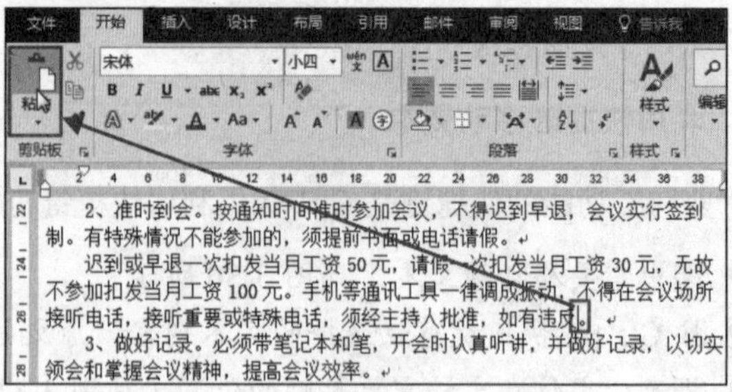

图 3-34

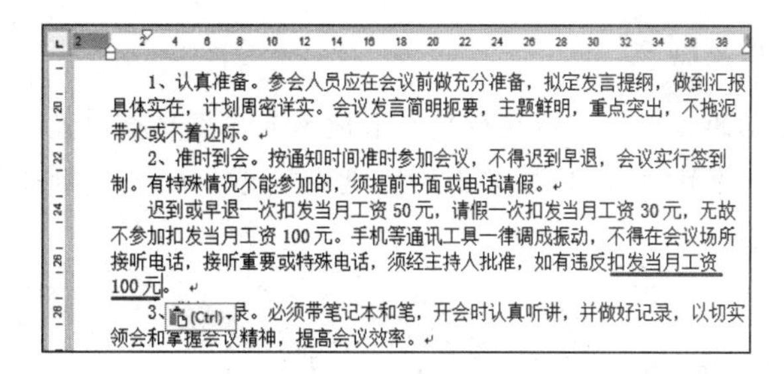

图 3-35

提 示

如果剪贴板中的内容不被替换掉，则可以一直执行“粘贴”命令反复使用这个内容。直到再一次选中新文本，执行“剪切”或“复制”命令后，上次添加到剪贴板中的内容则被替换。

2. 通过快捷键复制

“复制”功能的快捷键是 Ctrl+C、“粘贴”功能的快捷键是 Ctrl+V，利用组合键可以快速实现文本复制和粘贴。

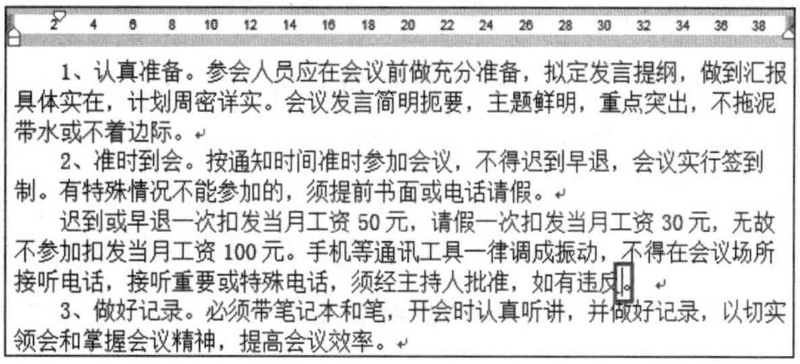

❶ 选中需要复制的文本，然后按 Ctrl+C 快捷键进行复制，如图 3-36 所示。

❷ 将光标定位到需要粘贴文本的位置处（见图 3-37），按 Ctrl+V 快捷键即可将选中文本粘贴到目标位置处，如图 3-38 所示。

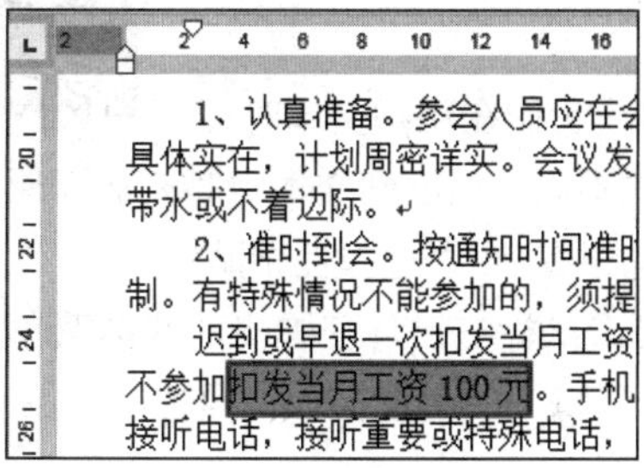

图 3-36

图 3-37

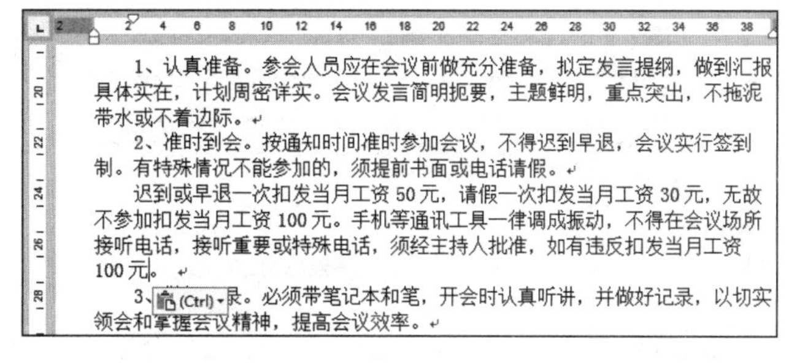

图 3-38

3. 拖动鼠标右键进行复制

❶ 选中需要复制粘贴的文本，然后按住鼠标右键不放拖至目标位置。

❷ 松开鼠标会弹出一个快捷菜单，在弹出的快捷菜单中单击“复制到此位置”命令（见图 3-39），文本自动复制到选择位置。

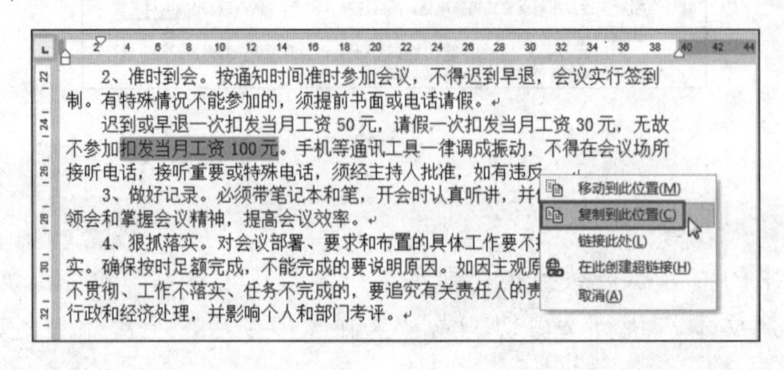

图 3-39

提 示

如图 3-39 所示，我们可以看到，在拖动鼠标右键并松开后，弹出的快捷菜单中有“移动到此位置”命令按钮，这表明我们用拖动鼠标右键的方法也可以实现文本的移动。

3.3.3 “选择性粘贴”功能

“选择性粘贴”功能，是可以实现一些特殊效果的粘贴。我们在粘贴文本时，默认选择“保留源格式”形式的粘贴。有时因为文本的源格式不同，粘贴到文本中时要放弃原来的格式，常采取合并格式、粘贴为图片、只保留文本等格式的粘贴，即“选择性粘贴”。

选中并复制文本内容，将鼠标定位到需要粘贴的位置单击鼠标右键，在弹出的快捷菜单中有四种粘贴方式，分别是“保留源格式”“合并格式”“图片”和“只保留文本”四种，如图 3-40 所示。

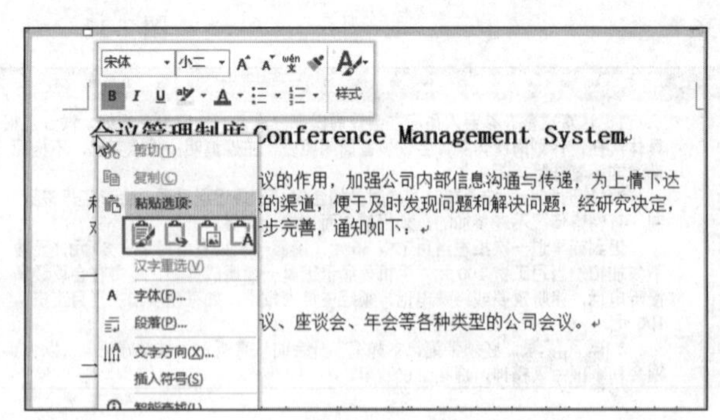

图 3-40

- 单击“保留源格式”按钮，被粘贴的内容会完全保留原始内容的格式和样式。

- 单击“合并格式”按钮，被粘贴的内容保留原始内容的格式，并且合并粘贴目标位置的格式。
- 单击“图片”按钮，被粘贴的内容保存为图片的格式，并且粘贴到目标位置。
- 单击“只保留文本”按钮，被粘贴内容删除所有格式和图形，保留无格式的文本。

提 示

由于复制的文本的源格式，在粘贴的时常用“合并格式”的粘贴方式。而对于网页上文本的复制，如果直接粘贴会包含原格式，导致文档资料过于混乱，因此在从网页中复制使用资料时，一般都要使用“只保留文本”（即无格式粘贴）的粘贴方式。

知识扩展

将文字转换为图片

利用“选择性粘贴”功能可以将文字转换为图片使用。

选中并复制目标文本内容，将鼠标定位到需要粘贴的位置，在“开始”→“剪贴板”选项组中单击“粘贴”下拉按钮，在弹出的下拉菜单中单击“图片”命令（见图 3-41），即可将选中的文本粘贴为图片格式，如图 3-42 所示。

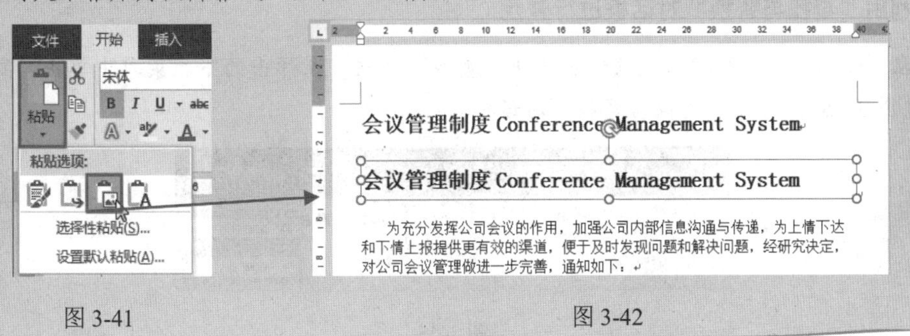

图 3-41　　　　图 3-42

3.4 文本查找与替换

当要在一篇文档中查找某个特定文本时，通过眼睛逐行查看显然效率低下而且容易出错，此时可以使用查找功能；另外如果某个文本需要替换成新文本，也可以直接使用查找与替换功能。这些都是程序提供给我们的智能操作，是编辑文档过程中的基本操作技巧。

3.4.1 查找文本

查找文本时，既可以通过导航窗格实现，还可以用“查找与替换”对话框实现，而在查找时再结合通配符来设置查找关键字，可以查找到一类数据。

1. 利用导航进行查找

导航窗格一般位于文档左侧，是用来显示文档结构和进行查找的。如果文档左侧没有显示出导航窗格，需要事先显示出来。

❶ 在“视图”→“显示”选项组中勾选“导航窗格”复选框（见图 3-43），即可打开导航窗格。

❷ 在导航窗格的文本框中输入要查找的内容，例如“会议”，Word 程序即可将文档中查找到的所有“会议”都以黄色底纹特殊显示出来，如图 3-44 所示。

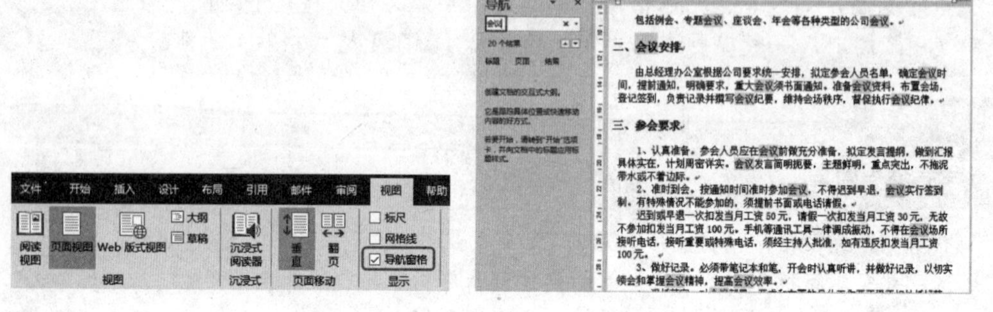

图 3-43　　图 3-44

2. 利用“查找与替换”对话框进行查找

❶ 在“开始”→“编辑”选项组中单击“查找”按钮，在弹出的下拉菜单中单击“高级查找”命令（见图 3-45），打开“查找与替换”对话框。

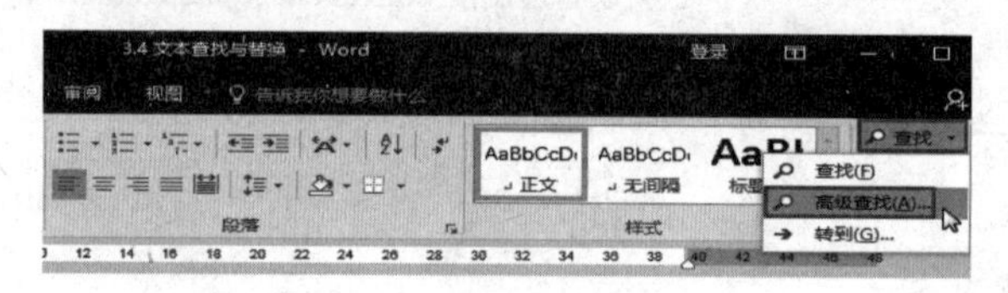

图 3-45

❷ 在“查找内容”文本框中输入“会议”，然后单击“阅读突出显示”下拉按钮，在下拉列表中单击“全部突出显示”选项，如图 3-46 所示。

❸ 单击“关闭”按钮返回到文档中，即可看到所有满足查找内容的文本全部突出显示，如图 3-47 所示。

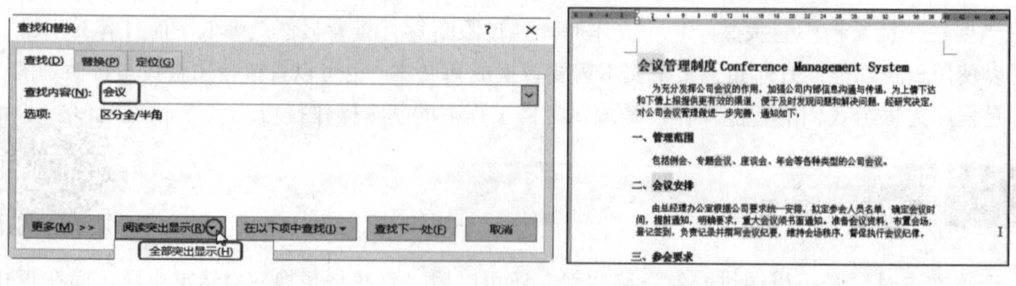

图 3-46　　图 3-47

> **提 示**
>
> 如果想清除突出显示，则可以再次打开“查找和替换”对话框，在“阅读突出显示”下拉列表中单击“清除突出显示”选项即可。

3. 使用通配符查找一类数据

通配符有?和*号，?代表一个字符，*代表多个字符。在查找内容时，使用通配符可以实现对一类数据的查找。

❶ 在“开始”→“编辑”选项组中单击“查找”按钮，在弹出的下拉菜单中单击“高级查找”命令，打开“查找与替换”对话框。

❷ 单击“更多”按钮（见图 3-48），展开“搜索选项”栏。

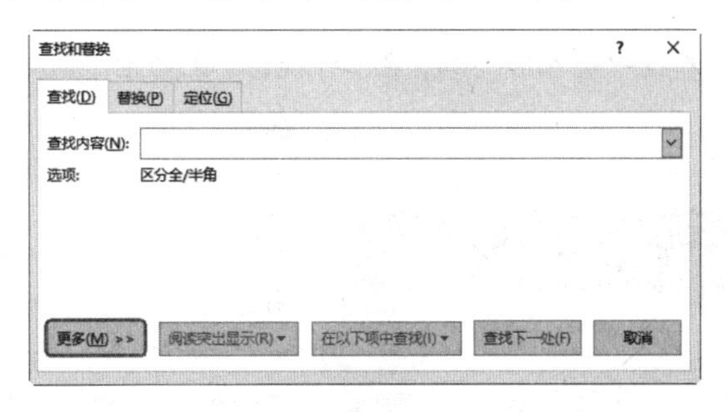

图 3-48

❸ 勾选“使用通配符”复选框，再在“查找内容”文本框中输入查找内容，例如本例中输入“扣*元”，然后单击“阅读突出显示”下拉按钮，在下拉列表中单击“全部突出显示”选项，如图 3-49 所示。

❹ 单击“关闭”按钮返回到文档中，即可看到所有满足查找内容的文本全部突出显示，如图 3-50 所示。

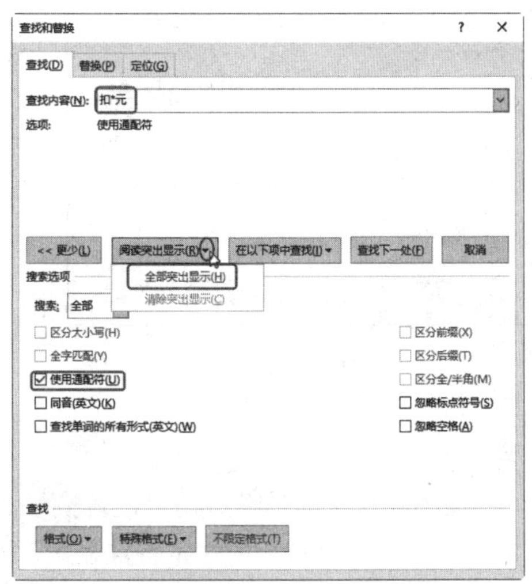

图 3-49

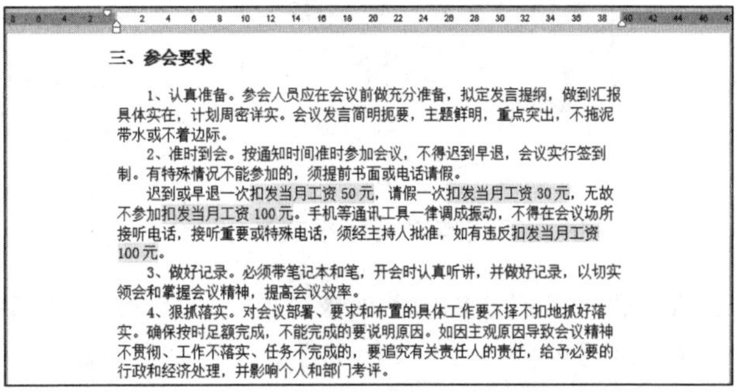

三、参会要求

1、认真准备。参会人员应在会议前做充分准备，拟定发言提纲，做到汇报具体实在，计划周密详实。会议发言简明扼要，主题鲜明，重点突出，不拖泥带水或不着边际。

2、准时到会。按通知时间准时参加会议，不得迟到早退，会议实行签到制。有特殊情况不能参加的，须提前书面或电话请假。

迟到或早退一次扣发当月工资 50 元，请假一次扣发当月工资 30 元，无故不参加扣发当月工资 100 元。手机等通讯工具一律调成振动，不得在会议场所接听电话，接听重要或特殊电话，须经主持人批准，如有违反扣发当月工资 100 元。

3、做好记录。必须带笔记本和笔，开会时认真听讲，并做好记录，以切实领会和掌握会议精神，提高会议效率。

4、狠抓落实。对会议部署、要求和布置的具体工作要不择不扣地抓好落实。确保按时足额完成，不能完成的要说明原因。如因主观原因导致会议精神不贯彻、工作不落实、任务不完成的，要追究有关责任人的责任，给予必要的行政和经济处理，并影响个人和部门考评。

图 3-50

如果想更快速地打开“查找”对话框，还可以直接使用 Ctrl+F 组合键。

3.4.2 替换文本

替换文本是用新文本替换旧文本，并且可以实现文档中所有旧文本的一次性替换，从而避免遗漏，提高工作效率。

1. 批量替换文本

❶ 在“开始”→“编辑”选项组中单击“替换”按钮（见图 3-51），打开“查找与替换”对话框。

❷ 在“查找内容”文本框中输入旧文本，在“替换为”文本框中输入新文本，如图 3-52 所示。

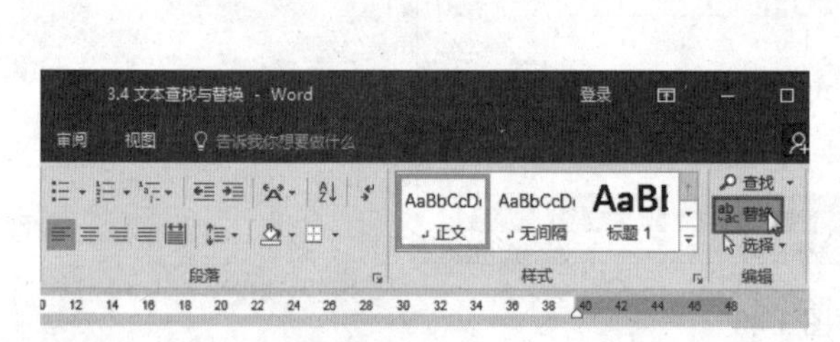

图 3-51

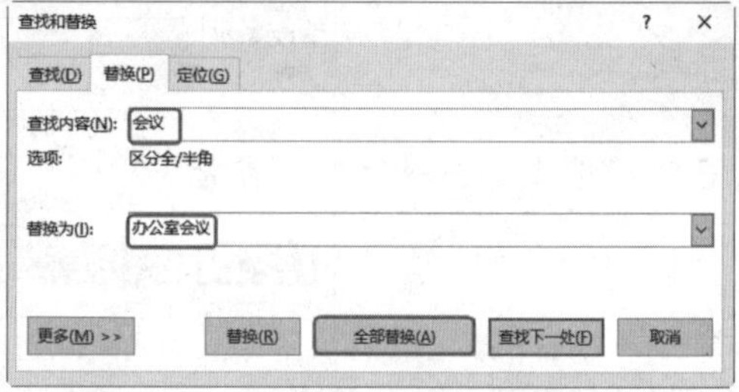

图 3-52

❸ 单击“全部替换”按钮，弹出提示框提示文档中有多少处文本完成了替换（见图 3-53），单击“确定”按钮即可完成替换，效果如图 3-54 所示。

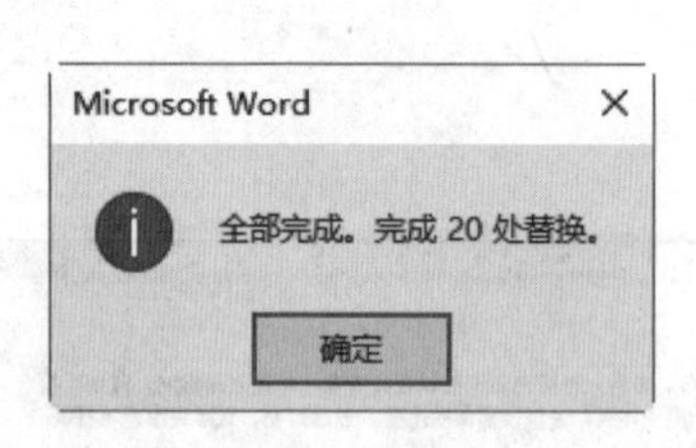

图 3-53

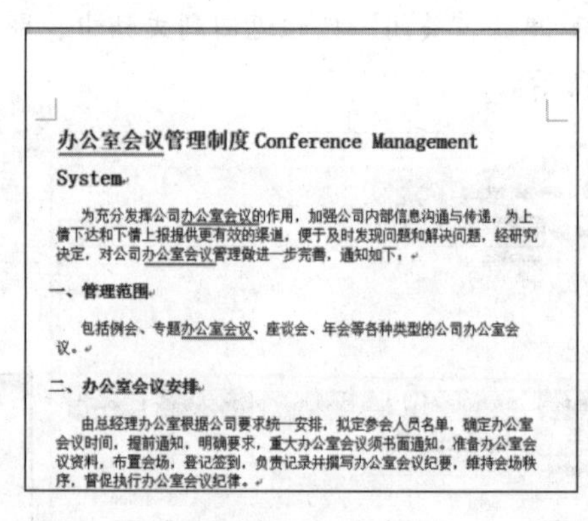

图 3-54

2. 让替换后的文本以特殊格式显示

在替换文本时，如果多处被替换了，当回到文档中时往往不能直接看到哪些位置被替换了，因此如果还想能替换后的文档进行最后的确认查看，则可以通过设置让替换后的文本特殊显示，从而让替换结果一目了然。

❶ 按 Ctrl+H 组合键，打开“查找与替换”对话框。

❷ 在“查找内容”文本框中输入旧文本，在“替换为”文本框中输入新文本，如图 3-55 所示。

❸ 单击“更多”按钮，展开搜索栏，单击“格式”下拉按钮，在弹出的列表中单击“突出显示”选项，如图 3-56 所示。

❹ 依次单击“全部替换”→“确定”按钮返回文档中，即可看到所有完成替换的文本都特殊显示，如图 3-57 所示。

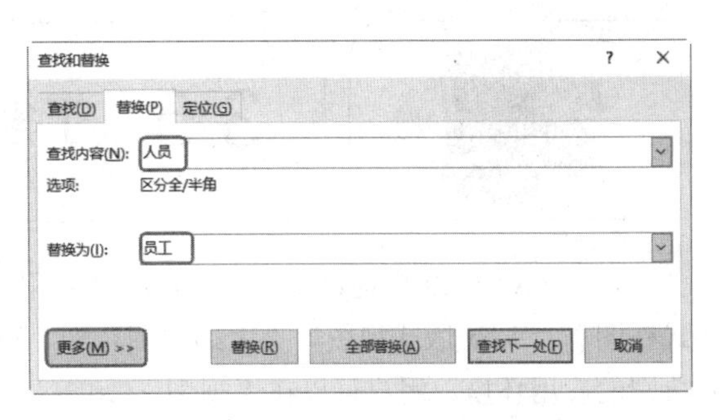

查找和替换
查找(D)
替换(P)
定位(G)
查找内容(N):
人员
选项:
区分全/半角
替换为(I):
员工
更多(M) >>
替换(R)
全部替换(A)
查找下一处(F)
取消

图 3-55

查找和替换
查找(D)
替换(P)
定位(G)
查找内容(N):
人员
选项:
区分全/半角
替换为(I):
员工
<< 更少(L)
替换(R)
全部替换(A)
查找下一处(F)
取消
搜索选项
搜索:
全部
区分大小写(H)
全字匹配(Y)
字体(F)...
段落(P)...
制表位(T)...
语言(L)...
图文框(M)...
样式(S)...
突出显示(H)
区分前缀(X)
区分后缀(T)
区分全/半角(M)
忽略标点符号(S)
忽略空格(W)
格式(O)
特殊格式(E)
不限定格式(T)

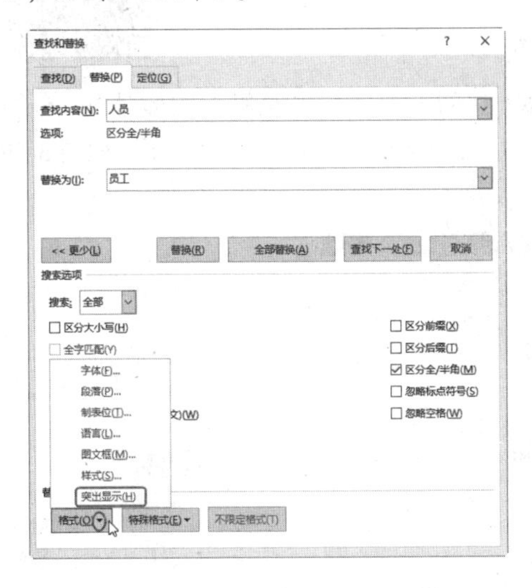

图 3-56

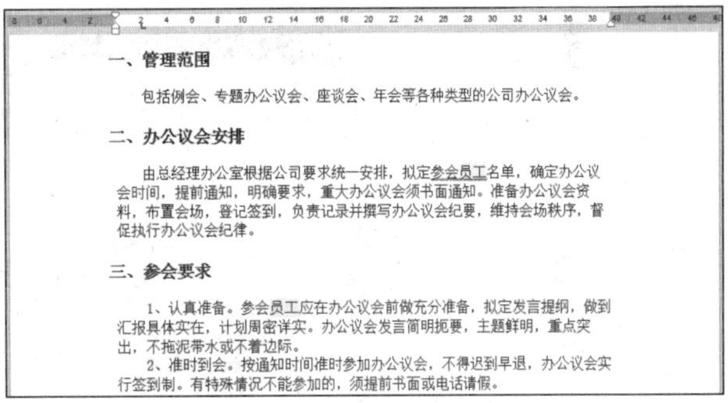

一、管理范围
包括例会、专题办公议会、座谈会、年会等各种类型的公司办公议会。
二、办公议会安排
由总经理办公室根据公司要求统一安排，拟定参会员工名单，确定办公议会时间，提前通知，明确要求，重大办公议会须书面通知。准备办公议会资料，布置会场，登记签到，负责记录并撰写办公议会纪要，维持会场秩序，督促执行办公议会纪律。
三、参会要求
1、认真准备。参会员工应在办公议会前做充分准备，拟定发言提纲，做到汇报具体实在，计划周密详实。办公议会发言简明扼要，主题鲜明，重点突出，不拖泥带水或不着边际。
2、准时到会。按通知时间准时参加办公议会，不得迟到早退，办公议会实行签到制。有特殊情况不能参加的，须提前书面或电话请假。

图 3-57

知识扩展

自定义替换后文本特殊显示效果

如图 3-56 所示，当单击“格式”按钮弹出的菜单时，可以自定义设置文本的特殊显示效果，如“字体”“样式”等，用户可根据需要自定义特殊显示的效果。具体操作步骤如下：

重复上述❶和❷步的操作，光标定位在“替换为”框中，然后单击“更多”按钮展开搜索栏，单击“格式”下拉按钮，在弹出的列表中单击“字体”选项，打开“替换字体”对话框，设置特殊字体或颜色，如图 3-58 所示。执行替换后就可以让替换后的文本显示为所设置的特殊格式。

替换字体
字体(N)
高级(V)
中文字体(T):
字形(Y):
字号(S):
加粗
西文字体(F):
常规
倾斜
加粗
初号
小初
一号
所有文字
字体颜色(C):
下划线线型(U):
下划线颜色(I):
着重号(·):
效果
删除线(K)
双删除线(L)
上标(P)
下标(B)
小型大写字母(M)
全部大写字母(A)
隐藏(H)
预览
Word2019
设为默认值(D)
确定
取消

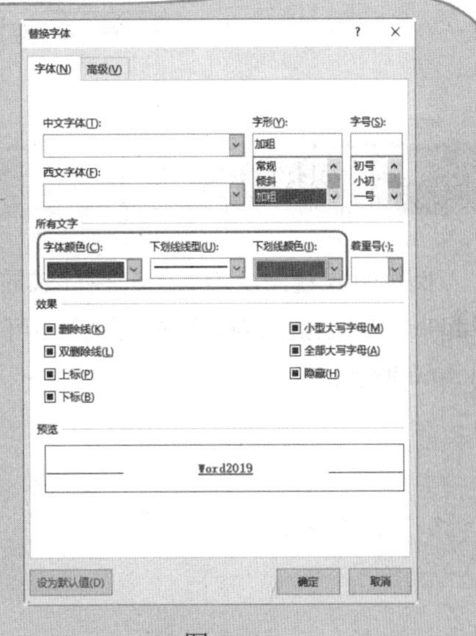

图 3-58

3.5 了解 Word 中的几种视图

在 Word 2019 中提供了多种视图模式供用户选择，这些视图模式包括“页面视图”“阅读版式视图”“Web 版式视图”“大纲视图”和“草稿视图”等 5 种视图模式。不同的视图模式有其特别的应用环境，用户可以在“视图”功能区中选择需要的文档视图模式，也可以在 Word 2019 文档窗口的右下方单击视图按钮选择视图。

3.5.1 页面视图

页面视图可以显示 Word 2019 文档的打印结果外观，主要包括页眉、页脚、图形对象、分栏设置、页面边距等元素，是接近打印结果的页面视图，也是我们常用的编辑文档的视图，如图 3-59 所示。

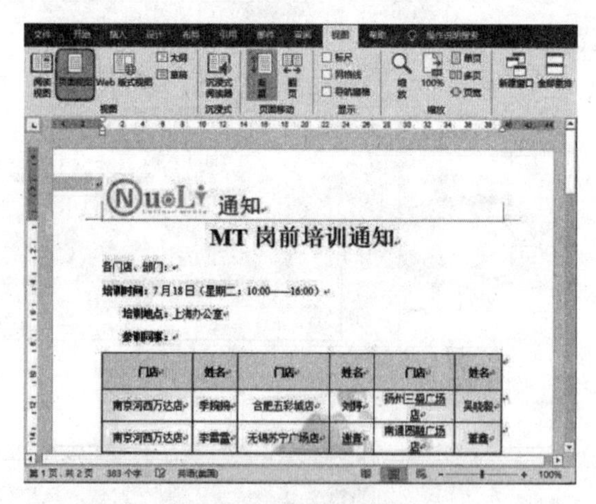

图 3-59

3.5.2 阅读视图

阅读版式视图以图书的分栏样式显示 Word 2019 文档，功能区等窗口元素被隐藏起来。在阅读版式视图中，用户还可以单击“工具”按钮选择各种阅读工具，如图 3-60 所示。

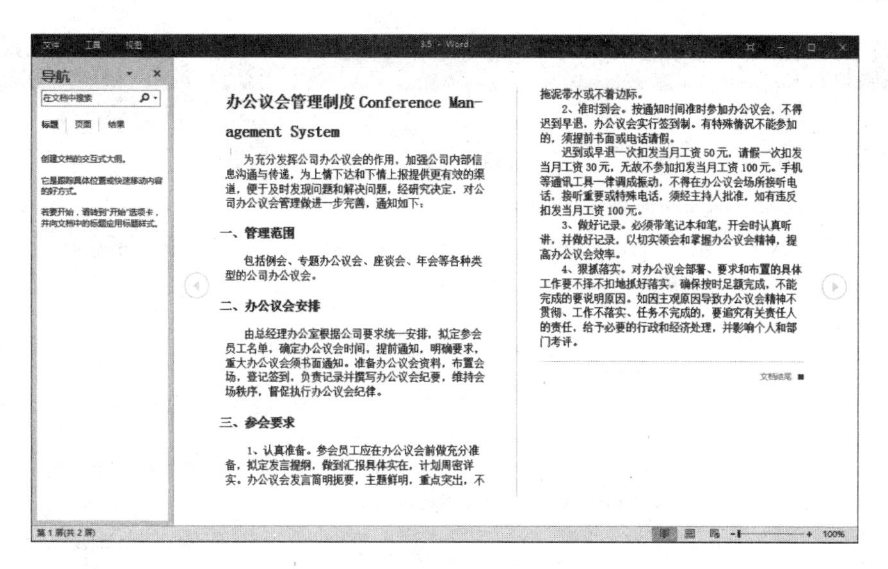

图 3-60

在阅读视图状态下无法对文档进行编辑，如果需要编辑时，单击“视图”选项卡，在弹出的菜单中单击“编辑文档”命令，如图 3-61 所示；或者单击文档底部的其他可编辑视图模式。

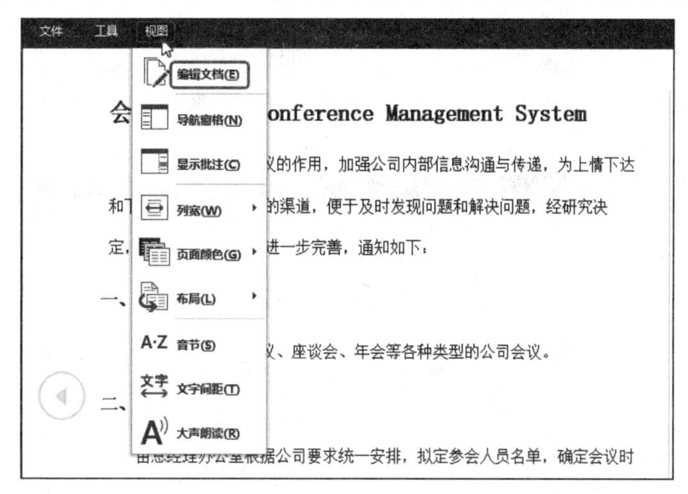

图 3-61

3.5.3 Web 版式视图

Web 版式视图以网页的形式显示 Word 2019 文档，Web 版式视图适用于发送电子邮件和创建网页，如图 3-62 所示。

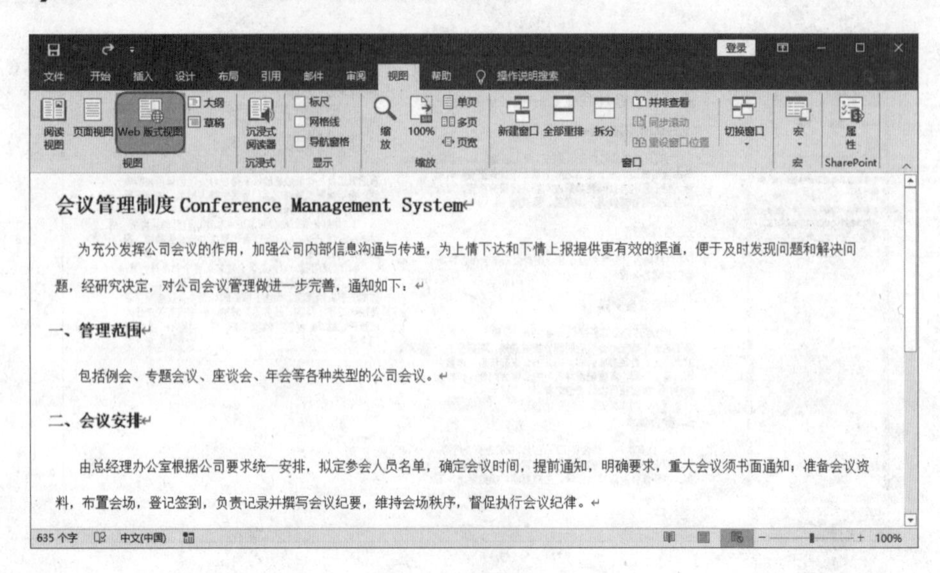

图 3-62

3.5.4 大纲视图

大纲视图主要用于当文本需要建立目录结构时，可以很方便地为文档建立多级目录，或者调整目录的级别，如图 3-63 所示。建立目录后需要通过大纲视图编辑或查看文档。

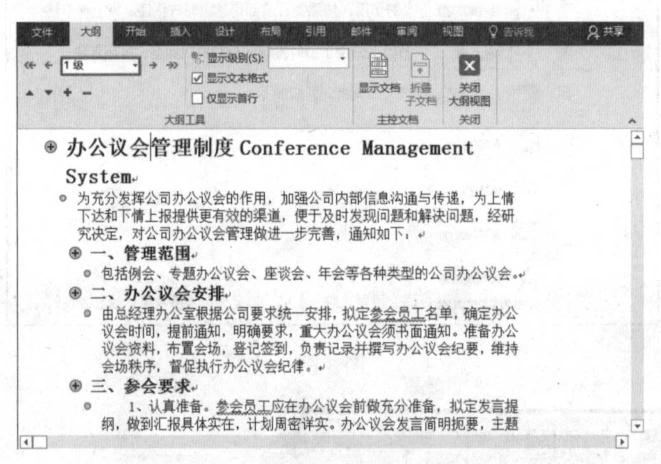

图 3-63

在“视图”选项组中单击“大纲视图”按钮，进入大纲视图编辑状态，此时选中文本，即可设置标题的级别。

单击“关闭大纲视图”按钮，退出编辑状态，此时在导航窗格中看到设置的标题，如图 3-64 所示。

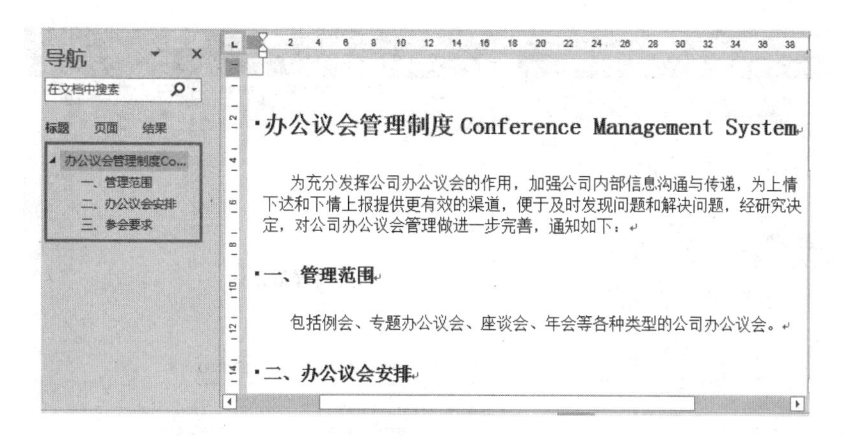

图 3-64

3.5.5 草稿视图

“草稿视图”取消了页面边距、分栏、页眉页脚和图片等元素，仅显示标题和正文（见图 3-65），是节省计算机系统硬件资源的视图方式。当然，现在计算机系统的硬件配置都比较高，基本上不存在由于硬件配置偏低而使 Word 2019 运行遇到障碍的问题。

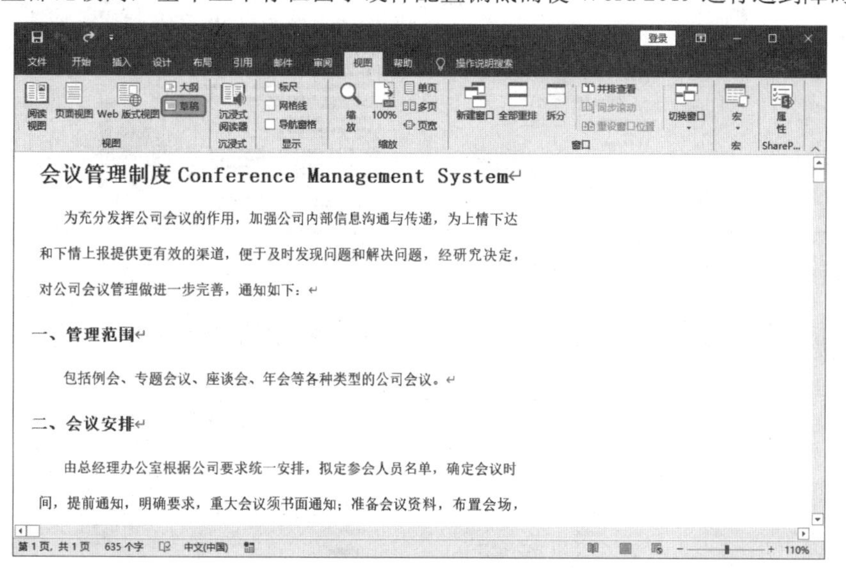

图 3-65

3.5.6 横版翻页

默认的文档查看方式为“垂直”，如果文档页面非常多，可以使用“横版翻页”功能快速查看。在“页面移动”选项组中单击“翻页”按钮，即可进入横版翻页状态。如图 3-66 所示。

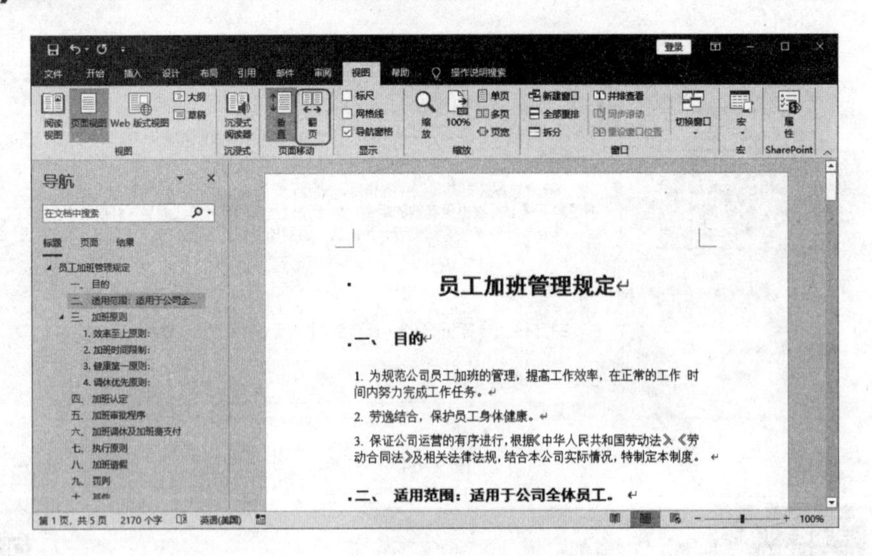

图 3-66

如图 3-67、图 3-68 所示为通过操控鼠标中间的滑轮快速横向翻页滚动查看所有文档页面。

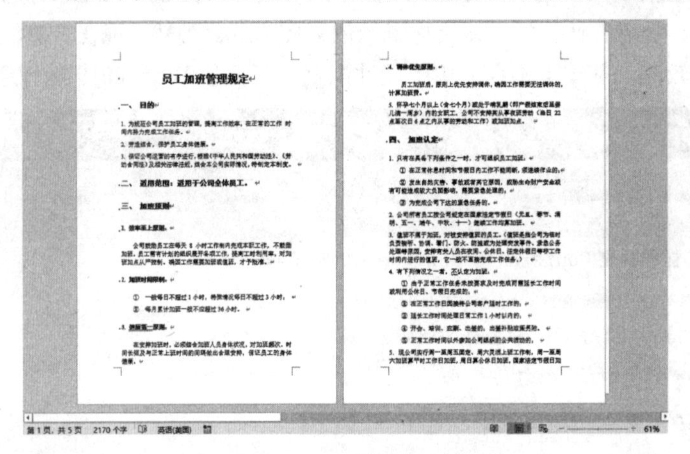

图 3-67

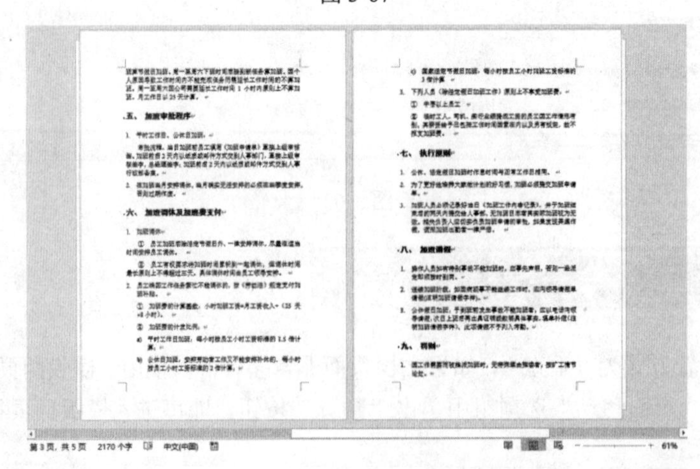

图 3-68

3.6 综合实例：员工加班管理规定文档

员工加班管理规定文档中包含了加班制度的适用范围、加班原则说明、加班审批程序以及请假规则等内容，由于加班管理文档中包含很多主标题、副标题以及细分条目，可以添加特殊符号修饰文档，让文档阅读结构更有条理性。

制作好加班管理规定文档后，即可进入“阅读视图”浏览整篇文档。

1. 添加特殊符号

❶ 打开文档，将光标放在需要插入特殊符号的位置，在“插入”选项卡的“符号”组中单击“插入符号”下拉按钮，并单击下拉列表中的“其他符号”(见图 3-69)，打开“符号”对话框。

❷ 在对话框中找到合适的符号并单击即可，如图 3-70 所示。

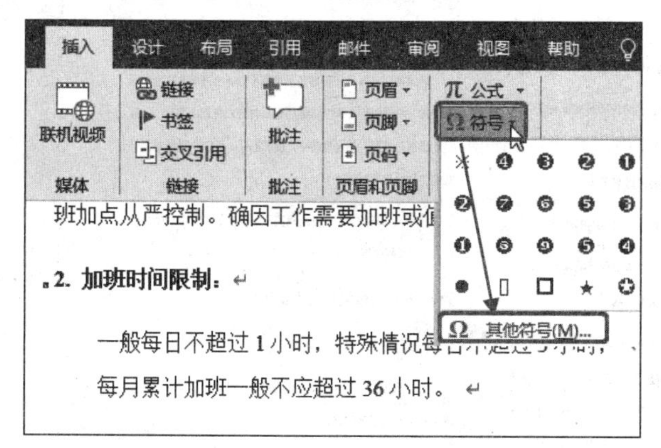

图 3-69

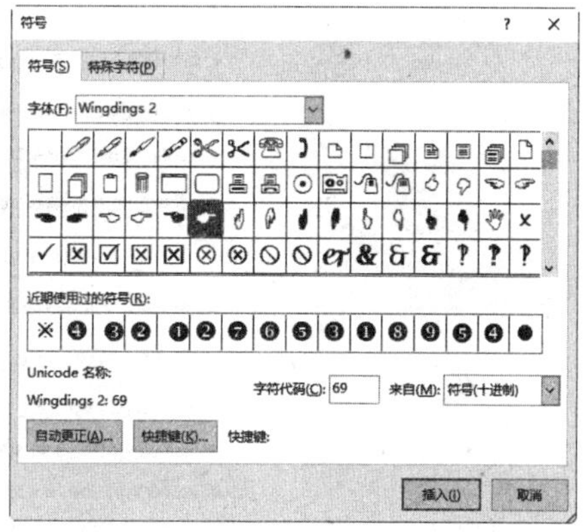

图 3-70

❸ 单击“插入”按钮返回文档，即可看到光标位置插入的特殊符号，根据需要将符号复制到其他文本前即可，如图 3-71、图 3-72 所示。

班加点从严控制。确因工作需要加班或值班，才予批准。

2. 加班时间限制：

- 一般每日不超过 1 小时，特殊情况每日不超过 3 小时；
- 每月累计加班一般不应超过 36 小时。

3. 健康第一原则：

在安排加班时，必须结合加班人员身体状况，对加班频次、时间长短及与正常上班时间的间隔做出合理安排，保证员工的身体健康。

图 3-71

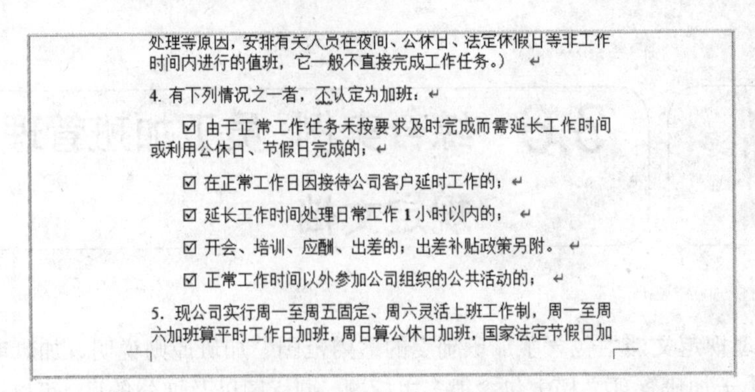

图 3-72

2. 阅读视图

在“视图”选项卡的“视图”组中单击“阅读视图”按钮，即可进入阅读视图，依次浏览每页的内容即可，如图 3-73 所示。

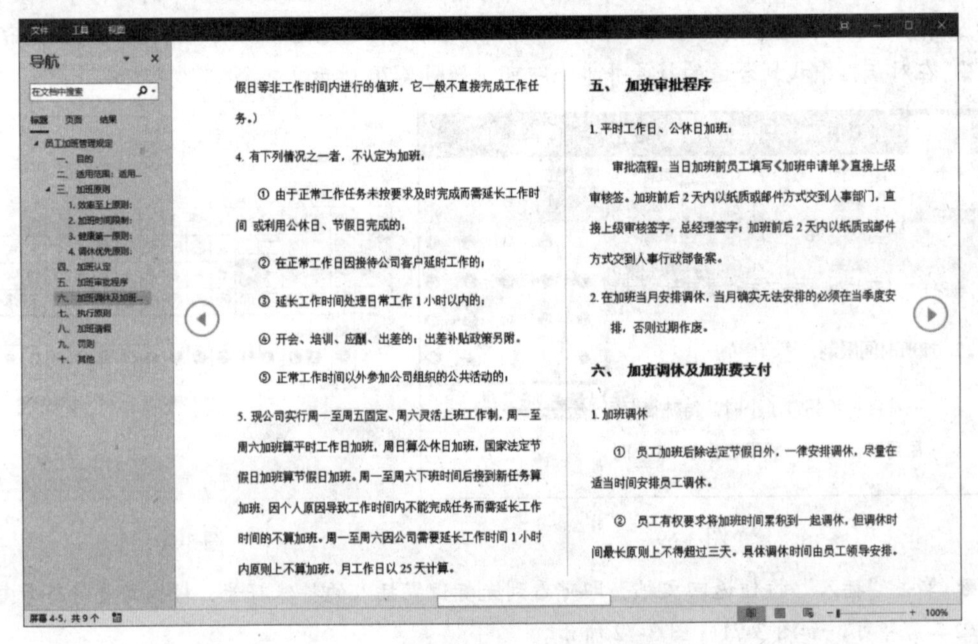

图 3-73

第 4 章
文字的格式设置

学习导读

掌握了在 Word 文档中输入文本的技巧之后，下一步需要为文本设置字体格式：包括字形、字号、艺术效果等。完整的文本内容还需要调整字符间距和位置、为文字设置边框和底纹效果，以及快速引用和清除文本格式等。

学习要点

- 文字字体格式设置
- 文字特殊效果设置
- 调整字符间距、位置
- 文字边框与底纹设置
- 文本格式引用与删除
- 制作工作计划文档

4.1 文本字体格式设置

文字是一个文档重要的部分，而要如何更好地展现文档的层次、突出重点，则可以通过对文字的字体、字号等格式的设置来实现。

4.1.1 设置文本字体和字号

在 Word 2019 中，文字默认是 5 号的“等线”字，而在不同的文档中，为了达到不同的排版要求，需要对不同文本使用不同的字体和字号，一般正文可以保持默认设置，而大标题、小标题等可以特殊设置。

1. 在“字体”选项组中设置字体字号

❶ 选中要设置格式的文字，在“开始”→“字体”选项组中单击“字体”下拉按钮，在弹出的下拉菜单中选择想使用的字体，如“黑体”，如图 4-1 所示。

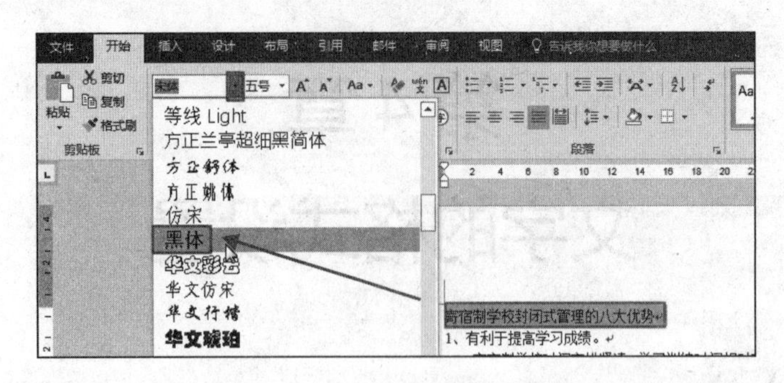

图 4-1

❷ 保持选中状态，在“开始”→“字体”选项组中单击“字号”下拉按钮，在弹出的下拉菜单中选择字号大小，如“二号”，应用后效果如图 4-2 所示。

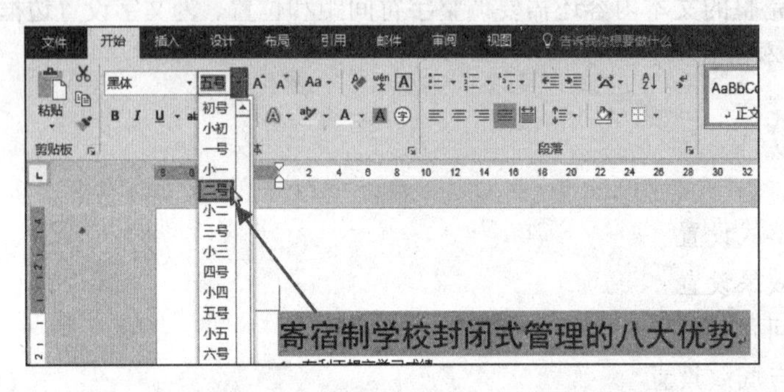

图 4-2

提 示

系统内置的字体是有限的，如果没有特殊要求，一般都可以满足需求；如果编辑的文档对字体有特殊要求，在内置字体中无法找到时可以从网格下载并安装使用。

2. 通过“字体”对话框设置字体字号

❶ 选中要设置格式的文字，在“开始”→“字体”选项组中单击对话框启动器按钮（见图 4-3），打开“字体”对话框。

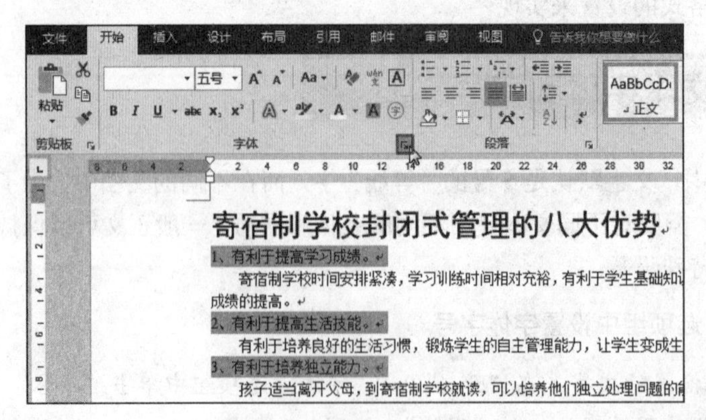

图 4-3

❷ 在“中文字体”下拉列表中可以设置字体，在“字号”下拉列表中可以设置字号，在预览框中会展示设置的效果，如图 4-4 所示。

❸ 单击“确定”按钮返回到文档中，即可看到设置后的文字效果，如图 4-5 所示。

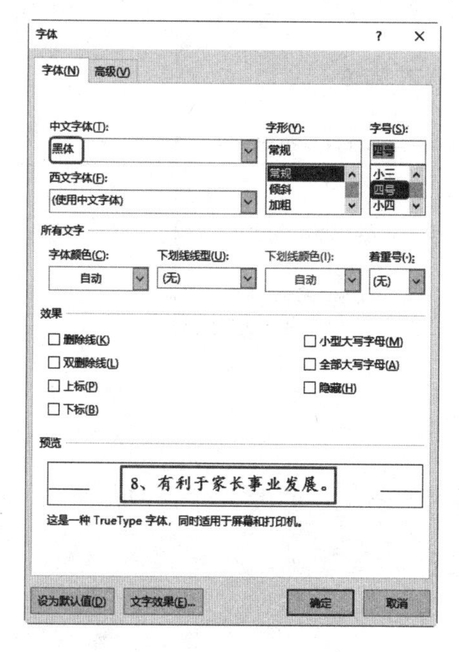

图 4-4

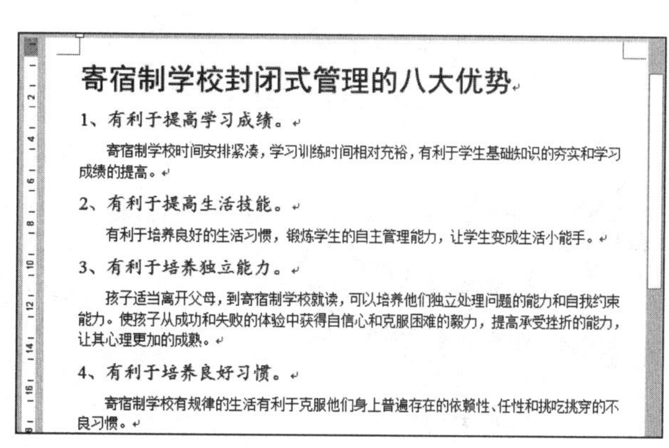

寄宿制学校封闭式管理的八大优势

1、有利于提高学习成绩。

寄宿制学校时间安排紧凑，学习训练时间相对充裕，有利于学生基础知识的夯实和学习成绩的提高。

2、有利于提高生活技能。

有利于培养良好的生活习惯，锻炼学生的自主管理能力，让学生变成生活小能手。

3、有利于培养独立能力。

孩子适当离开父母，到寄宿制学校就读，可以培养他们独立处理问题的能力和自我约束能力。使孩子从成功和失败的体验中获得自信心和克服困难的毅力，提高承受挫折的能力，让其心理更加的成熟。

4、有利于培养良好习惯。

寄宿制学校有规律的生活有利于克服他们身上普遍存在的依赖性、任性和挑吃挑穿的不良习惯。

图 4-5

提 示

如果多处文本需要使用同一文字格式（比如本例中几处小标题文本）可以配合 Ctrl 键一次性选中文本，然后进行后面的文字格式设置。

4.1.2 设置文字字形和颜色

通过对文字字形和颜色的设置，可以起到区分文字、突出显示的作用，是文档编辑与排版过程中常用的操作。

1. 设置文字字形

文字字形的设置一般包括“常规”“加粗”“倾斜”几种，而“加粗”和“倾斜”可以同时实现。

选中要设置格式的文字，在“开始”→“字体”选项组中依次单击“加粗”按钮、“倾斜”按钮，即可对文字进行相应的设置，效果如图 4-6 所示。

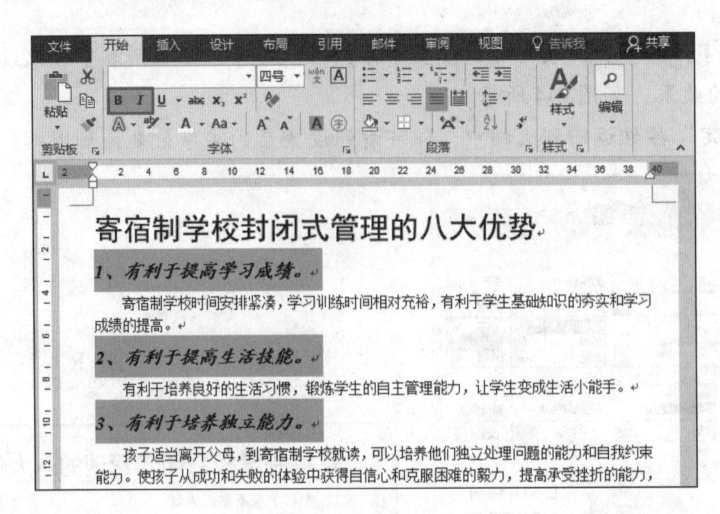

图 4-6

提 示

如果要恢复文字的常规状态，可以在选中状态下再次单击相应的字形设置按钮，即可还原到常规状态。

2. 设置文字颜色

选中要设置颜色的文字，在“开始”→“字体”选项组中单击“字体颜色”下拉按钮，在弹出的菜单中选择想得到的颜色（见图 4-7），当鼠标指向时颜色即可展现该颜色（如“紫色”）的应用效果，单击即可将其应用到文字上，效果如图 4-8 所示。

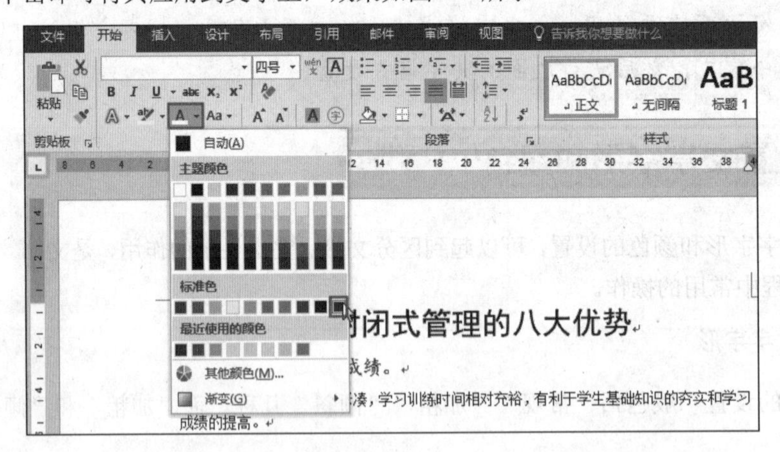

图 4-7

寄宿制学校封闭式管理的八大优势

1、有利于提高学习成绩。

寄宿制学校时间安排紧凑，学习训练时间相对充裕，有利于学生基础知识的夯实和学习成绩的提高。

2、有利于提高生活技能。

有利于培养良好的生活习惯，锻炼学生的自主管理能力，让学生变成生活小能手。

3、有利于培养独立能力。

孩子适当离开父母，到寄宿制学校就读，可以培养他们独立处理问题的能力和自我约束能力。使孩子从成功和失败的体验中获得自信心和克服困难的毅力，提高承受挫折的能力，让其心理更加的成熟。

4、有利于培养良好习惯。

寄宿制学校有规律的生活有利于克服他们身上普遍存在的依赖性、任性和挑吃挑穿的不良习惯。

图 4-8

提　示

除“字体颜色”下拉菜单中列出的颜色外，用户还可以单击“其他颜色”命令，在“颜色”对话框中选择更多的颜色。

4.2 文字的特殊效果

除了通过改变字体、字号来突出显示文字外，还可以为文字应用一些特殊效果，如下划线、艺术字、带圈字符等。通过本节可以了解设置这些特殊效果的操作方法，读者可以根据当前文档的排版需要，为文字应用合理及协调的效果。

4.2.1 设置文字下划线效果

在“字体”选项组中可以单击 U ▾ 按钮，为选中的文本添加下划线。默认的下划线为单实线格式，也可以重新自定义下划线的格式。

❶ 选中要添加下划线的文字，在“开始”→“字体”选项组中单击“下划线”按钮 U ▾，即可对文字添加下划线，效果如图 4-9 所示（默认是与文字相同颜色的单实线线条）。

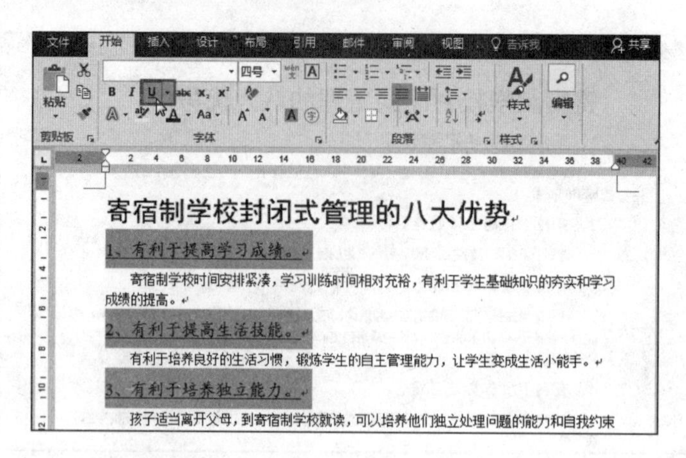

图 4-9

❷ 要想选择其他样式的下划线，可以先选中要添加下划线的文字，在“开始”→“字体”选项组中单击“下划线”下拉按钮U ▾，在弹出的下拉菜单中选择想要的线条格式（见图 4-10），如“波浪线”，效果如图 4-11 所示。

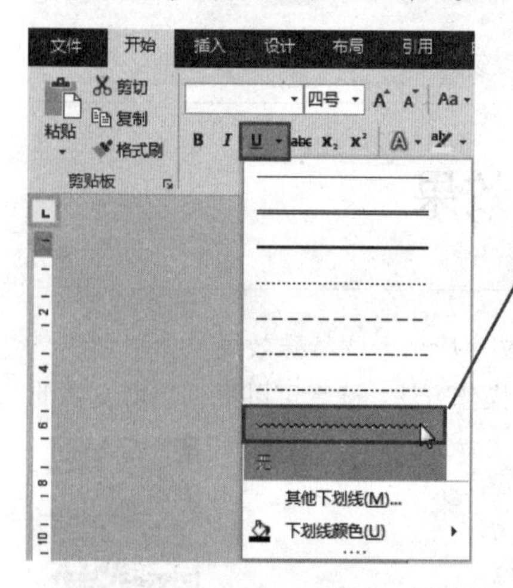

图 4-10

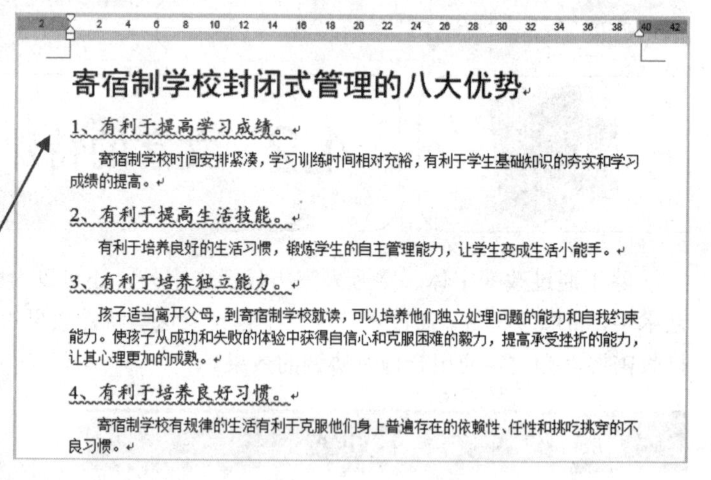

图 4-11

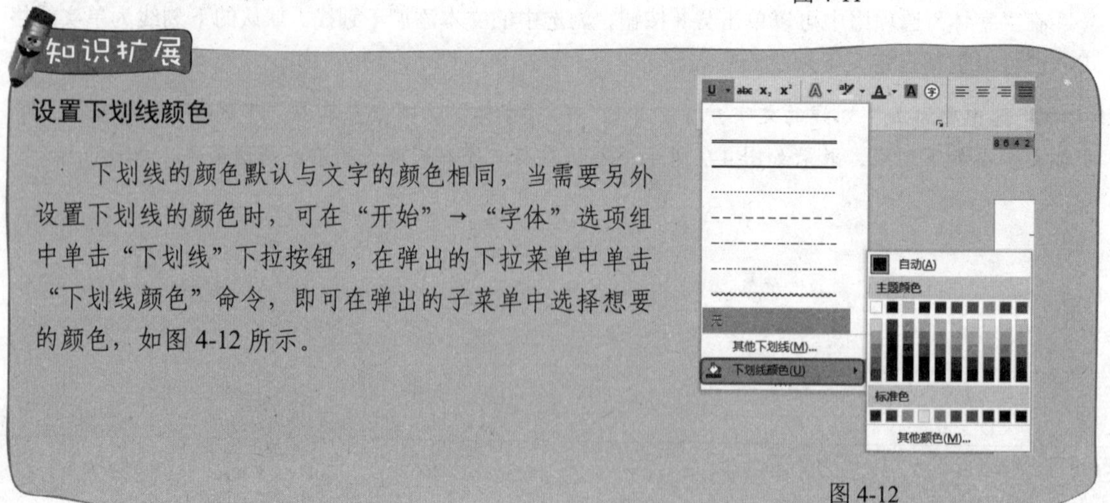

知识扩展

设置下划线颜色

下划线的颜色默认与文字的颜色相同，当需要另外设置下划线的颜色时，可在“开始”→“字体”选项组中单击“下划线”下拉按钮，在弹出的下拉菜单中单击“下划线颜色”命令，即可在弹出的子菜单中选择想要的颜色，如图 4-12 所示。

图 4-12

4.2.2 文字的艺术效果

在 Word 2019 的“字体”选项组中有一个A·（文本效果和版式）按钮，此按钮用于设置文字的艺术效果，一般用于在特定文档中对特定文本（如大号标题文字）的修饰设置。

1. 套用艺术样式

❶ 选中要设置的目标文字，在“开始”→“字体”选项组中单击“文本效果和版式”下拉按钮A·，如图 4-13 所示。

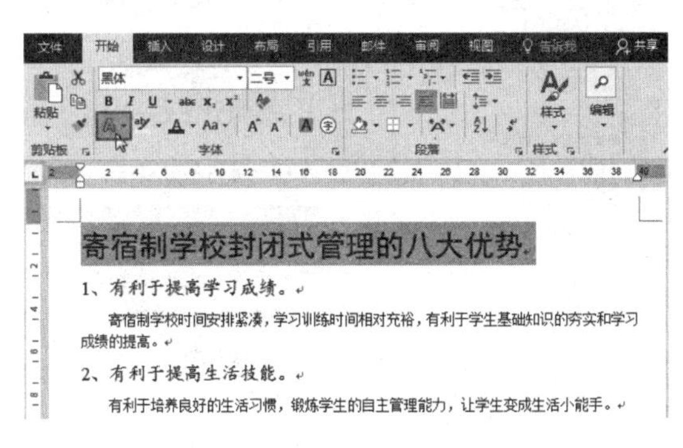

图 4-13

❷ 在弹出的下拉菜单中单击合适的艺术字样式（见图 4-14），效果如图 4-15 所示。

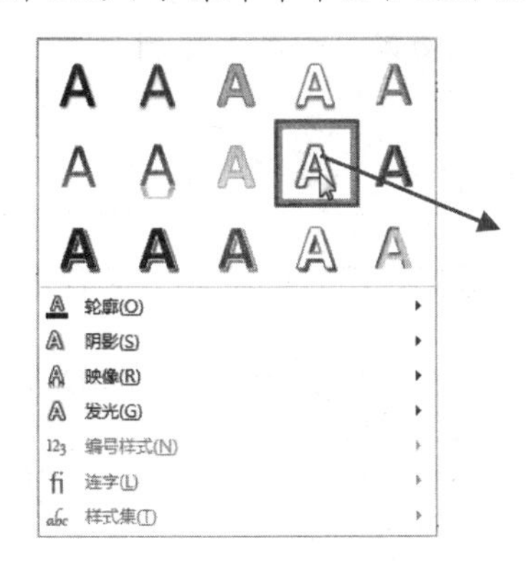

图 4-14

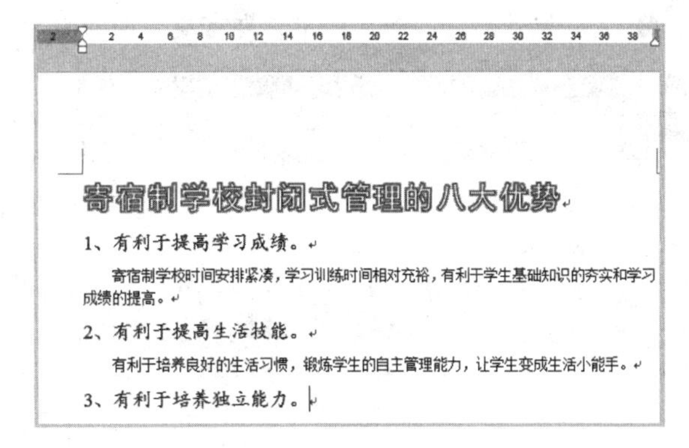

图 4-15

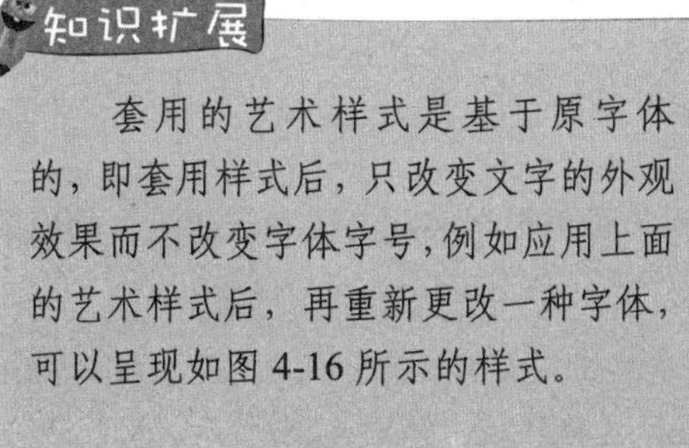

知识扩展

套用的艺术样式是基于原字体的，即套用样式后，只改变文字的外观效果而不改变字体字号，例如应用上面的艺术样式后，再重新更改一种字体，可以呈现如图 4-16 所示的样式。

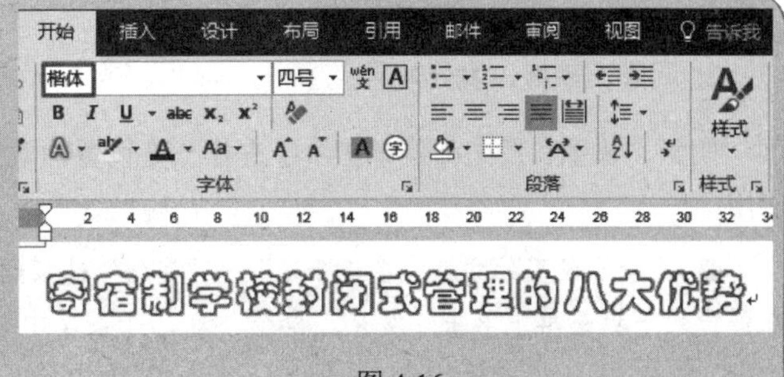

图 4-16

2. 设置轮廓线

在设置艺术样式时，Word 程序中内置了几种可供直接套用的样式。除此之外还可以自定义设置文字的艺术样式，如重新定义轮廓线等。

❶ 选中要设置的文字，在“开始”→“字体”选项组中单击“文本效果和版式”下拉按钮 A·，在弹出的下拉菜单中单击“轮廓”命令，在其子菜单中设置轮廓线的颜色，如图 4-17 所示。

❷ 如单击红色，效果如图 4-18 所示。

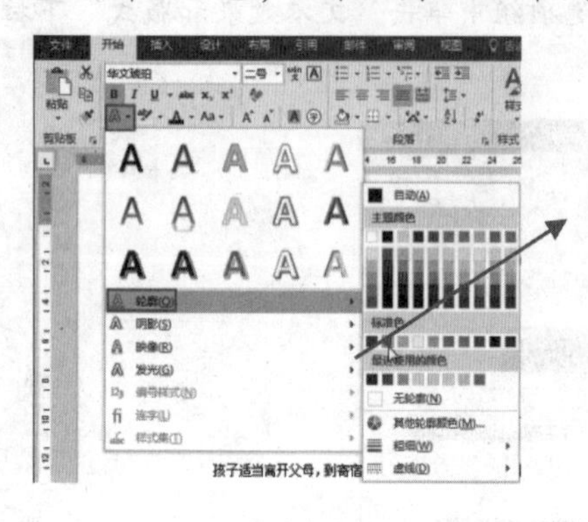

图 4-17

图 4-18

❸ 再次单击“文字效果和版式”→“轮廓”命令，并在弹出的子菜单中依次单击“粗细”→“1 磅”命令，如图 4-19 所示。

❹ 完成操作后返回到文档中，即可查看轮廓线设置后的效果，如图 4-20 所示。

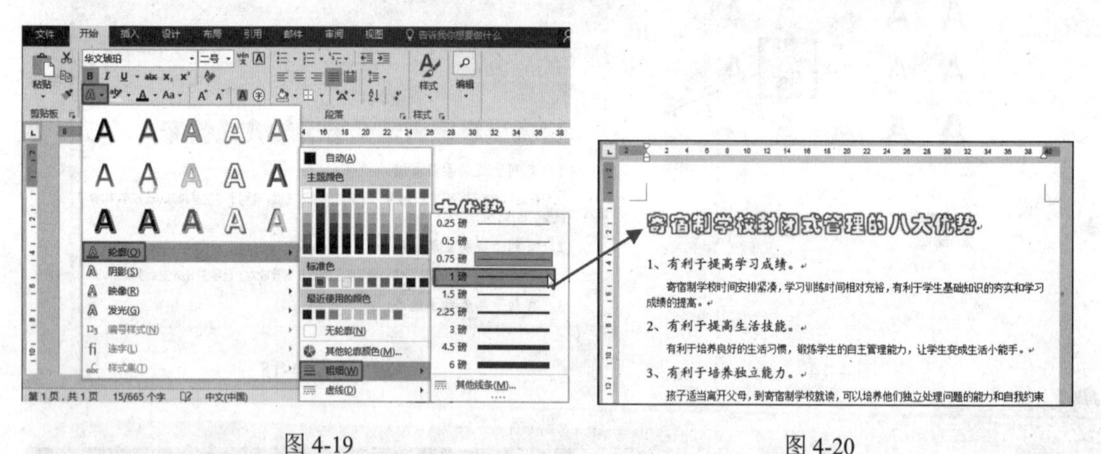

图 4-19

图 4-20

3. 阴影、映像、发光效果

阴影、映像和发光都是对艺术字进行补充设置的效果，可以根据实际情况和需要进行相应的应用。

❶ 选中要设置的文字，在“开始”→“字体”选项组中单击“文本效果和版式”下拉按钮 A·，在弹出的下拉菜单中单击“发光”命令，在其子菜单中选择发光样式，如图 4-21 所示。

图 4-21

❷ 完成上述操作后返回到文档中，即可查看到文字的发光效果，如图 4-22 所示。

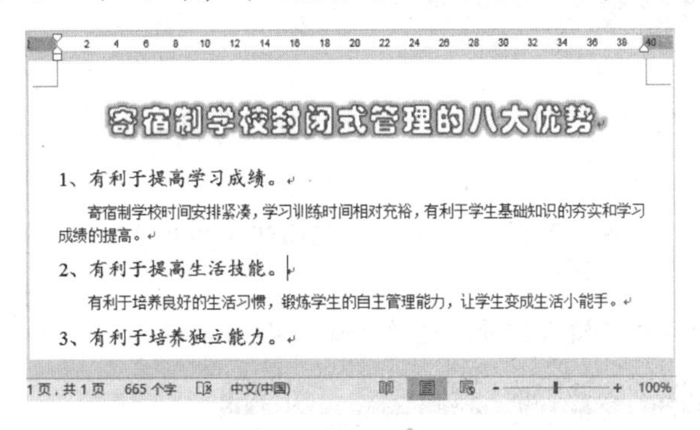

图 4-22

❸ 选中要设置的文字，在“开始”→“字体”选项组中单击“文本效果和版式”下拉按钮，在弹出的下拉菜单中单击“映像”命令，在其子菜单中选择映像样式，如图 4-23 所示。

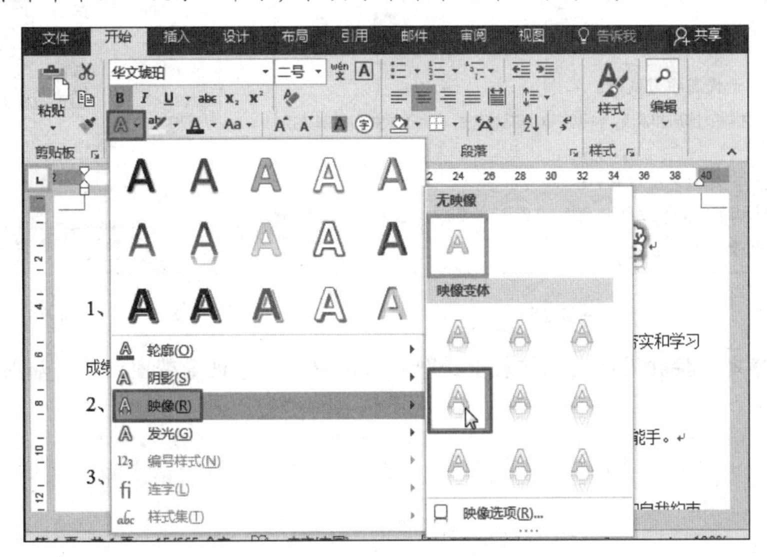

图 4-23

❹ 完成操作后返回到文档中，即可查看映像效果，如图 4-24 所示。

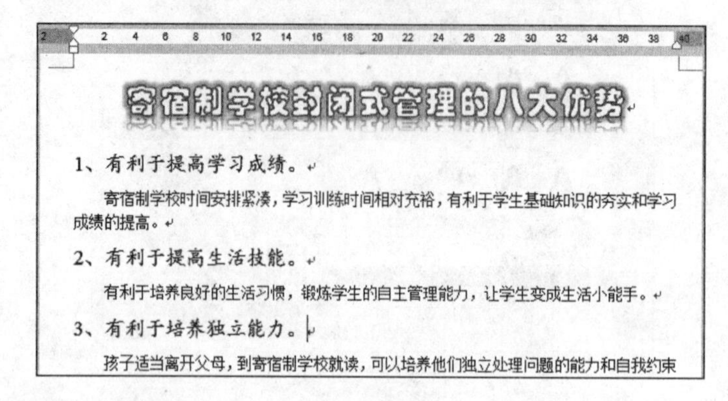

图 4-24

4.2.3 带圈字符效果

带圈字符是在字符周围放置圆圈或边框，用来达到强调的效果，常用于文档的标题或小标题。

❶ 选中要设置的文字，在“开始”→“字体”选项组中单击“带圈字符”按钮㊫（见图 4-25），打开“带圈字符”对话框。

❷ 在“样式”栏中单击“增大圈号”选项，如图 4-26 所示。

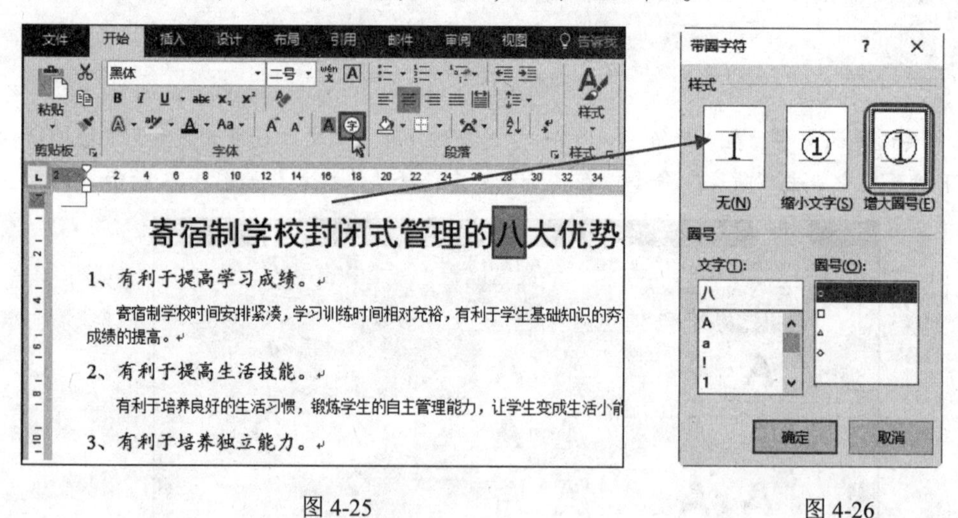

图 4-25　　图 4-26

❸ 单击“确定”按钮返回到工作表中，即可为选中的文字设置带圈效果，如图 4-27 所示。

寄宿制学校封闭式管理的八大优势

1、有利于提高学习成绩。

寄宿制学校时间安排紧凑，学习训练时间相对充裕，有利于学生基础知识的夯实和学习成绩的提高。

2、有利于提高生活技能。

有利于培养良好的生活习惯，锻炼学生的自主管理能力，让学生变成生活小能手。

3、有利于培养独立能力。

孩子适当离开父母，到寄宿制学校就读，可以培养他们独立处理问题的能力和自我约束

图 4-27

如果有多个文字都想应用带圈效果，只能逐字设置，不能一次性设置多个文字。

4.2.4 为中文注音

拼音文字是显示在文字上方的微小文字，用于标明文字的读音。在一些技术性文本或小学生教辅文档中常应用此功能。

❶ 选中要添加拼音的文字，在“开始”→“字体”选项组中单击“拼音指南”按钮（见图 4-28），打开“拼音指南”对话框。

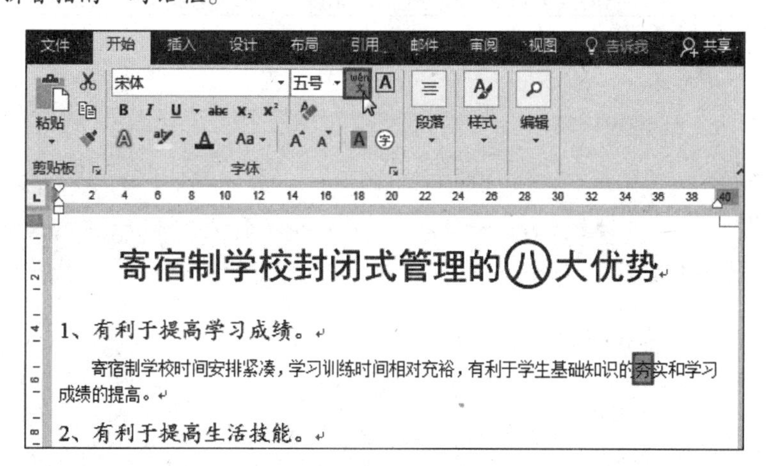

图 4-28

❷ 设置合适的“字体”“字号”等，如图 4-29 所示。

图 4-29

❸ 单击“确定”按钮返回到工作表中，即可为选中的文字添加拼音，如图 4-30 所示。

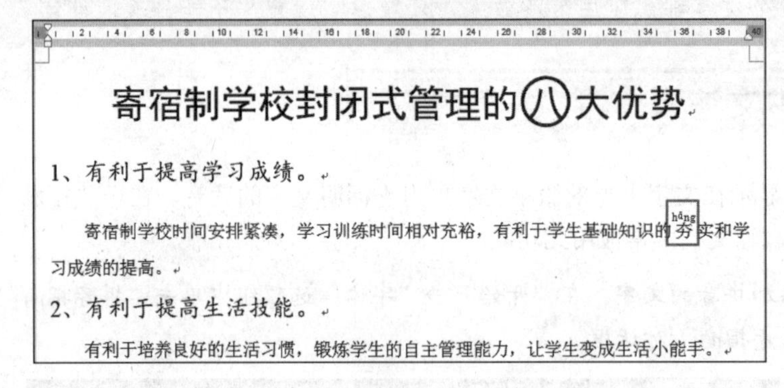

图 4-30

知识扩展

对多音字添加拼音

“拼音指南”加注的拼音不能自动分别多音字，如果有误，可以手动地在“拼音指南”对话框中相应的“拼音文字”文本框中修改拼音，如图 4-31 所示。

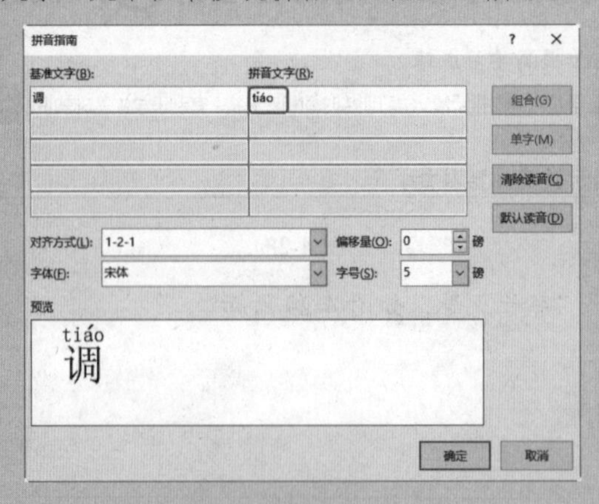

图 4-31

4.3 调整字符间距与位置

字符间距是指根据实际需要设置文字之间的距离，例如有些文字需要排版的疏松；字符位置是指设置文字提升或是降低的特殊效果。

4.3.1 加宽字符间距

❶ 选中要添加拼音的文字，在“开始”→“字体”选项组中单击对话框启动器（见图 4-32），打开“字体”对话框。

❷ 单击“高级”选项卡，在“间距”列表框中单击“加宽”选项，然后在“磅值”数值框中输入磅值，可以单击上下三角形来增加或减小加宽的磅值，这里设置为“3 磅”，如图 4-33 所示。

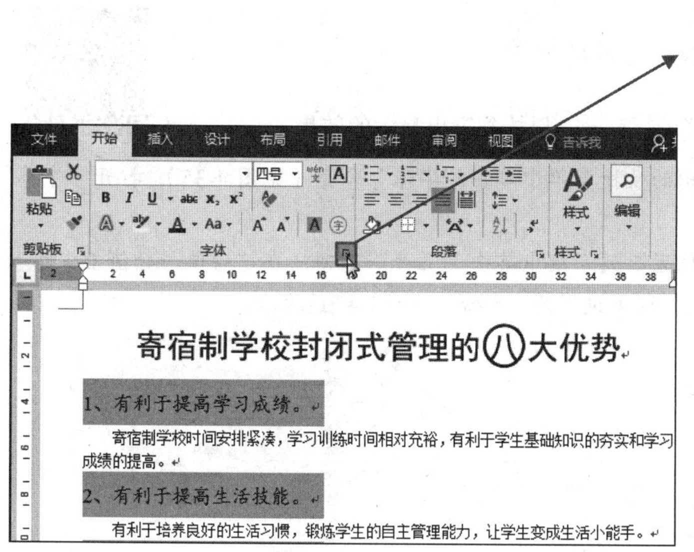

图 4-32

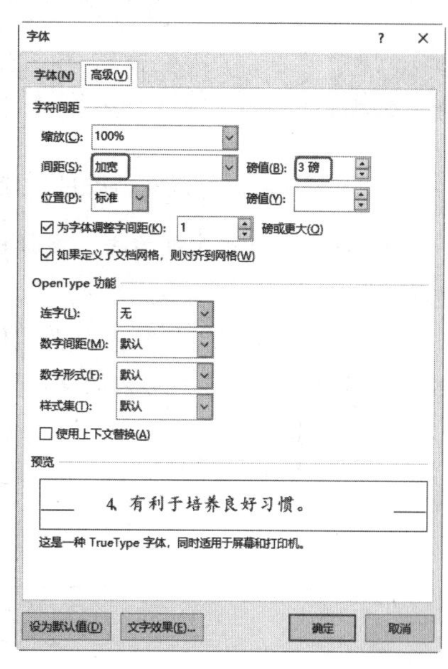

图 4-33

❸ 单击“确定”按钮返回到工作表中，即可将设置的文字间距应用到选中的文字中，如图 4-34 所示。

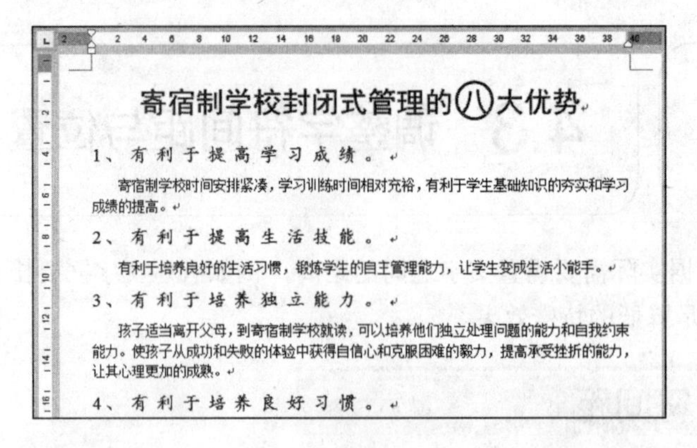

图 4-34

提示

如果要缩小字符间距，在“字符间距”栏下选择“间距”为“紧缩”选项，并设置相应的磅值；要恢复默认字符间距，单击“间距”为“标准”选项即可。

4.3.2 字符提升效果

输入文本后，可以对特殊的文字进行提升，以达到突出显示的效果。

❶ 选中目标文字并右击，在弹出的快捷菜单中单击“字体”命令（见图 4-35），打开“字体”对话框。

❷ 单击“高级”选项卡，在“位置”列表框中单击“上升”选项；在“磅值”数值框中输入磅值，可单击上下三角形来调整磅值，这里设置为“5 磅”，如图 4-36 所示。

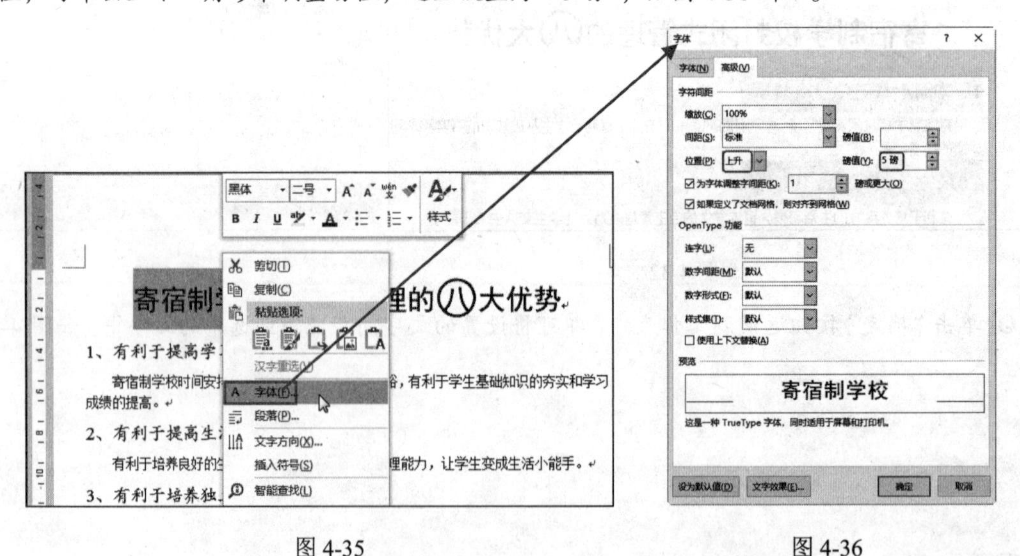

图 4-35　　图 4-36

❸ 单击“确定”按钮返回到工作表中，即可将设置的文字字符提升应用到选中的文字中，如图 4-37 所示。

寄宿制学校封闭式管理的八大优势

1、有利于提高学习成绩。

寄宿制学校时间安排紧凑，学习训练时间相对充裕，有利于学生基础知识的夯实和学习成绩的提高。

2、有利于提高生活技能。

有利于培养良好的生活习惯，锻炼学生的自主管理能力，让学生变成生活小能手。

3、有利于培养独立能力。

孩子适当离开父母，到寄宿制学校就读，可以培养他们独立处理问题的能力和自我约束

图 4-37

4.4 设置文字边框与底纹

通过对文字边框和底纹的设置，可以实现突出显示文档中的一些重要文字，同时也能起到美化版面的作用。

4.4.1 添加边框

为文本添加边框可以将一部分文字整理框在里面，达到强调与美化的作用。

❶ 选中要添加边框的文字，在“开始”→“段落”选项组中单击“边框”下拉按钮，在展开的下拉菜单中选择边框形式，如图 4-38 所示。

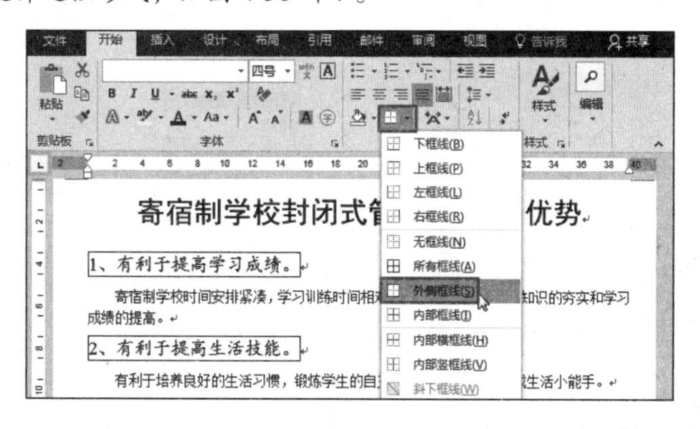

图 4-38

❷ 如单击“外侧框线”命令（见图 4-38），即可为所选文字添加边框，效果如图 4-39 所示。

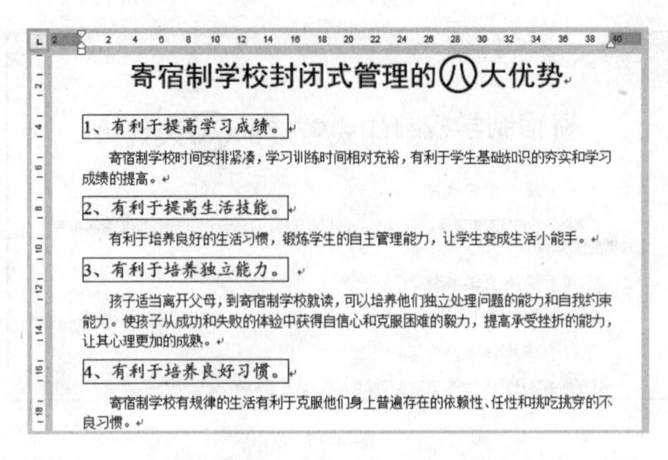

寄宿制学校封闭式管理的八大优势

1、有利于提高学习成绩。

寄宿制学校时间安排紧凑，学习训练时间相对充裕，有利于学生基础知识的夯实和学习成绩的提高。

2、有利于提高生活技能。

有利于培养良好的生活习惯，锻炼学生的自主管理能力，让学生变成生活小能手。

3、有利于培养独立能力。

孩子适当离开父母，到寄宿制学校就读，可以培养他们独立处理问题的能力和自我约束能力。使孩子从成功和失败的体验中获得自信心和克服困难的毅力，提高承受挫折的能力，让其心理更加的成熟。

4、有利于培养良好习惯。

寄宿制学校有规律的生活有利于克服他们身上普遍存在的依赖性、任性和挑吃挑穿的不良习惯。

图 4-39

知识扩展

自定义边框效果

选中文本，在“边框”下拉按钮中应用的边框都是黑色单线条，除此之外还可以应用其他边框线条，在“边框”下拉按钮的菜单中单击“边框和底纹”命令（见图 4-40），打开“边框和底纹”对话框，设置线条的颜色，并在“样式”列表中选择线条样式，然后在“设置”栏中选中方框（见图 4-41），单击“确定”按钮即可应用边框。

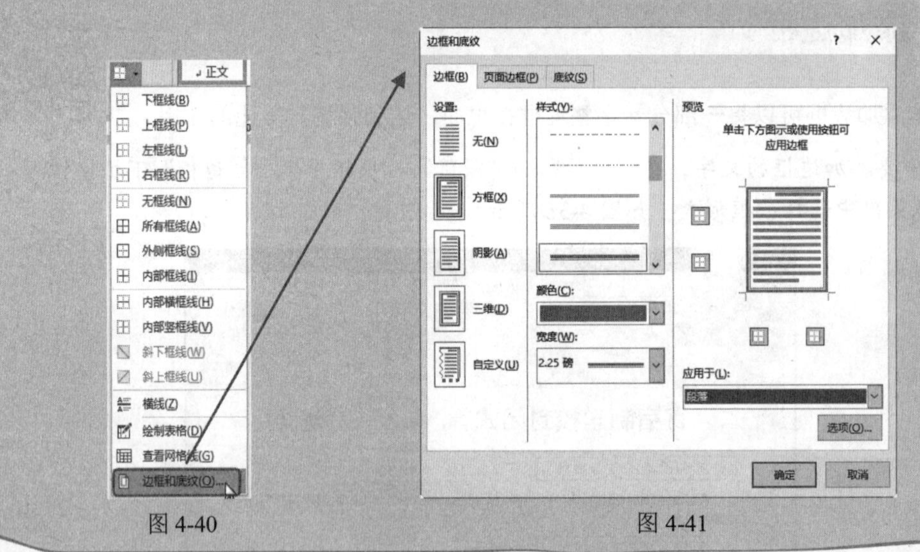

图 4-40　　图 4-41

4.4.2 设置文字底纹效果

文字底纹即背景颜色，通过对文字设置不同于其他文本的底纹色，可以突出显示重要信息。

❶ 选中要添加底纹的文字，在“开始”→“段落”选项组中单击“底纹”下拉按钮，在展开的下拉菜单中选择填充颜色，如图 4-42 所示。

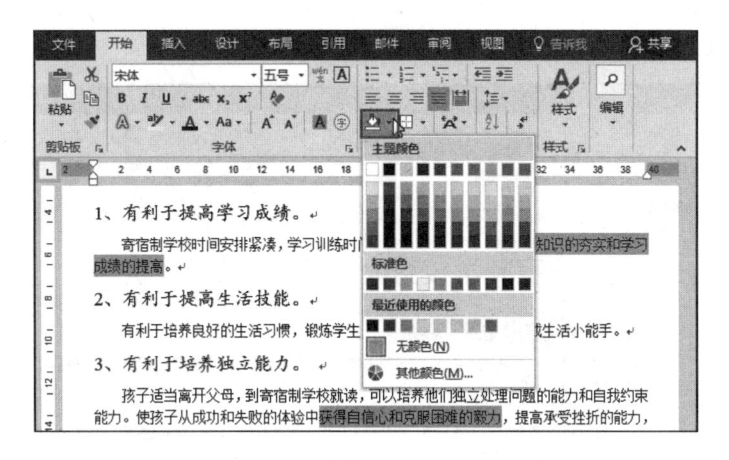

图 4-42

❷ 如单击“金色”，即可为所选文字添加金色的底纹，效果如图 4-43 所示。

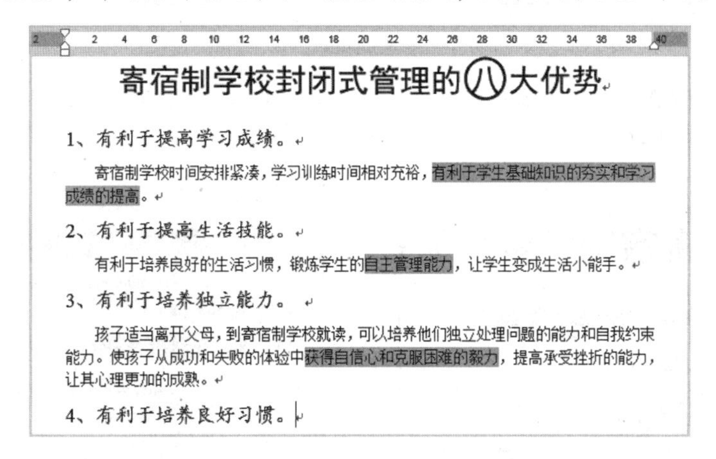

图 4-43

4.5 文本格式的引用及删除

在为文本设置格式时，如果希望其他位置的文本也要应用和其相同的文本格式，则无须重新设置，可以使用格式刷功能快速引用复制格式。复制格式包括字体、字号、文字颜色、间距等，如果要引用格式前选择是段落，还可以将段落的缩进、行间距等都引用下来。对于不再需要使用的格式或者想删除的格式也可以快速地清除。

4.5.1 引用文本格式

引用文本格式使用的是 功能，具体操作如下。

❶ 选中要引用其格式的文本，在“开始”→“字体”选项组中单击“格式刷”按钮（见图

4-44），此时光标变成刷子形状 。

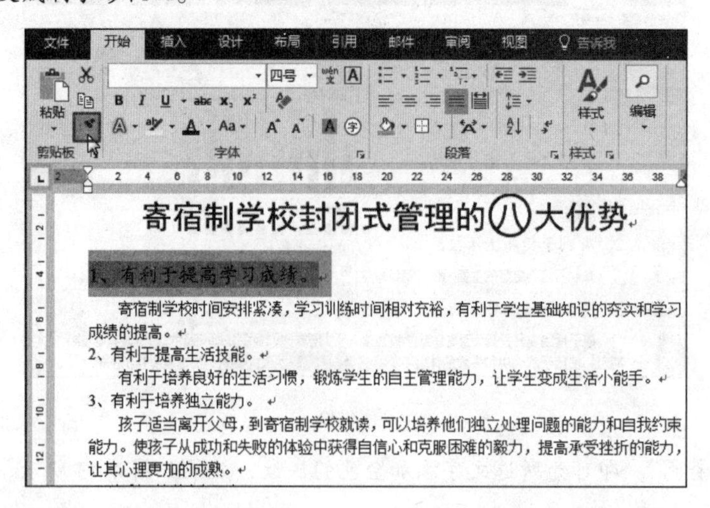

图 4-44

❷ 按住鼠标左键在目标文本上拖动鼠标（见图 4-45），松开鼠标左键后，拖曳经过的文字将得到相同的格式，如图 4-46 所示。

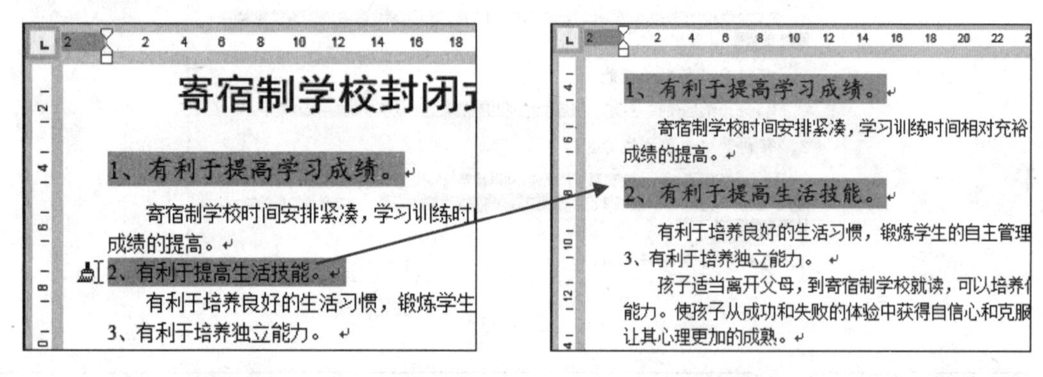

图 4-45　　图 4-46

提　示

单击格式刷后，在引用一次格式后自动退出启用状态。如果文档的多处需要使用相同的格式，则可以在选中目标文本后双击格式刷，这样格式刷会一直处于启用状态，可以多次刷取格式，直到不再要使用格式刷时，再次单击“格式刷”按钮退出其启用状态。

4.5.2 清除文本格式

快速清除文本格式，可以将之前对文本设置的格式一键清除，回到默认状态。

❶ 选中要清除格式的文本，在“开始”→“字体”选项组中单击“清除所有格式”按钮 ，如图 4-47 所示。

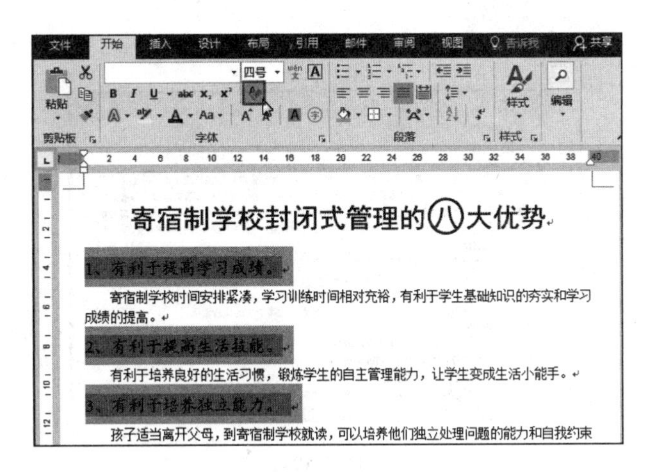

图 4-47

❷ 执行上述操作后可以看到文本被还原到默认的 5 号、等线字体效果（这个格式是输入文本时的最初格式），如图 4-48 所示。

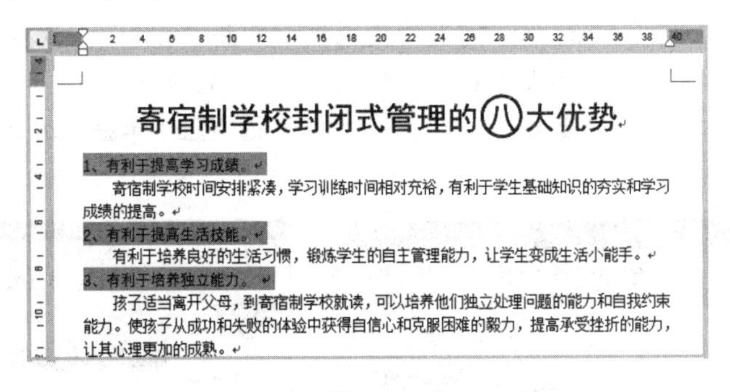

图 4-48

4.6 综合实例：制作工作计划文档

工作计划文档是企业、公司和学校等，一般在某项工作开始之时要求递交的简易汇报，属于常规文档。无论哪种类型的办法文档，文字编辑只是初步工作，后期的格式设置及排版是重要的工作，如对标题文字的特殊设置、文档段落间距的调整等。

4.6.1 输入主题文本

新建文档后，首先输入文档的标题，按 Enter 键进入下一行依次输入文本，如图 4-49 所示。输入文本时有几项注意要点：

- 段首注意要缩进两个文字。
- 同一级的小标题文字注意要对齐。

- 条目文本注意使用编号。

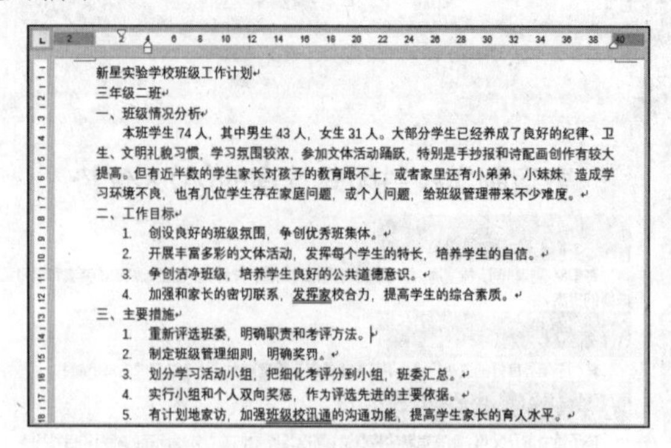

图 4-49

4.6.2 设置字体格式

❶ 选中标题文字，在“开始”→“字体”选项组中单击“字体”下拉按钮，在展开的下拉菜单中选择要使用的字体格式，如单击“黑体”字体，如图 4-50 所示。

❷ 设置字号为“二号”，然后在“开始”→“段落”选项组中单击“居中”按钮，即可设置标题居中显示，效果如图 4-51 所示。

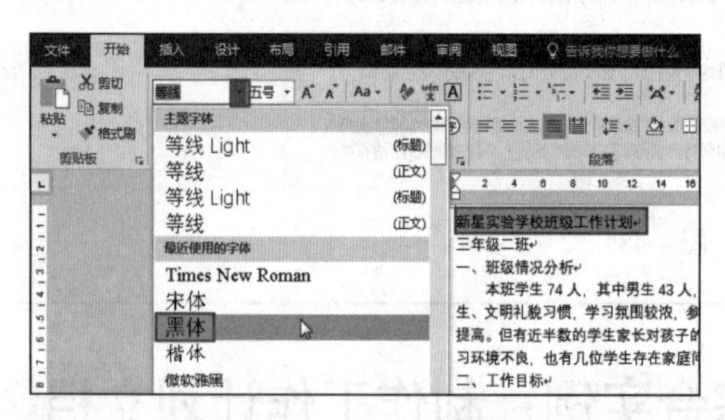

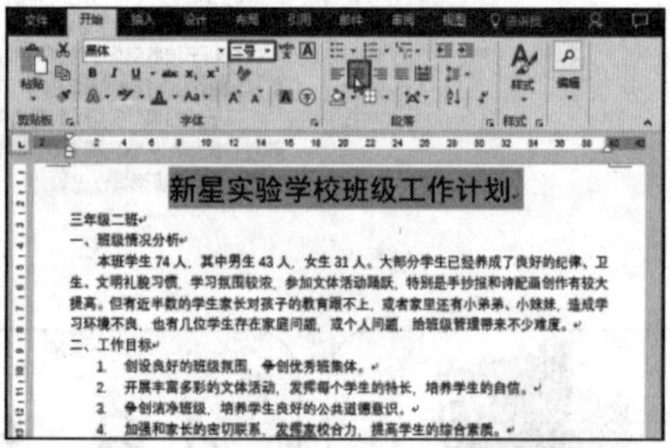

图 4-50

图 4-51

❸ 按照相同的方法，设置其他文字的字体格式，效果如图 4-52 所示。

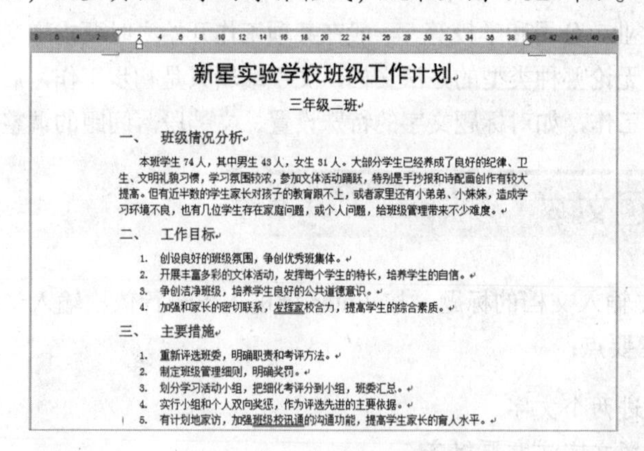

图 4-52

第 5 章
文档排版

学习导读

在完整的 Word 文档中包含许多段落，本章将介绍段落的常用排版设置。用户可以使用首字下沉和项目符号与编号应用在文档中，也可以使用分栏排版、调整行间距、利用制表符排版等技巧。

学习要点

- 设置段落格式
- 设置首字下沉
- 设置中文版式
- 制表符排版特殊文本
- 应用项目符号和编号
- 分栏排版
- 制作活动通知文档

5.1 设置段落格式

文档是由多个段落组成的，段落格式的设置在文档排版中是较为重要的一个环节，包括段落缩进调整、段前段后间距、行间距等。经过段落排版后，文档的结构更加清晰。

5.1.1 设置段落的对齐方式

段落对齐方式分左对齐、右对齐、居中对齐、两端对齐和分散对齐，排列整齐的文本使文档整洁干净。默认的文本是以两端对齐显示的，如果部分文档需要其他对齐效果，则可以重新进行设置。

1. 居中对齐

❶ 选中要设置对齐方式的文本（如此处选中标题文本），在“开始”→“段落”选项组中单击“居中”按钮☰，如图 5-1 所示。

❷ 完成操作后，即可让所选的段落文本居中显示，效果如图 5-2 所示。

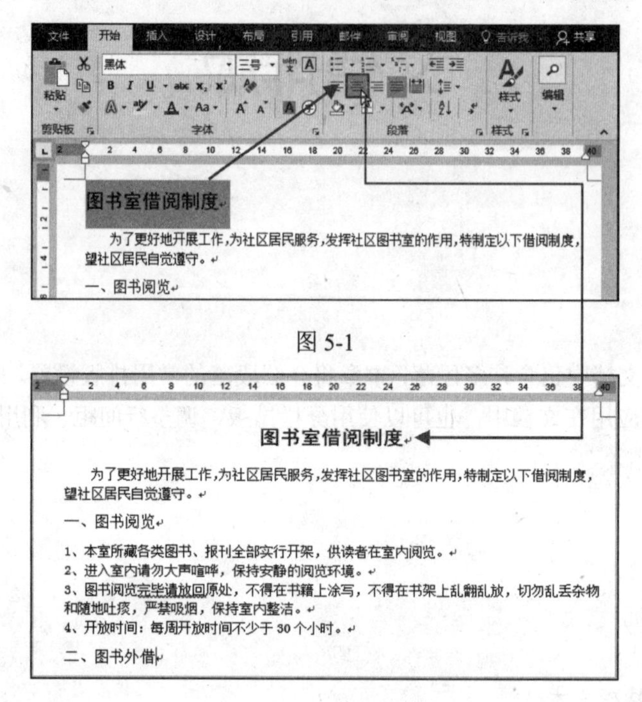

图 5-1

图 5-2

2. 分散对齐

“分散对齐”是在字符和单词之间添加空格，让文本在左右边距之间均匀分布。如果最后一行较短，将在字符之间添加额外空格，以使其与段落宽度匹配。在本例中，将文本的标题按分散对齐方式排列如下：

❶ 选中要设置对齐方式的文本（注意：这里没有选中段落标记），在“开始”→“段落”选项组中单击“分散对齐”按钮（见图 5-3），打开“调整宽度”对话框。

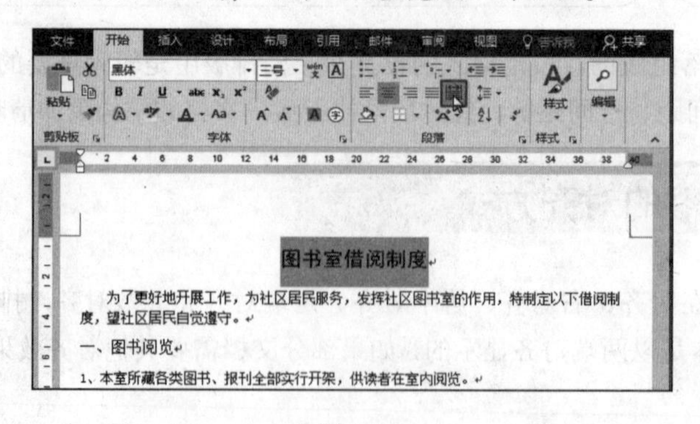

图 5-3

❷ 在“新文字宽度”数值框中输入宽度值，这里设置为“11 字符”，如图 5-4 所示。

❸ 单击“确定”按钮，效果如图 5-5 所示。

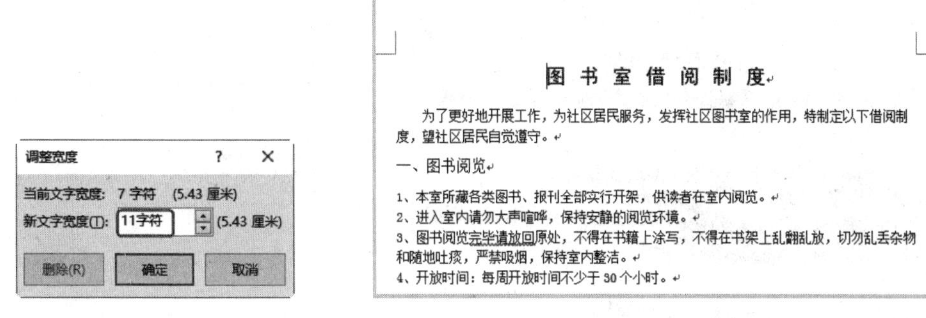

图 5-4　　　　图 5-5

❹ 如果选中了段落标记，那么分散对齐的效果如图 5-6 所示（这里在单击了“分散对齐”按钮后，并不会打开“调整宽度”对话框，而是直接得到如图 5-6 所示的结果）。

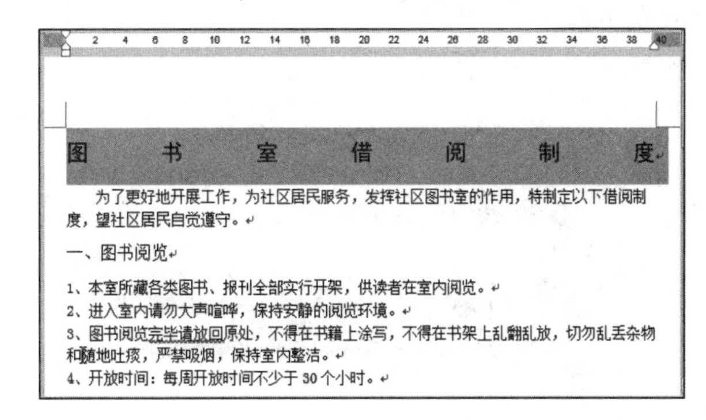

图 5-6

5.1.2 设置段落缩进

在 Word 2019 中，可以使用首行缩进、悬挂缩进、左缩进和右缩进来设置段落的缩进方式。不同位置的文本可能需要使用不同的缩进方式，下面逐一介绍这些功能的具体操作。

1. 首行缩进效果

首行缩进是通过设置缩进的字符数，让段落的第一行缩进显示。在 Word 中，默认输入的文档内容都是顶行输入的，而正文的文档格式要求缩进两个字符，因此可以通过首行缩进设置。

❶ 选中要设置的文本（如果是多段落同时设置，则需要一次性选中多个段落），在“开始”→“段落”选项组中单击对话框启动器（见图 5-7），打开“段落”对话框。

❷ 在“缩进”栏中，单击“特殊”右侧的下拉按钮，在展开的列表中单击“首行”选项，此时右侧的“缩进值”自动设置为 2 字符，如图 5-8 所示。

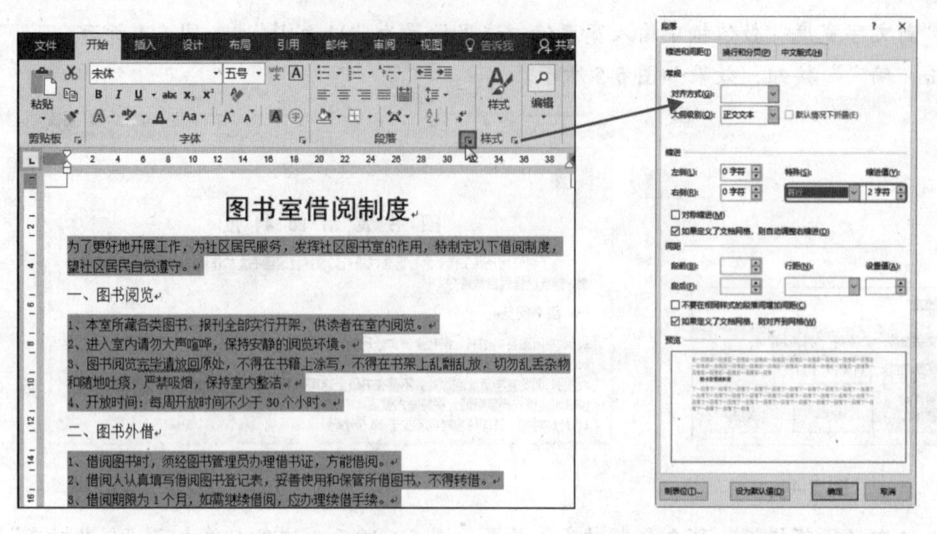

图 5-7　　　　图 5-8

❸ 单击“确定”按钮，效果如图 5-9 所示。

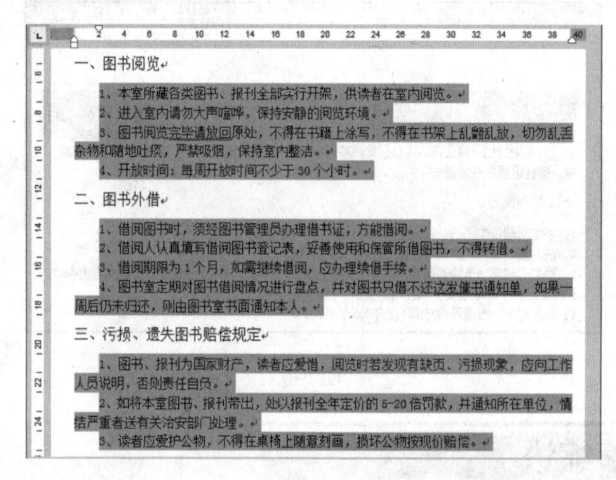

图 5-9

2. 悬挂缩进效果

悬挂缩进的效果是让选中文本所在段落除首行之外的所有行都进行缩进。下面通过实例进行介绍。

❶ 选中要设置的文本，在“开始”→“段落”选项组中单击对话框启动器（见图 5-10），打开“段落”对话框。

❷ 在“缩进”栏中，单击“特殊”的下拉按钮，在展开的列表中单击“悬挂”选项，并设置“缩进值”为 2 字符，如图 5-11 所示。

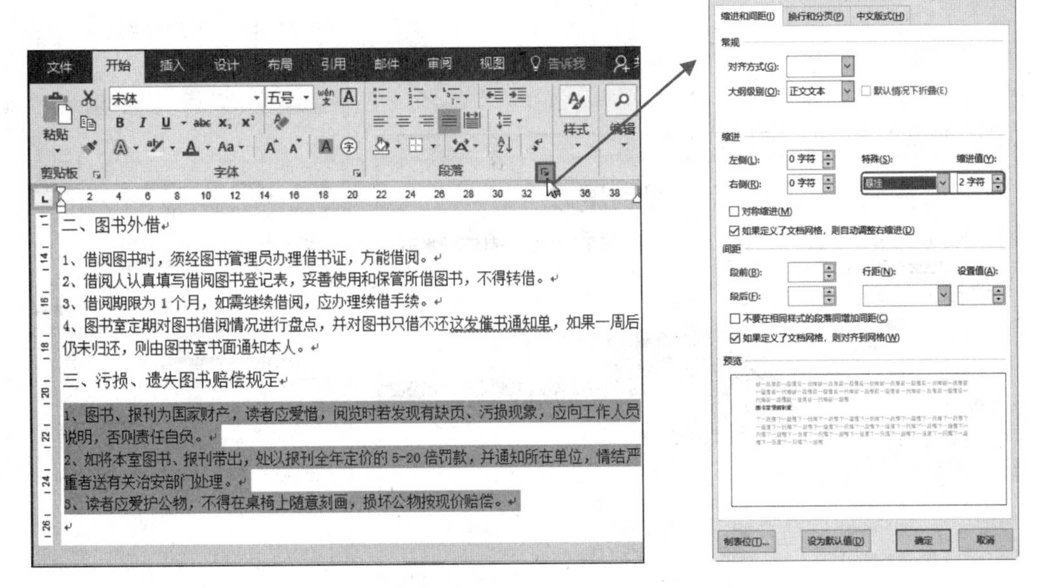

图 5-10　　　　图 5-11

❸ 单击“确定”按钮，效果如图 5-12 所示。

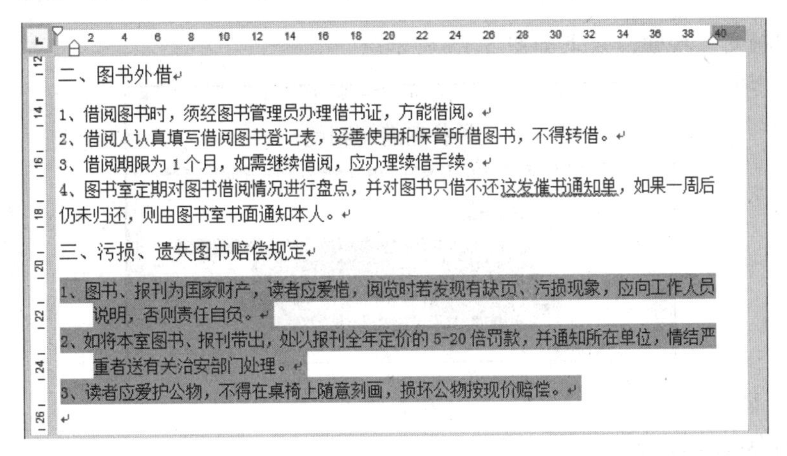

图 5-12

3. 左、右缩进效果

左缩进是指让文本整体向左缩进，右缩进是指让文本整体向右缩进。

❶ 选中要设置的文本并右击，在弹出的快捷菜单中单击“段落”命令（见图 5-13），打开“段落”对话框。

❷ 在“缩进”栏中单击“左侧”的调整按钮，设置左侧“缩进值”为 6 字符，如图 5-14 所示。

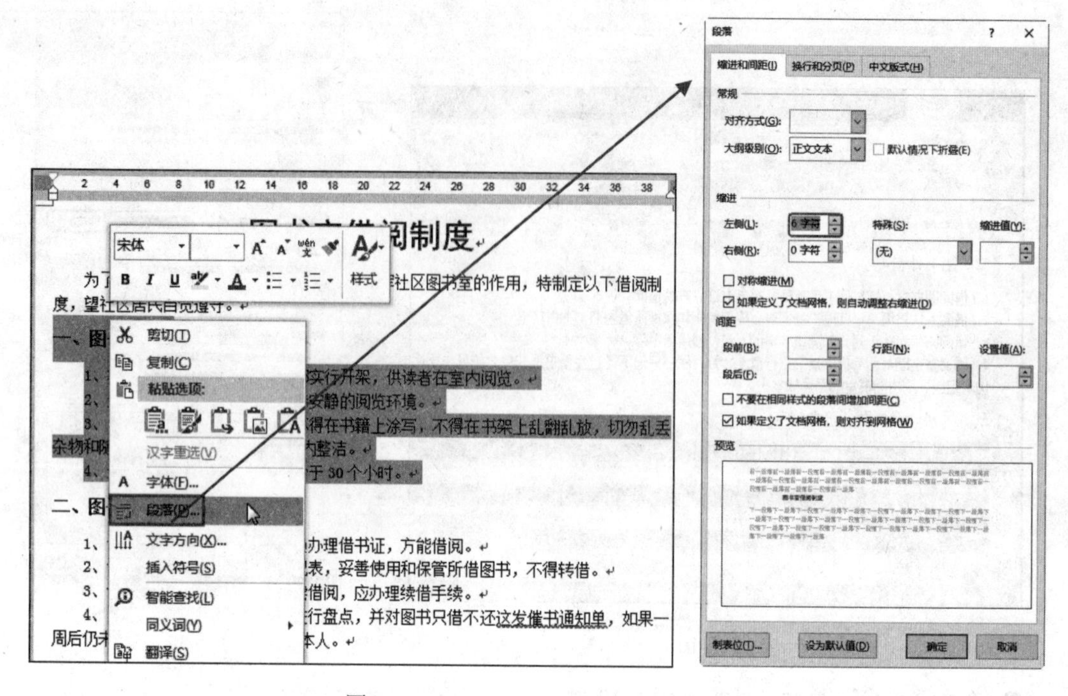

图 5-13　　　　　　　　　　　　　　图 5-14

❸ 单击“确定”按钮，效果如图 5-15 所示。

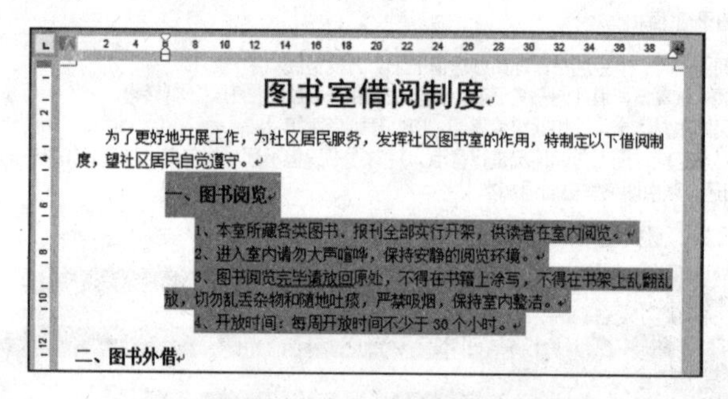

图 5-15

4. 利用标尺快速调整段落缩进

在操作界面的功能区下方、编辑区上方可以显示标尺。标尺可以用来查看任意段落的缩进情况和设置制表位。为了更加直观地调整以及查看段落的缩进效果，可以直接利用标尺进行调节。

❶ 选中要设置的文本，接着将鼠标指针移至标尺的“首行缩进”按钮上（鼠标指向时停顿两秒钟可以出现提示文字），如图 5-16 所示。

❷ 按住鼠标左键并向右拖动，此时会出现一条垂直的虚线，并且选中段落的首行缩进随之移动，如图 5-17 所示。

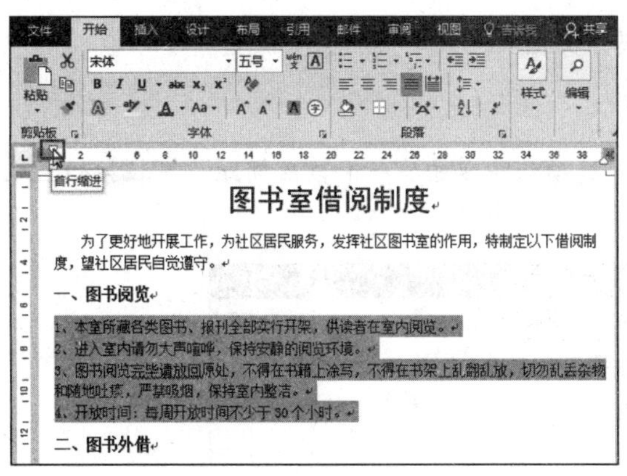

图 5-16

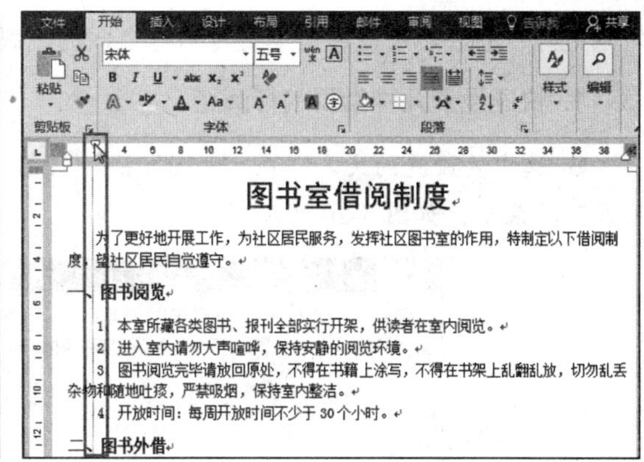

图 5-17

❸ 松开鼠标左键，即可查看首行缩进的效果，如图 5-18 所示。

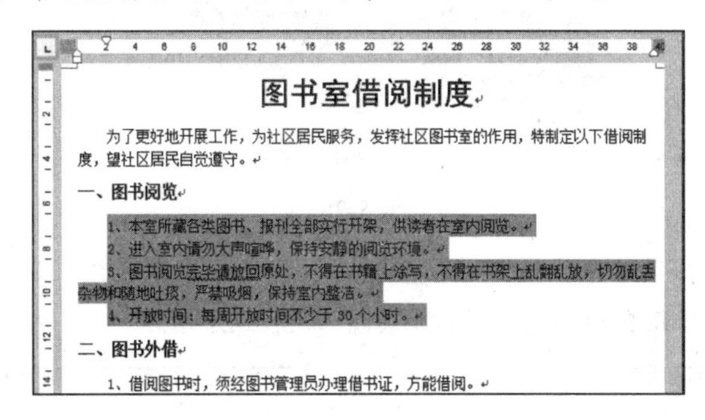

图 5-18

标尺上还有“左缩进”“右缩进”（见图 5-19）和“悬挂缩进”按钮，按照相同的操作，可以进行其他缩进调整。

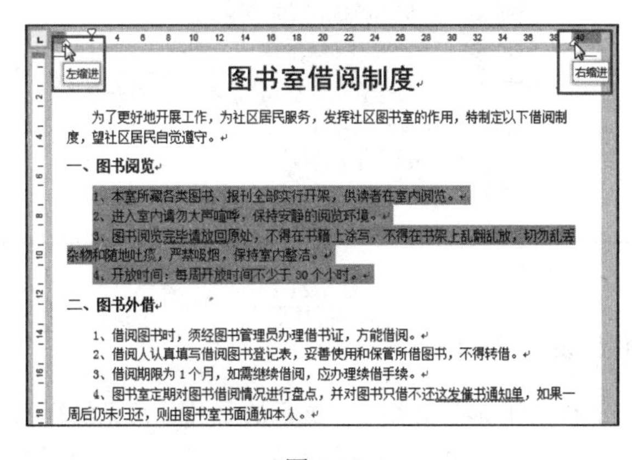

图 5-19

5.1.3 设置行间距

在文档中行与行之间并非都是一样的距离，有时调整行间距可以让文档的阅览效果更好。另外，可以通过调整行与行之间的距离让文档页面效果更加美观。

1. 快速设置几种常用的行间距

❶ 选中要设置的文本，在“开始”→“段落”选项组中单击“行和段落间距”下拉按钮，展开下拉菜单，如图 5-20 所示。

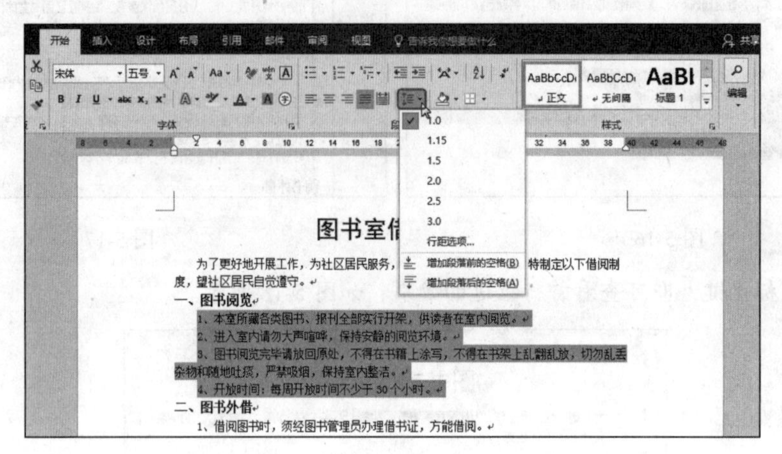

图 5-20

❷ 在展开的行距选择菜单中，用户可以根据需要选择对应的行距，如单击“2.0”（默认为 1.0 倍行距），即可将 2.0 倍行距应用到选中的段落中，如图 5-21 所示。

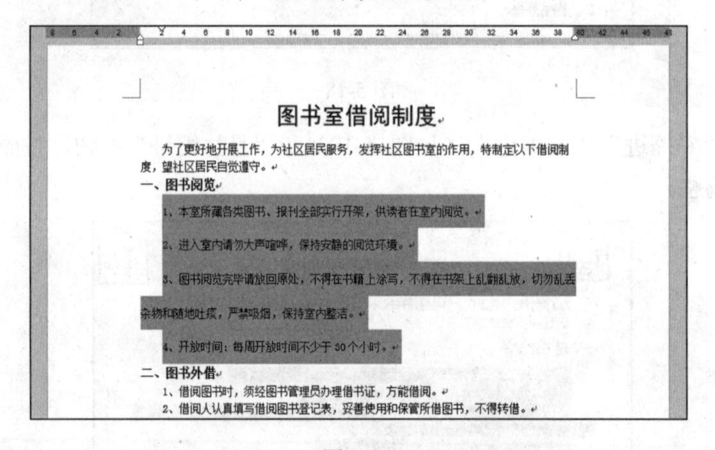

图 5-21

2. 通过“段落”对话框设置行间距

在“行和段落间距”下拉按钮的下拉菜单中显示的是几种常见的行间距，如果对行间距有更精确的要求，则可以打开“段落”对话框来设置行间距。下面给出一个需要自定义调整行间距的例子。如图 5-22 所示的文本，由于调整了字号，其行距看起来很大，实际它仍然默认为“1.0”。如果想减小行间距，则必须打开“段落”对话框来设置。

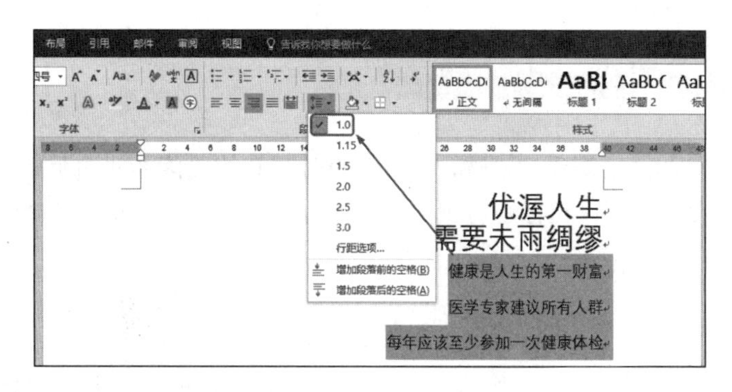

图 5-22

❶ 选中要设置的文本，在“开始”→“段落”选项组中单击对话框启动器（见图 5-23），打开“段落”对话框。

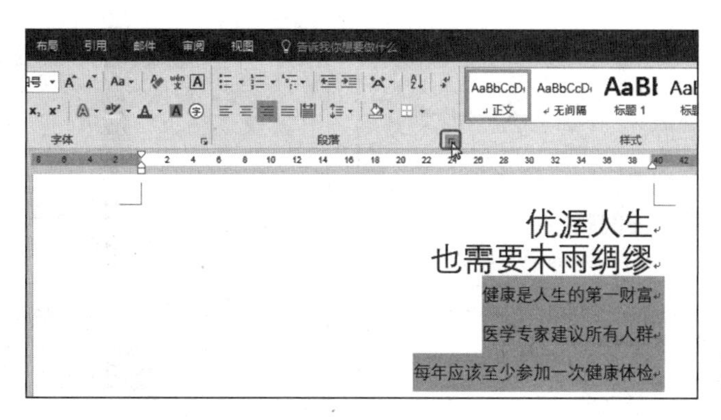

图 5-23

❷ 在“间距”栏中单击“行距”设置框右侧的下拉按钮，在展开的下拉列表中单击“固定值”选项，然后在“设置值”框中输入磅值，如图 5-24 所示。

❸ 单击“确定”按钮即可实现行间距的调整，如图 5-25 所示。

图 5-24

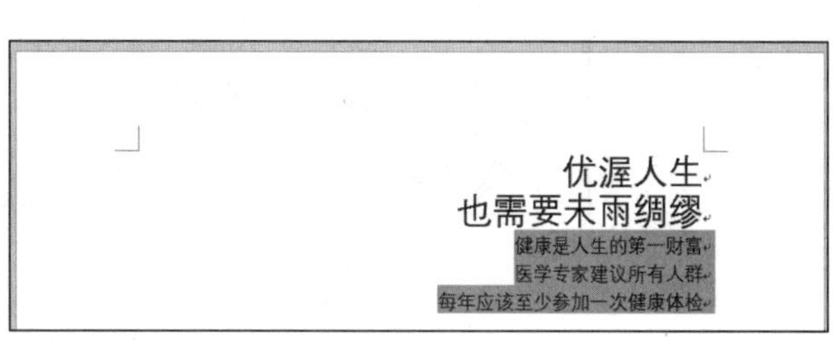

图 5-25

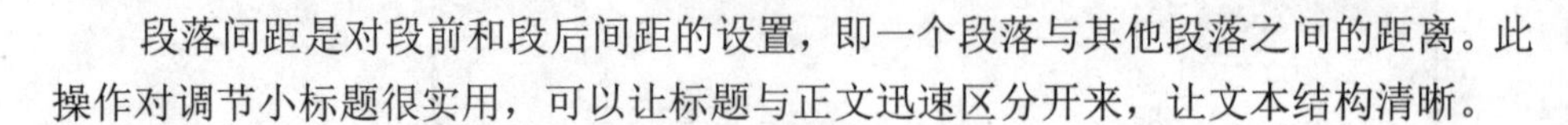

5.1.4 设置段落间距

段落间距是对段前和段后间距的设置，即一个段落与其他段落之间的距离。此操作对调节小标题很实用，可以让标题与正文迅速区分开来，让文本结构清晰。

1. 快速设置段前、段后间距

通过“行和段落间距”按钮可以快速设置段前、段后间距：

❶ 选中要设置的文本，在“开始”→“段落”选项组中单击“行和段落间距”下拉按钮，展开下拉菜单，如图 5-26 所示。

❷ 在展开的行距选择菜单中，当鼠标指向“增加段落前的空格”命令时，即可增加段前间距，效果如图 5-27 所示。

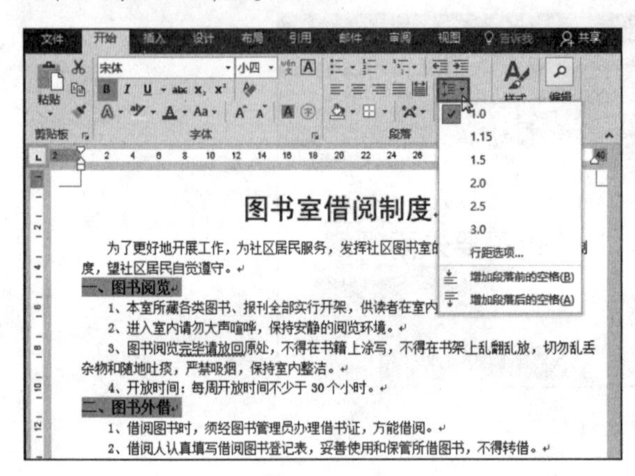

图 5-26

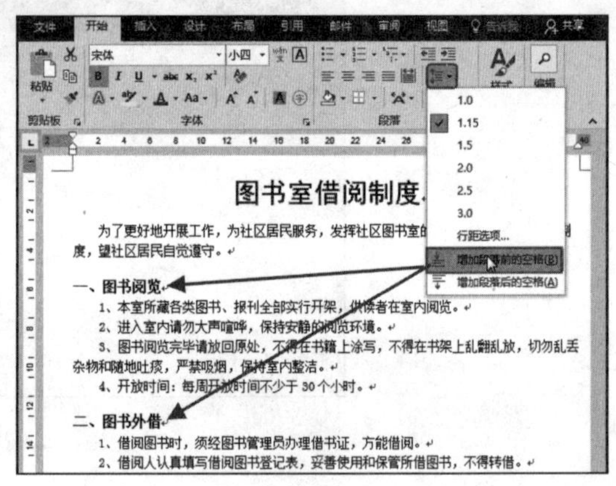

图 5-27

❸ 当鼠标指向“增加段落后的空格”命令时，即可增加段后间距，效果如图 5-28 所示。

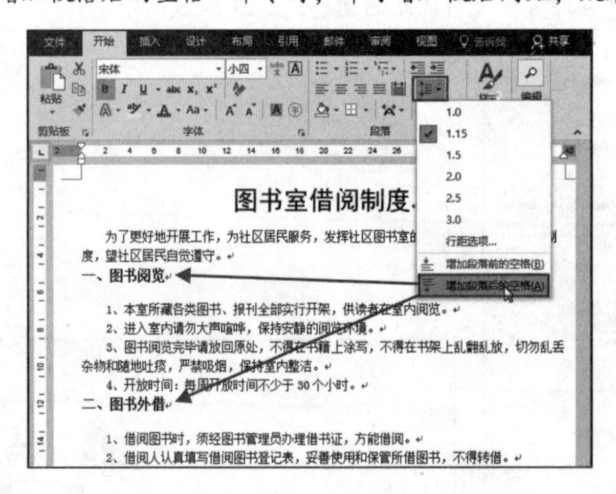

图 5-28

2. 自定义段前、段后的间距值

使用“增加段落前的空格”和“增加段落后的空格”命令，是快速调节段前、段后间距的办法，但此法增加的段落间距值是固定的默认值。如果想精确设置间距值，可以打开“段落”对话框进行调节。

❶ 选中要设置的文本，在“开始”→“段落”选项组中单击对话框启动器（见图 5-29），打开“段落”对话框。

❷ 在“间距”栏中，通过单击“段前”“段后”右侧的上下调节按钮以“0.5”行递增与递减行距值，如图 5-30 所示。

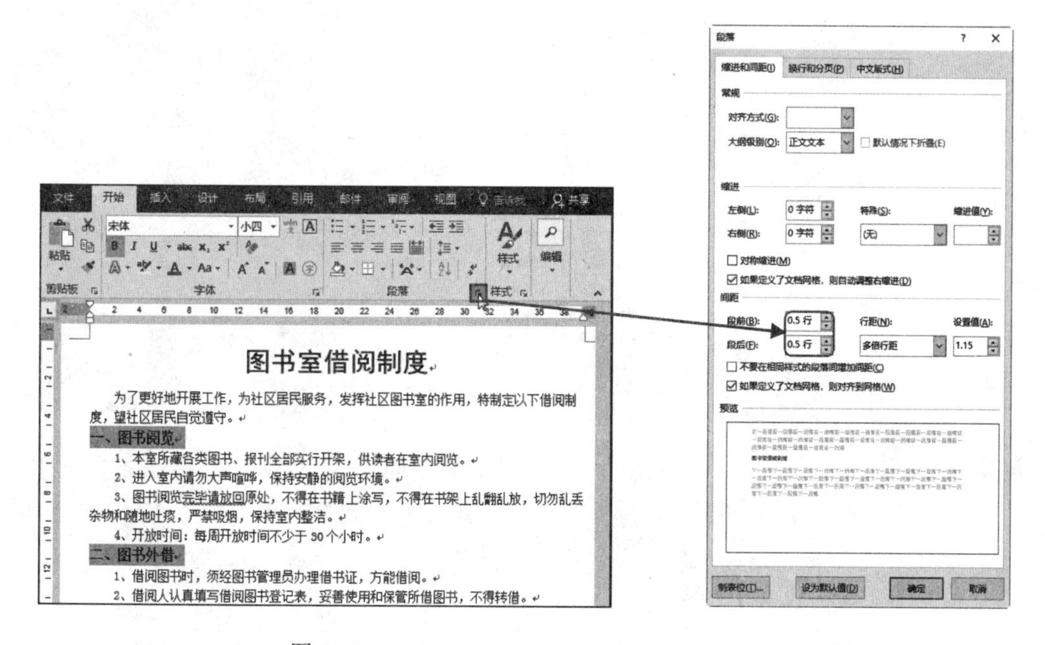

图 5-29　　　　图 5-30

❸ 单击“确定”按钮，可以看到选中的段落段前、段后距离已经调节，效果如图 5-31 所示。

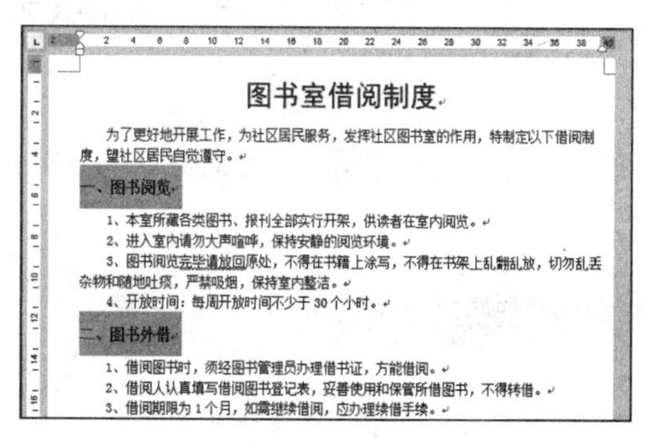

图 5-31

知识扩展

自定义小于 0.5 行的段前间距

在调整行间距时，如果使用段前和段后设置框后面的调节按钮调节，只能以 0.5 行为单位进行调节。如果只想稍微增大间距，如设置间距为 0.3 行，可以直接手动在设置框中输入值，如图 5-32 所示。

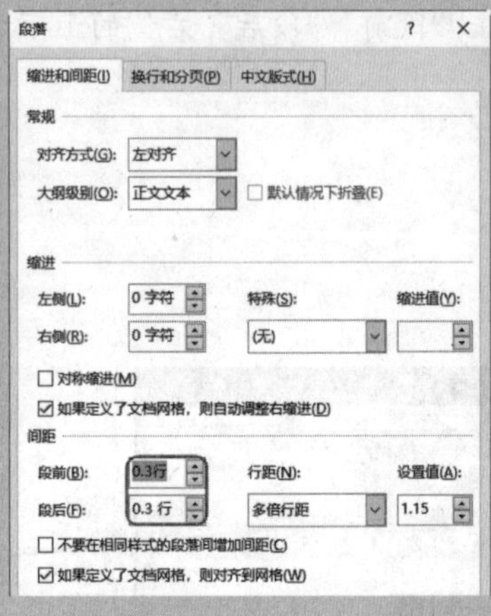

图 5-32

提　示

如果一个段落只有一行文本，那么调整行间距的同时就是调整了段落的距离；如果一个段落有多行文本，那么调整行间距指的是每行文字间的距离，调整段落间距只是调整段与段距离，同一段落中的行间距不变。

5.2 设置首字下沉效果

首字下沉即在段落开头的第一个字大号显示，一方面可以突出显示出的首字文字，另一方面可以美化文档的编排效果。

5.2.1 快速套用“首字下沉”效果

❶ 将光标定位到要设置首字下沉的段落中，或者选中段落的首字，在“插入”→“文本”选项组中单击“添加首字下沉”下拉按钮，如图 5-33 所示。

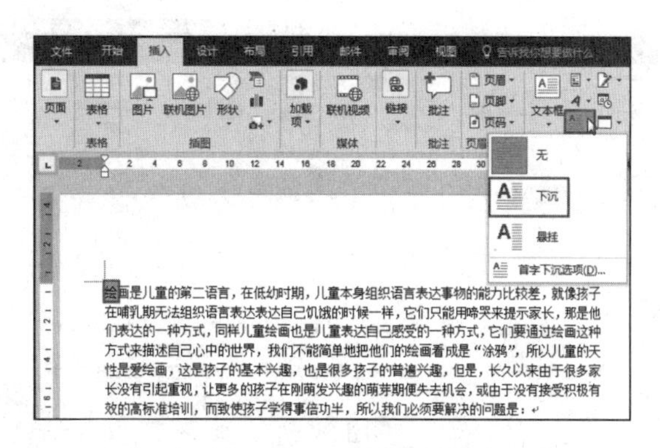

图 5-33

❷ 在展开的下拉菜单中单击“下沉”命令，即可设置首字下沉效果，如图 5-34 所示。

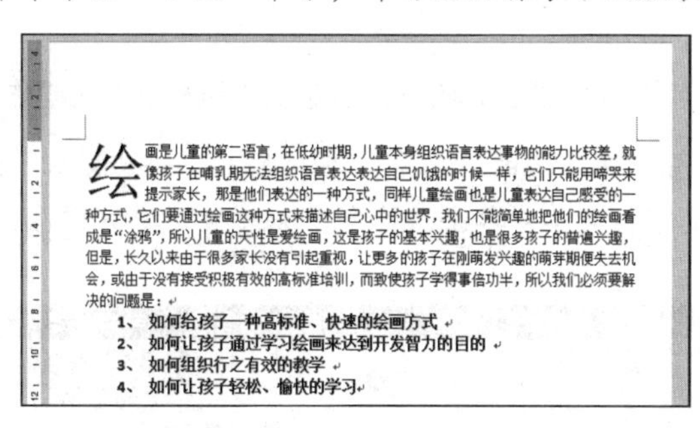

图 5-34

不同的悬挂效果

在添加“首字下沉”下拉菜单中，可以看到系统提供了两种首字下沉效果，分别是“下沉”和“悬挂”，用户可根据需要进行选择。针对上面的文档，如果选择悬挂缩进，其应用效果如图 5-35 所示。

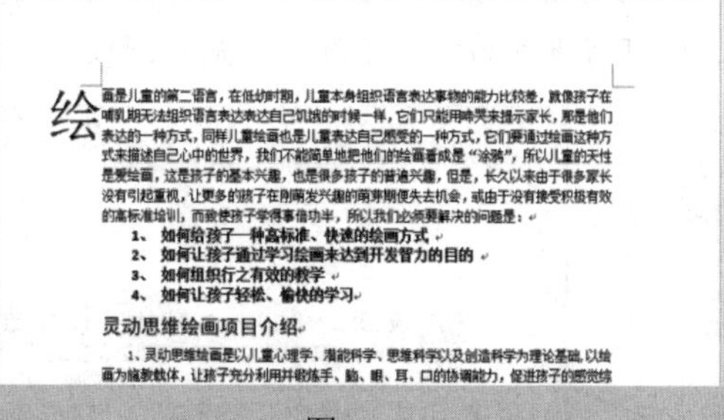

图 5-35

需要注意的是，在设置首字下沉时，段落的首字必须位于定格，即前面不能有缩进字符。如图 5-36 所示，如果首字前首行缩进两字符，此时“添加首字下沉”功能会被限制使用。

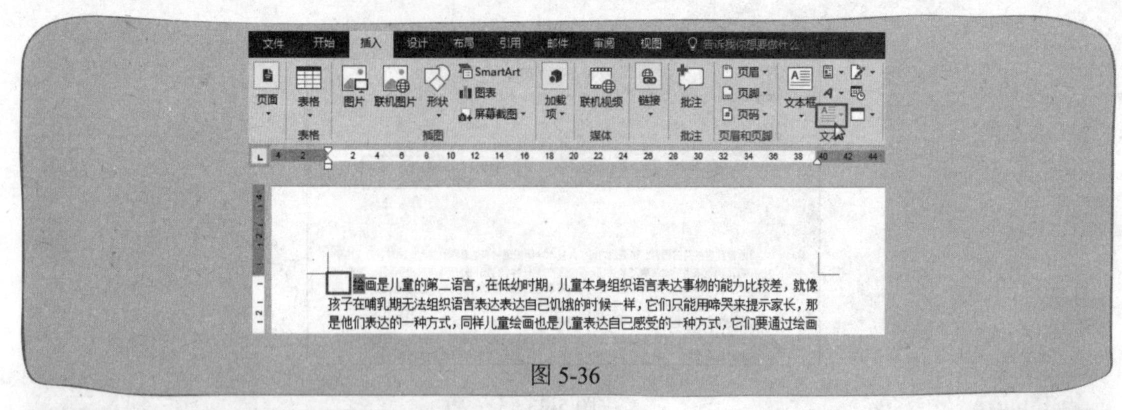

图 5-36

5.2.2 自定义“首字下沉”格式

除了默认的“首字下沉”效果格式外，还可以自定义下沉格式，其操作方法如下。

❶ 将光标定位到要设置首字下沉的段落中，在“插入”→“文本”选项组中单击“添加首字下沉”下拉按钮，在展开的下拉菜单中单击“首字下沉选项”命令（见图 5-37），打开“首字下沉”对话框。

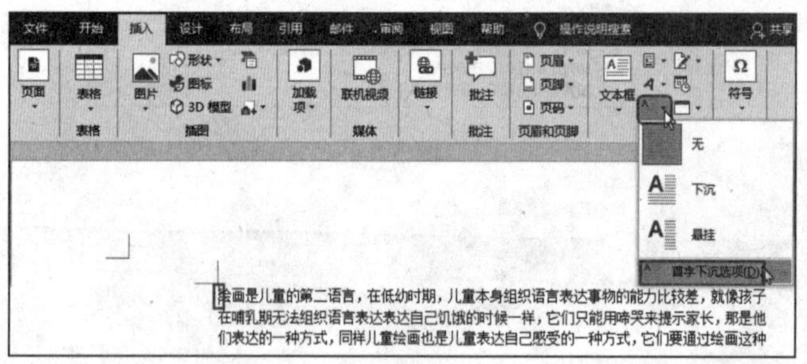

图 5-37

❷ 在对话框中的“位置”中选择下沉位置，如“下沉”；在“选项”下的“字体”框中重新设置字体为“方正姚体”；在“下沉行数”框中设置为“3 行”，如图 5-38 所示。

❸ 单击“确定”按钮，即可将设置的首字下沉效果应用到段落中，效果如图 5-39 所示。

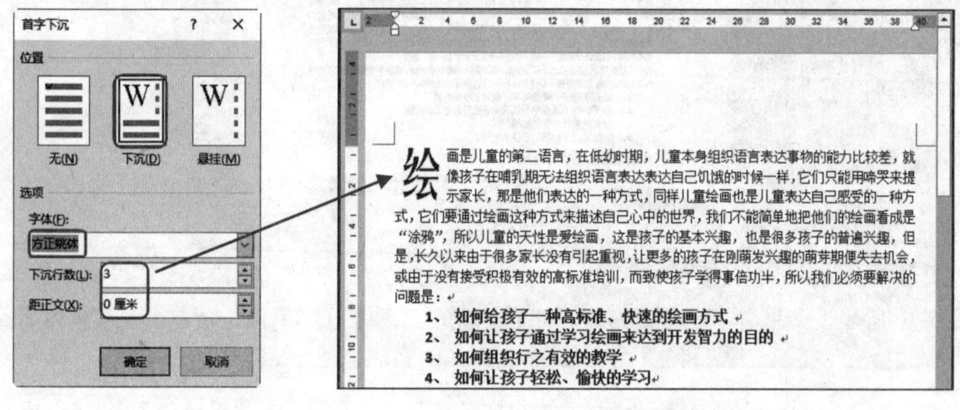

图 5-38　　图 5-39

5.3 中文版式设置

Word 2019 版中，设置了多种中文版式，如纵横混排、双行合一、合并字符等，根据文档的排版需要可以有选择地应用这些版式。

5.3.1 文字纵横混排效果

利用纵横混排功能，可以实现一个文档的页面有横排和竖排两种方式，使文档生动活泼。

❶ 选中需要纵横混排的文本，在“开始”→“段落”选项组中单击“中文版式”下拉按钮，在展开的下拉菜单中单击“纵横混排”命令（见图 5-40），打开“纵横混排”对话框。

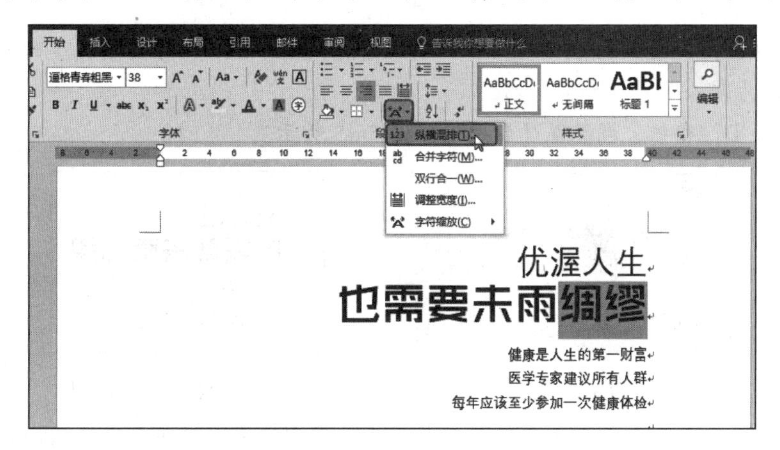

图 5-40

❷ 单击“确定”按钮（见图 5-41），效果如图 5-42 所示。

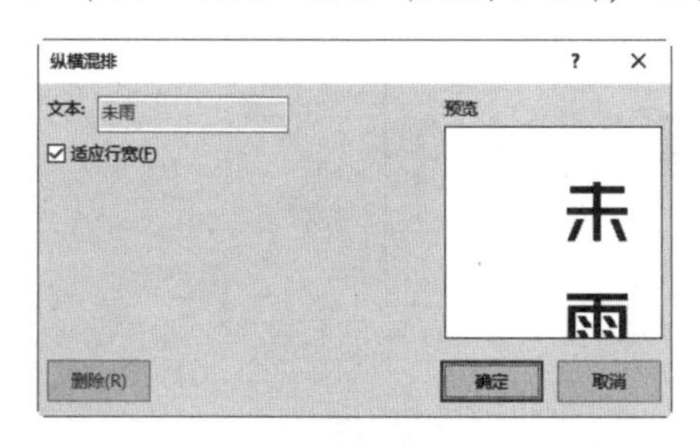

图 5-41

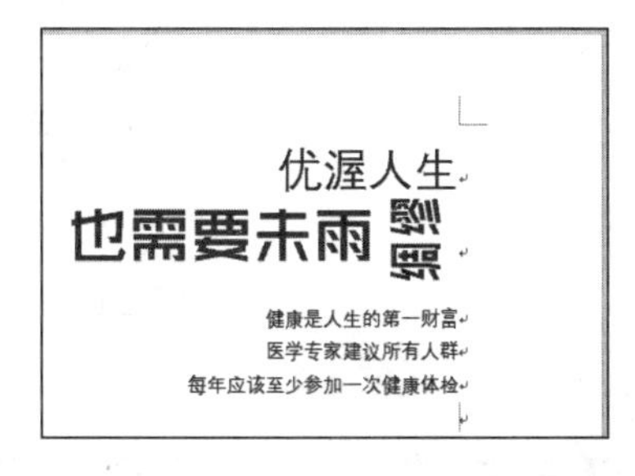

图 5-42

5.3.2 自动调整宽度

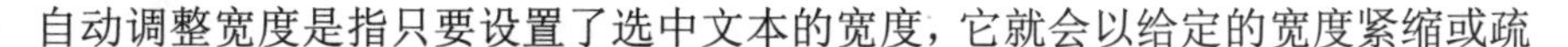

自动调整宽度是指只要设置了选中文本的宽度，它就会以给定的宽度紧缩或疏

松显示。利用此功能可以快速让某些文本保持相同的宽度，设置技巧如下。

❶ 选中目标文本，在“开始”→“段落”选项组中单击“中文版式”下拉按钮，在展开的下拉菜单中单击“调整宽度”命令（见图5-43），打开“调整宽度”对话框。

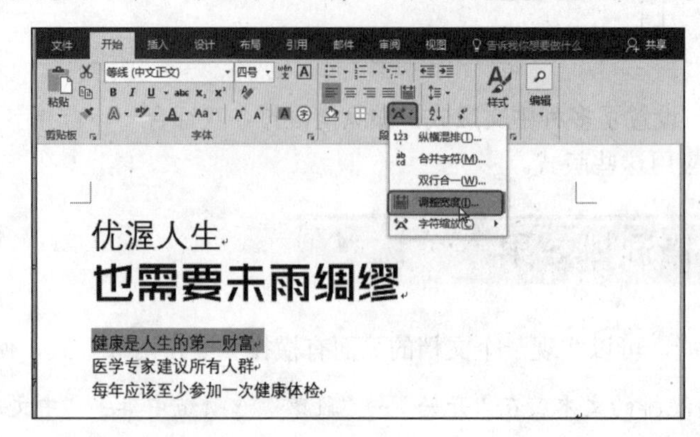

图5-43

❷ 设置宽度值，如图5-44所示（可以当前文字宽度为参照，小于当前宽度时为紧缩、大于当前宽度时为紧缩为疏松）。

❸ 单击“确定”按钮，调整宽度后效果如图5-45所示。

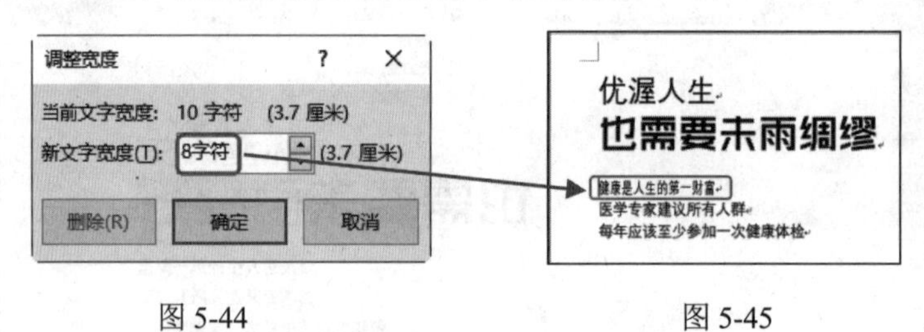

图5-44　　图5-45

❹ 通过相同的操作可以将下面两行文本的宽度都调整为“8字符”，从而实现相同的对齐效果，如图5-46所示。

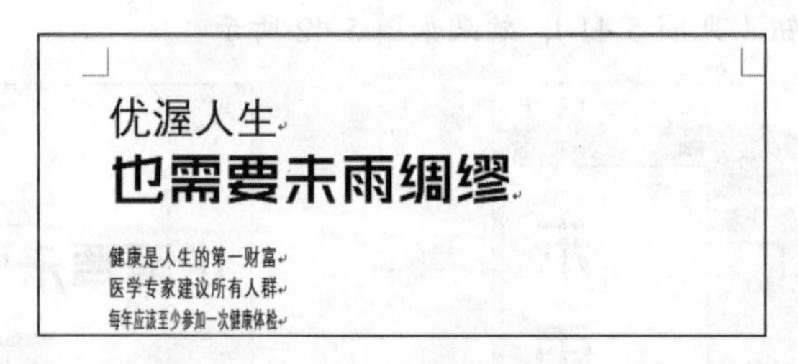

图5-46

5.3.3 联合公文头效果

“双行合一”功能是Word中的一个中文版式功能，它是指将选中的文本以两行的形式显示在文档的一行中。通常公司行政人员在制作联合公文头时使用该功能。

❶ 选中需要双行合一的文本，在“开始”→“段落”选项组中单击“中文版式”下拉按钮，在展开的下拉菜单中单击“双行合一”命令（见图 5-47），打开“双行合一”对话框。

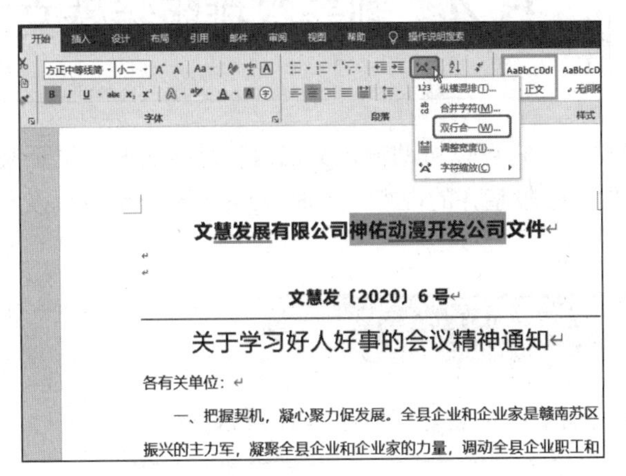

图 5-47

❷ 单击“确定”按钮（见图 5-48），联合公文头的效果如图 5-49 所示。

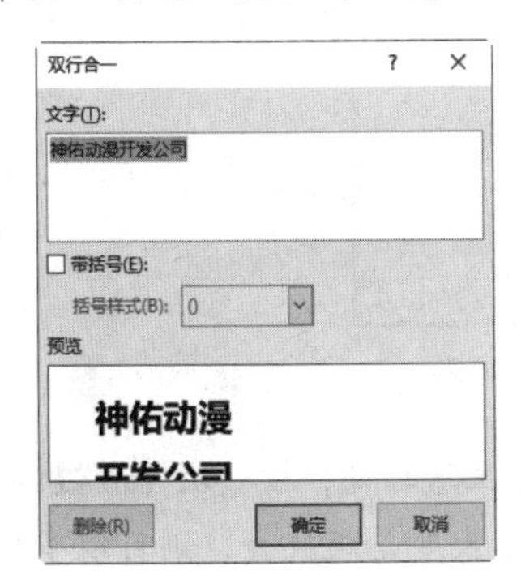

图 5-48

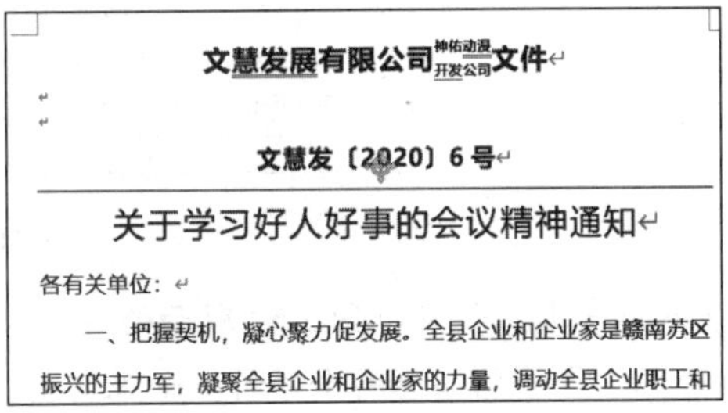

图 5-49

知识扩展

自定义双行合一文字的字号

如果觉得合并后的字体太小，可以选中文本，在“字体”选项组中对字号重新设置，设置后效果如图 5-50 所示。

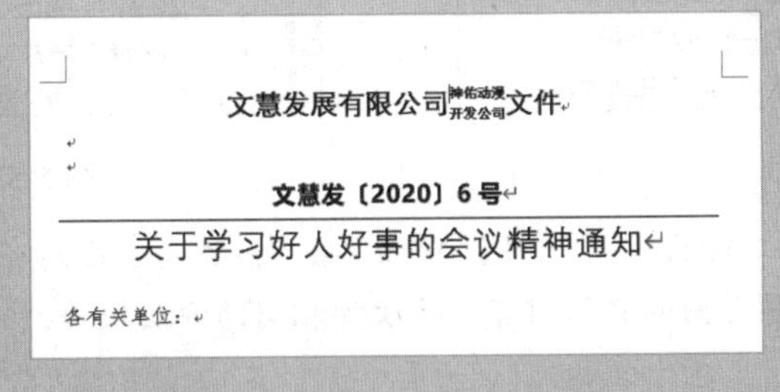

图 5-50

5.4 制表符排版特殊文本

制表符是一种定位符号，它可以协助输入文档内容时能快速定位至某一指定的位置，从而以纯文本的方式制作出形如表格般整齐的内容。下面分别介绍 Tab 键以及自定义方式建立制表符的技巧。

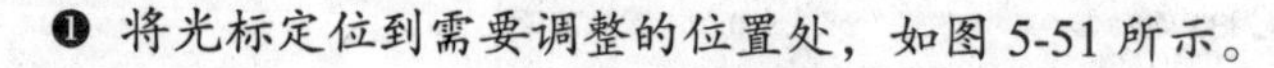

5.4.1 用 Tab 键建立制表符

❶ 将光标定位到需要调整的位置处，如图 5-51 所示。

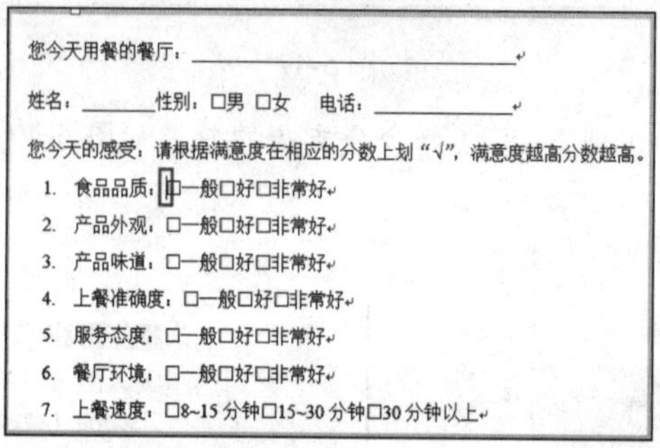

您今天用餐的餐厅：
姓名：______性别：□男 □女 电话：
您今天的感受，请根据满意度在相应的分数上划"√"，满意度越高分数越高。
1. 食品品质：□一般□好□非常好
2. 产品外观：□一般□好□非常好
3. 产品味道：□一般□好□非常好
4. 上餐准确度：□一般□好□非常好
5. 服务态度：□一般□好□非常好
6. 餐厅环境：□一般□好□非常好
7. 上餐速度：□8~15 分钟□15~30 分钟□30 分钟以上

图 5-51

❷ 按 Tab 键一次，得到如图 5-52 所示的效果。这里需要注意的是，按一次 Tab 键以两个字符作为默认制表位，即中间间隔两个字符。如果需要对齐的文本长度差距较大，则可以多次按 Tab 键预留出空位，如图 5-53 所示。

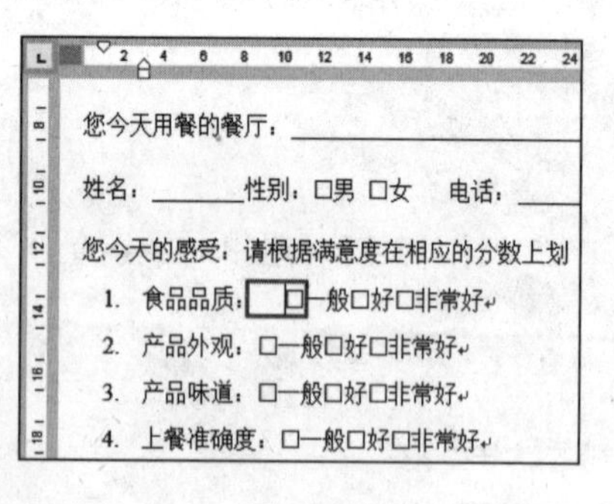

图 5-52

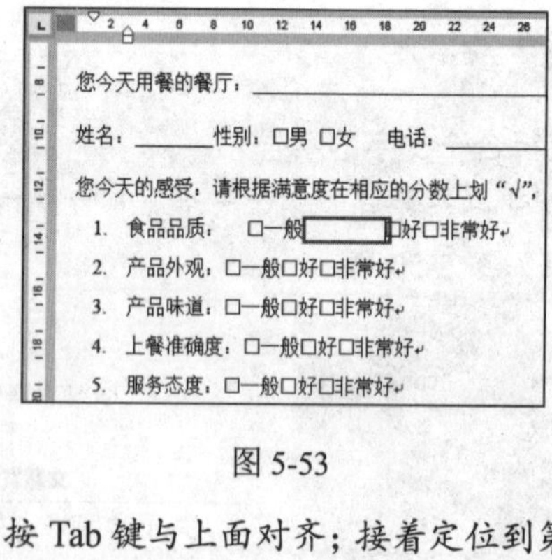

您今天用餐的餐厅：
姓名：______性别：□男 □女 电话：
您今天的感受，请根据满意度在相应的分数上划"√"，
1. 食品品质： □一般 □好□非常好
2. 产品外观：□一般□好□非常好
3. 产品味道：□一般□好□非常好
4. 上餐准确度：□一般□好□非常好
5. 服务态度：□一般□好□非常好

图 5-53

❸ 接着光标定位到第二行的第一个"□"前面，按 Tab 键与上面对齐；接着定位到第下个"□"前面，按 Tab 键多次直到与上面的文本对齐。依次按相同的方法操作，可以文本很整齐呈现出来，如图 5-54 所示。

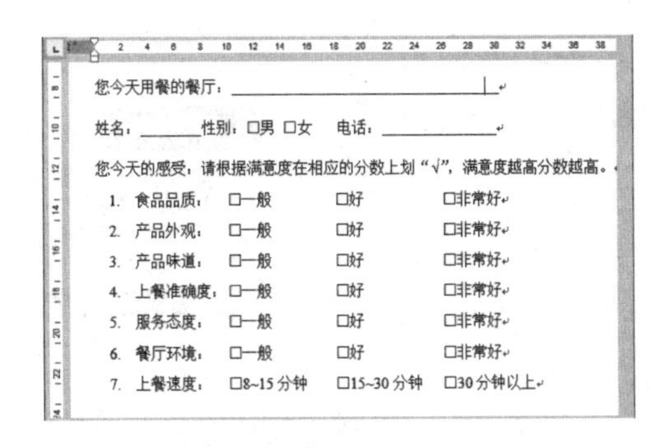

图 5-54

5.4.2 自定义建立制表符

常见的制表符对齐方式有 5 种，单击水平标尺左侧按钮可进行切换，包括左对齐制表符、右对齐制表符、居中式制表符、小数点对齐制表符、竖线对齐制表符。下面举例说明。

❶ 将光标定位到如图 5-55 所示的位置，然后单击水平标尺左侧的制表符类型按钮，每单击一次切换一种制表符类型，这里切换为“左对齐制表符”。

❷ 在标尺上的适当位置单击一次，即可插入左对齐制表符，如图 5-56 所示。

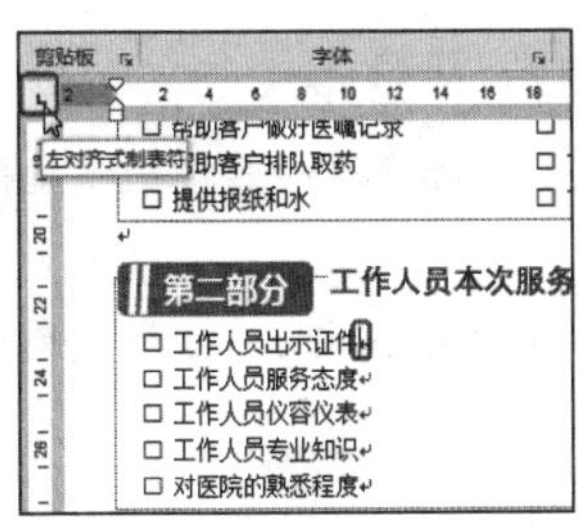
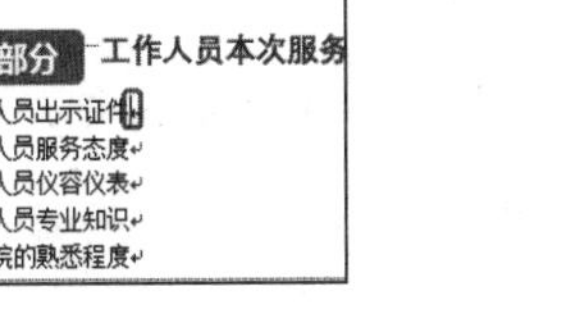

图 5-55　　图 5-56

❸ 再添加四个间距相同的左对齐制表符，如图 5-57 所示。

❹ 在图 5-57 所示的光标位置上按一次 Tab 键，即可快速定位到第一个左对齐制表符所在位置，如图 5-58 所示。

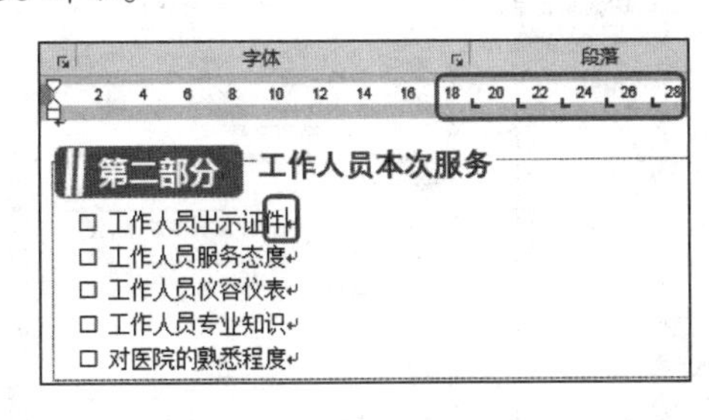
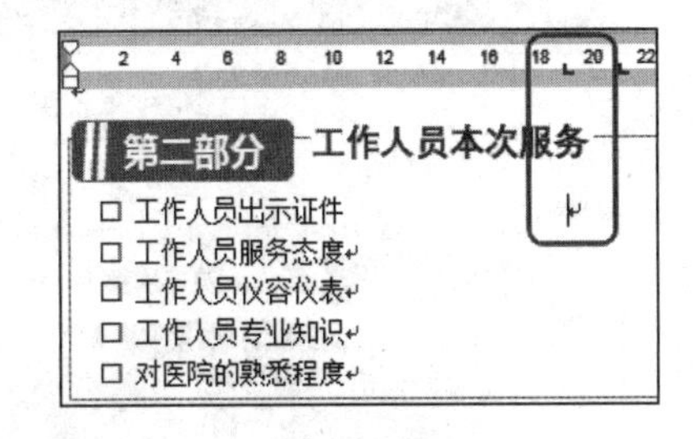
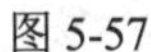

图 5-57　　图 5-58

❺ 在此位置输入文本“1”，按一次 Tab 键，即可快速定位到第二个左对齐制表符所在位置，如图 5-59 所示。定位到其他位置输入文本，如图 5-60 所示。

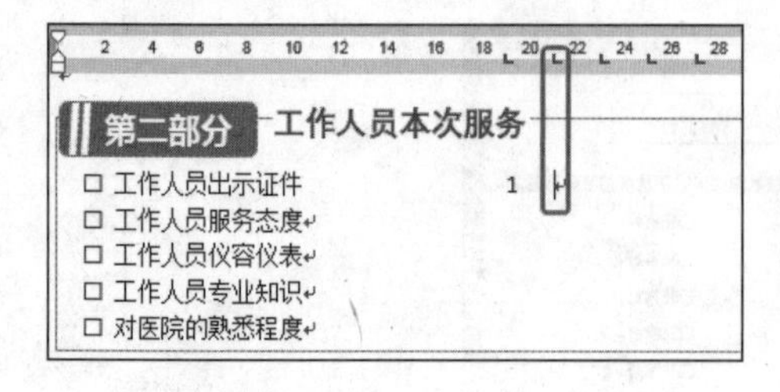

图 5-59

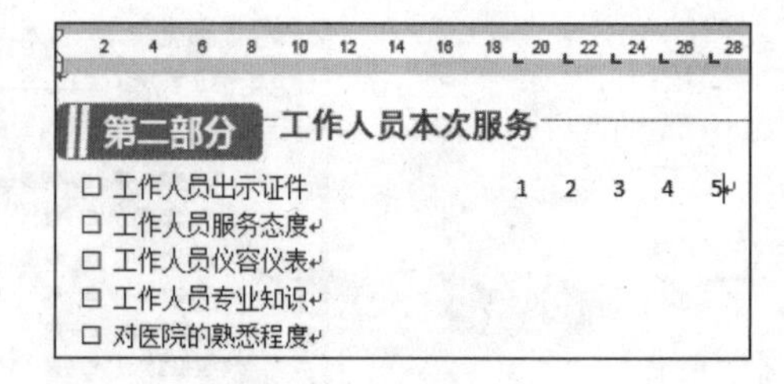

图 5-60

❻ 按相同的操作，添加多个制表符，可以让输入的文本非常整齐，效果如图 5-61 所示。

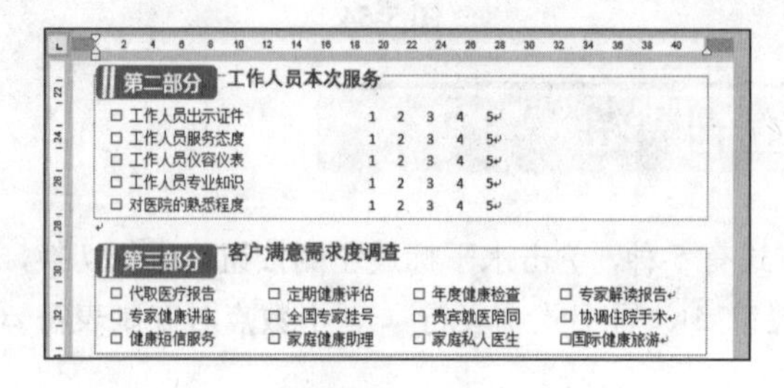

图 5-61

5.4.3 前导符的设置

根据实际需要还可以在制表符文本前添加前导符，操作方法如下。

❶ 选中目标文本，在“开始”→“段落”选项组中单击对话框启动器按钮（见图 5-62），打开“段落”对话框。

❷ 在“缩进与间距”选项卡中，单击“制表位”按钮（见图 5-63），打开“制表位”对话框。

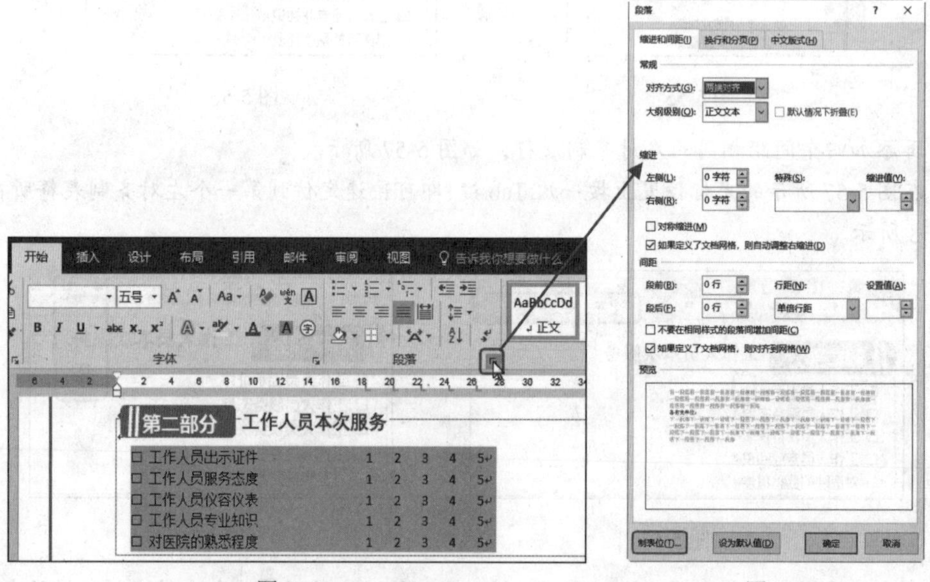

图 5-62　　图 5-63

❸ 在“制表位”位置列表框中选中目标位置，如首先选中“20.93 字符”选项，在“前导符”

栏中单击“2……（2）”单选按钮，如图 5-64 所示。

❹ 单击“确定”按钮即可添加前导符，效果如图 5-65 所示。

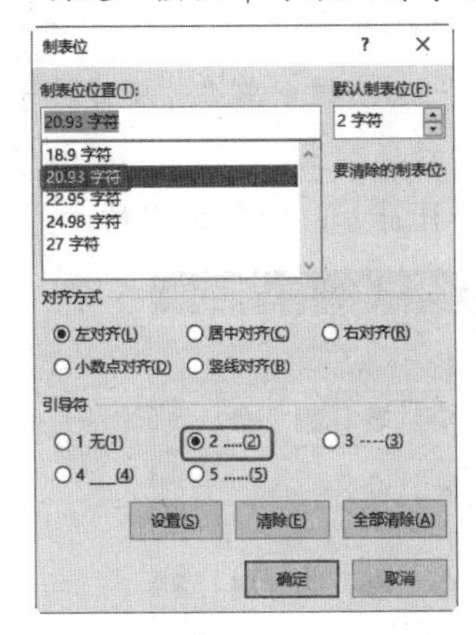

图 5-64

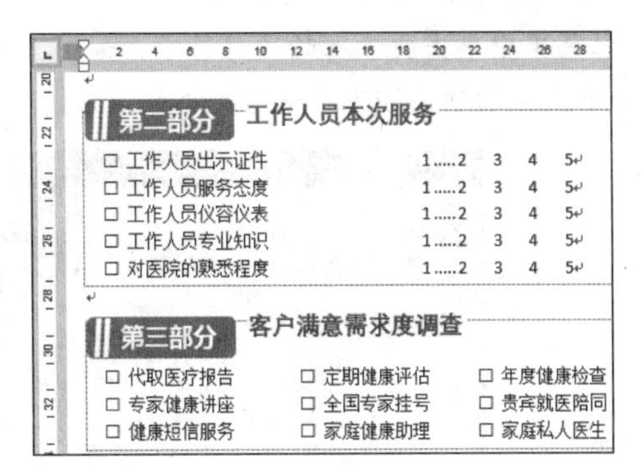

图 5-65

❺ 接着在再次打开“制表位”对话框，在“制表符位置”列表中选择下一个距离，并选择需要的前导符，依次设置可以达到如图 5-66 所示的效果。

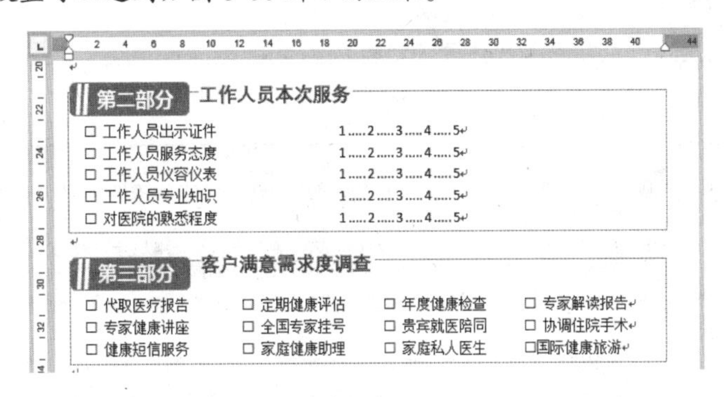

图 5-66

5.5 应用项目符号与编号

项目符号与编号是用来表明内容的大分类、小分类，从而使文章变得层次分明、容易阅读。项目符号可以是符号、小图片（以简单为主）；编号是大写数字、阿拉伯数字、字母等，以不同格式展现的连续编号。Word 2019 内置了几种项目符号与编号的样式，以供用户选择使用。

5.5.1 引用项目符号与编号

Word 2019 内置了几种项目符号与编号的样式，文档需要使用项目符号与编号时可以快速套用。

1. 添加项目符号

利用“项目符号”按钮可以直接引用项目符号，具体操作如下：

❶ 选中要添加项目符号的文本，在“开始”→“段落”选项组中单击“项目符号”下拉按钮，在展开的下拉菜单中单击要插入的项目符号，如图 5-67 所示。

❷ 例如单击➤选项，即可在选中文本的段落前插入项目符号，如图 5-68 所示。

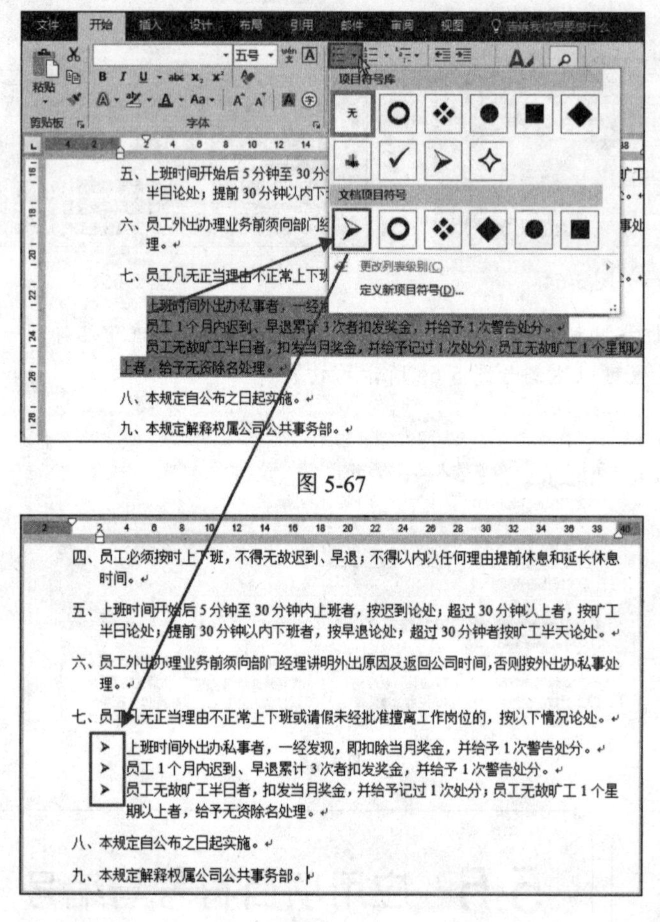

图 5-67

图 5-68

2. 添加编号

如果要添加编号，可以使用 Word 2019 提供的“编号”列表来实现，具体实现操作步骤如下。

❶ 选中要添加编号的段落文本，在“开始”→“段落”选项组中单击“编号”下拉按钮，在展开的下拉菜单中单击要插入的编号格式，如图 5-69 所示。

❷ 单击合适的编号，即可在目标位置插入编号，如图 5-70 所示。

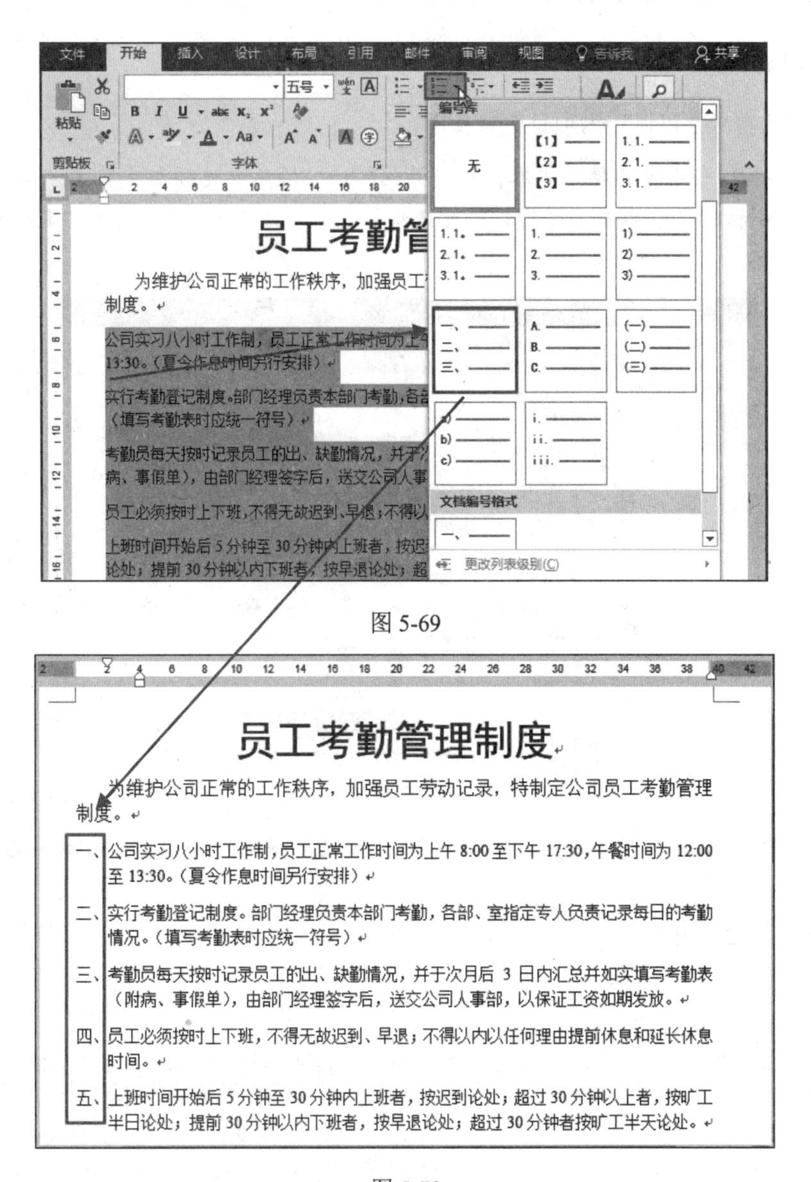

图 5-69

图 5-70

提 示

在添加项目符号或编号时，不是为每行文字添加项目符号，而是以段为单位添加项目符号。如果多段需要使用项目符号或编号可以一次性选中并添加，如果要添加的文本是不连续的，则先配合 Ctrl 键选中不连续的文本后再添加。

5.5.2 自定义项目符号与编号

程序内置的项目符号和编号样式有限，除了使用这几种之外，还可以自定义其他样式的项目符号与编号。

1. 自定义项目符号

Word 内置的符号都可以作为项目符号使用。

❶ 选中要添加项目符号的段落文本，在“开始”→“段落”选项组中单击“项目符号”下拉按钮，在展开的下拉菜单中单击“定义新项目符号”命令（见图 5-71），打开“定义新项目符号”对话框。

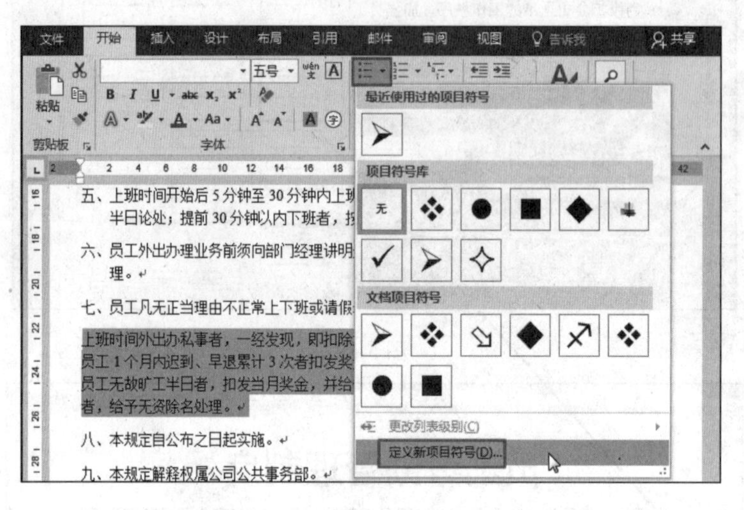

图 5-71

❷ 单击“符号”按钮（或单击“图片”按钮），定义要插入的项目符号来源（见图 5-72），打开“符号”对话框。

❸ 在列表中选中想使用的符号，如图 5-73 所示。

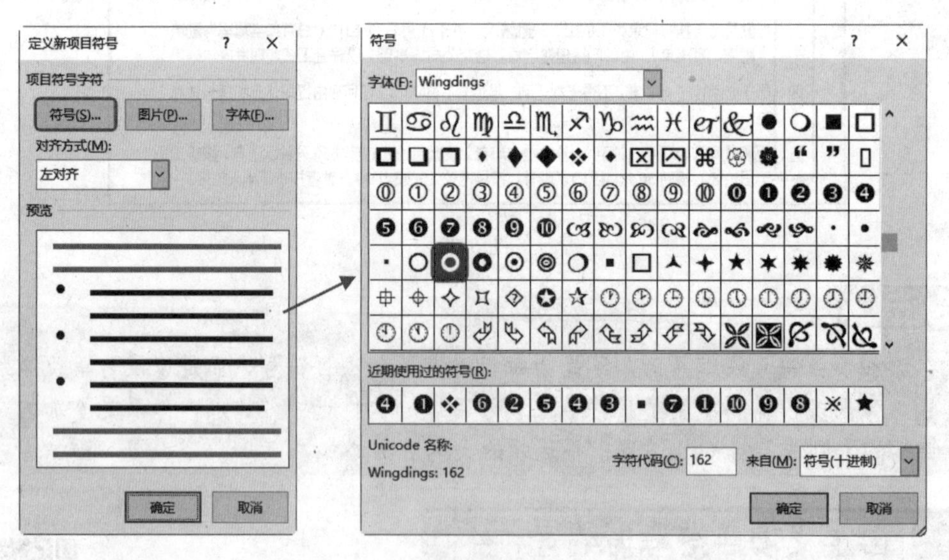

图 5-72　　图 5-73

❹ 单击“确定”按钮返回“定义新项目符号”对话框，如图 5-74 所示。

❺ 单击“确定”按钮返回文档中，即可在选中的段落文本上添加项目符号，如图 5-75 所示。

定义新项目符号
项目符号字符
符号(S)...
图片(P)...
字体(F)...
对齐方式(M):
左对齐
预览
确定
取消

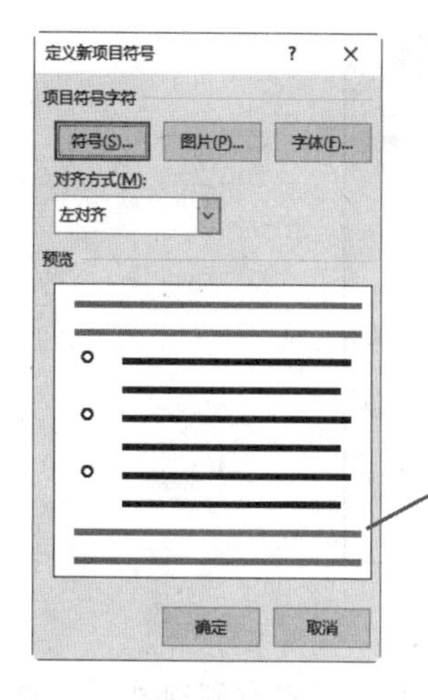

图 5-74

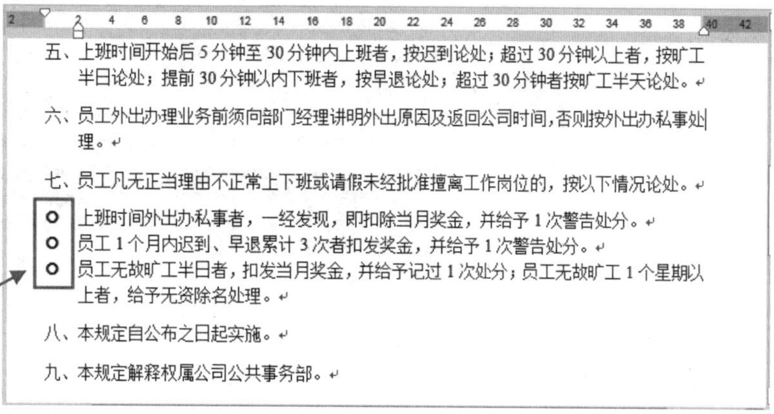
五、上班时间开始后 5 分钟至 30 分钟内上班者，按迟到论处；超过 30 分钟以上者，按旷工半日论处；提前 30 分钟以内下班者，按早退论处；超过 30 分钟者按旷工半天论处。
六、员工外出办理业务前须向部门经理讲明外出原因及返回公司时间，否则按外出办私事处理。
七、员工凡无正当理由不正常上下班或请假未经批准擅离工作岗位的，按以下情况论处。
上班时间外出办私事者，一经发现，即扣除当月奖金，并给予 1 次警告处分。
员工 1 个月内迟到、早退累计 3 次者扣发奖金，并给予 1 次警告处分。
员工无故旷工半日者，扣发当月奖金，并给予记过 1 次处分；员工无故旷工 1 个星期以上者，给予无资除名处理。
八、本规定自公布之日起实施。
九、本规定解释权属公司公共事务部。

图 5-75

知识扩展

自定义图片为项目符号

除了设置图片为项目符号外，还可以将电脑中保存的图片自定义为项目符号。

❶ 进入上面的第❶步操作打开“定义新项目符号”对话框后，单击“图片”按钮，打开“插入图片”对话框，如图 5-76 所示。

❷ 进入要使用图片的保存目录下，选中图片后，单击“插入”按钮回到“定义新项目符号”对话框，单击“确定”按钮即可应用自定义的图片项目符号，如图 5-77 所示。

插入图片
« 图片 › 保存的图片
搜索"保存的图片"
组织
新建文件夹
链接
此电脑
3D 对象
下载
文档
图片
视频
音乐
桌面
BOOTCAMP (C:)
化妆品.jpg
写字楼.jpg
png_icon_005
文件名(N):
工具(L)
插入(S)
取消

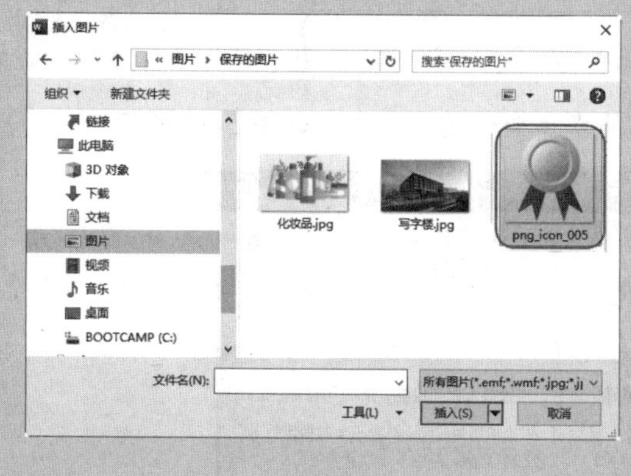

图 5-76

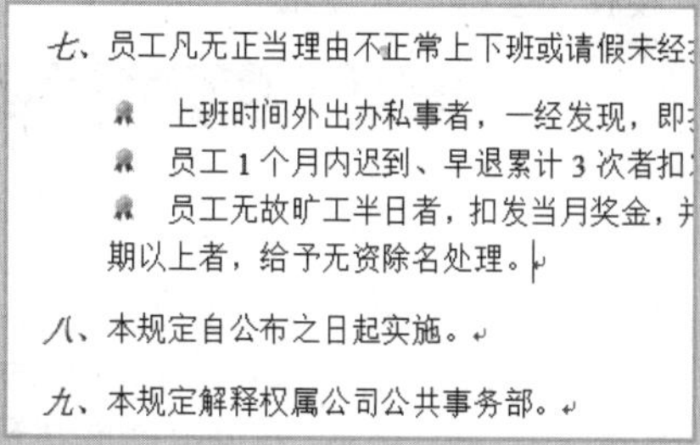
七、员工凡无正当理由不正常上下班或请假未经
上班时间外出办私事者，一经发现，即
员工 1 个月内迟到、早退累计 3 次者扣
员工无故旷工半日者，扣发当月奖金，并
期以上者，给予无资除名处理。
八、本规定自公布之日起实施。
九、本规定解释权属公司公共事务部。

图 5-77

2. 调整项目符号的位置

项目符号在调整位置时，不能通过空格键或删除键来实现。如果要调整项目符号的位置，则需要通过标尺上的缩进按钮进行操作。用户只需要选中项目符号所在的段落，然后拖动标尺上的“首行缩进”按钮即可。

❶ 选中要调整项目符号位置的段落文本，然后鼠标指针指向标尺上的“首行缩进”按钮，如图 5-78 所示。

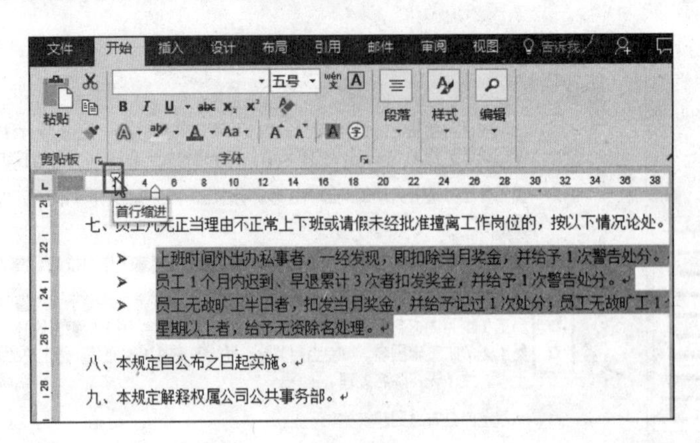

图 5-78

❷ 按住鼠标左键不放，向左或向右拖动鼠标，在合适的位置释放鼠标，可以看到项目符号的位置发生了相应的变化，而文本位置不变，如图 5-79 所示。

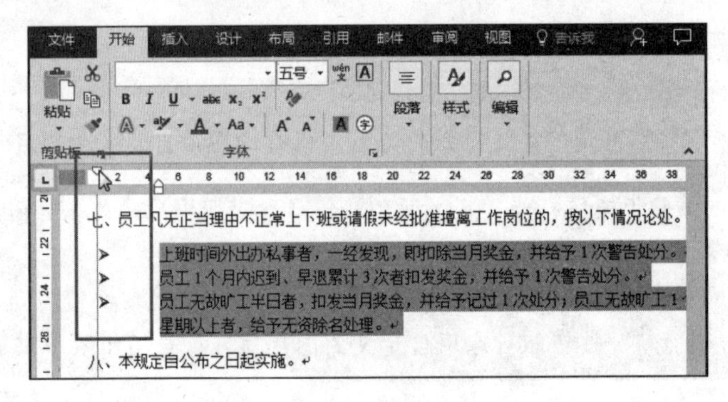

图 5-79

❸ 当按住“左缩进”按钮进行拖动时，位置发生变化的是文本，如图 5-80 所示。

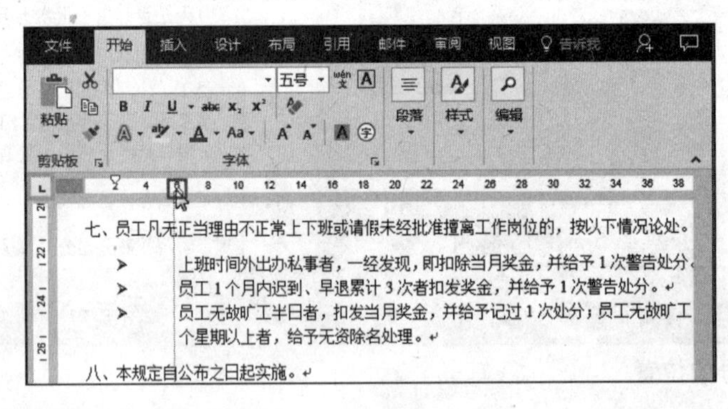

图 5-80

❹ 当按住“悬挂缩进”按钮进行拖动时，文本和项目符号的位置一起发生变化，效果如图 5-81 所示。

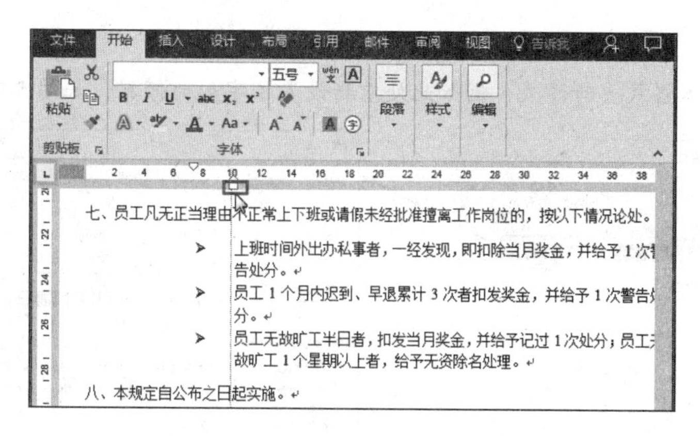

图 5-81

提 示

标尺上的缩进按钮有三个，如图 5-82 所示，从上到下依次是首行缩进、悬挂缩进以及左缩进按钮，拖动不同的按钮实现的缩进效果不同。

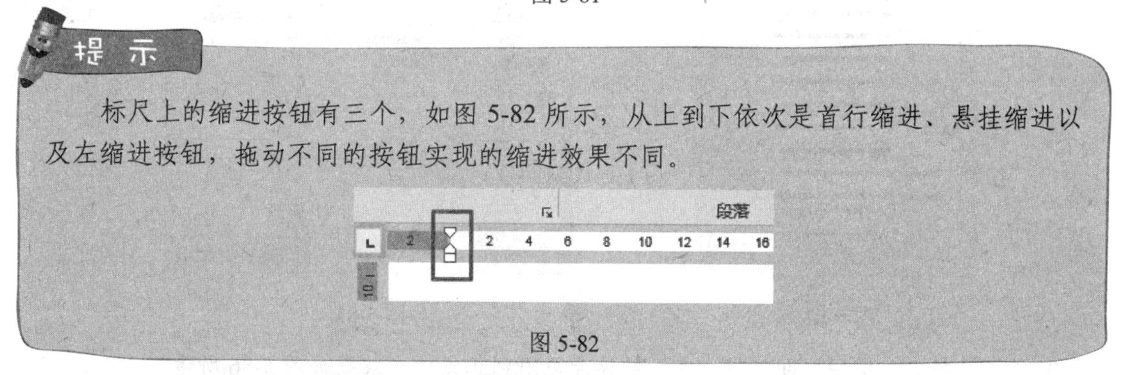

图 5-82

3. 自定义编号

如果要自定义编号，可以使用如下操作来实现。

❶ 选中要添加编号的段落文本，在“开始”→“段落”选项组中单击“编号”下拉按钮，在展开的下拉菜单中单击“定义新编号格式”命令（见图 5-83），打开“定义新编号格式”对话框。

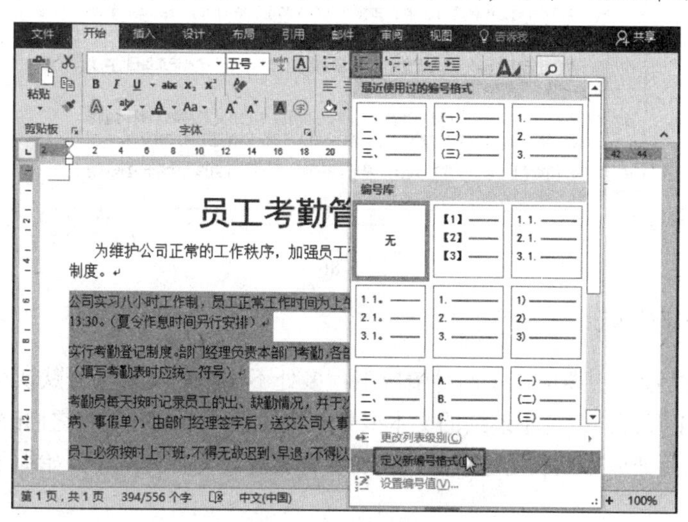

图 5-83

❷ 单击“编号样式”下拉按钮，在展开的下拉列表中选择样式，单击“字体”按钮（见图 5-84），

打开“字体”对话框。

❸ 对编号的字体格式重新设置，例如此处重新设置了字形为倾斜，如图 5-85 所示。

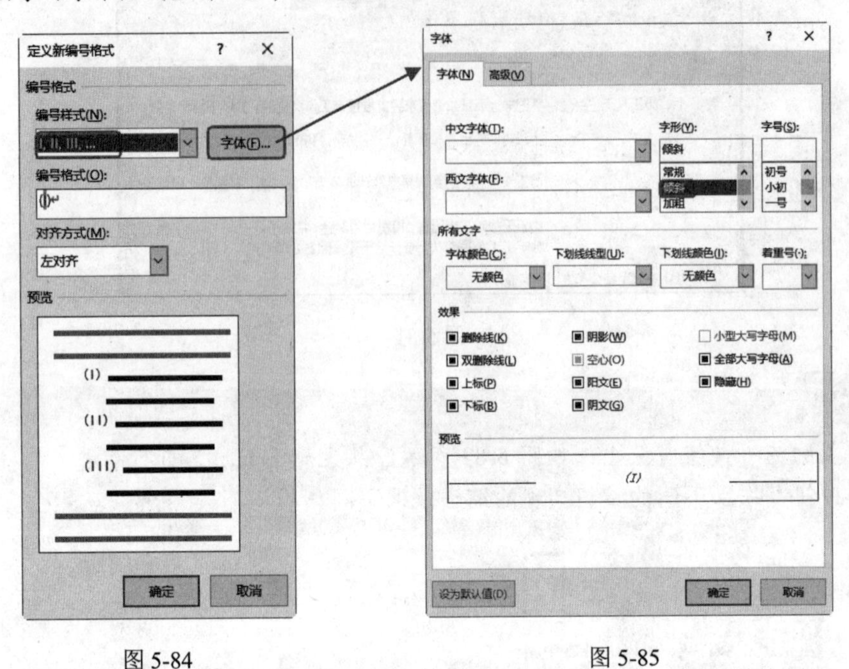

图 5-84　　　　图 5-85

❹ 单击“确定”按钮，即可将自定义的编号应用到正文中，效果如图 5-86 所示。

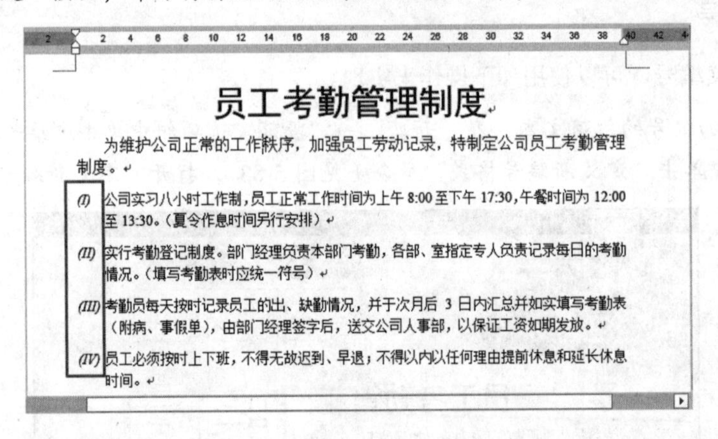

图 5-86

4. 自定义编号起始值

对编号起始值的设置主要应用于两种情况下：多处不连续的文本编号默认编号连续时，将它们依次改为各自从 1 开始；多处不连续的文本编号默认编号不连续时，将它们改为依次连续的。

如图 5-87 所示两处编号默认是连续的，现在要将其更改为各自从 1 开始编号。

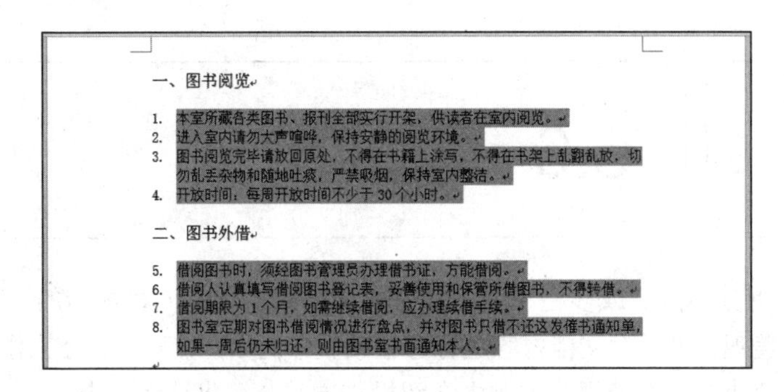
一、图书阅览

1. 本室所藏各类图书、报刊全部实行开架，供读者在室内阅览。
2. 进入室内请勿大声喧哗，保持安静的阅览环境。
3. 图书阅览完毕请放回原处，不得在书籍上涂写，不得在书架上乱翻乱放，切勿乱丢杂物和随地吐痰，严禁吸烟，保持室内整洁。
4. 开放时间：每周开放时间不少于 30 个小时。

二、图书外借

5. 借阅图书时，须经图书管理员办理借书证，方能借阅。
6. 借阅人认真填写借阅图书登记表，妥善使用和保管所借图书，不得转借。
7. 借阅期限为 1 个月，如需继续借阅，应办理续借手续。
8. 图书室定期对图书借阅情况进行盘点，并对图书只借不还这发催书通知单，如果一周后仍未归还，则由图书室书面通知本人。

图 5-87

❶ 选中第二处编号并右击，从弹出的快捷菜单中单击“重新开始于 1”命令（见图 5-88），设置后效果如图 5-89 所示。

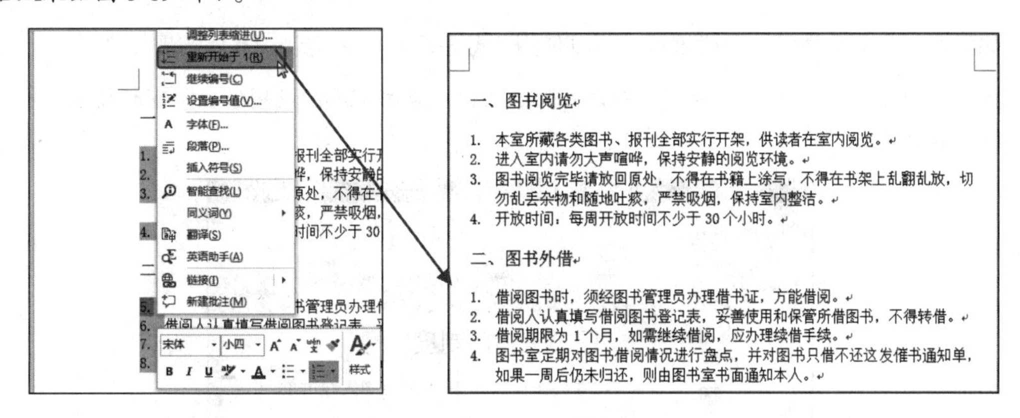

一、图书阅览

1. 本室所藏各类图书、报刊全部实行开架，供读者在室内阅览。
2. 进入室内请勿大声喧哗，保持安静的阅览环境。
3. 图书阅览完毕请放回原处，不得在书籍上涂写，不得在书架上乱翻乱放，切勿乱丢杂物和随地吐痰，严禁吸烟，保持室内整洁。
4. 开放时间：每周开放时间不少于 30 个小时。

二、图书外借

1. 借阅图书时，须经图书管理员办理借书证，方能借阅。
2. 借阅人认真填写借阅图书登记表，妥善使用和保管所借图书，不得转借。
3. 借阅期限为 1 个月，如需继续借阅，应办理续借手续。
4. 图书室定期对图书借阅情况进行盘点，并对图书只借不还这发催书通知单，如果一周后仍未归还，则由图书室书面通知本人。

图 5-88　　图 5-89

❷ 如果各自从 1 开始的编号需要连续编号，选中第二处编号并右击，从弹出的快捷菜单中单击“继续编号”命令（见图 5-90）即可。

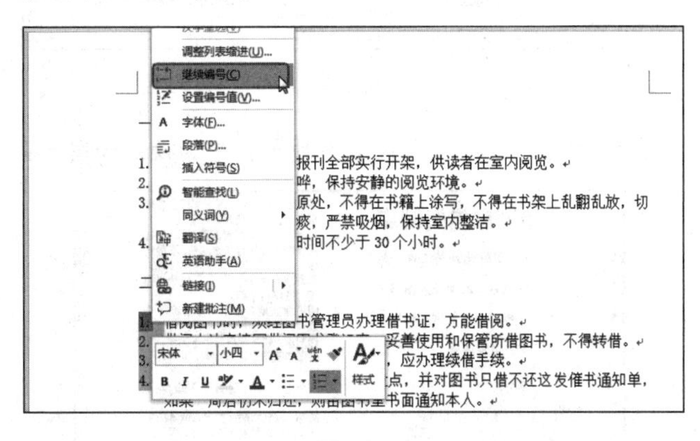

图 5-90

5.6 分栏排版

分栏是将文本拆分为两栏或多栏显示，默认的文档内容都是一栏显示的。有时为了文档的编排效果更加合理与美观，可以对文档内容进行分栏设置，例如：分两栏、分三栏等。分栏文本需要结合文本的实际需要决定是否使用，本例中介绍操作方法，可供读者参考。

5.6.1 创建分栏版式

如果要为整篇文档设置分栏编排，可以使用“分栏”功能来实现，具体实现步骤如下。

❶ 打开文档，在“布局”→“页面设置”选项组中单击“添加或删除栏”下拉按钮，在展开的下拉菜单中单击“两栏”命令，如图5-91所示。

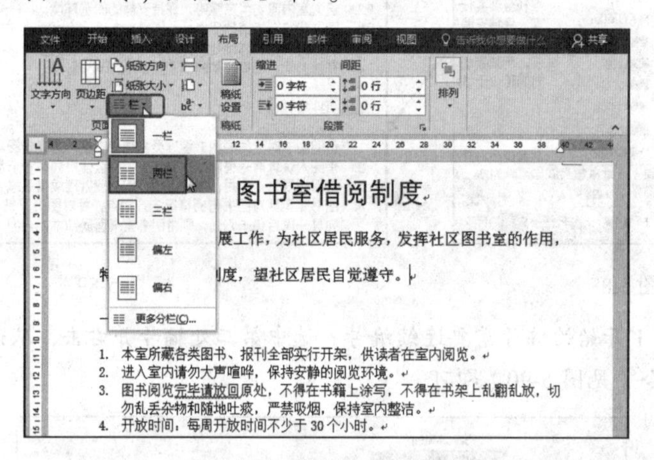

图 5-91

❷ 执行以上操作后，即可将两栏排版方式应用到文档中，效果如图5-92所示。

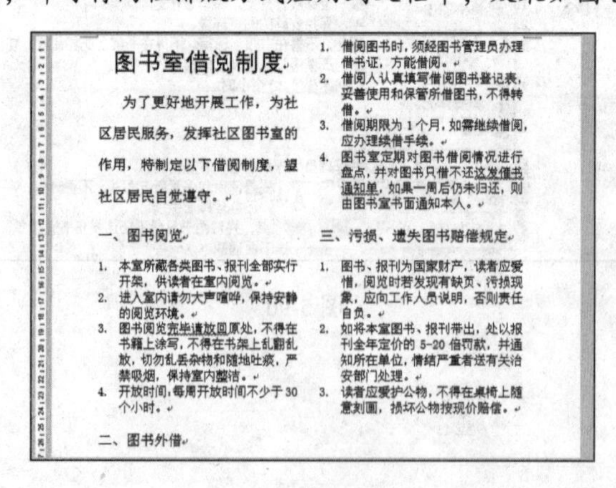

图 5-92

从上面的分栏结果看到效果并不让人满意，这篇文档实际可以设置让标题与第一段的引文部分采用跨栏方式，其他部分采用分栏方式，因此这就涉及混合分栏，具体方法如下。

选中除标题与第一段文本之外的所有文字，在“布局”→“页面设置”选项组中单击“添加或删除栏”下拉按钮，在展开的下拉菜单中单击“两栏”命令（见图 5-93），即可得到如图 5-94 所示的分栏效果。

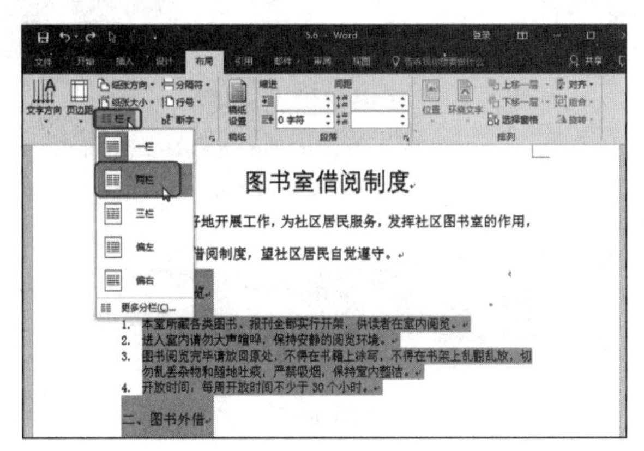

图 5-93

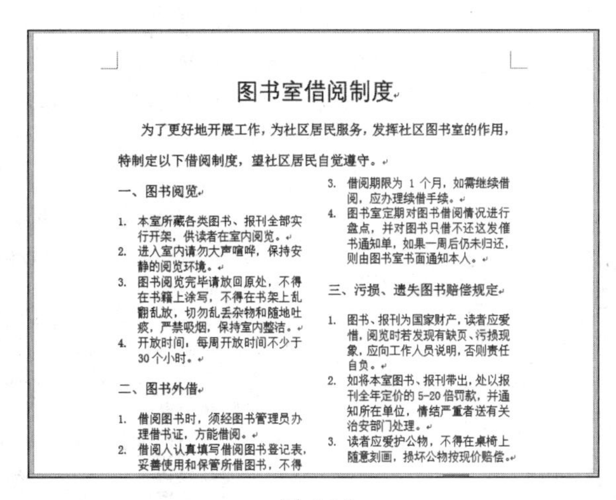

图书室借阅制度

为了更好地开展工作，为社区居民服务，发挥社区图书室的作用，特制定以下借阅制度，望社区居民自觉遵守。

一、图书阅览

1. 本室所藏各类图书、报刊全部实行开架，供读者在室内阅览。
2. 进入室内请勿大声喧哗，保持安静的阅览环境。
3. 图书阅览完毕请放回原处，不得在书籍上涂写，不得在书架上乱翻乱放，切勿乱丢杂物和随地吐痰，严禁吸烟，保持室内整洁。
4. 开放时间，每周开放时间不少于30个小时。

二、图书外借

1. 借阅图书时，须经图书管理员办理借书证，方能借阅。
2. 借阅人认真填写借阅图书登记表，妥善使用和保管所借图书，不得
3. 借阅期限为 1 个月，如需继续借阅，应办理续借手续。
4. 图书室定期对图书借阅情况进行盘点，并对图书只借不还这发催书通知单，如果一周后仍未归还，则由图书室书面通知本人。

三、污损、遗失图书赔偿规定

1. 图书、报刊为国家财产，读者应爱惜，阅览时若发现有缺页、污损现象，应向工作人员说明，否则责任自负。
2. 如将本室图书、报刊带出，处以报刊全年定价的5-20倍罚款，并通知所在单位，情结严重者送有关治安部门处理。
3. 读者应爱护公物，不得在桌椅上随意刻画，损坏公物按现价赔偿。

图 5-94

提 示

如果当前的文档需要多处使用分栏样式，如有的地方两栏、有的地方三栏，这时它们的设置方法是不变的，只是注意要设置前要准确选中目标文本再进行设置即可。

5.6.2 调整栏宽

除了使用程序提供的默认分栏宽度和间距外，还可以自行调整分栏的宽度和间距，同时也可以为分栏添加辅助分隔线。

❶ 打开文档，选中要分栏的文本（如果整篇分栏则无须选中），在“布局”→“页面设置”选项组中单击“添加或删除栏”下拉按钮，在展开的下拉菜单中单击“更多分栏”命令（见图 5-95），打开“栏”对话框。

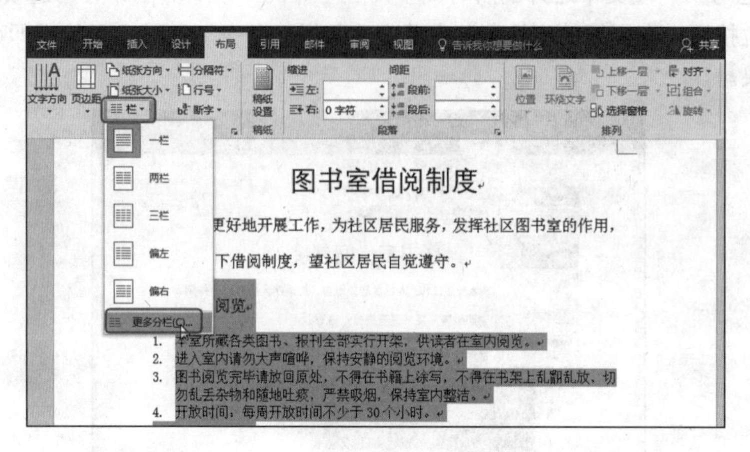

图 5-95

❷ 在“栏数”框中输入“2”，取消“栏宽相等”复选框，并在对应的第一栏“宽度”设置框中通过单击上下调节按钮来调节栏宽；在后面的“间距”设置框中通过单击上下调节按钮来设置第一栏与第二栏的间距；选中“分隔线”复选框，如图 5-96 所示。

❸ 设置完成后，单击“确定”按钮，可以看到改变栏宽和间距，以及添加分隔线后的分栏效果，如图 5-97 所示。

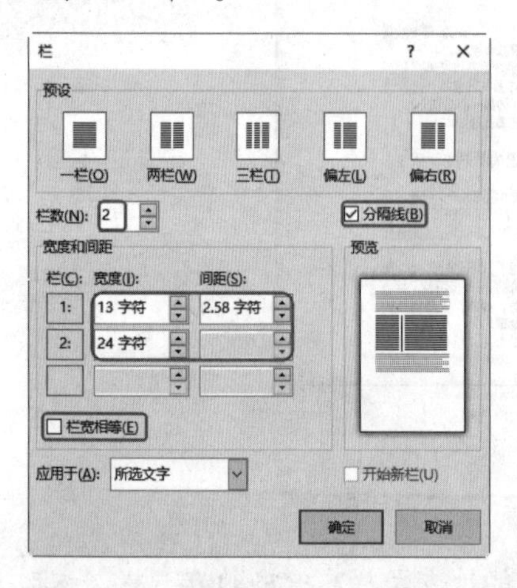

图 5-96

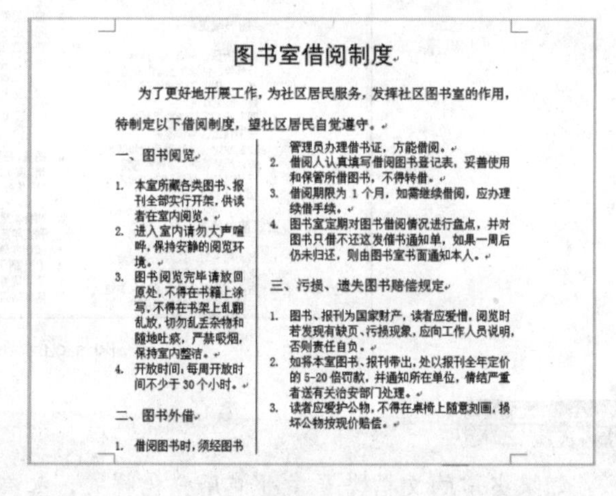

图书室借阅制度

为了更好地开展工作，为社区居民服务，发挥社区图书室的作用，

特制定以下借阅制度，望社区居民自觉遵守。

一、图书阅览

1. 本室所藏各类图书、报刊全部实行开架，供读者在室内阅览。
2. 进入室内请勿大声喧哗，保持安静的阅览环境。
3. 图书阅览完毕请放回原处，不得在书籍上涂写，不得在书架上乱翻乱放，切勿乱丢杂物和随地吐痰，严禁吸烟，保持室内整洁。
4. 开放时间：每周开放时间不少于 30 个小时。

二、图书外借

1. 借阅图书时，须经图书管理员办理借书证，方能借阅。
2. 借阅人认真填写借阅图书登记表，妥善使用和保管所借图书，不得转借。
3. 借阅期限为 1 个月，如需继续借阅，应办理续借手续。
4. 图书室定期对图书借阅情况进行盘点，并对图书只借不还这发借书通知单，如果一周后仍未归还，则由图书室书面通知本人。

三、污损、遗失图书赔偿规定

1. 图书、报刊为国家财产，读者应爱惜，阅览时若发现有缺页、污损现象，应向工作人员说明，否则责任自负。
2. 如将本室图书、报刊带出，处以报刊全年定价的 5-20 倍罚款，并通知所在单位，情结严重者送有关治安部门处理。
3. 读者应爱护公物，不得在桌椅上随意刻画，损坏公物按现价赔偿。

图 5-97

5.7 综合实例：制作活动通知文档

活动通知文档是企业、公司、学校等单位在某项活动开始之前要求递交的简易安排，属于非

常常用的办公文档。无论哪种类型的办公文档，在文字编辑后都应注重其排版工作，如对文档段落间距的调，标题文字的特殊设置，条目文本应用有条理的编号等。一方面让文档条目更加清晰、另一方面也起到美化版面的作用。

1. 输入主题文本

❶ 新建文档后输入文本，并对文字进行字体、字号以及字体颜色的设置，效果如图 5-98 所示。

❷ 选中文本“游客卡会员”，设置字体颜色为“蓝色”，字号“二号”，并单击“加粗”，如图 5-99 所示。

❸ 选中文本“海岛休闲游”，设置字体格式为“华文彩云”，字体颜色为“黑色”，字号“初号”，如图 5-100 所示。

❹ 在合适位置绘制文本框（具体绘制技巧见 6.4 节），输入如图 5-101 所示英文并设置格式。

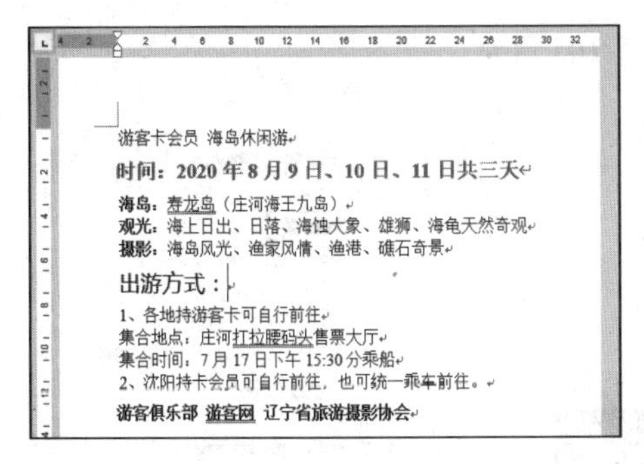

图 5-98

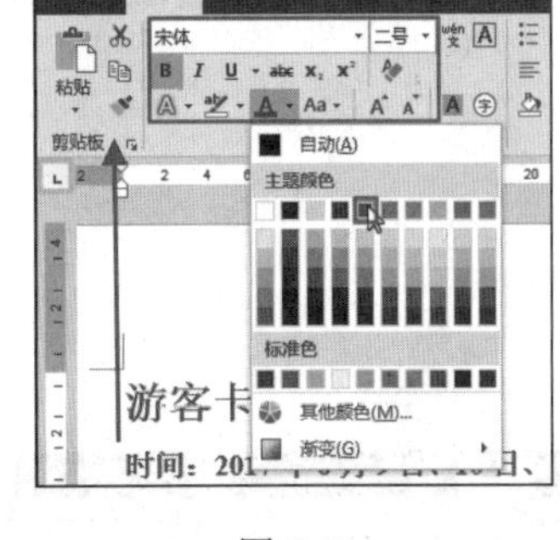

图 5-99

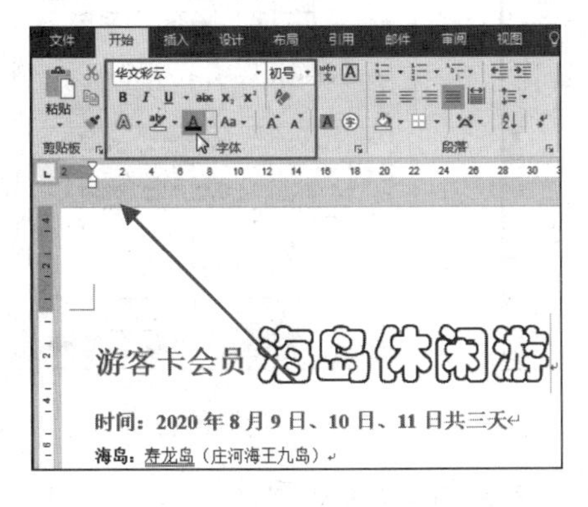

图 5-100

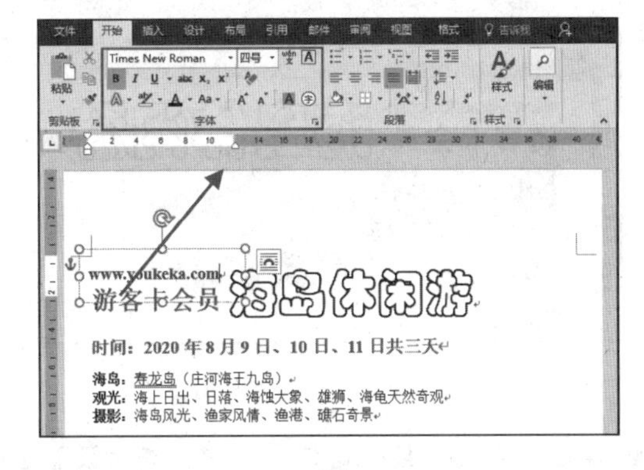

图 5-101

2. 设置段落格式

❶ 选中段落（如果是多处不连续的段落可配合 Ctrl 键一次性选中），将鼠标指针指向标尺上的“首行缩进”按钮，如图 5-102 所示。

❷ 按住鼠标左键向右拖动“首行缩进”按钮，拖到指定位置后松开鼠标按键，即可完成对选中段落首行缩进的设置，效果如图 5-103 所示。

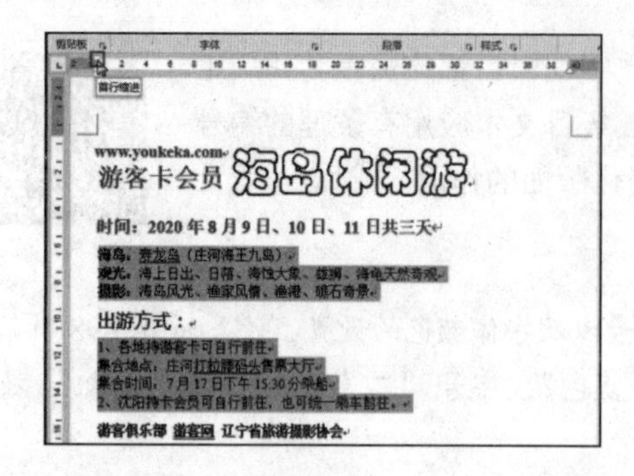

图 5-102

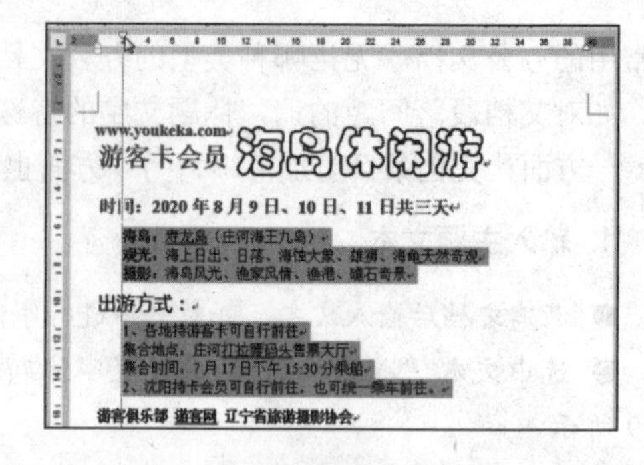

图 5-103

❸ 选中要设置段落间距的文本，在“开始”→“段落”选项组中单击对话框启动器（见图 5-104），打开“段落”对话框。

❹ 在“间距”栏下设置段后间距“1 行”，如图 5-105 所示。

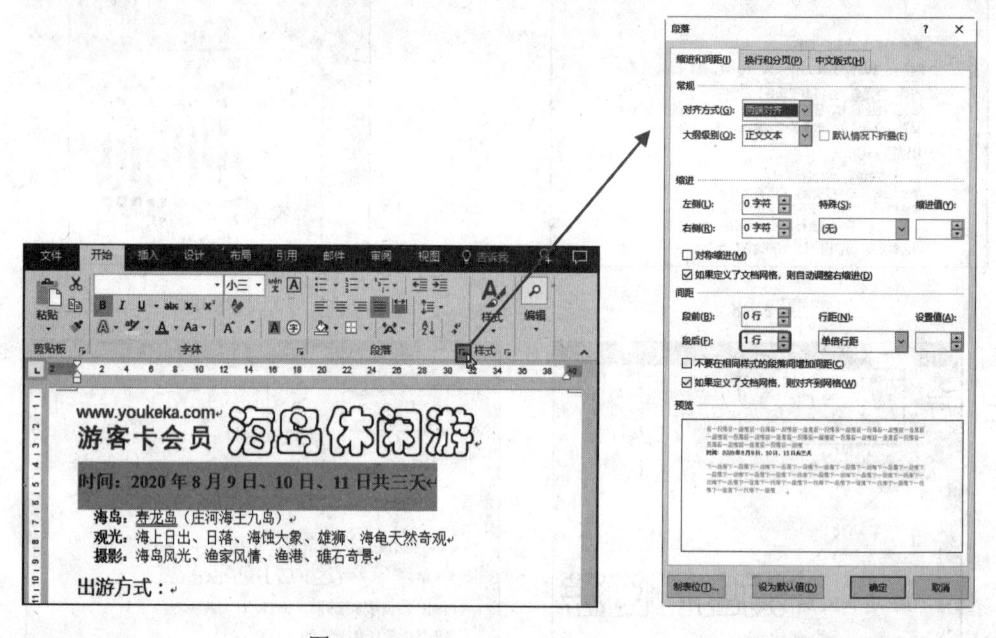

图 5-104　　　　图 5-105

❺ 单击“确定”按钮返回文档中，查看设置后的效果如图 5-106 所示。

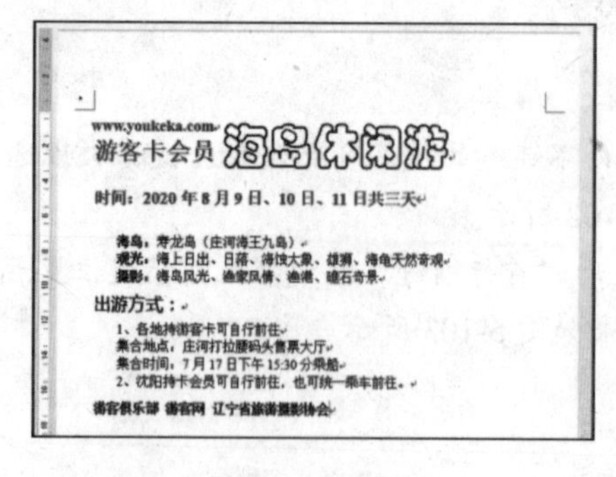

图 5-106

第 6 章
文档的图文混排

学习导读

除了在 Word 中使用文字编辑文档之外，为了丰富文档内容，还可以在文档中使用图片、自选图形、SmartArt 图形、文本框、表格来美化和表达文档的重要内容。

学习要点

- 在文档中应用图片
- 应用自选图形
- 使用 SmartArt 图形
- 文档中应用文本框
- 文档中应用表格
- 制作公司宣传页

6.1 在文档中应用图片

在排版商务办公文档时，图片的应用必不可少，将图片与文字结合可以形象地表达信息，同时也可以起到点缀、美化文档的作用。在应用图片时，要考虑图片的适用性，并且在插入图片后也要调整图片大小、位置和效果，以使整个文档达到协调的效果。

6.1.1 插入图片并初步调整

插入的图片可以从电脑中选择，也可以插入联机图片，一般我们会将需要使用的图片事先保存到计算机中，然后再按步骤插入。插入图片后需要根据实际情况调整图片的位置和大小。

1. 插入图片

❶ 定位到需要插入图片的位置，在“插入”→“插图”选项组中单击“插入图片”按钮，在展开的下拉菜单中单击“此设备”（见图 6-1），打开“插入图片”对话框。

❷ 在地址栏中需要逐步定位保存图片的文件夹（也可以从左边的树状目录中依次定位），选中目标图片，如图 6-2 所示。

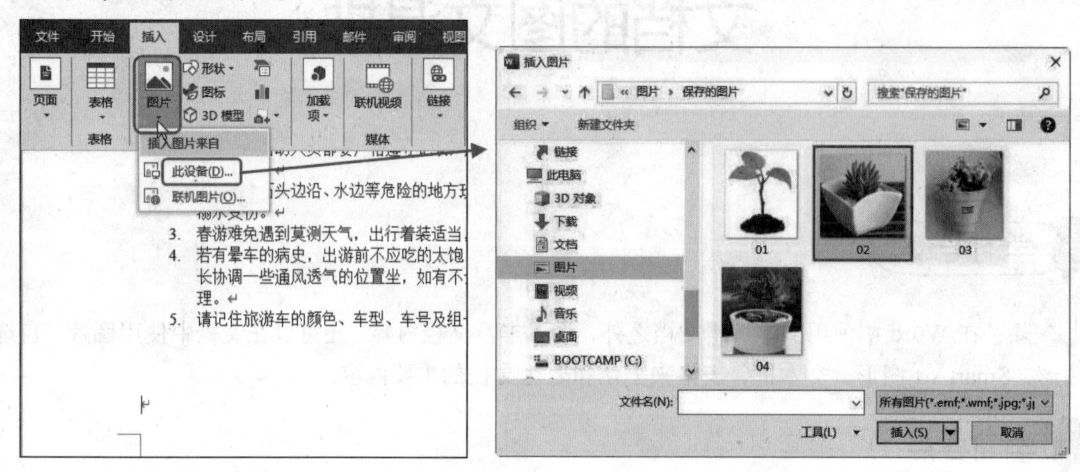

图 6-1　　　　图 6-2

❸ 单击“插入”按钮即可将图片插入到文档中，如图 6-3 所示。

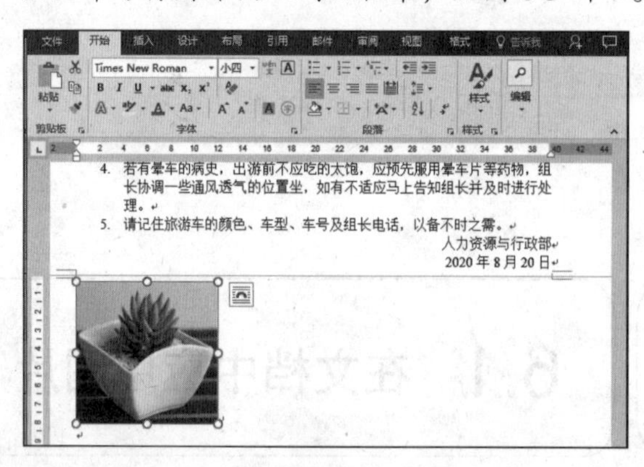

图 6-3

另外，也可以一次性插入多张图片，前提是要将想插入的图片保存到同一文件夹中，具体操作步骤如下。

❶ 利用上面的步骤❶打开“插入图片”对话框，选中第一张图片后，按住 Ctrl 键不放，依次在其他图片上单击选中其他图片，如图 6-4 所示。

❷ 单击“插入”按钮即可插入所有选中的图片，如图 6-5 所示。

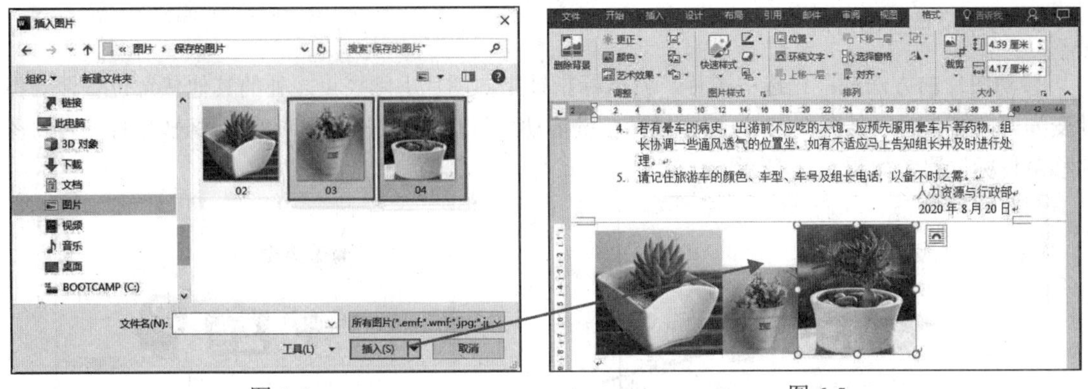

图 6-4　　　　图 6-5

2. 插入图标

插入图标是之前 Word 2016 版本中新增的功能，是软件提供的一些可供直接使用的 PNG 格式的图标，使用起来非常方便。

❶ 将光标定位到需要插入图片的位置，在“插入”→“插图”选项组中单击“插入图标”按钮（见图 6-6），打开“插入图标”对话框。

❷ 左侧列表是对图标的分类，可以选择相应的分类，然后在右侧选择想使用的图标，也可以一次性选中多个，如图 6-7 所示。

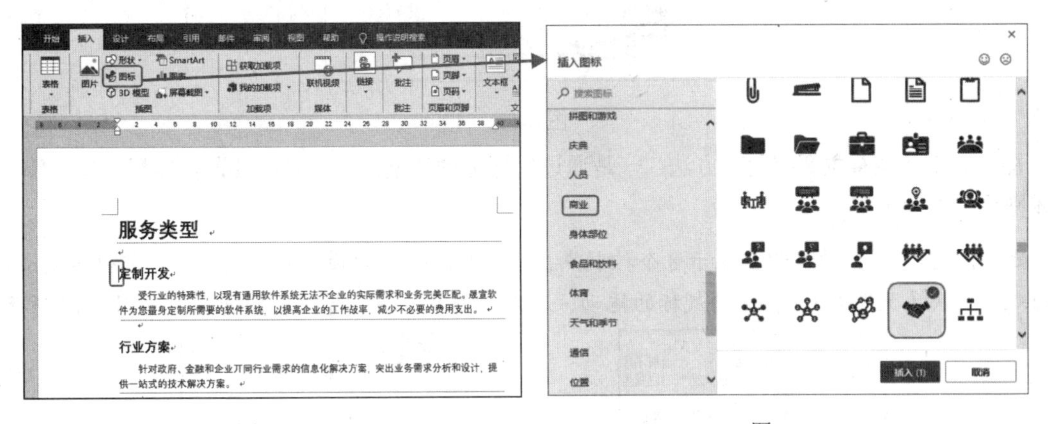

图 6-6　　　　图 6-7

❸ 单击“插入”按钮即可将图标插入到文档中，如图 6-8 所示。

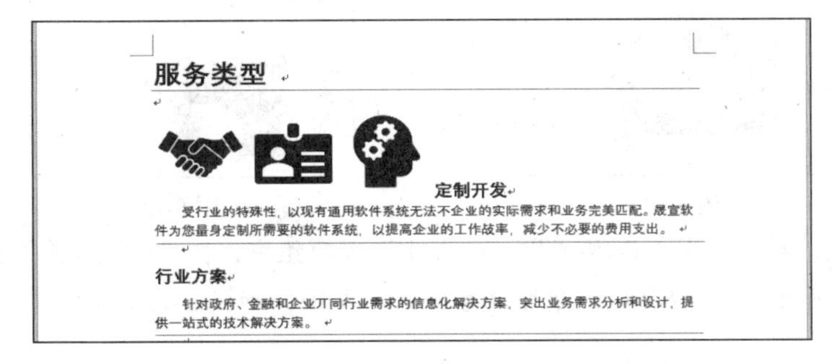

图 6-8

3. 移动及调整图片大小

移动图片的方法是：先选中图片，将鼠标指针指向图片上除控点之外的其他任意位置，当指针变为四向箭头时（见图 6-9），按住鼠标左键拖动至目标位置（见图 6-10），释放鼠标即可将图片移至目标位置，如图 6-11 所示。

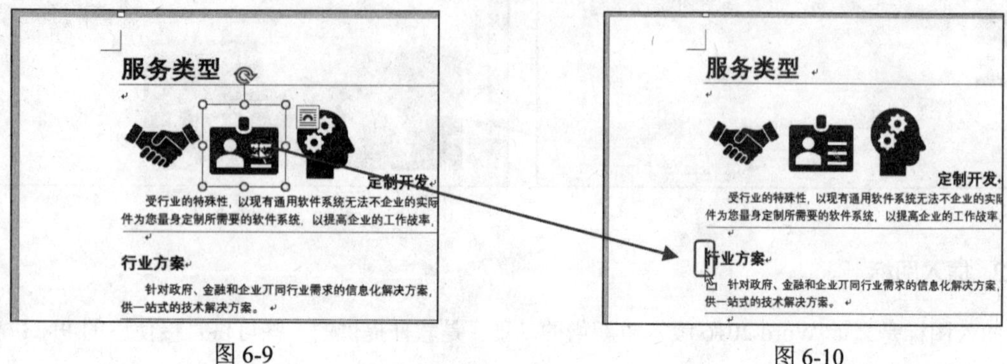

图 6-9　　　　图 6-10

图 6-11

图片大小的调整主要有两种方法：一是通过鼠标拖动调整，二是通过设置具体尺寸精确修改。具体操作步骤如下。

❶ 选中图片，图片四周会显示 8 个控制点，当鼠标指针指向顶角的控制点时，指针会变成倾斜的双向箭头（见图 6-12），通过鼠标的拖动，可以让图片的高、宽同比例增减，如图 6-13 所示。

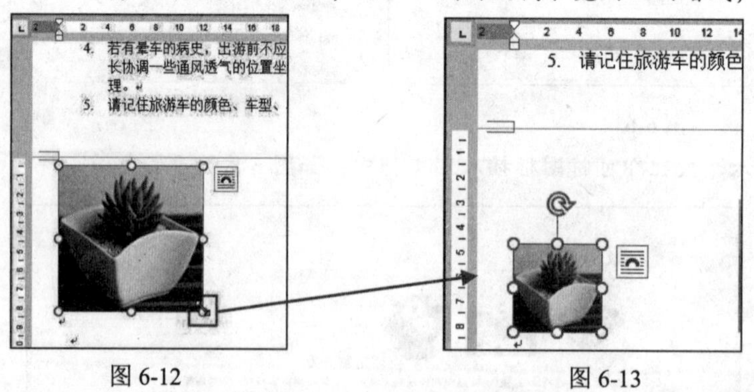

图 6-12　　　　图 6-13

❷ 选中图片，在“图片工具-格式”→“大小”选项组中，在“形状高度”或“形状宽度”数值框中输入精确值（见图 6-14），即可调整图片的大小，如图 6-15 所示。

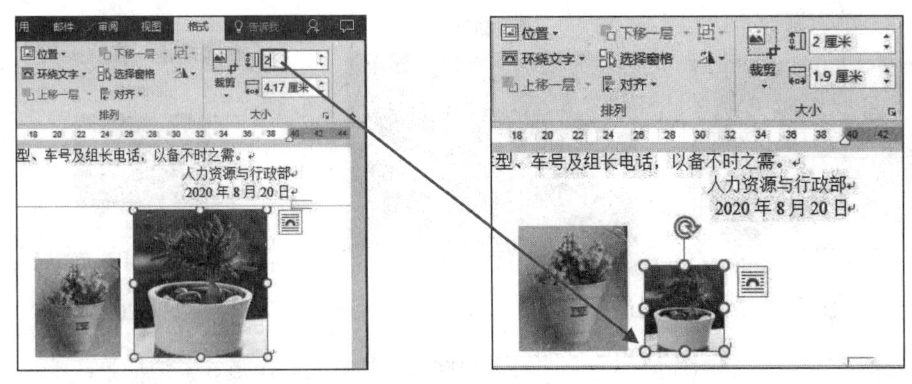

图 6-14　　图 6-15

6.1.2 裁剪修整图片

当插入的图片有多余不需要的部分时，可以直接在 Word 中进行裁剪，而不需要借助其他图片处理工具。

❶ 选中图片，在“图片工具-格式”→“大小”选项组中单击“裁剪”按钮（见图 6-16），此时图片四周会出现黑色的边框，如图 6-17 所示。

图 6-16　　图 6-17

❷ 将鼠标指针指向任意上、下、左、右控点，按住鼠标左键拖动，拖过之处呈灰色区域即为即将被裁剪掉的区域，如图 6-18 所示。

❸ 如果将鼠标指针指向拐角控点上，可以同时进行横向和纵向的裁剪，如图 6-19 所示。

❹ 确定裁剪区域后，在图片以外的任意位置处单击即可进行裁剪，如图 6-20 所示。

图 6-18

图 6-19

图 6-20

除此之外，还可以将图片剪裁为个性的形状样式，如椭圆、星形、多边形等。

❶ 选中图片，在"图片工具-格式"→"大小"选项组中单击"裁剪"下拉按钮，在弹出的菜单中单击"裁剪为形状"命令，如图 6-21 所示。

❷ 选择要裁剪的形状，单击即可，如裁剪为"流程图:多文档"形状，效果如图 6-22 所示。

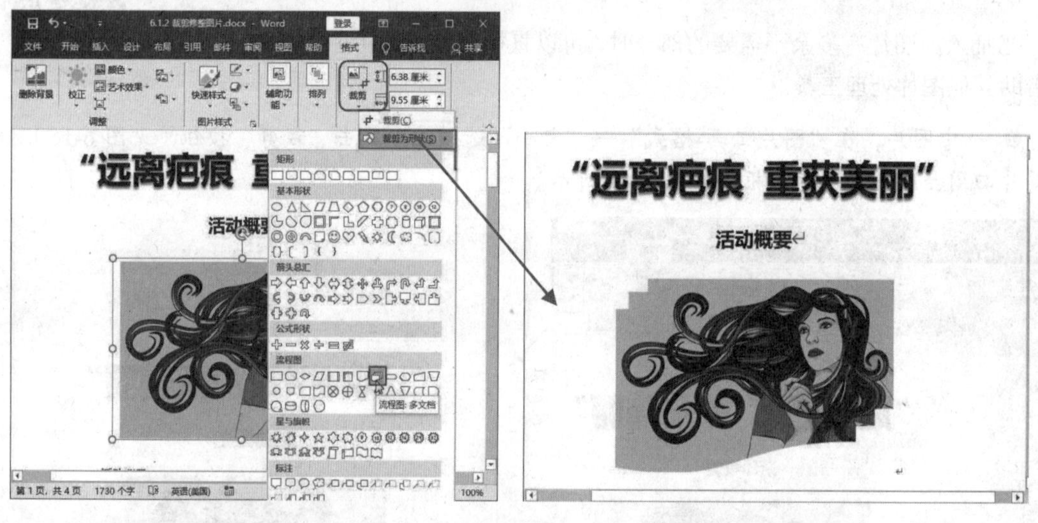

图 6-21　　图 6-22

6.1.3 调整图片亮度和对比度

插入图片到文档中后如果感觉图片的色彩效果并偏暗、偏亮等，都可以直接在软件中进行简易调整。

❶ 选中图片，在"图片工具-格式"→"调整"选项组中单击"校正"下拉按钮，弹出下拉菜单，在"亮度/对比度"栏下选择合适的对比度，效果如图 6-23 所示。

❷ 单击"颜色"下拉按钮，弹出下拉菜单，还可以对图片颜色的饱和度、色调等进行调整，如图 6-24 所示。

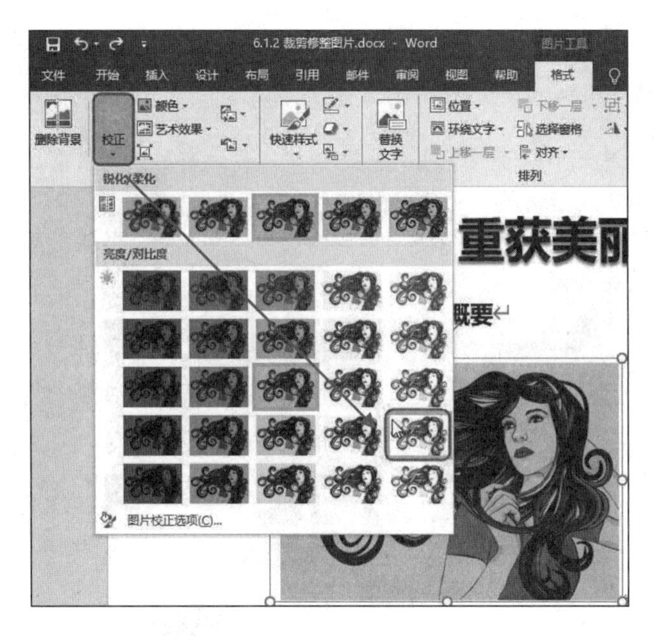

图 6-23

图 6-24

提 示

“调整”选项组中单击“更正”与“颜色”按钮都是针对图片颜色的调整，本例只是引导读者设置的方法，实际应用中需要根据当前插入的图片色彩选用合理的调整方案。

知识扩展

设置图片艺术效果

“调整”选项组中还有一个“艺术效果”按钮，通过套用艺术效果，可以使得图片更像草图、油画等，达到各种所需的艺术要求。

选中图片，在“图片工具-格式”→“调整”选项组中单击“艺术效果”下拉按钮，在展开的菜单中选择艺术效果即可，如图 6-25 所示。

图 6-25

6.1.4 设置图片样式

Word 中预置了很多种图片外观样式，这些图片样式有的是设置边框的、设置阴影的、改变外观的、设置立体样式的，这些预设样式可能是经过多步设置才能实现的，因此想为图片设置外观样式时，可以试着先套用这些样式，并预览找到满意效果。

❶ 选中图片，在“图片工具-格式”→“图片样式”选项组中单击“其他”按钮，展开图片样式菜单，如图 6-26 所示。

图 6-26

❷ 选择合适的图片样式，如“旋转，白色”（见图 6-27），单击即可应用，效果如图 6-28 所示。

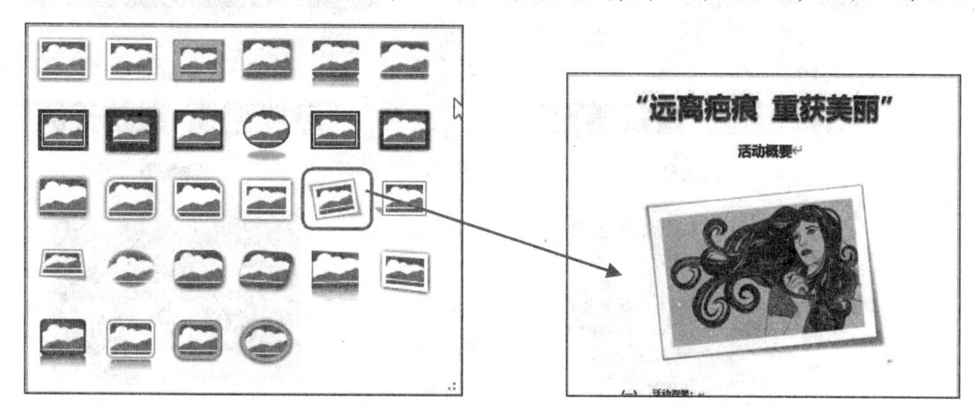

图 6-27　　　　图 6-28

知识扩展

套用样式快速排版图片

在日常工作中常见到如图 6-29 所示的排版样式。这样的多图片呆板地堆在一起，版面效果会很差，实际只要对它们应用图片样式，然后叠加、旋转放置即可立即呈现不一样的排版效果。

图 6-29

6.1.5 删除图片背景

“删除背景”功能实际是实现抠图的操作，在过去的版本中要想抠图必须借助其他图片处理工具，而在 Word 2013 之后的版本都可以直接在 Word 中实现抠图功能。比如本例的图片有褐色底纹，不能很完善地与文档的页面颜色相融合，因此可以利用“删除背景”功能将褐色底纹删除，具体操作步骤如下。

❶ 选中图片，在“图片工具-格式”→“调整”选项组中单击“删除背景”下拉按钮，如图 6-30 所示。

❷ 此时可进入背景消除工作状态（默认情况下，变色的为要删除区域，本色的为保留区域），在“背景消除”→“优化”选项组中单击“标记要保留的区域”按钮，此时鼠标变成铅笔形状，如果有想保留的区域已变色，则在那个位置拖动，直到所有想保留的区域都保持本色为止，如图 6-31 所示。

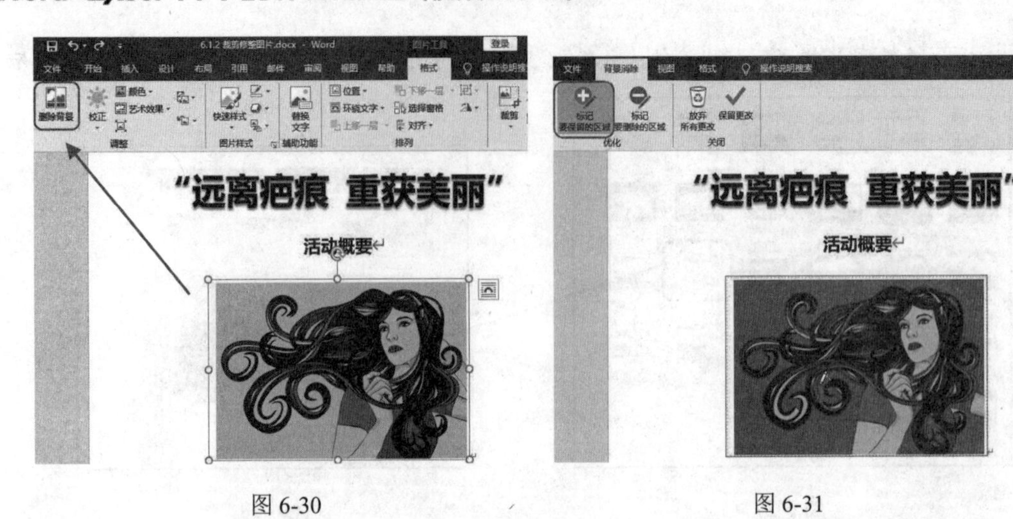

图 6-30　　　　图 6-31

❸ 绘制完成后，在“背景消除”→“关闭”选项组中单击“保留更改”按钮（见图 6-32）即可删除不需要的部分，效果如图 6-33 所示。

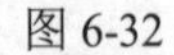

图 6-32　　　　图 6-33

提　示

有时图片的色彩过于复杂，在进行背景删除时则可能需要多步操作才能完成，首先进入删除背景时图片会自动变色一部分区域，既可以单击“标记要保留的区域”按钮在图片上点选不断增加要保留的区域；也可以单击“标记要删除的区域”按钮在图片上点选不断增加要删除的区域。

6.1.6 多图片应用“图片版式”快速排版

“图片版式”功能可以将所选的图片转换为 SmartArt 图形样式，当文档中使用多张图片时，可以使用此功能实现对图片的快速排版，迅速让多张图片快速对齐、裁剪为相同外观等。

❶ 选中图片，在“图片工具-格式”→“图片样式”选项组中单击“图片版式”下拉按钮，如图 6-34 所示。

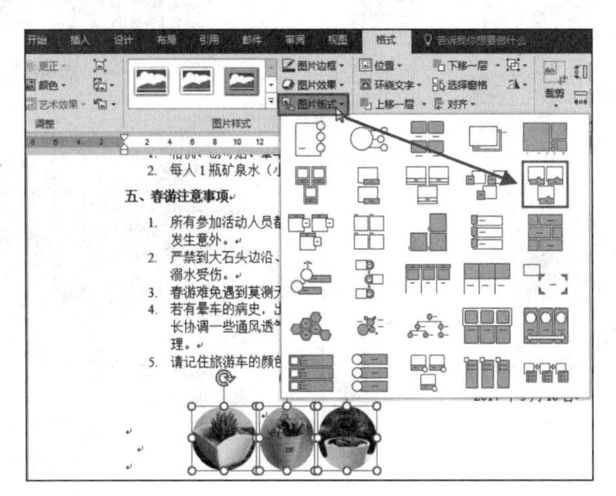

图 6-34

❷ 在展开的下拉菜单中选择合适的版式，如“蛇形图片题注列表”，效果如图 6-35 所示。

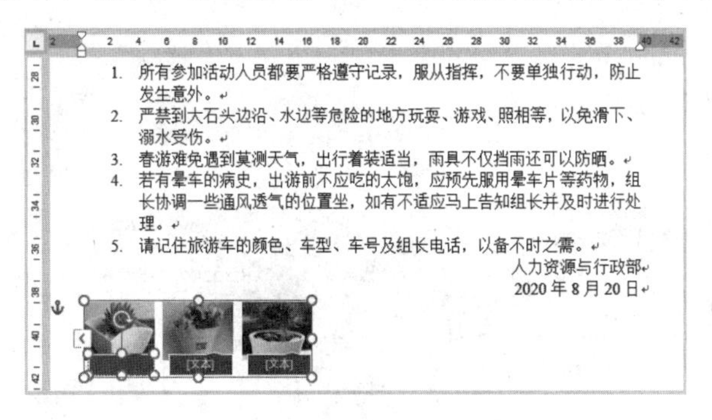

图 6-35

6.1.7 图片与文档的混排设置

在文档中插入图片后，默认是以“嵌入”的方式插入。“嵌入”式的图片与文本是分离的，即图片单独占行。在日常排版文档时需要文字能环绕图片，或图片衬于文字下方等版式，这时则需要更改图片的布局。

❶ 选中图片（默认是嵌入式的），在“图片工具-格式”→“排列”选项组中单击“环绕文字”下拉按钮，如图 6-36 所示。

❷ 在展开的下拉菜单中单击“衬于文字下方”命令，此时图片衬于文字下方显示，效果如图 6-37 所示。

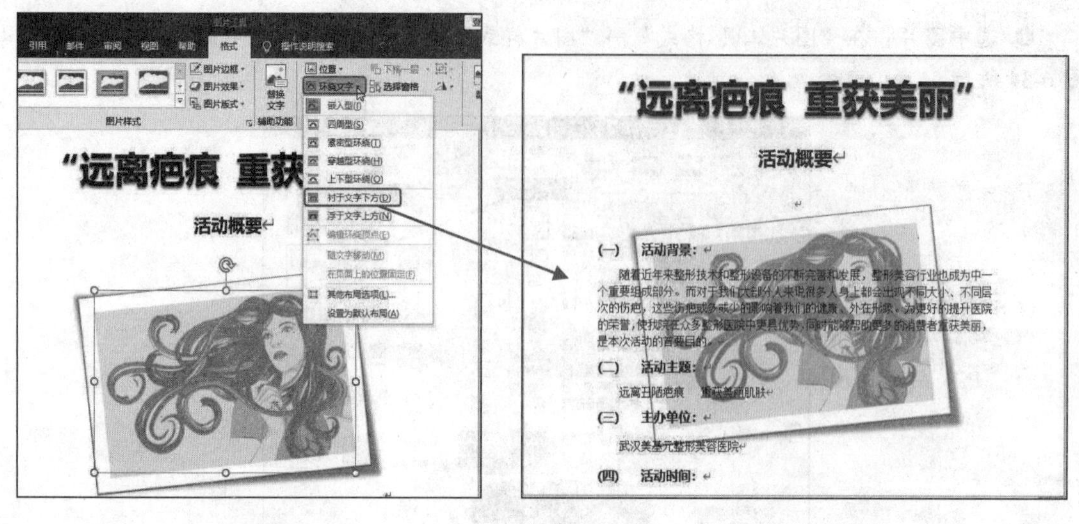

图 6-36　　　　　　　　　　图 6-37

使用“布局选项”按钮

在 Word 2019 中选中图片时右上角会出现一个“布局选项”按钮，单击此按钮可以快速设置图片的布局，如图 6-38 所示。

图 6-38

6.2 应用自选图形

使用 Word 2019 中的形状功能，可以绘制出如线条、多边形、箭头、流程图、标注、星与旗帜等图形。使用这些图形组合使用可以描述操作流程，使用图形设计文字效果，并且图形与文字的组合还可以丰富版面效果。

6.2.1 插入自选图形

Word 的“形状”菜单中显示了多种图形，可以进入此处直接选用。

1. 绘制图形

❶ 打开文档，在“插入”→“插图”选项组中单击“形状” 下拉按钮弹出下拉菜单，在“基本形状”栏中选择“矩形：圆角”图形，如图 6-39 所示。

❷ 此时鼠标指针变为黑色十字形样式，在需要的位置上按住鼠标左键不放，拖动至合适位置后释放鼠标，即可得到圆角矩形，如图 6-40 所示。

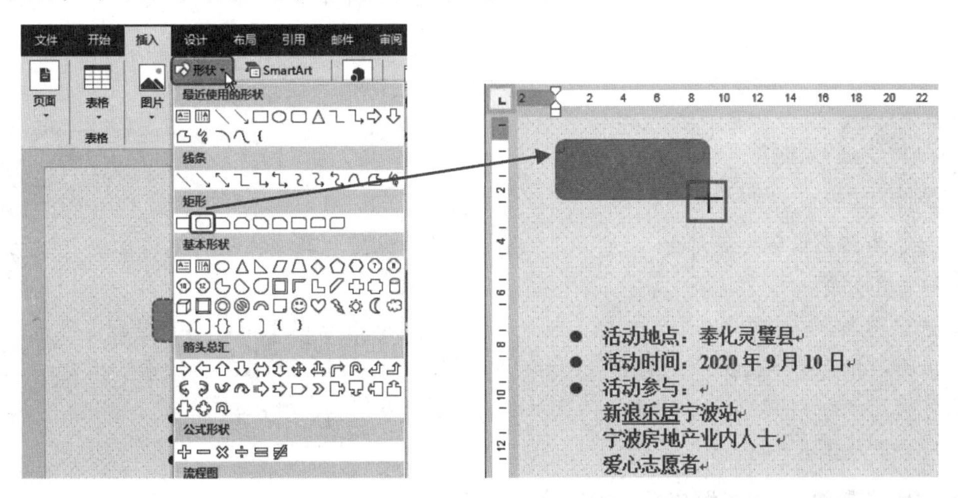

图 6-39　　图 6-40

❸ 选中图形，在“绘图工具-格式”→“形状样式”选项组中单击“形状填充”下拉按钮，选中“红色”，如图 6-41 所示。

❹ 单击“形状轮廓”下拉按钮，在弹出的下拉菜单中单击“无轮廓”命令，效果如图 6-42 所示。

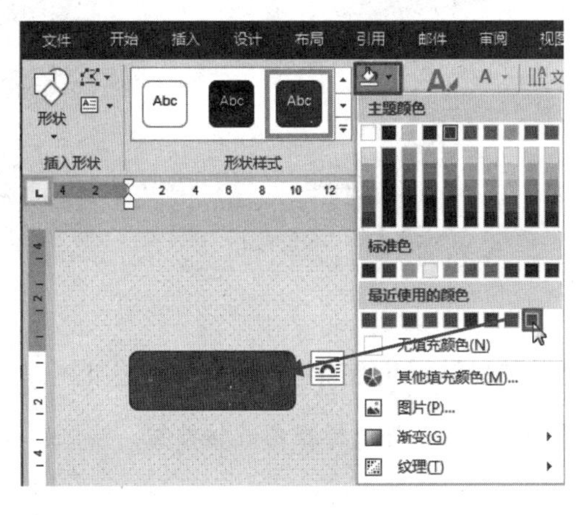

图 6-41

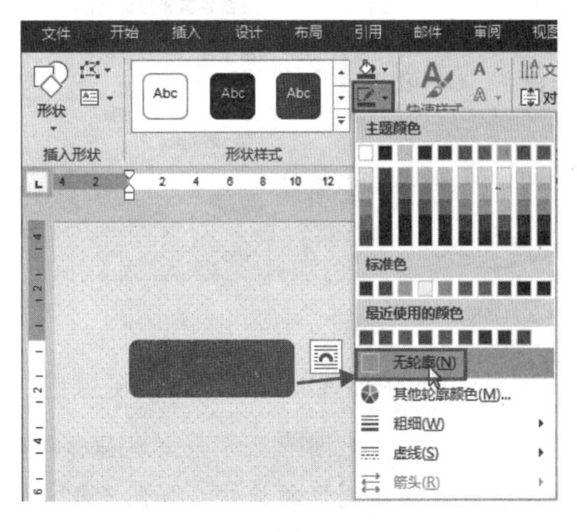

图 6-42

❺ 按照相同的方法绘制其他图形，并对图形设置填充颜色和轮廓（当前图形轮廓线都使用无

轮廓），效果如图 6-43 所示。

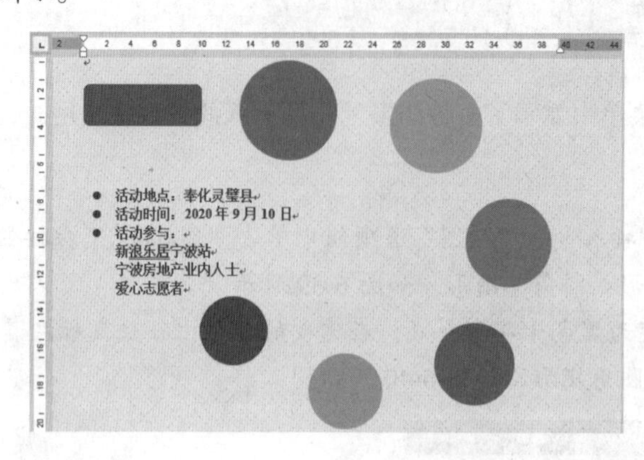

图 6-43

知识扩展

设置图形的边框

除了为图形设置无轮廓外，还可以为图形的边框设置为其他线条样式，如更改颜色、设置轮廓线粗细等。

选中图形，在“绘图工具-格式”→“形状样式”选项组中单击“形状轮廓”下拉按钮，在弹出的下拉菜单中选择边框的颜色，如“橙色”，如图 6-44 所示。继续在下拉菜单中将鼠标指针指向“虚线”命令，在展开的子菜单中选择虚线样式，如图 6-44 所示（单击即可应用），应用后效果如图 6-45 所示。

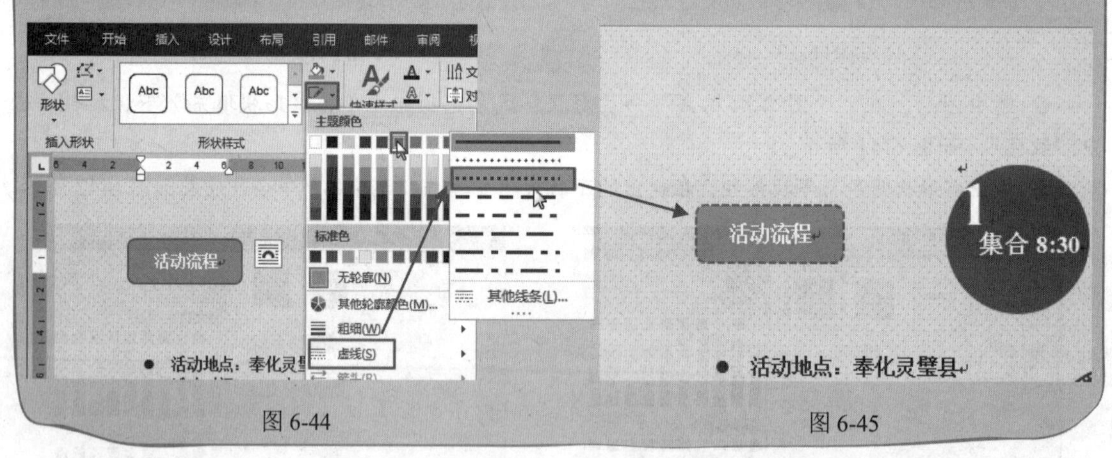

图 6-44　　图 6-45

2. 旋转图形

Word 文档中插入的自选图形，可以进行任意度数的旋转，从而满足设计与排版要求。

选中图形，此时图形上方会出现旋转按钮（见图 6-46），将鼠标指向旋转按钮，按住鼠标左键拖动，即可实现图形的旋转，如图 6-47 所示。

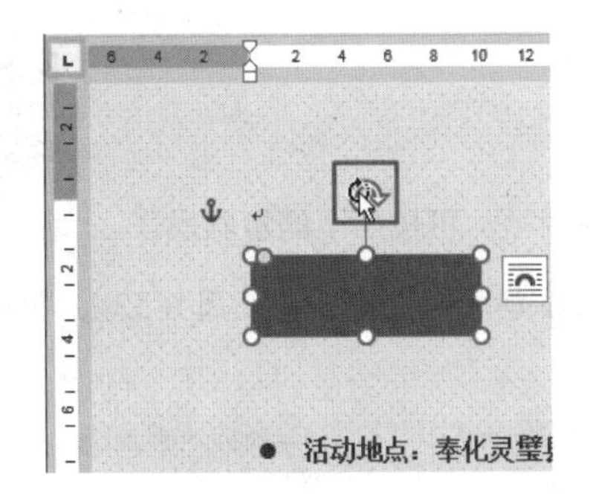

图 6-46

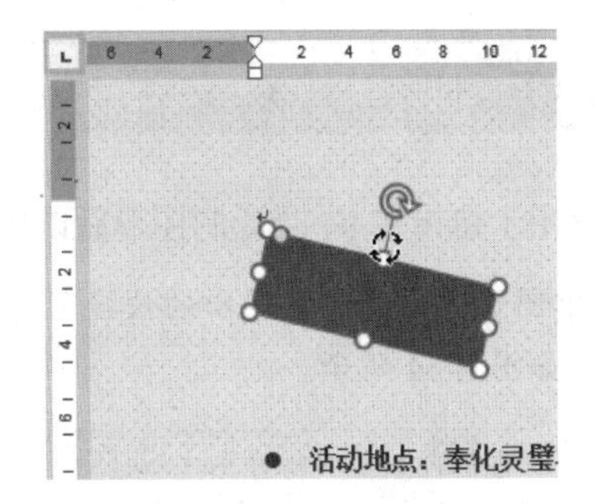

图 6-47

3. 更改图形形状

Word 中插入的图形形状可以进行样式的更改，但不影响之前对图形的填充、轮廓等设置。既可以从 A 图形变为 B 图形，也可以对某个图进行顶点编辑而获取新的图形样式。

❶ 选中图形，在“绘图工具-格式”→“插入形状”选项组中单击“编辑形状”下拉按钮，在弹出的下拉菜单中单击“更改形状”命令，在展开的菜单中指向要更改的形状，如“箭头：五边形”（见图 6-48），单击即可更改形状，如图 6-49 所示。

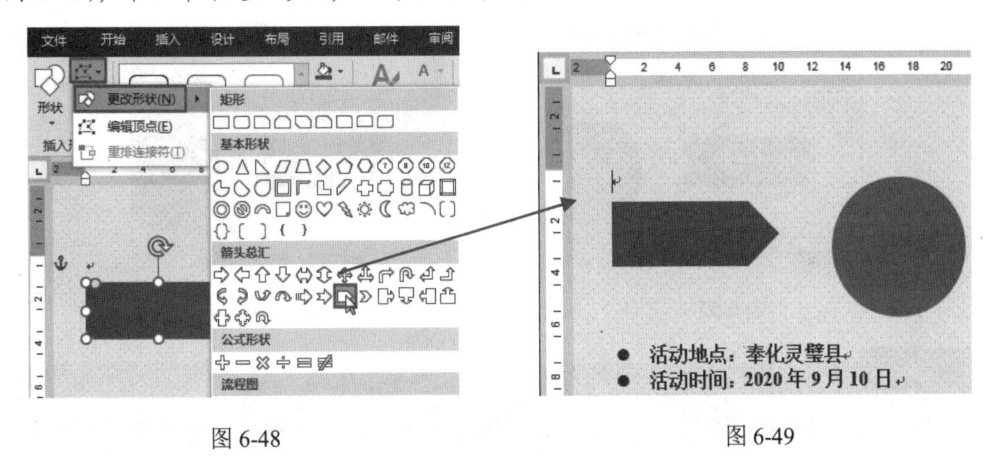

图 6-48　　图 6-49

❷ 选中图形，在“绘图工具-格式”→“插入形状”选项组中单击“编辑形状”下拉按钮，在弹出的下拉菜单中单击“编辑顶点”命令，如图 6-50 所示。此时图形的顶点会变成黑色实心正方形，拖动右侧的顶点（见图 6-51）至适当的位置后释放，即可调整图形的外观，如图 6-52 所示。

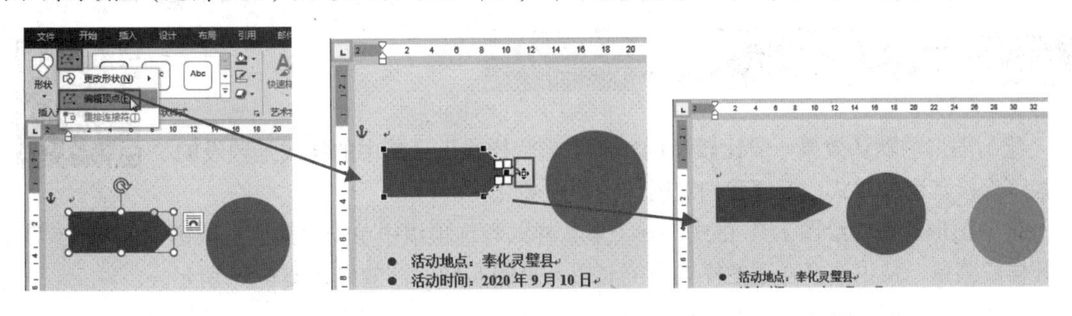

图 6-50　　图 6-51　　图 6-52

6.2.2 在图形上添加文字

图形常用于修饰文本，当绘制图形后该如何添加文字呢，可按如下的步骤操作。

❶ 选中图形并右击，在弹出的快捷菜单中单击“添加文字”命令（见图 6-53），即可进入文字编辑状态，如图 6-54 所示。

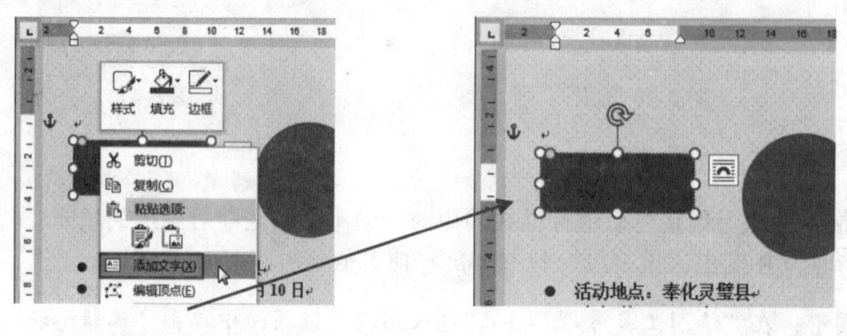

图 6-53　　　　图 6-54

❷ 输入文本（见图 6-55）并对文本进行字体、字号的编辑，效果如图 6-56 所示。

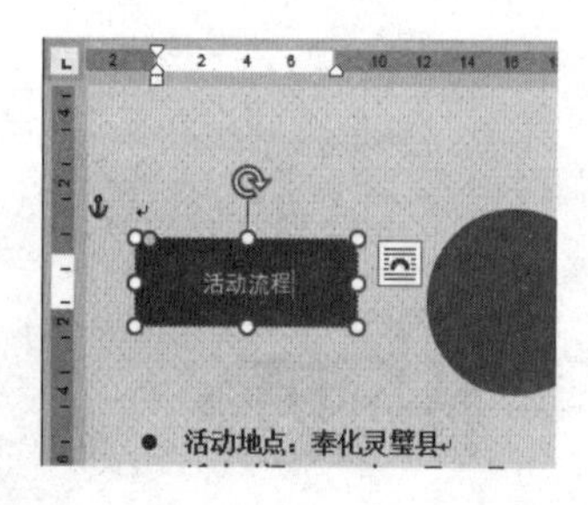

图 6-55

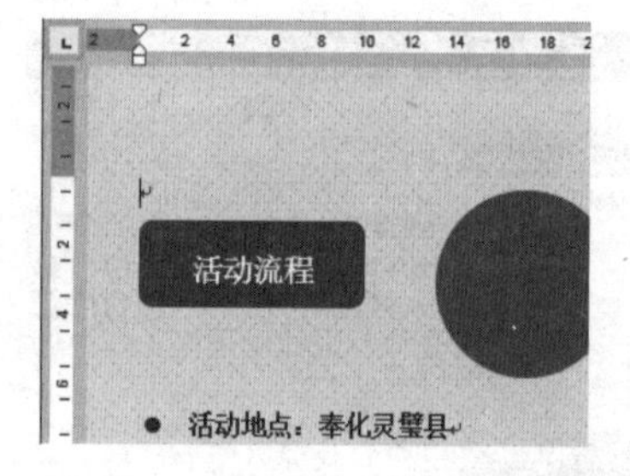

图 6-56

提　示

要在图表上添加文字，还有一种操作是使用文本框，因为图形上的文字可能有多行，又可能有高低层次放置的不同效果，这时可以在图形上绘制文本框，而文本框也是一个图形，它可以随意拖动到任意想要的位置上，但注意这时要将文本框设置为“无填充颜色”与“无轮廓”的效果。关于文本框的绘制及格式设置参见 6.4 节的操作。

6.2.3 套用形状样式

绘制图形的默认效果一般比较单调，而“形状样式”菜单中的样式是预设的一些可直接套用的样式，方便我们对图形的快速美化。

选中图形，在“绘图工具-格式”→“形状样式”选项组中单击“其他”按钮（见图 6-57），展开样式菜单，从中选择合适的样式即可套用（见图 6-58），效果如图 6-59 所示。

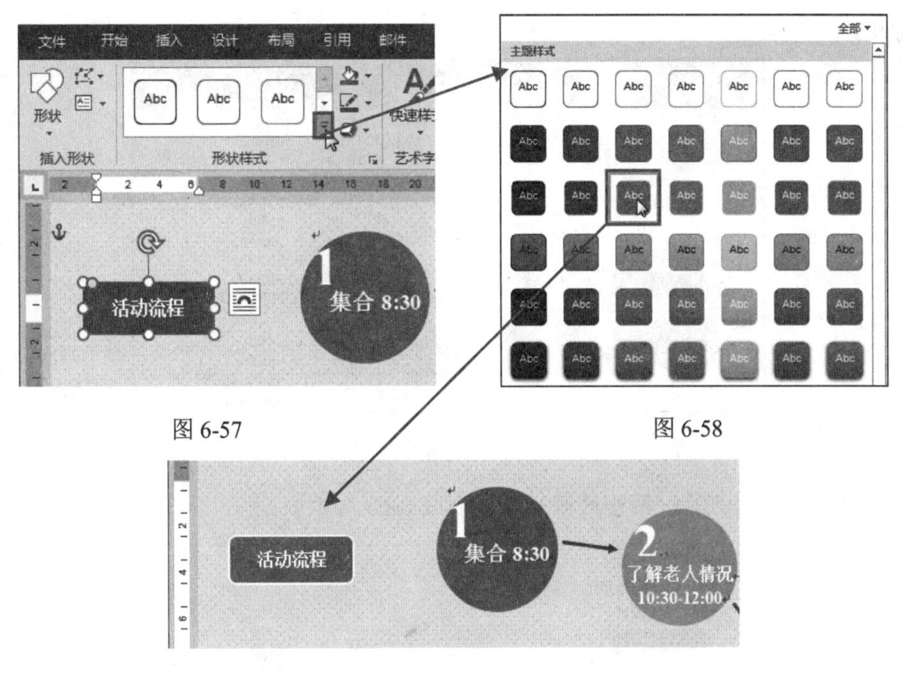

图 6-57

图 6-58

图 6-59

6.2.4 多图形对齐设置

在绘制使用多个图形时，需要将它们排列整齐，使用手动拖动的方法一般不容易精确对齐，此时可以利用“对齐”功能。如图 6-60 所示的三个图形需要按顶端对齐，并且保持同等间距。

❶ 同时选中三个图形，在“绘图工具-格式”→“排列”选项组中单击“对齐”按钮，在展开的下拉菜单中单击“顶端对齐”命令，如图 6-61 所示。

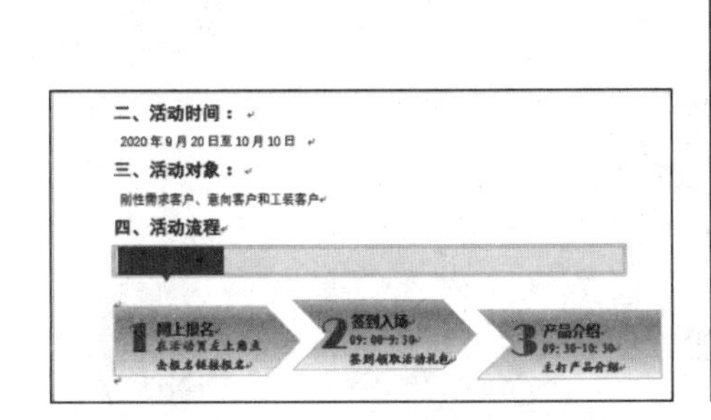

图 6-60

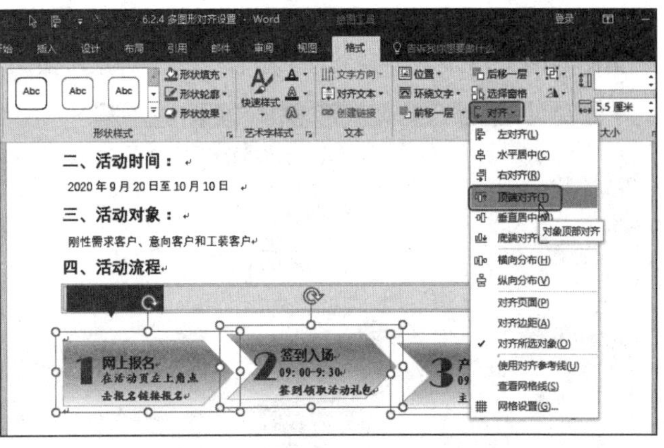

图 6-61

❷ 进行一次对齐后，继续保持图形的选中状态，再次在“对齐”下拉菜单中单击“横向分布”

命令，如图 6-62 所示。

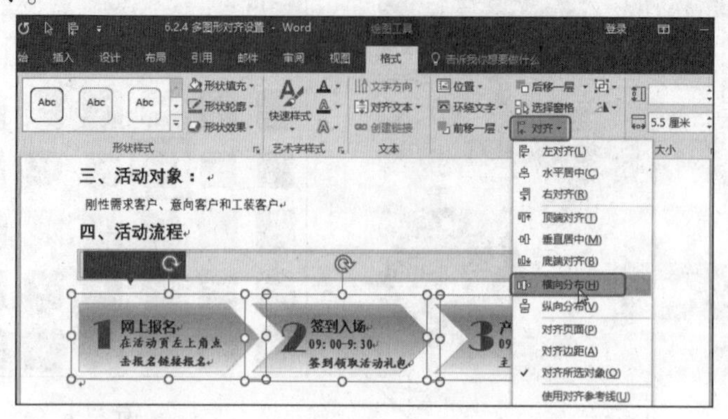

图 6-62

❸ 执行上面两步对齐后，图形的对齐效果如图 6-63 所示。

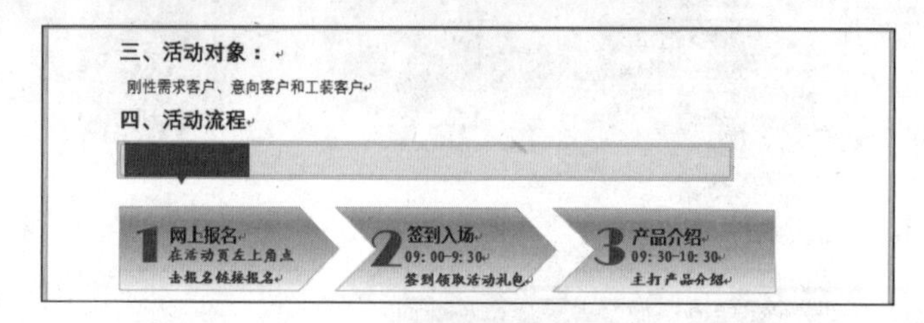

图 6-63

6.2.5 组合多图形

在对多图形编辑完成后将多个对象组合成一个对象，既可以方便整体移动调整位置，也可以避免他人对单个图形的无意更改。

同时选中多个对象，如图 6-64 所示的圆形图形上有两个文本框，这样共计是三个对象，可以按住 Ctrl 键不放，依次选中它们并右击，在弹出的快捷菜单中依次单击“组合”→“组合”命令（见图 6-64），即可将多个对象组合成一个对象，效果如图 6-65 所示。

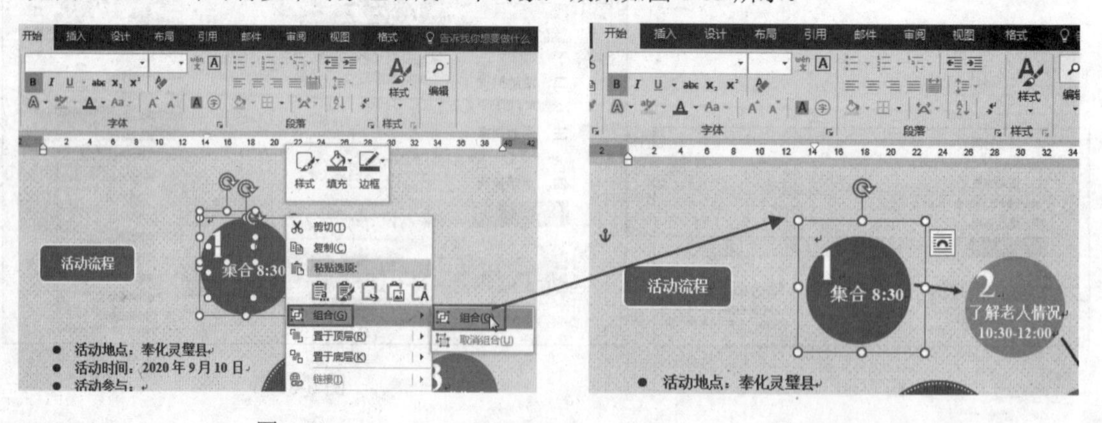

图 6-64　　图 6-65

6.3 在文档中使用 SmartArt 图形

通过插入形状来表示流程、层次结构和列表等关系，要想获取好的完美效果，其操作步骤一般会比较多，因为图形需要逐一添加并编辑。在 Word 中还提供了 SmartArt 图形功能，利用它可以很方便地表达多种数据关系。

6.3.1 在 Word 文档中插入 SmartArt 图形

在文档中应用 SmartArt 图形可以快速添加表达列举、流程、关系等的图示，添加图示后，无论是编辑还是美化的过程都不复杂。

❶ 在“插入”→“插图”选项组中单击“SmartArt”按钮（见图 6-66），打开“选择 SmartArt 图形”对话框。

图 6-66

❷ 在对话框中展示了所有的类型，根据需要选择合适的类型，单击“流程”分类，在显示的列表中单击“交替流”选项，如图 6-67 所示。

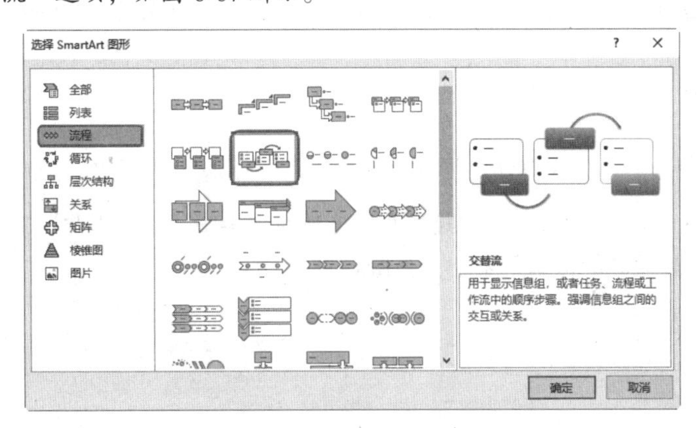

图 6-67

❸ 单击“确定”按钮，即可在文档中插入 SmartArt 图形，如图 6-68 所示。

❹ 在形状框中单击，光标处于闪烁状态，此时可以输入文本，如图 6-69 所示。

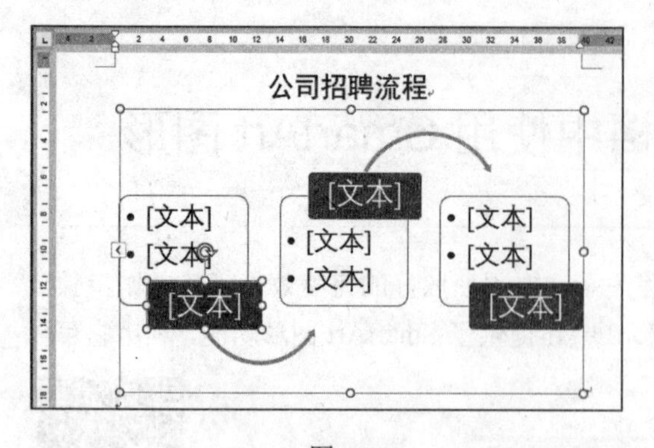

图 6-68

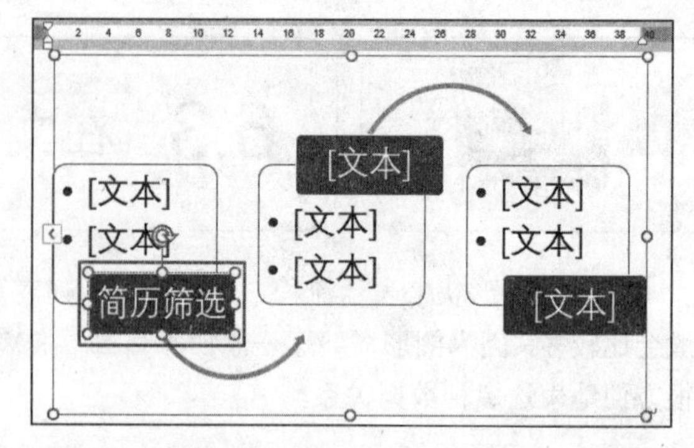

图 6-69

❺ 按照相同的方法在各个形状中添加文本，如图 6-70 所示。

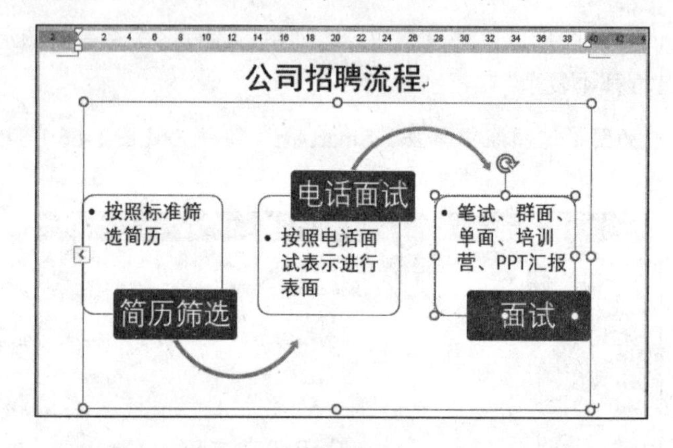

图 6-70

6.3.2 设置 SmartArt 图形的格式

插入 SmartArt 图形后，还可以添加新的形状，并且通过套用样式对 SmartArt 图进行美化设置。

1. 添加形状

添加 SmartArt 图形后，如果默认的形状不够使用，可以添加新形状。

❶ 在“SmartArt 工具-设计”→“创建图形”选项组中单击“添加形状”下拉按钮，在展开的下拉菜单中单击“在后面添加形状”命令，如图 6-71 所示。

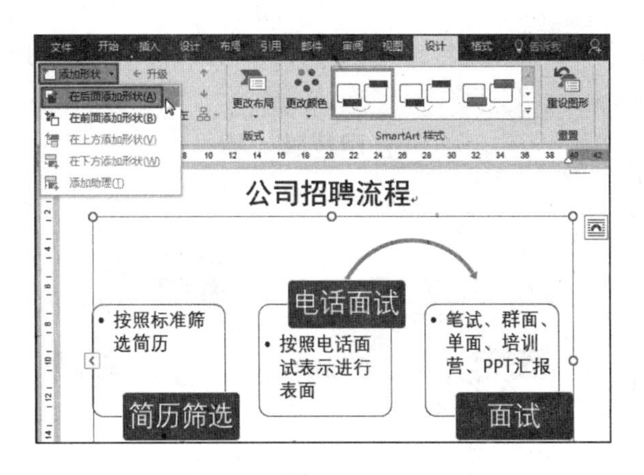

图 6-71

❷ 执行操作后，即可在插入相同的形状，如图 6-72 所示。在其中输入文本。

❸ 如果还需要形状可以再次添加，如图 6-73 所示又添加了两个形状。

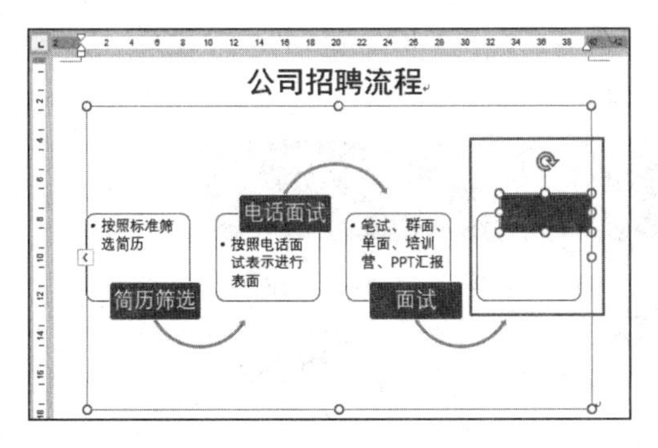

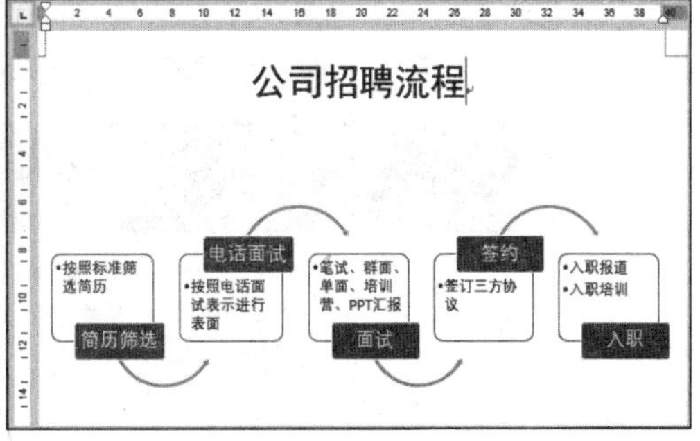

图 6-72　　　　图 6-73

2. 自定义 SmartArt 图形的颜色和样式

默认插入的 SmartArt 图形颜色、样式简单，为了达到更好的效果，可以套用“更改颜色”与“SmartArt 样式”。

❶ 选中图形，在“SmartArt 工具-设计”→“SmartArt 样式”选项组中单击“更改颜色”下拉按钮，在展开的下拉菜单中单击要设置的颜色，如图 6-74 所示。

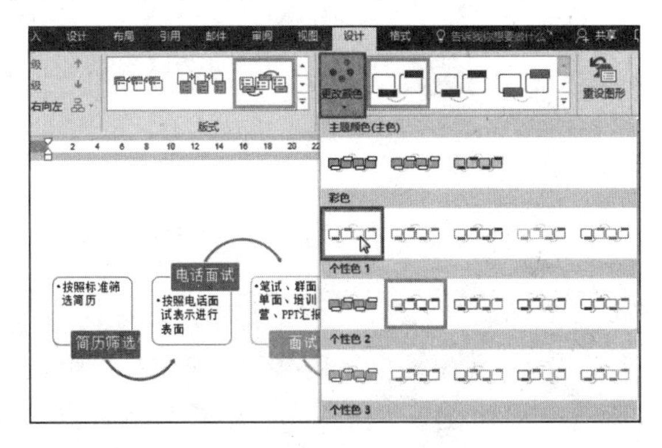

图 6-74

❷ 如在“彩色”栏中单击一种颜色，即可更改图形的颜色，效果如图 6-75 所示。

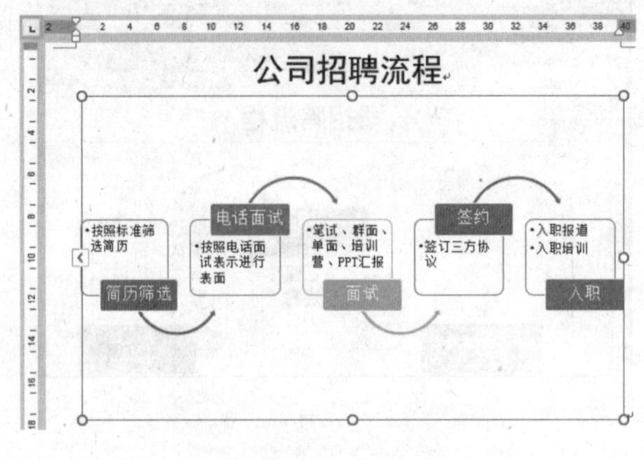

图 6-75

❸ 选中图形，在“SmartArt 工具-设计”→“SmartArt 样式”选项组中单击“其他”按钮（见图 6-76），展开的下拉菜单中显示了内置的 SmartArt 图形样式，如图 6-77 所示。

❹ 单击选择一种样式，即可实现套用，效果如图 6-78 所示。

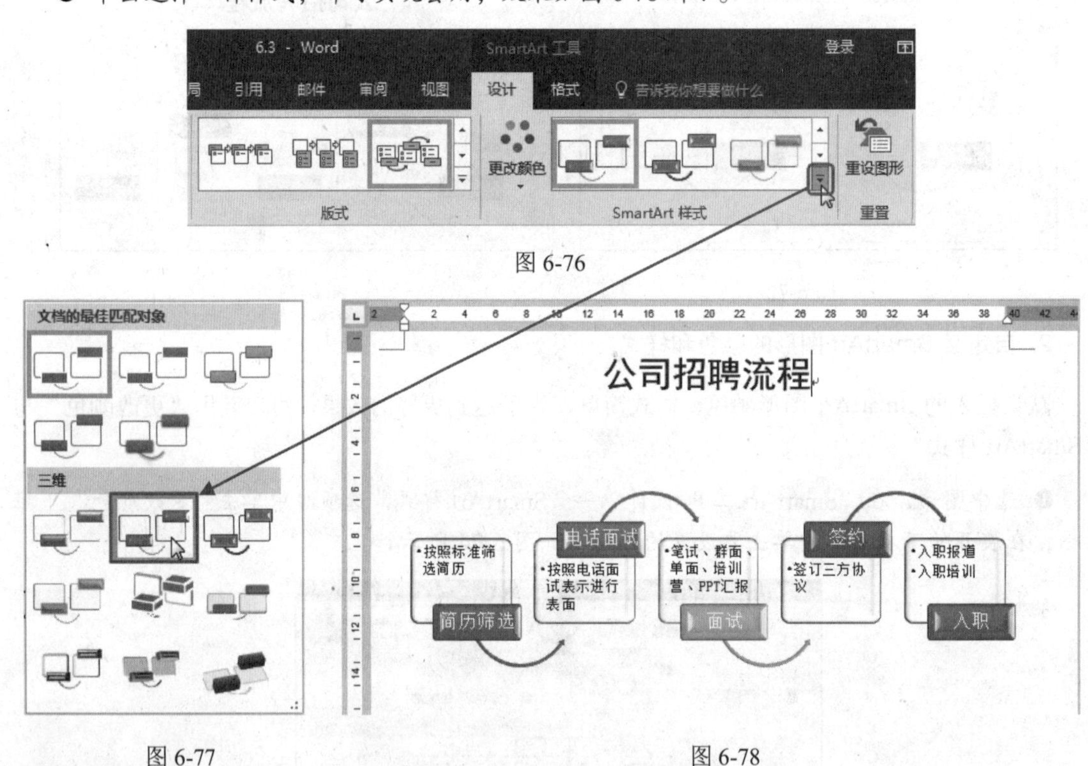

图 6-76

图 6-77

图 6-78

提 示

在美化 SmartArt 图时，其中文字美化也是一个方面。如果想对字体字号重新设置，只要选中图形外框或直接选中内部文字（注意不要只把光标定位到某个形状中），然后在“字体”选项组中重新设置即可。

6.4 文本框的使用

用户直接在文档中输入的文字无法自由移动，而文本框可以实现在文档中的任意位置输入文本，因此如果想对文本进行一些特殊的设计，例如要把标题处理的更具设计感，在图形上设计文字等，这时就必须要使用文本框。通过使用文本框，一方面使文档编排不再单调，另一方面可以突出文档的重点内容。

6.4.1 插入文本框

Word 2019 中内置了多种文本框的样式，用户可以选择套用文本框样式，也可以手工绘制文本框，然后自由设计格式。

1. 直接插入内置文本框样式

如果要直接插入内置文本框样式，可以使用以下操作来实现。

❶ 打开文档，将光标定位要插入文本框的位置，在“插入”→“文本”选项组中单击“文本框”下拉按钮，在弹出的下拉菜单的“内置”栏中单击“奥斯汀引言”命令（见图 6-79），即可在文档中插入内置的文本框，如图 6-80 所示。

❷ 在文本框中直接输入内容，如图 6-81 所示。

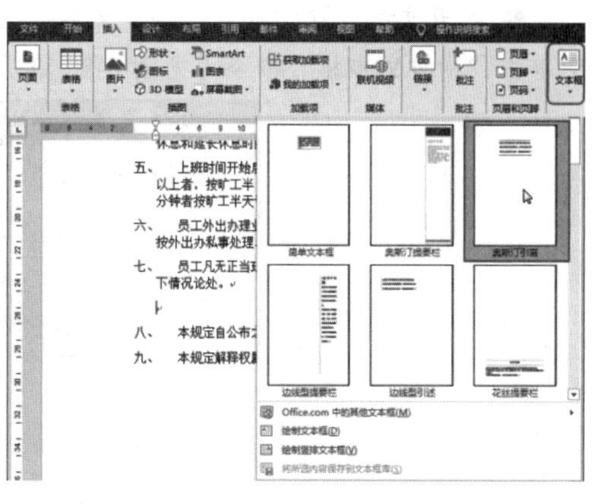

图 6-79

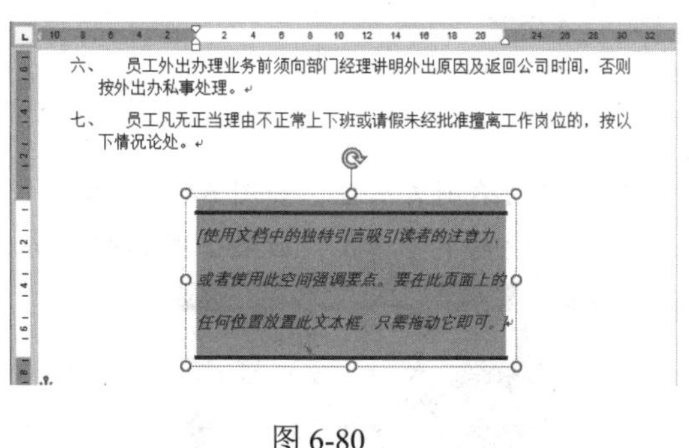

图 6-80

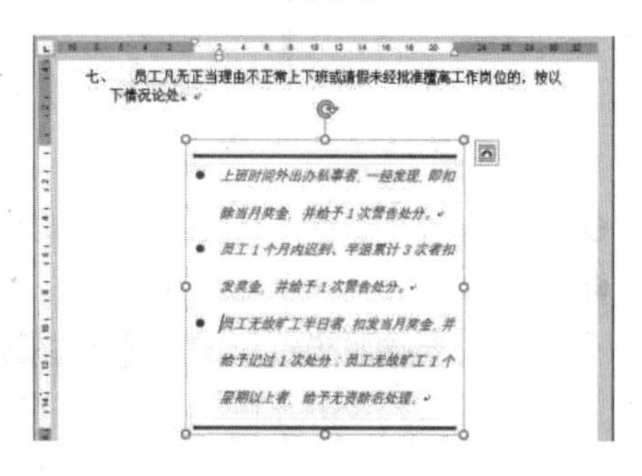

图 6-81

❸ 选中文本框，将鼠标指针指向四周的调节控点，按住鼠标左键拖动可调整文本框的大小，最终效果如图 6-82 所示（如果要移动文本框的位置，将鼠标指针指向边框的非控点上，出现四向箭头（✥）时按住鼠标左键拖动即可移动）。

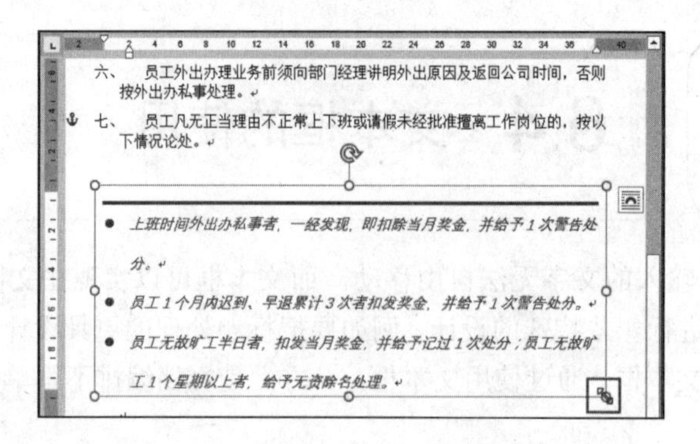

图 6-82

2. 手工绘制文本框

用户可以在文档的任意位置手动绘制文本框，具体操作步骤如下：

❶ 打开文档，在“插入”→“文本”选项组中单击“文本框”下拉按钮，在弹出的下拉菜单中单击“横排文本框”命令（见图 6-83），鼠标指针会变成十字形状。

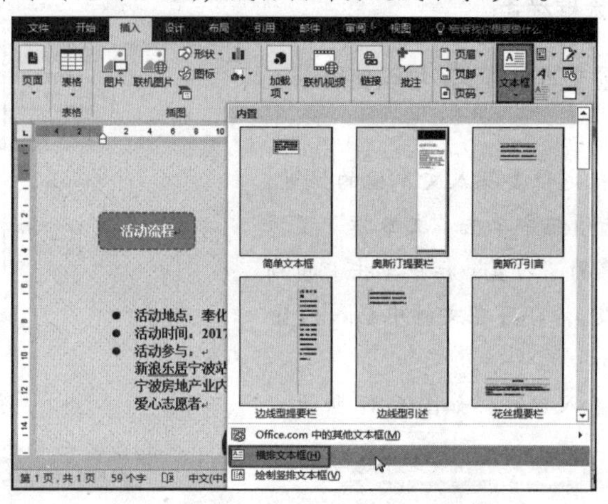

图 6-83

❷ 在要插入文本框的位置按住鼠标左键不放并向外拖动绘制文本框，如图 6-84 所示。

❸ 释放鼠标时光标在文本框内闪烁，并输入文本，并设置字体格式，效果如图 6-85 所示。

图 6-84

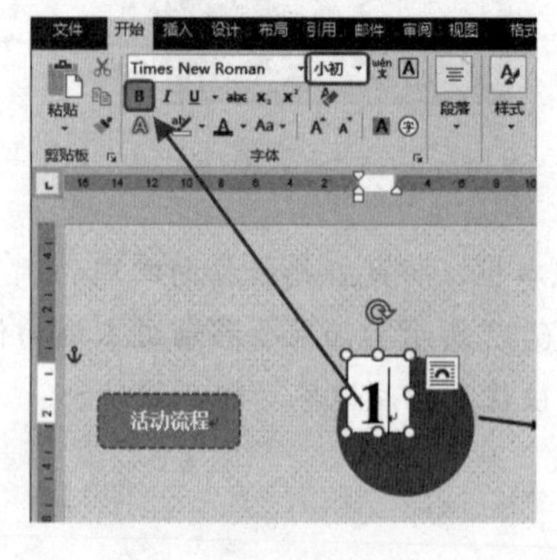

图 6-85

❹ 选中文本框，在“文本框工具-格式”→“形状样式”选项组中单击“形状填充”下拉按钮，在弹出的菜单中单击“无填充颜色”命令，如图6-86所示。单击“轮廓填充”下拉按钮，在弹出的菜单中单击“无轮廓”命令，如图6-87所示。

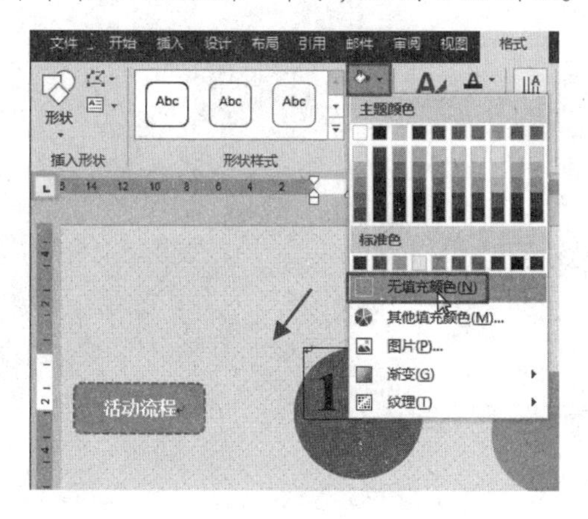

图6-86

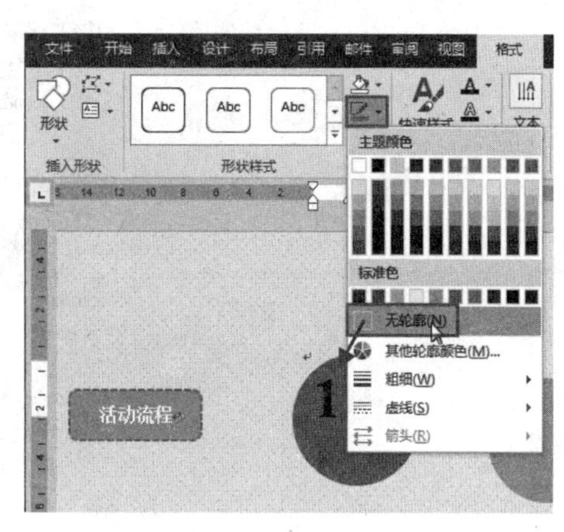

图6-87

❺ 选中文本框中的文字“1”，在“开始”→“字体”选项组中单击“字体颜色”下拉按钮，设置字体颜色为“白色”，效果如图6-88所示。

❻ 按照相同的方法绘制其他文本框，如图6-89所示的效果图中图形上多处都使用了文本框来输入文字。

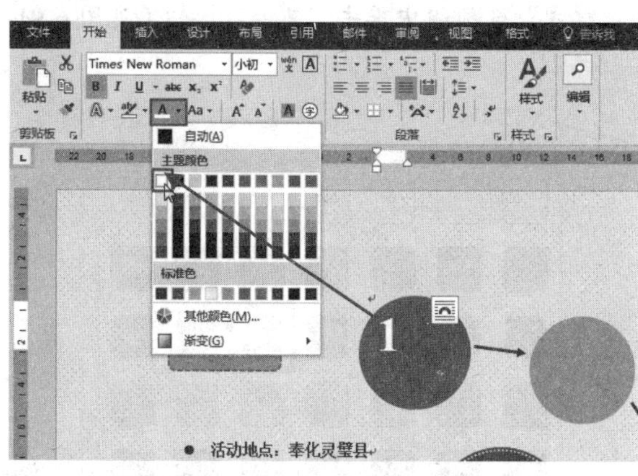

图6-88

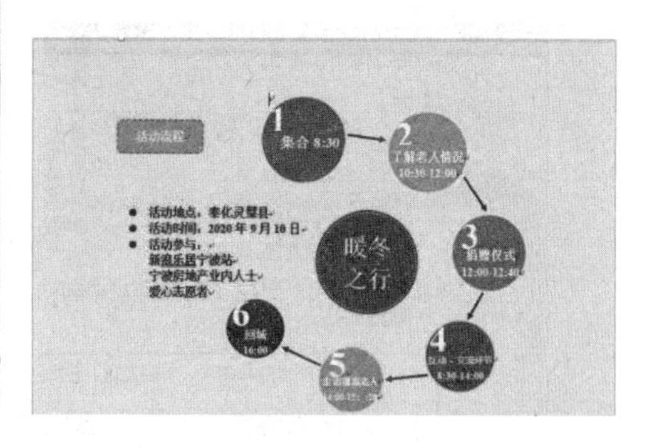

图6-89

知识扩展

减小文本框中文字与边距的距离

在文本框中输入文字时，默认其与文本框边线的距离稍大，如果单独使用文本框，这没什么问题，但是如果我们在图形上用文本框显示文本时，建议把此值调小，因为如果间距大，无法以最小化的文本框来显示最多的文字，稍放大文字就会让文字又自动分配到下一行中，整体文字松散不紧凑，这不便于图形与文本框的排版。调整文本距边界的尺寸的方法如下。

选中文本框后右击，在弹出的快捷菜单中单击“设置形状格式”命令，打开“设置形状格式”窗格。单击“布局属性”标签按钮，在“文本框”栏中设置“上”“下”“左”“右”边距值，如图 6-90 所示（如果文本框要设置为无边框、无轮廓使用也可以都设置为 0）。

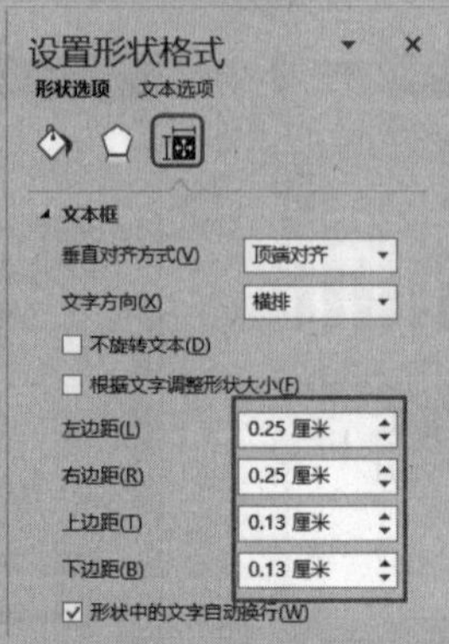

图 6-90

6.4.2 设置文本框格式

内置的文本框已经设置了格式，而手工绘制的文本框默认采用最简单的格式。而无论是内置的文本框，还是手工绘制的文本框，都可以重新对文本框进行自定义格式。

❶ 打开文档，在“绘图工具-格式”→“形状样式”选项组中单击“其他”按钮（见图 6-91），弹出下拉菜单，如图 6-92 所示。

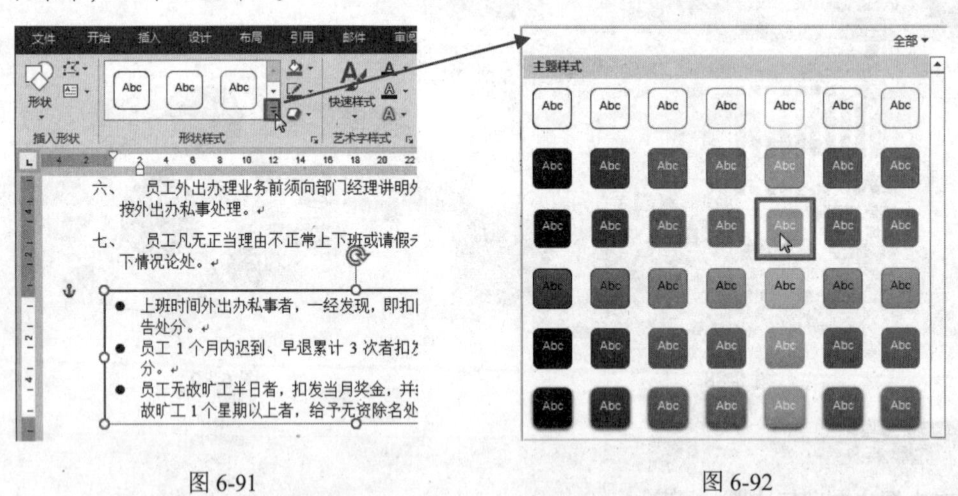

图 6-91　　图 6-92

❷ 在展开的下拉菜单中选择一种样式，即可应用到文本框中，效果如图 6-93 所示。

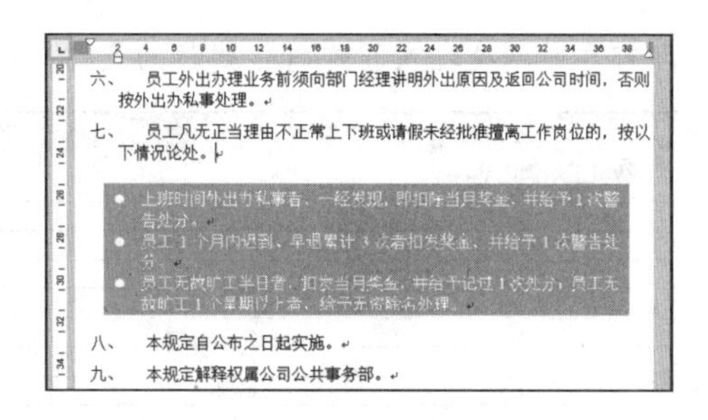

图 6-93

提示

前面我们也提到文本框实际就是一个图形，因此可以利用套用形状样式来快速美化文本框，同时也可以在“绘图工具-格式”→“形状样式”选项组中单击“形状填充”与“形状轮廓”命令按钮来自定义它的填充颜色与轮廓线条。

6.5 在文档中使用表格

Word 文档编辑过程中，如果牵涉到数据统计或其他格式工整的条目文本，经常使用到表格。同样地，默认的格式无论是在结构还是格式上可能都不一定满足要求，因此都是一个需要编辑的过程。

6.5.1 插入表格

执行“插入表格”命令时，可以根据需要设置表格的行数、列数，再执行插入表格操作。具体操作步骤如下。

❶ 将光标定位到要插入表格的位置，在“插入”→“表格”选项组中单击“表格”下拉按钮，在展开的下拉菜单中单击“插入表格”命令（见图 6-94），打开“插入表格”对话框。

❷ 在“列数”和“行数”设置框中分别输入所需数值，如列数为 4、行数为 16，如图 6-95 所示。

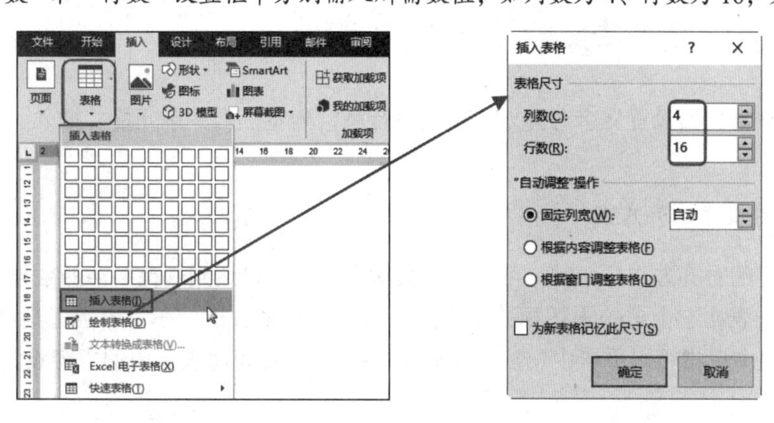

图 6-94　　　　图 6-95

❸ 单击“确定”按钮，即可在光标处插入指定行、列数的表格，如图 6-96 所示。

二、新员工培训内容

图 6-96

❹ 在表格中输入文字及数据信息，如图 6-97 所示。

二、新员工培训内容

培训日期	培训时间	培训内容	指导老师
9 月 13 日	8:00-8:30	科技楼会议室报道	
9 月 13 日	8:30-9:30	领导见面会	公司领导
9 月 13 日	9:50-12:00	人力资源管理	赵立宏
9 月 13 日	14:30-15:30	消防、保卫知识	焦洪昌
9 月 13 日	15:40-18:30	成本管理	张培亮
9 月 14 日	8:20-12:00	企业文化	屈展斌
9 月 14 日	14:30-18:30	员工管理手册	张元春
9 月 15 日	8:20-10:00	入场安全教育知识	魏彩青
9 月 15 日	10:10-12:00	安全管理法律法规知识	魏彩青
9 月 15 日	14:30-16:30	安全生产现场管理知识	李春泉
9 月 15 日	16:40-18:30	管理体系知识	陶宁
9 月 17 日	8:20-12:00	管理体系知识及考试	陶宁
9 月 17 日	14:30-18:30	管理体系知识及考试	陶宁
9 月 19 日	8:20-12:00	优秀员工报告	
9 月 19 日	14:30-18:30	新员工代表发言、新员工宣誓	

图 6-97

6.5.2 编辑调整表格

对表格的编辑包括设置文字对齐方式、调整行高、列宽，合并单元格、插入行或列等操作。

1. 设置表格文字对齐方式

表格中文字的对齐方式分 9 种，可以设置其对齐方式，以达到规范整洁的效果。

将鼠标指向表格左上角的⊞图标并单击，即可选择整个表格，在“表格工具-布局” →“对齐方式”选项组中单击“水平居中”按钮（见图 6-98），即可将表格内的内容设置为水平居中，如图 6-99 所示。

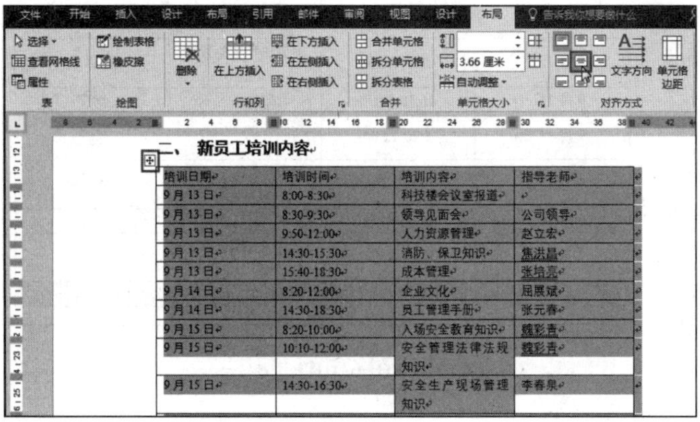

二、 新员工培训内容

培训日期	培训时间	培训内容	指导老师
9月13日	8:00-8:30	科技楼会议室报道	
9月13日	8:30-9:30	领导见面会	公司领导
9月13日	9:50-12:00	人力资源管理	赵立宏
9月13日	14:30-15:30	消防、保卫知识	焦洪昌
9月13日	15:40-18:30	成本管理	张培亮
9月14日	8:20-12:00	企业文化	屈展斌
9月14日	14:30-18:30	员工管理手册	张元春
9月15日	8:20-10:00	入场安全教育知识	魏彩青
9月15日	10:10-12:00	安全管理法律法规知识	魏彩青
9月15日	14:30-16:30	安全生产现场管理知识	李春泉

图 6-98

二、 新员工培训内容

培训日期	培训时间	培训内容	指导老师
9月13日	8:00-8:30	科技楼会议室报道	
9月13日	8:30-9:30	领导见面会	公司领导
9月13日	9:50-12:00	人力资源管理	赵立宏
9月13日	14:30-15:30	消防、保卫知识	焦洪昌
9月13日	15:40-18:30	成本管理	张培亮
9月14日	8:20-12:00	企业文化	屈展斌
9月14日	14:30-18:30	员工管理手册	张元春
9月15日	8:20-10:00	入场安全教育知识	魏彩青
9月15日	10:10-12:00	安全管理法律法规知识	魏彩青
9月15日	14:30-16:30	安全生产现场管理知识	李春泉
9月15日	16:40-18:30	管理体系知识	陶宁

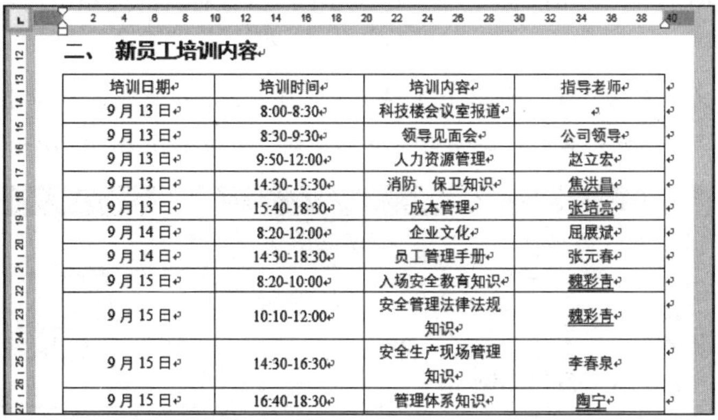

图 6-99

2. 插入表格的行或列

如果发现已创建表格的行、列数不够，可以插入新行或新列。

在表格中需要插入的位置，定位光标，在“表格工具-布局”→“行和列”选项组中单击“在下方插入”按钮（见图 6-100），即可在光标所在行的下方插入新行，如图 6-101 所示。用户可以单击相应的按钮来插入列。

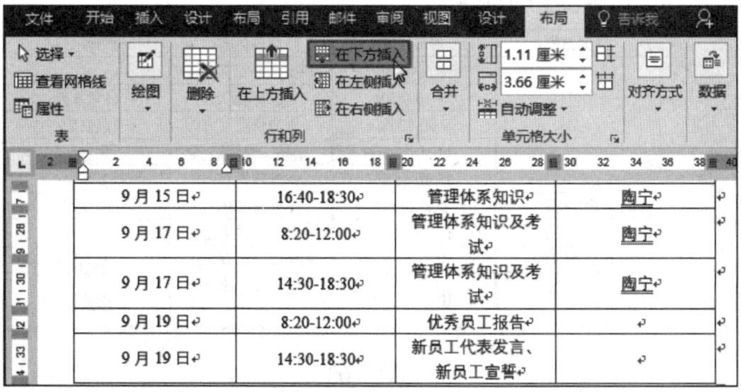

9月15日	16:40-18:30	管理体系知识	陶宁
9月17日	8:20-12:00	管理体系知识及考试	陶宁
9月17日	14:30-18:30	管理体系知识及考试	陶宁
9月19日	8:20-12:00	优秀员工报告	
9月19日	14:30-18:30	新员工代表发言、新员工宣誓	

图 6-100

9月15日	14:30-16:30	安全生产现场管理知识	李春泉
9月15日	16:40-18:30	管理体系知识	陶宁
9月17日	8:20-12:00	管理体系知识及考试	陶宁
9月17日	14:30-18:30	管理体系知识及考试	陶宁
9月19日	8:20-12:00	优秀员工报告	
9月19日	14:30-18:30	新员工代表发言、新员工宣誓	

图 6-101

3. 合并单元格

合并单元格可以将多个单元格合并为一个单元格，在一对多的关系中，常常需要用到单元格合并功能。

❶ 选中要合并的单元格，在“表格工具-布局”→“合并”选项组中单击“合并单元格”按钮（见图 6-102），即可将所选单元格合并为一个单元格，效果如图 6-103 所示。

二、新员工培训内容

培训日期	培训时间	培训内容	指导老师
	8:00-8:30	科技楼会议室报道	
	8:30-9:30	领导见面会	公司领导
	9:50-12:00	人力资源管理	赵立宏
	14:30-15:30	消防、保卫知识	焦洪昌
	15:40-18:30	成本管理	张培亮
9月14日	8:20-12:00	企业文化	屈展斌
9月14日	14:30-18:30	员工管理手册	张元春

图 6-102

二、新员工培训内容

培训日期	培训时间	培训内容	指导老师
	8:00-8:30	科技楼会议室报道	
	8:30-9:30	领导见面会	公司领导
	9:50-12:00	人力资源管理	赵立宏
	14:30-15:30	消防、保卫知识	焦洪昌
	15:40-18:30	成本管理	张培亮
9月14日	8:20-12:00	企业文化	屈展斌
9月14日	14:30-18:30	员工管理手册	张元春
9月15日	8:20-10:00	入场安全教育知识	魏彩青
9月15日	10:10-12:00	安全管理法律法规知识	魏彩青

图 6-103

❷ 按照合并后的单元格，重新输入或调整数据，效果如图 6-104 所示。

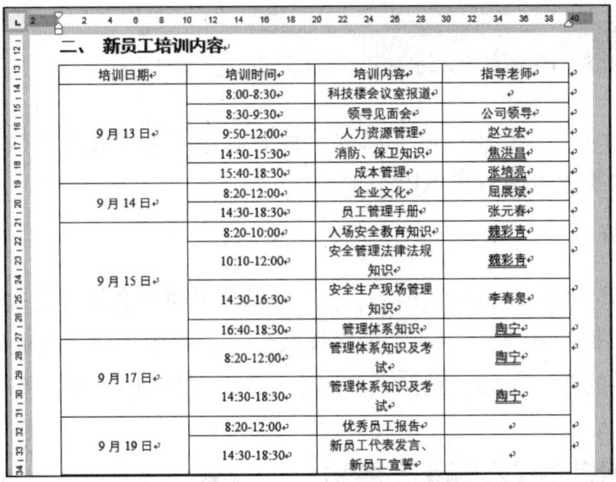

二、 新员工培训内容

培训日期	培训时间	培训内容	指导老师
9 月 13 日	8:00-8:30	科技楼会议室报道	
	8:30-9:30	领导见面会	公司领导
	9:50-12:00	人力资源管理	赵立宏
	14:30-15:30	消防、保卫知识	焦洪昌
	15:40-18:30	成本管理	张培亮
9 月 14 日	8:20-12:00	企业文化	屈展斌
	14:30-18:30	员工管理手册	张元春
9 月 15 日	8:20-10:00	入场安全教育知识	魏彩青
	10:10-12:00	安全管理法律法规知识	魏彩青
	14:30-16:30	安全生产现场管理知识	李春泉
	16:40-18:30	管理体系知识	陶宁
9 月 17 日	8:20-12:00	管理体系知识及考试	陶宁
	14:30-18:30	管理体系知识及考试	陶宁
9 月 19 日	8:20-12:00	优秀员工报告	
	14:30-18:30	新员工代表发言、新员工宣誓	

图 6-104

4. 调整表格的行高、列宽

如果表格的有些行的默认行高或有些列的默认列宽不满足实际需要，可以利用鼠标拖动的方法进行调整。

❶ 将鼠标移至需要调整列宽的右框线上，当鼠标变成 形状，按住鼠标左键拖动（见图 6-105），向左拖动减小列宽，向右拖动增大列宽。

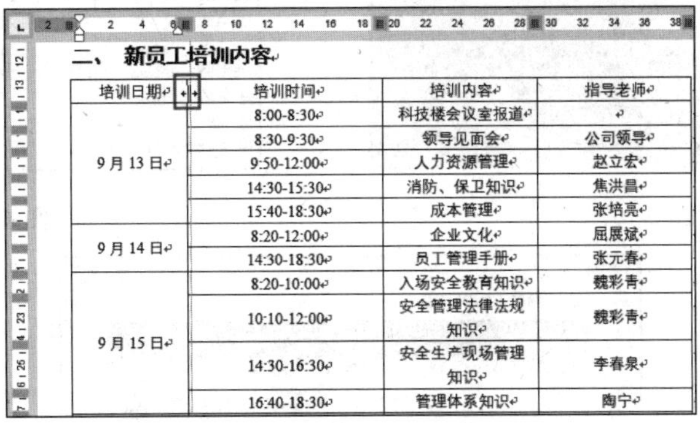

二、 新员工培训内容

培训日期	培训时间	培训内容	指导老师
9 月 13 日	8:00-8:30	科技楼会议室报道	
	8:30-9:30	领导见面会	公司领导
	9:50-12:00	人力资源管理	赵立宏
	14:30-15:30	消防、保卫知识	焦洪昌
	15:40-18:30	成本管理	张培亮
9 月 14 日	8:20-12:00	企业文化	屈展斌
	14:30-18:30	员工管理手册	张元春
9 月 15 日	8:20-10:00	入场安全教育知识	魏彩青
	10:10-12:00	安全管理法律法规知识	魏彩青
	14:30-16:30	安全生产现场管理知识	李春泉
	16:40-18:30	管理体系知识	陶宁

图 6-105

❷ 将鼠标移至需调整行高的下框线上，当鼠标变成 形状时，按住鼠标左键拖动（见图 6-106），向上拖动缩小行高，向下拖动增加行高。

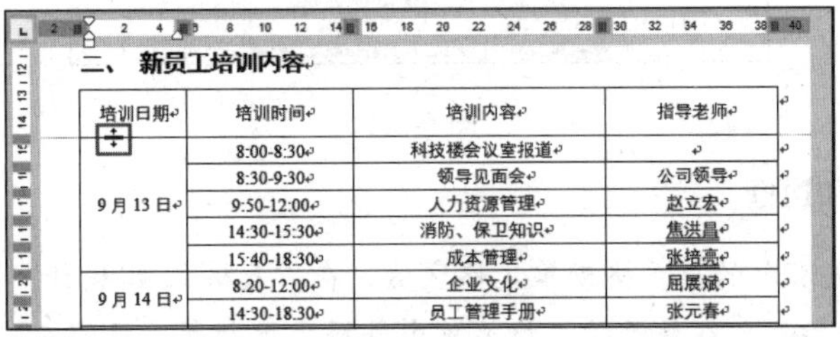

二、 新员工培训内容

培训日期	培训时间	培训内容	指导老师
9 月 13 日	8:00-8:30	科技楼会议室报道	
	8:30-9:30	领导见面会	公司领导
	9:50-12:00	人力资源管理	赵立宏
	14:30-15:30	消防、保卫知识	焦洪昌
	15:40-18:30	成本管理	张培亮
9 月 14 日	8:20-12:00	企业文化	屈展斌
	14:30-18:30	员工管理手册	张元春

图 6-106

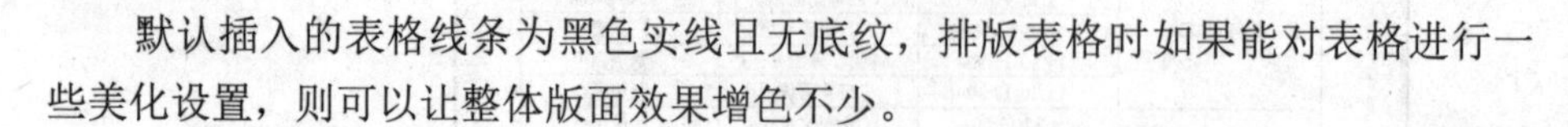

6.5.3 美化表格

默认插入的表格线条为黑色实线且无底纹，排版表格时如果能对表格进行一些美化设置，则可以让整体版面效果增色不少。

1. 直接套用表格样式

Word 提供了一些可供直接套用的表格样式，可以通过快速套用样式实现美化。

选中表格，在“表格工具-设计”→“表格样式”选项组中单击“其他”按钮（见图 6-107），在下拉菜单中选择合适的样式，如“网格表 4-着色 5”（见图 6-108），单击即可应用，效果如图 6-109 所示。

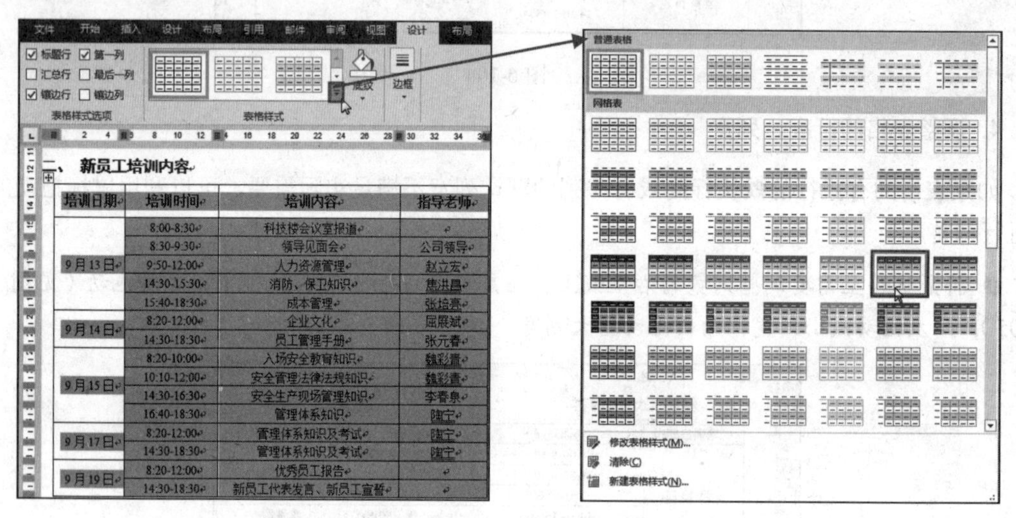

图 6-107　　　　　　图 6-108

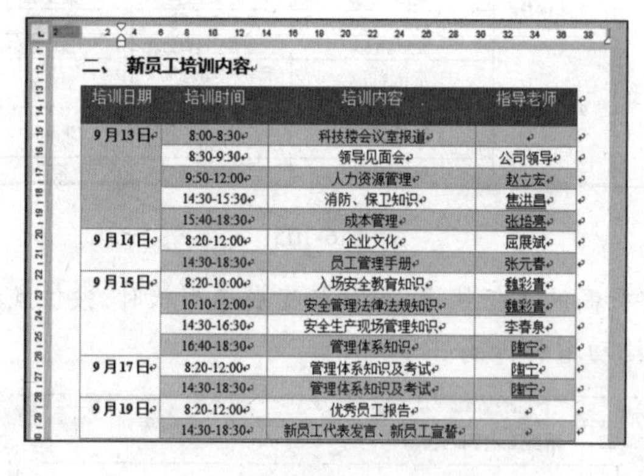

二、新员工培训内容

培训日期	培训时间	培训内容	指导老师
9月13日	8:00-8:30	科技楼会议室报道	
	8:30-9:30	领导见面会	公司领导
	9:50-12:00	人力资源管理	赵立宏
	14:30-15:30	消防、保卫知识	焦洪昌
	15:40-18:30	成本管理	张培亮
9月14日	8:20-12:00	企业文化	屈展斌
	14:30-18:30	员工管理手册	张元春
9月15日	8:20-10:00	入场安全教育知识	魏彩青
	10:10-12:00	安全管理法律法规知识	魏彩青
	14:30-16:30	安全生产现场管理知识	李春泉
	16:40-18:30	管理体系知识	陶宁
9月17日	8:20-12:00	管理体系知识及考试	陶宁
	14:30-18:30	管理体系知识及考试	陶宁
9月19日	8:20-12:00	优秀员工报告	
	14:30-18:30	新员工代表发言、新员工宣誓	

图 6-109

2. 设置表格底纹和边框

❶ 选择需设置填充颜色的单元格或单元格区域，在“表格工具-设计”→“表格样式”选项组中，单击“底纹”下拉按钮，在展开的下拉菜单中选择底纹颜色（见图 6-110），如“蓝色，个性色 5，淡色 40%”，单击即可应用。

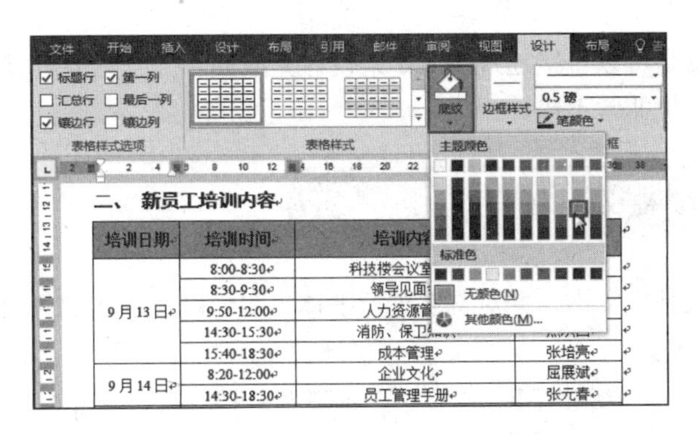

图 6-110

❷ 选择整个表格，在“表格工具-设计”→“边框”选项组中，分别设置好线条样式、线条粗细、线条颜色，然后单击“边框”下拉按钮，在展开的下拉菜单中单击“所有框线”命令（见图 6-111），即可将设置的效果应用于表格所有的线条。

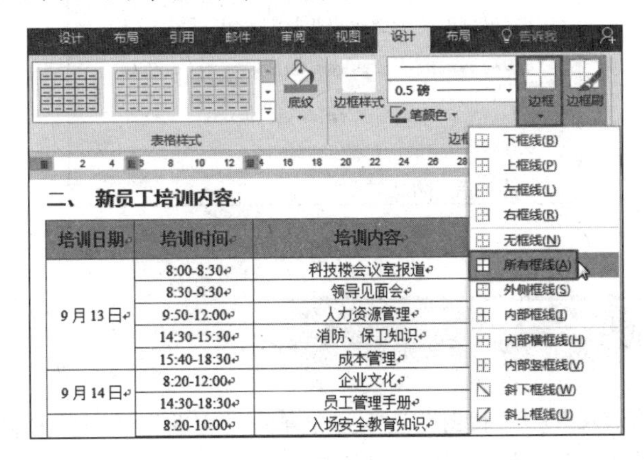

图 6-111

提 示

在“边框”功能按钮的下拉菜单中可以看到有多个边框应用项，如可以应用下边框、应用外边框、应用内边框等。无论应用哪种边框，其操作程序是，先选中目标单元格区域，然后设置边框线条的样式，再选择相应的应用项。

例如，本例要使用开放式的表格，即取消左右框线，则选中整个表格，先在“边框”功能按钮的下拉菜单中单击“无框线”，然后保持选中状态，设置线条样式，再在“边框”功能按钮的下拉菜单中单击“上框线”“下框线”“内部框线”三个设置项。

6.6 综合实例：制作公司宣传页

宣传页是企业常用的一种文档，例如对某项新产品的宣传、对某项服务的宣传、对某项活动的宣传等。有些宣传页是可以直接通过 Word 来设计完成的，并且只要有好的设计思路，其设计效果往往也非常不错。

6.6.1 输入主题文本

新建文档后，输入基本文本，并对文字进行字体、字号以及字体颜色的设置，效果如图 6-112 所示。

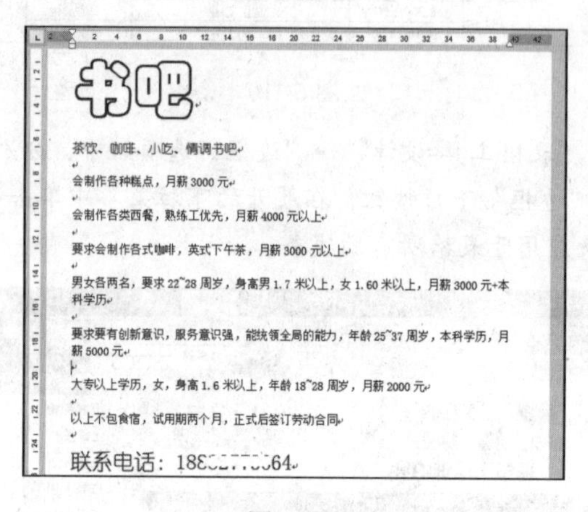

图 6-112

6.6.2 添加形状

❶ 打开文档，在"插入"→"插图"选项组中单击"形状"下拉按钮，在"基本形状" 栏中选择"矩形：圆角"图形，然后在需要的位置上绘制矩形。

❷ 选中图形，在"绘图工具-格式"→"形状样式"选项组中单击"形状填充"下拉按钮，选中"金色"，如图 6-113 所示。

❸ 单击"形状轮廓"下拉按钮，在下拉菜单中单击"无轮廓"命令，效果如图 6-114 所示。

图 6-113

图 6-114

❹ 选中图形并右击，在弹出的快捷菜单中单击“添加文字”命令（见图 6-115），即可进入文字编辑状态，然后输入文字，如图 6-116 所示。

❺ 按照相同的方法，添加形状并输入文字，效果如图 6-117 所示。

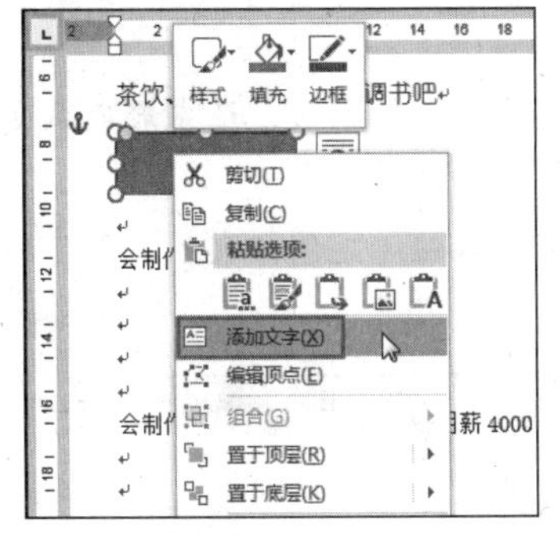

图 6-115

图 6-116

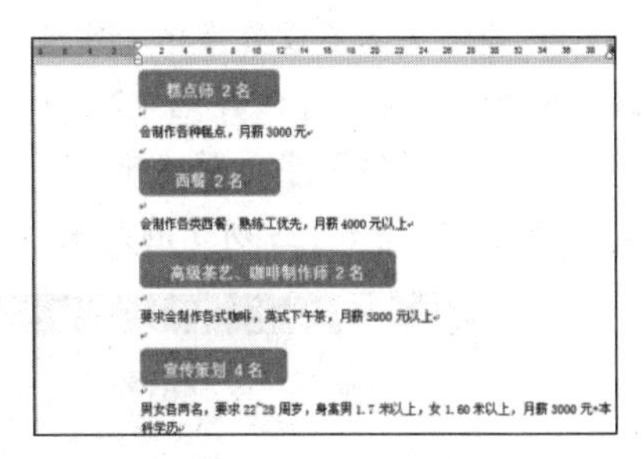

图 6-117

6.6.3 绘制任意多边形

在添加图形时，还可以根据实际设计需要绘制任意多边形。

❶ 在“插入”→“插图”选项组中单击“形状”下拉按钮弹出下拉菜单，在“基本形状”栏中选择“任意多边形：形状”图形，如图 6-118 所示。

❷ 在需要的位置上单击一次确定第一个顶点，按住鼠标左键拖动（见图 6-119），再单击确定第二个顶点，按照想绘制的图形样式依次拖动绘制（见图 6-120），当绘制结果时与第一个顶点重合即形成一个图形，如图 6-121 所示。

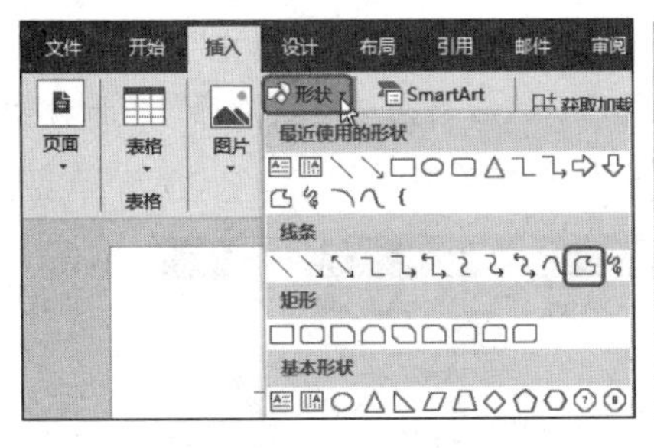

图 6-118

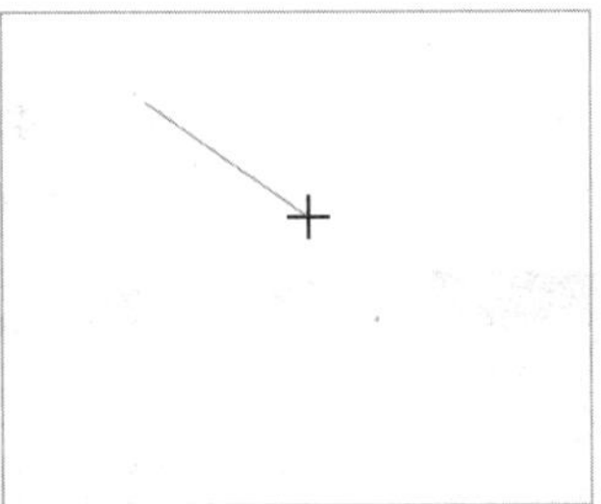

图 6-119

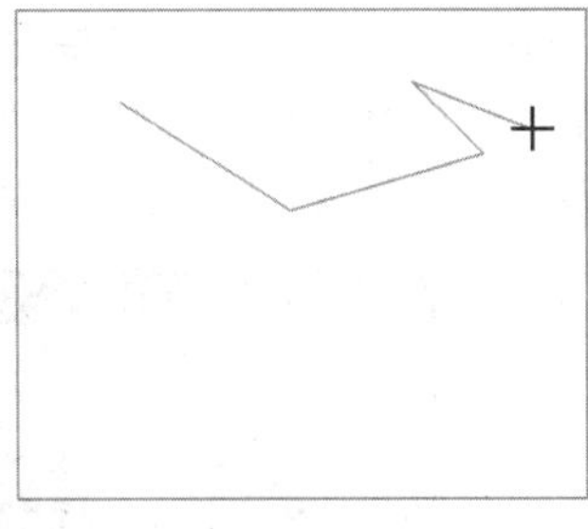

图 6-120

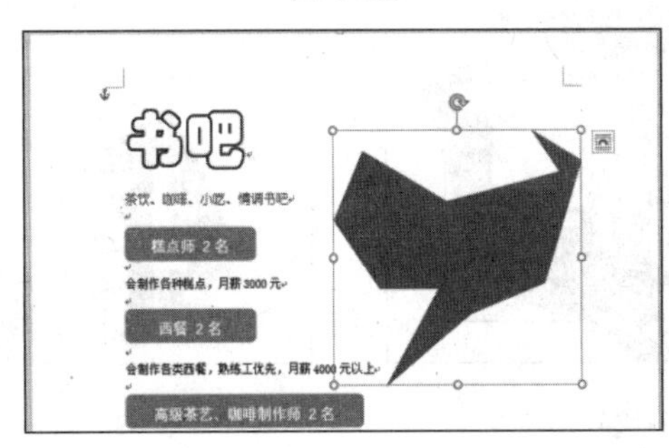

图 6-121

6.6.4 绘制文本框

❶ 在“插入”→“文本”选项组中单击“文本框”下拉按钮，在弹出的下拉菜单中单击“绘制文本框”命令，在绘制的图形上添加文本框。

❷ 输入文本后设置字体和字号（可以应用艺术字效果，或为文字应用轮廓线、填充颜色来突出文本效果，操作方法详见4.2.2小节），效果如图6-122所示。

❸ 选中“聘”字，在“开始”→“字体”选项组中单击“上标”按钮（见图6-122），即可将文字设置成如图6-123所示的效果。

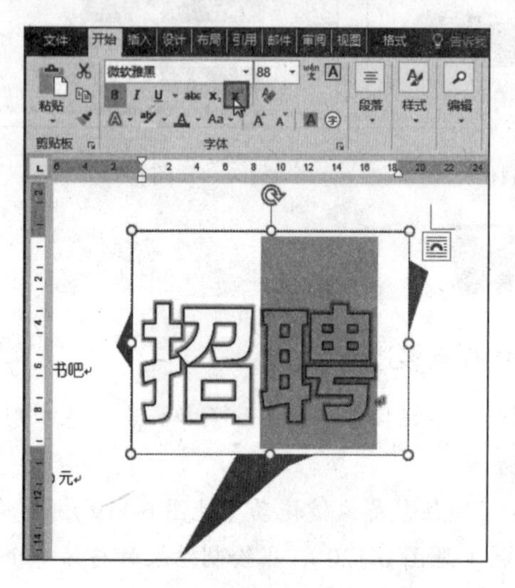

图 6-122

图 6-123

❹ 选中文本框，在“绘图工具-格式”→“形状样式”选项组中单击“形状填充”下拉按钮，在展开的下拉菜单中单击“无填充颜色”命令，如图6-124所示。然后单击“形状轮廓”下拉按钮，在展开的下拉菜单中单击“无轮廓”命令，即可得到如图6-125所示的效果。

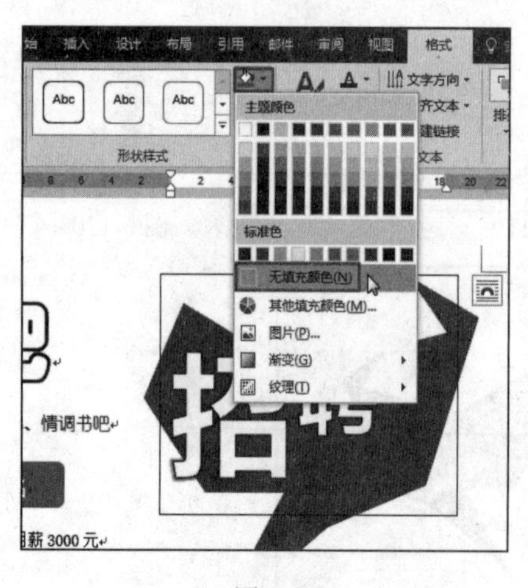

图 6-124

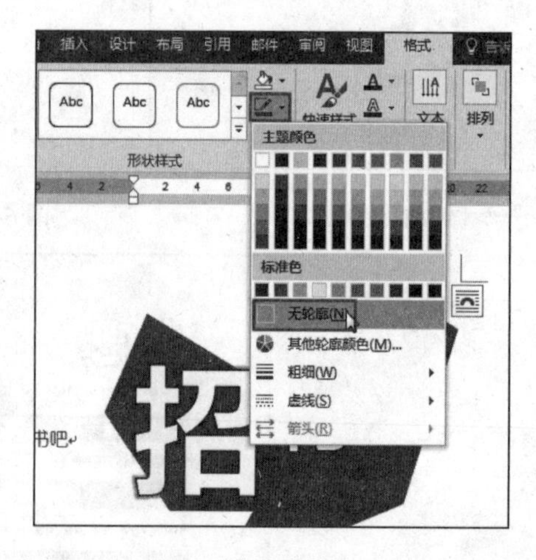

图 6-125

❺ 选中文本框，此时文本框上方会出现旋转按钮，将鼠标指向旋转按钮，按住鼠标左键拖动，即可实现图形的旋转，如图 6-126 所示。

❻ 按照相同的方法，添加其他的文本框，制作好的文档效果如图 6-127 所示。

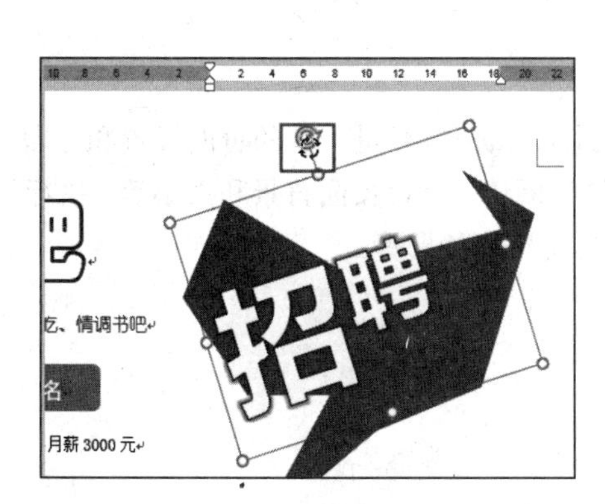

图 6-126

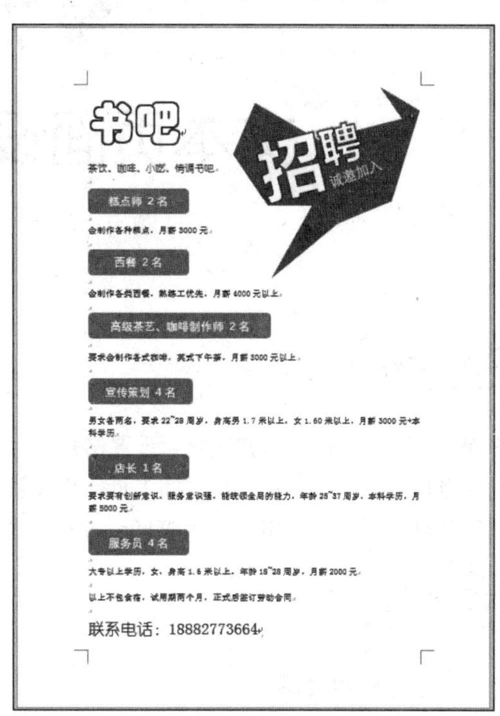

图 6-127

第 7 章

文本页面设置及打印

学习导读

在 Word 中录入长文档并美化、设置格式之后，可以对文档执行进一步的页面设置和打印。比如设置页眉和页脚修饰美化文档、插入页码方便长文档的阅读、设置页面背景和大小等。执行长文档的打印之前，可以设置指定文本打印、双面打印以及仅打印背景等。

学习要点

- 设置页眉和页脚
- 设置页码
- 设置页面背景
- 设置页面大小
- 设置打印效果
- 打印公司活动安排流程文档

7.1 设置页眉和页脚

专业的商务文档都少不了页眉和页脚的设置。页眉通常显示文档的附加信息，可以显示文档名、单位名称、企业 LOGO 等，也可以设计简易图形修饰整体页面。页脚通常显示企业的宣传标语，页码等。文档拥有专业的页眉和页脚，能够即提升文档的视觉效果。

7.1.1 快速应用内置页眉和页脚

在 Word 2019 中为用户提供了 20 多种页眉和页脚样式以供用户直接套用，这些内置的页眉和页脚应用起来非常方便，套用后再进行补充编辑即可。

❶ 打开文档，在“插入”→“页眉和页脚”选项组中单击“页眉”下拉按钮，展开其下拉菜单，如图 7-1 所示。

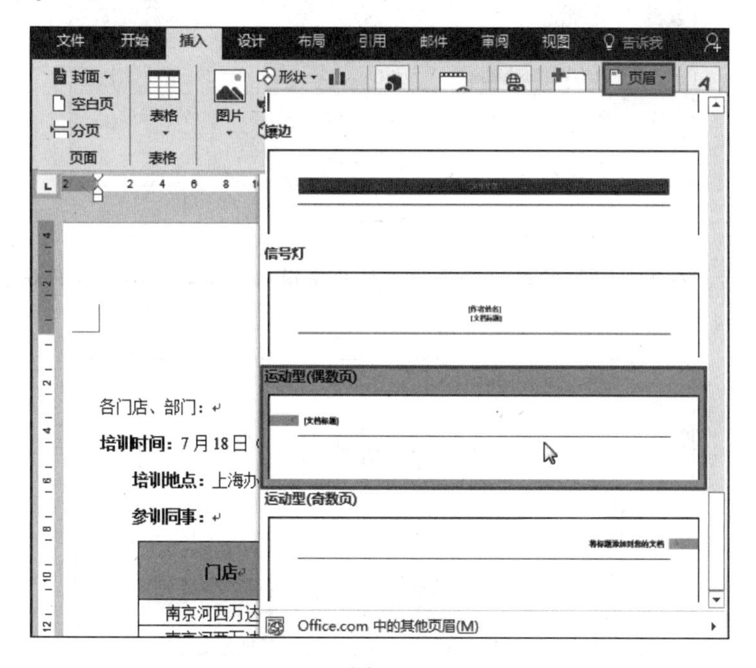

图 7-1

❷ 在下拉菜单中可以选择页眉的样式，如单击“运动型（偶数页）”命令，即可将页眉样式应用到文档中，效果如图 7-2 所示。

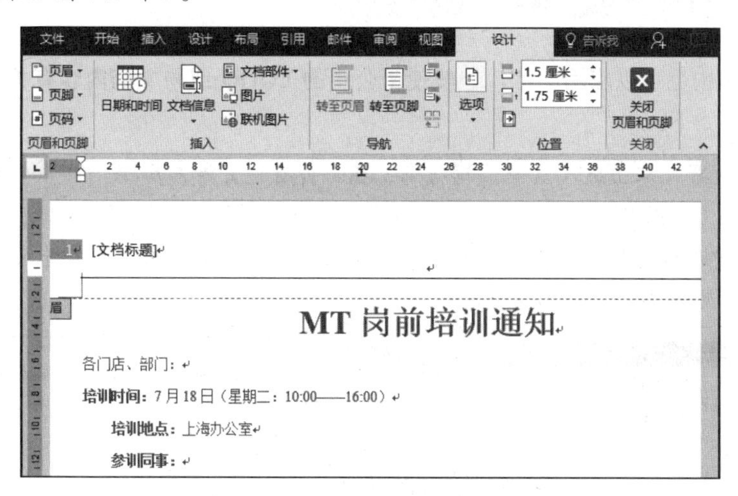

图 7-2

❸ 在“文档标题”提示文字处输入页眉的文本内容，并选中输入的文字，在“开始”→“字体”选项组中，利用“字体”“字号”“字体颜色”来设置文字，如图 7-3 所示。

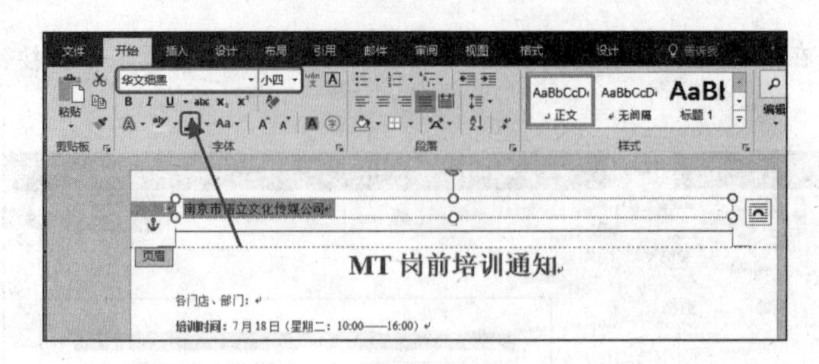

图 7-3

❹ 设置完成后，在页眉以外的其他任意位置处单击退出页眉和页脚的编辑状态，可以查看到页眉效果，如图 7-4 所示。

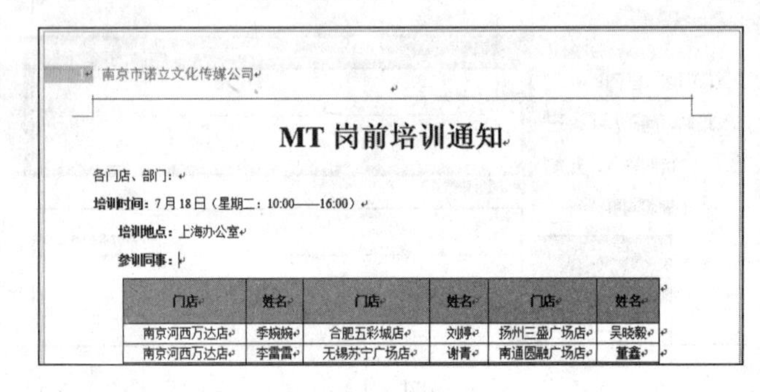

图 7-4

7.1.2 在页眉和页脚中应用图片

在页眉和页脚中也可以应用图片，一般使用公司的 LOGO 或与文档内容有关的图片，具体操作如下。

❶ 在文档的页眉处双击进入页眉编辑状态，在“页眉和页脚工具-设计”→“插入”选项组中单击“图片”命令（见图 7-5），打开“插入图片”对话框。

❷ 在地址栏中确认图片的保存位置（也可以从左侧树状目录中依次单击进入），选中图片，单击“插入”按钮（见图 7-6），即可在页眉中插入图片。

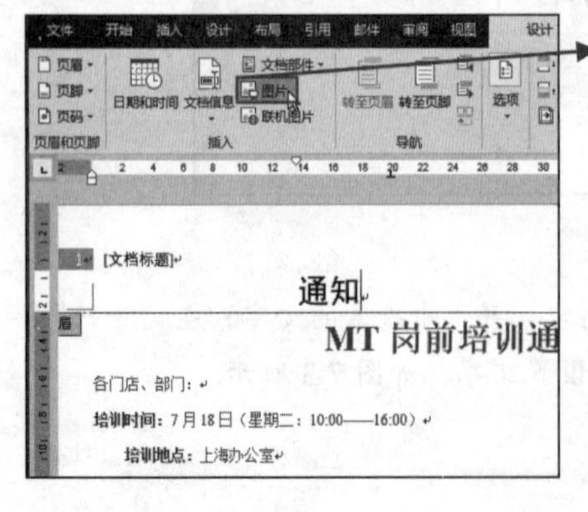

图 7-5

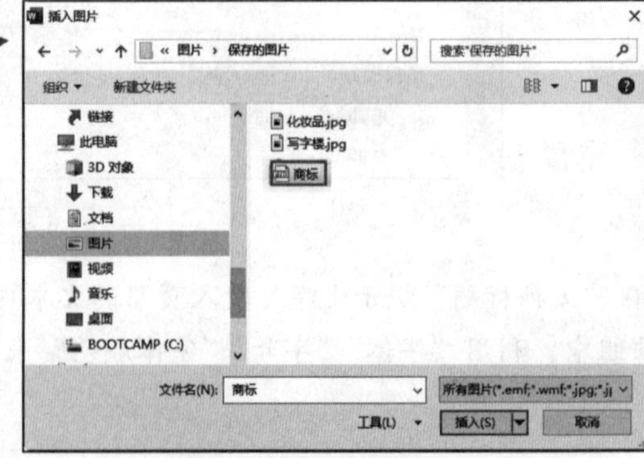

图 7-6

❸ 默认插入到页眉中的图片是以嵌入式显示的，并且大小也不一定符合设计要求，因此需要更改图片的版式为“浮于文字上方”形式，以方便随意移动图片。选中插入的图片，在“图片工具-格式”→“排列”选项组中单击“环绕文字”下拉按钮，在弹出的菜单中单击“浮于文字上方”命令，如图 7-7 所示。

图 7-7

❹ 此时可以调节图片到合适的大小，并移动到目标位置，最终得到如图 7-8 所示的页眉。

图 7-8

❺ 设置完成后，在页眉以外的其他任意位置处单击退出页眉和页脚编辑状态，即可查看到页眉效果，如图 7-9 所示。

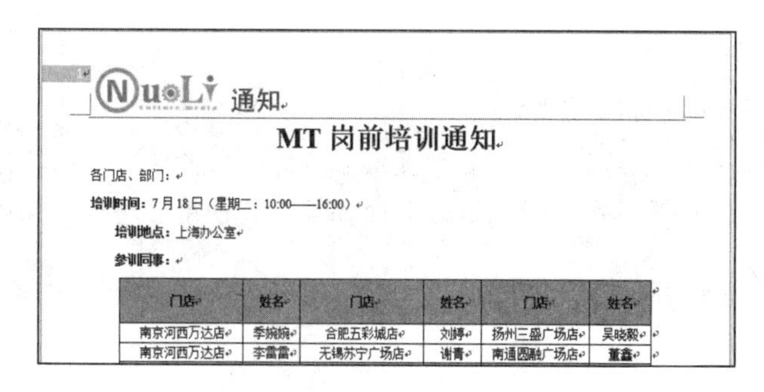

图 7-9

7.2 插入页码

页码是文档的必备元素，尤其是在长文档中必须插入页码，既便于阅读，也便于打印纸质文档的整理。

7.2.1 在文档中插入页码

在文档中插入页码时，常见的格式是显示在页面底部的中间位置，当然也可以进行相应的设置，将页码显示在文档的左侧或右侧等。

1. 在页眉底端显示页码

❶ 打开文档，在“插入”→“页眉和页脚”选项组中单击“页码”下拉按钮，展开其下拉菜单，如图 7-10 所示。

❷ 选择页码的格式（既可以在底端，也可以在顶端等），如单击“页面底端”→“马赛克 2”命令，即可应用页码格式到文档底部的中间位置，如图 7-11 所示。

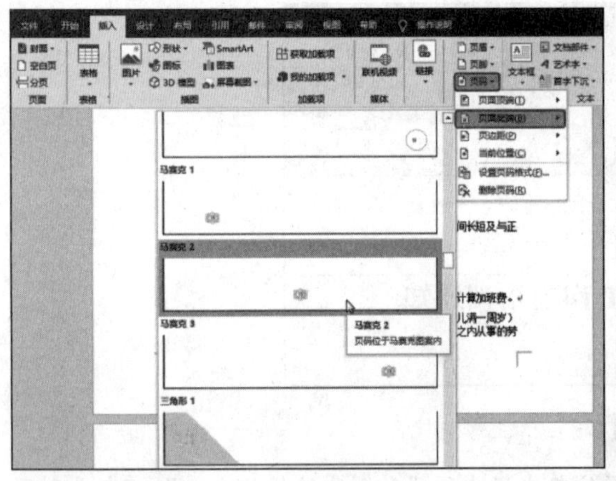

图 7-10

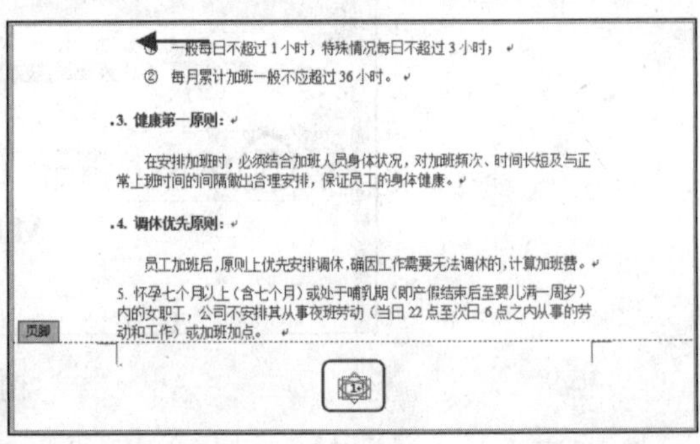

图 7-11

知识扩展

页码也可以显示在底端的左侧或右侧

在“页面顶端”打开的子菜单中，分别提供了多种的内置样式，可以看到有些页码样式可以显示在左侧，也可以显示在右侧，如图 7-12 所示，想使用哪种效果直接套用即可。

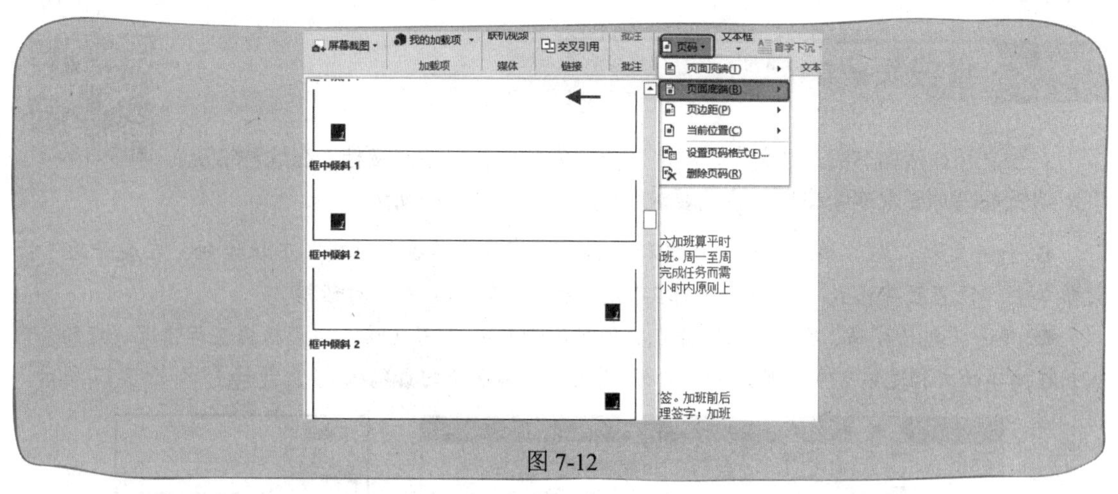

图 7-12

2. 在页边距上显示页码

❶ 打开文档，在“插入”→“页眉和页脚”选项组中单击“页码”下拉按钮，展开其下拉菜单，如图 7-13 所示。

❷ 在下拉列表中单击“页边距”→“圆（右侧）”命令，即可应用页码格式到文档页边距上，如图 7-14 所示。

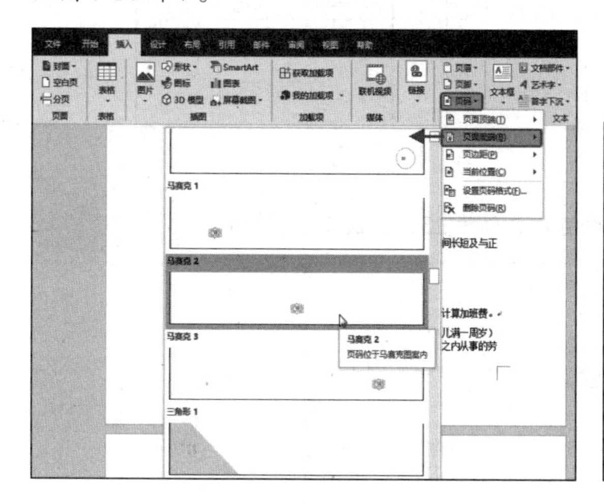

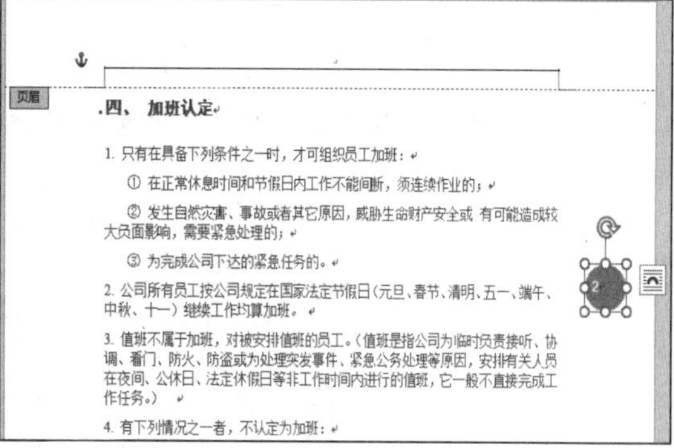

图 7-13　　　　图 7-14

❸ 插入的图形页码是可编辑的对象，例如选中图形后可重新更改图形的格式，如图 7-15 所示。

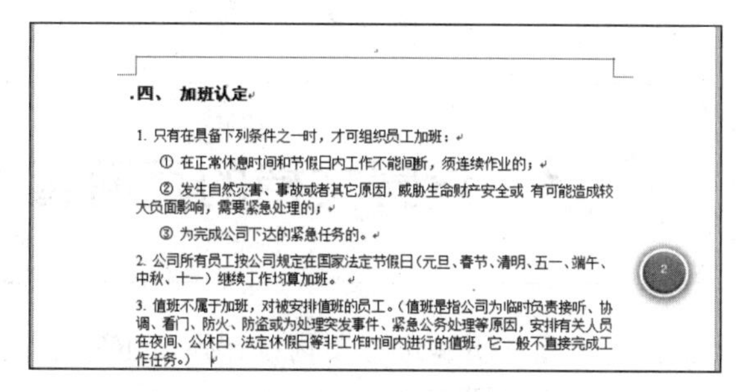

图 7-15

7.2.2 重设页码的起始页

在长文档，例如书稿、论文等，常常以章节为单位各自建立文档，在这种情况下，编辑页码时要求连续编号，这就要求我们学会设置页码起始页。

❶ 打开文档，在“插入”→“页眉和页脚”选项组中单击“页码”下拉按钮，在展开的下拉菜单单击“设置页码格式”命令（见图 7-16），打开“页码格式”对话框。

❷ 单击“起始页码”单选按钮，并在数值框中输入值“13”（这个值是根据实际情况决定的，例如正在编辑的文档是第 2 章，那么第 1 章有 12 页，则第 2 章的页码从 13 页开始），如图 7-17 所示。

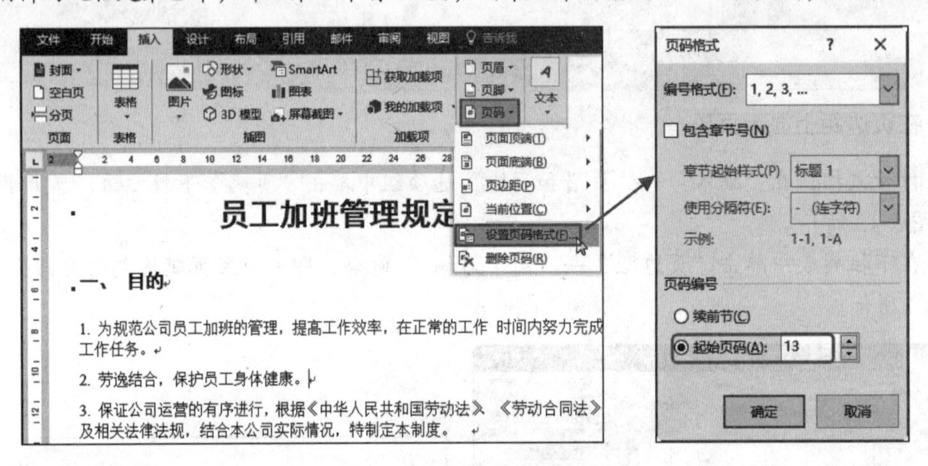

图 7-16　　　　　　图 7-17

❸ 单击“确定”按钮，即可看到文档的起始页码为 13，如图 7-18 所示。

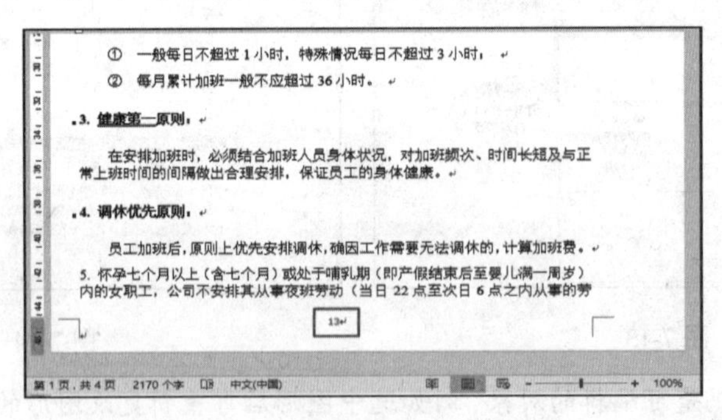

图 7-18

7.3 设置文档的页面背景

除了上面介绍的要对页面、页眉和页脚进行美化设计外，还需要对页面的背景进行美化设计，如设置背景水印、背景颜色、页面边框等。

7.3.1 设置背景颜色

在 Word 2019 中为用户提供了 4 种背景效果设置方案，第 1 种是颜色背景效果；第 2 种是纹理背景效果；第 3 种是图案背景效果；第 4 种是图片背景效果。针对这 4 种背景设置方案，下面举例介绍。

1. 为页面设置颜色效果

页面底纹默认为白色，根据实际文档的需要也可以对页面底纹颜色进行更改。颜色和深浅度应该根据实际情况选择。

❶ 在文档任意位置处单击，在“设计”→“页面背景”选项组中单击“页面颜色”下拉按钮，在弹出的菜单中单击“填充效果”命令（见图 7-19），打开“填充效果”对话框。

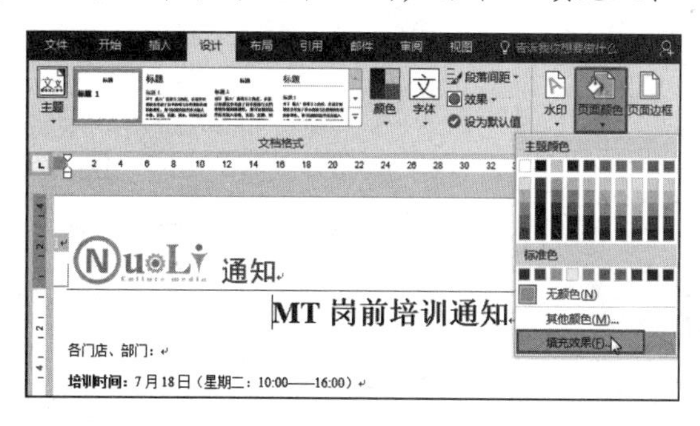

图 7-19

❷ 在“渐变”选项卡下，勾选“单色”单选按钮，单击“颜色 1”下拉按钮，在弹出的菜单中选择颜色，并通过深浅调节钮调整颜色的深浅度，如图 7-20 所示。

❸ 单击“确定”按钮，即可为文档设置页面颜色，效果如图 7-21 所示。

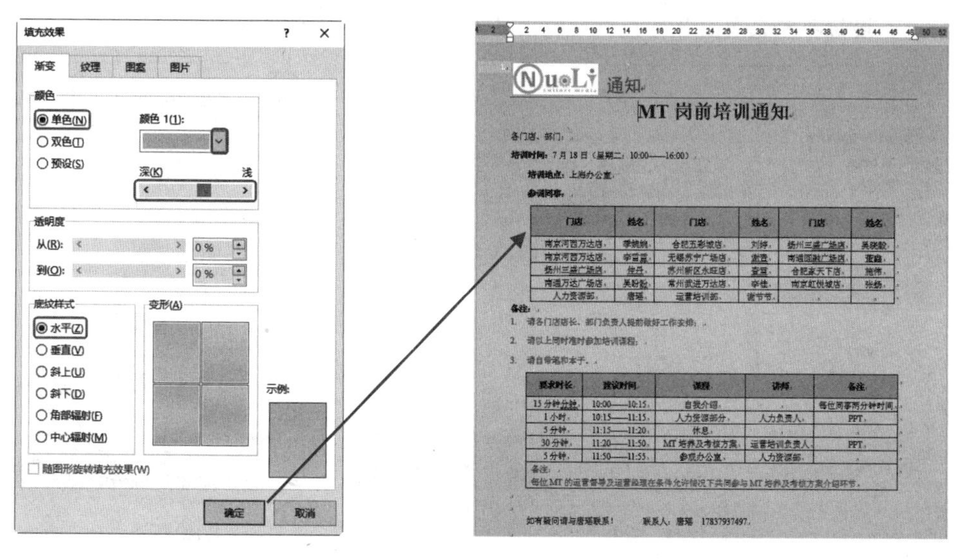

图 7-20　　图 7-21

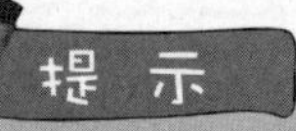

如果要使用单色背景，则直接在主题颜色中选择颜色，单击即可应用。

2. 图片背景效果

除了设置页面用单色颜色作为背景外，还可以插入图片用作背景显示在文字底部，提高文档的渲染力。

❶ 打开文档，在“设计”→“页面背景”选项组中单击“页面颜色”下拉按钮，在展开的下拉菜单中单击“填充效果”命令，打开“填充效果”对话框。

❷ 单击“图片”选项卡，并单击“选择图片”按钮（见图 7-22），打开“插入图片”对话框。

❸ 单击“浏览”链接（见图 7-23），打开“选择图片”对话框，进入保存图片的文件夹并选中图片，如图 7-24 所示。

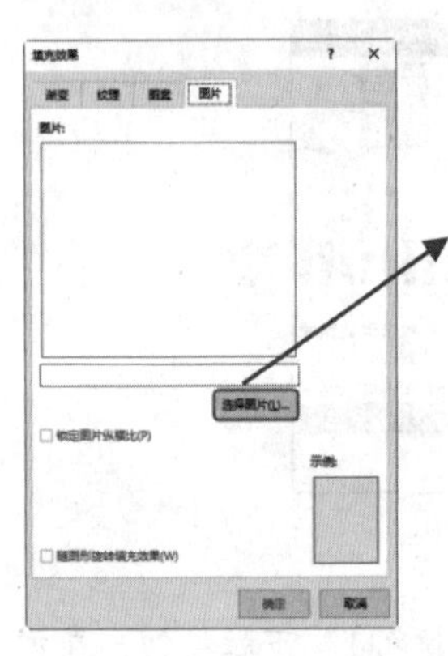

图 7-22

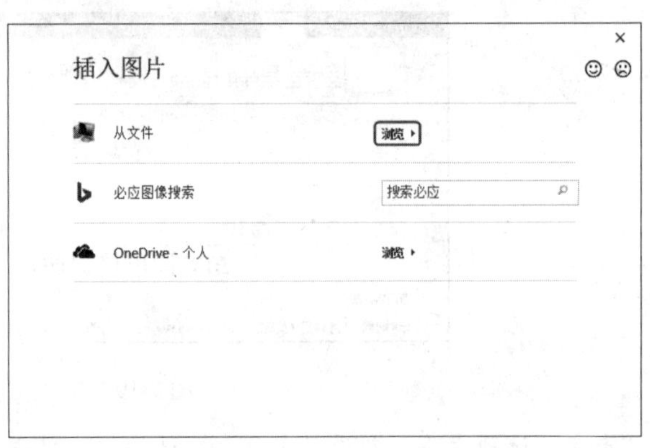

图 7-23

❹ 单击“插入”按钮返回“填充效果”对话框，如图 7-25 所示（可以看到预览效果），再次单击“确定”按钮即可完成图片背景效果的设置，如图 7-26 所示。

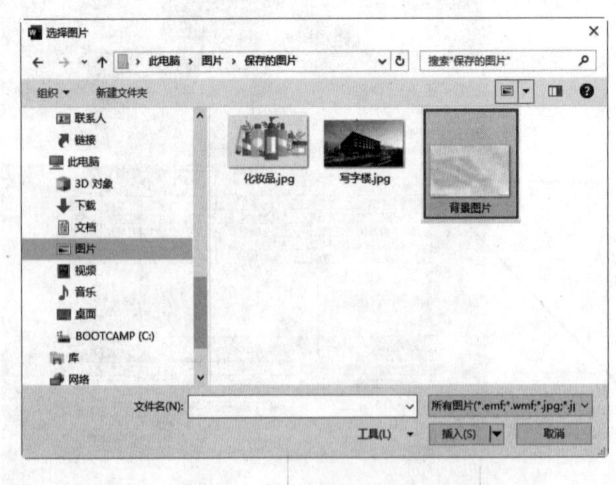

图 7-24

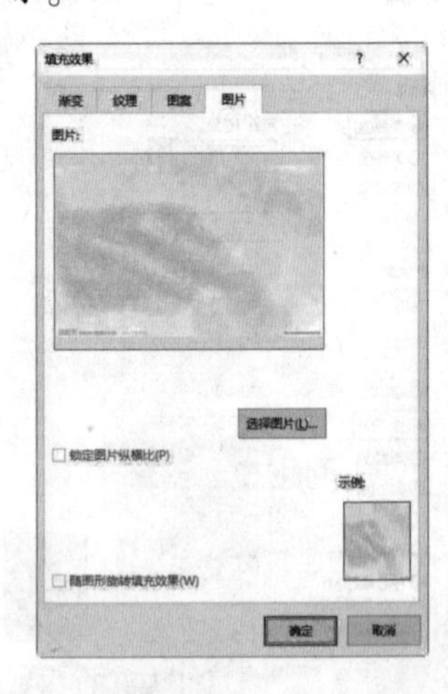

图 7-25

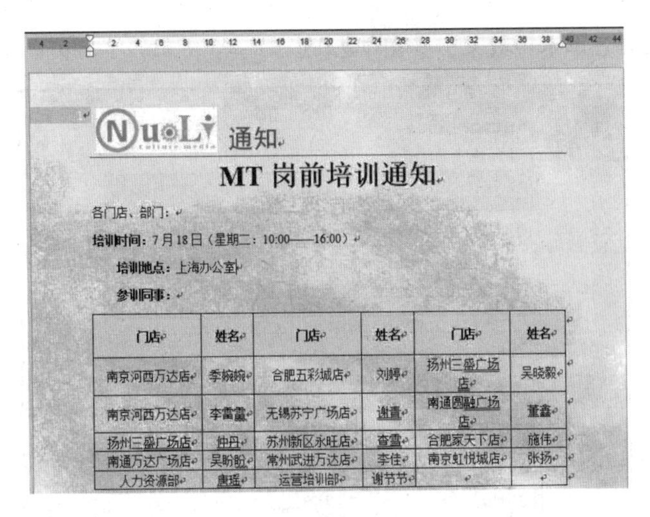

图 7-26

7.3.2 设置水印效果

水印是指在页面内容下面添加的虚影文字，例如“机密”“紧急”等，有时企业也会在文档上打上公司名称的水印，以防盗用情况的发生。模糊的水印是表明文档需要特殊对待的好方法，同时水印文字也不会分散他人对内容的注意力。

水印又分为图片水印和文字水印，这里将分别介绍各种水印的添加方法。

1. 快速套用内置水印效果

❶ 打开文档，在“设计”→“页面背景”选项组中单击“水印”下拉按钮，展开其下拉菜单，如图 7-27 所示。

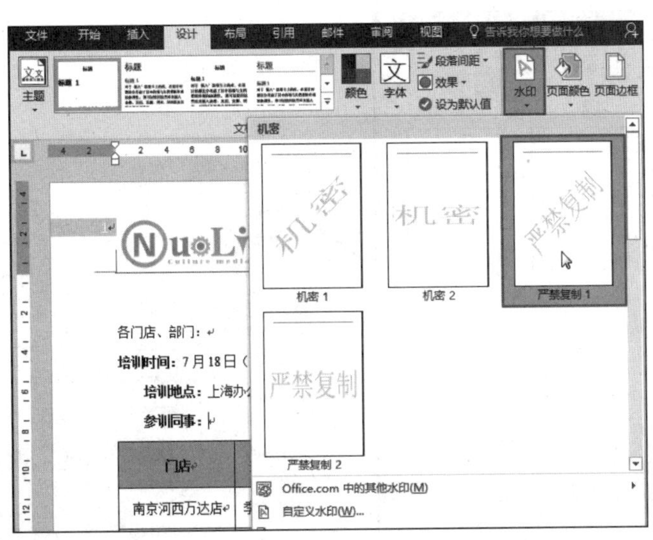

图 7-27

❷ 在水印列表中，可以看到 Word 2019 提供的 4 种类型水印样式。例如选中“严禁复制 1”

水印样式，即可为文档添加水印效果，如图 7-28 所示。

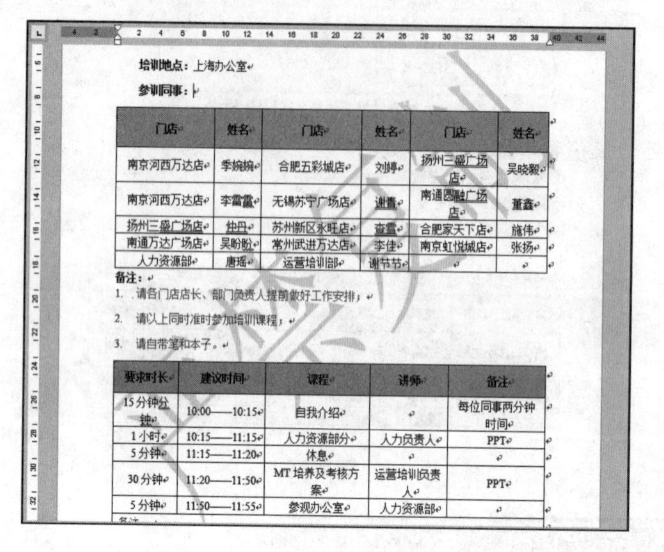
培训地点：上海办公室

参训同事：

门店	姓名	门店	姓名	门店	姓名
南京河西万达店	季婉婉	合肥五彩城店	刘婷	扬州三盛广场店	吴晓毅
南京河西万达店	李雷霞	无锡苏宁广场店	谢青	南通圆融广场店	董鑫
扬州三盛广场店	仲丹	苏州新区永旺店	查雪	合肥家天下店	施伟
南通万达广场店	吴盼盼	常州武进万达店	李佳	南京虹悦城店	张扬
人力资源部	唐瑶	运营培训部	谢节节		

备注：

1. 请各门店店长、部门负责人提前做好工作安排；
2. 请以上同时准时参加培训课程；
3. 请自带笔和本子。

要求时长	建议时间	课程	讲师	备注
15 分钟左钟	10:00——10:15	自我介绍		每位同事两分钟时间
1 小时	10:15——11:15	人力资源部分	人力负责人	PPT
5 分钟	11:15——11:20	休息		
30 分钟	11:20——11:50	MT 培养及考核方案	运营培训负责人	PPT
5 分钟	11:50——11:55	参观办公室	人力资源部	

图 7-28

2. 自定义文档水印效果

如果用户对内置的水印样式不满意，可以自行设计水印效果，具体操作步骤如下。

❶ 打开文档，在“设计”→“页面背景”选项组中单击“水印”下拉按钮，展开其下拉菜单，单击“自定义水印”命令（见图 7-29），打开“水印”对话框。

❷ 选中“文字水印”单选按钮，在“文字”文本框中输入内容“MT 岗前培训”，在“字体”设置框右侧可单击下拉按钮，从下拉列表中选择水印文字的字体，设置颜色为“蓝色”“半透明”，如图 7-30 所示。

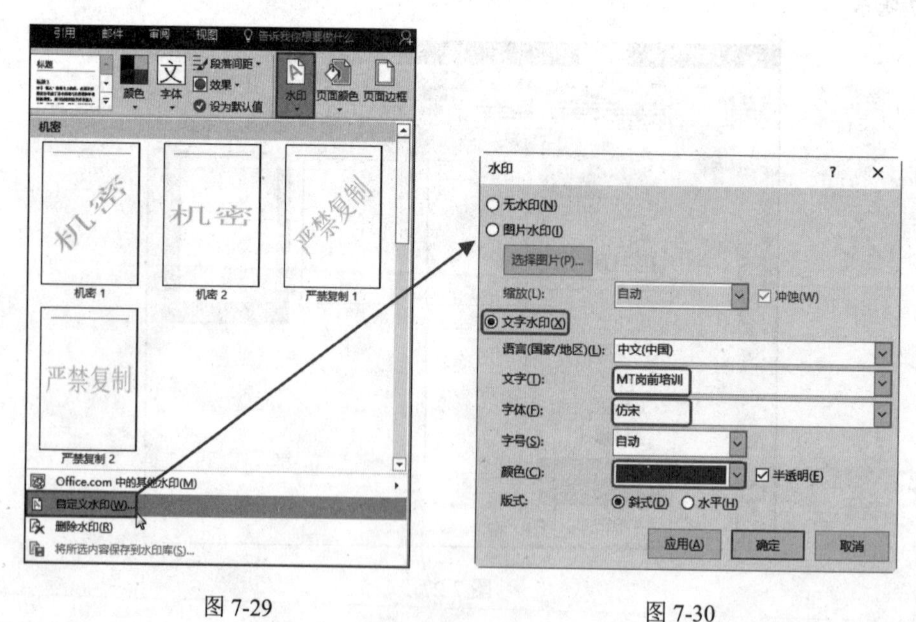

图 7-29　　　　图 7-30

❸ 单击“确定”按钮，即可在文档中添加了水印，效果如图 7-31 所示。

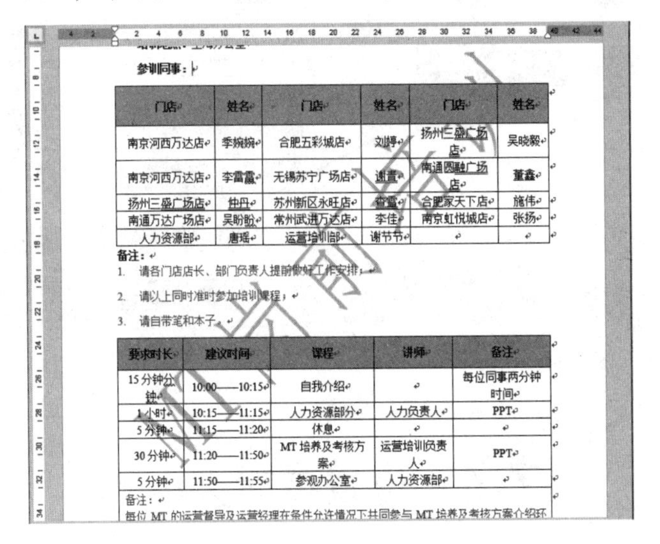

参训同事：

门店	姓名	门店	姓名	门店	姓名
南京河西万达店	季婉婉	合肥五彩城店	刘婷	扬州三盛广场店	吴晓毅
南京河西万达店	李雷震	无锡苏宁广场店	谢青	南通圆融广场店	董鑫
扬州三盛广场店	仲丹	苏州新区永旺店	查雪	合肥家天下店	施伟
南通万达广场店	吴盼盼	常州武进万达店	李佳	南京虹悦城店	张扬
人力资源部	唐瑶	运营培训部	谢节节		

备注：

1. 请各门店店长、部门负责人提前做好工作安排；
2. 请以上同时准时参加培训课程；
3. 请自带笔和本子。

要求时长	建议时间	课程	讲师	备注
15 分钟分钟	10:00——10:15	自我介绍		每位同事两分钟时间
1 小时	10:15——11:15	人力资源部分	人力负责人	PPT
5 分钟	11:15——11:20	休息		
30 分钟	11:20——11:50	MT 培养及考核方案	运营培训负责人	PPT
5 分钟	11:50——11:55	参观办公室	人力资源部	

备注：

图 7-31

3. 图片水印效果

还可以使用图片作为水印，它可以起到美化文档的作用，并且也使得文档内容更丰满，丰富页面效果。

❶ 打开文档，在“设计”→“页面背景”选项组中单击“水印”下拉按钮，展开其下拉菜单，单击“自定义水印”命令，打开“水印”对话框。

❷ 选中“图片水印”单选按钮，激活设置选项。单击“选择图片”按钮（见图 7-32），打开“插入图片”对话框。

❸ 单击“浏览”链接（见图 7-33），打开“插入图片”对话框。进入保存图片的文件夹并选中图片，如图 7-34 所示。

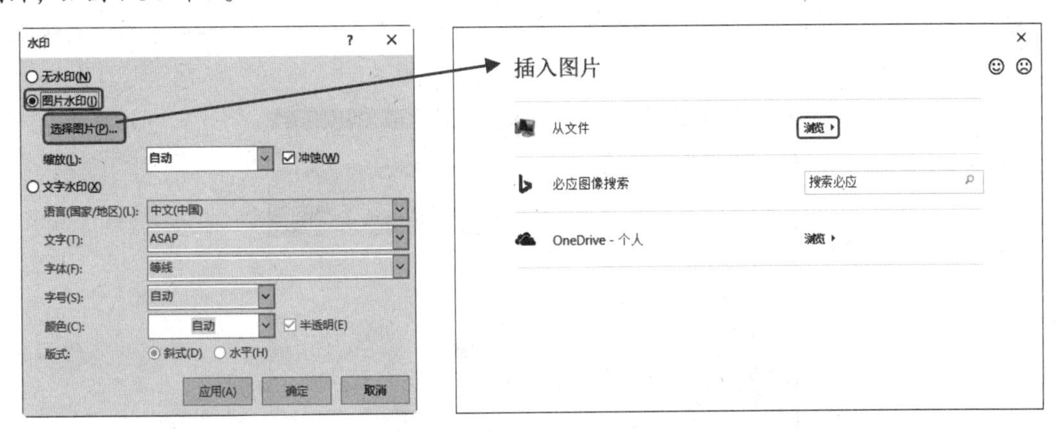

图 7-32　　　　图 7-33

❹ 依次单击“插入”→“确定”按钮，即可为文档添加自行设计的图片水印，效果如图 7-35 所示。

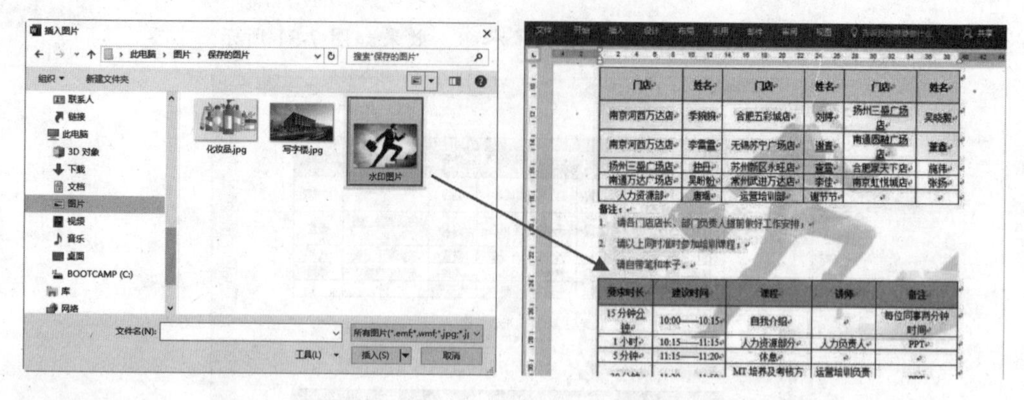

图 7-34　　　　图 7-35

7.4 设置页面大小

不同的文档排版时会有不同的页面要求，例如对纸张方向、纸张大小、页边距等，而这些设置都可以在文档编辑后根据要求进行设置与调整，从而让文档的版式更加美观。

7.4.1 设置页边距

Word 文档默认纸张方向是纵向，大小为标准 A4 纸张大小，默认上下边距为 2.54 厘米，左右边距为 3.18 厘米。除此之外，程序还提供了最为常用的几种页边距规格，用户可以选择直接快速套用。如果找不到自己要使用的页边距时，还可以自定义页边距。

1. 快速套用内置的页边距

❶ 打开文档，在“布局”→“页面设置”选项组中单击“页边距”下拉按钮，展开页边距菜单，如图 7-36 所示。

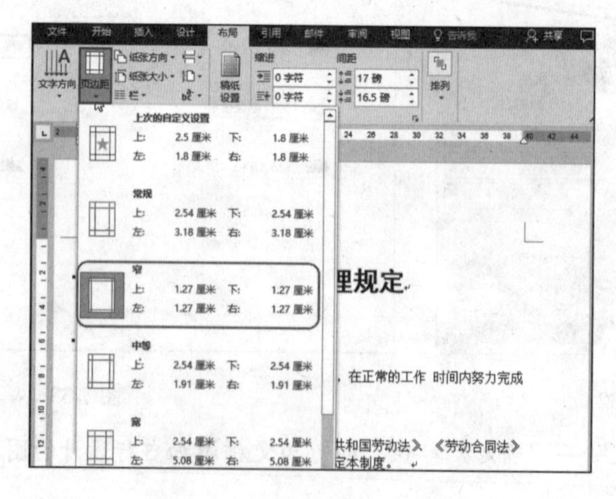

图 7-36

❷ Word 2019 默认的页边距是“普通”选项，这里单击“窄”选项，相应的效果如图 7-37 所示（从图中可以看到上边距较小、左右边距也较小）。

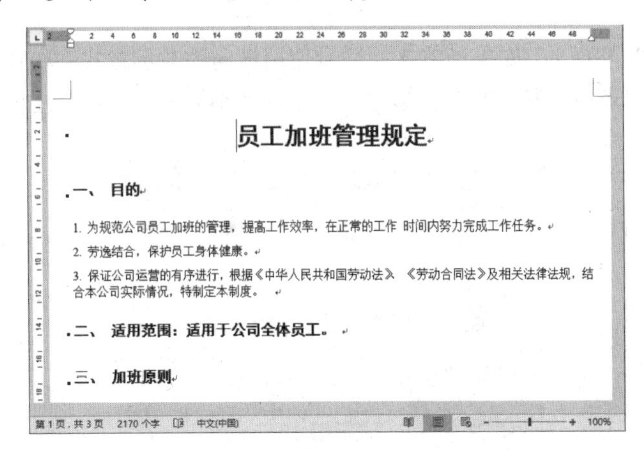

图 7-37

2. 自定义页边距尺寸

当内置的页边距不适合时，可以为文档自定义设置纸张与页边距。具体操作步骤如下。

❶ 打开文档，在“布局”→“页面设置”选项组中单击对话框启动器（见图 7-38），打开“页面设置”对话框。

❷ 单击“页边距”标签，设置“上”边距为“2.4”，“下”边距为“2.4”，左右边距为“3.2”，调节的方法可以直接输入数值，也可以单击右侧的上下调节钮进行调节，如图 7-39 所示。设置完成后单击“确定”按钮即可进行应用。

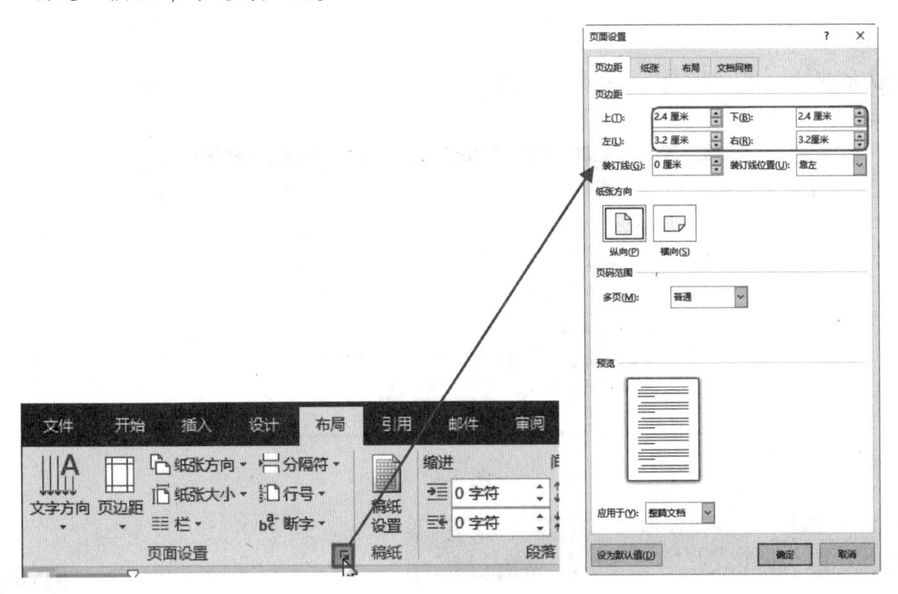

图 7-38　　　　图 7-39

7.4.2 设置纸张方向

纸张方向分为纵向和横向，如果当前文档适合使用横向的显示方式（如图 7-40 所示的文档中存在超宽表格，表格的宽度超过了纸张的大小），这时要设置文档的纸张方向，可以使用“纸张方向”功能来实现。

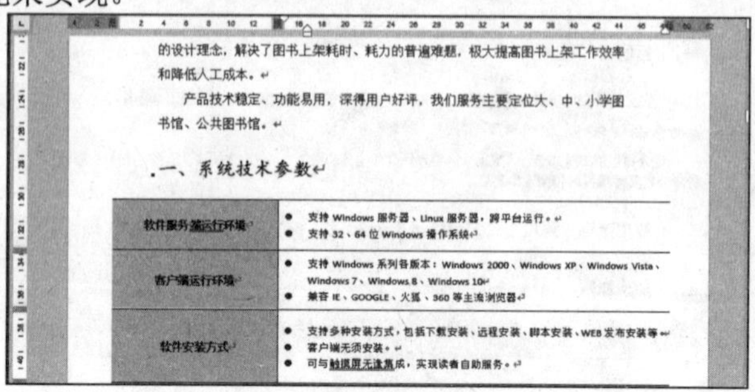

图 7-40

❶ 打开文档，在“布局”→“页面设置”选项组中单击“纸张方向”下拉按钮，展开其下拉菜单，如图 7-41 所示。

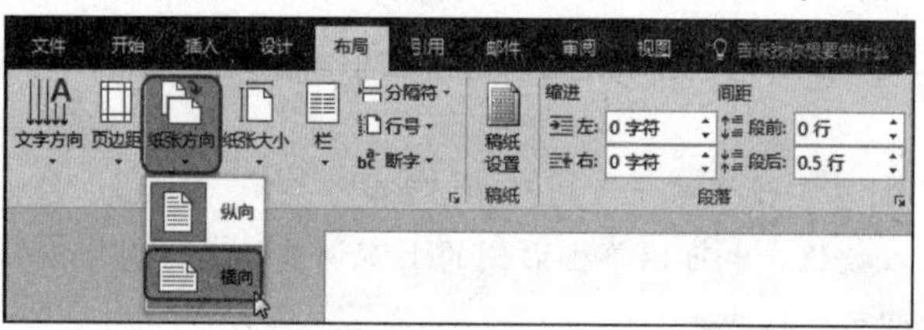

图 7-41

❷ 默认纸张方向是“纵向”，单击“横向”命令，即可将整篇文档的纸张方向以横向显示，如图 7-42 所示。

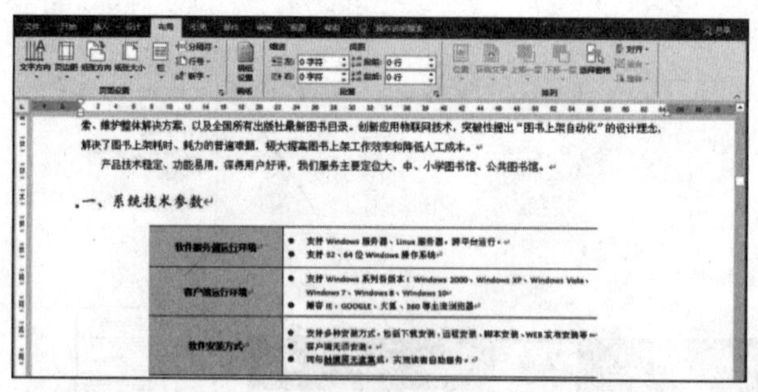

图 7-42

7.4.3 设置纸张大小

Word 2019 为用户提供了多种纸张大小样式，用户可以根据自己拥有的纸张大小来选择合适的纸张，并且还可以自定义纸张大小。

1. 快速套用内置的纸张

如果要直接套用内置的纸张大小，可以使用“纸张大小”功能来快速设置。

❶ 打开文档，在“布局”→“页面设置”选项组中单击“纸张大小”下拉按钮，展开下拉菜单，可以看到 Word 2019 提供的多种规格的纸张大小，如图 7-43 所示。

❷ 默认纸张大小为“A4”，可以根据需要选择纸张大小，如本例中选择“16 开”选项，即可改变文档纸张大小，如图 7-44 所示。

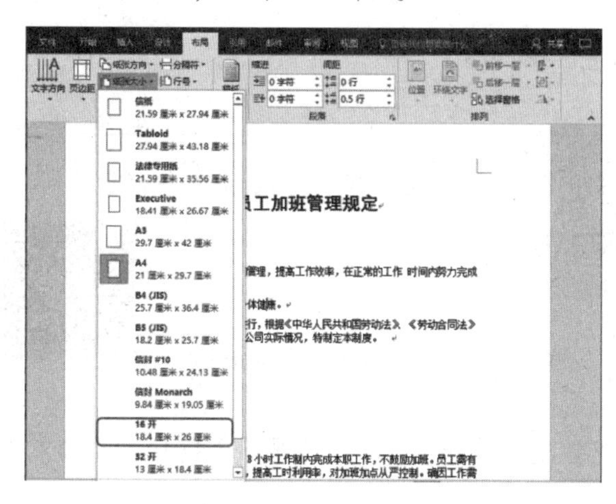

图 7-43

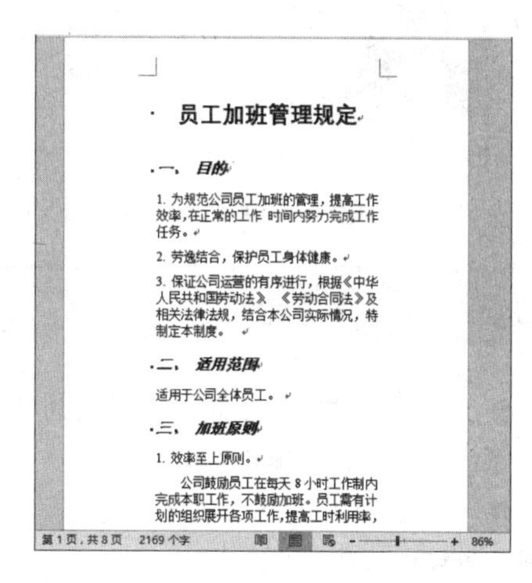

图 7-44

2. 自定义纸张大小

如果用户要自定义纸张大小，可以通过下面的操作来实现。

❶ 打开文档，在“布局”→“页面设置”选项组中单击“纸张大小”下拉按钮，展开其下拉菜单，单击“其他纸张大小”命令（见图 7-45），打开对话框。

❷ 在“纸张”选项卡下，在“纸张大小”下拉列表中选择“自定义大小”选项；接着在“宽度”和“高度”框中自定义纸张宽度和高度，如图 7-46 所示。

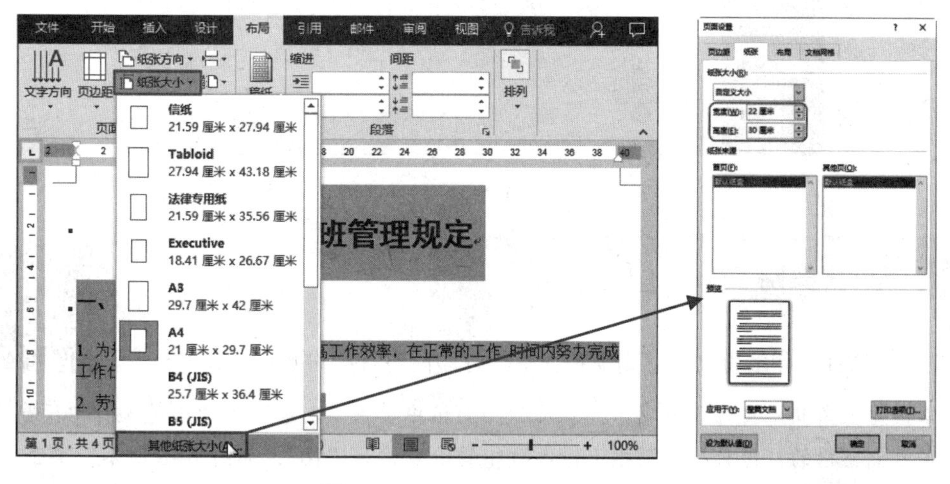

图 7-45

图 7-46

❸ 设置完成后，单击“确定”按钮即可。

提 示

在“页面设置”选项卡中设置了宽度与高度后，可以在“应用于”框中是否显示的是“整篇文档”（这个是默认的），如果不是则可以单击下拉按钮后选择设置。

7.5 打印输出

文档编辑和排版结束后，如果文档需要打印使用，则准备好打印机与纸张进行打印。

7.5.1 打印文档

❶ 文档编辑完成后，单击左上角的“文件”选项卡，在展开的面板中单击“打印”选项，进入打印预览界面。

❷ 如果预览效果没有问题，则连接好打印机，单击“打印”按钮（见图 7-47），即可将文档发送到打印机中打印。

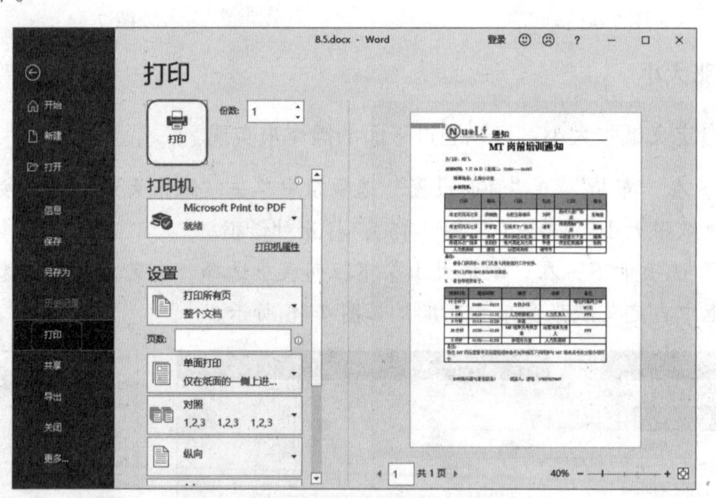

图 7-47

7.5.2 打印多份文档

如果想一次性打印多份文档，则需要在执行打印前对打印份数进行设置。

❶ 单击左上角的“文件”选项卡，在展开的面板中单击“打印”选项，进入打印预览界面。

❷ 在右侧窗格的“份数”设置框中输入打印的份数，如“10”，如图 7-48 所示。单击“打印”按钮，即可打印 10 份文档。

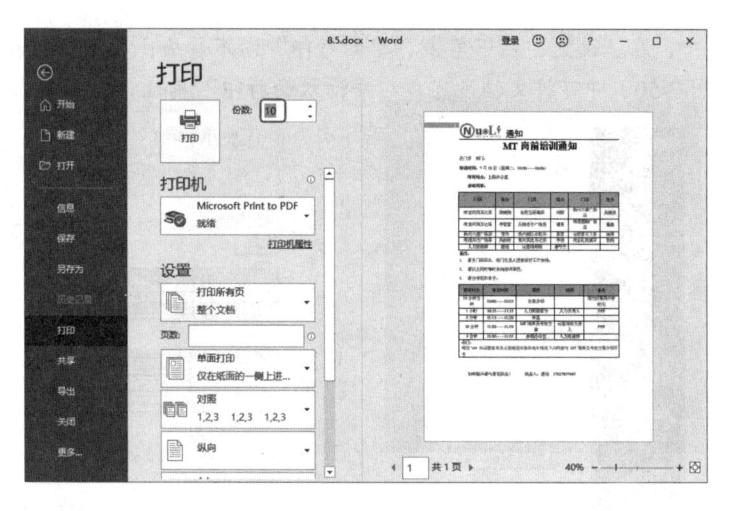

图 7-48

7.5.3 打印任意指定文本

在实际打印中，有时只需要打印出某份文档的部分页面，或部分章节的内容，这时就需要对打印范围进行设置。

❶ 单击左上角的“文件”选项卡，在展开的面板中单击“打印”选项，进入打印预览界面。

❷ 在右侧窗格中的“页数”文本框中输入打印的页码，如图 7-49 所示。设置完成后单击“打印”按钮执行打印即可。

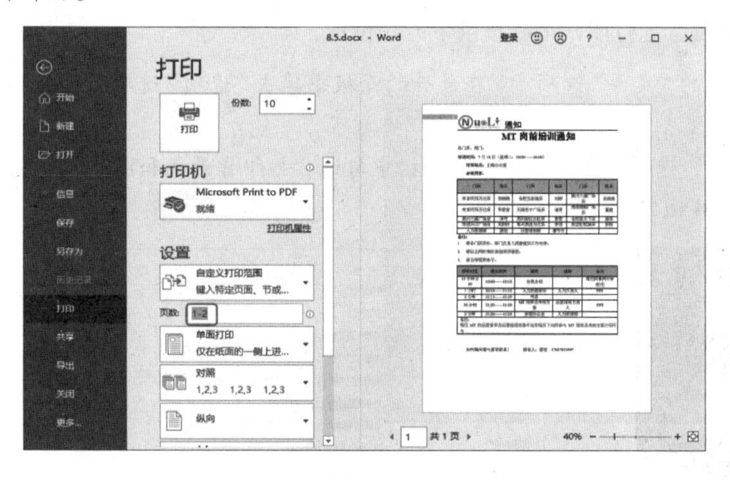

图 7-49

7.5.4 设置双面打印

默认打印的文档仅打印到正面，如果想双面打印文档，则需要提前进行设置。

❶ 单击左上角的“文件”选项卡，在展开的面板中单击“打印”选项，进入打印预览界面。

❷ 在右侧窗格中，在“设置”栏下单击“单面打印”向下箭头，在下拉列表中单击“手动双面打印”选项（见图 7-50）即可将文档设置成“手动双面打印”属性。

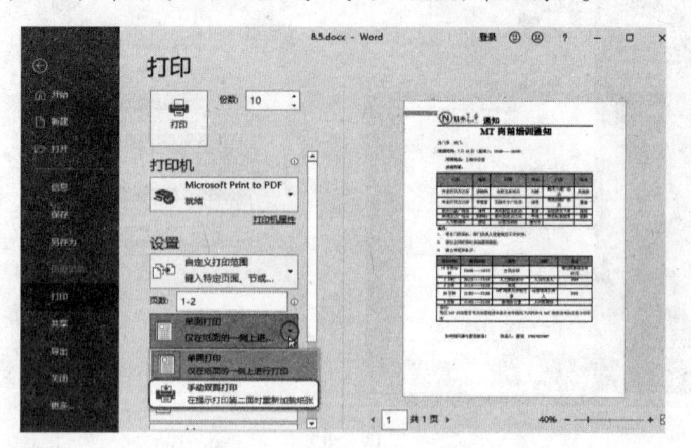

图 7-50

❸ 单击“打印”按钮，待单面打印结束后弹出提示框，将打印机出纸器中已经打印好一纸取出，根据打印机进纸实际情况将其放回到送纸器中，单击“确定”按钮，Word 将完成另一面的打印。

7.5.5 打印背景

文档的背景色、背景图形等默认情况下是不能被打印出来的。如果希望背景色或者背景图形随文档一起打印，可以按以下方法设置。

❶ 单击左上角的“文件”选项卡，在展开的面板中单击“选项”选项（见图 7-51），打开“Word 选项”对话框。

❷ 单击“显示”选项，在“打印选项”栏中勾选“打印背景色和图像”复选框，如图 7-52 所示。单击“确定”按钮完成设置。

图 7-51

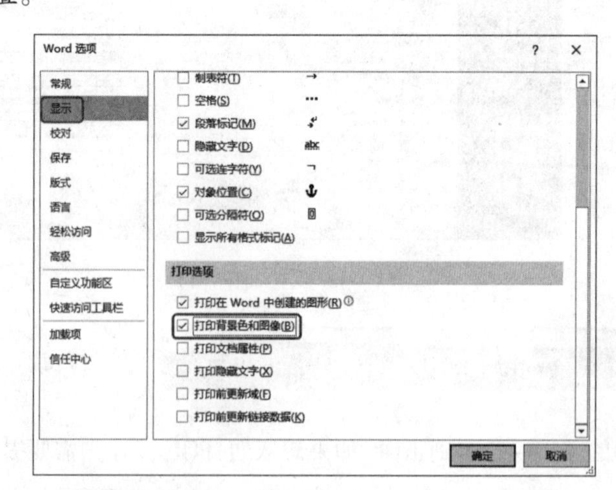

图 7-52

❸ 再次进入打印预览状态下可以看到背景可以显示出来，如图 7-53 所示。

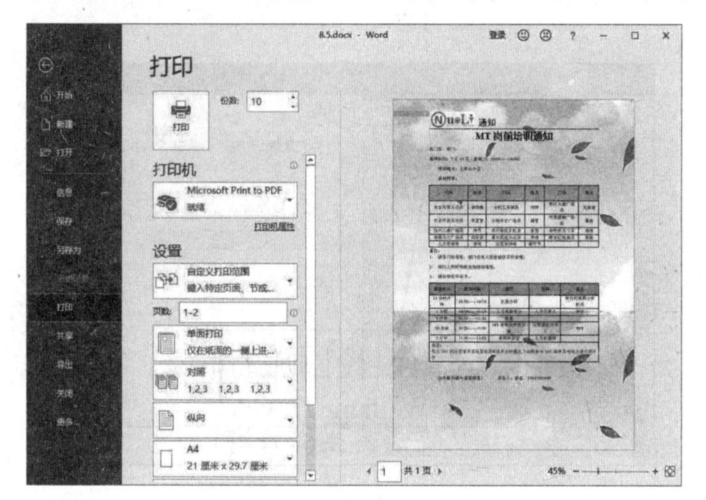

图 7-53

7.6 综合实例：打印公司活动安排流程文档

公司活动安排流程文档是常用的办公文档，文档在排版过程中一般都需要包含页眉页脚这些要素。为了方便查看与使用，通常在文档排版结束后要进行打印使用。

7.6.1 设置页眉和页脚

❶ 打开文档，双击页眉编辑区，即可进入页眉和页脚编辑状态，如图 7-54 所示。

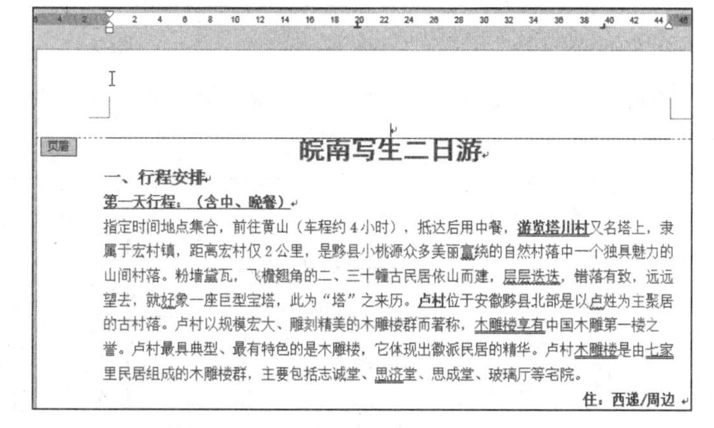

图 7-54

❷ 将鼠标指针在页眉文字输入区单击，变成闪烁的光标并输入文字，设置字体格式，如图 7-55 所示。

图 7-55

❸ 按回车键，切换到下一行，然后在“开始”→“字体”选项组中单击“清除所有格式”按钮（见图 7-56），即可将此行置于页眉默认直线的下方，如图 7-57 所示。

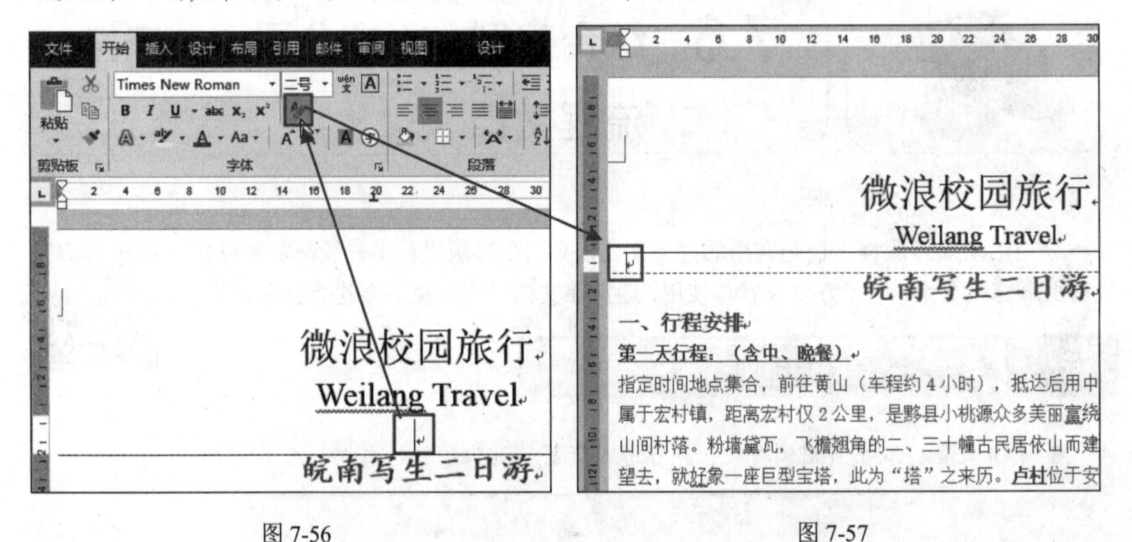

图 7-56　　　　图 7-57

❹ 依次输入“服务热线”“客服 QQ”“地址”和“邮编”等信息，并设置字体为“宋体”，字号为“小五”，如图 7-58 所示。

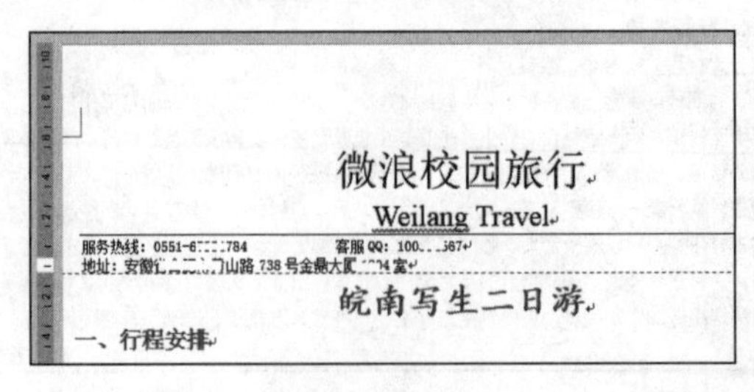

图 7-58

❺ 在“页眉和页脚工具-设计”→“插入”选项组中单击“图片”命令（见图 7-59），打开“插入图片”对话框。

❻ 找到并选中图片，单击“插入”按钮（见图 7-60），即可在页眉中插入图片。

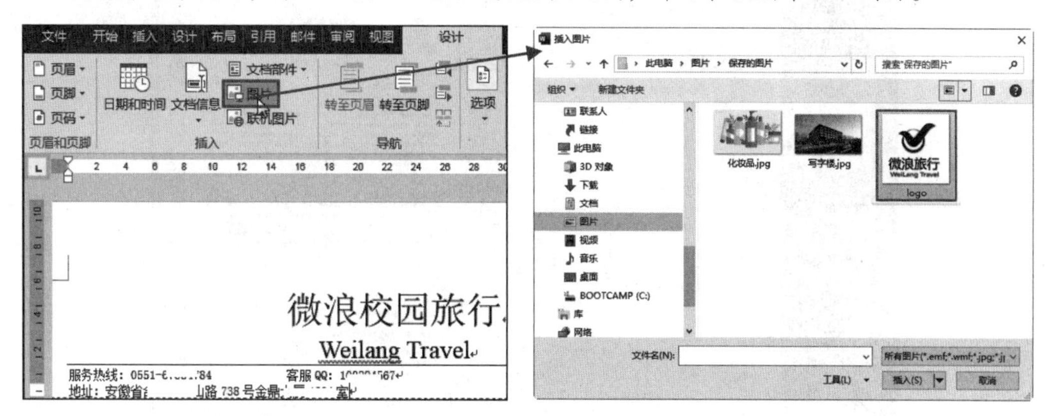

图 7-59　　　　图 7-60

❼ 选中插入的图片，在“图片工具-格式”→“排列”选项组中单击“环绕文字”下拉按钮，在弹出的菜单中单击“浮于文字上面”命令，如图 7-61 所示。调节图片到合适的大小并移动到目标位置，最终得到如图 7-62 所示的页眉。

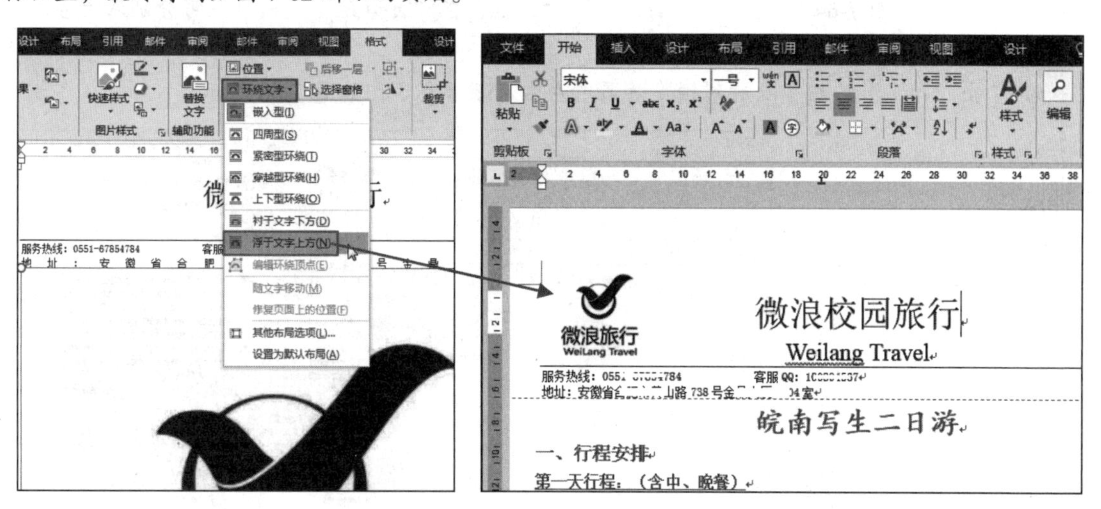

图 7-61　　　　图 7-62

❽ 单击“关闭页眉和页脚”按钮，退出页眉和页脚编辑状态。

7.6.2 打印文档

❶ 文档编辑完成后，单击左上角的“文件”选项卡，在展开的面板中单击“打印”选项，进入打印预览界面，如图 7-63 所示。

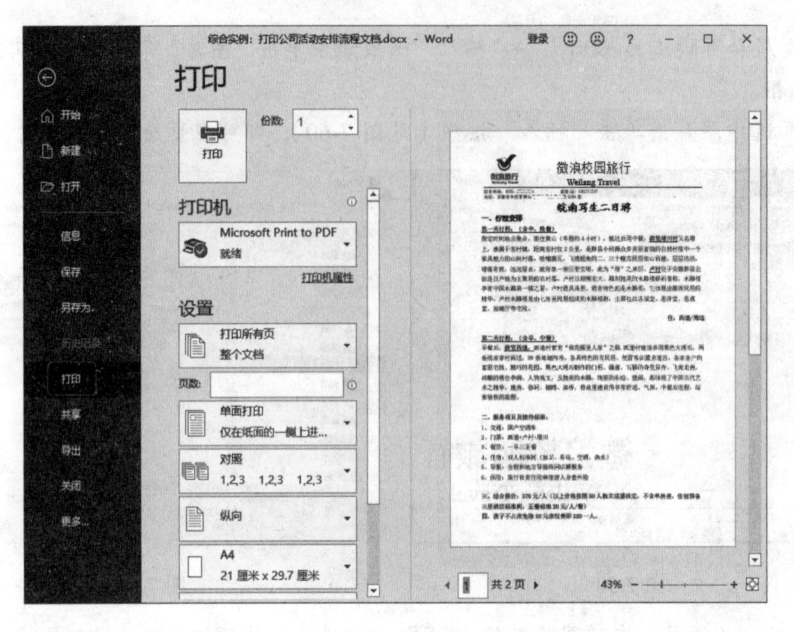

图 7-63

❷ 从预览效果中看到左右边距略显拥挤，可以对页边距进行调整。在“设置”栏底部单击“页面设置”链接（见图 7-64），打开“页面设置”对话框，在“页边距”选项卡下可分别增大左边距与右边距，如图 7-65 所示。

❸ 单击“确定”按钮可以看到预览效果中左右边距增大了，如图 7-66 所示。

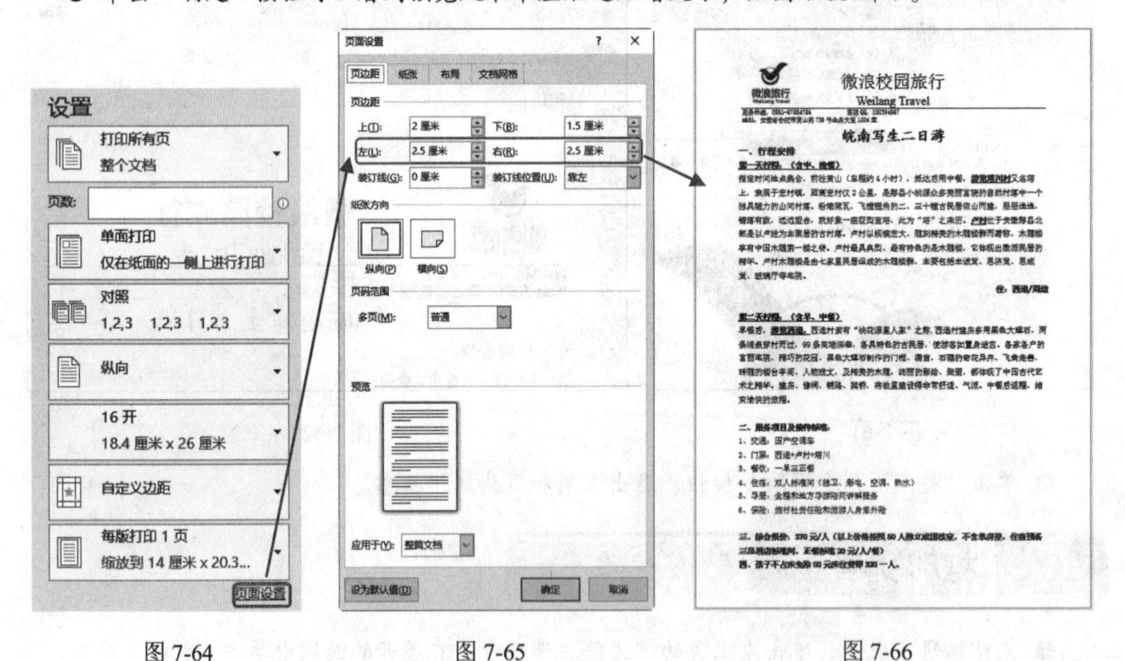

图 7-64　　　　图 7-65　　　　图 7-66

❹ 完成设置后准备好纸张，设置好打印份数，执行打印即可。

第 8 章
工作表及单元格的基本操作

学习导读

工作簿中可以包含有多张工作表，以用于存放不同的表格内容，而工作表又是由很多单元格组成的。因此要想得心应手地编辑 Excel 报表，就需要学习工作表的插入、复制、以及单元格和行列的插入、删除等基本知识。

学习要点

- 新建、重命名与复制工作表
- 跨工作簿复制工作表
- 保护工作簿
- 编制招聘费用预算表

8.1 工作表的基本操作

工作簿由一张或多张工作表组成，我们利用 Excel 创建、编辑表格都是在工作表中进行的。根据数据内容的不同，通常会建立多表编辑管理数据，也会根据数据性质对工作表进行重命名，对不需要的工作表会进行删除操作等。这些操作都是针对工作表的基本操作。

8.1.1 重命名工作表

Excel 2019 中打开工作簿时只包含一张工作表，默认名称为 Sheet1，编辑工作表时一般都需要根据工作表的内容来命名工作表，以达到标识的作用。

❶ 打开工作簿，在需要重命名的工作表名称上（如“Sheet1”）双击，“Sheet1”名称进入文字编辑状态，如图 8-1 所示。

❷ 输入新名称，按 Enter 键完成对该工作表的重命名，如图 8-2 所示。

	A	B	C	D
1	客户名称	公司地址	邮编	联系人
2	杭州市百大百货	杭州市 美菱大道 45号	365211	李非
3	芜湖市鼓楼商场	芜湖市 长江东路 28号	546521	陈之敏
4	合肥市瑞景商厦	合肥市 望江路 168号	230013	宋子洋
5	湛江商贸	湛江市 莲花路 58号	610021	刘强
6	无锡美华百货	无锡市 天华路 108号	435120	何年轮
7	杭州市百大百货	杭州市 美菱大道 115号	365212	朱子进
8	合肥市邱比特商场	合肥市 长江路 108号	326152	赵磊

Sheet1

图 8-1

	A	B	C	D
1	客户名称	公司地址	邮编	联系人
2	杭州市百大百货	杭州市 美菱大道 45号	365211	李非
3	芜湖市鼓楼商场	芜湖市 长江东路 28号	546521	陈之敏
4	合肥市瑞景商厦	合肥市 望江路 168号	230013	宋子洋
5	湛江商贸	湛江市 莲花路 58号	610021	刘强
6	无锡美华百货	无锡市 天华路 108号	435120	何年轮
7	杭州市百大百货	杭州市 美菱大道 115号	365212	朱子进
8	合肥市邱比特商场	合肥市 长江路 108号	326152	赵磊

客户信息表

图 8-2

8.1.2 插入新工作表

新建的工作簿默认只包含一张工作表，显然是不够用的，因此在需要时都可以快速创建新工作表。

工作表名称标签的右侧始终有一个⊕按钮（见图 8-3），此按钮就是专用于创建新工作表的，只要单击此按钮即可在当前所有工作表的最后创建一张新工作表（空白的），如图 8-4 所示。

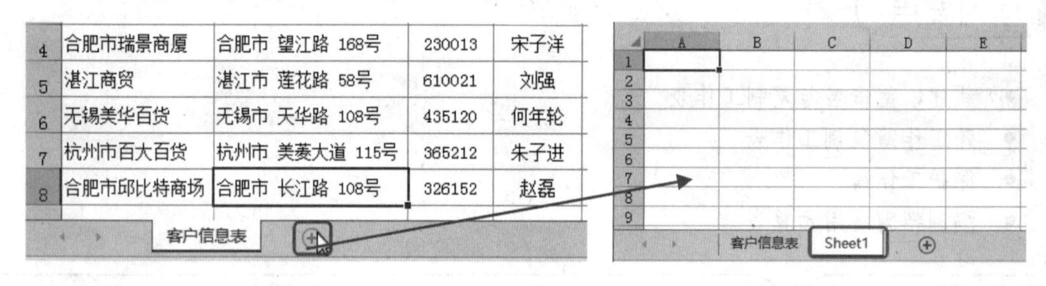

图 8-3　　图 8-4

通过单击⊕按钮创建新工作表都是在当前所有工作表的最后创建，如果想在指定的位置创建，则需要按照如下方法进行操作。

❶ 在指定的工作表标签上（想在哪张表前面创建就在指定该名称标签）右击，弹出快捷菜单，如图 8-5 所示。

	A	B	C	D
1	图书编码	图	者	出版社
2	00011533	言情小说 小		华文出版社
3	00016443	当代小说（19		海南出版社
4	00017415	当代小说（19		北京时代华文书局
5	00018385	科学技术 少		北京教育出版社
6	00017354	科学技术 少		天津人民出版社
7	00017532	当代小说（19		湖北长江出版集团
8	00039441	现当代小说		湖北少年儿童出版社
9	00039622	现当代小说		湖北少年儿童出版社
10	00039717	小说 儿童文		湖北长江出版集团
11	00039714	小说 儿童文		湖北长江出版集团
12	00009574	科学技术 少		中国画报出版社
13	00007280	现当代小说		北京出版社

插入(I)...
删除(D)
重命名(R)
移动或复制(M)...
查看代码(V)
保护工作表(P)...
工作表标签颜色(T)
隐藏(H)
取消隐藏(U)...
选定全部工作表(S)

第一架书目　第二架书目

图 8-5

❷ 单击“插入”命令，打开“插入”对话框，选择“工作表”，如图 8-6 所示。

❸ 单击“确定”按钮即可在指定的工作表（本例为“第一架书目”工作表）前插入新工作表，如图 8-7 所示。

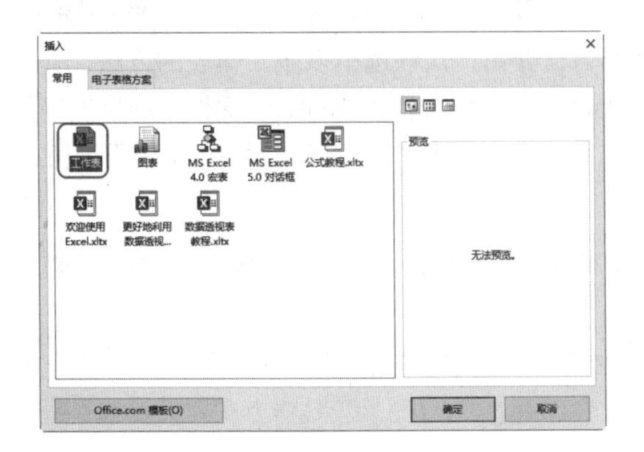

图 8-6

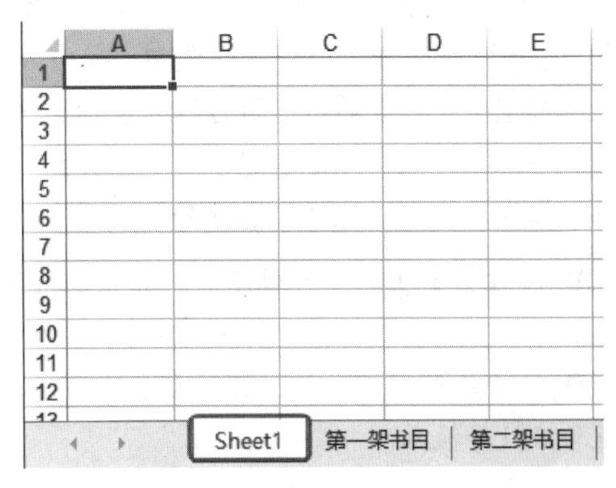

图 8-7

提　示

使用第一种方法插入新工作表后，也可快速移至需要的位置（移动工作表位置的操作见 8.1.5 小节），因此只要将应用操作做熟练了，无论使用哪种方法都可以达到相同目的。

8.1.3 删除工作表

当某些工作表不再需要使用时，可以将其删除。具体操作步骤如下：

❶ 在要删除的工作表标签上右击，弹出快捷菜单，如图 8-8 所示。

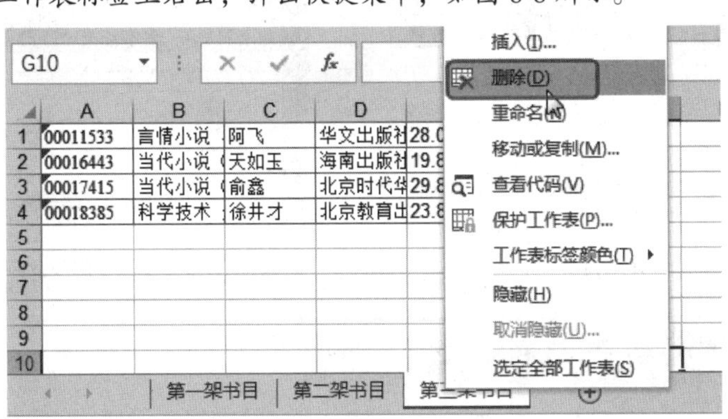

图 8-8

❷ 单击“删除”命令，即可将该工作表删除。

提　示

删除的工作表无法进行恢复操作，所以当预备删除某张工作表时，一定要考虑好再执行操作。

8.1.4 选中多张工作表

选中一张工作表的方法很简单，实际就是定位，只要在工作表的名称标签上单击即可。多张工作表可以一次性选中，本小节并非旨在介绍一次性选中多张工作表的方法，而是告知一次性选中工作表后可以进行哪些操作。比如一次性将多张工作表删除、一次性移动位置等。一次性选中的工作表实际是创建了一个工作组，当在某一张工作表中进行操作时，它将应用于所有选中的工作表。下面以此举例进行介绍。

❶ 按住键盘上的 Ctrl 键不放，用鼠标指针指向各工作表标签，依次单击即可一次性选中，如图 8-9 所示。

❷ 选中后松开 Ctrl 键，直接在表格中编辑，如图 8-10 所示进行了输入数据、调整列宽、设置边框与底纹等操作。

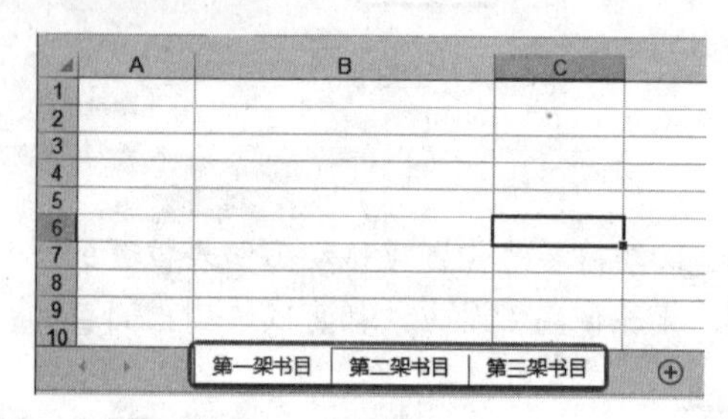

图 8-9

图 8-10

❸ 切换到“第二架书目”工作表，可以看到显示与“第一架书目”工作表完全相同的内容，如图 8-11 所示；再切换到“第三架书目”工作表中，也看到相同的结果，如图 8-12 所示。

图 8-11

图 8-12

8.1.5 移动工作表到其他位置

多张工作表建立后，它们的显示位置是可以调整的。如果要移动工作表的位置，快捷的方法是利用鼠标拖动移动。

在要移动的工作表标签上按住鼠标左键不放，拖动到目标位置（见图 8-13），释放鼠标即可移动工作表到目标位置，如图 8-14 所示。

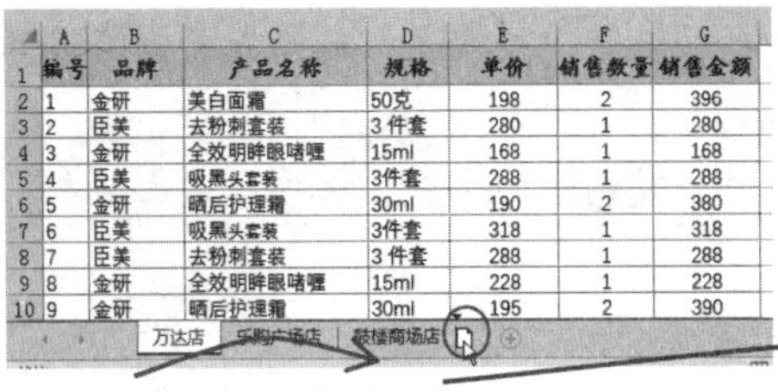

图 8-13

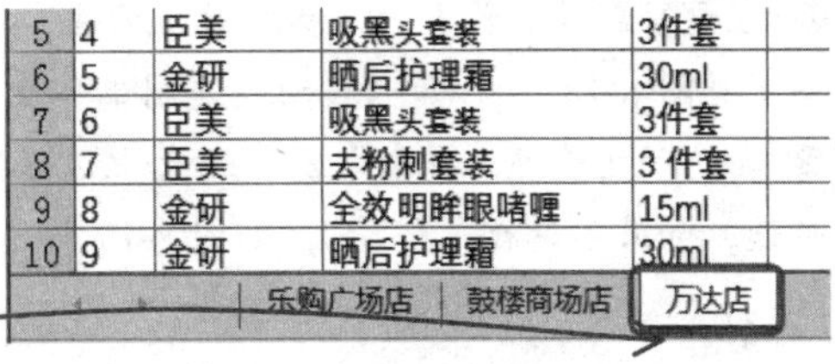

图 8-14

如果只有少量的工作表，利用鼠标拖动的方法移动工作表是最快捷的方法。如果工作表数量很多，显示标签的位置就会被占满，这时利用鼠标拖动的方式可能会不太方便了，而是使用菜单命令调整的方法。

❶ 在要移动的工作表标签上右击，在弹出的快捷菜单中单击“移动或复制工作簿”命令（见图 8-15），打开“移动或复制工作表”对话框。

❷ 在“下列选定工作表之前”列表中选择要将工作表移动到的位置，如图 8-16 所示。

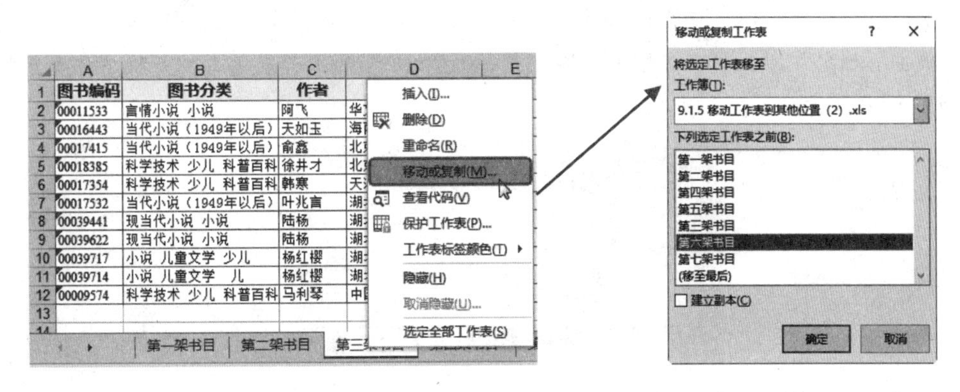

图 8-15

图 8-16

❸ 单击“确定”按钮即可实现将工作表移到指定的位置上，如图 8-17 所示。

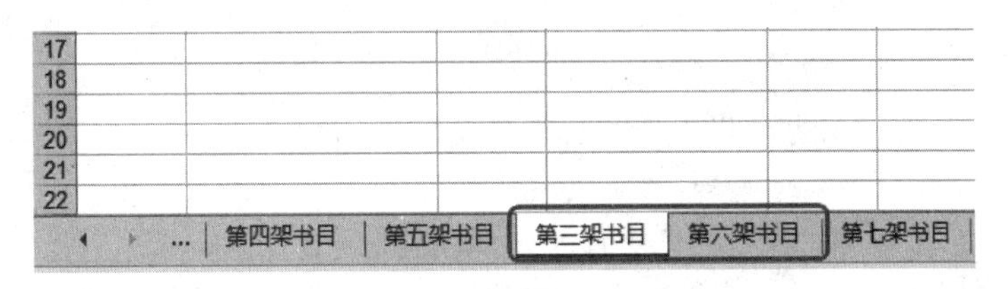

图 8-17

8.1.6 复制工作表

当新建的工作表结构与已有的某张工作表相似时，可以利用复制工作表的方法快速得到新工作表。

1. 同工作簿内的复制

工作表的复制经常发生在同一工作簿中，具体操作方法如下。

❶ 在要复制的工作表的名称标签上右击，在弹出的快捷菜单中单击“移动或复制工作簿”命令选项（见图 8-18），打开“移动或复制工作表”对话框。

❷ 在“下列选定工作表之前”列表中选择要将工作表复制到的位置，选中“建立副本”复选框（必选，如果不选就是移动），如图 8-19 所示。

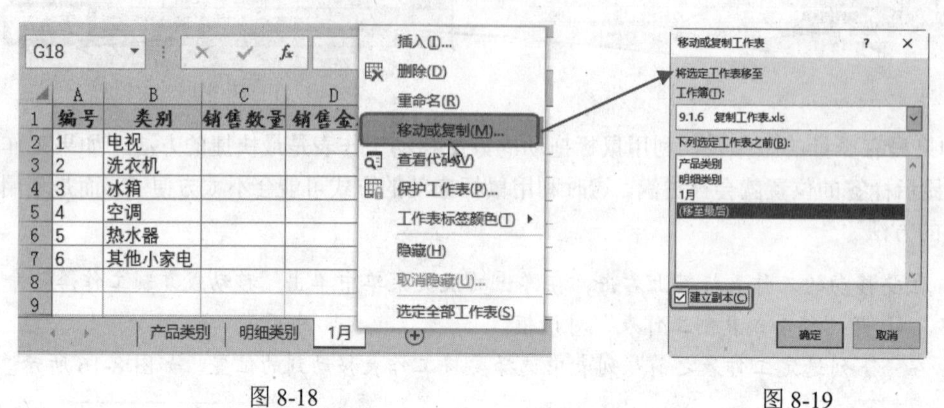

图 8-18　　　　图 8-19

❸ 单击“确定”按钮即可在指定位置生成一个“*(2)”的工作表（本例是将工作表复制到最后），如图 8-20 所示。

图 8-20

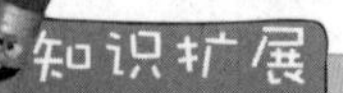

用鼠标拖动的方法复制工作表

使用鼠标拖动的方法也可以方便快捷地复制工作表。在要复制的工作表标签上单击，然后按住 Ctrl 键不放，再按住鼠标左键拖动到希望其显示的位置，此时可以看到书页样式的图标上有一个“+”号（见图 8-21），表示是复制工作表（无加号表示移动）。释放鼠标即可实现工作表的复制。

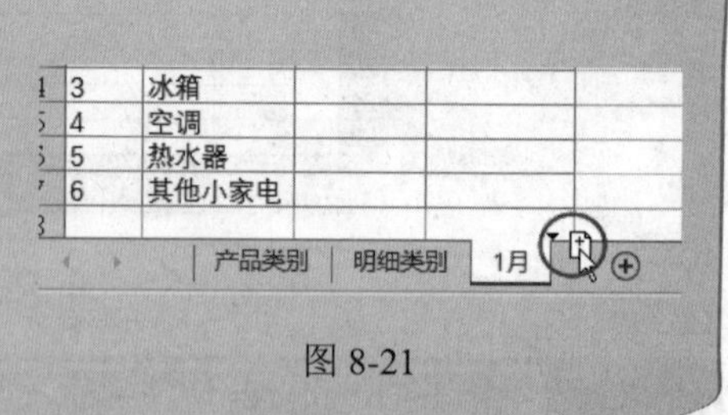

图 8-21

2. 复制工作表到其他工作簿

如果要复制工作表到其他工作簿中，只需在“移动或复制工作表”对话框中多进行一项设置即可。例如下面要将“百大店-1 月销售金额”工作簿中的“百大店-1 月”工作表复制到“红星店-1 月销售金额”工作簿中。

❶ 同时打开两个工作簿。(如果要在更多工作簿间复制工作表，则全部打开。)

❷ 在“百大店-1 月销售金额”工作簿中的“百大店-1 月”工作表标签右击，在弹出的快捷菜单中单击“移动或复制工作簿”命令(见图 8-22)，打开“移动或复制工作表”对话框。

❸ 选中“建立副本”复选框，在“工作簿”设置框的右侧单击下拉按钮，在下拉列表中选择要复制的工作簿(列表中会包含所有打开的工作簿名称)，如图 8-23 所示。

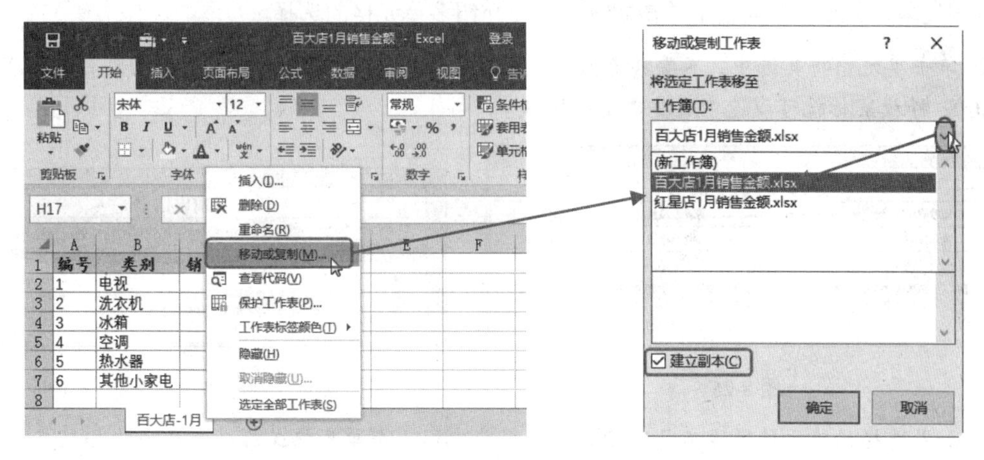

图 8-22　　　　图 8-23

❹ 单击“确定”按钮即可将工作表复制到“红星店-1 月销售金额”工作簿中，如图 8-24 所示(注意看图中工作簿名称)。

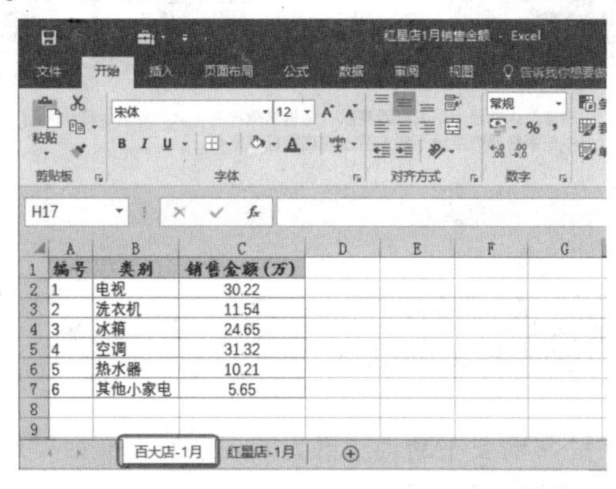

编号	类别	销售金额(万)
1	电视	30.22
2	洗衣机	11.54
3	冰箱	24.65
4	空调	31.32
5	热水器	10.21
6	其他小家电	5.65

图 8-24

8.2 单元格的基本操作

单元格是组成工作表的元素，本节主要介绍单元格的选取、插入与删除单元格的行或列等基本操作。在后面的章节中还会介绍到如何在单元格中编辑数据、设置单元格格式以及进行数据处理等。

8.2.1 选取单元格

单元格的选取看似是一项非常简单的操作，但却是很重要的操作，因为表格的编辑操作是从选取开始的，只有准确的选取目标单元格，接下来的操作才会应用给它。单个单元格的选取很简单，只要在单元格上单击即可。下面介绍多单元格的选择。

❶ 单击单元格将其选中，不要移走指针（见图 8-25），按住鼠标左键不放拖动到目标位置（见图 8-26），释放鼠标就可以选中这些单元格区域。

图 8-25

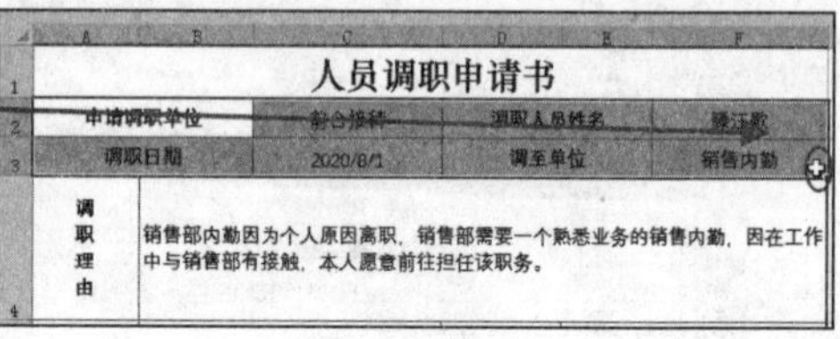

图 8-26

❷ 如果选择的单元格区域不是连续的，则先选中第一个单元格或第一个区域（如果是区域就按❶步方法操作），按住 Ctrl 键不放，接着选中第二个区域，依次可选中多个区域，如图 8-27 所示。

人员调职申请书			
申请调职单位	前台接待	调职人员姓名	滕汪歌
调职日期	2020/8/1	调至单位	销售内勤
调职理由	销售部内勤因为个人原因离职，销售部需要一个熟悉业务的销售内勤，因在工作中与销售部有接触，本人愿意前往担任该职务。		

图 8-27

8.2.2 插入与删除单元格

Excel 报表在编辑过程中经常需要不断地更改，如规划好框架后发现漏掉一个元素，需要插入单元格；有时规划好框架之后发现多余一个元素，需要删除单元格。

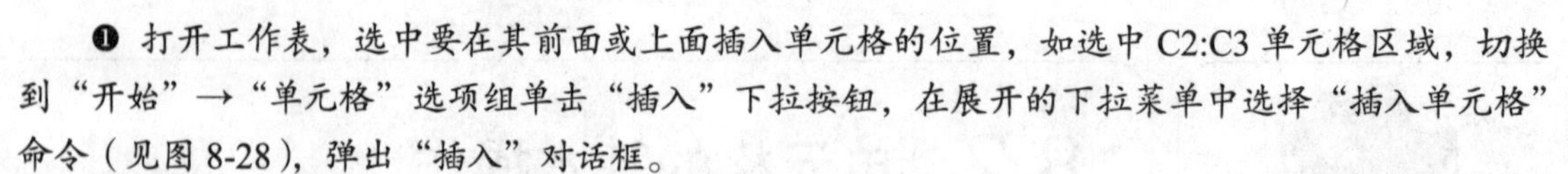

❶ 打开工作表，选中要在其前面或上面插入单元格的位置，如选中 C2:C3 单元格区域，切换到“开始”→“单元格”选项组单击“插入”下拉按钮，在展开的下拉菜单中选择“插入单元格”命令（见图 8-28），弹出“插入”对话框。

❷ 选择在选定单元格左侧还是上面插入单元格，本例选择“活动单元格右移”，如图 8-29 所示。

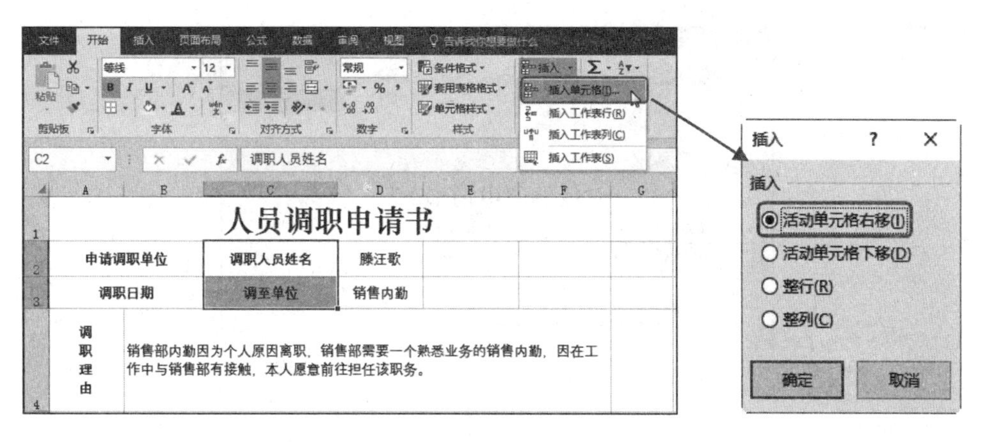

图 8-28　　　　图 8-29

❸ 单击“确定”按钮，即可在选中的单元格左侧插入单元格，如图 8-30 所示。

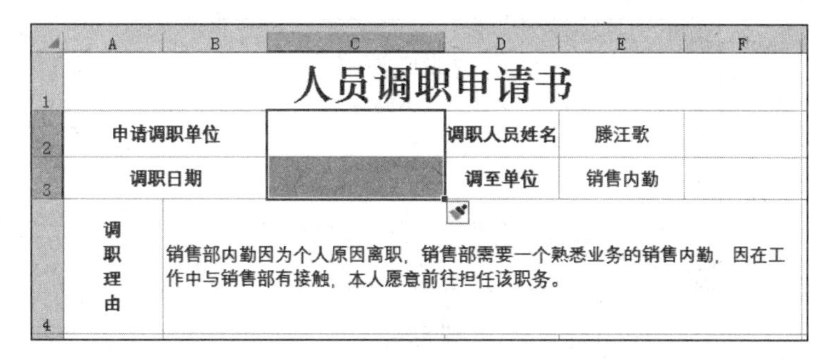

图 8-30

知识扩展

删除单元格

删除单元格时，先选中要删除的单元格并右击，在弹出的快捷菜单中单击“删除”命令，接着在弹出的“删除”对话框中根据情况选择“右侧单元格左移”或“下方单元格上移”单选按钮即可。

8.2.3 插入行或列

在实际的工作表编辑过程中，经常需要插入整行或整列。

1. 插入单行或单列

❶ 选中要在其上面插入行的单元格（如本例中选中 A3），单击“开始”→“单元格”选项组中单击“插入”下拉按钮，展开下拉菜单，如图 8-31 所示。

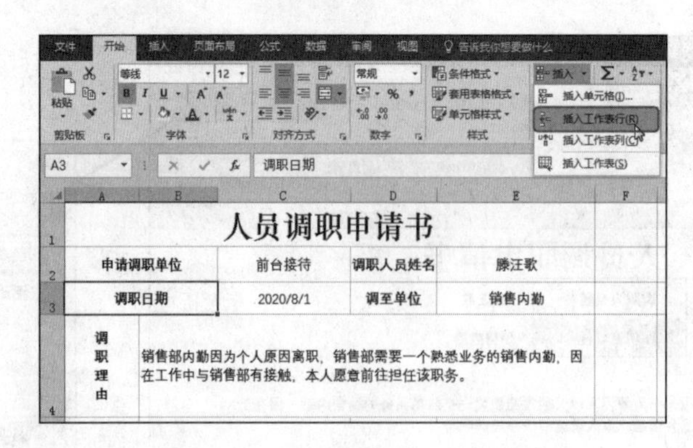

图 8-31

❷ 单击“插入工作表行”命令，即可在选中单元格的上面插入一整行，如图 8-32 所示中第 3 行就是新插入的行。

人员调职申请书

申请调职单位	前台接待	调职人员姓名	滕汪歌
调职日期	2020/8/1	调至单位	销售内勤
调职理由	销售部内勤因为个人原因离职，销售部需要一个熟悉业务的销售内勤，因在工作中与销售部有接触，本人愿意前往担任该职务。		

图 8-32

❸ 如果要插入列，例如选中 C4 单元格，单击“开始”选项卡 ，在“单元格”选项组中单击“插入”下拉按钮，展开下拉菜单，如图 8-33 所示。

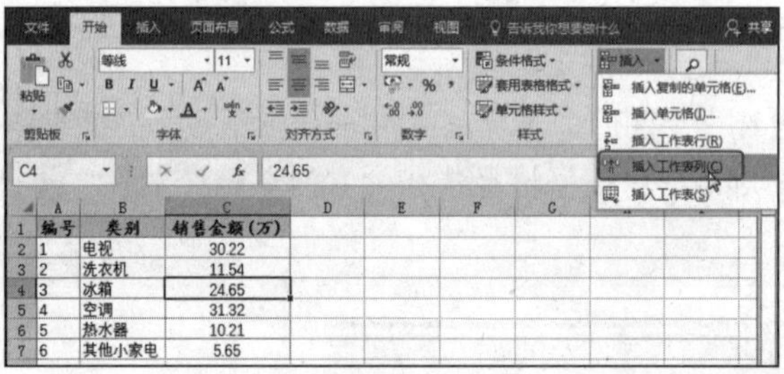

文件 开始 插入 页面布局 公式 数据 审阅 视图 告诉我你想要做什么 共享

等线 11 常规 条件格式 套用表格格式 单元格样式 插入

粘贴 剪贴板 字体 对齐方式 数字 样式

插入复制的单元格(E)...
插入单元格(I)...
插入工作表行(R)
插入工作表列(C)
插入工作表(S)

C4 24.65

编号	类别	销售金额(万)
1	电视	30.22
2	洗衣机	11.54
3	冰箱	24.65
4	空调	31.32
5	热水器	10.21
6	其他小家电	5.65

图 8-33

❹ 单击“插入工作表列”命令，即可在选中单元格的左侧插入一整列，如图 8-34 所示 C 列为新插入的列。

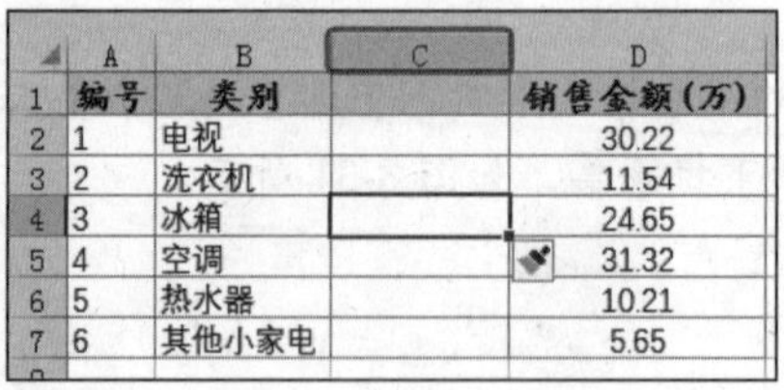

编号	类别		销售金额(万)
1	电视		30.22
2	洗衣机		11.54
3	冰箱		24.65
4	空调		31.32
5	热水器		10.21
6	其他小家电		5.65

图 8-34

提 示

在插入行时，选中目标行的任意单元格，执行“插入工作表行”命令时都可得到相同的结果，如本例可选中原第 3 行的任意单元格；在插入列时，选中目标列中的任意单元格，执行“插入工作表列”命令时都可得到相同的结果，如本例可选中原 C 列的任意单元格。

知识扩展

选中行标或列标快速插入行列

在插入行或列时，可以先选中目标行标或列标，通过右击弹出的快捷菜单中的命令快速插入。

例如在 C 列的列标上右击，在弹出的快捷菜单中单击“插入”命令即可达到同样目的，如图 8-35 所示。

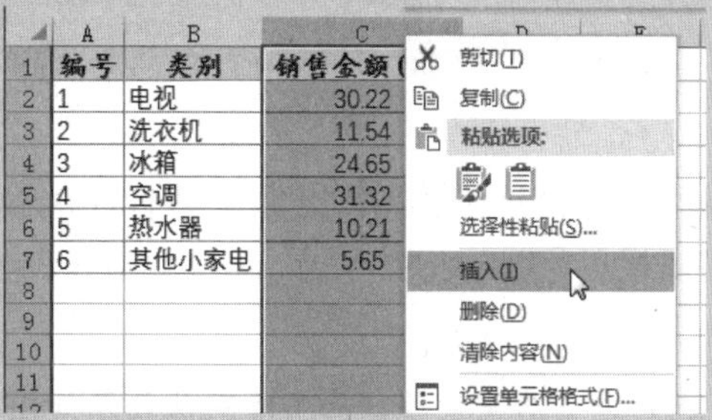

图 8-35

2. 一次性插入多行或多列

如果想一次性插入多行或多列，其操作方法与插入单行或单列相似，只是在插入前要选择多行或多列，例如想一次性插入 3 行，那么需要先选择 3 行，再执行插入操作。

❶ 选中要在其上方插入行的多行，选中方法是将鼠标指针指向行号，按住鼠标左键不放拖动，即可选中连续的几行。选中后右击，在弹出的快捷菜单中单击“插入”命令，如图 8-36 所示。

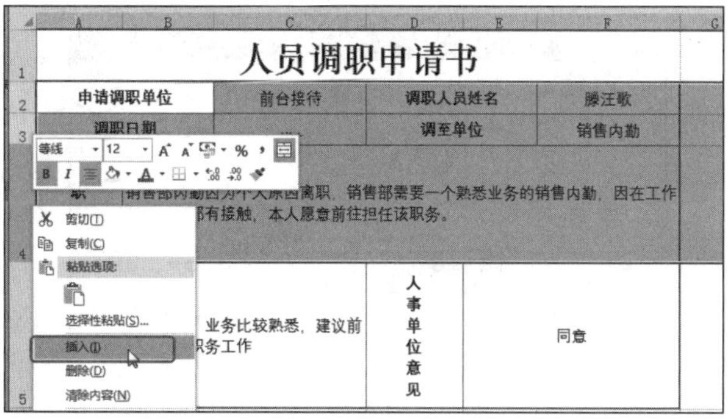

图 8-36

❷ 此时，可以看到在原选中行的上方插入了 3 行（之前选择了 3 行），如图 8-37 所示。

图 8-37

提 示

要一次性插入多列，方法与插入多行基本类似。将鼠标指针指向列标，按住鼠标左键不放拖动，即可选中连续的几列，然后在右击后弹出的快捷菜单中执行“插入”命令即可。

另外，在快捷菜单中除了“插入”命令外，还有“删除”命令，显然这是为删除行或列而设计的。只要准确选中目标行或目标列，执行快捷菜单中的“删除”命令即可进行删除行或列的操作。

8.2.4 合并单元格

表格的编辑过程中经常需要进行单元格的合并，包括将多行合并为一个单元格、多列合并为一个单元格或者将多行和多列合并为一个单元格。一般在表达到一对多关系时经常需要合并单元格。

❶ 表格的标题通常需要进行合并居中处理，而实际默认效果如图 8-38 所示。

	A	B	C	D	E	F	G	H
1	出纳管理日报表							
2	摘要		本日收支额			本月合计	本月预计	备注
3			现金	存款	合计			
4	前日余							
5		货物汇款						
6		分店营业额						
7	收入	票据兑现						

图 8-38

❷ 选中 A1:H1 单元格区域，在“开始”→“对齐方式”选项组中单击“合并后居中”按钮（见图 8-24），合并后的效果如图 8-39 所示。

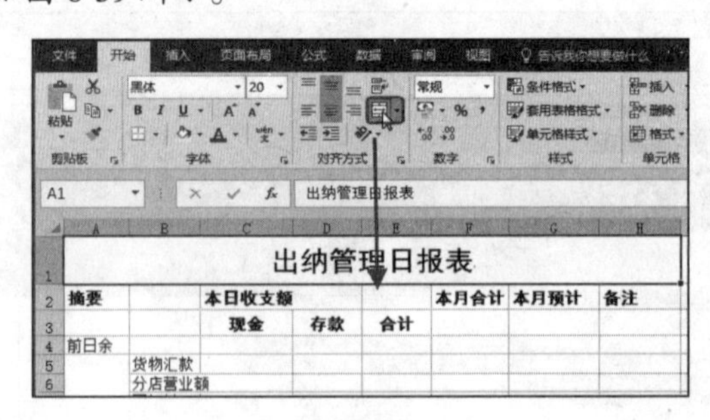

图 8-39

❸ 选中 A2:B3 单元格区域，在“开始”→“对齐方式”选项组中单击“合并后居中”按钮（见图 8-40），合并后的效果如图 8-41 所示。

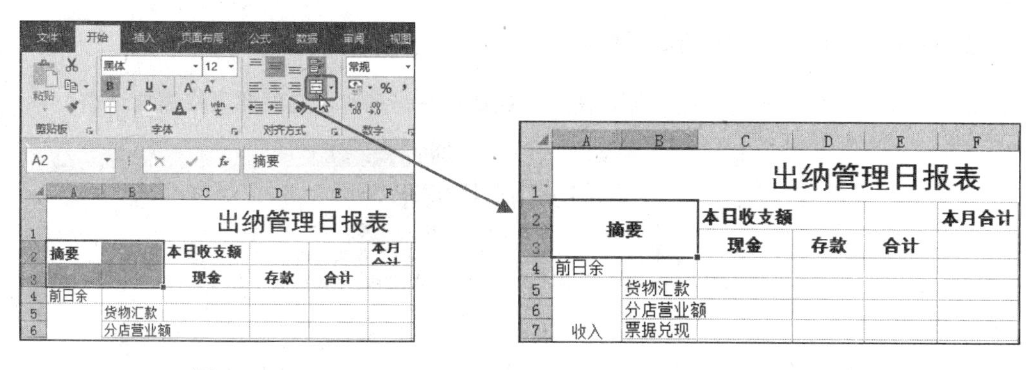

图 8-40　　　　图 8-41

❹ 当前这张表格有多处需要进行合并，按照相同的方法进行合并，其效果如图 8-42 所示。

出纳管理日报表							
摘要		本日收支额			本月合计	本月预计	备注
		现金	存款	合计			
前日余额							
收入	货物汇款						
	分店营业额						
	票据兑现						
	抵押借款						
	预收保险费						
进帐合计							

图 8-42

知识扩展

撤销单元格的合并

要撤销单元格的合并，可以选中目标单元格，在“开始”→“对齐方式”选项组中看到“合并后居中”按钮处于启用状态（见图 8-43），单击即可取消启用状态，将选中的单元格恢复到合并前的状态（见图 8-44）。因此此按钮为开关按钮。

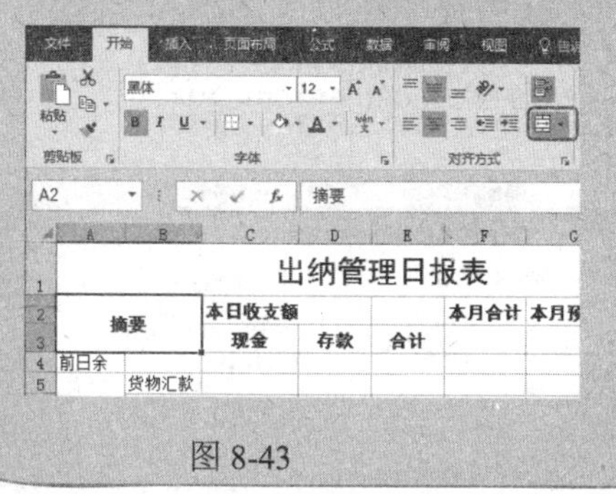

图 8-43

摘要		本日收支额		
		现金	存款	合计
前日余				

图 8-44

8.2.5 设置单元格大小

设置单元格的大小实际就是调整行高与列宽的操作，根据表格的排版要求，可以随时调整行高或列宽。

1. 使用鼠标拖动的方法调整行高或列宽

如图 8-45 所示表格中除了标题外都是使用的默认行高与列宽，显然此表格需要调整。

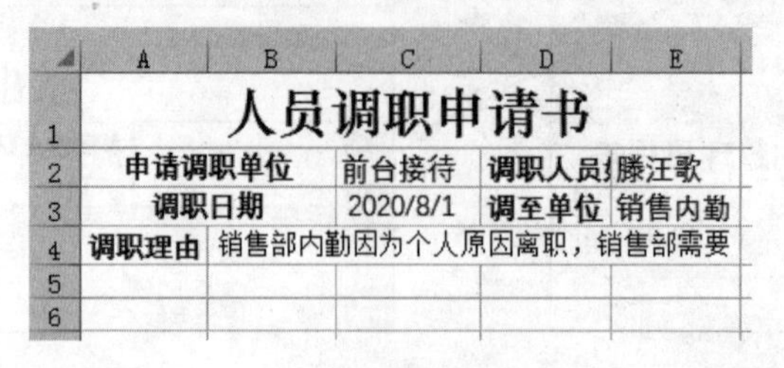

图 8-45

❶ 将光标定位到要调整行高的某行号下边线上，直到光标变为双向对拉箭头，如图 8-46 所示。

❷ 按住鼠标向下拖动即可增大行高（向上拖动是减小行高），拖动时右上角显示具体尺寸，如图 8-47 所示。

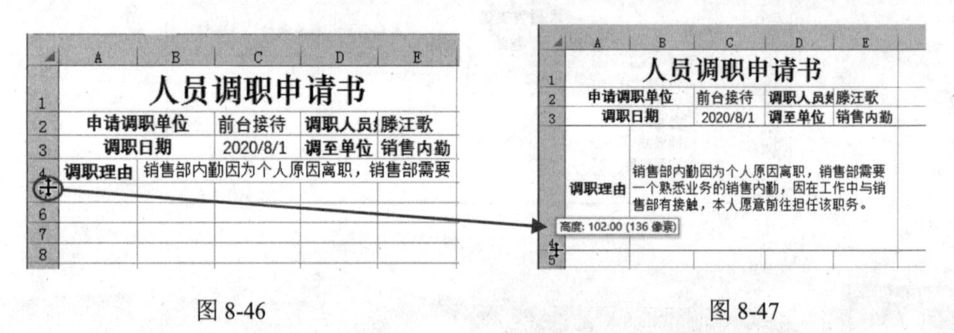

图 8-46　　　　图 8-47

❸ 将光标定位到要调整列宽的某列标右边线上，直到光标变为双向对拉箭头，如图 8-48 所示。

❹ 按住鼠标向右拖动即可增大列宽（向左拖动是减小列宽），拖动时右上角显示具体尺寸，如图 8-49 所示。

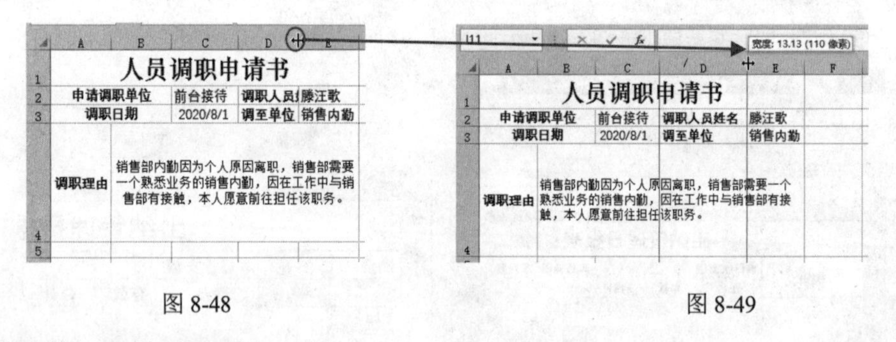

图 8-48　　　　图 8-49

2. 使用命令调整行高和列宽

如果想很精确地调整行高列宽，也可以使用命令的方式。以调整行高为例（调整列宽的操作基本相同）介绍具体的操作。

❶ 选中需要调整行高的行，在行号上右击，在弹出的快捷菜单中单击“行高”命令，如图 8-50 所示。

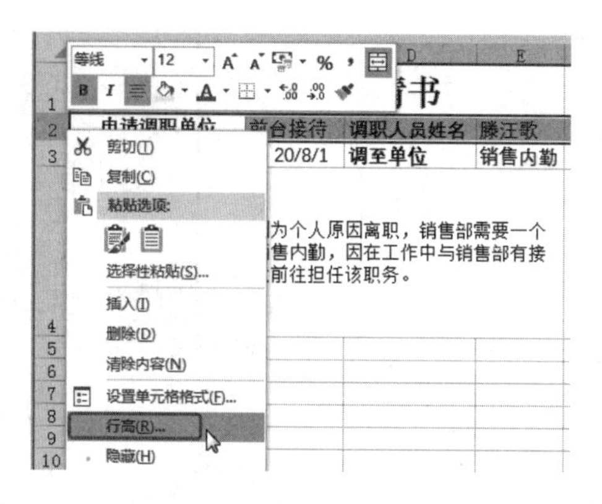

图 8-50

❷ 弹出“行高”对话框，在“行高”文本框中输入要设置的行高值，如图 8-51 所示。

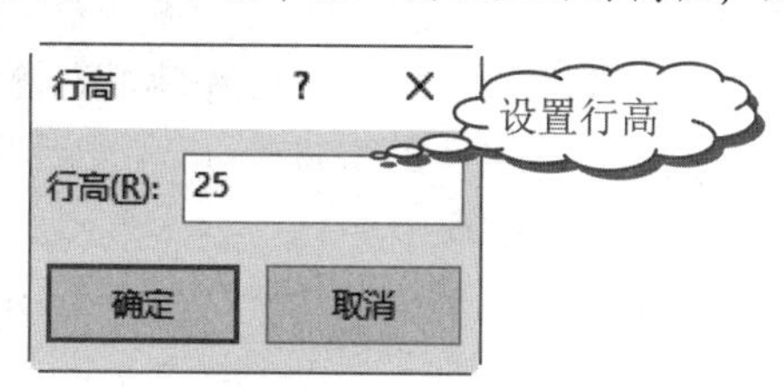

图 8-51

知识扩展

一次调整多行的行高或多列的列宽

如果要一次调整多行的行高或多列的列宽，关键在于调整之前准确选中要调整的行或列。选中之后，注意要在选中的区域上右击，在弹出的快捷菜单中选择“行高”（列宽）命令，打开“行高”（列宽）设置对话框，设置具体值后单击“确定”按钮即可。

下面普及一下一次性选中连续行（列）和不连续行（列）的方法。

- 如果要一次性调整的行（列）是连续的，在选取时可以在要选择的起始行（列）的行号（列标）上单击鼠标，然后按住鼠标左键不放进行拖动即可选中多行或多列；
- 如果要一次性调整的行（列）是不连续的，可以先选中第一行（列），按住“Ctrl”键不放，再依次在要选择的其他行（列）的行号（列标）上单击，即可选择多个不连续的行（列）。

8.2.6 隐藏含有重要数据的行或列

当工作表中某些行或列中包含重要数据或显示的是一些资料数据时，可以根据实际需要将特定的行或列隐藏起来。

打开工作表，选中需要隐藏的行或列，在目标行号或列标上右击，在弹出的快捷菜单中单击“隐藏”命令（见图 8-52），即可实现隐藏该行或该列，如图 8-53 所示。

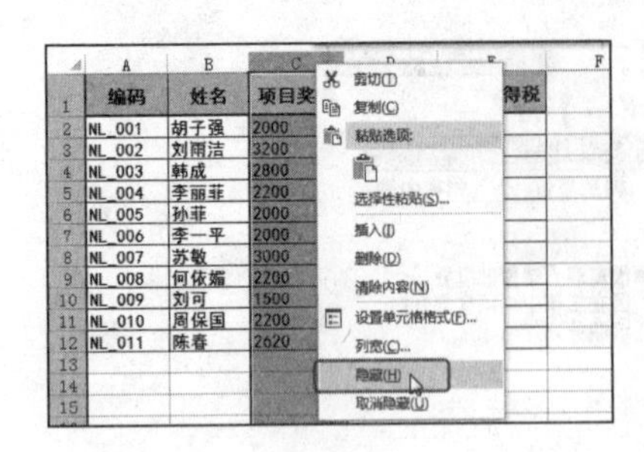

图 8-52

	A	B	D	E
1	编码	姓名	工资	应缴所得税
2	NL_001	胡子强	5565	101.5
3	NL_002	刘雨洁	1800	0
4	NL_003	韩成	14900	1845
5	NL_004	李丽菲	6680	213
6	NL_005	孙菲	2200	0
7	NL_006	李一平	15000	1870
8	NL_007	苏敏	4800	39
9	NL_008	何依媚	5200	65
10	NL_009	刘可	2800	0
11	NL_010	周保国	5280	73
12	NL_011	陈春	18000	2620

图 8-53

知识扩展

取消隐藏的行或列

如果要取消隐藏的行或列，最关键的操作也是在执行命令前准确的选中，即要选中包含隐藏行或列在内的连续单元格区域（如本例中需要选中 B 列至 D 列，如图 8-54 所示），然后右击，在弹出的快捷菜单中单击“取消隐藏”命令。

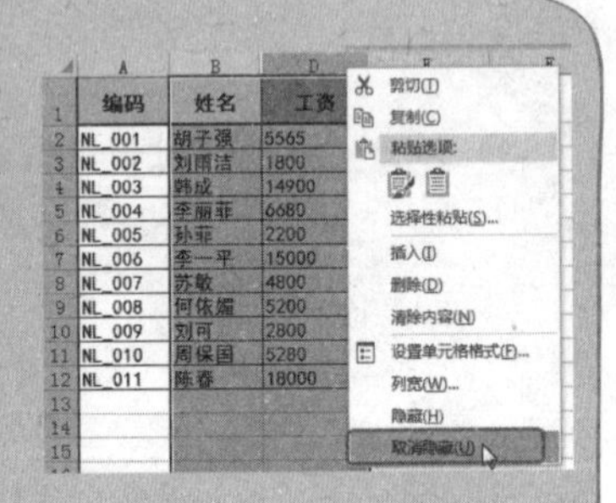

图 8-54

8.3 表格数据输入

输入任意类型的数据到工作表中是创建表格的首要工作，不同类型数据的输入其操作要点各不相同。另外，本节还讲解利用填充的方法、导入的方法以实现数据的批量输入。

8.3.1 了解几种数据类型

Excel 表格的数据类型分为文本型数据、数值型数据、日期型数据、时间数据。下面简单介绍这几种类型的数据。

1. 文本型数据

在 Excel 中，文本型数据包括汉字、英文字母、空格等，每个单元格最多可容纳 32000 个字符。默认情况下，字符数据自动沿单元格左边对齐。当输入的字符串超出了当前单元格的宽度时，如果右边相邻单元格里没有数据，那么字符串会往右延伸；如果右边单元格有数据，那么超出的那部分数据就会隐藏起来（见图 8-55 所示的 A 列与 B 列），只有把单元格的宽度变大后才能显示出来，如图 8-56 所示。

	A	B	C	D	E
1	客户名称	公司地址	联系人	经营范围	客户类型
2	杭州市百大	杭州市 美菱	李非	数码	
3	芜湖市鼓楼	芜湖市 长江	陈之敏	笔记本	
4	合肥市瑞景	合肥市 望江	宋子洋	笔记本	
5	湛江商贸	湛江市 莲花	刘强	冰箱	

图 8-55

	A	B	C	D	E
1	客户名称	公司地址	联系人	经营范围	客户类型
2	杭州市百大百货	杭州市 美菱大道 45号	李非	数码	中客户
3	芜湖市鼓楼商场	芜湖市 长江东路 28号	陈之敏	笔记本	中客户
4	合肥市瑞景商厦	合肥市 望江路 168号	宋子洋	笔记本	小客户
5	湛江商贸	湛江市 莲花路 58号	刘强	冰箱	大客户

图 8-56

如果要输入的字符串全部由数字组成，如存折账号、产品的 ISBN 码、以 0 开头的编码等，如果直接输入，程序会默认将它们按数值型数据处理，这个时候就需要特殊将这一部分数据设置为文本格式了。因此有两种输入方法：一是在输入前选中目标单元格区域，将它们的单元格格式设置为“文本”格式（见图 8-57、图 8-58）；二是在输入时可以先输一个单引号“'”（英文符号），再接着输入具体的数字。

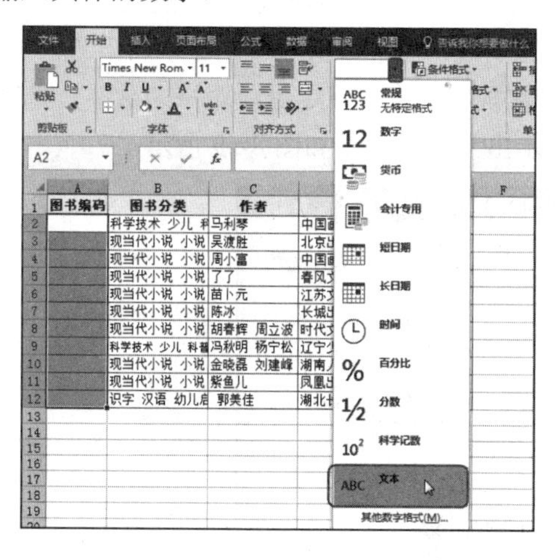

图 8-57

	A	B	C
1	图书编码	图书分类	作者
2	00009574	科学技术 少儿 科	马利琴
3	00009575	现当代小说 小说	吴渡胜
4	00009576	现当代小说 小说	周小富
5	00009577	当代小说 小说	了了
6		现当代小说 小说	苗卜元
7		现当代小说 小说	陈冰
8		现当代小说 小说	胡春辉 周立波
9		科学技术 少儿 科普	冯秋明 杨宁松
10		现当代小说 小说	金晓磊 刘建峰
11		现当代小说 小说	紫鱼儿
12		识字 汉语 幼儿启	郭美佳

图 8-58

提 示

判断文本数据有一个便捷的方法，就是看输入到单元格中的数据是否会自动左对齐，凡是自动左对齐的数据就是文本数据。

2. 数值型数据

在 Excel 中，数值型数据包括 0~9 中的数字以及含有正号、负号、货币符号、百分号等任意一种符号的数据。默认情况下，数值自动沿单元格右边对齐。在输入过程中，有以下两种比较特殊的情况要注意。

（1）负数：在数值前加一个“-”号或把数值放在括号里，都可以输入负数，例如要在单元格中输入“-66”，可以连续输入“-66”“(66)”，然后敲回车键都可以在单元格中出现“-66”。

（2）分数：要在单元格中输入分数形式的数据，先在编辑框中输入“0”和一个空格，然后输入分数，否则 Excel 会把分数当作日期处理。例如输入 5/12 这样的分数形式，则会被自动替换为“12 月 5 日”的形式。因此输入时先“0”和一个空格，然后输入“5/12”，按回车键，单元格中就会出现分数“5/12”。

3. 日期型和时间型数据

在人事管理中，经常需要录入一些日期型和时间型的数据，在录入过程中要注意以下几点：

（1）输入日期时，年、月、日之间要用“/”号或“-”号隔开，这两种符号是程序能自动识别出年、月、日间隔符号，如“2017-8-16”“2017/8/16”均可。

（2）输入时间时，时、分、秒之间要用冒号隔开，如“10:29:36”。

（3）若要在单元格中同时输入日期和时间，日期和时间之间应该用空格隔开。

8.3.2 数值数据的输入

直接在单元格中输入的数字，它默认是可以参与运算的数值。有时也可以根据需要设置数值的其他显示格式，如包含特定位数的小数、以货币值显示、显示出千分位符等。

选中单元格并输入数字，其默认格式显示为“常规”格式（从“开始”→“数字”选项组中可以看到），例如输入几位小数时，单元格中就显示出几位小数，如图8-59所示。

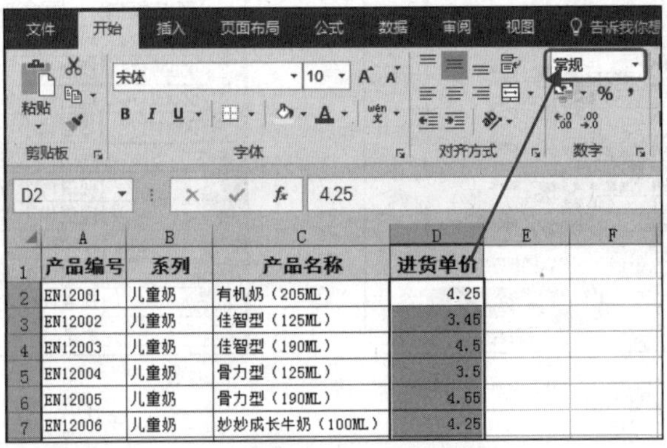

	A	B	C	D
1	产品编号	系列	产品名称	进货单价
2	EN12001	儿童奶	有机奶（205ML）	4.25
3	EN12002	儿童奶	佳智型（125ML）	3.45
4	EN12003	儿童奶	佳智型（190ML）	4.5
5	EN12004	儿童奶	骨力型（125ML）	3.5
6	EN12005	儿童奶	骨力型（190ML）	4.55
7	EN12006	儿童奶	妙妙成长牛奶（100ML）	4.25

图8-59

要想输入以其他格式显示的数值，则需要在输入数值前设置单元格的格式，或在输入了数据后再设置单元格的数字格式。

1. 应用快捷按钮快速设置数字格式

在“开始”选项卡的“数字”选项组中显示了几个设置数字格式的快捷按钮（如%、、等），可以使用它们快速设置数字的格式。

❶ 选中目标数据，在“开始”→“数字”选项组中单击（增加小数位）按钮（见图8-60）即可为选中数据增加小数位，如图8-61所示。

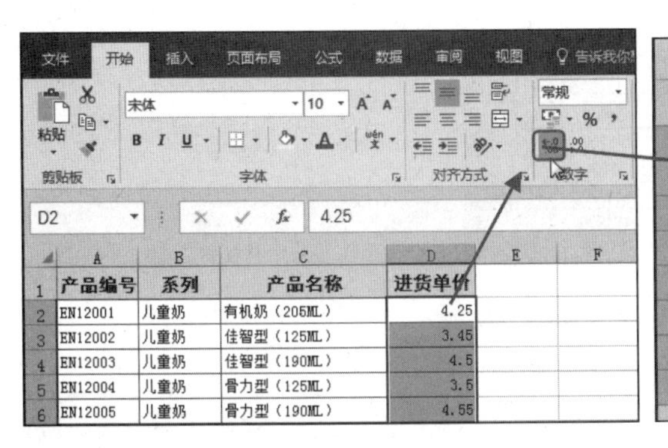

图 8-60

	A	B	C	D
1	产品编号	系列	产品名称	进货单价
2	EN12001	儿童奶	有机奶（205ML）	4.25
3	EN12002	儿童奶	佳智型（125ML）	3.45
4	EN12003	儿童奶	佳智型（190ML）	4.50
5	EN12004	儿童奶	骨力型（125ML）	3.50
6	EN12005	儿童奶	骨力型（190ML）	4.55
7	EN12006	儿童奶	妙妙成长牛奶（100ML）	4.25
8	EN12007	儿童奶	妙妙成长牛奶（125ML）	5.50
9	EN12008	儿童奶	妙妙成长牛奶（180ML）	6.20

图 8-61

❷ 选中目标数据，在“开始”→“数字”选项组中单击（会计数字格式）按钮的下拉按钮，在打开的下拉菜单中单击“¥中文”（见图 8-62）即可为选中的数据应用会计专用格式，如图 8-63 所示。

图 8-62

	A	B	C	D
1	产品编号	系列	产品名称	进货单价
2	EN12001	儿童奶	有机奶（205ML）	¥ 4.25
3	EN12002	儿童奶	佳智型（125ML）	¥ 3.45
4	EN12003	儿童奶	佳智型（190ML）	¥ 4.50
5	EN12004	儿童奶	骨力型（125ML）	¥ 3.50
6	EN12005	儿童奶	骨力型（190ML）	¥ 4.55
7	EN12006	儿童奶	妙妙成长牛奶（100ML）	¥ 4.25
8	EN12007	儿童奶	妙妙成长牛奶（125ML）	¥ 5.50
9	EN12008	儿童奶	妙妙成长牛奶（180ML）	¥ 6.20

图 8-63

❸ 选中目标数据，在“开始”→“数字”选项组中单击%（百分比样式）按钮，即可为选中的数据应用百分比格式（默认无小数位），如图 8-64 所示。保持数据选中状态，接着单击（增加小数位）按钮两次（见图 8-65）即可为百分比数据添加两位小数，如图 8-66 所示。

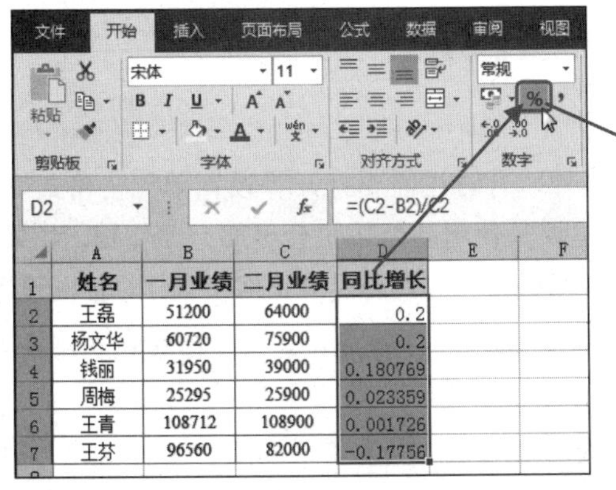

图 8-64

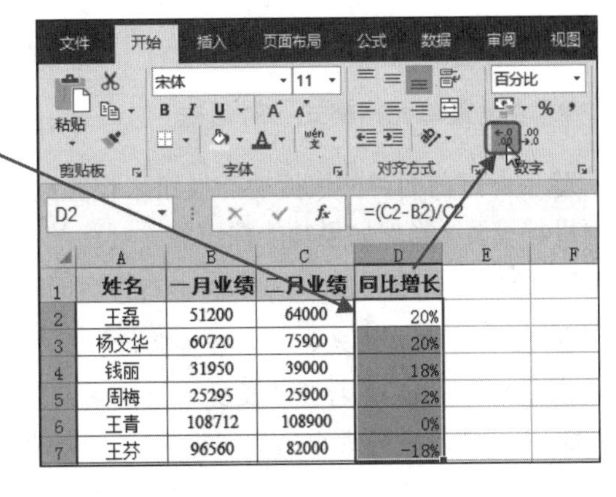

图 8-65

	A	B	C	D
1	姓名	一月业绩	二月业绩	同比增长
2	王磊	51200	64000	20.00%
3	杨文华	60720	75900	20.00%
4	钱丽	31950	39000	18.08%
5	周梅	25295	25900	2.34%
6	王青	108712	108900	0.17%
7	王芬	96560	82000	-17.76%

图 8-66

知识扩展

数值格式的快捷设置法

在“开始”→“数字”选项组中除了几个功能按钮外，还可以单击“数字”选项组中的下拉按钮，打开下拉菜单，在这里可以选择设置“数字”格式（包含两位小数的数值）、“货币”格式、“会计专用”格式、“分数”格式、“百分比”格式等，如图 8-67 所示。这里的操作也是快速设置数值格式的方法。

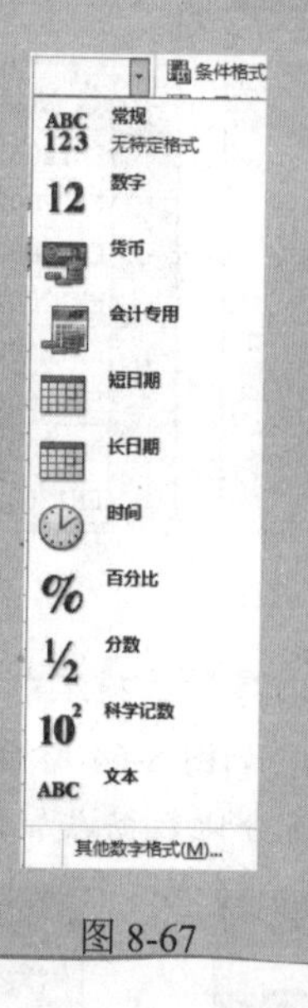

图 8-67

2. “设置单元格格式”对话框

除了通过前面讲的快捷功能按钮来设置数据格式外，有时也需要打开“设置单元格格式”对话框进行设置。当然如果功能按钮能够解决的问题，建议是使用功能按钮会更加方便快捷，如果功能按钮无法实现（如设置让负数显示为特殊的格式），则必须打开“设置单元格格式”对话框设置。

❶ 选中 D 列显示增长值的数据区域，在“开始”→“数字”选项组中单击“设置单元格格式”按钮（见图 8-68），打开“设置单元格格式”对话框。

❷ 在“分类”列表中选择“货币”，然后可以设置小数位数并选择负数样式，如图 8-69 所示。

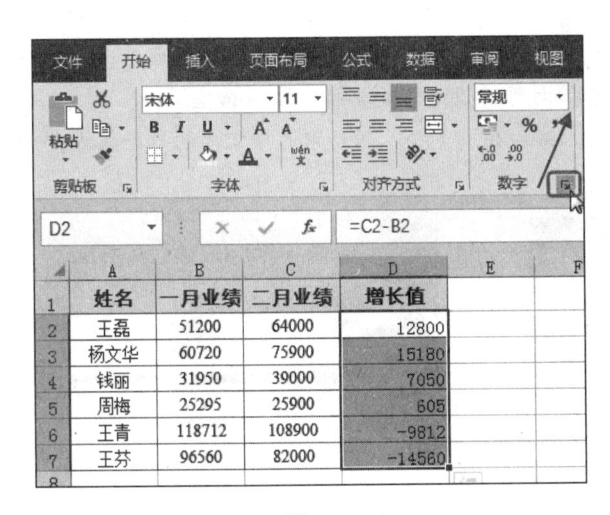

	A	B	C	D
1	姓名	一月业绩	二月业绩	增长值
2	王磊	51200	64000	12800
3	杨文华	60720	75900	15180
4	钱丽	31950	39000	7050
5	周梅	25295	25900	605
6	王青	118712	108900	-9812
7	王芬	96560	82000	-14560

图 8-68

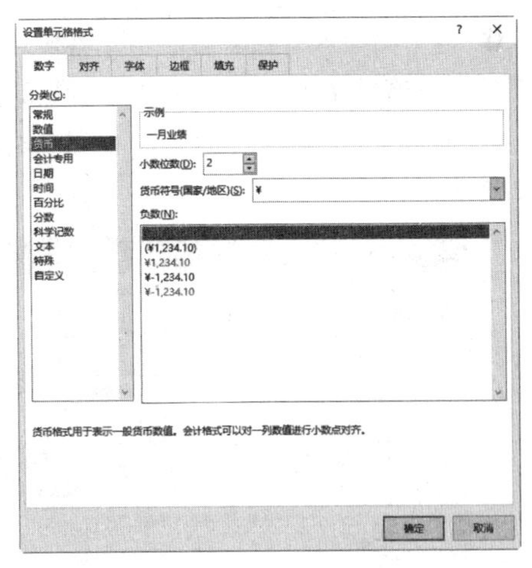

图 8-69

❸ 单击“确定”按钮，可以看到货币格式显示的数据，并且负数也显示为所设置的格式，如图 8-70 所示。

	A	B	C	D
1	姓名	一月业绩	二月业绩	增长值
2	王磊	51200	64000	¥12,800.00
3	杨文华	60720	75900	¥15,180.00
4	钱丽	31950	39000	¥7,050.00
5	周梅	25295	25900	¥605.00
6	王青	118712	108900	(¥9,812.00)
7	王芬	96560	82000	(¥14,560.00)
8				

图 8-70

提 示

设置数字格式时可以在输入数据后进行设置，也可以输入数据前就进行设置。如果输入前就选中目标单元格区域进行设置，那么当输入数据或利用公式计算得到数据时都会自动应用所设置的格式。

8.3.3 输入日期和时间数据

在前面小节中简易讲了日期和时间数据的输入，但日期和时间有多种显示形式，因此在输入日期与时间时建议以程序能识别的最简易的方式输入，然后通过单元格格式的设置让其显示为我们需要的格式。

1. 输入日期

如输入“20-7-2”或“20/7/2”，这是对“2020 年 7 月 2 日”这个日期的简易的输入法，如果是输入本年日期，则还可以省去年份，即输入“1-2”则表示当前年份的 1 月 2 日。如果想让日期数据显示为其他的状态，则可以首先以 Excel 可以识别的简易的形式输入日期，然后通过设置单元格的格式来让其一次性显示为所需的格式。

❶ 选中要输入日期数据的单元格区域（或选中已经输入日期数据的单元格区域），在“开始”→“数字”选项组中单击按钮（见图 8-71），打开“设置单元格格式”对话框。

❷ 在“分类”列表中选择“日期”类别，然后在“类型”列表中选择需要的日期格式，如图 8-72 所示。

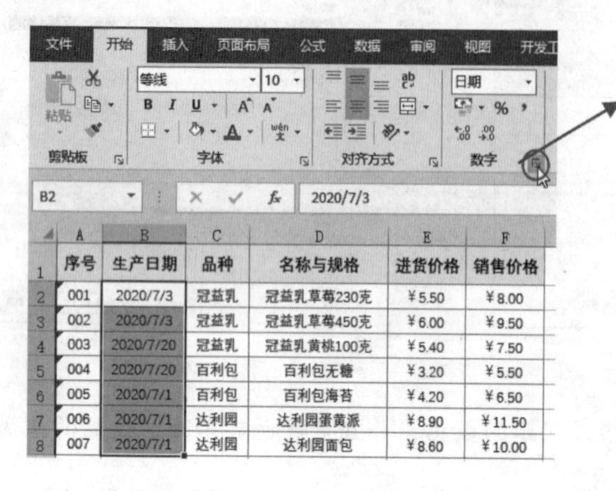

图 8-71

图 8-72

❸ 单击“确定”按钮，可以看到选中的单元格区域中的日期数据显示为所指定的格式，如图 8-73 所示。

序号	生产日期	品种	名称与规格	进货价格	销售价格
001	星期五, 2020年7月3日	冠益乳	冠益乳草莓230克	￥5.50	￥8.00
002	星期五, 2020年7月3日	冠益乳	冠益乳草莓450克	￥6.00	￥9.50
003	星期一, 2020年7月20日	冠益乳	冠益乳黄桃100克	￥5.40	￥7.50
004	星期一, 2020年7月20日	百利包	百利包无糖	￥3.20	￥5.50
005	星期三, 2020年7月1日	百利包	百利包海苔	￥4.20	￥6.50
006	星期三, 2020年7月1日	达利园	达利园蛋黄派	￥8.90	￥11.50
007	星期三, 2020年7月1日	达利园	达利园面包	￥8.60	￥10.00

图 8-73

提 示

在“开始”→“数字”选项组中单击“数字”选项组中的下拉按钮，打开下拉菜单，其中有“短日期”与“长日期”两个选项，执行“短日期”会显示“2020/7/3”样式日期，执行“长日期”会显示“2020 年 7 月 3”样式日期。这两个选项用于对日期数据的快速设置。

2. 输入时间

输入时间数据时，默认是按输入的方式显示。如果要显示出其他格式的时间，需要通过设置单元格格式来实现。

❶ 选中要输入时间数据的单元格区域，如：B2:C5 单元格区域。切换到“开始”→“数字”选项组中单击按钮（见图 8-74），弹出“设置单元格格式”对话框。

❷ 在“分类”列表中选中“时间”选项，在“类型”列表中选中“13 时 30 分 55 秒”类型或

者用户根据需要设置其他类型，如图 8-75 所示。

图 8-74

图 8-75

❸ 单击“确定”按钮。此时设置了格式的时间数据将会自动转换为“10:32AM”的形式，如图 8-76 所示。

	A	B	C
1	车位	进入时间	离开时间
2	1号车位	10:32 AM	2:45 PM
3	2号车位		
4	3号车位		
5	4号车位		
6	5号车位		
7			

图 8-76

8.3.4 用填充功能批量输入

在工作表特定的区域中输入相同数据或者有一定规律的数据时，可以使用数据填充功能来快速输入。文本数据、序号、日期数据等都可以使用填充的方法输入。

1. 快速输入相同数据

❶ 在单元格中输入第一个数据（如此处在 C3 单元格中输入“销售部”），将光标定位在单元格右下角的填充柄上，如图 8-77 所示。

❷ 按住鼠标左键向下拖动（见图 8-78），释放鼠标后，可以看到拖动过的单元格上都填充了与 C3 单元格中相同的数据，如图 8-79 所示。

	A	B	C	D	E
1	员工绩效奖金计算表				
2	编号	姓名	所属部门	销售业绩	绩效奖金
3	001	王磊	销售部	64000	5120
4	002	杨文华		75900	6072
5	003	钱丽		39000	1950
6	004	周梅		25900	1295
7	005	王青		108900	8712
8	006	王芬		82000	6560
9	007	陈国华		32000	1600
10	008	王潇平		16900	507
11	009	王海燕		90600	7248
12	010	张燕		120000	9600
13	011	汪丽萍		118000	9440

图 8-77

	A	B	C	D	E
1	员工绩效奖金计算表				
2	编号	姓名	所属部门	销售业绩	绩效奖金
3	001	王磊	销售部	64000	5120
4	002	杨文华		75900	6072
5	003	钱丽		39000	1950
6	004	周梅		25900	1295
7	005	王青		108900	8712
8	006	王芬		82000	6560
9	007	陈国华		32000	1600
10	008	王潇平		16900	507
11	009	王海燕		90600	7248
12	010	张燕		120000	9600
13	011	汪丽萍		118000	9440

图 8-78

	A	B	C	D	E
1	员工绩效奖金计算表				
2	编号	姓名	所属部门	销售业绩	绩效奖金
3	001	王磊	销售部	64000	5120
4	002	杨文华	销售部	75900	6072
5	003	钱丽	销售部	39000	1950
6	004	周梅	销售部	25900	1295
7	005	王青	销售部	108900	8712
8	006	王芬	销售部	82000	6560
9	007	陈国华	销售部	32000	1600
10	008	王潇平	销售部	16900	507
11	009	王海燕	销售部	90600	7248
12	010	张燕	销售部	120000	9600
13	011	汪丽萍	销售部	118000	9440

图 8-79

知识扩展

用填充功能按钮填充

对于在连续的单元格中输入相同的数据，还可以利用命令操作的方法来实现。首先选中需要进行填充的单元格区域（注意，要包含已经输入的数据的单元格，即要有填充源），在“开始”→“编辑”选项组中单击按钮，从打开的菜单中选择填充方向，如图 8-80 所示。

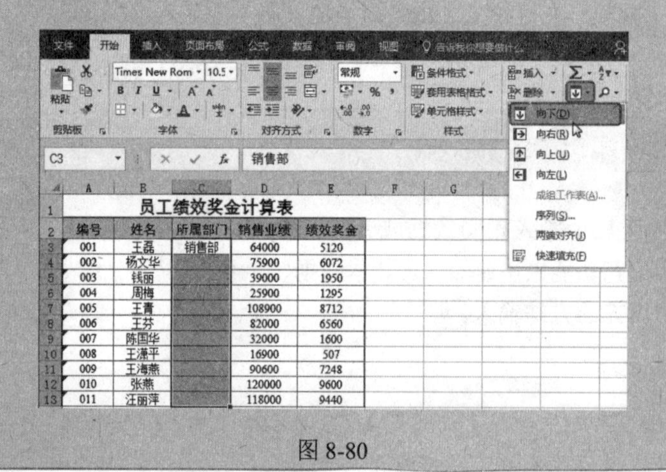

图 8-80

2. 连续序号、日期的填充

通过填充功能可以实现一些有规则数据的快速输入，例如输入序号、日期、星期数、月份、甲乙丙丁……。

❶ 在 A3 单元格输入首个序号，将光标移至该单元格右下角的填充柄上，如图 8-81 所示。

❷ 按住鼠标左键不放，向下拖动到填充结束的位置，松开鼠标左键，拖动过的单元格区域中即填充了序号，如图 8-82 所示。

	A	B	C	D	E
1	员工绩效奖金计算表				
2	编号	姓名	所属部门	销售业绩	绩效奖金
3	001	王磊	销售部	64000	5120
4		杨文华	销售部	75900	6072
5		钱丽	销售部	39000	1950
6		周梅	销售部	25900	1295
7		王青	销售部	108900	8712
8		王芬	销售部	82000	6560
9		陈国华	销售部	32000	1600
10		王潇平	销售部	16900	507
11		王海燕	销售部	90600	7248
12		张燕	销售部	120000	9600
13		汪丽萍	销售部	118000	9440

图 8-81

	A	B	C	D	E
1	员工绩效奖金计算表				
2	编号	姓名	所属部门	销售业绩	绩效奖金
3	001	王磊	销售部	64000	5120
4	002	杨文华	销售部	75900	6072
5	003	钱丽	销售部	39000	1950
6	004	周梅	销售部	25900	1295
7	005	王青	销售部	108900	8712
8	006	王芬	销售部	82000	6560
9	007	陈国华	销售部	32000	1600
10	008	王潇平	销售部	16900	507
11	009	王海燕	销售部	90600	7248
12	010	张燕	销售部	120000	9600
13	011	汪丽萍	销售部	118000	9440

图 8-82

❸ 填充日期时，输入首个日期，然后按照相同的方法向下填充即可实现连续日期的输入，如图 8-83 所示。

	A	B
1	日期	值班人员
2	2020/8/1	
3		
4		
5		
6		
7		
8		
9		
10		
11		

	A	B
1	日期	值班人员
2	2020/8/1	
3	2020/8/2	
4	2020/8/3	
5	2020/8/4	
6	2020/8/5	
7	2020/8/6	
8	2020/8/7	
9	2020/8/8	
10	2020/8/9	
11	2020/8/10	
12		

图 8-83

知识扩展

填充“1001”这样的序号时为何不递增，只显示相同的数据

数值在填充时默认不具备递增属性，因此在填充后需要单击右下角出现的“自动填充选项”按钮，在打开的列表中单击“填充序列”选项可以恢复递增填充，如图 8-84 所示。

如果我们记不住什么的数据有递增属性，哪些数据又不具有递增属性，可以等待填充结果出现后，想实现相同数据的填充就单击“复制单元格”选项，想实现递增填充就单击“填充序列”选项即可解决问题。

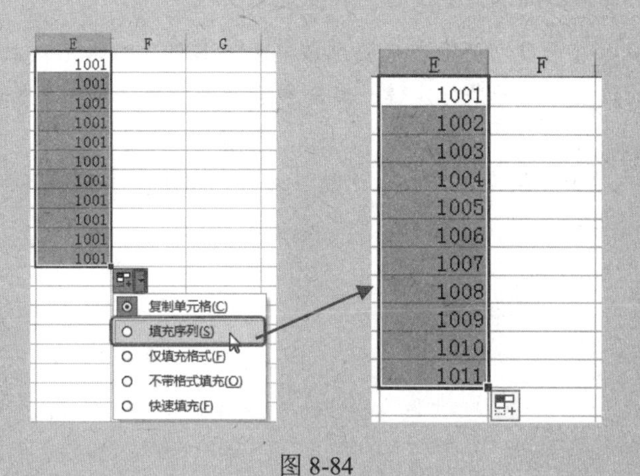

图 8-84

3. 不连续序号或日期的填充输入

如果数据是不连续显示的，也可以实现填充输入，其关键是设置好填充源。至少要输入两个单元格的值来作为填充源，就能够根据当前选中填充源的规律来完成数据的填充。

❶ 例如第一个序号是1001，第2个序号是1003，那么填充得到的结果就是1001、1003、1005、1007等的效果，如图8-85所示。

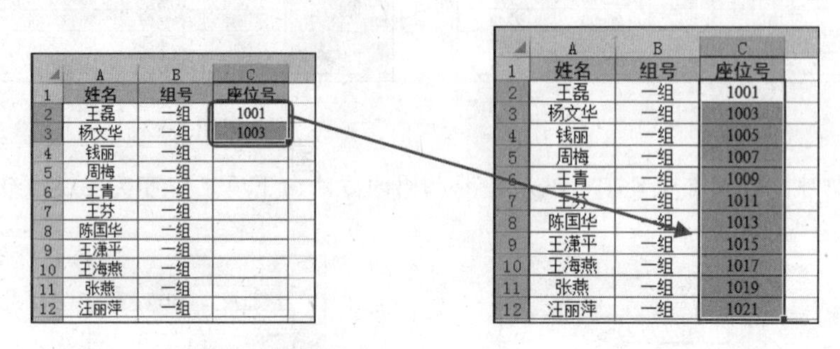

图 8-85

❷ 再如第一个日期是2014-4-1，第2个日期是2014-4-4，那么填充得到的结果就是2014-4-1、2014-4-4、2014-4-7、2014-4-10等的效果，如图8-86所示。

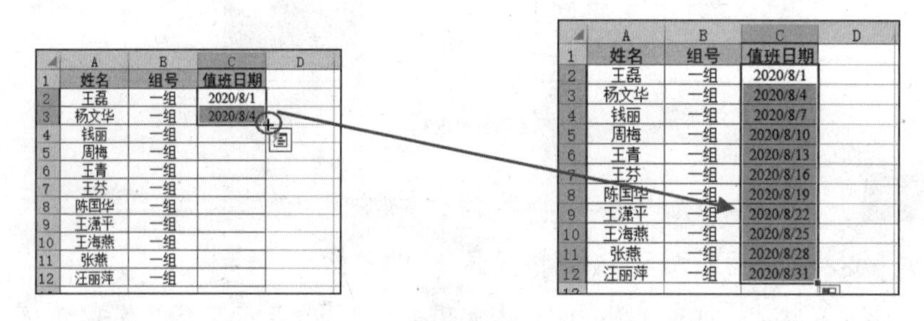

图 8-86

4. 按工作日填充

日期的填充有别于其他数据的填充，它还牵涉到工作日填充、按年份填充、按月份填充等，例如在安排值班日期时要排除周末日期，也可以快速地实现。

❶ 在B2单元格输入首个日期，将光标移至该单元格右下角的填充柄上，按住鼠标左键不放，向下拖动至填充结束的位置时松开鼠标左键，单击右下角出现的“自动填充选项”按钮，如图8-87所示。

❷ 在打开的列表中单击“填充工作日”选项，此时可以看到填充的日期自动排除了休息日，如图8-88所示。

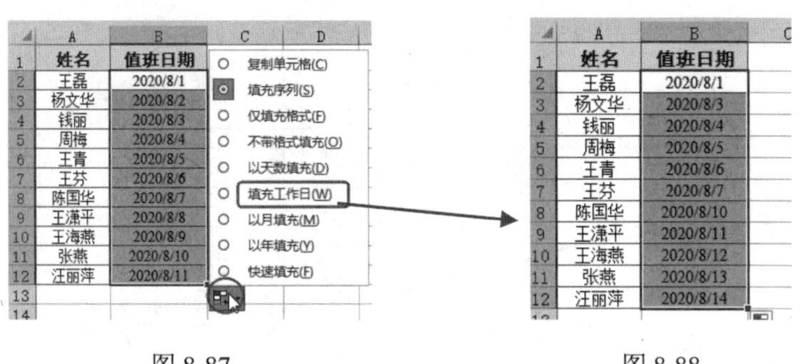

图 8-87　　　　图 8-88

8.3.5 导入网络数据

编辑 Excel 表格时经常需要从外部导入数据，常用的是使用网页中的数据。此时可以只导入需要的内容，而无需导入全部页面的内容。

❶ 打开工作表，切换至“数据”→“获取和转换数据”选项组中单击“自网站”按钮（见图 8-89），打开“从 Web”对话框，如图 8-90 所示。单击“确定”按钮打开“访问 Web 内容”对话框。

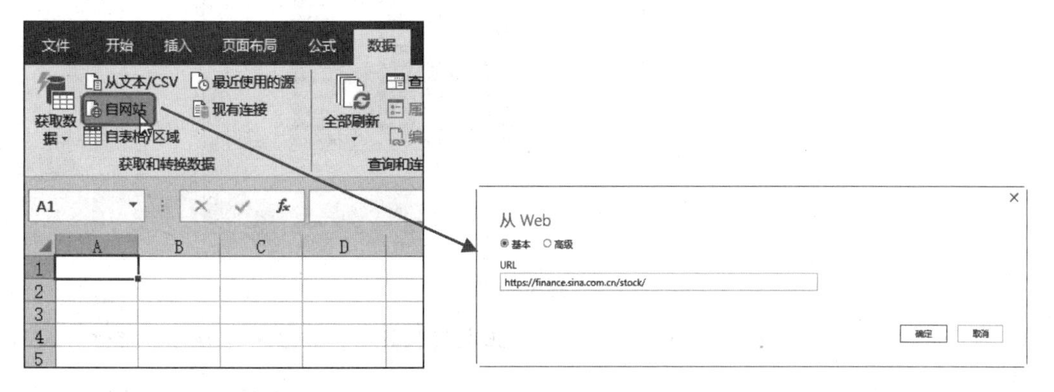

图 8-89　　　　图 8-90

❷ 继续单击“连接”按钮（见图 8-91），即可弹出“正在连接”的提示框，如图 8-92 所示。

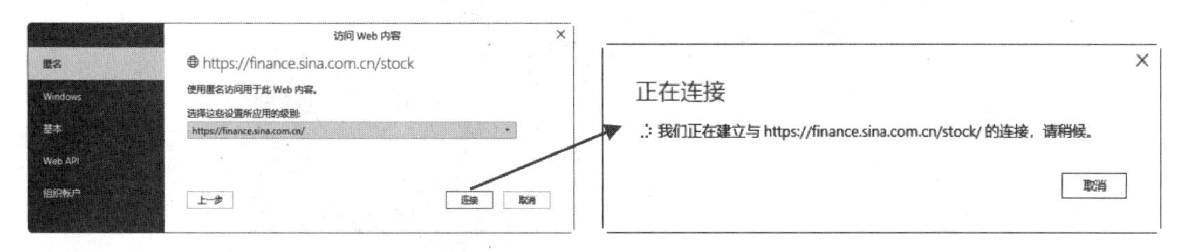

图 8-91　　　　图 8-92

❸ 稍等片刻，即可打开“导航器”对话框，左侧列表显示了网页中的所有表格项。单击“Document”链接即可在右侧显示该链接对应的表格，如图 8-93 所示。

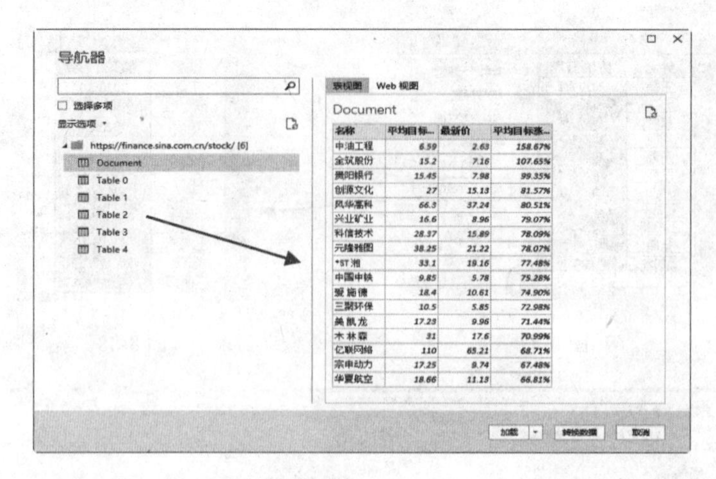

图 8-93

❹ 继续单击“Table0”链接即可在右侧显示该链接对应的表格，如图 8-94 所示。

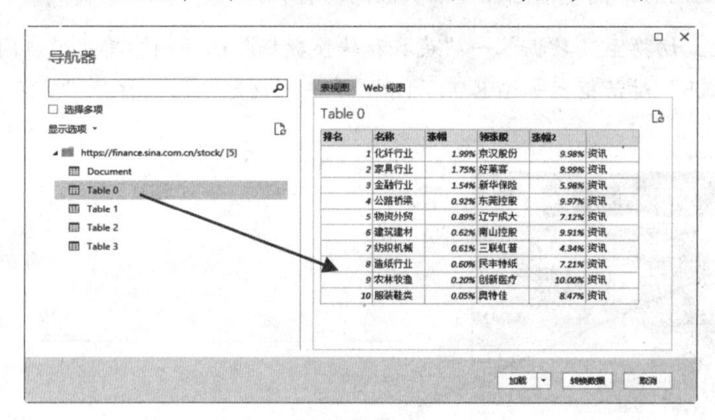

图 8-94

❺ 单击“转换数据”按钮返回表格中，会提示正在获取数据，如图 8-95 所示。最终导入的网页数据如图 8-96 所示。

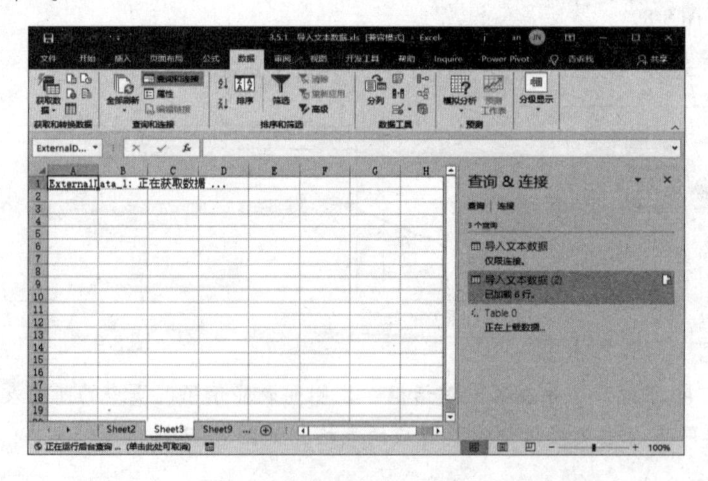

图 8-95

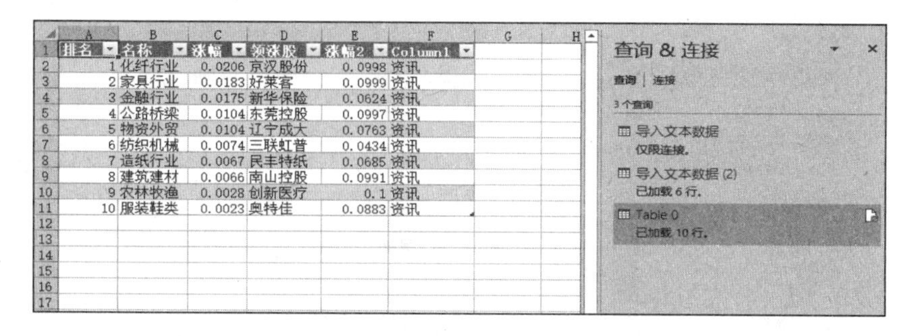

排名	名称	涨幅	领涨股	涨幅2	Column1
1	化纤行业	0.0206	京汉股份	0.0998	资讯
2	家具行业	0.0183	好莱客	0.0999	资讯
3	金融行业	0.0175	新华保险	0.0624	资讯
4	公路桥梁	0.0104	东莞控股	0.0997	资讯
5	物资外贸	0.0104	辽宁成大	0.0763	资讯
6	纺织机械	0.0074	三联虹普	0.0434	资讯
7	造纸行业	0.0067	民丰特纸	0.0685	资讯
8	建筑建材	0.0066	南山控股	0.0991	资讯
9	农林牧渔	0.0028	创新医疗	0.1	资讯
10	服装鞋类	0.0023	奥特佳	0.0883	资讯

图 8-96

8.4 数据保护

对工作表或工作簿实施保护措施可以为一些具有保密性质的表格提高安全性，避免被随意地更改或遭到破坏。

8.4.1 保护工作表

1. 禁止他人编辑工作表

当工作表中包含重要数据不希望他人随意更改时，可以通过设置保护工作表的命令来保护工作表数据的安全。经过此设置，意味着将工作表设置为只读模式，即只允许查看不允许修改。

❶ 打开需要保护的工作表，单击“审阅”→“更改”选项组中单击“保护工作表”按钮，如图 8-97 所示。

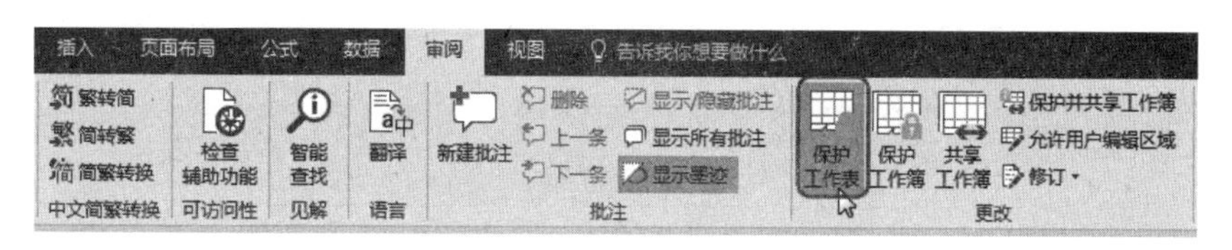

图 8-97

❷ 在打开的“保护工作表”对话框内选中“保护工作表及锁定的单元格内容”复选框，接着在“允许此工作表的所有用户进行”列表框内取消选中所有复选框，在“取消工作表保护时使用的密码”文本框中输入密码，如图 8-98 所示。

❸ 在弹出的“确认密码”对话框中重新输入一次密码，如图 8-99 所示。

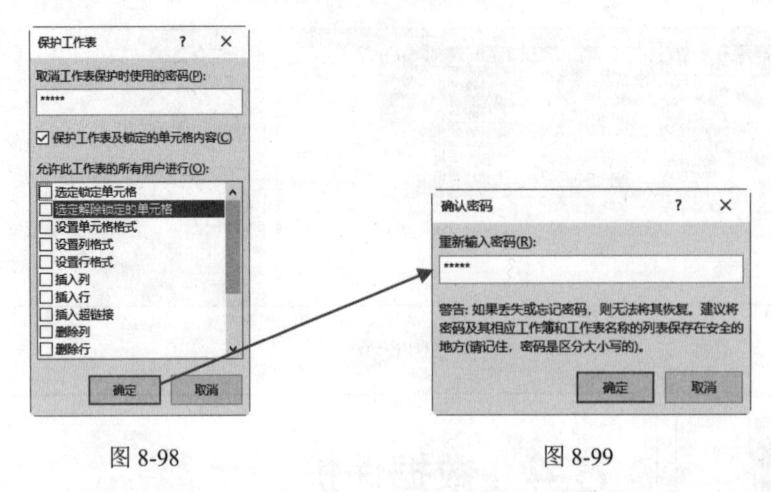

图 8-98　　　　图 8-99

❹ 单击“确定”按钮完成设置。此时可以看到工作表中很多设置项都呈现灰色不可操作状态，如图 8-100 所示。

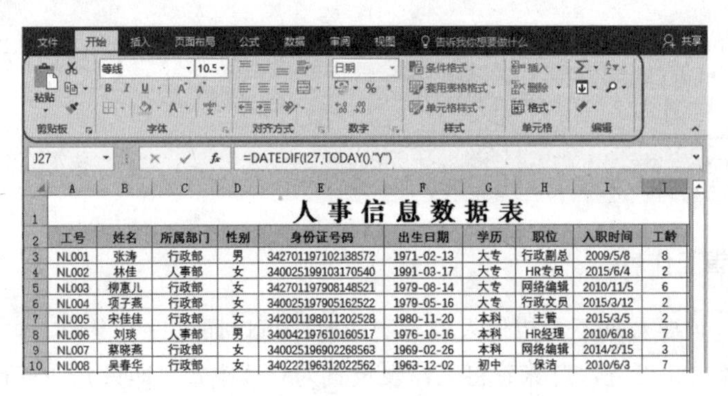

人事信息数据表

工号	姓名	所属部门	性别	身份证号码	出生日期	学历	职位	入职时间	工龄
NL001	张涛	行政部	男	342701197102138572	1971-02-13	大专	行政副总	2009/5/8	8
NL002	林佳	人事部	女	340025199103170540	1991-03-17	大专	HR专员	2015/6/4	2
NL003	柳惠儿	行政部	女	342701197908148521	1979-08-14	大专	网络编辑	2010/11/5	6
NL004	项子燕	行政部	女	340025197905162522	1979-05-16	大专	行政文员	2015/3/12	2
NL005	宋佳佳	行政部	女	342001198011202528	1980-11-20	本科	主管	2015/3/5	2
NL006	刘琰	人事部	男	340042197610160517	1976-10-16	本科	HR经理	2010/6/18	7
NL007	蔡晓燕	行政部	女	340025196902268563	1969-02-26	本科	网络编辑	2014/2/15	3
NL008	吴春华	行政部	女	340222196312022562	1963-12-02	初中	保洁	2010/6/3	7

图 8-100

❺ 当试图编辑工作表会弹出提示对话框阻止编辑，如图 8-101 所示。

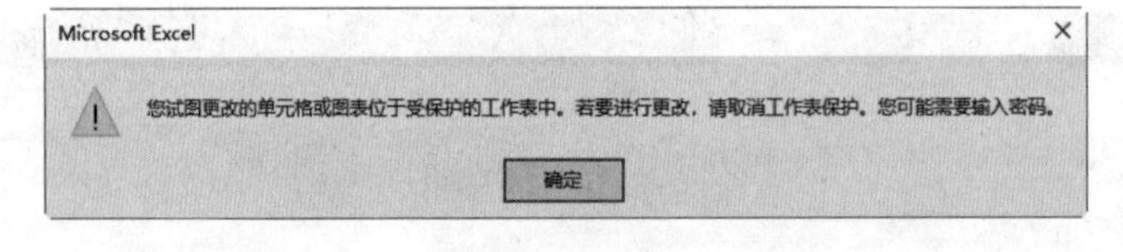

图 8-101

提 示

在设置了保护密码后，如果再想编辑工作表，则需要先取消密码才能编辑。在“审阅”选项卡的“更改”选项组中单击“撤销工作表保护”按钮，此时会弹出提示对话框要求输入密码，正确输入之前设置的密码即可撤销保护。

2. 隐藏工作表实现保护

当工作表包含有重要数据时，通过将其隐藏的方法也可以起到一定的保护作用。

❶ 在工作簿中选中要隐藏的工作表标签并右击，弹出快捷菜单。

❷ 单击“隐藏”命令（见图 8-102），即可将该工作表隐藏起来。

图 8-102

知识扩展

重新显示出被隐藏的工作表

如果想将隐藏的工作表重新显示出来，可以在当前工作簿的任意工作表名称标签上右击，在弹出的快捷菜单中单击“取消隐藏”命令，打开“取消隐藏”对话框。列表中显示出当前工作簿中被隐藏的所有工作表，选中要将其重新显示出来的工作表（见图 8-103），单击“确定”按钮即可。

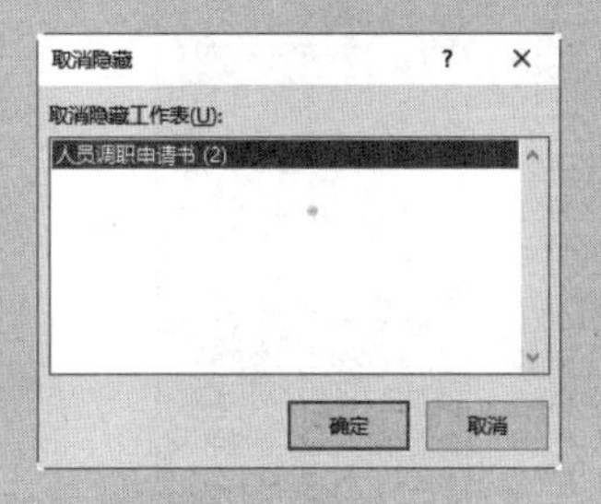

图 8-103

提 示

如果工作簿中并没有被隐藏的工作表，那么在工作表菜单上右击打开快捷菜单时，“取消隐藏”命令呈现灰色，表示不可操作。

3. 保护表格中部分单元格区域

除了可以设置工作表中的可编辑区域之外，还可以通过如下设置实现只保护工作表中特定的单元格区域。由于工作表的保护只对锁定的单元格有效，因此如果只保护特定单元格区域，则需要对除此之外的其他单元格区域解锁，然后执行工作表保护的操作步骤即可。

❶ 选定整个工作表（单击表格区域行号列标交叉处的◢按钮即可全选），如图 8-104 所示，在“开始”→“字体”选项组中单击◪按钮，打开“设置单元格格式”对话框。切换到“保护”选项卡取消选中“锁定”复选框，如图 8-105 所示。

	A	B	C	D	E	F	G
1	年份	年交保费	累计保费	身故保险金	重疾保险金	红利现价	退保金额
2	1	3180	3180	100010	100000	0	336.992
3	2	3180	6360	100292	100000	36.992	1113.505
4	3	3180	9540	100836	100000	113.505	2034.476
5	4	3180	12720	101648	100000	234.476	3304.831
6	5	3180	15900	102736	100000	404.831	4833.809
7	6	3180	19080	104105	100000	633.809	6594.003
8	7	3180	22260	105763	100000	926.003	8569.949
9	8	3180	25440	107718	100000	1287.949	10723.55
10	9	3180	28620	109979	100000	1726.55	13074.168
11	10	3180	31800	112554	100000	2261.168	15622.267
12	11	3180	34980	115451	100000	2892.267	18376.548
13	12	3180	38160	118680	100000	3628.548	21346.195
14							

图 8-104

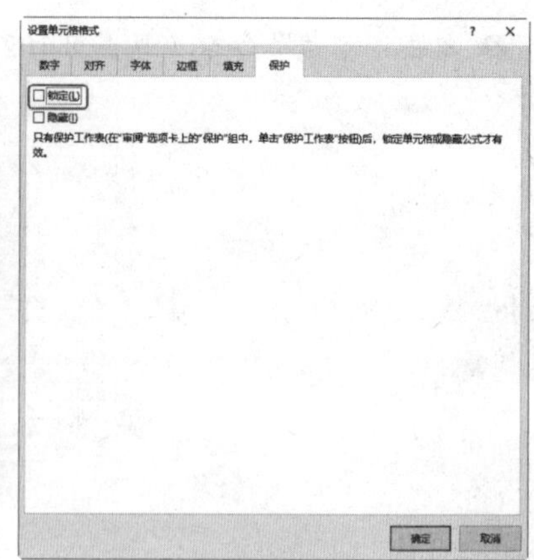

图 8-105

❷ 单击“确定”按钮，在工作表中选择要保护的单元格区域（见图 8-106），打开“设置单元格格式”对话框，选择“保护”选项卡，重新选中“锁定”复选框，如图 8-107 所示。

	A	B	C	D	E	F	G
1	年份	年交保费	累计保费	身故保险金	重疾保险金	红利现价	退保金额
2	1	3180	3180	100010	100000	0	336.992
3	2	3180	6360	100292	100000	36.992	1113.505
4	3	3180	9540	100836	100000	113.505	2034.476
5	4	3180	12720	101648	100000	234.476	3304.831
6	5	3180	15900	102736	100000	404.831	4833.809
7	6	3180	19080	104105	100000	633.809	6594.003
8	7	3180	22260	105763	100000	926.003	8569.949
9	8	3180	25440	107718	100000	1287.949	10723.55
10	9	3180	28620	109979	100000	1726.55	13074.168
11	10	3180	31800	112554	100000	2261.168	15622.267
12	11	3180	34980	115451	100000	2892.267	18376.548
13	12	3180	38160	118680	100000	3628.548	21346.195
14							

图 8-106

图 8-107

❸ 单击“确定”按钮回到工作表中，然后按照前面“1. 禁止他人编辑工作表”中介绍的操作步骤，执行工作表的保护操作。

❹ 当试图对这一部分单元格进行更改时，将弹出如图 8-108 所示的提示信息。除这一部分单元格之外的其他单元格都是可以进行操作的。

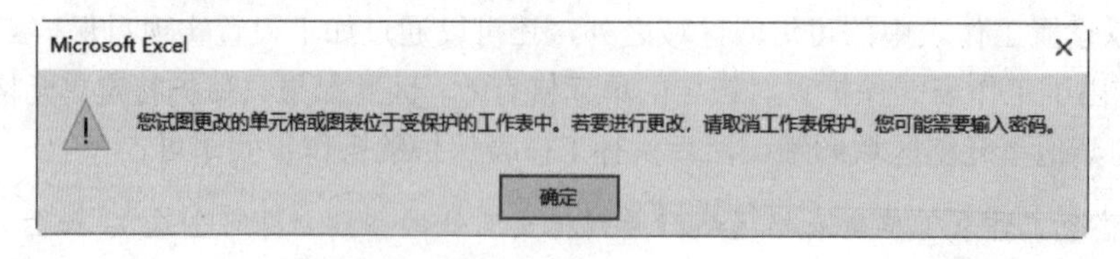

图 8-108

提　示

此技巧应用的原理是，工作表的保护仅对锁定的单元格有效。首先取消对整张表的锁定，然后设置只锁定需要保护的部分单元格区域，因此设置的保护操作只对这一部分单元格有效。

8.4.2 加密保护工作簿

工作簿编辑完成后，如果有一些保密数据不希望别人打开，可以为工作簿设置加密保护。

1. 加密工作簿

对于包含重要数据的工作簿，可以对其设置打开权限密码，只有知道密码的用户才能打开这个工作簿。

❶ 工作簿编辑完成后，单击“文件”选项卡，在打开的菜单中单击“信息”标签，单击“保护工作簿”下拉按钮，在展开的下拉菜单中单击“用密码进行加密”命令（见图 8-109），打开“加密文档”对话框。

❷ 输入密码（见图 8-110），单击“确定”按钮完成设置。

❸ 再次弹出“确认密码”对话框提示输入密码，如图 8-111 所示。

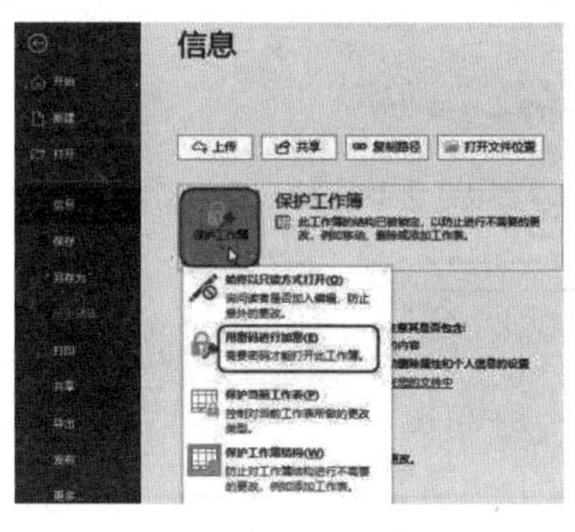

图 8-109

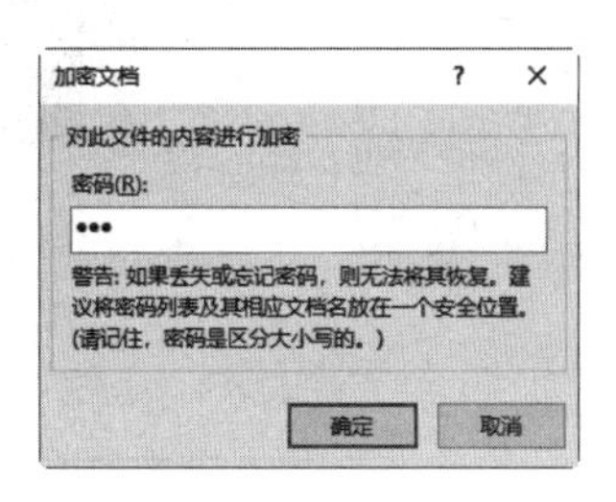

图 8-110

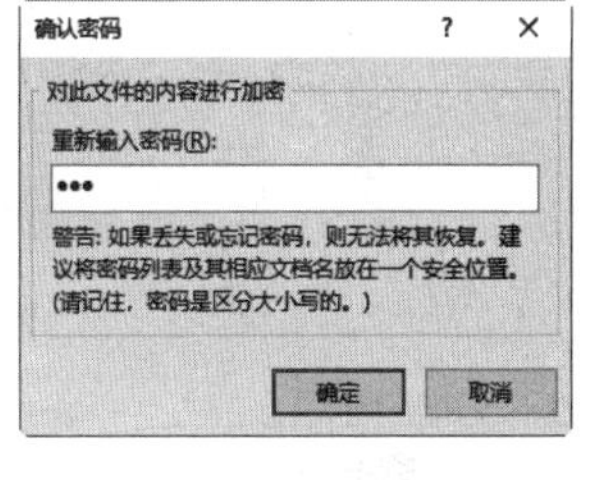

图 8-111

2. 设置修改权限密码

还可以设置修改权限密码，即无密码就无法修改。

❶ 打开需要设置打开权限密码的工作簿。

❷ 单击“文件”选项卡，在打开的菜单中单击“另存为”命令，在右侧依次单击“这台电脑”→“文档”命令（见图 8-112），打开“另存为”对话框。

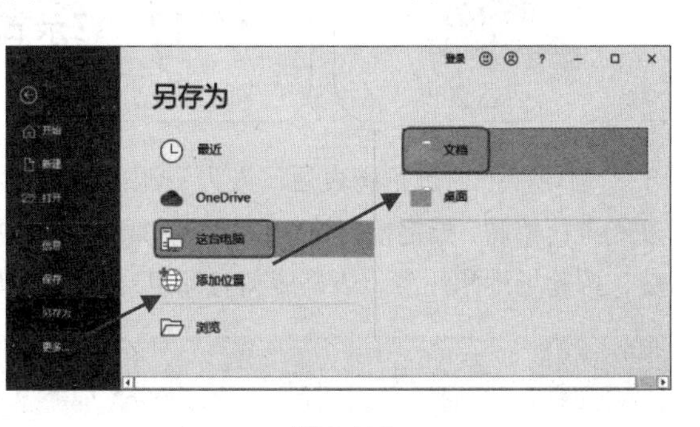

图 8-112

❸ 单击左下角的“工具”下拉按钮，在下

拉列表中选择“常规选项”选项（见图 8-113），打开的“常规选项”对话框。

❹ 在“打开权限密码”文本框中输入一个密码，如图 8-114 所示。

图 8-113

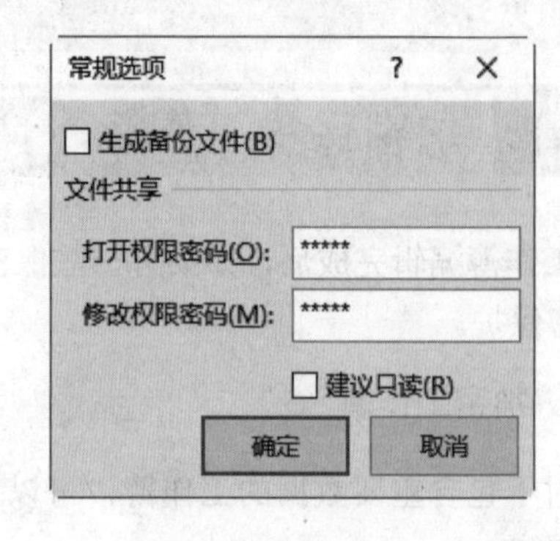

图 8-114

❺ 单击“确定”按钮，会依次打开对话框要求输入确认密码，根据要求填入即可。单击“保存”按钮保存文件。

❻ 以后打开这个工作簿时，弹出“密码”对话框，第一次要求输入的是打开密码，如图 8-115 所示。单击“确定”按钮又弹出对话框要求输入打开权限密码，如图 8-116 所示。如果不输入密码，可以单击“只读”按钮以只读方式打开工作簿；如果输入正确的密码，则打开的工作簿。

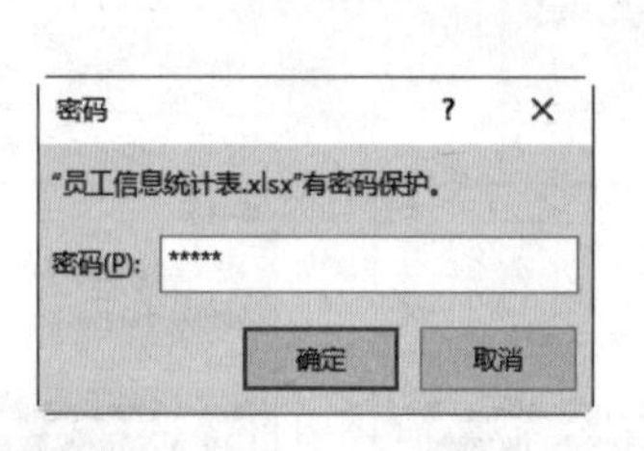

图 8-115

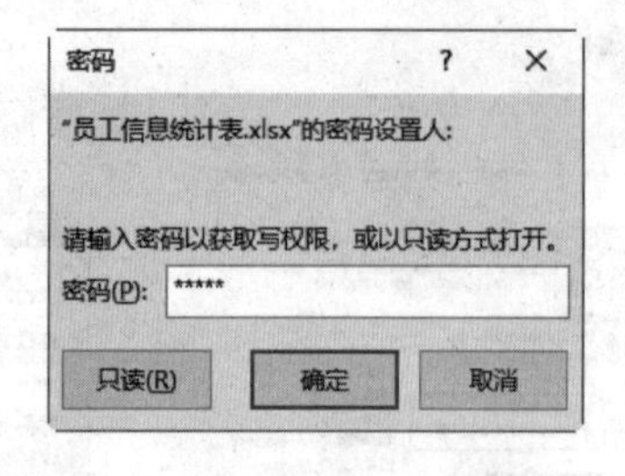

图 8-116

8.5 综合实例：编制招聘费用预算表

领导审批通过招聘表后，人力资源部门需要按照用工量和岗位需求选择合适的方式进行招聘、指定招聘计划并做出招聘费用的预算。常规的招聘费用包括广告宣传费、招聘场地租用费、表格资料打印复印费、招聘人员的午餐费和交通费等。

8.5.1 建立表格输入基本数据

❶ 新建工作簿，在 Sheet1 工作表上双击，重新输入工作表名称为“招聘费用预算表”。

❷ 规划好表格的主体内容，将相关数据输入到表格中，如图 8-117 所示为默认输入后的样子，可以先暂时输入，后面排版时发现有不妥之处可以补充调整。

	A	B	C	D	E	F
1	招聘费用预算表					
2	招聘时间		2020年8月15日—2020年8月20日			
3	招聘地点		合肥市寅特人才市场			
4	负责部门		人力资源部			
5	具体负责人		陈丽　章春英　李娜			
6	招聘费用预算					
7	序号	项目		预算金额		
8	1	企业宣传海报及广告制费		1400		
9	2	招聘场地租用费		3000		
10	3	会议室租用费		500		
11	4	交通费		100		
12	5	食宿费		300		
13	6	招聘资料打印复印费		80		
14		预算审核人（签字）		公司主管领导审批（签字）		

招聘费用预算表

图 8-117

8.5.2 合并单元格

❶ 表格标题一般需要横跨整张表格，因此选中 A1:D1 单元格区域，在“开始”→“对齐方式”选项组中单击“合并后居中”按钮（见图 8-118）来合并该单元格区域。

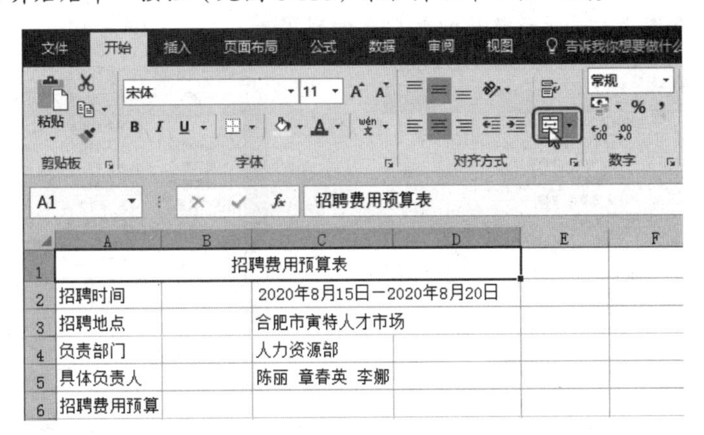

图 8-118

❷ 此表格的多处需要进行合并单元格的处理，操作方法都是一样的，如图 8-119 所示中利用箭头指向告知在哪些位置进行了合并单元格的处理。

	A	B	C	D	E
1			招聘费用预算表		
2	招聘时间		2020年8月15日－2020年8月20日		
3	招聘地点		合肥市寅特人才市场		
4	负责部门		人力资源部		
5	具体负责人		陈丽 章春英 李娜		
6			招聘费用预算		
7	序号	项目		预算金额	
8	1	企业宣传海报及广告制费		1400	
9	2	招聘场地租用费		3000	
10	3	会议室租用费		500	
11	4	交通费		100	
12	5	食宿费		300	
13	6	招聘资料打印复印费		80	
14	预算审核人（签字）			公司主管领导审批（签字）	

图 8-119

8.5.3 按实际需要调整单元格的行高列宽

❶ 如果需要减小列宽，将光标定位在目标列右侧的边线上，当光标变成双向对拉箭头时，按住鼠标向左拖动，如图 8-120 所示就是减小 A 列的列宽。

❷ 如果需要增大列宽，将光标定位在目标列右侧的边线上，当光标变成双向对拉箭头时，按住鼠标向右拖动，如图 8-121 所示就是增大 C 列的列宽。

	A	B	C	D	E
1			招聘费用预算表		
2		招聘时间	2020年8月15日 － 2020年8月20日		
3		招聘地点	合肥市寅特人才市场		
4		负责部门	人力资源部		
5		具体负责人	陈丽 章春英 李娜		
6			招聘费用预算		
7	序号		项目	预算金额	
8		1	企业宣传海报及广告制费	1400	
9		2	招聘场地租用费	3000	
10		3	会议室租用费	500	
11		4	交通费	100	
12		5	食宿费	300	
13		6	招聘资料打印复印费	80	
14		预算审核人（签字）		公司主管领导审批（签字）	

图 8-120

	A	B	C	D
1			招聘费用预算表	
2	招聘时间		2020年8月15日 － 2020年8月20日	
3	招聘地点		合肥市寅特人才市场	
4	负责部门		人力资源部	
5	具体负责人		陈丽 章春英 李娜	
6			招聘费用预算	
7	序号	项目		预算金额
8	1	企业宣传海报及广告制费		1400
9	2	招聘场地租用费		3000
10	3	会议室租用费		500
11	4	交通费		100
12	5	食宿费		300
13	6	招聘资料打印复印费		80
14	预算审核人（签字）			公司主管领导审批（签字）

图 8-121

❸ 如果需要增大行高，将光标定位在目标行底部边线上，当光标变成双向对拉箭头时，按住鼠标向下拖动，如图 8-122 所示就是增大 14 行的行高。

❹ 如图 8-123 所示为调整后的表格，从图中看到 D14 单元格的数据跨列显示了，而且这个用于签字的单元格与左边“预算审核人（签字）”单元格应保持大致相同宽度才适宜。如果单纯调整 D 列的宽度，表格整体会不协调。

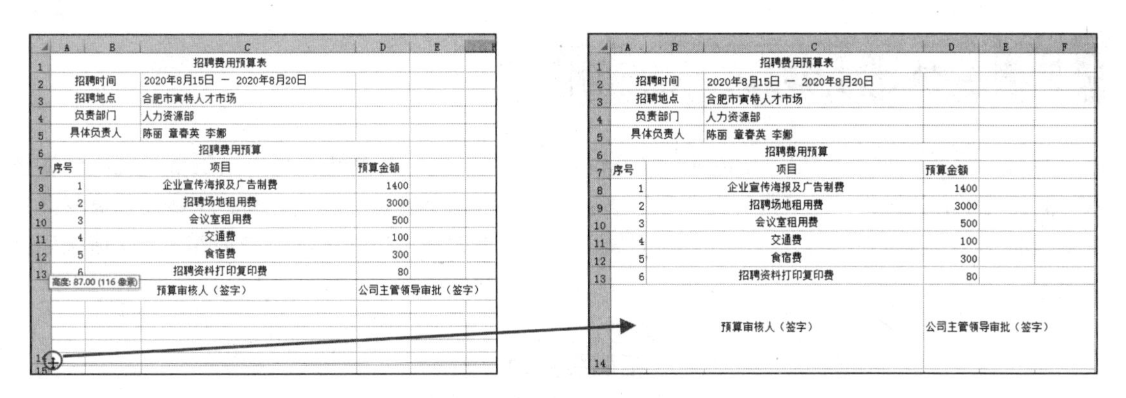

图 8-122　　　　图 8-123

8.5.4 插入新列

为解决上面第❹步中所说的问题，则可以插入新列。

❶ 选中 D 列，在列标上右击，在弹出的快捷菜单中单击“插入”命令（见图 8-124），即可插入新列，如图 8-125 所示。

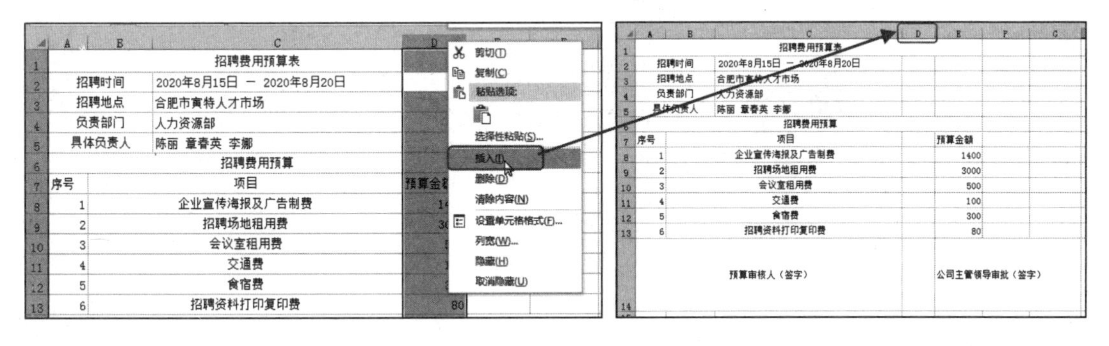

图 8-124　　　　图 8-125

❷ 插入新列后，注意需要重新进行一些合并单元格的操作（因为表格的创建过程是一个不断调整的过程），表格可呈现出如图 8-126 所示的效果。

招聘费用预算表			
招聘时间	2020年8月15日 — 2020年8月20日		
招聘地点	合肥市寅特人才市场		
负责部门	人力资源部		
具体负责人	陈丽 章春英 李娜		
招聘费用预算			
序号	项目		预算金额
1	企业宣传海报及广告制费		1400
2	招聘场地租用费		3000
3	会议室租用费		500
4	交通费		100
5	食宿费		300
6	招聘资料打印复印费		80
预算审核人（签字）		公司主管领导审批（签字）	

图 8-126

8.5.5 字体、对齐方式、边框的设置

字体、字号、对齐方式、边框与底纹的设置属于表格美化的范畴，是一般表格在完成数据录入、框架规划后的操作，尤其是针对用于预备打印、最终结果展示一类的表格，这些操作显得格外重要。本书将在后面介绍与表格美化相关的知识，通过设置后可以让表格呈现如图 8-127 所示的最终效果。

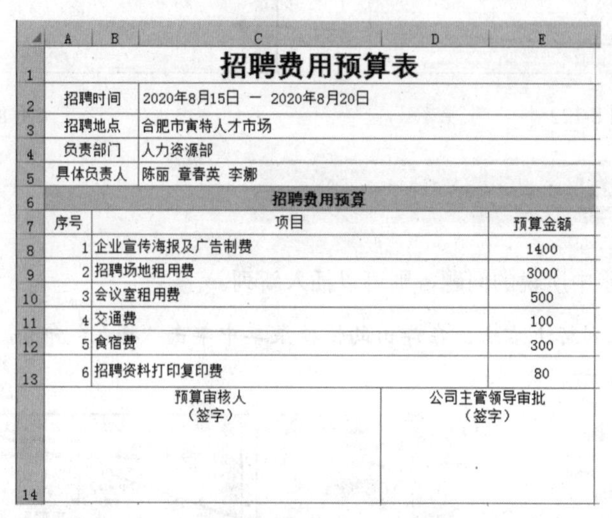

	A	B	C	D	E
1	招聘费用预算表				
2	招聘时间		2020年8月15日 — 2020年8月20日		
3	招聘地点		合肥市寅特人才市场		
4	负责部门		人力资源部		
5	具体负责人		陈丽 章春英 李娜		
6	招聘费用预算				
7	序号		项目		预算金额
8		1	企业宣传海报及广告制费		1400
9		2	招聘场地租用费		3000
10		3	会议室租用费		500
11		4	交通费		100
12		5	食宿费		300
13		6	招聘资料打印复印费		80
14	预算审核人（签字）			公司主管领导审批（签字）	

图 8-127

第 9 章 表格数据的管理与分析

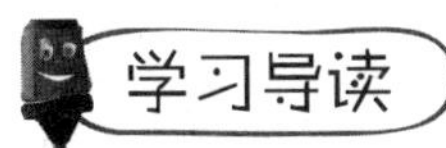

将数据录入到表格后，数据的排序、筛选查看以及分类汇总等是对数据基本和必要的分析操作。

- 应用条件格式
- 数据排序和筛选
- 数据分类汇总
- 员工销售月度统计表分析

9.1 应用条件格式分析数据

使用条件格式可以突出显示满足条件的数据，例如大于指定值时显示特殊标记、小于指定值时显示特殊标记、等于某日期时显示特殊标记等。因此条件格式的功能可以起到在数据库中筛选查看并辅助分析的目的。

在 Excel 2019 中提供了几个预设的条件规则，应用起来非常方便。

选中要设置条件格式的单元格区域，在“开始”→“样式”选项组中单击“条件格式”下拉按钮，展开下拉菜单，可以看到几种预设的条件格式规则，如图 9-1 所示。一般来说这些规则基本可以满足对条件的判断，还有一些特殊设置需要打开“新建格式规则”对话框（见图 9-2）进行设置，在后面学习实例的过程中会有介绍。

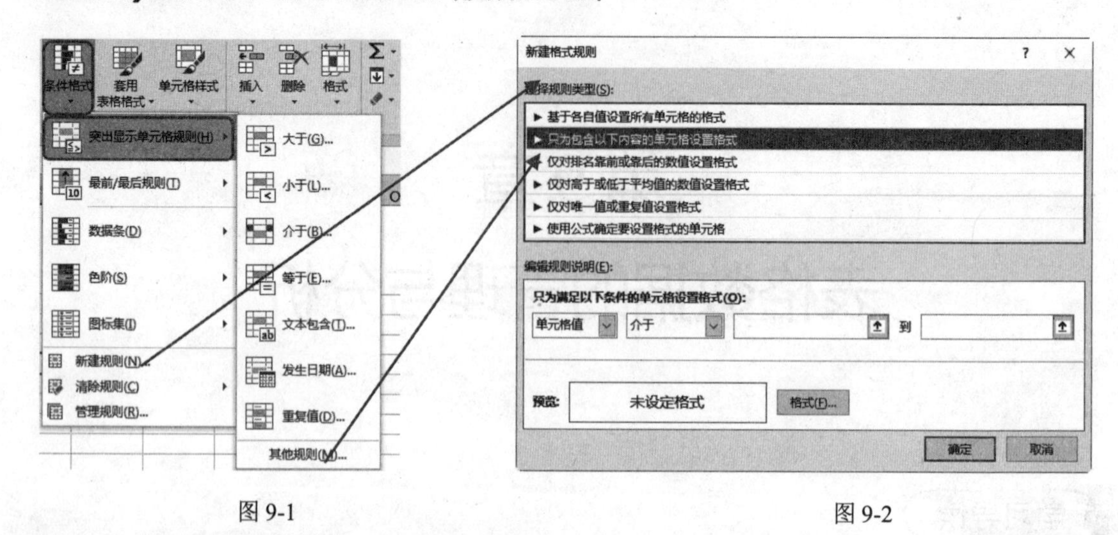

图 9-1　　　　　　　　　　　　　　　　图 9-2

9.1.1 突出显示规则

Excel 中把“大于”“小于”“等于”“文本筛选”等多个条件总结为突出显示规则，下面通过两个例子介绍其使用方法。

1. 大于或小于指定指值时突出显示

例如，在销售统计表中要求将大于 4000 元的金额突出显示出来。

❶ 选中“销售金额”列的单元格区域，在“开始”→“样式”选项组中单击“条件格式”下拉按钮，在展开的下拉菜单中可以选择条件格式，此处选择“突出显示单元格规则→大于”，如图 9-3 所示。

产品名称	货号	销售单价	销售数量	销售金额
浅口尖头英伦皮鞋	B017F622	¥ 162.00	12	¥ 1,944.00
时尚流苏短靴	B017F603	¥ 228.00	5	¥ 1,140.00
浅口平底镂空皮鞋	B017F1021	¥ 207.00	10	¥ 2,070.00
正装中跟尖头女鞋	JMY039-54	¥ 198.00	11	¥ 2,178.00
侧拉时尚长靴	JMY039-10	¥ 209.00	15	¥ 3,135.00
小香风坡跟新款皮鞋	JMY039-44	¥ 248.00	21	¥ 5,208.00
贴布刺绣中筒靴	M1702201-2	¥ 229.00	10	¥ 2,290.00
中跟方头女鞋	M1702201-1	¥ 198.00	21	¥ 4,158.00
春季浅口瓢鞋漆皮	EQS-0589	¥ 269.00	7	¥ 1,883.00
韩版过膝磨砂长靴	EQS-0510	¥ 219.00	5	¥ 1,095.00
黑色细跟正装工鞋	52DE2548W	¥ 268.00	22	¥ 5,896.00
复古雕花撞色单靴	B017F609	¥ 229.00	10	¥ 2,290.00
尖头低跟红色小皮鞋	170517301	¥ 208.00	18	¥ 3,744.00
一字扣红色小皮鞋	170509001	¥ 248.00	21	¥ 5,208.00
简约百搭小皮靴	B017F601	¥ 199.00	10	¥ 1,990.00
尖头一字扣春夏皮鞋	B017F290	¥ 252.00	14	¥ 3,528.00

图 9-3

❷ 弹出“大于”对话框，设置单元格值大于“4000”显示为“红填充色深红色文本”，如图 9-4 所示。

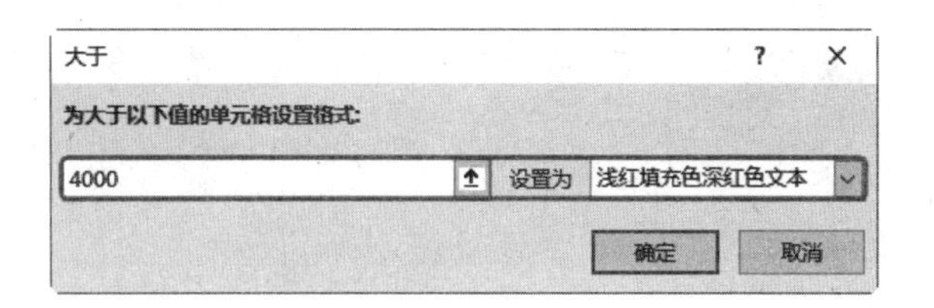

图 9-4

❸ 单击“确定”按钮回到工作表中，可以看到所有销售金额大于 4000 的单元格都显示为红色，如图 9-5 所示。

	A	B	C	D	E
1	产品名称	货号	销售单价	销售数量	销售金额
2	浅口尖头英伦皮鞋	B017F622	¥ 162.00	12	¥ 1,944.00
3	时尚流苏短靴	B017F603	¥ 228.00	5	¥ 1,140.00
4	浅口平底镂空皮鞋	B017F1021	¥ 207.00	10	¥ 2,070.00
5	正装中跟尖头女鞋	JMY039-54	¥ 198.00	11	¥ 2,178.00
6	侧拉时尚长靴	JMY039-10	¥ 209.00	15	¥ 3,135.00
7	小香风坡跟新款皮鞋	JMY039-44	¥ 248.00	21	¥ 5,208.00
8	贴布刺绣中筒靴	M1702201-2	¥ 229.00	10	¥ 2,290.00
9	中跟方头女鞋	M1702201-1	¥ 198.00	21	¥ 4,158.00
10	春季浅口瓢鞋漆皮	EQS-0589	¥ 269.00	7	¥ 1,883.00
11	韩版过膝磨砂长靴	EQS-0510	¥ 219.00	5	¥ 1,095.00
12	黑色细跟正装工鞋	52DE2548W	¥ 268.00	22	¥ 5,896.00
13	复古雕花擦色单靴	B017F609	¥ 229.00	10	¥ 2,290.00
14	尖头低跟红色小皮鞋	170517301	¥ 208.00	18	¥ 3,744.00
15	一字扣红色小皮鞋	170509001	¥ 248.00	21	¥ 5,208.00
16	简约百搭小皮靴	B017F601	¥ 199.00	10	¥ 1,990.00
17	尖头一字扣春夏皮鞋	B017F290	¥ 252.00	14	¥ 3,528.00

图 9-5

知识扩展

自定义特殊标记的格式

在设置满足条件时单元格显示格式时，默认格式为“浅红填充色深红色文本”，可以单击右侧的下拉按钮，从下拉列表中重新选择其他格式（见图 9-6），或单击下拉列表中的“自定义格式”选项，打开“单元格格式设置”对话框来自定义特殊的格式。

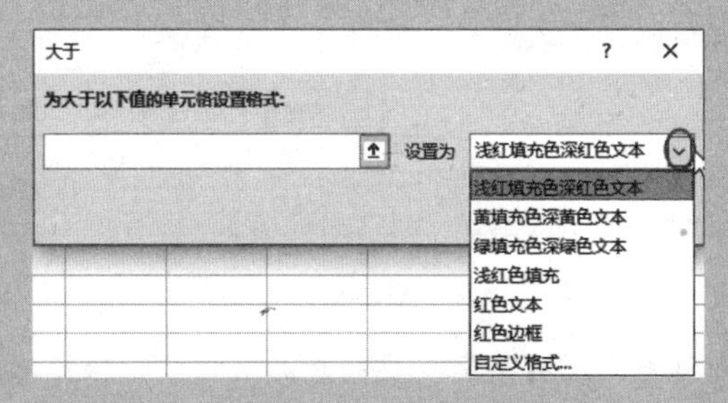

图 9-6

还可以单击“自定义格式”打开“设置单元格格式”对话框设置更加特殊化或个性的格式。笔者认为这项设置只是为了便于我们快速找到满足条件的数据，而不必去设置过于个性化的格式。

提示

“小于”“介于”“等于”几个选项的设置与本例中介绍的“大于”指定值的设置方法是一样的。

2. 包含某文本时突出显示

突出显示规则中有一个“文本包含”命令选项，顾名思义，就是设置条件为某文本时，只要单元格中包含这个文本就会作为满足的条件而被特殊显示。

❶ 选中“产品名称”列的单元格区域，在“开始”→“样式”选项组中单击“条件格式”下拉按钮，选择“突出显示单元格规则→文本包含”命令，如图 9-7 所示。

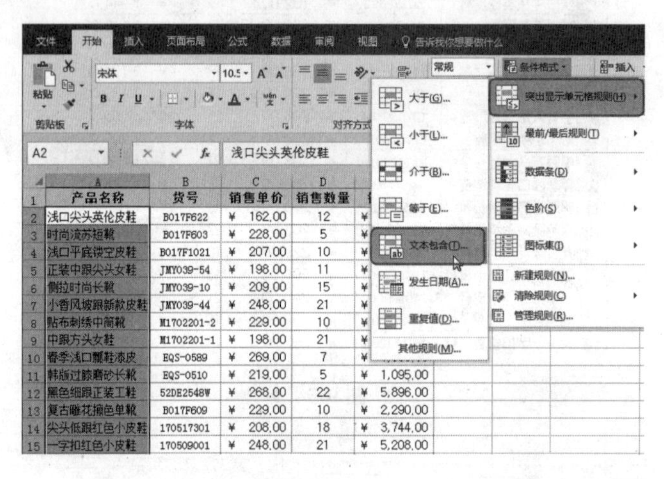

图 9-7

❷ 打开“文本中包含”对话框，设置包含文字为“靴”，其格式仍然使用默认的“浅红填充色深红色文本”，如图 9-8 所示。

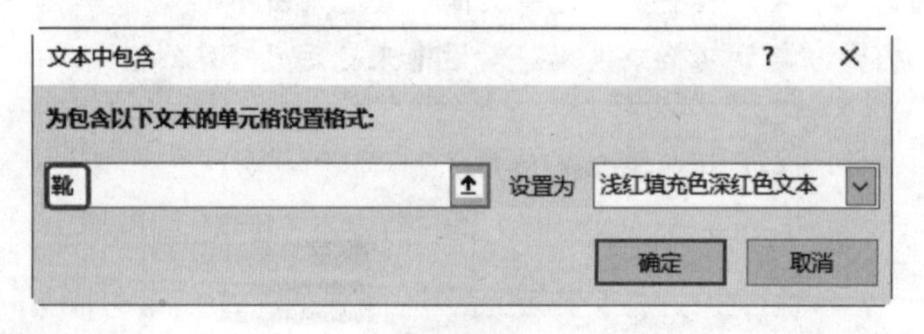

图 9-8

❸ 单击“确定”按钮即可看到所有“靴”类的产品名称被特殊标记出来，如图 9-9 所示。

	A	B	C	D	E
1	产品名称	货号	销售单价	销售数量	销售金额
2	浅口尖头英伦皮鞋	B017F622	¥ 162.00	12	¥ 1,944.00
3	时尚流苏短靴	B017F603	¥ 228.00	5	¥ 1,140.00
4	浅口平底镂空皮鞋	B017F1021	¥ 207.00	10	¥ 2,070.00
5	正装中跟尖头女鞋	JMY039-54	¥ 198.00	11	¥ 2,178.00
6	侧拉时尚长靴	JMY039-10	¥ 209.00	15	¥ 3,135.00
7	小香风坡跟新款皮鞋	JMY039-44	¥ 248.00	21	¥ 5,208.00
8	贴布刺绣中筒靴	M1702201-2	¥ 229.00	10	¥ 2,290.00
9	中跟方头女鞋	M1702201-1	¥ 198.00	21	¥ 4,158.00
10	春季浅口瓢鞋漆皮	EQS-0589	¥ 269.00	7	¥ 1,883.00
11	韩版过膝磨砂长靴	EQS-0510	¥ 219.00	5	¥ 1,095.00
12	黑色细跟正装工鞋	52DE2548W	¥ 268.00	22	¥ 5,896.00
13	复古雕花擦色单靴	B017F609	¥ 229.00	10	¥ 2,290.00
14	尖头低跟红色小皮鞋	170517301	¥ 208.00	18	¥ 3,744.00
15	一字扣红色小皮鞋	170509001	¥ 248.00	21	¥ 5,208.00
16	简约百搭小皮靴	B017F601	¥ 199.00	10	¥ 1,990.00

图 9-9

知识扩展

文本类数据条件格式的其他设置

前面文中提到凡是预设的条件格式规则能满足要求时，就不必打开“新建格式规则”对话框，那么下面这种情况则需要打开它了，在设置文本包含条件时，打开的“文本中包含”只能设置一种包含条件，实际还有其他条件可选择。可以学习如下实例。

❶ 打开“新建格式规则”对话框，在对话框中的设置如图 9-10 所示红框位置，可看到文本条件不仅可以选择“包含”，还有“不包含”“始于”“止于”几种，例如这里选择“不包含”，然后设置值为“靴”，如图 9-11 所示。

图 9-10

图 9-11

❷ 设置好特殊格式后（这里的设置格式需要在对话框中单击“格式”按钮打开对话框进行设置），单击“确定”按钮，可以看到特殊显示的结果（见图 9-12）恰巧与如图 9-9 所示的结果相反。

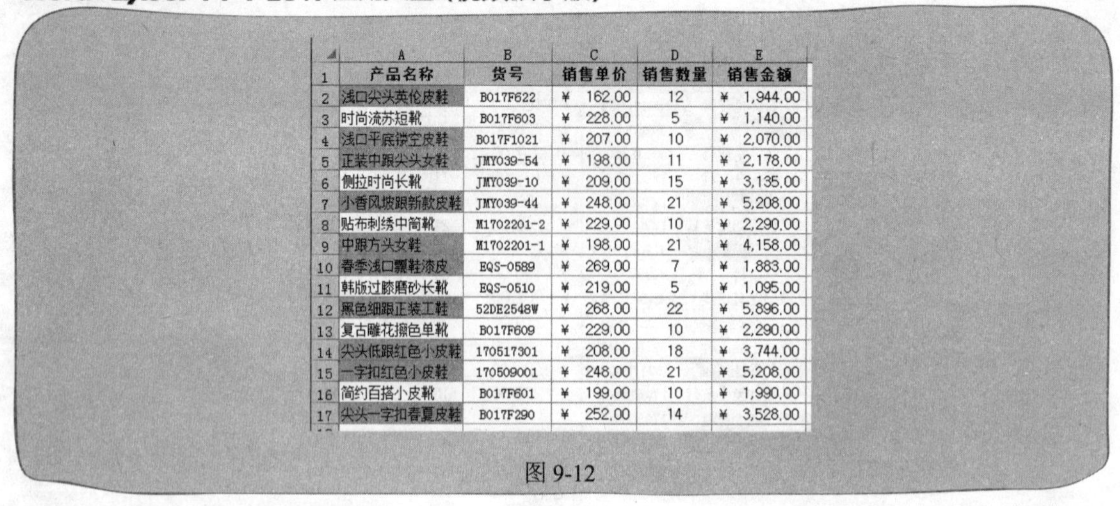

	A	B	C	D	E
1	产品名称	货号	销售单价	销售数量	销售金额
2	浅口尖头英伦皮鞋	B017F622	¥ 162.00	12	¥ 1,944.00
3	时尚流苏短靴	B017F603	¥ 228.00	5	¥ 1,140.00
4	浅口平底镂空皮鞋	B017F1021	¥ 207.00	10	¥ 2,070.00
5	正装中跟尖头女鞋	JMY039-54	¥ 198.00	11	¥ 2,178.00
6	侧拉时尚长靴	JMY039-10	¥ 209.00	15	¥ 3,135.00
7	小香风坡跟新款皮鞋	JMY039-44	¥ 248.00	21	¥ 5,208.00
8	贴布刺绣中筒靴	M1702201-2	¥ 229.00	10	¥ 2,290.00
9	中跟方头女鞋	M1702201-1	¥ 198.00	21	¥ 4,158.00
10	春季浅口飘鞋漆皮	EQS-0589	¥ 269.00	7	¥ 1,883.00
11	韩版过膝磨砂长靴	EQS-0510	¥ 219.00	5	¥ 1,095.00
12	黑色细跟正装工鞋	52DE2548W	¥ 268.00	22	¥ 5,896.00
13	复古雕花擦色单靴	B017F609	¥ 229.00	10	¥ 2,290.00
14	尖头低跟红色小皮鞋	170517301	¥ 208.00	18	¥ 3,744.00
15	一字扣红色小皮鞋	170509001	¥ 248.00	21	¥ 5,208.00
16	简约百搭小皮靴	B017F601	¥ 199.00	10	¥ 1,990.00
17	尖头一字扣春夏皮鞋	B017F290	¥ 252.00	14	¥ 3,528.00

图 9-12

3. 标识重复值或唯一值

例如，表格中显示的是值班安排表，要求将只值班一次的员工标识出来。

❶ 选中显示值班人员姓名的单元格区域，在“开始”→“样式”选项组中单击“条件格式”下拉按钮，在展开的下拉菜单中选择“突出显示单元格规则→重复值”命令，如图 9-13 所示。

图 9-13

❷ 弹出“重复值”对话框，单击左侧的下拉按钮，选择“唯一”，如图 9-14 所示。单击 “设置为”右侧的下拉按钮，选择“自定义格式”选项，打开“设置单元格格式”对话框。

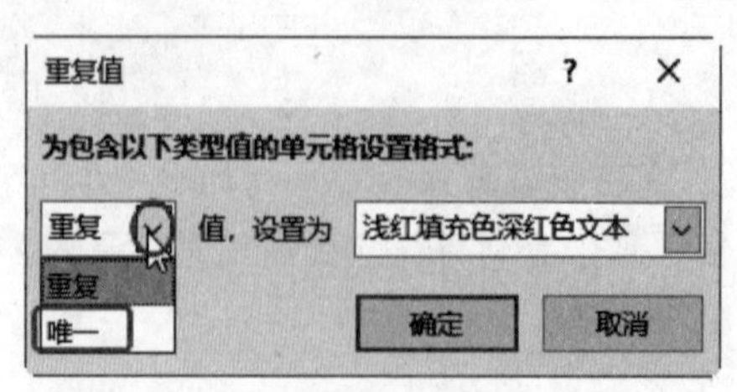

图 9-14

❸ 设置完成后单击"确定"按钮可以看到唯一值即只值班一次的人员显示特殊格式，如图 9-15 所示。

	A	B	C
1	值班时间	值班人员	
2	2020/7/4	郑佩洁	
3	2020/7/5	刘婷婷	
4	2020/7/6	章晔	
5	2020/7/7	林华	
6	2020/7/8	郑佩洁	
7	2020/7/9	章晔	
8	2020/7/10	章文	
9	2020/7/11	朱蕊蕊	
10	2020/7/12	何许诺	
11	2020/7/13	郑佩洁	
12	2020/7/14	章文	
13	2020/7/15	刘婷婷	
14	2020/7/16	何许诺	

图 9-15

4. 标识指定日期的记录

日期数据也可以进行相应的格式判断并显示出特殊的格式，例如通过如下设置可以实现让明天值班的人员能自动标识出来，以达到提醒的作用。

❶ 选中显示值班日期的单元格区域，在"开始"→"样式"选项组中单击"条件格式"下拉按钮，在展开的下拉菜单中选择"突出显示单元格规则→发生日期"，如图 9-16 所示。

❷ 弹出"发生日期"对话框，单击左侧的下拉按钮，选择"明天"，如图 9-17 所示（其他选项读者可清晰看到，可以根据自己的实际需求进行设置）。

图 9-16

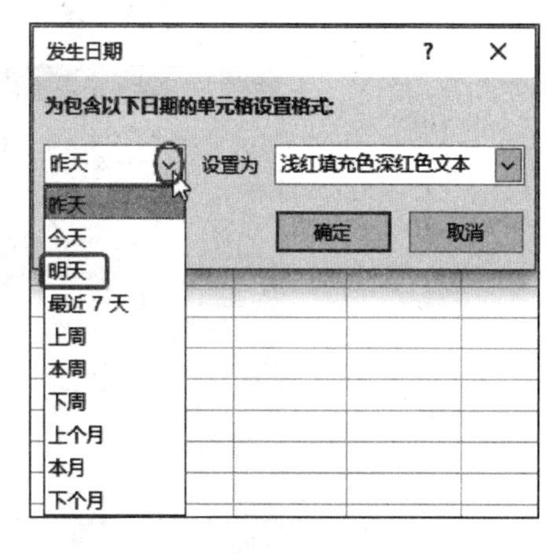

图 9-17

❸ 设置完成后单击"确定"按钮，可以看到明天值班的日期显示为所设置的特殊格式，如图 9-18 所示。

	A	B	C
1	编号	姓名	值班日期
2	001	刘娜	2020/8/13
3	002	钟扬	2020/8/14
4	003	陈振涛	2020/8/15
5	004	陈自强	2020/8/13
6	005	吴丹晨	2020/8/16
7	006	谭谢生	2020/8/17
8	007	邹瑞宣	2020/8/18
9	008	唐雨萱	2020/8/16
10	009	毛杰	2020/8/14
11	010	黄中洋	2020/8/17
12	011	刘瑞	2020/8/18
13	012	陈玉婷	2020/8/15
14	013	樊庆佳	2020/8/19
15	014	李明	2020/8/20
16	015	谭玉婷	2020/8/21
17	016	陈超明	2020/8/22
18	017	陈学明	2020/8/19
19	018	张铭	2020/8/20

图 9-18

提 示

对日期的判断是与系统日期同步的，即今天是 8 月 17 日，则明天的日期 8 月 18 日为特殊格式显示。

9.1.2 项目选取规则

Excel 程序中把“值最大的 10 项”“值最大的 10%项”“高于平均值”等多个条件总结为突出显示规则，下面通过例子介绍其使用方法。

1. 最大或最小的几项突出显示

在销售统计表中想查看哪几种产品本期销售总额不理想，以便分析销售失败的原因。

❶ 选中显示销售金额的单元格区域，在“开始”→“样式”选项组中单击“条件格式”下拉按钮，在展开的下拉菜单中选择“最前/最后规则”→“最后 10 项”，如图 9-19 所示。

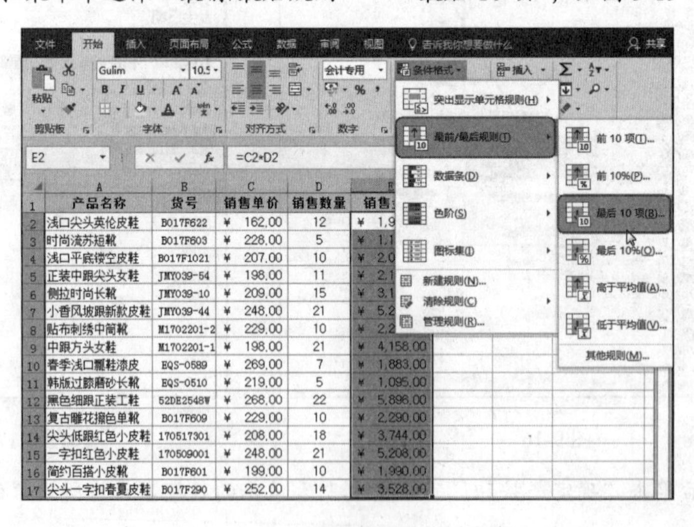

图 9-19

❷ 弹出“最后 10 项”对话框，重新设置值为“3”（因为只想让后 3 名数据显示特殊格式），如图 9-20 所示。

❸ 设置完成后单击“确定”按钮，可以看到后 3 名销售金额显示为所设置的特殊格式，如图 9-21 所示。

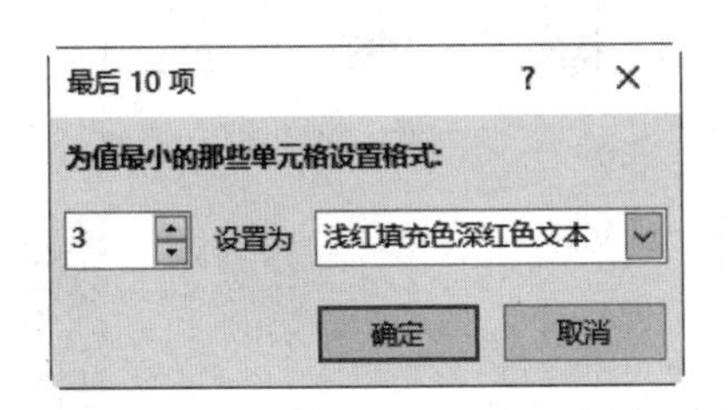

图 9-20

	A	B	C	D	E
1	产品名称	货号	销售单价	销售数量	销售金额
2	浅口尖头英伦皮鞋	B017F622	¥ 162.00	12	¥ 1,944.00
3	时尚流苏短靴	B017F603	¥ 228.00	5	¥ 1,140.00
4	浅口平底镂空皮鞋	B017F1021	¥ 207.00	10	¥ 2,070.00
5	正装中跟尖头女鞋	JMY039-54	¥ 198.00	11	¥ 2,178.00
6	侧拉时尚长靴	JMY039-10	¥ 209.00	15	¥ 3,135.00
7	小香风坡跟新款皮鞋	JMY039-44	¥ 248.00	21	¥ 5,208.00
8	贴布刺绣中筒靴	M1702201-2	¥ 229.00	10	¥ 2,290.00
9	中跟方头女鞋	M1702201-1	¥ 198.00	21	¥ 4,158.00
10	春季浅口瓢鞋漆皮	EQS-0589	¥ 269.00	7	¥ 1,883.00
11	韩版过膝磨砂长靴	EQS-0510	¥ 219.00	5	¥ 1,095.00
12	黑色细跟正装工鞋	52DE2548W	¥ 268.00	22	¥ 5,896.00
13	复古雕花擦色单靴	B017F609	¥ 229.00	10	¥ 2,290.00
14	尖头低跟红色小皮鞋	170517301	¥ 208.00	18	¥ 3,744.00
15	一字扣红色小皮鞋	170509001	¥ 248.00	21	¥ 5,208.00
16	简约百搭小皮靴	B017F601	¥ 199.00	10	¥ 1,990.00

图 9-21

提 示

当单元格中数据发生改变而影响了当前的前三名数据时，数据格式将自动重新设置。

2. 高于或低于平均值的突出显示

在“项目选取规则”中还可以设置让高于或低于平均值的数据特殊显示，例如下面的表格中希望找出考核成绩表中低于平均值的人员并特殊标记，以便安排二次培训。

❶ 选中显示考核成绩的单元格区域，在“开始”→“样式”选项组中单击“条件格式”下拉按钮，在展开的下拉菜单中选择“最前/最后规则”→“低于平均值”，如图 9-22 所示。

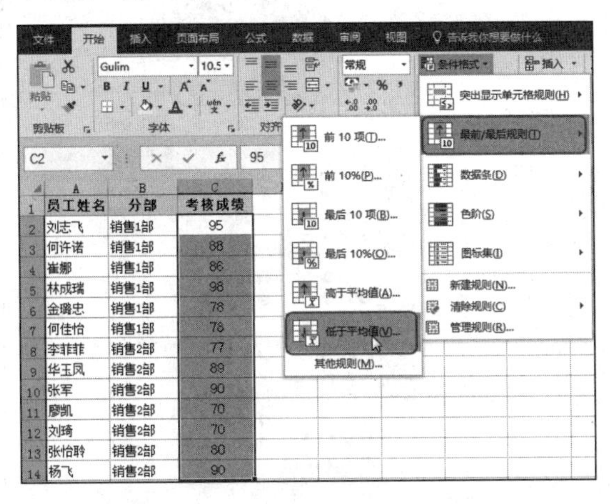

图 9-22

❷ 弹出“低于平均值”对话框（见图 9-23），单击“确定”按钮可以看到低于平均值的成绩显示特殊格式，如图 9-24 所示。

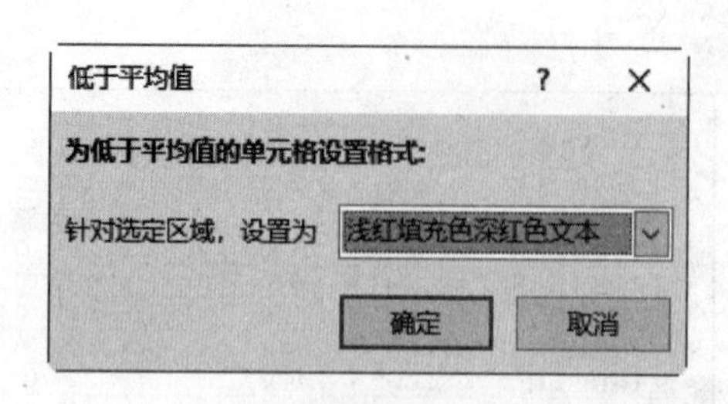

图 9-23

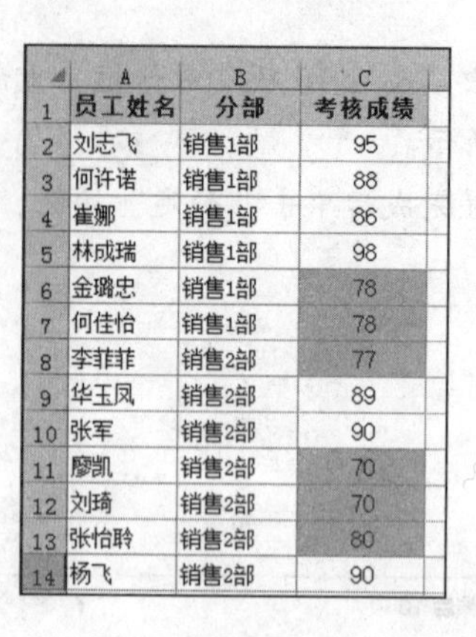

	A	B	C
1	员工姓名	分部	考核成绩
2	刘志飞	销售1部	95
3	何许诺	销售1部	88
4	崔娜	销售1部	86
5	林成瑞	销售1部	98
6	金璐忠	销售1部	78
7	何佳怡	销售1部	78
8	李菲菲	销售2部	77
9	华玉凤	销售2部	89
10	张军	销售2部	90
11	廖凯	销售2部	70
12	刘琦	销售2部	70
13	张怡聆	销售2部	80
14	杨飞	销售2部	90

图 9-24

9.1.3 图标集规则

图标集规则就是根据单元格的值区间采用不同颜色的图标进行标记，图标的样式与值区间的设定都是可以自定义的。例如选择“三色灯”图标，通过设置可以让绿色灯表示库存充足，红色灯表示库存紧缺，以起到警示的作用等。下面还是通过例子来学习设置方法。

1. 为不同库存量亮起三色灯

例如仓库产品库存表要求将不同的库存量以不同颜色的灯来表示。当库存量大于 20 时显示绿灯、库存量在 10~20 之间时显示黄灯、库存量小于 10 时显示红灯。

❶ 选中显示库存量的单元格区域，在“开始”→“样式”选项组中单击“条件格式”下拉按钮，在展开的下拉菜单中选择“图标集”→“其他规则”，如图 9-25 所示。

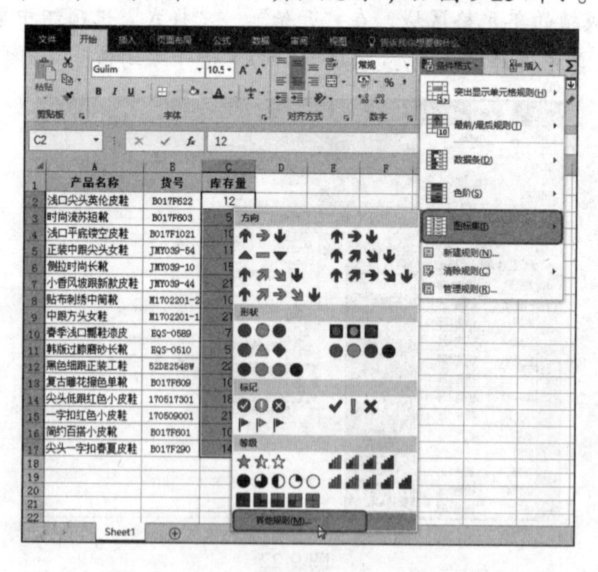

图 9-25

❷ 打开“新建格式规则”对话框（默认显示的图标就是三色灯），在绿灯后面的“值”框中输

入“20”，然后单击“类型”右侧下拉按钮，单击“数字”，如图 9-26 所示。

❸ 按照相同的方法设置黄灯的值为“10”，“类型”同样更改为“数字”，如图 9-27 所示。

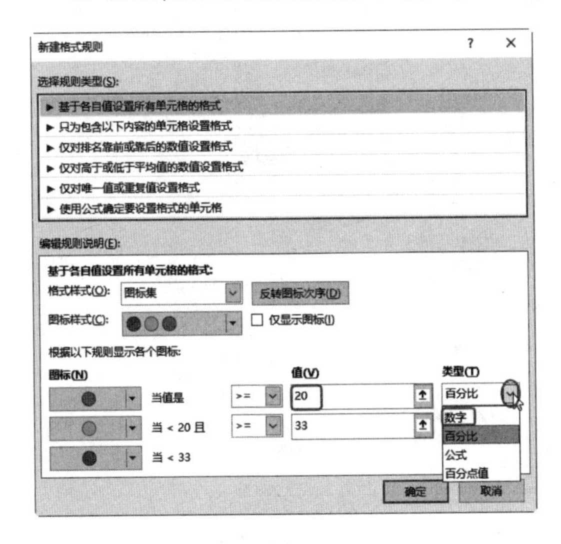

图 9-26

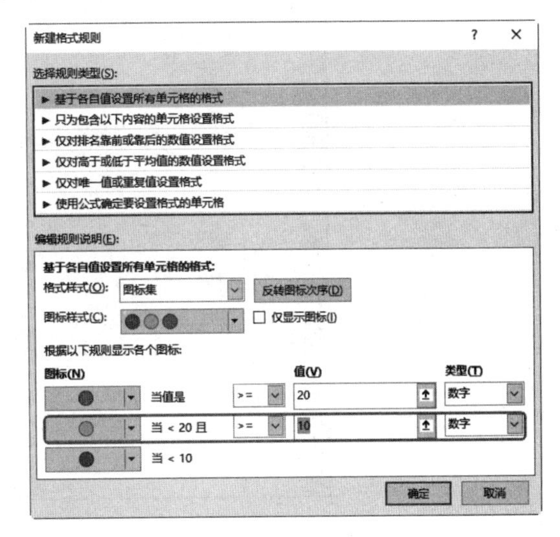

图 9-27

❹ 单击“确定”按钮，可以看到“库存量”列中大于 20 的显示绿灯、大于 10 的显示黄灯、小于 10 的显示红灯，如图 9-28 所示。

	A	B	C
1	产品名称	货号	库存量
2	浅口尖头英伦皮鞋	B017F622	12
3	时尚流苏短靴	B017F603	5
4	浅口平底镂空皮鞋	B017F1021	10
5	正装中跟尖头女鞋	JMY039-54	11
6	侧拉时尚长靴	JMY039-10	15
7	小香风坡跟新款皮鞋	JMY039-44	21
8	贴布刺绣中筒靴	M1702201-2	10
9	中跟方头女鞋	M1702201-1	21
10	春季浅口瓢鞋漆皮	EQS-0589	7
11	韩版过膝磨砂长靴	EQS-0510	5
12	黑色细跟正装工鞋	52DE2548W	22
13	复古雕花擦色单靴	B017F609	10
14	尖头低跟红色小皮鞋	170517301	18
15	一字扣红色小皮鞋	170509001	21
16	简约百搭小皮靴	B017F601	10
17	尖头一字扣春夏皮鞋	B017F290	14

图 9-28

2. 给本期的优秀销售员插红旗

本例为本季度销售部所有员工销售金额统计表，要求为销售金额大于 30000 元的插上红旗以突出显示。

❶ 选中显示销售金额的单元格区域，在“开始”→“样式”选项组中单击“条件格式”下拉按钮，在展开的下拉菜单中选择“图标集”→“其他规则”，如图 9-29 所示。

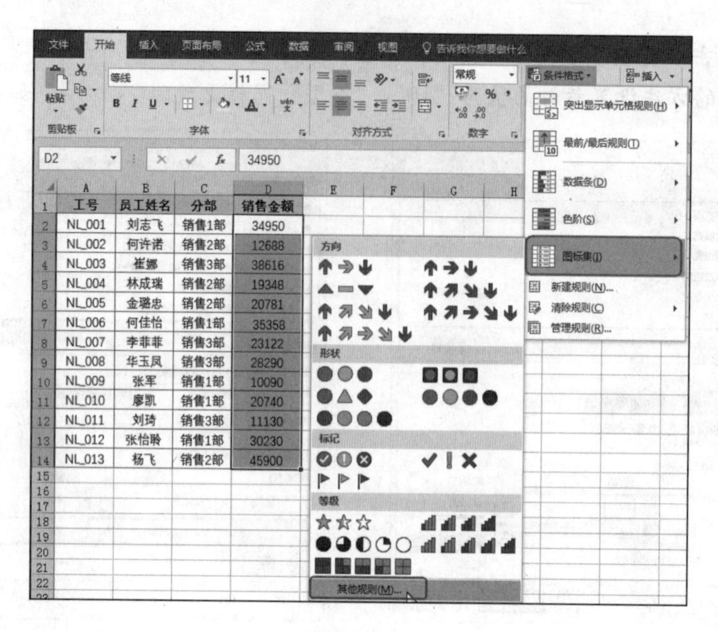

图 9-29

❷ 打开“新建格式规则”对话框，单击“图标样式”右侧的下拉按钮，选择“三色旗”图标，如图 9-30 所示。

❸ 单击绿旗右侧下拉按钮，在下拉列表中选择“红旗”，然后设置“值”为“30000”“类型”为“数字”，如图 9-31 所示。

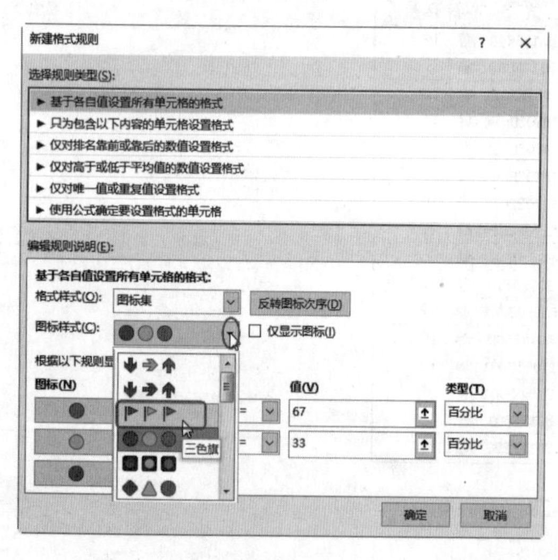

图 9-30

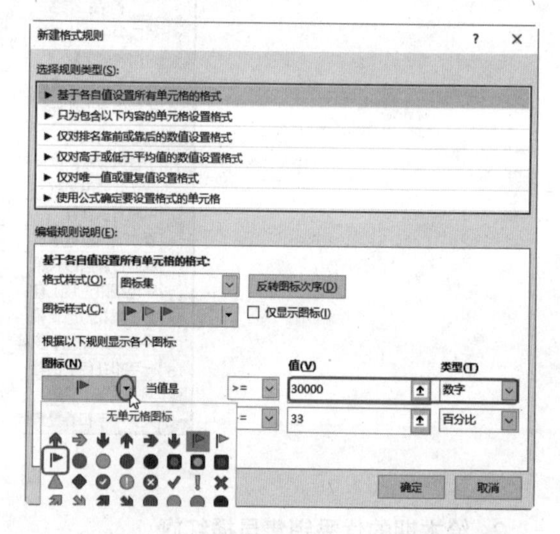

图 9-31

❹ 单击红旗右侧下拉按钮，在下拉列表中单击“无单元格图标”选项，如图 9-32 所示。按照相同的方法再设置第 3 个图标也为“无单元格图标”。

❺ 设置完成后，单击“确定”按钮可以看到表格中只有销售金额大于 30000 的数据左侧被插上了红旗，如图 9-33 所示。

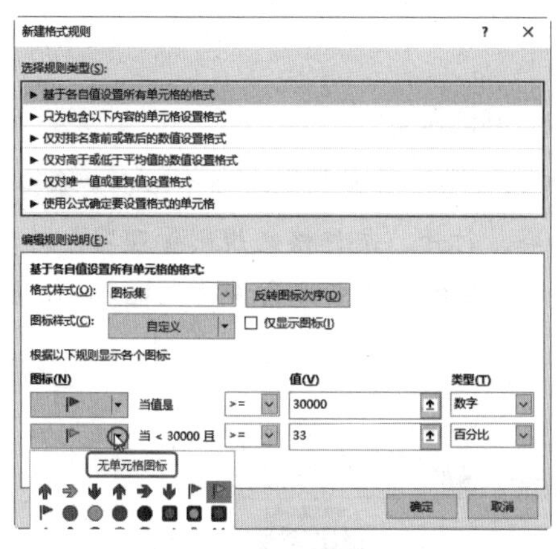

图 9-32

	A	B	C	D
1	工号	员工姓名	分部	销售金额
2	NL_001	刘志飞	销售1部	34950
3	NL_002	何许诺	销售2部	12688
4	NL_003	崔娜	销售3部	38616
5	NL_004	林成瑞	销售2部	19348
6	NL_005	金璐忠	销售2部	20781
7	NL_006	何佳怡	销售1部	35358
8	NL_007	李菲菲	销售3部	23122
9	NL_008	华玉凤	销售3部	28290
10	NL_009	张军	销售1部	10090
11	NL_010	廖凯	销售1部	20740
12	NL_011	刘琦	销售3部	11130
13	NL_012	张怡聆	销售1部	30230
14	NL_013	杨飞	销售2部	45900

图 9-33

9.1.4 管理条件格式规则

利用条件格式功能可以将表格中的重要数据、满足分析要求的数据以特殊格式标记出来，这为数据分析查看带来不少方便。当建立了多个条件后，可以通过“条件格式规则管理器”查看、修改、删除或者重新编辑表格中指定的条件格式，也可以复制条件规则，避免重复设置的麻烦。

1. 重新编辑新建的条件规则

如果已经建立的规则需要重新修改，此时可以通过如下方法重新进行编辑。

❶ 选中设置了条件格式的单元格区域，在“开始”→“样式”选项组中单击“条件格式”下拉按钮，在弹出的下拉菜单中单击“管理规则”命令，打开“条件格式规则管理器”对话框。

❷ 在“规则”列表框中选中要编辑的新建条件格式规则（见图 9-34），单击“编辑规则”按钮，打开“编辑格式规则”对话框，如图 9-35 所示。

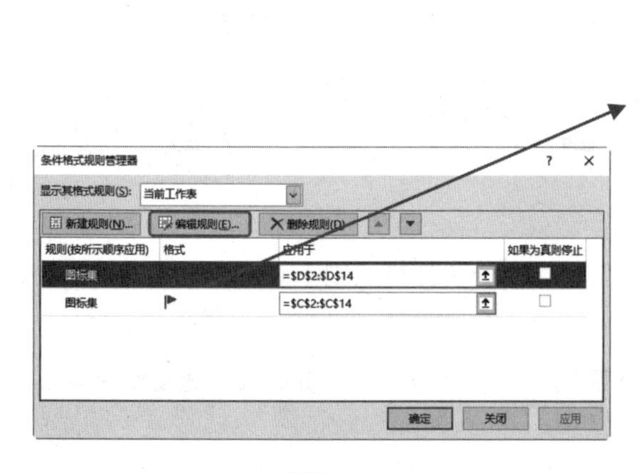

图 9-34

图 9-35

❸ 可以按照前面学习的新建规则相同的方法重新设置规则即可。

2. 删除不需要的条件规则

如果已经建立的规则，此时可以通过如下方法将其删除。

❶ 选中设置了条件格式的单元格区域，在“开始”→“样式”选项组中单击“条件格式”下拉按钮，在展开的下拉菜单中单击“管理规则”命令，打开“条件格式规则管理器”对话框。

❷ 在“规则（按所示顺序应用）”列表框中，选中要删除的新建条件格式规则（见图 9-36），单击“删除规则”按钮，即可从规则列表中清除。

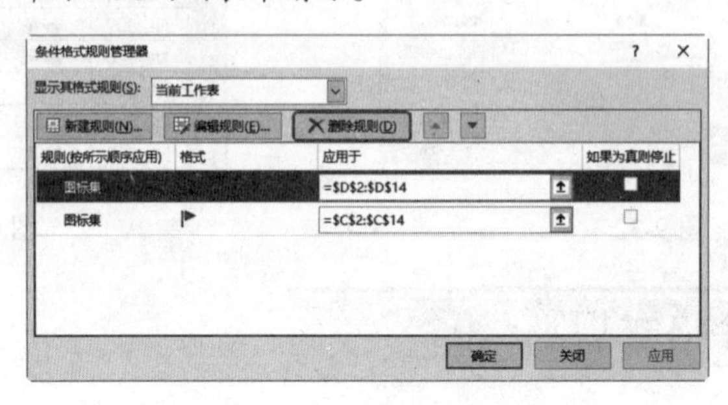

图 9-36

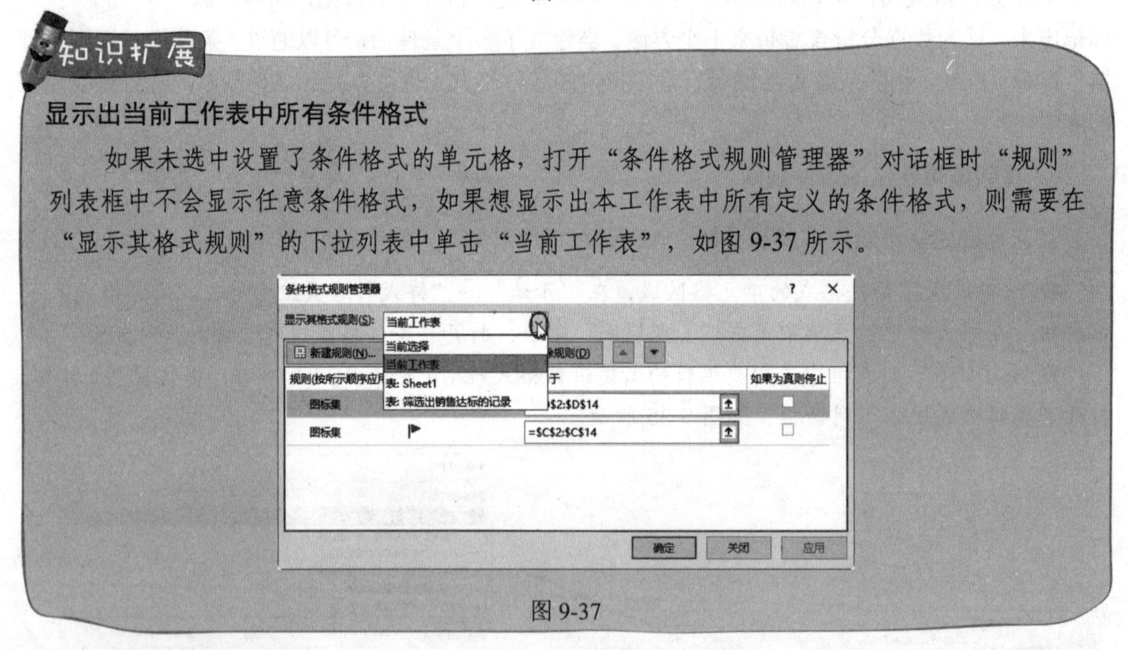

显示出当前工作表中所有条件格式

如果未选中设置了条件格式的单元格，打开“条件格式规则管理器”对话框时“规则”列表框中不会显示任意条件格式，如果想显示出本工作表中所有定义的条件格式，则需要在“显示其格式规则”的下拉列表中单击“当前工作表”，如图 9-37 所示。

图 9-37

3. 复制条件格式规则

某处设置了条件格式后，如果另一处需要使用相同的条件格式则不必重新设置，只要快速复制条件格式即可。

❶ 选中已经设置了条件格式规则的单元格区域，在“开始”→“剪贴板”选项组中单击“格式刷”按钮引用其格式，如图 9-38 所示。

❷ 在需要引用条件格式的单元格区域上拖动（见图 9-39），释放鼠标即可看到引用了条件格式，如图 9-40 所示。

图 9-38

	A	B	C	D
1	员工姓名	分部	6月销售金额	7月销售金额
2	刘志飞	销售1部	34950	69800
3	何许诺	销售2部	12688	18620
4	崔娜	销售3部	38616	20540
5	林成瑞	销售2部	19348	32500
6	金璐忠	销售2部	20781	24000
7	何佳怡	销售1部	35358	39000
8	李菲菲	销售3部	23122	58740
9	华玉凤	销售3部	28290	22306
10	张军	销售1部	10090	15400
11	廖凯	销售1部	20740	32000
12	刘琦	销售3部	11130	19800
13	张怡聆	销售1部	30230	38700
14	杨飞	销售2部	45900	54060

图 9-39

	A	B	C	D
1	员工姓名	分部	6月销售金额	7月销售金额
2	刘志飞	销售1部	34950	69800
3	何许诺	销售2部	12688	18620
4	崔娜	销售3部	38616	20540
5	林成瑞	销售2部	19348	32500
6	金璐忠	销售2部	20781	24000
7	何佳怡	销售1部	35358	39000
8	李菲菲	销售3部	23122	58740
9	华玉凤	销售3部	28290	22306
10	张军	销售1部	10090	15400
11	廖凯	销售1部	20740	32000
12	刘琦	销售3部	11130	19800
13	张怡聆	销售1部	30230	38700
14	杨飞	销售2部	45900	54060

图 9-40

9.2 数据排序

数据排序功能是将无序的数据按照指定的关键字进行排列，通过排序结果可以方便对数据的查看与比较。

9.2.1 按单个条件排序

通过排序可以快速得出指定条件下的最大值、最小值等信息。下面针对本期销售金额统计表对各商品的销售金额进行从大到小排序。

❶ 将光标定位在“销售金额”列任意单元格中，在“数据”选项卡中的“排序和筛选”选项组中单击“降序”按钮，如图 9-41 所示。

❷ 单击该按钮后，即可看到整张工作表按“销售金额”从大到小排列，如图 9-42 所示。

	A	B	C	D	E
1	产品名称	货号	销售单价	销售数量	销售金额
2	浅口尖头英伦皮鞋	B017F622	¥ 162.00	12	¥ 1,944.00
3	时尚流苏短靴	B017F603	¥ 228.00	5	¥ 1,140.00
4	浅口平底镂空皮鞋	B017F1021	¥ 207.00	10	¥ 2,070.00
5	正装中跟尖头女鞋	JMY039-54	¥ 198.00	11	¥ 2,178.00
6	侧拉时尚长靴	JMY039-10	¥ 209.00	15	¥ 3,135.00
7	小香风坡跟新款皮鞋	JMY039-44	¥ 248.00	21	¥ 5,208.00
8	贴布刺绣中筒靴	M1702201-2	¥ 229.00	10	¥ 2,290.00
9	中跟方头女鞋	M1702201-1	¥ 198.00	21	¥ 4,158.00
10	春季浅口瓢鞋漆皮	EQS-0589	¥ 269.00	7	¥ 1,883.00
11	韩版过膝磨砂长靴	EQS-0510	¥ 219.00	5	¥ 1,095.00
12	黑色细跟正装工鞋	52DE2548W	¥ 268.00	22	¥ 5,896.00
13	复古雕花擦色单鞋	B017F609	¥ 229.00	10	¥ 2,290.00
14	尖头低跟红色小皮鞋	170517301	¥ 208.00	18	¥ 3,744.00

图 9-41

	A	B	C	D	E
1	产品名称	货号	销售单价	销售数量	销售金额
2	黑色细跟正装工鞋	52DE2548W	¥ 268.00	22	¥ 5,896.00
3	小香风坡跟新款皮鞋	JMY039-44	¥ 248.00	21	¥ 5,208.00
4	一字扣红色小皮鞋	170509001	¥ 248.00	21	¥ 5,208.00
5	中跟方头女鞋	M1702201-1	¥ 198.00	21	¥ 4,158.00
6	尖头低跟红色小皮鞋	170517301	¥ 208.00	18	¥ 3,744.00
7	尖头一字扣春夏皮鞋	B017F290	¥ 252.00	14	¥ 3,528.00
8	侧拉时尚长靴	JMY039-10	¥ 209.00	15	¥ 3,135.00
9	贴布刺绣中筒靴	M1702201-2	¥ 229.00	10	¥ 2,290.00
10	复古雕花擦色单鞋	B017F609	¥ 229.00	10	¥ 2,290.00
11	正装中跟尖头女鞋	JMY039-54	¥ 198.00	11	¥ 2,178.00
12	浅口平底镂空皮鞋	B017F1021	¥ 207.00	10	¥ 2,070.00
13	简约百搭小皮靴	B017F601	¥ 199.00	10	¥ 1,990.00
14	浅口尖头英伦皮鞋	B017F622	¥ 162.00	12	¥ 1,944.00
15	春季浅口瓢鞋漆皮	EQS-0589	¥ 269.00	7	¥ 1,883.00
16	时尚流苏短靴	B017F603	¥ 228.00	5	¥ 1,140.00
17	韩版过膝磨砂长靴	EQS-0510	¥ 219.00	5	¥ 1,095.00

图 9-42

9.2.2 按多个条件排序

双关键字排序用于当按第一个关键字排序时出现重复记录，再按第二个关键字排序的情况下。在本例中可以先按“所属部门”进行排序，然后根据“实发工资”进行排序，从而方便查看同一部门中各员工的工资排序情况。

❶ 选中表格编辑区域任意单元格，在“数据”选项卡的“排序和筛选”选项组中单击“排序”按钮，打开“排序”对话框。

❷ 在“主要关键字”下拉列表框中选择“所属部门”，在“次序”下拉列表框中可以选择“升序”或“降序”，如图 9-43 所示。

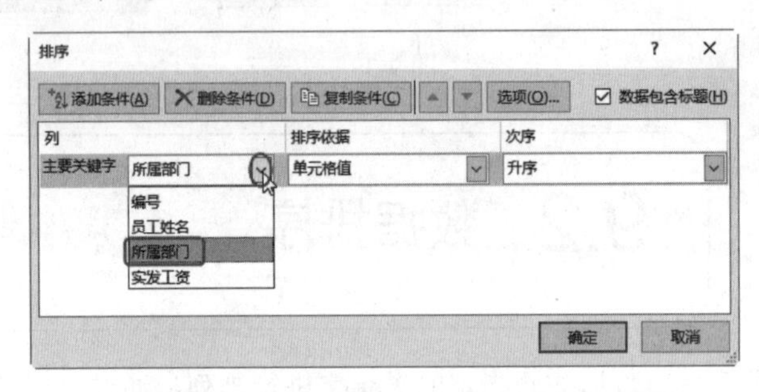

图 9-43

❸ 单击“添加条件”按钮，在下拉列表框中添加“次要关键字”，如图 9-44 所示。

❹ 在“次要关键字”下拉列表框中选择“实发工资”，在“次序”下拉列表框中选择“降序”，如图 9-44 所示。

❺ 单击“确定”按钮，可以看到表格中首先按“所属部门”升序排序，对于相同部门的记录按“实发工资”降序排序，如图 9-45 所示。

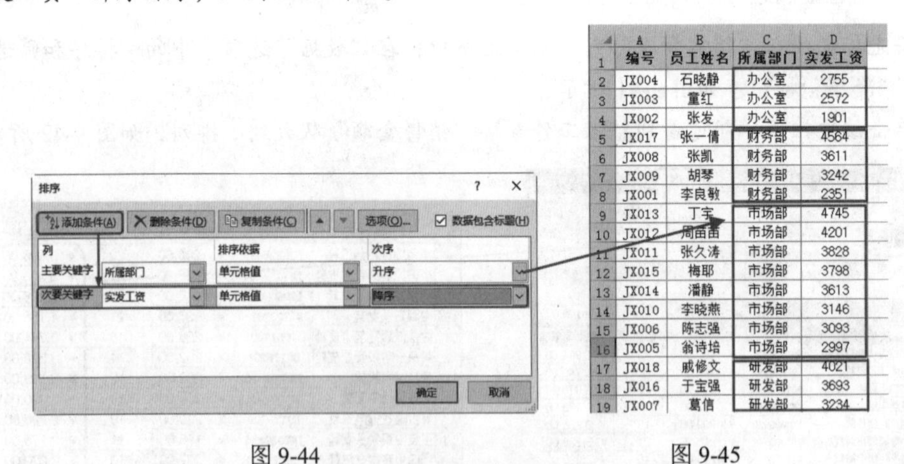

	A	B	C	D
1	编号	员工姓名	所属部门	实发工资
2	JX004	石晓静	办公室	2755
3	JX003	童红	办公室	2572
4	JX002	张发	办公室	1901
5	JX017	张一倩	财务部	4564
6	JX008	张凯	财务部	3611
7	JX009	胡琴	财务部	3242
8	JX001	李良敏	财务部	2351
9	JX013	丁宇	市场部	4745
10	JX012	周亩亩	市场部	4201
11	JX011	张久涛	市场部	3828
12	JX015	梅耶	市场部	3798
13	JX014	潘静	市场部	3613
14	JX010	李晓燕	市场部	3146
15	JX006	陈志强	市场部	3093
16	JX005	翁诗培	市场部	2997
17	JX018	戚修文	研发部	4021
18	JX016	于宝强	研发部	3693
19	JX007	葛信	研发部	3234

图 9-44　　图 9-45

9.2.3 按自定义的规则排序（如按学历高低排序）

Excel 可以根据数值的大小进行排序，也可以按文本首字终的顺序进行排序，

但是在实际工作中想达到的排序结果，程序并不都能识别，例如按学历的高低、按职位排序、按地域排序等。如果想要实现这种效果，还可以自定义排序规则，下面举例介绍按学历从高到低排序（即按“博士-硕士-本科-大专”的顺序排列。

❶ 选中工作表的任意单元格，在“数据”→“排序和筛选”选项组中单击“排序”按钮（见图 9-46 所示，通过此图读者可以观察到排序前数据），打开“排序”对话框。

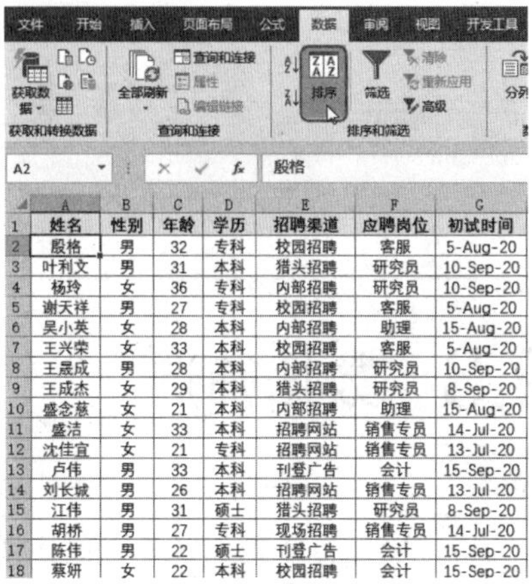

	A	B	C	D	E	F	G
1	姓名	性别	年龄	学历	招聘渠道	应聘岗位	初试时间
2	殷格	男	32	专科	校园招聘	客服	5-Aug-20
3	叶利文	男	31	本科	猎头招聘	研究员	10-Sep-20
4	杨玲	女	36	专科	内部招聘	研究员	10-Sep-20
5	谢天祥	男	27	专科	校园招聘	客服	5-Aug-20
6	吴小英	女	28	本科	内部招聘	助理	15-Aug-20
7	王兴荣	女	33	本科	校园招聘	客服	5-Aug-20
8	王晟成	男	28	本科	内部招聘	研究员	10-Sep-20
9	王成杰	女	29	本科	猎头招聘	研究员	8-Sep-20
10	盛念慈	女	21	本科	内部招聘	助理	15-Aug-20
11	盛洁	女	33	本科	招聘网站	销售专员	14-Jul-20
12	沈佳宜	女	21	专科	招聘网站	销售专员	13-Jul-20
13	卢伟	男	33	本科	刊登广告	会计	15-Sep-20
14	刘长城	男	26	本科	招聘网站	销售专员	13-Jul-20
15	江伟	男	31	硕士	猎头招聘	研究员	8-Sep-20
16	胡桥	男	27	专科	现场招聘	销售专员	14-Jul-20
17	陈伟	男	22	硕士	刊登广告	会计	15-Sep-20
18	蔡妍	女	22	本科	校园招聘	会计	15-Sep-20

图 9-46

❷ 单击“主要关键字”右侧的下拉按钮，在展开的下拉列表中单击“学历”选项，然后单击“次序”下拉按钮，在展开的下拉列表中单击“自定义序列”选项（见图 9-47），打开“自定义序列”对话框。

❸ 在“输入序列”文本框中按学历的高低顺序输入序列，如图 9-48 所示。

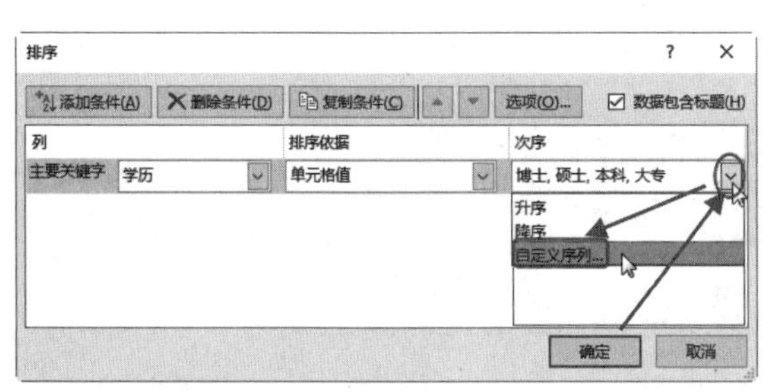

图 9-47

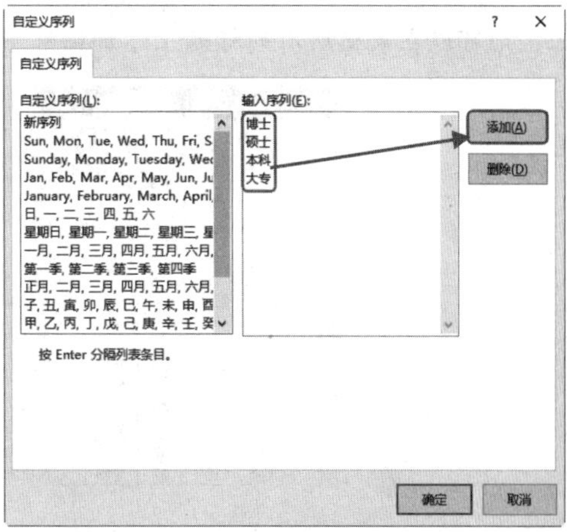

图 9-48

❹ 单击“确定”按钮返回“排序”对话框中，在“次序”列表框中可以看到所引用的学历序列，如图 9-49 所示。

❺ 单击“确定”按钮返回工作表中，即可看到工作表实现了按所设定的学历顺序显示的排序效果，如图 9-50 所示。

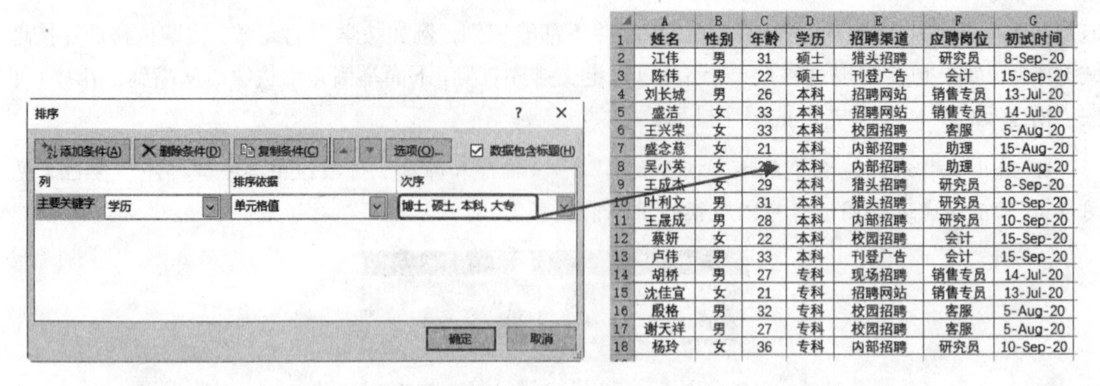

	A	B	C	D	E	F	G
1	姓名	性别	年龄	学历	招聘渠道	应聘岗位	初试时间
2	江伟	男	31	硕士	猎头招聘	研究员	8-Sep-20
3	陈伟	男	22	硕士	刊登广告	会计	15-Sep-20
4	刘长城	男	26	本科	招聘网站	销售专员	13-Jul-20
5	盛洁	女	33	本科	招聘网站	销售专员	14-Jul-20
6	王兴荣	女	33	本科	校园招聘	客服	5-Aug-20
7	盛念慈	女	21	本科	内部招聘	助理	15-Aug-20
8	吴小英	女	[illegible]	本科	内部招聘	助理	15-Aug-20
9	王成杰	女	29	本科	猎头招聘	研究员	8-Sep-20
10	叶利文	男	31	本科	猎头招聘	研究员	10-Sep-20
11	王晟成	男	28	本科	内部招聘	研究员	10-Sep-20
12	蔡妍	女	22	本科	校园招聘	会计	15-Sep-20
13	卢伟	男	33	本科	刊登广告	会计	15-Sep-20
14	胡桥	男	27	专科	现场招聘	销售专员	14-Jul-20
15	沈佳宜	女	21	专科	招聘网站	销售专员	13-Jul-20
16	殷格	男	32	专科	校园招聘	客服	5-Aug-20
17	谢天祥	男	27	专科	校园招聘	客服	5-Aug-20
18	杨玲	女	36	专科	内部招聘	研究员	10-Sep-20

图 9-49　　图 9-50

9.3 数据筛选

数据筛选常用于对数据库的分析。通过设置筛选条件可以快速将数据库中满足指定条件的数据记录筛选出来，使得数据的查看更具针对性。

9.3.1 添加筛选功能

用户可以添加自动筛选功能，然后筛选出符合条件的数据。

❶ 选中表格编辑区域中的任意单元格，在“数据”→“排序和筛选”选项组中单击“筛选”按钮，则可以在表格所有列标题上添加筛选下拉按钮，如图 9-51 所示。

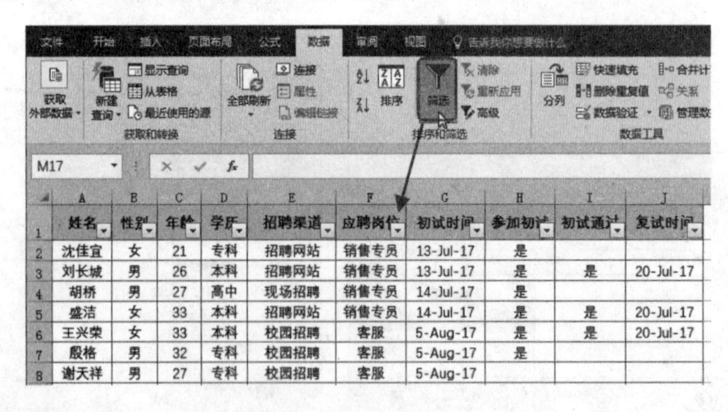

	A	B	C	D	E	F	G	H	I	J
1	姓名	性别	年龄	学历	招聘渠道	应聘岗位	初试时间	参加初试	初试通过	复试时间
2	沈佳宜	女	21	专科	招聘网站	销售专员	13-Jul-17	是		
3	刘长城	男	26	本科	招聘网站	销售专员	13-Jul-17	是	是	20-Jul-17
4	胡桥	男	27	高中	现场招聘	销售专员	14-Jul-17	是		
5	盛洁	女	33	本科	招聘网站	销售专员	14-Jul-17	是	是	20-Jul-17
6	王兴荣	女	33	本科	校园招聘	客服	5-Aug-17	是	是	20-Jul-17
7	殷格	男	32	专科	校园招聘	客服	5-Aug-17	是		
8	谢天祥	男	27	专科	校园招聘	客服	5-Aug-17			

图 9-51

❷ 单击要进行筛选的字段右侧按钮，如此处单击“初试通过”列标题右侧的下拉按钮，在下拉列表中撤选取消“全选”复选框，选中“是”复选框，如图 9-52 所示。

❸ 单击“确定”按钮，即可筛选出所有满足条件的记录（即初试通过的员工记录），如图 9-53 所示。

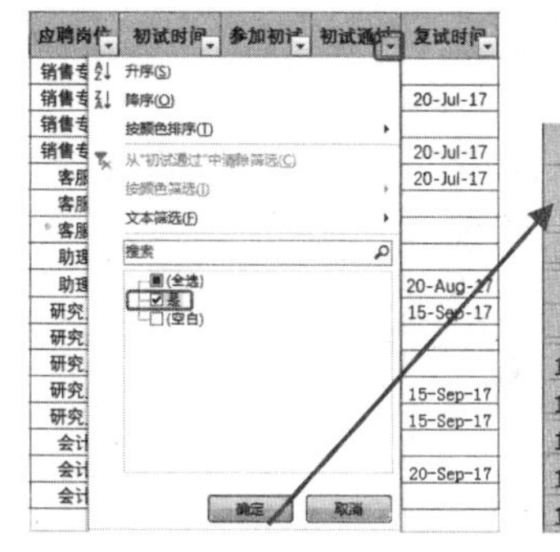
图 9-52

	A	B	C	D	E	F	G	H	I	J
1	姓名	性别	年龄	学历	招聘渠道	应聘岗位	初试时间	参加初试	初试通过	复试时间
3	刘长城	男	26	本科	招聘网站	销售专员	13-Jul-17	是	是	20-Jul-17
5	盛洁	女	33	本科	招聘网站	销售专员	14-Jul-17	是	是	20-Jul-17
6	王兴荣	女	33	本科	校园招聘	客服	5-Aug-17	是	是	20-Jul-17
10	吴小英	女	28	本科	内部招聘	助理	15-Aug-17	是	是	20-Aug-17
11	江伟	男	31	硕士	猎头招聘	研究员	8-Sep-17	是	是	15-Sep-17
14	王晟成	男	28	本科	内部招聘	研究员	10-Sep-17	是	是	15-Sep-17
15	杨玲	女	36	专科	内部招聘	研究员	10-Sep-17	是	是	15-Sep-17
17	陈伟	男	22	硕士	刊登广告	会计	15-Sep-17	是	是	20-Sep-17

图 9-53

9.3.2 数值筛选

当用于筛选的字段是数值时，可以进行“大于”“小于”“介于”指定值的条件设置，从而筛选出满足条件的数据条目。

1. 筛选出大于指定数值的记录

本例中筛选出提成金额大于 5000 的记录，具体操作步骤如下。

❶ 选中表格编辑区域中的任意单元格，在“数据”→“排序和筛选”选项组中单击“筛选”按钮，则可以在表格所有列标题上添加筛选下拉按钮。

❷ 单击“提成金额”到标题右侧下拉按钮，在打开的下拉列表中单击“数字筛选”→“大于”，如图 9-54 所示。

图 9-54

❸ 单击该命令后，打开“自定义自动筛选方式”对话框，设置大于数值为“3000”，如图 9-55 所示。

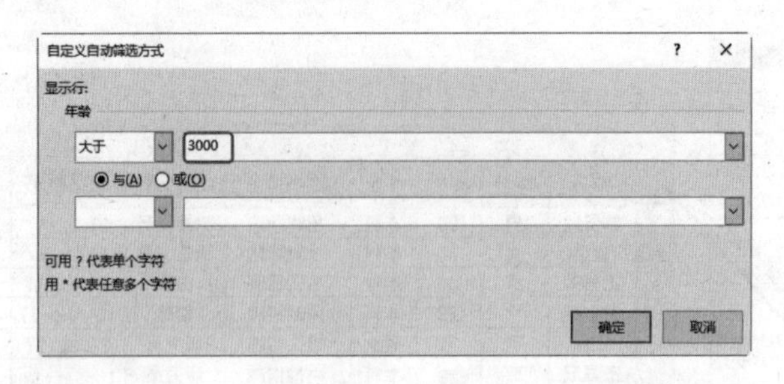

图 9-55

❹ 单击“确定”按钮，即可筛选出销售金额大于 3000 的记录，如图 9-56 所示。

	A	B	C	D	E
1	产品名称	货号	销售单价	销售数量	销售金额
6	侧拉时尚长靴	JMY039-10	¥ 209.00	15	¥ 3,135.00
7	小香风坡跟新款皮鞋	JMY039-44	¥ 248.00	21	¥ 5,208.00
9	中跟方头女鞋	M1702201-1	¥ 198.00	21	¥ 4,158.00
12	黑色细跟正装工鞋	52DE2548W	¥ 268.00	22	¥ 5,896.00
14	尖头低跟红色小皮鞋	170517301	¥ 208.00	18	¥ 3,744.00
15	一字扣红色小皮鞋	170509001	¥ 248.00	21	¥ 5,208.00
17	尖头一字扣春夏皮鞋	B017F290	¥ 252.00	14	¥ 3,528.00

图 9-56

2. 筛选出前 5 名记录

在进行数值筛选时，还可以按指定关键字筛选出前几名的记录。例如在下面的竞赛成绩统计表中需要将成绩前 5 名的记录筛选出来。

❶ 选中表格编辑区域任意单元格，在“数据”→“排序和筛选”选项组中单击“筛选”按钮，则可以在表格所有列标题上添加筛选下拉按钮。

❷ 单击“竞赛成绩”标识右侧下拉按钮，在打开的列表中单击“数字筛选→前 10 项”，如图 9-57 所示。

❸ 单击该命令后，打开“自动筛选前 10 个”对话框，设置最大值为“5”（默认是 10），如图 9-58 所示。

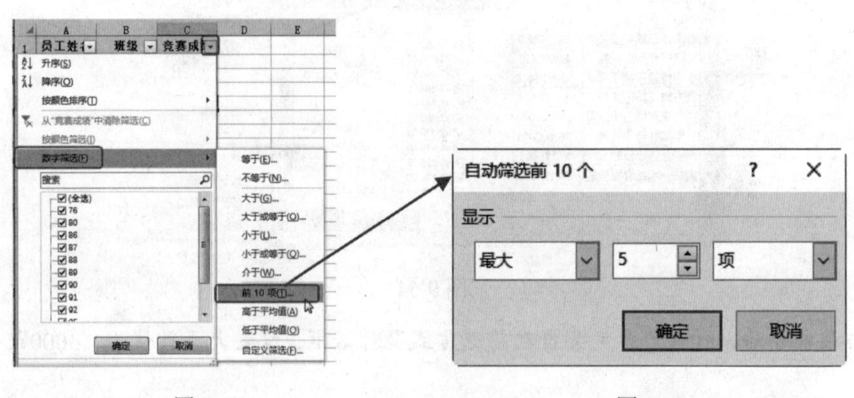

图 9-57　　　　图 9-58

❹ 单击“确定”按钮即可筛选出竞赛成绩排名前 5 位的记录，如图 9-59 所示。

	A	B	C
1	员工姓名	班级	竞赛成绩
2	戚修文	五(2)	96
5	梅耶	五(1)	95
10	李晓燕	五(5)	92
13	葛信	五(5)	98
19	李良敏	五(5)	92

图 9-59

3. 自定义筛选出满足两项条件的记录

在销售统计表中要筛选查看销售比较好的产品与销售不太好的产品，可以一次性得出筛选结果。

❶ 选中表格编辑区域中的任意单元格，在“数据”→“排序和筛选”选项组中单击“筛选”按钮，则可以在表格所有列标题上添加筛选下拉按钮。

❷ 单击“销售金额”列标题右侧下拉按钮，在打开的列表中单击“数字筛选”→“自定义筛选”（见图 9-60），打开“自定义自动筛选方式”对话框。

图 9-60

❸ 设置大于数值为“5000”，选中“或”单选按钮，设置第二个筛选方式为“小于”→“2000”，如图 9-61 所示。

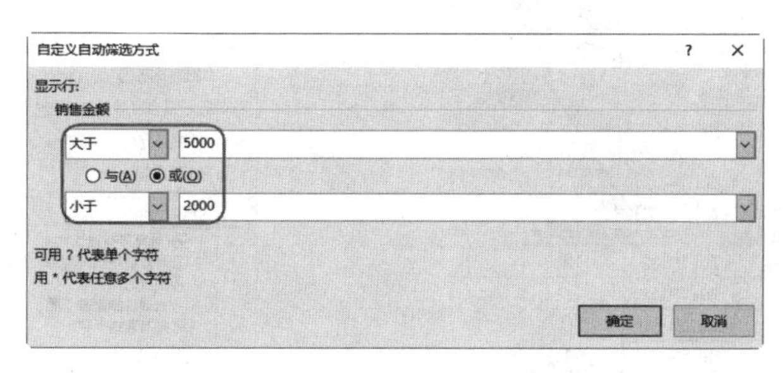

图 9-61

❹ 单击“确定”按钮，即可同时筛选出销售金额大于 5000 的或者小于 2000 的记录，如图 9-62 所示。

	产品名称	货号	销售单价	销售数量	销售金额
2	浅口尖头英伦皮鞋	B017F622	¥ 162.00	12	¥ 1,944.00
3	时尚流苏短靴	B017F603	¥ 228.00	5	¥ 1,140.00
7	小香风坡跟新款皮鞋	JMY039-44	¥ 248.00	21	¥ 5,208.00
10	春季浅口瓢鞋漆皮	EQS-0589	¥ 269.00	7	¥ 1,883.00
11	韩版过膝磨砂长靴	EQS-0510	¥ 219.00	5	¥ 1,095.00
12	黑色细跟正装工鞋	52DE2548W	¥ 268.00	22	¥ 5,896.00
15	一字扣红色小皮鞋	170509001	¥ 248.00	21	¥ 5,208.00
16	简约百搭小皮靴	B017F601	¥ 199.00	10	¥ 1,990.00

图 9-62

提 示

在“自定义自动筛选方式”对话框中还可以选中“与”单选按钮，此时筛选得到的结果是同时满足这两个条件的记录。

9.3.3 文本筛选

文本筛选是针对文本列标识的，它可以设置“包含”“不包含”“开头是”“结尾是”等条件。

1. 利用筛选搜索器快速搜索

利用搜索筛选器筛选数据也是一种较为常用且快捷的方式，它主要针对文本包含的筛选。只要在搜索框中输入关键字，即可快速搜索找到包含此关键字的数据，并且也可以实现同时满足双关键字或排除某关键字的筛选。

❶ 选中工作表中的任意单元格，在“数据”→“排序和筛选”选项组中单击“筛选”按钮，（见图 9-63），即可在工作表的列标题上添加筛选按钮。

❷ 单击“产品名称”单元格右侧的下拉按钮，弹出下拉列表，在“搜索”文本框中输入要筛选的关键字，例如输入“长靴”，如图 9-64 所示。

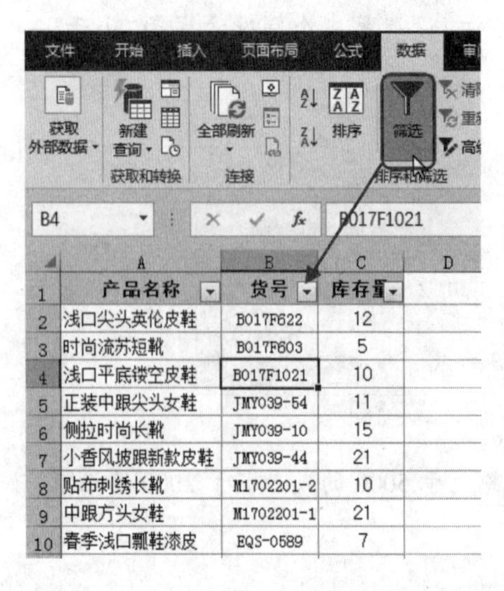

图 9-63

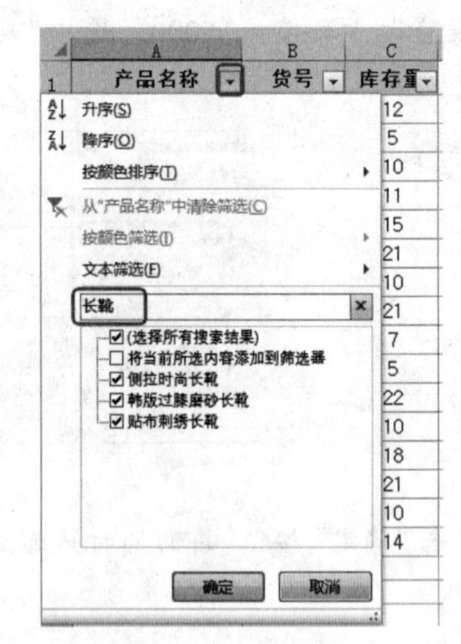

图 9-64

❸ 单击“确定”按钮，可以看到只要产品名称中有“长靴”两个字的就被筛选出来，如图 9-65 所示。

	A	B	C	D
1	产品名称	货号	库存量	
6	侧拉时尚长靴	JMY039-10	15	
8	贴布刺绣长靴	M1702201-2	10	
11	韩版过膝磨砂长靴	EQS-0510	5	
18				

图 9-65

2. “文本筛选”功能

利用筛选搜索器筛选记录是包含式的筛选。如果想实现完全等于式的筛选则需要使用“文本筛选”功能。

我们使用筛选搜索器查找“经理”的记录，得到的记录中不止有应聘岗位为“经理”的，还包括“区域经理”“客户经理”等记录（见图 9-66），那么如何排除“区域经理”“客户经理”的记录，只显示“经理”的记录呢？

应聘人员信息表

	序号	姓名	应聘岗位	性别	年龄	学历	联系电话	电子邮件
3	1	蔡晓	经理	女	23	大专	13012326633	caixiao@163.com
5	3	陈治平	区域经理	男	29	本科	15855465681	chen@126.com
8	6	郝强	营销经理	男	33	本科	13075531218	hq@126.com
9	7	胡雅丽	客户经理	女	26	本科	13063251216	hyl@126.com
11	9	李坤	区域经理	男	24	大专	15202523653	LI@163.com
14	12	王莉	区域经理	女	27	本科	13652234562	wl@163.com
17	15	王维	客户经理	男	34	大专	13024567892	1244375602@qq.com
18	16	吴丽萍	经理	女	33	本科	15123416122	wulip@126.com

图 9-66

❶ 单击“应聘岗位”单元格右侧的下拉按钮，在弹出的下拉列表中依次单击“文本筛选”→“等于”命令（见图 9-67），打开“自定义自动筛选方式”对话框。

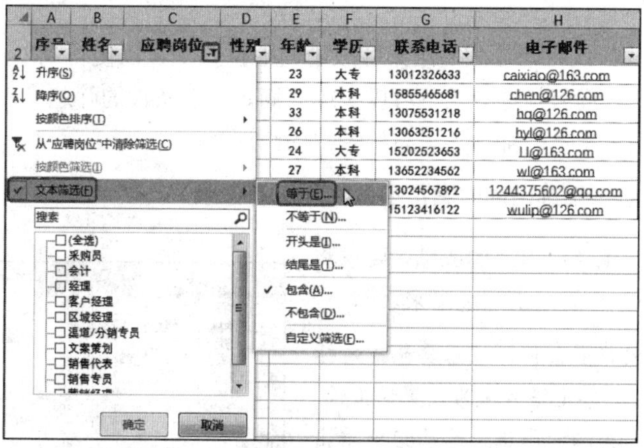

图 9-67

❷ 在“等于”后的文本框中输入要查找的内容“经理”，如图 9-68 所示。

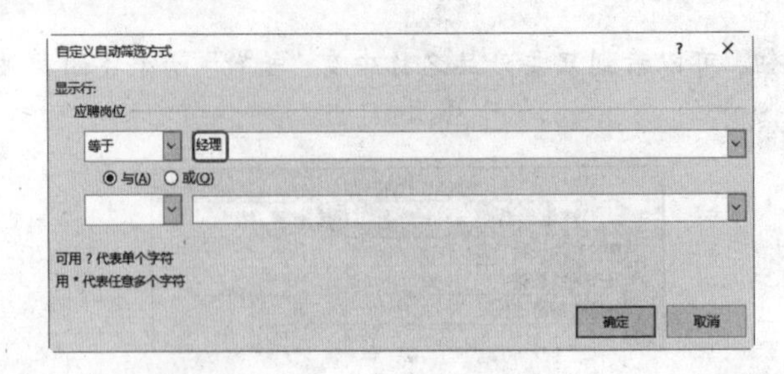

图 9-68

❸ 单击“确定”按钮，即可查看所有应聘岗位为“经理”的所有记录，如图 9-69 所示。

应聘人员信息表

序号	姓名	应聘岗位	性别	年龄	学历	联系电话	电子邮件
1	蔡晓	经理	女	23	大专	13012326633	caixiao@163.com
16	吴丽萍	经理	女	33	本科	15123416122	wulip@126.com

在 22 条记录中找到 2 个

图 9-69

提 示

在“文本筛选”的子菜单中可以看到有“包含”“不包含”“开头是”等命令，可以按实际的筛选要求选用即可。例如“不包含”可以实现排除某个关字的筛选，即只要文本不包含这个关键字就被作为满足条件的记录筛选出来。

9.3.4 高级筛选

采用高级筛选方式可以将筛选到的结果存放于其他位置上，以便得到单一的分析结果，便于使用。在高级筛选方式下可以实现只满足一个条件的筛选（“或”条件的筛选），也可以实现同时满中两个条件的筛选（“与”条件的筛选）。

1. “与”条件筛选（筛选出同时满足多条件的所有记录）

本表格中统计了学生各门科目的成绩，要求将各门科目成绩都大于 90 分的记录筛选出来。

❶ 在表格的空白处设置条件，注意要包括列标题，如图 9-70 所示 F1:H2 单元格区域为设置的条件。

❷ 在“数据”→“排序和筛选”选项组中单击“高级”按钮（见图 9-71），打开“高级筛选”对话框。

❸ 在“列表区域”中设置参与筛选的单元格区

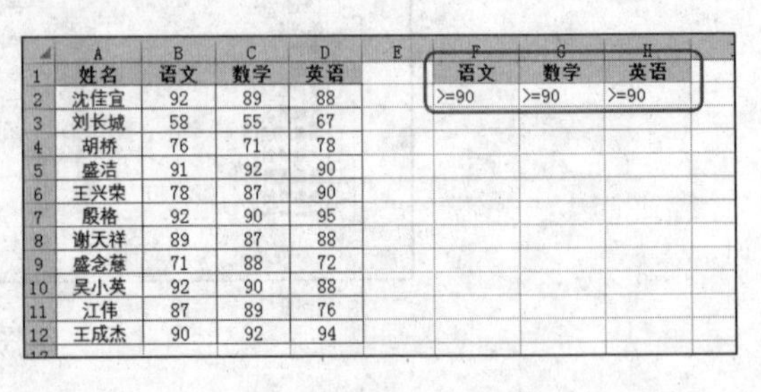

	A	B	C	D	E	F	G	H
1	姓名	语文	数学	英语		语文	数学	英语
2	沈佳宜	92	89	88		>=90	>=90	>=90
3	刘长城	58	55	67				
4	胡桥	76	71	78				
5	盛洁	91	92	90				
6	王兴荣	78	87	90				
7	殷格	92	90	95				
8	谢天祥	89	87	88				
9	盛念慈	71	88	72				
10	吴小英	92	90	88				
11	江伟	87	89	76				
12	王成杰	90	92	94				

图 9-70

域（可以单击右侧的按钮在工作表中选择），在“条件区域”中设置条件单元格区域，选中“将筛选结果复制到其他位置”单选按钮，再在“复制到”中设置要将筛选后的数据放置的起始位置，如图 9-72 所示。

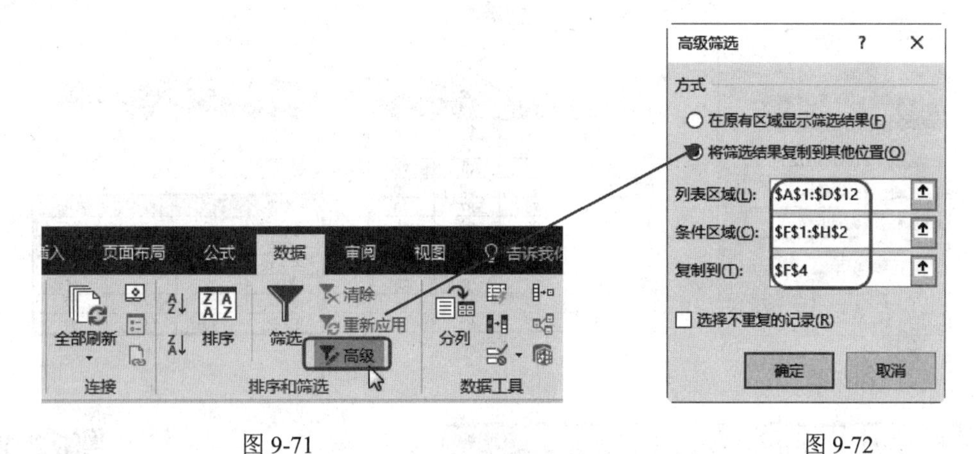

图 9-71　　　　图 9-72

❹ 单击“确定”按钮即可筛选出满足条件的记录，如图 9-73 所示。

	A	B	C	D	E	F	G	H	I
1	姓名	语文	数学	英语		语文	数学	英语	
2	沈佳宜	92	89	88		>=90	>=90	>=90	
3	刘长城	58	55	67					
4	胡桥	76	71	78		姓名	语文	数学	英语
5	盛洁	91	92	90		盛洁	91	92	90
6	王兴荣	78	87	90		殷格	92	90	95
7	殷格	92	90	95		王成杰	90	92	94
8	谢天祥	89	87	88					
9	盛念慈	71	88	72					
10	吴小英	92	90	88					
11	江伟	87	89	76					
12	王成杰	90	92	94					

图 9-73

2. “或”条件筛选（筛选出满足多条件中任意一条件的所有记录）

本表格中统计了学生各门科目的成绩，要求将只要有一门科目成绩大于 90 分的记录都筛选出来。

❶ 在表格的空白处设置条件，注意要包括列标题，如图 9-74 所示 F1:H4 单元格区域为设置的条件。

	A	B	C	D	E	F	G	H
1	姓名	语文	数学	英语		语文	数学	英语
2	沈佳宜	92	89	88		>=90		
3	刘长城	58	55	67			>=90	
4	胡桥	76	71	78				>=90
5	盛洁	91	92	90				
6	王兴荣	78	87	90				
7	殷格	92	90	95				
8	谢天祥	89	87	88				
9	盛念慈	71	88	72				
10	吴小英	92	90	88				
11	江伟	87	89	76				
12	王成杰	90	92	94				

图 9-74

❷ 在“数据”→“排序和筛选”选项组中单击“高级”按钮，打开“高级筛选”对话框。

❸ 在“列表区域”中设置参与筛选的单元格区域（可以单击右侧的按钮在工作表中选择），

在“条件区域”中设置条件单元格区域，选中“将筛选结果复制到其他位置”单选框，再在“复制到”中设置要将筛选后的数据放置的起始位置，如图 9-75 所示。

❹ 单击“确定”按钮，即可筛选出满足条件的记录，如图 9-76 所示。

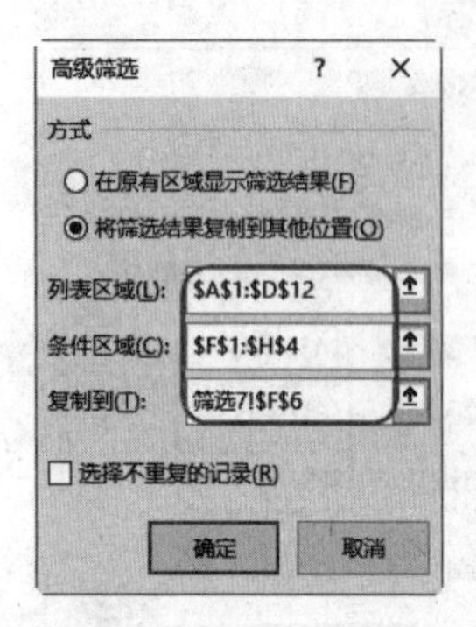

图 9-75

	A	B	C	D	E	F	G	H	I
1	姓名	语文	数学	英语		语文	数学	英语	
2	沈佳宜	92	89	88		>=90			
3	刘长城	58	55	67			>=90		
4	胡桥	76	71	78				>=90	
5	盛洁	91	92	90					
6	王兴荣	78	87	90		姓名	语文	数学	英语
7	殷格	92	90	95		沈佳宜	92	89	88
8	谢天祥	89	87	88		盛洁	91	92	90
9	盛念慈	71	88	72		王兴荣	78	87	90
10	吴小英	92	90	88		殷格	92	90	95
11	江伟	87	89	76		吴小英	92	90	88
12	王成杰	90	92	94		王成杰	90	92	94

图 9-76

9.3.5 取消筛选

在设置了数据筛选后，如果想还原成原始数据表，需要取消设置的筛选条件。

❶ 单击设置了筛选的列标题右侧下拉按钮，在打开下拉列表中单击“从‘**’中删除筛选”命令即可，如图 9-77 所示。

	A	B	C	D
1	产品名称	货号	库存量	
			15	
			10	
			5	

升序(S)
降序(O)
按颜色排序(T)
从"产品名称"中清除筛选(C)
按颜色筛选(I)
文本筛选(F)
搜索

图 9-77

❷ 如果数据表中多处使用了筛选，想要一次完全清除，可以单击“数据”选项卡下“排序和筛选”选项组中的“清除”按钮即可。

9.4 数据分类汇总

分类汇总，顾名思义，就是先分类再汇总，即将同一类的数据自动添加合计或小计，如按部门统计总销售额、统计档案表中的男女人数、统计各班级的考试平均成绩等。此功能是数据库分析过程中一个非常实用的功能。

9.4.1 单字段分类汇总

在创建分类汇总前需要对所汇总的数据进行排序，即将同一类别的数据排列在一起，然后将各个类别的数据按指定方式汇总。例如在本例中，要统计出在 5 月份的前半个月中各项费用的支出额合计值，则首先要按“费用类别”字段进行排序，然后进行分类汇总设置。

❶ 选中“费用类别”列中的任意单元格。

❷ 在“数据”选项卡中的“排序和筛选”选项组中单击“升序”按钮（见图 9-78）进行排序，如图 9-79 所示。

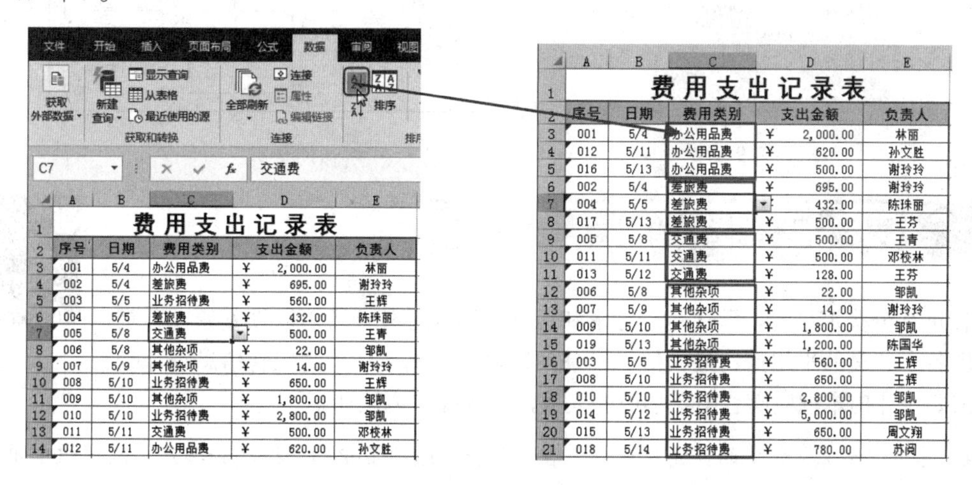

费用支出记录表

序号	日期	费用类别	支出金额	负责人
001	5/4	办公用品费	¥ 2,000.00	林丽
002	5/4	差旅费	¥ 695.00	谢玲玲
003	5/5	业务招待费	¥ 560.00	王辉
004	5/5	差旅费	¥ 432.00	陈珠丽
005	5/8	交通费	¥ 500.00	王青
006	5/8	其他杂项	¥ 22.00	邹凯
007	5/9	其他杂项	¥ 14.00	谢玲玲
008	5/10	业务招待费	¥ 650.00	王辉
009	5/10	其他杂项	¥ 1,800.00	邹凯
010	5/10	业务招待费	¥ 2,800.00	邹凯
011	5/11	交通费	¥ 500.00	邓校林
012	5/11	办公用品费	¥ 620.00	孙文胜

图 9-78

费用支出记录表

序号	日期	费用类别	支出金额	负责人
001	5/4	办公用品费	¥ 2,000.00	林丽
012	5/11	办公用品费	¥ 620.00	孙文胜
016	5/13	办公用品费	¥ 500.00	谢玲玲
002	5/4	差旅费	¥ 695.00	谢玲玲
004	5/5	差旅费	¥ 432.00	陈珠丽
017	5/13	差旅费	¥ 500.00	王芬
005	5/8	交通费	¥ 500.00	王青
011	5/11	交通费	¥ 500.00	邓校林
013	5/12	交通费	¥ 128.00	王芬
006	5/8	其他杂项	¥ 22.00	邹凯
007	5/9	其他杂项	¥ 14.00	谢玲玲
009	5/10	其他杂项	¥ 1,800.00	邹凯
019	5/13	其他杂项	¥ 1,200.00	陈国华
003	5/5	业务招待费	¥ 560.00	王辉
008	5/10	业务招待费	¥ 650.00	王辉
010	5/10	业务招待费	¥ 2,800.00	邹凯
014	5/12	业务招待费	¥ 5,000.00	邹凯
015	5/13	业务招待费	¥ 650.00	周文翔
018	5/14	业务招待费	¥ 780.00	苏阅

图 9-79

❸ 在“数据”选项卡中的“分级显示”选项组中单击“分类汇总”按钮（见图 9-80），打开“分类汇总”对话框。

图 9-80

❹ 单击“分类字段”设置框右侧的下拉按钮，在下拉列表中选中“费用类别”字段；在“选定汇总项”列表框中选中“支出金额”复选框，如图 9-81 所示。

❺ 设置完成后，单击“确定”按钮，即可显示分类汇总后的结果（汇总项为“支出金额”），如图 9-82 所示。

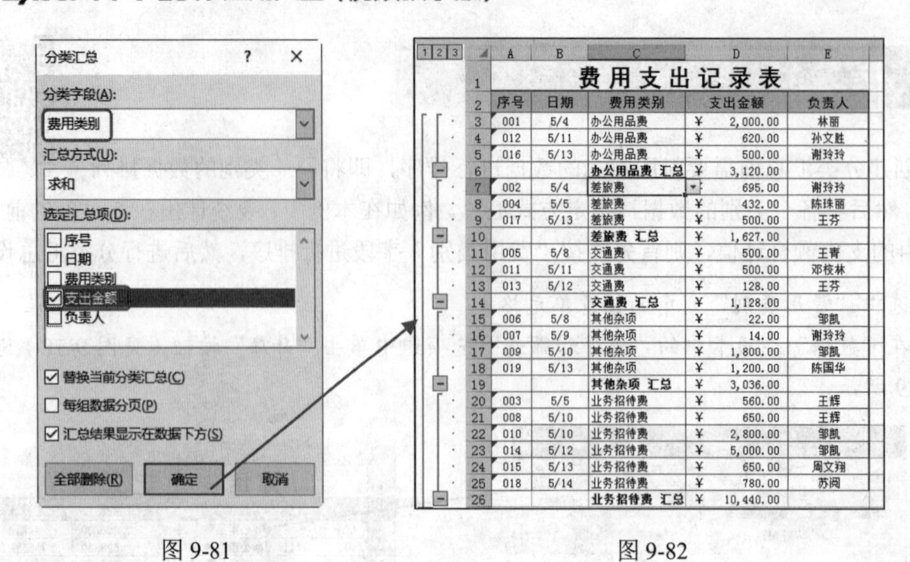

费用支出记录表

序号	日期	费用类别	支出金额	负责人
001	5/4	办公用品费	¥ 2,000.00	林丽
012	5/11	办公用品费	¥ 620.00	孙文胜
016	5/13	办公用品费	¥ 500.00	谢玲玲
		办公用品费 汇总	¥ 3,120.00	
002	5/4	差旅费	695.00	谢玲玲
004	5/5	差旅费	¥ 432.00	陈珠丽
017	5/13	差旅费	¥ 500.00	王芬
		差旅费 汇总	¥ 1,627.00	
005	5/8	交通费	¥ 500.00	王青
011	5/11	交通费	¥ 500.00	邓校林
013	5/12	交通费	¥ 128.00	王芬
		交通费 汇总	¥ 1,128.00	
006	5/8	其他杂项	¥ 22.00	邹凯
007	5/9	其他杂项	¥ 14.00	谢玲玲
009	5/10	其他杂项	¥ 1,800.00	邹凯
019	5/13	其他杂项	¥ 1,200.00	陈国华
		其他杂项 汇总	¥ 3,036.00	
003	5/5	业务招待费	¥ 560.00	王辉
008	5/10	业务招待费	¥ 650.00	王辉
010	5/10	业务招待费	¥ 2,800.00	邹凯
014	5/12	业务招待费	¥ 5,000.00	邹凯
015	5/13	业务招待费	¥ 650.00	周文翔
018	5/14	业务招待费	¥ 780.00	苏阅
		业务招待费 汇总	¥ 10,440.00	

图 9-81　　图 9-82

9.4.2 更改汇总计算的函数

在进行分类汇总时，默认是进行求和运算，除此之外，还可以设置通过分类汇总出各个分类的平均值、最大值、记录条数等。本例所使用的应聘信息统计表中，需要统计出本批应聘者中各学历的人数，具体操作方法如下。

❶ 选中“学历”列中的任意单元格，在“数据”选项卡中的“排序和筛选”选项组中单击“升序”或“降序”按钮，即可先按“学历”字段进行排序，如图 9-83 所示。

姓名	性别	年龄	学历	招聘渠道	应聘岗位	初试时间	初试通过
刘长城	男	26	本科	招聘网站	销售专员	13-Jul-17	是
盛洁	女	33	本科	招聘网站	销售专员	14-Jul-17	是
王兴荣	女	33	本科	校园招聘	客服	5-Aug-17	是
盛念慈	女	21	本科	内部招聘	助理	15-Aug-17	
吴小英	女	28	本科	内部招聘	助理	15-Aug-17	是
王成杰	女	29	本科	猎头招聘	研究员	8-Sep-17	
叶利文	男	31	本科	猎头招聘	研究员	10-Sep-17	
王晟成	男	28	本科	内部招聘	研究员	10-Sep-17	是
蔡妍	女	22	本科	校园招聘	会计	15-Sep-17	
卢伟	男	33	本科	刊登广告	会计	15-Sep-17	
江伟	男	31	硕士	猎头招聘	研究员	8-Sep-17	是
陈伟	男	22	硕士	刊登广告	会计	15-Sep-17	是
沈佳宜	女	21	专科	招聘网站	销售专员	13-Jul-17	
胡桥	男	27	专科	现场招聘	销售专员	14-Jul-17	
殷格	男	32	专科	校园招聘	客服	5-Aug-17	
谢天祥	男	27	专科	校园招聘	客服	5-Aug-17	
杨玲	女	36	专科	内部招聘	研究员	10-Sep-17	是

图 9-83

❷ 在“数据”选项卡中的“分级显示”选项组中单击“分类汇总”按钮，打开“分类汇总”对话框。

❸ 单击“分类字段”设置框右侧的下拉按钮，在下拉列表中选中“学历”字段；在“汇总方式”设置框中单击右侧的下拉按钮，选择“计数”（见图 9-84），在“选定汇总项”列表框中选中“学历”复选框。

❹ 设置完成后，单击“确定”按钮，即可显示分类汇总后的结果（汇总项为各个学历的人数统计），如图 9-85 所示。

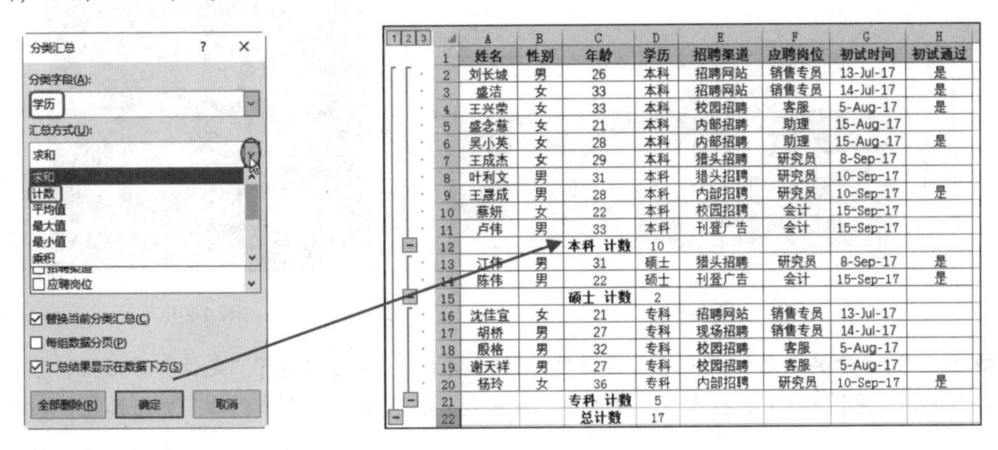

	A	B	C	D	E	F	G	H
1	姓名	性别	年龄	学历	招聘渠道	应聘岗位	初试时间	初试通过
2	刘长城	男	26	本科	招聘网站	销售专员	13-Jul-17	是
3	盛洁	女	33	本科	招聘网站	销售专员	14-Jul-17	是
4	王兴荣	女	33	本科	校园招聘	客服	5-Aug-17	是
5	盛念慈	女	21	本科	内部招聘	助理	15-Aug-17	
6	吴小英	女	28	本科	内部招聘	助理	15-Aug-17	是
7	王成杰	女	29	本科	猎头招聘	研究员	8-Sep-17	
8	叶利文	男	31	本科	猎头招聘	研究员	10-Sep-17	
9	王晨成	男	28	本科	内部招聘	研究员	10-Sep-17	是
10	蔡妍	女	22	本科	校园招聘	会计	15-Sep-17	
11	卢伟	男	33	本科	刊登广告	会计	15-Sep-17	
12			本科 计数	10				
13	江伟	男	31	硕士	猎头招聘	研究员	8-Sep-17	是
14	陈伟	男	22	硕士	刊登广告	会计	15-Sep-17	是
15			硕士 计数	2				
16	沈佳宜	女	21	专科	招聘网站	销售专员	13-Jul-17	
17	胡桥	男	27	专科	现场招聘	销售专员	14-Jul-17	
18	殷格	男	32	专科	校园招聘	客服	5-Aug-17	
19	谢天祥	男	27	专科	校园招聘	客服	5-Aug-17	
20	杨玲	女	36	专科	内部招聘	研究员	10-Sep-17	是
21			专科 计数	5				
22			总计数	17				

图 9-84　　图 9-85

9.4.3 按级别显示分类汇总结果

在进行分类汇总后，如果只想查看分类汇总结果，可以通过单击分级序号来实现。需要注意的是，当你为表进行更多级的分类汇总时，序号的数目会更多，其中，数字越小级别越高。

1. 只显示分类汇总结果

❶ 在进行分类汇总之后，工作表编辑窗口左上角显示的序号即为分级序号，单击 2 按钮，如图 9-86 所示。

❷ 执行上述操作后即可实现只显示出分类汇总总和的结果，如图 9-87 所示。

费用支出记录表

	A 序号	B 日期	C 费用类别	D 支出金额	E 负责人
3	001	5/4	办公用品费	¥ 2,000.00	林丽
4	012	5/11	办公用品费	¥ 620.00	孙文胜
5	016	5/13	办公用品费	¥ 500.00	谢玲玲
6			办公用品费 汇总	¥ 3,120.00	
7	002	5/4	差旅费	¥ 695.00	谢玲玲
8	004	5/5	差旅费	¥ 432.00	陈珠丽
9	017	5/13	差旅费	¥ 500.00	王芬
10			差旅费 汇总	¥ 1,627.00	
11	005	5/8	交通费	¥ 500.00	王青
12	011	5/11	交通费	¥ 500.00	邓校林
13	013	5/12	交通费	¥ 128.00	王芬
14			交通费 汇总	¥ 1,128.00	

图 9-86

费用支出记录表

	A 序号	B 日期	C 费用类别	D 支出金额	E 负责人
6			办公用品费 汇总	¥ 3,120.00	
10			差旅费 汇总	¥ 1,627.00	
14			交通费 汇总	¥ 1,128.00	
19			其他杂项 汇总	¥ 3,036.00	
26			业务招待费 汇总	¥ 10,440.00	
27			总计	¥ 19,351.00	

图 9-87

2. 复制使用分类汇总的结果

只显示出分类汇总的结果后，其他条目实际是被隐藏了。如果需要将汇总结果复制到其他位置使用，默认会连同隐藏的数据一并复制。如图 9-88 所示是分类汇总的结果，只显示了分类汇总条目，其他明细条目被隐藏，当想要复制此结果到别处使用时，默认却连同所有隐藏的数据都会被复制，如图 9-89 所示。

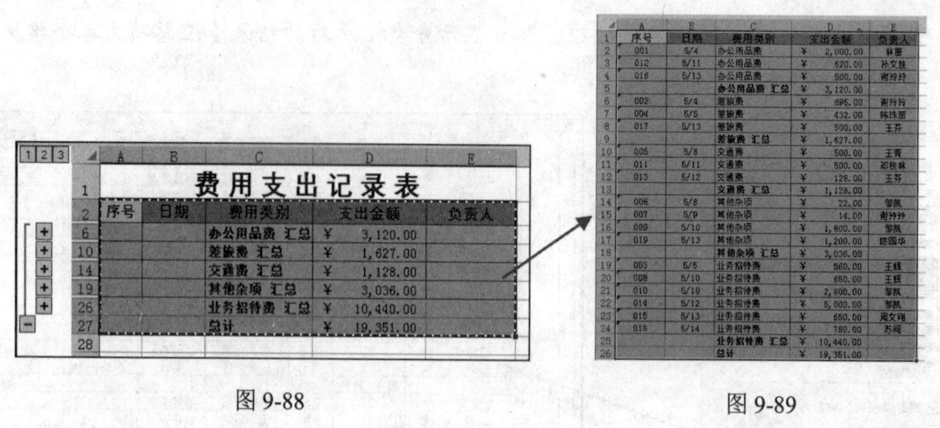

图 9-88　　　　图 9-89

❶ 选中显示分类汇总结果的单元格区域，按键盘上的F5键，打开“定位”对话框，单击“定位条件”按钮（见图9-90），打开“定位条件”对话框，并选中“可见单元格”单选按钮，如图9-91所示。

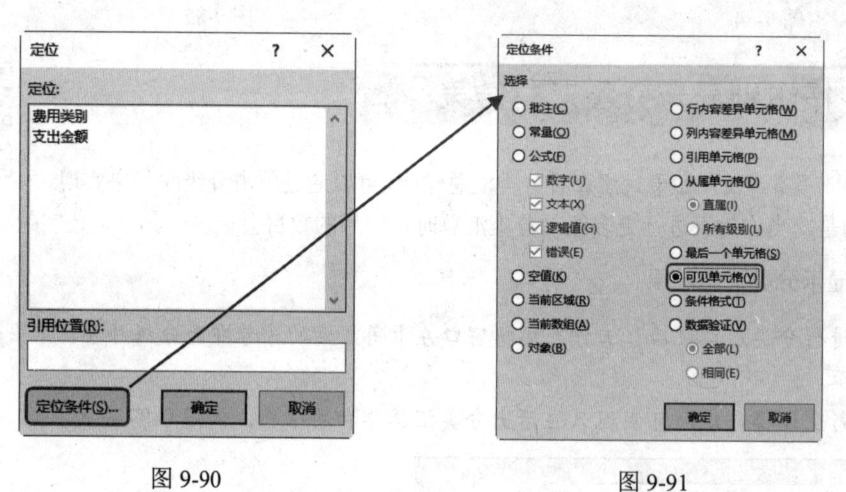

图 9-90　　　　图 9-91

❷ 单击“确定”按钮即可工作表中选中所有可见单元格，按Ctrl+C组合键复制（见图9-92），选择要粘贴到的目标位置后，按Ctrl+V组合键进行粘贴即可，效果如图9-93所示。

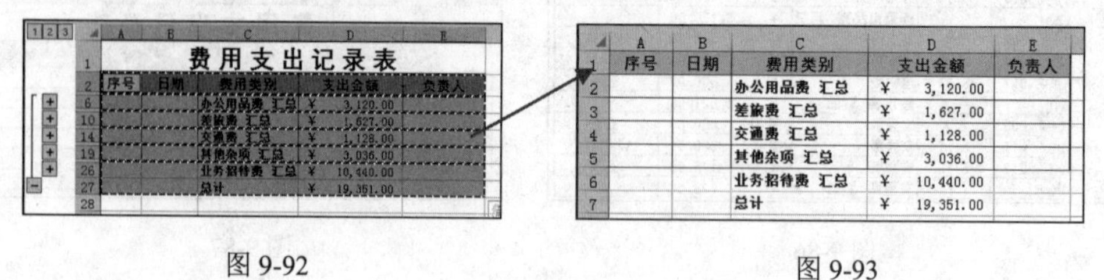

图 9-92　　　　图 9-93

9.5 综合实例：员工销售月度统计表分析

每月月末时销售部门都会对月度销售数据进行统计分析，如判断销售员的销售是否达标、计算销售提成、统计各销售分部的总销售金额等。这些操作都可以使用 Excel 的公式计算功能。如图 9-94 所示为销售数据统计表，其中对是否达标的判断与提成金额的计算是通过设置公式实现的。

F2 单元格中使用的计算公式是“=IF(E2>=20000,"达标","不达标")”（见图 9-95），然后将公式向下复制即可依次判断达标情况，如图 9-96 所示（关于公式的引用方法将在后面章节中做详细介绍）。

工号	员工姓名	分部	销售数量	销售金额	是否达标	提成金额
NL_001	刘志飞	销售1部	56	34950	达标	3495
NL_002	何许诺	销售2部	20	12688	不达标	380.64
NL_003	崔娜	销售3部	59	38616	达标	3861.6
NL_004	林成瑞	销售2部	24	19348	不达标	580.44
NL_005	金璐忠	销售2部	32	20781	达标	1039.05
NL_006	何佳怡	销售1部	18	15358	不达标	460.74
NL_007	李菲菲	销售3部	30	23122	达标	1156.1
NL_008	华玉凤	销售3部	31	28290	达标	1414.5
NL_009	张军	销售1部	17	10090	不达标	302.7
NL_010	廖凯	销售1部	25	20740	达标	1037
NL_011	刘琦	销售3部	19	11130	不达标	333.9
NL_012	张怡聆	销售1部	20	30230	达标	3023
NL_013	杨飞	销售2部	68	45900	达标	4590

图 9-94

SUM =IF(E2>=20000,"达标","不达标")

工号	员工姓名	分部	销售数量	销售金额	是否达标
NL_001	刘志飞	销售1部	56	34950	不达标")
NL_002	何许诺	销售2部	20	12688	
NL_003	崔娜	销售3部	59	38616	
NL_004	林成瑞	销售2部	24	19348	
NL_005	金璐忠	销售2部	32	20781	
NL_006	何佳怡	销售1部	18	15358	

图 9-95

工号	员工姓名	分部	销售数量	销售金额	是否达标
NL_001	刘志飞	销售1部	56	34950	达标
NL_002	何许诺	销售2部	20	12688	不达标
NL_003	崔娜	销售3部	59	38616	达标
NL_004	林成瑞	销售2部	24	19348	不达标
NL_005	金璐忠	销售2部	32	20781	达标
NL_006	何佳怡	销售1部	18	15358	不达标
NL_007	李菲菲	销售3部	30	23122	达标
NL_008	华玉凤	销售3部	31	28290	达标
NL_009	张军	销售1部	17	10090	不达标
NL_010	廖凯	销售1部	25	20740	达标
NL_011	刘琦	销售3部	19	11130	不达标
NL_012	张怡聆	销售1部	20	30230	达标
NL_013	杨飞	销售2部	68	45900	达标

图 9-96

G2 单元格中使用的计算公式是“=IF(E2<=20000,E2*0.03,IF(E2<=30000,E2*0.05,E2*0.1))”（见图 9-97），表示销售金额小于 20000 元的提成拿 3%；大于 20000 且小于 30000 的提成拿 5%；大于 30000 的提成拿 10%，然后将公式向下复制即可依次计算出提成，如图 9-98 所示。

SUM =IF(E2<=20000,E2*0.03,IF(E2<=30000,E2*0.05,E2*0.1))

	A	B	C	D	E	F	G	H
1	工号	员工姓名	分部	销售数量	销售金额	是否达标	提成金额	
2	NL_001	刘志飞	销售1部	56	34950	达标	E2*0.1))	
3	NL_002	何许诺	销售2部	20	12688	不达标		
4	NL_003	崔娜	销售3部	59	38616	达标		
5	NL_004	林成瑞	销售2部	24	19348	不达标		
6	NL_005	金璐忠	销售2部	32	20781	达标		
7	NL_006	何佳怡	销售1部	18	15358	不达标		
8	NL_007	李菲菲	销售3部	30	23122	达标		
9	NL_008	华玉凤	销售3部	31	28290	达标		

图 9-97

	A	B	C	D	E	F	G
1	工号	员工姓名	分部	销售数量	销售金额	是否达标	提成金额
2	NL_001	刘志飞	销售1部	56	34950	达标	3495
3	NL_002	何许诺	销售2部	20	12688	不达标	380.64
4	NL_003	崔娜	销售3部	59	38616	达标	3861.6
5	NL_004	林成瑞	销售2部	24	19348	不达标	580.44
6	NL_005	金璐忠	销售2部	32	20781	达标	1039.05
7	NL_006	何佳怡	销售1部	18	15358	不达标	460.74
8	NL_007	李菲菲	销售3部	30	23122	达标	1156.1
9	NL_008	华玉凤	销售3部	31	28290	达标	1414.5
10	NL_009	张军	销售1部	17	10090	不达标	302.7
11	NL_010	廖凯	销售1部	25	20740	达标	1037
12	NL_011	刘琦	销售3部	19	11130	不达标	333.9
13	NL_012	张怡聆	销售1部	20	30230	达标	3023
14	NL_013	杨飞	销售2部	68	45900	达标	4590

图 9-98

9.5.1 筛选出销售不达标的销售员

当前工作表中统计了员工的销售情况，为了查看销售不达标的员工有哪些，可以使用筛选的办法查看。

❶ 选中 F1:F14 单元格，在“开始”→“排序和筛选”选项组中单击“筛选”命令（见图 9-99），即可为列标题“是否达标”添加筛选按钮。

❷ 单击“是否达标”右侧的下拉按钮，在弹出的列表中取消勾选“全选”复选框，并单击选中“不达标”复选框，如图 9-100 所示。

❸ 单击“确定”按钮，即可查看销售不达标的记录，如图 9-101 所示。

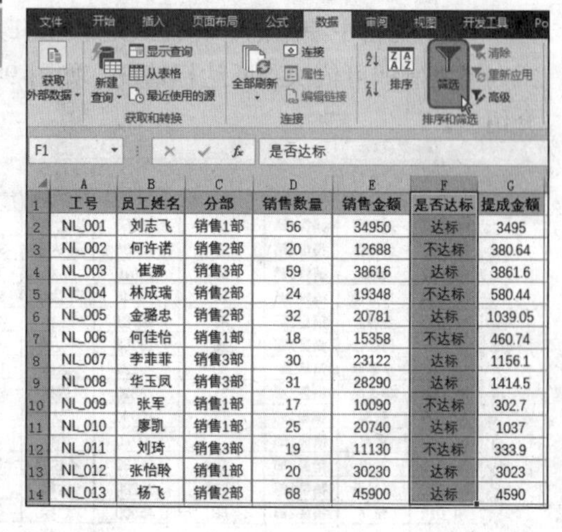

	A	B	C	D	E	F	G
1	工号	员工姓名	分部	销售数量	销售金额	是否达标	提成金额
2	NL_001	刘志飞	销售1部	56	34950	达标	3495
3	NL_002	何许诺	销售2部	20	12688	不达标	380.64
4	NL_003	崔娜	销售3部	59	38616	达标	3861.6
5	NL_004	林成瑞	销售2部	24	19348	不达标	580.44
6	NL_005	金璐忠	销售2部	32	20781	达标	1039.05
7	NL_006	何佳怡	销售1部	18	15358	不达标	460.74
8	NL_007	李菲菲	销售3部	30	23122	达标	1156.1
9	NL_008	华玉凤	销售3部	31	28290	达标	1414.5
10	NL_009	张军	销售1部	17	10090	不达标	302.7
11	NL_010	廖凯	销售1部	25	20740	达标	1037
12	NL_011	刘琦	销售3部	19	11130	不达标	333.9
13	NL_012	张怡聆	销售1部	20	30230	达标	3023
14	NL_013	杨飞	销售2部	68	45900	达标	4590

图 9-99

图 9-100

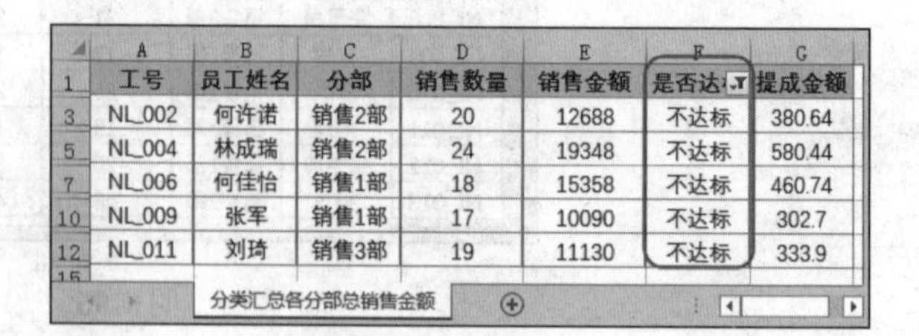

	A	B	C	D	E	F	G
1	工号	员工姓名	分部	销售数量	销售金额	是否达	提成金额
3	NL_002	何许诺	销售2部	20	12688	不达标	380.64
5	NL_004	林成瑞	销售2部	24	19348	不达标	580.44
7	NL_006	何佳怡	销售1部	18	15358	不达标	460.74
10	NL_009	张军	销售1部	17	10090	不达标	302.7
12	NL_011	刘琦	销售3部	19	11130	不达标	333.9

图 9-101

9.5.2 筛选指定部门中不达标的销售记录

想要筛选查看指定部门中不达标的销售记录，可以利用高级筛选功能来实现。

❶ 在 A17:B18 单元格区域中输入如图 9-102 所示的信息，这里的数据在进行高级筛选时的条件区域，可以根据需要来设置筛选条件。

❷ 在“数据”→“排序和筛选”选项组中单击“高级”按钮，打开“高级筛选”对话框。在“列表区域”文本框中输入范围“$A$1:$G$14”（就是用于筛选的整个表格区域），在“条件区域”文本框中输入范围“$A$17:$B$18”，如图 9-103 所示。

	A	B	C	D	E	F
1	工号	员工姓名	分部	销售数量	销售金额	是否达标
9	NL_008	华玉凤	销售3部	31	28290	达标
10	NL_009	张军	销售1部	17	10090	不达标
11	NL_010	廖凯	销售1部	25	20740	达标
12	NL_011	刘琦	销售3部	19	11130	不达标
13	NL_012	张怡聆	销售1部	20	30230	达标
14	NL_013	杨飞	销售2部	68	45900	达标
15						
16						
17	分部	是否达标				
18	销售1部	不达标				
19						

图 9-102

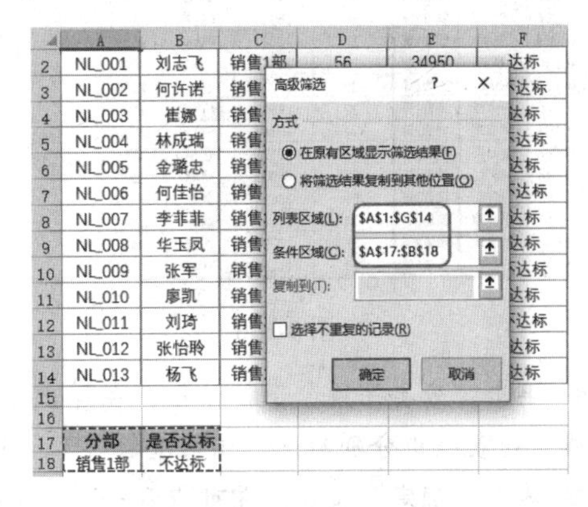

图 9-103

❸ 单击选中“将筛选结果复制到其他位置”单选按钮，在“复制到”文本框设置存放筛选后数据的起始位置（可以直接输入，也可以单击后面拾取器按钮回到工作表中选择），如图 9-104 所示。

❹ 单击“确定”按钮，即可查看筛选结果，如图 9-105 所示。

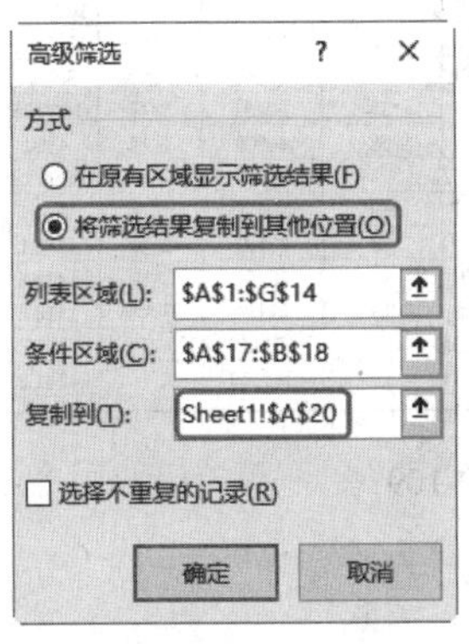

图 9-104

	A	B	C	D	E	F	G
1	工号	员工姓名	分部	销售数量	销售金额	是否达标	提成金额
13	NL_012	张怡聆	销售1部	20	30230	达标	3023
14	NL_013	杨飞	销售2部	68	45900	达标	4590
15							
16							
17	分部	是否达标					
18	销售1部	不达标					
19							
20	工号	员工姓名	分部	销售数量	销售金额	是否达标	提成金额
21	NL_006	何佳怡	销售1部	18	15358	不达标	460.74
22	NL_009	张军	销售1部	17	10090	不达标	302.7

图 9-105

9.5.3 按部门分类汇总销售额

要查看各部门的总销售额的统计结果，可以先将按部门排序，将相同部门的记录排在一起，再进行分类汇总操作即可。

❶ 选中“分部”列任意单元格，在“数据”→“排序和筛选”选项组中单击“升序”命令即可将相同分部的记录排列在一起，如图 9-106 所示。

❷ 选中任意单元格，在“数据”→“分级显示”选项组中单击“分类汇总”按钮（见图 9-107），打开“分类汇总”对话框。

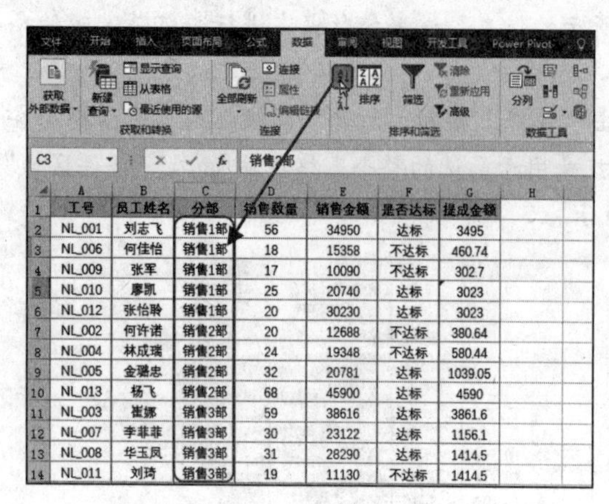

工号	员工姓名	分部	销售数量	销售金额	是否达标	提成金额
NL_001	刘志飞	销售1部	56	34950	达标	3495
NL_006	何佳怡	销售1部	18	15358	不达标	460.74
NL_009	张军	销售1部	17	10090	不达标	302.7
NL_010	廖凯	销售1部	25	20740	达标	3023
NL_012	张怡聆	销售1部	20	30230	达标	3023
NL_002	何许诺	销售2部	20	12688	不达标	380.64
NL_004	林成瑞	销售2部	24	19348	不达标	580.44
NL_005	金璐忠	销售2部	32	20781	达标	1039.05
NL_013	杨飞	销售2部	68	45900	达标	4590
NL_003	崔娜	销售3部	59	38616	达标	3861.6
NL_007	李菲菲	销售3部	30	23122	达标	1156.1
NL_008	华玉凤	销售3部	31	28290	达标	1414.5
NL_011	刘琦	销售3部	19	11130	不达标	1414.5

图 9-106

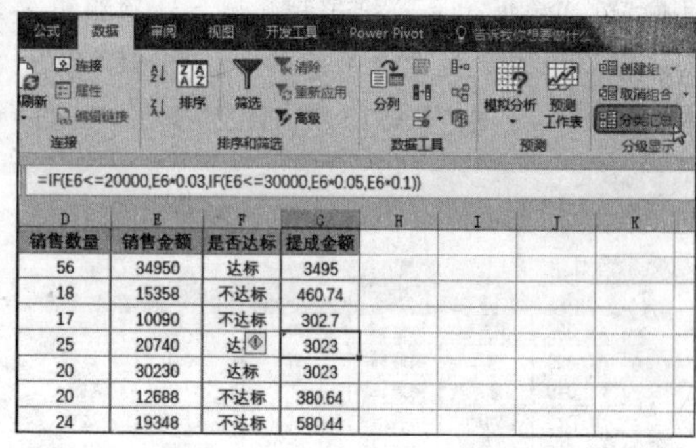

销售数量	销售金额	是否达标	提成金额
56	34950	达标	3495
18	15358	不达标	460.74
17	10090	不达标	302.7
25	20740	达标	3023
20	30230	达标	3023
20	12688	不达标	380.64
24	19348	不达标	580.44

图 9-107

❸ 单击“分类字段”下拉按钮，在弹出的下拉列表中单击选中“分部”选项；然后在“选定汇总项”列表框中分别勾选“销售金额”和“提成金额”两个复选框，如图 9-108 所示。

❹ 单击“确定”按钮，即可得到如图 9-109 所示的分类汇总结果。

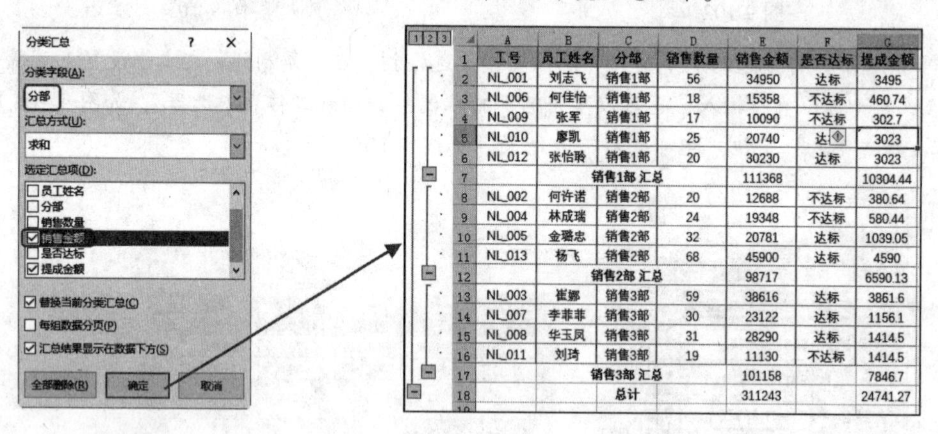

工号	员工姓名	分部	销售数量	销售金额	是否达标	提成金额
NL_001	刘志飞	销售1部	56	34950	达标	3495
NL_006	何佳怡	销售1部	18	15358	不达标	460.74
NL_009	张军	销售1部	17	10090	不达标	302.7
NL_010	廖凯	销售1部	25	20740	达标	3023
NL_012	张怡聆	销售1部	20	30230	达标	3023
		销售1部 汇总		111368		10304.44
NL_002	何许诺	销售2部	20	12688	不达标	380.64
NL_004	林成瑞	销售2部	24	19348	不达标	580.44
NL_005	金璐忠	销售2部	32	20781	达标	1039.05
NL_013	杨飞	销售2部	68	45900	达标	4590
		销售2部 汇总		98717		6590.13
NL_003	崔娜	销售3部	59	38616	达标	3861.6
NL_007	李菲菲	销售3部	30	23122	达标	1156.1
NL_008	华玉凤	销售3部	31	28290	达标	1414.5
NL_011	刘琦	销售3部	19	11130	不达标	1414.5
		销售3部 汇总		101158		7846.7
		总计		311243		24741.27

图 9-108　　　　图 9-109

第 10 章 表格数据的计算

学习导读

Excel 具有强大的数据计算能力，而 Excel 的这一功能又得力于公式与函数。在使用公式时，需要引用单元格的数值进行运算，还需要使用相关的函数来完成特定的计算。

学习要点

- 多表数据合并计算
- 公式在表格中的应用
- 常用函数介绍
- 员工信息表和加班费统计表

10.1 多表数据合并计算

合并计算功能是将多个区域中的值合并计算到一个新区域中。比如各月销售数据、库存数据等分别存放于不同的工作表中，当进行季度或全年合计计算时，可以利用数据合并功能快速完成合并计算。

10.1.1 按位置合并计算

当需要合并计算的数据存放的位置相同（顺序和位置均相同）时，可以按位置进行合并计算。

如图 10-1、图 10-2、图 10-3 所示为各产品的每月的销售记录表，这三张工作表的结构相同，现在我们需要根据现有的数据，建立一张汇总表格，将三张表格中的销售金额汇总，得到每个产品的总销售金额，此时可以使用合并计算功能来完成。

图 10-1　　图 10-2

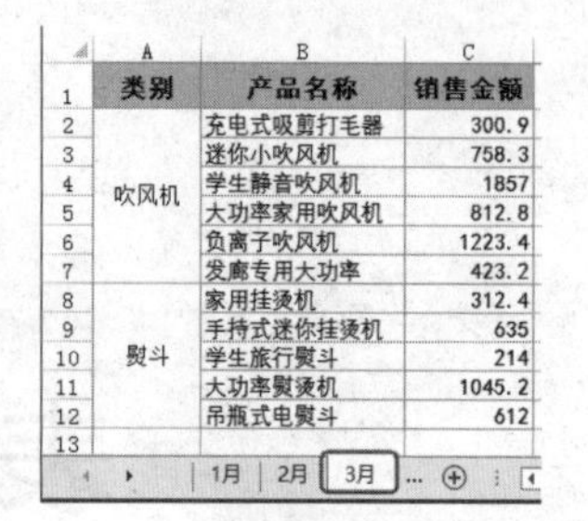

图 10-3

❶ 新建一张工作表，重命名为“季度合计”，建立基本数据。选中 B2 单元格，在“数据”→“数据工具”选项组中单击“合并计算”按钮（见图 10-4），打开“合并计算”对话框，如图 10-5 所示。

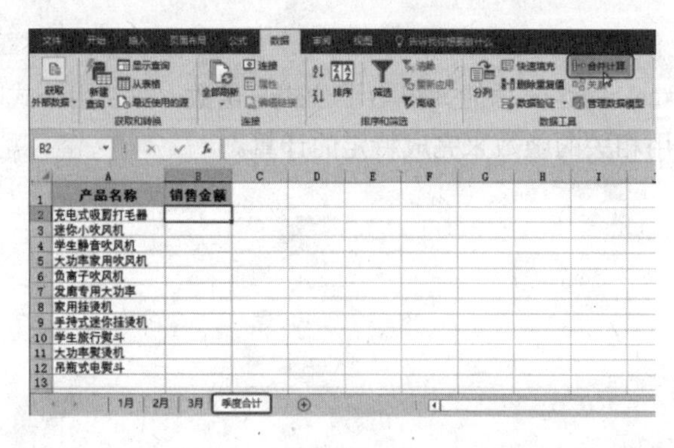

图 10-4

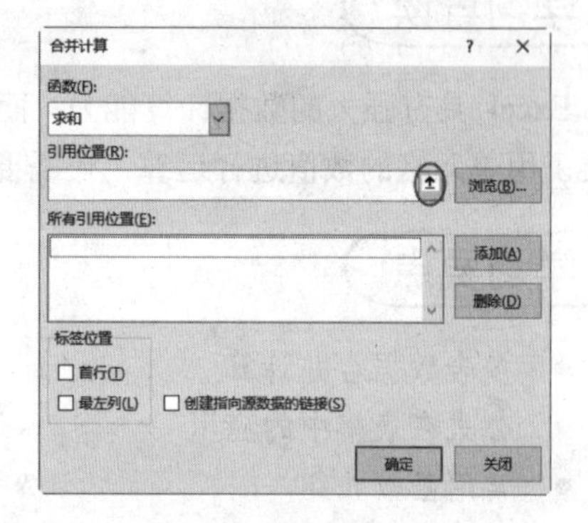

图 10-5

❷ 在“函数”下拉列表框中使用默认的“求和”函数，将光标定位到“引用位置”框中，单击右侧的按钮回到工作簿中，切换到“1 月”工作表中选择待计算的区域 C2:C12 单元格区域（注意不要选中列标题），如图 10-6 所示。

❸ 选择单元格区域后单击按钮回到“合并计算”对话框中，单击“添加”按钮即完成了对第一个计算区域，如图 10-7 所示。

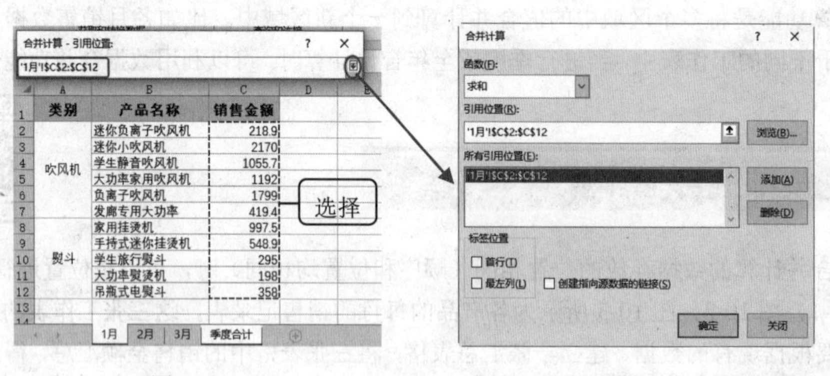

图 10-6　　图 10-7

❹ 再次将光标定位到“引用位置”框中，单击右侧的按钮回到工作簿中，按照相同的方法依次添加“2 月”工作表中的 C2:C12 单元格区域、“3 月”中的 C2:C12 单元格区域都添加为计算

区域，如图 10-8 所示。

❺ 单击“确定”按钮可以看到“季度合计”工作表中显示了合并计算后的结果，如图 10-9 所示。

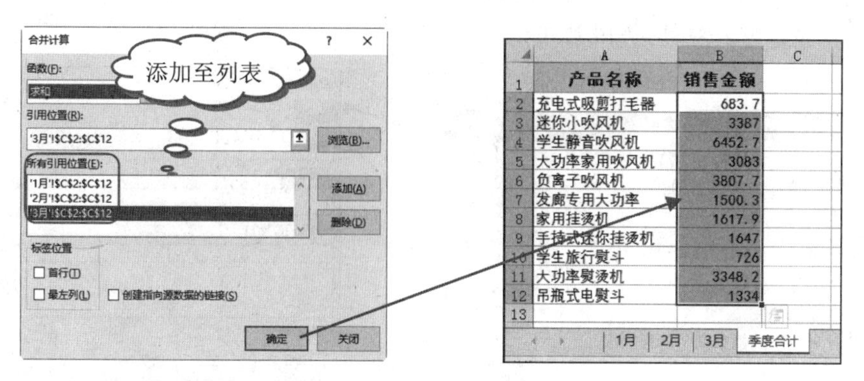

产品名称	销售金额
充电式吸剪打毛器	683.7
迷你小吹风机	3387
学生静音吹风机	6452.7
大功率家用吹风机	3083
负离子吹风机	3807.7
发廊专用大功率	1500.3
家用挂烫机	1617.9
手持式迷你挂烫机	1647
学生旅行熨斗	726
大功率熨烫机	3348.2
吊瓶式电熨斗	1334

图 10-8　　图 10-9

提　示

如果希望合并计算的结果随着原数据的更改而自动更改，则需要在“合并计算”对话框中选中“创建连接至源数据的链接”复选框。

10.1.2 按类别合并计算

在使用合并计算时，只限于表格结构完成相同的情况下使用，即对多张表格同一位置上的数据进行计算。如果数据结构并非完全相同，例如数据记录顺序不同，条目也不完全相同，此时需要按类别进行合并计算。

对于图 10-10、图 10-11 所示的两张表格，产品的名称有相同的也有不同的，显示顺序也不尽相同，现在要对这两张表格进行汇总，得到的结果是只要有相同的名称，无论它在什么位置都能找到并对其进行合并计算。如果有些名称不是每表中都有，也会被列出来，计算结果就是与 0 相加的结果，使得得到的是一个完整的多表合并统计后的结果。

产品名称	销售数量	销售金额
时尚流苏短靴	5	890
侧拉时尚长筒靴	15	2385
韩版百搭透气小白鞋	8	1032
韩版时尚内增高小白鞋	4	676
时尚流苏短靴	15	1485
贴布刺绣中筒靴	10	1790
韩版过膝磨砂长靴	5	845
英伦风切尔西靴	8	1112
复古雕花擦色单靴	10	1790
侧拉时尚长筒靴	6	954
磨砂格子女靴	4	276
韩版时尚内增高小白鞋	6	1014
贴布刺绣中筒靴	4	716
简约百搭小皮靴	10	1490
真皮百搭系列	2	318
韩版过膝磨砂长靴	4	676
真皮百搭系列	12	1908
简约百搭小皮靴	5	745
侧拉时尚长筒靴	6	954

销售单1　销售单2

图 10-10

产品名称	销售数量	销售金额
甜美花朵女靴	10	900
时尚流苏短靴	5	890
韩版百搭透气小白鞋	8	1032
韩版时尚内增高小白鞋	4	676
时尚流苏短靴	15	1485
韩版过膝磨砂长靴	5	845
时尚流苏短靴	10	1890
韩版过膝磨砂长靴	5	845
英伦风切尔西靴	4	556
甜美花朵女靴	5	450
贴布刺绣中筒靴	15	2685
侧拉时尚长筒靴	8	1272
英伦风切尔西靴	5	695
韩版百搭透气小白鞋	12	1548
甜美花朵女靴	10	900
韩版过膝磨砂长靴	4	676
侧拉时尚长筒靴	6	954
潮流亮片女靴	5	540

销售单1　销售单2

图 10-11

❶ 新建一张工作表用于显示合并计算的结果，建立表格的标题，选中 A2 单元格，在“数据”→“数据工具”选项组中单击“合并计算”按钮（见图 10-12），打开“合并计算”对话框。

❷ 单击“引用位置”右侧的拾取器按钮（见图 10-13），并返回到“销售单 1”工作表中选中 A2:C20 单元格区域，如图 10-14 所示。

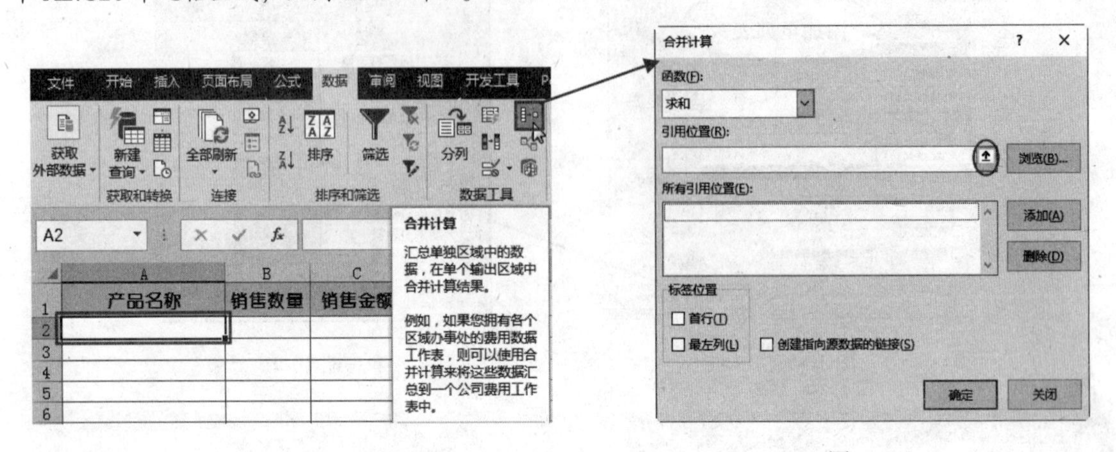

图 10-12　　　　　图 10-13

❸ 单击按钮返回“合并计算”对话框中，单击“添加”按钮将选择的引用位置添加到“所有引用位置”的列表框中，如图 10-15 所示。

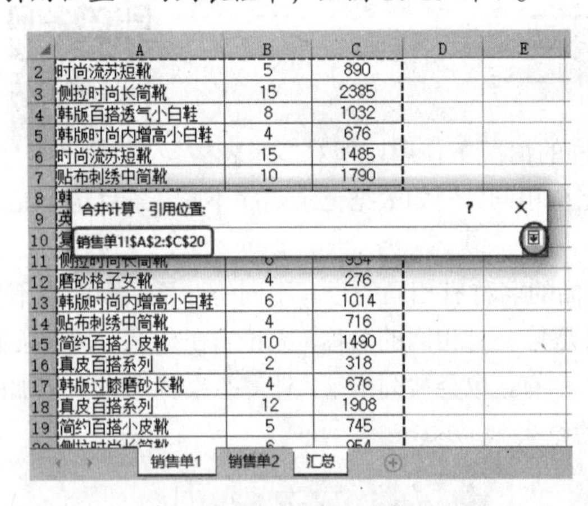

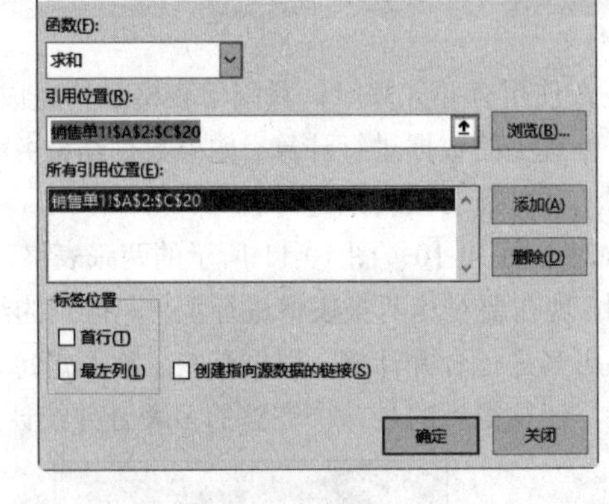

图 10-14　　　　　图 10-15

❹ 再次单击“引用位置”右侧的拾取器按钮，并返回到“销售单 2”工作表中选中 A2:C19 单元格区域，依次按相同的方法添加此区域为第二个引用位置。然后在“标签位置”栏中选中“最左列”复选框（必选项），如图 10-16 所示。

❺ 单击“确定”按钮可以进行合并计算，得到如图 10-17 所示的统计结果。

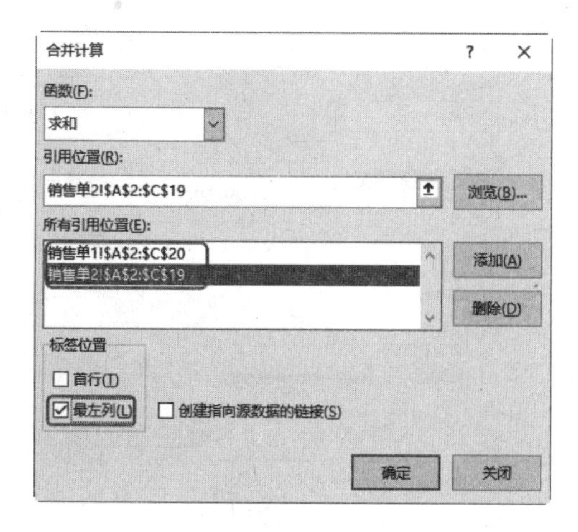

图 10-16

	A	B	C	D
1	产品名称	销售数量	销售金额	
2	甜美花朵女靴	25	2250	
3	时尚流苏短靴	50	6640	
4	侧拉时尚长筒靴	41	6519	
5	韩版百搭透气小白鞋	28	3612	
6	韩版时尚内增高小白鞋	14	2366	
7	贴布刺绣中筒靴	29	5191	
8	韩版过膝磨砂长靴	23	3887	
9	英伦风切尔西靴	17	2363	
10	复古雕花擦色单靴	10	1790	
11	磨砂格子女靴	4	276	
12	简约百搭小皮靴	15	2235	
13	真皮百搭系列	14	2226	
14	潮流亮片女靴	5	540	

图 10-17

10.1.3 更改合并计算的函数（求平均值）

合并计算功能并不是只能进行求和运算，还可以求平均值、计数、计算标准偏差等。

如图 10-18、图 10-19 所示的表格是产品在线上和线下两种渠道的销量的记录，现在需要统计出各产品的平均销量，也可以通过合并计算功能实现。

	A	B	C
1	编号	产品名称	销量
2	001	碧根果	210
3	002	夏威夷果	265
4	003	开口松子	218
5	004	奶油瓜子	168
6	005	紫薯花生	120
7	006	山核桃仁	155
8	007	炭烧腰果	185
9	008	芒果干	116
10	009	草莓干	106
11	010	猕猴桃干	106
12	011	柠檬干	66
13	012	和田小枣	180
14	013	黑加仑葡萄干	280
15	014	蓝莓干	108
16	015	奶香华夫饼	248
17	016	蔓越莓曲奇	260
18	017	爆米花	150
19	018	美式脆薯	100

线上 线下

图 10-18

	A	B	C
1	编号	产品名称	销量
2	001	碧根果	278
3	002	夏威夷果	329
4	003	开口松子	108
5	004	奶油瓜子	70
6	005	紫薯花生	67
7	006	山核桃仁	168
8	007	炭烧腰果	62
9	008	芒果干	333
10	009	草莓干	69
11	010	猕猴桃干	53
12	011	柠檬干	36
13	012	和田小枣	43
14	013	黑加仑葡萄干	141
15	014	蓝莓干	32
16	015	奶香华夫饼	107
17	016	蔓越莓曲奇	33
18	017	爆米花	95
19	018	美式脆薯	20

线上 线下

图 10-19

❶ 新建一张工作表用于显示合并计算的结果，建立表格的标题，选中 B2 单元格，在“数据”→“数据工具”选项组中单击“合并计算”按钮（见图 10-20），打开“合并计算”对话框。

❷ 单击“函数”下拉按钮，在展开的下拉列表中单击“平均值”选项，如图 10-21 所示。

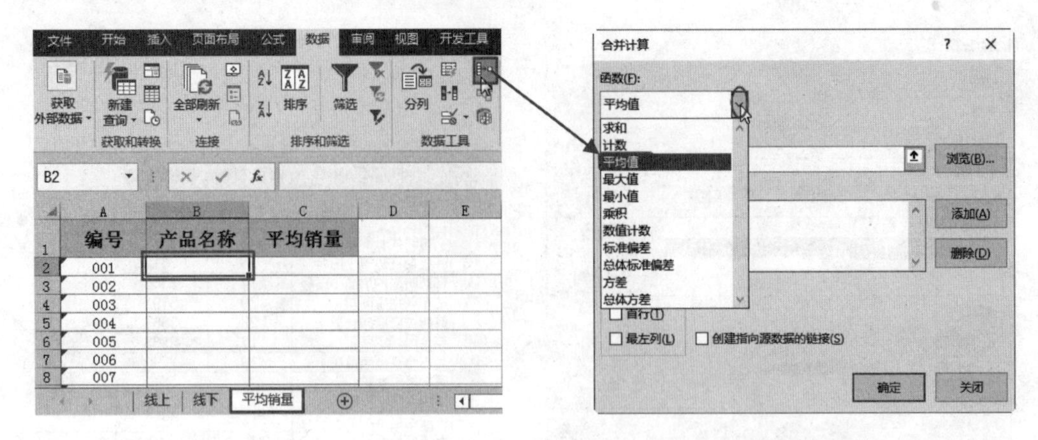

图 10-20　　　　　　　　　　　　　　　　　图 10-21

❸ 单击“引用位置”右侧的[↑]按钮，切换到“线上”工作表中选取数据区域，如图 10-22 所示。

	A	B	C	D	E	F	G
2	001	碧根果	210				
3	002	夏威夷果	265				
4	003	开口松子	218				
5	004	奶油瓜子	168				
6	005	紫薯花生	120				
7	006	山核桃仁	155				
8	007	炭烧腰					
9	008	芒果					
10	009	草莓					
11	010	猕猴桃干	106				
12	011	柠檬干	66				
13	012	和田小枣	180				
14	013	黑加仑葡萄干	280				

合并计算 - 引用位置:　?　×
线上!$B$2:$C$24

线上　线下　平均销量

图 10-22

❹ 单击[↑]按钮返回到“合并计算”对话框中，再单击“添加”按钮，将引用的位置添加到“所有引用位置”列表框中，如图 10-23 所示。

❺ 按照相同的方法，将“线下”工作表中的数据区域添加到“所有引用位置”列表框中，在“标签位置”栏中选中“最左列”复选框，如图 10-24 所示。

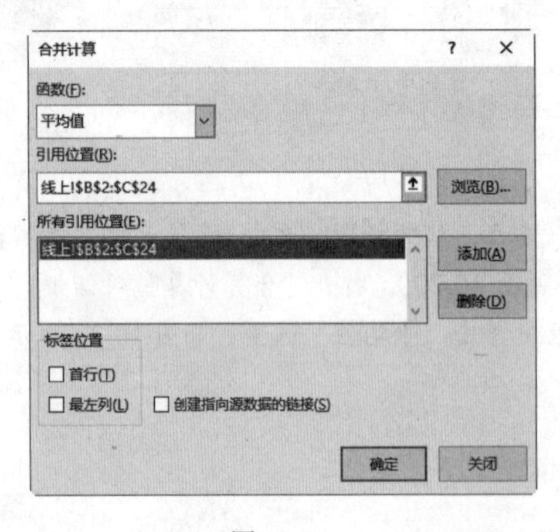

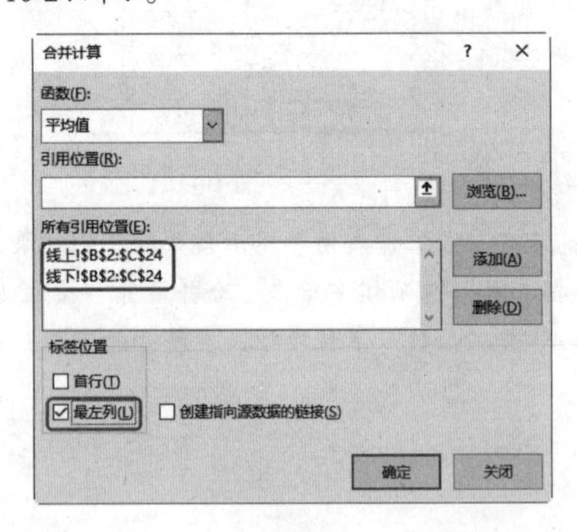

图 10-23　　　　　　　　　　　　　　　　　图 10-24

❻ 单击“确定”按钮，即可合并两张表格的数据，对各产品进行求平均值的合并计算，得到如图 10-25 所示的结果。

	A	B	C	D	E
1	编号	产品名称	平均销量		
2	001	碧根果	244		
3	002	夏威夷果	297		
4	003	开口松子	163		
5	004	奶油瓜子	119		
6	005	紫薯花生	93.5		
7	006	山核桃仁	161.5		
8	007	炭烧腰果	123.5		
9	008	芒果干	224.5		
10	009	草莓干	87.5		
11	010	猕猴桃干	79.5		
12	011	柠檬干	51		
13	012	和田小枣	111.5		
14	013	黑加仑葡萄干	210.5		
15	014	蓝莓干	70		

线上 | 线下 | 平均销量

图 10-25

知识扩展

多表合并计算中的计数统计

合并计算时默认使用的函数是求和函数，展开“函数”的列表，可以看到列表中还有多个函数可以选择，如最大值、最小值、乘积、计数、偏差等，选择合理的运算可以满足多种形式的合并计算，例如最大值函数可以帮助从添加的计算区域中找到最大值、计数函数可以帮助从添加的计算区域中统计各个标签的条目数等。下面主要介绍使用“计数”函数进行合并计算统计。

如图 10-26、图 10-27 所示的两张表格，是各个产品 1 月和 2 月在不同店铺中所开展的不同活动主题促销表，现在需要对开展的活动主题次数进行统计。

	A	B	C
1	活动主题	店铺	
2	美妆产品折扣	红街店	
3	羽绒服折扣	西都店	
4	美妆产品折扣	万达店	
5	电器折扣	步行街店	
6	羽绒服折扣	红街店	
7	电器折扣	步行街店	
8	美妆产品折扣	西都店	
9	电器折扣	红街店	
10	羽绒服折扣	万达店	
11	电器折扣	西都店	
12	美妆产品折扣	万达店	
13	羽绒服折扣	红街店	
14	美妆产品折扣	西都店	

1月促销 | 2月促销

图 10-26

	A	B
1	活动主题	店铺
2	家电产品折扣	红街店
3	羽绒服折扣	万达店
4	美妆产品折扣	西都店
5	冬靴折扣	万达店
6	羽绒服折扣	红街店
7	洗护产品折扣	西都店
8	美妆产品折扣	红街店
9	冬靴折扣	西都店
10	羽绒服折扣	万达店
11	春季新款折扣	步行街店
12	美妆产品折扣	红街店
13	洗护产品折扣	步行街店
14	美妆产品折扣	西都店

1月促销 | 2月促销

图 10-27

创建汇总表，建立如图 10-28 所示的列标题，打开“合并计算”对话框，选择函数为“计数”（见图 10-29），然后添加两个用于计算的数据区域并选中“最左列”复选框（见图 10-30），单击“确定”按钮后可以得到如图 10-31 所示的统计结果，即统计出两个月中每种主题的促销次数。

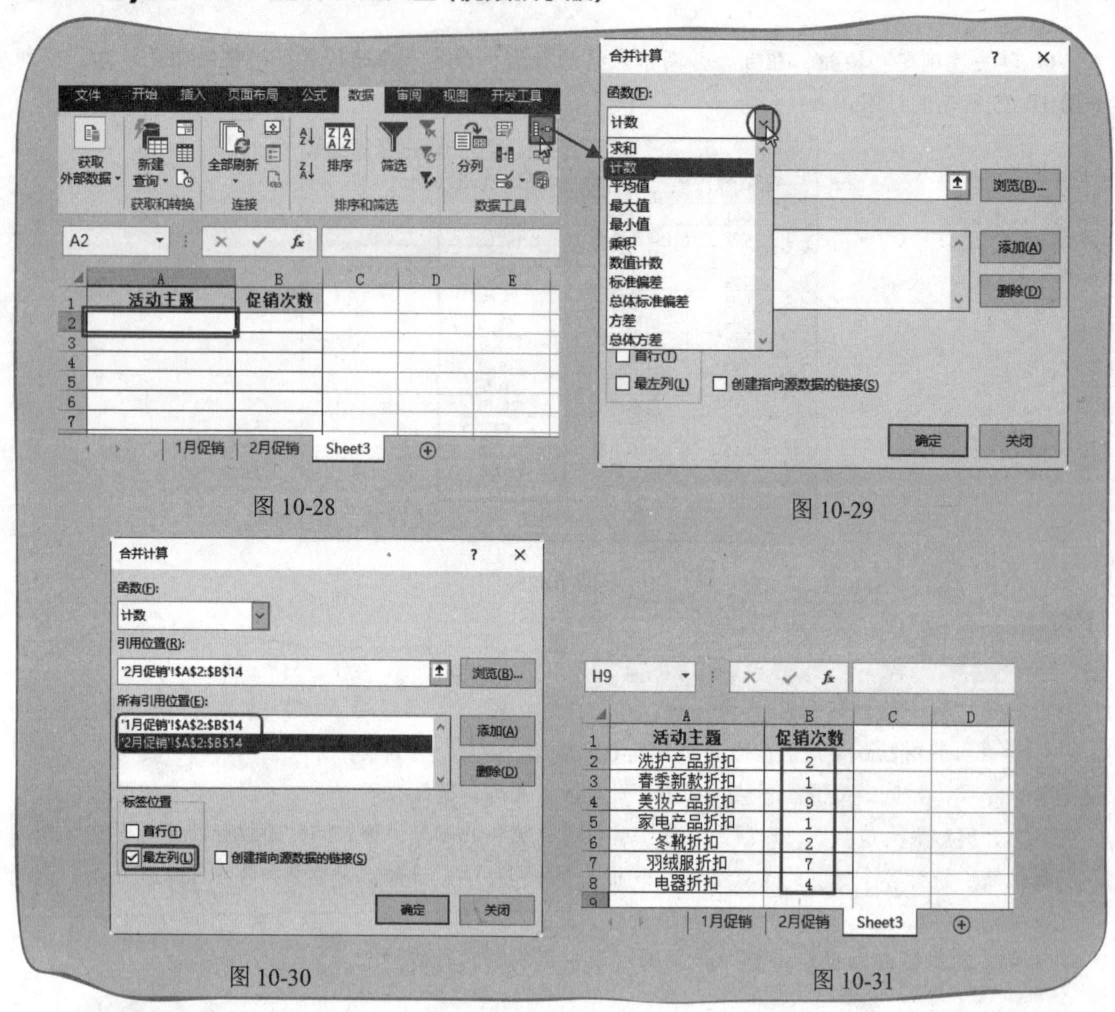

图 10-28　图 10-29

图 10-30　图 10-31

10.2 使用公式进行数据计算

公式是为了解决某个计算问题而设定的计算式。例如“=1+2+3+4”是公式，“=（3+5）×8”也是公式。而在 Excel 中设定某个公式后，并非只是常量间的运算了，它会涉及对数据源的引用以及会引入函数完成特定的数据计算。如果只是常量的加减乘除，那么与就使用计算器来运算无任何区别了。因此公式计算是 Excel 中的一项非常重要的功能。

10.2.1 公式的运算符

运算符是公式的基本元素，也是必不可少的元素，每一个运算符代表一种运算。在 Excel 中有 4 种运算符类型，每种运算符和作用如表 10-1 所示，其中“算术运算符”与“比较运算符”与我们一直接触的数据运算中的运算符差不多，因此不必花太多的时间去学习；只有“文本运算符”与

“引用运算符”这两项可以通过表格学习一下。

表 10-1　公式中的运算符

运算符类型	运算符	作　用	示　例
算术运算符	+	加法运算	10+5 或 A1+B1
	-	减号运算	10-5 或 A1-B1 或-A1
	*	乘法运算	10*5 或 A1*B1
	/	除法运算	10/5 或 A1/B1
	%	百分比运算	85.5%
	^	乘幂运算	2^3
比较运算符	=	等于运算	A1=B1
	>	大于运算	A1>B1
	<	小于运算	A1<B1
	>=	大于或等于运算	A1>=B1
	<=	小于或等于运算	A1<=B1
	<>	不等于运算	A1<>B1
文本连接运算符	&	用于连接多个单元格中的文本字符串，产生一个文本字符串	A1&B1
引用运算符	:（冒号）	特定区域引用运算	A1:D8
	,（逗号）	联合多个特定区域引用运算	SUM(A1:C2,C2:D10)
	（空格）	交叉运算，即对两个引用区域中共有的单元格进行运算	A1:B8 B1:D8

1. 文本连接运算符

文本连接运算符只有一个，就是“&”，它可以将多个单元格的文本连接到一个单元格中显示。如图 10-32 所示在 C2 单元格中使用了公式“=A2&B2”，即将 A2 与 B2 单元格中数据连接成一个数据，连接的结果显示在 C2 单元格中。

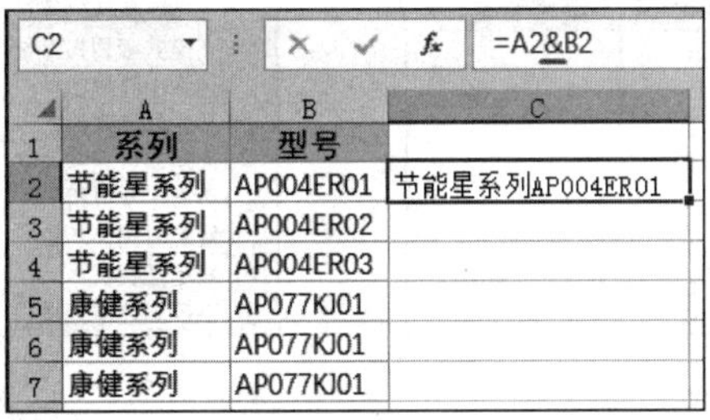

C2　=A2&B2

	A	B	C
1	系列	型号	
2	节能星系列	AP004ER01	节能星系列AP004ER01
3	节能星系列	AP004ER02	
4	节能星系列	AP004ER03	
5	康健系列	AP077KJ01	
6	康健系列	AP077KJ01	
7	康健系列	AP077KJ01	

图 10-32

在日常工作中凡是遇到要将多单元格的数据合并到一个单元格时，都可以使用“&”符号来连接，并且也可以连接常量，如“=A2&B2&C2&D2&“人””（注意常量要使用双引号）。

2. 引用运算符

如图 10-33 所示 B10 单元格内的公式为“=SUM(B2:B9)”，这里使用了引用运算符中的“:（冒号）”，表达的是从 B2 开始到 B3、B4、B5、……、B9 的单元格区域的值。

B10 =SUM(B2:B9)

	A	B	C
1	产品名称	销售金额	
2	充电式吸剪打毛器	683.7	
3	迷你小吹风机	3387	
4	学生静音吹风机	6452.7	
5	大功率家用吹风机	3083	
6	负离子吹风机	3807.7	
7	发廊专用大功率	1500.3	
8	家用挂烫机	1617.9	
9	手持式迷你挂烫机	1647	
10		22179.3	

图 10-33

10.2.2 输入公式

公式要以等号“=”开始（不以“=”开头不能称之为公式），等号后面的计算式可以包括函数、引用、运算符和常量。例如“=SUM(A2:A10)*B1+100”这样一个公式，“SUM(A2:A10)”这一部分是函数，“B1”则是对单元格 B1 值的引用（计算时使用 B1 单元格中显示的数据），“100”则是常量，“*”和“+”则是算术运算符。

采用公式进行数据运算、统计与查询时，首先要掌握公式的输入与编辑。

❶ 选中要输入公式的单元格，本例中选中 D2 单元格，在编辑栏中输入“=”号，如图 10-34 所示。

❷ 在 B2 单元格上单击，即可引用 B2 单元格的数据进行运算，如图 10-35 所示。

IF =

	A	B	C	D
1	产品名称	单价	销售数量	销售金额
2	充电式吸剪打毛器	39.8	5	=
3	迷你小吹风机	19.9	15	
4	学生静音吹风机	22.5	22	
5	大功率家用吹风机	49.8	4	
6	负离子吹风机	98.8	2	
7	发廊专用大功率	65	6	
8	家用挂烫机	108	4	
9	手持式迷你挂烫机	22.8	14	

图 10-34

B2 =B2

	A	B	C	D
1	产品名称	单价	销售数量	销售金额
2	充电式吸剪打毛器	39.8	5	=B2
3	迷你小吹风机	19.9	15	
4	学生静音吹风机	22.5	22	
5	大功率家用吹风机	49.8	4	
6	负离子吹风机	98.8	2	
7	发廊专用大功率	65	6	
8	家用挂烫机	108	4	
9	手持式迷你挂烫机	22.8	14	

图 10-35

❸ 当需要输入运算符号时，手工输入运算符号，如图 10-36 所示。

❹ 接着在要参与运算的单元格上单击，如单击 C2 单元格，如图 10-37 所示。

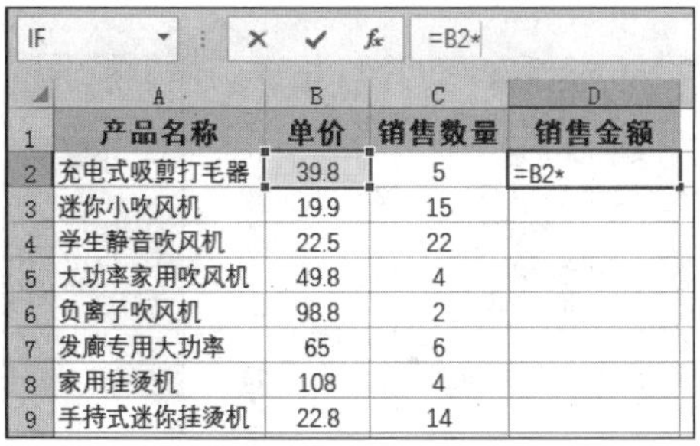

IF　=B2*

	A	B	C	D
1	产品名称	单价	销售数量	销售金额
2	充电式吸剪打毛器	39.8	5	=B2*
3	迷你小吹风机	19.9	15	
4	学生静音吹风机	22.5	22	
5	大功率家用吹风机	49.8	4	
6	负离子吹风机	98.8	2	
7	发廊专用大功率	65	6	
8	家用挂烫机	108	4	
9	手持式迷你挂烫机	22.8	14	

图 10-36

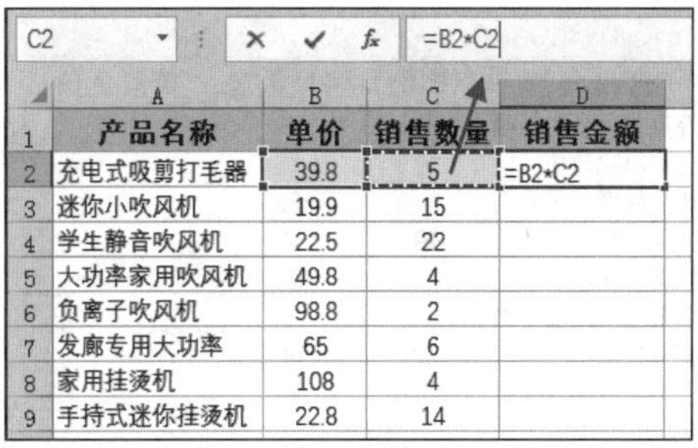

C2　=B2*C2

	A	B	C	D
1	产品名称	单价	销售数量	销售金额
2	充电式吸剪打毛器	39.8	5	=B2*C2
3	迷你小吹风机	19.9	15	
4	学生静音吹风机	22.5	22	
5	大功率家用吹风机	49.8	4	
6	负离子吹风机	98.8	2	
7	发廊专用大功率	65	6	
8	家用挂烫机	108	4	
9	手持式迷你挂烫机	22.8	14	

图 10-37

❺ 按 Enter 键即可计算出结果，如图 10-38 所示。

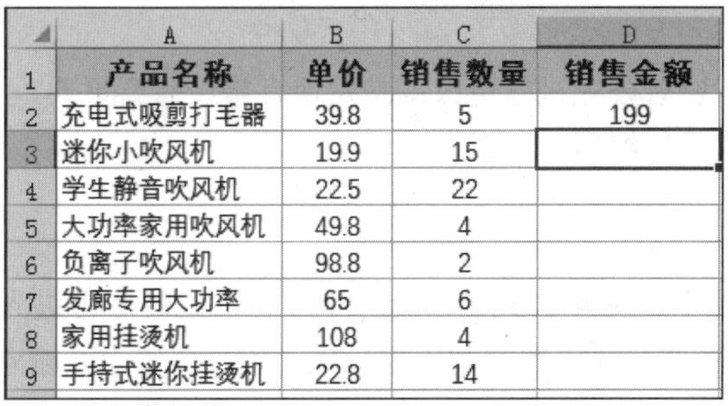

	A	B	C	D
1	产品名称	单价	销售数量	销售金额
2	充电式吸剪打毛器	39.8	5	199
3	迷你小吹风机	19.9	15	
4	学生静音吹风机	22.5	22	
5	大功率家用吹风机	49.8	4	
6	负离子吹风机	98.8	2	
7	发廊专用大功率	65	6	
8	家用挂烫机	108	4	
9	手持式迷你挂烫机	22.8	14	

图 10-38

提　示

❶ 选中单元格时，如果对计算的单个单元格，直接在它上面单击即可。如果是单元格区，则在起始单元格上单击，然后按住鼠标左键不放拖动即可选中单元格区域。

❷ 在编辑栏中输入公式时，可以看到单元格与编辑栏中是同步显示的，因此也可以在选中目标单元格后，直接在单元格中输入公式，也能达到相同目的。

10.2.3 复制公式完成批量计算

在 Excel 中进行数据运算的最大特点是设置好一个公式后，可以通过复制公式的办法快速完成一串计算。例如本例中完成 D2 单元格公式的建立后，很显然并不只是想计算出这一种产品的销售金额，而是需要依次计算出所有产品的销售金额，那么是依次重复这个操作去计算吗？实际并不需要的，而是可以通过复制公式的方法快速得到批量计算的结果。

❶ 选中 D2 单元格，将鼠标指针指向此单元格右下角，直至出现黑色十字形，如图 10-39 所示。

❷ 按住鼠标左键向下拖动，松开鼠标后，拖动过的单元格即可显示出计算结果，如图 10-40 所示。

	A	B	C	D
1	产品名称	单价	销售数量	销售金额
2	充电式吸剪打毛器	39.8	5	199
3	迷你小吹风机	19.9	15	
4	学生静音吹风机	22.5	22	
5	大功率家用吹风机	49.8	4	
6	负离子吹风机	98.8	2	
7	发廊专用大功率	65	6	
8	家用挂烫机	108	4	
9	手持式迷你挂烫机	22.8	14	

图 10-39

	A	B	C	D	E
1	产品名称	单价	销售数量	销售金额	
2	充电式吸剪打毛器	39.8	5	199	
3	迷你小吹风机	19.9	15	298.5	
4	学生静音吹风机	22.5	22	495	
5	大功率家用吹风机	49.8	4	199.2	
6	负离子吹风机	98.8	2	197.6	
7	发廊专用大功率	65	6	390	
8	家用挂烫机	108	4	432	
9	手持式迷你挂烫机	22.8	14	319.2	
10					

图 10-40

10.2.4 编辑公式

输入公式后，如果需要对公式进行更改或是发现有错误需要更改，可以利用下面的方法来重新对公式进行编辑。

方法 1：双击法

在输入了公式且需要重新编辑公式的单元格中双击，此时即可进入公式的编辑状态，把需要修改的部分删除、删除方法是在编辑栏中利用鼠标拖动的办法选中要删除的部分公式（见图 10-41），按键盘上的 Delete 键删除（见图 10-42），然后重新选择要引用的单元格或手工输入即可，输入时注意要想在哪里修改、在哪里插入都要在原公式中先定位好光标的位置。

IF ▾ ： ✕ ✓ fx =B3*C3

	A	B	C	D
1	产品名称	单价	销售数量	销售金额
2	充电式吸剪打毛器	39.8	5	199
3	迷你小吹风机	19.9	15	=B3*C3
4	学生静音吹风机	22.5	22	495
5	大功率家用吹风机	49.8	4	199.2
6	负离子吹风机	98.8	2	197.6
7	发廊专用大功率	65	6	390
8	家用挂烫机	108	4	432
9	手持式迷你挂烫机	22.8	14	319.2

图 10-41

	A	B	C	D
1	产品名称	单价	销售数量	销售金额
2	充电式吸剪打毛器	39.8	5	199
3	迷你小吹风机	19.9	15	=*C3
4	学生静音吹风机	22.5	22	495
5	大功率家用吹风机	49.8	4	199.2
6	负离子吹风机	98.8	2	197.6
7	发廊专用大功率	65	6	390
8	家用挂烫机	108	4	432
9	手持式迷你挂烫机	22.8	14	319.2

图 10-42

方法 2： 按“F2”功能键

选中需要重新编辑公式的单元格，按键盘上的 F2 功能键，即可对公式进行编辑。

方法 3： 利用编辑栏

选中需要重新编辑公式的单元格，在编辑栏中单击一次，即可对公式进行编辑。

10.3 公式计算中函数的使用

公式是 Excel 工作表中进行数据计算的等式，以“=”开头，如“=1+2+3+4+5”就是一个公式。

但是仅用表达式的公式只能解决简单的计算，要想完成特殊的计算或进行较为复杂的数据计算必须使用函数。

10.3.1 函数的作用

加、减、乘、除等运算，只需要将运算符号和单元格地址结合，就能执行计算。如图 10-43 所示中，使用单元格依次相加的办法计算总和，原则上并没有什么错误。

试想一下，如果我有更多条数据，甚至多达几百上千条，我们还是要这样一个个加吗？那么即使是再简单的工作，其耗费的时间也是惊人的。这时使用一个函数可以立即解决这样的问题，如图 10-44 所示。

B10 =B2+B3+B4+B5+B6+B7+B8+B9

	A	B
1	产品名称	销售金额
2	充电式吸剪打毛器	683.7
3	迷你小吹风机	3387
4	学生静音吹风机	6452.7
5	大功率家用吹风机	3083
6	负离子吹风机	3807.7
7	发廊专用大功率	1500.3
8	家用挂烫机	1617.9
9	手持式迷你挂烫机	1647
10		22179.3

图 10-43

B10 =SUM(B2:B9)

	A	B
1	产品名称	销售金额
2	充电式吸剪打毛器	683.7
3	迷你小吹风机	3387
4	学生静音吹风机	6452.7
5	大功率家用吹风机	3083
6	负离子吹风机	3807.7
7	发廊专用大功率	1500.3
8	家用挂烫机	1617.9
9	手持式迷你挂烫机	1647
10		22179.3

图 10-44

SUM 就是一个专门用于求和的函数，并且如果单元格的条目特别多，利用鼠标拖动选择单元格区域怕出错时，也可以直接输入单元格的地址，例如输入“=SUM(B2:B1005)”则会对 B2~B1005 间的所有单元格进行求和运算。

除此之外，有些函数能解决的问题，普通数学表达式是无法完成的，例如 SUMIF 函数它可以先进行条件判断，然后只对满足条件的数据进行求和。这样的运算是普通数学表达式是无论如何也完成不了的。如图 10-45 所示的工作表中需要根据员工的销售额返回其销售排名，使用的是专业的排位函数，针对这样的统计需求，如果不使用函数而只使用表达式，显然无法得到想要的结果。

D2 =RANK(C2,$C$2:$C$8)

	A	B	C	D
1	序号	销售员	销售额	销售排名
2	1	周佳怡	10554	4
3	2	韩琪琪	10433	
4	3	侯欣怡	9849	
5	4	李晓月	11387	
6	5	郭振兴	10244	
7	6	张佳乐	12535	
8	7	陈志毅	10657	

图 10-45

要想完成各式各样复杂的或特殊的计算，就必须使用函数。函数是公式运算中非常重要的元素。同时如果能很好地学习函数，还可以利用函数的嵌套来解决众多办公难题，所以函数的学习并非一朝一夕之功，可以选择一本好书，多看多练，应用得多了，使用起来才有可能更加自如。

10.3.2 函数的构成

函数的结构以函数名称开始，后面是左括号、以逗号分隔的参数，接着是标志函数结束的右括号。

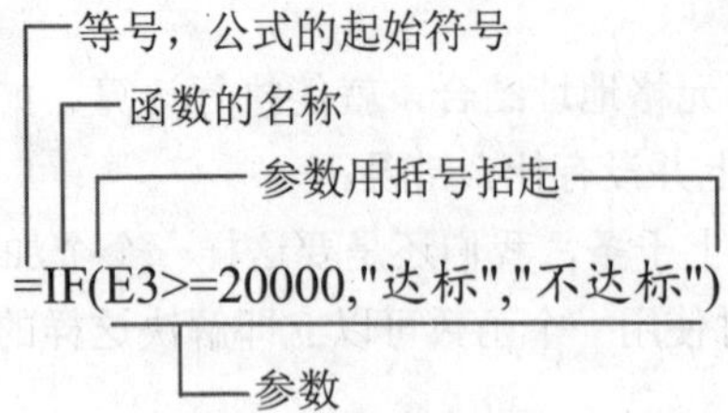

通过为函数设置不同的参数，可以实现解决多种不同问题。例如列举几个例子如下：

- 公式“=SUM（B2:E2）”中，括号中的“B2:E2”就是函数的参数，并且是一个变量值。
- 公式“=RANK(C2,$C$2:$C$8)”中，括号中“D3=0”“0”“C3/D3”，分别为IF函数的3个参数，且参数为常量和表达式两种类型。
- 公式“=LEFT(A5,FIND("-",A5)-1)”中，除了使用了变量值作为参数，还使用了函数表达式“FIND("-",A5)-1”作为参数（以该表达式返回的值作为LEFT函数的参数），这个公式是函数嵌套使用的例子。

函数必须要在公式中使用才有意义，单独的函数是没有意义的，在单元格中只输入函数，返回的是一个文本而不是计算结果，如图10-46所示。

另外，如果只引用单元格地址而缺少函数也不能返回正确值，如图10-47所示。

C8 SUM(C2:C7)

	A	B	C
1	日期	预算销售额(万)	实际销售额(万)
2	2020/7/1	15.00	15.97
3	2020/8/1	14.00	14.96
4	2020/9/1	12.50	9.60
5	2020/10/1	11.50	8.20
6	2020/11/1	12.50	12.30
7	2020/12/1	12.50	8.90
8	合计	78.00	SUM(C2:C7)

图 10-46

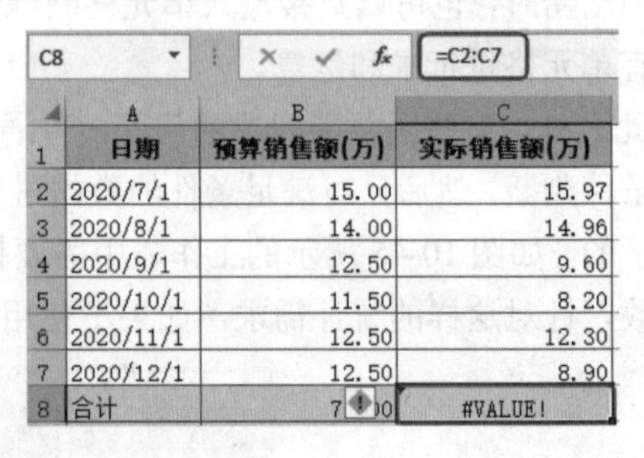
C8 =C2:C7

	A	B	C
1	日期	预算销售额(万)	实际销售额(万)
2	2020/7/1	15.00	15.97
3	2020/8/1	14.00	14.96
4	2020/9/1	12.50	9.60
5	2020/10/1	11.50	8.20
6	2020/11/1	12.50	12.30
7	2020/12/1	12.50	8.90
8	合计	7[illegible]0	#VALUE!

图 10-47

函数参数类型举例如下：

- 公式“=SUM(B2:B10)”中，括号中的“B2:B10”就是函数的参数，且是一个变量值。
- 公式“=IF(D3=0,0,C3/D3)”中，括号中“D3=0”“0”“C3/D3”，分别为IF函数的3个参数，且参数为常量和表达式两种类型。
- 公式“=VLOOKUP($A$9,$A$2:$D$6,COLUMN(B1))”中，除了使用了变量值作为参数，还使用了函数表达式“COLUMN(B1)”作为参数（以该表达式返回的值作为VLOOKUP函数的3个参数），这个公式是函数嵌套使用的例子。

函数可以嵌套使用，即将某个函数的返回结果作为另一个函数的参数来使用。有时为了达到某一计算要求，在公式中需要嵌套多个函数，此时需要用户对各个函数的功能及其参数有详细的了解。

10.3.3 用函数进行数据运算

利用函数运算时一般有两种方式，一种是利用“函数参数”向导对话框逐步设置参数；二是当对函数的参数设置较为熟练时，可以直接在编辑栏中完成公式的写入。

1. 单个函数运算

❶ 选中目标单元格，单击公式编辑栏前的f_x按钮（见图 10-48），弹出“插入函数”对话框，在“选择函数”列表中选择“AVERAGEIF”函数，如图 10-49 所示。

	A	B	C	D	E
1	班级	姓名	英语		高一(3)班平均分
2	高一(3)班	刘成军	98		
3	高一(3)班	李献	78		
4	高一(1)班	唐颖	80		
5	高一(3)班	魏晓丽	90		
6	高一(2)班	肖周文	64		
7	高一(2)班	翟雨欣	85		
8	高一(3)班	张宏良	72		
9	高一(1)班	张明	98		
10	高一(1)班	周逆风	75		
11	高一(2)班	李兴	65		

图 10-48

图 10-49

❷ 单击“确定”按钮，弹出“函数参数”对话框，将光标定位到第一个参数设置框中，在下方可看到此参数的设置说明，如图 10-50 所示。

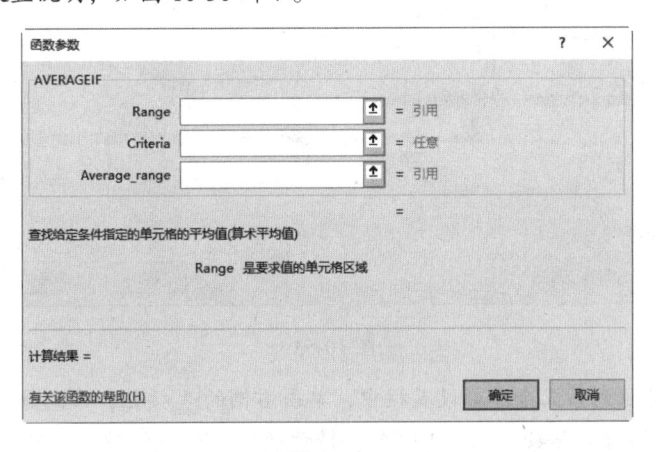

图 10-50

❸ 单击右侧的按钮，回到数据表中鼠标拖曳选择数据表中的单元格区域作为参数（见图 10-51），释放鼠标后单击按钮返回，即可得到要设置的第一个参数，如图 10-52 所示。

E2
=AVERAGEIF(A2:A11)
班级
姓名
英语
高一(3)班平均分
=AVERAGEIF(A2:A11)
函数参数
A2:A11

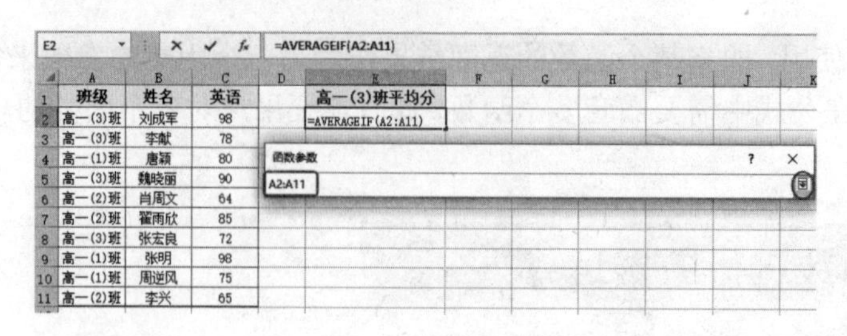

图 10-51

函数参数
AVERAGEIF
Range A2:A11 = {"高一(3)班";"高一(3)班";"高一(1)班...
Criteria = 任意
Average_range = 引用
查找给定条件指定的单元格的平均值(算术平均值)
Range 是要求值的单元格区域
计算结果 =
有关该函数的帮助(H)
确定
取消

图 10-52

❹ 将光标定位到第二个参数设置框中，可看到相应的设置说明，手动编辑第二个参数，如图 10-53 所示。

函数参数
AVERAGEIF
Range A2:A11 = {"高一(3)班";"高一(3)班";"高一(1)班";'
Criteria 高一(3)班 =
Average_range = 引用
查找给定条件指定的单元格的平均值(算术平均值)
Criteria 是数字、表达式或文本形式的条件，它定义了用于查找平均值的单元格范围
计算结果 =
有关该函数的帮助(H)
确定
取消

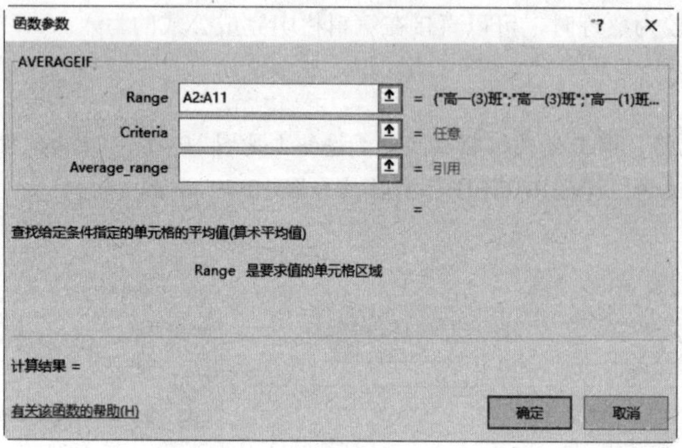

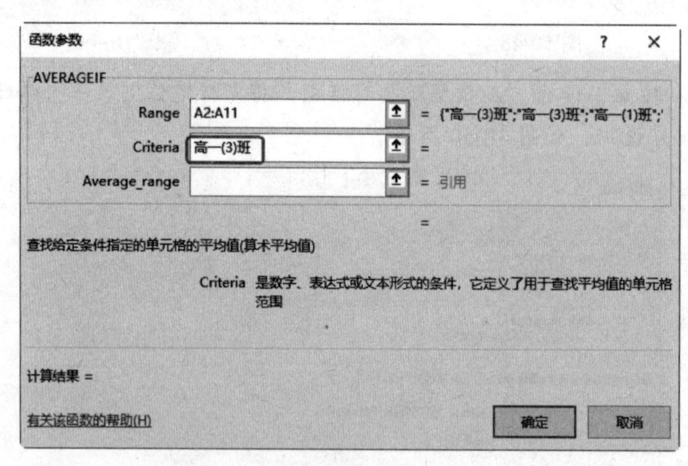

图 10-53

❺ 接着将光标定位到第三个参数设置框中，单击右侧的按钮，回到数据表中鼠标拖曳选择数据表中的单元格区域作为参数（见图 10-54），释放鼠标后单击按钮返回“函数参数”对话框中，即可得到第三个参数，如图 10-55 所示。

E2 =AVERAGEIF(A2:A11,"高一(3)班",C2:C11)

	A	B	C	D	E
1	班级	姓名	英语		高一(3)班平均分
2	高一(3)班	刘成军	98		一(3)班",C2:C11)
3	高一(3)班	李献	78		
4	高一(1)班	唐颖	80		
5	高一(3)班	魏晓丽	90		
6	高一(2)班	肖周文	64		
7	高一(2)班	翟雨欣	85		
8	高一(3)班	张宏良	72		
9	高一(1)班	张明	98		
10	高一(1)班	周逆风	75		
11	高一(2)班	李兴	65		

函数参数
C2:C11

图 10-54

❻ 单击“确定”按钮后，即可得到公式的计算结果，如图 10-56 所示。

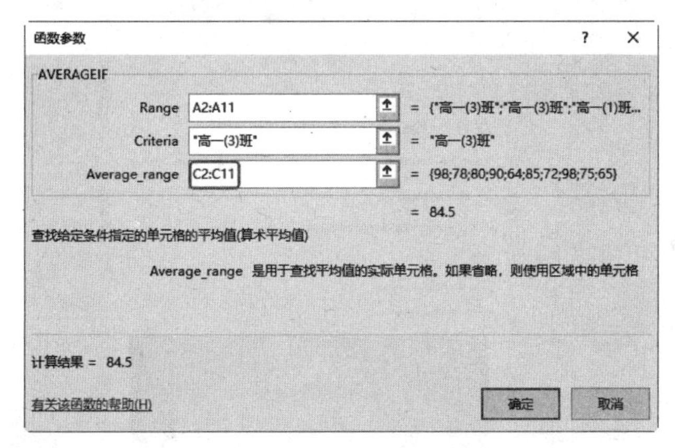

图 10-55

E2 =AVERAGEIF(A2:A11,"高一(3)班",C2:C11)

	A	B	C	D	E
1	班级	姓名	英语		高一(3)班平均分
2	高一(3)班	刘成军	98		84.5
3	高一(3)班	李献	78		
4	高一(1)班	唐颖	80		
5	高一(3)班	魏晓丽	90		
6	高一(2)班	肖周文	64		
7	高一(2)班	翟雨欣	85		
8	高一(3)班	张宏良	72		
9	高一(1)班	张明	98		
10	高一(1)班	周逆风	75		
11	高一(2)班	李兴	65		

图 10-56

关闭“函数参数”对话框后，可以看到编辑栏中显示出了完整的公式。因此如果对这个函数的参数比较了解，则不必打开“函数参数”对话框，直接在编辑栏中编辑即可，编辑时注意参数是引用区域时利用鼠标拖动选取，是常量或表达式时就手工输入，各参数间用逗号间隔。

2. 函数嵌套运算

为解决一些复杂的数据计算问题，我们不能仅限于单个函数的使用，更多的时候需要嵌套使用多个函数，让一个函数的返回值为作为另一个函数的参数。这种则实现了更多层条件的判断。

例如默认 IF 函数只能判断一项条件，当条件满足时返回某值，不满足时返回另一值，如图 10-57 所示，当要求一次判断两个条件，即理论成绩与实践成绩必须同时满足“>80”时，返回“合格”；只要有一个不满足，就返回“不合格”。单独使用一个 IF 函数无法实现判断了，此时在 IF 中嵌套了一个 AND 函数判断两个条件是否都满足，AND 函数就是用于判断给定的所有条件是否都为“真”（如果都为“真”，就返回 TRUE，否则返回 FALSE），然后使用

D2 =IF(AND(B2>80,C2>80),"合格","不合格")

	A	B	C	D
1	姓名	理论	实践	是否合格
2	程利洋	98	87	合格
3	李君献	78	80	不合格
4	唐伊颖	80	66	不合格
5	魏晓丽	90	88	合格
6	肖周文	64	90	不合格
7	翟雨欣	85	88	合格
8	张宏良	72	70	不合格
9	张昊	98	82	合格
10	周逆风	75	80	不合格
11	李庆	65	89	不合格

它的返回值作为 IF 的第一个参数，D2 单元格的公式中此步返回值为 TRUE

图 10-57

它的返回值作为 IF 函数的第一个参数。

知识扩展

学习函数的用法

函数众多，要把每个函数用好，也绝非一朝一夕之功，因此对于初学者来说，当不了解某个函数的用法时，可以使用 Excel 帮助来辅助学习。

在“插入函数”对话框的“选择函数”列表框中选择函数后（如 COUNTIF），单击对话框左下角的“有关该函数的帮助”链接（见图 10-58），即可进入“Microsoft Excel 帮助”窗口中，显示该函数的作用、语法及使用示例（向下滑动窗口可以看到），如图 10-59 所示。

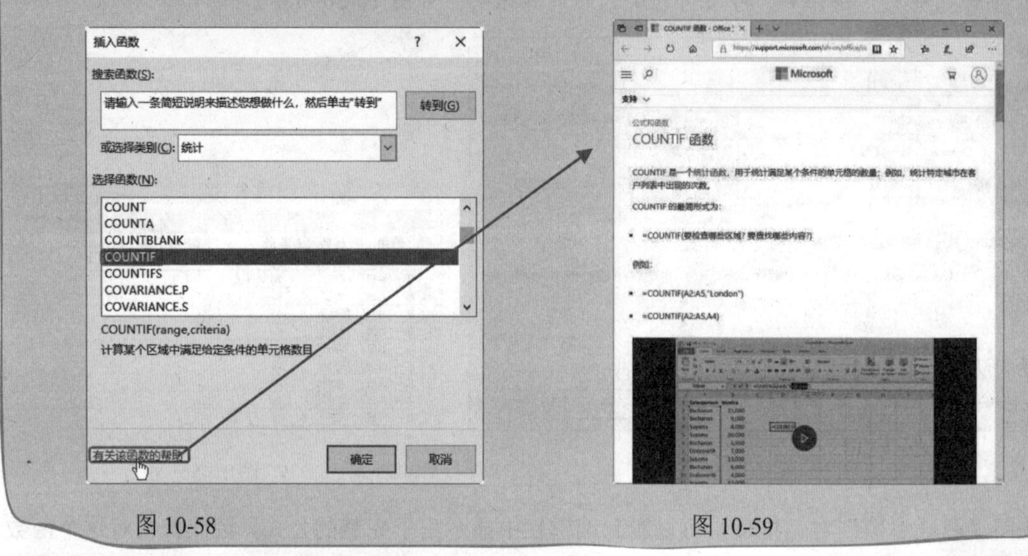

图 10-58　　　　图 10-59

10.3.4 函数类型

不同的函数可以达到不同的计算目的，在 Excel 2019 中提供了 300 多个内置函数，可以满足不同的计算需求，这些函数被划分为多个类别。

1. 了解函数的类别及其包含的函数

❶ 在“公式”→“函数库”选项组中显示了多个不同的函数类别，单击相关函数类别可以查看该类别下所有的函数（按字母顺序排列），如图 10-60 所示。

❷ 当前想使用的函数是日期函数中的“DAYS360”函数，则单击“日期和时间”右侧的下拉按钮，在打开的下拉菜单中单击“DAYS360”，立即弹出“函数参数”对话框（见图 10-61），可接着完成对此函数的参数的设置。

图 10-60

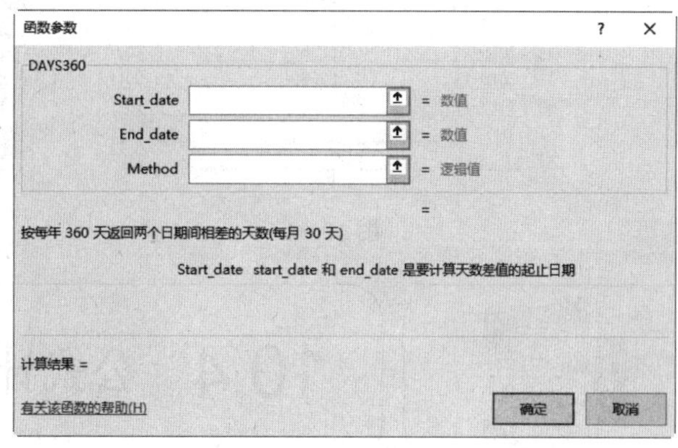

图 10-61

2. “自动求和”的使用

在“公式”→“函数库”选项组中除了显示函数的类别外，还有一个“自动求和”按钮，这个按钮下集成了几个常用的函数，有求和、平均值、计数、最大值、最小值等函数。如果要使用这几个函数可以从此处应用，非常方便。下面以求和函数为例来介绍用法。

❶ 选中 B8 单元格，在“公式”→“函数库”选项组中单击“自动求和”下拉按钮，在弹出的下拉菜单中单击“求和”命令（见图 10-62），系统会根据当前数据的情况，自动建立公式，如图 10-63 所示。

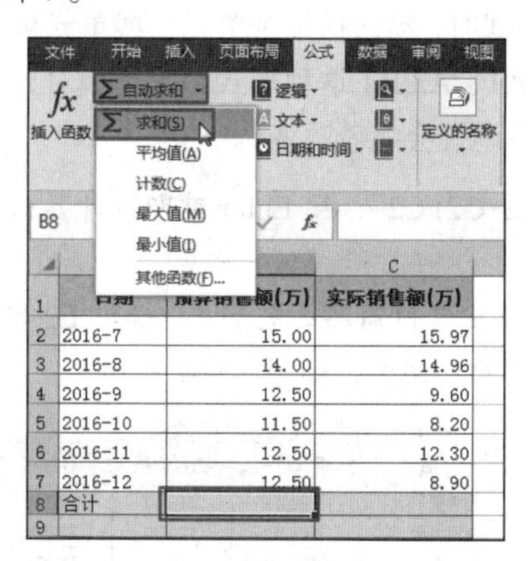

图 10-62

SUM =SUM(B2:B7)

	A	B	C
1	日期	预算销售额(万)	实际销售额(万)
2	2016-7	15.00	15.97
3	2016-8	14.00	14.96
4	2016-9	12.50	9.60
5	2016-10	11.50	8.20
6	2016-11	12.50	12.30
7	2016-12	12.50	8.90
8	合计	=SUM(B2:B7)	
9		SUM(number1, [number2], ...)	
10			

图 10-63

❷ 按 Enter 键即可得到求和结果，如图 10-64 所示。

❸ 如果只想对部分数据求和，不是程序默认选择的计算区域，则可以利用鼠标拖动重新选择目标区域，如图 10-65 所示。

日期	预算销售额(万)	实际销售额(万)
2016-7	15.00	15.97
2016-8	14.00	14.96
2016-9	12.50	9.60
2016-10	11.50	8.20
2016-11	12.50	12.30
2016-12	12.50	8.90
合计	78.00	

图 10-64

=SUM(B2:B4)

日期	预算销售额(万)	实际销售额(万)
2016-7	15.00	15.97
2016-8	14.00	14.96
2016-9	12.50	9.60
2016-10	11.50	8.20
2016-11	12.50	12.30
2016-12	12.50	8.90
合计	=SUM(B2:B4)	

3R x 1C
SUM(number1, [number2], ...)

图 10-65

10.4 公式计算中的数据源的引用

在使用公式进行数据运算时，除了将一些常量运用到公式中外，最主要的是引用单元格中的数据来进行计算，我们称之为对数据源的引用。在引用数据源计算时可以采用相对引用方式，也可以采用绝对引用方式，还可以引用其他工作表或工作簿中的数据。本节将分别介绍几种数据源的引用方式。

10.4.1 引用相对数据源

在公式运算中必然需要对单元格地址的引用。单元格的引用方式包括相对引用和绝对引用，在不同的应用场合需要使用不同的应用方式。在编辑公式时，当选择某个单元格或单元格区域参与运算时，其默认的引用方式是相对引用方式，显示为 A1、A2:B2 这种形式。采用相对方式引用的数据源，当将公式复制到其他位置时，公式中的单元格地址会随着改变。

❶ 选中 E2 单元格，公式编辑栏中输入公式“=(D2−C2)/C2”，按 Enter 键即可计算出商品“天之蓝”的利润率，如图 10-66 所示。

❷ 建立首个公式后必须需要通过复制公式批量计算出其他商品的利润率，选中 E2 单元格，拖动右下角的填充柄至 E11 单元格，即可计算出其他商品的利润率，如图 10-67 所示。

E2　=(D2-C2)/C2

序号	品名	进货价格	销售价格	利润率
1	天之蓝	290.00	418.00	44.14%
2	迎驾之星	105.30	188.00	
3	五粮春	158.60	248.00	
4	新开元	106.00	198.50	
5	润原液	98.00	156.00	

图 10-66

序号	品名	进货价格	销售价格	利润率
1	天之蓝	290.00	418.00	44.14%
2	迎驾之星	105.30	188.00	78.54%
3	五粮春	158.60	248.00	56.37%
4	新开元	106.00	198.50	87.26%
5	润原液	98.00	156.00	59.18%
6	四开国缘	125.00	231.00	84.80%
7	新品兰十	56.00	104.00	85.71%
8	今世缘兰	89.00	149.00	67.42%
9	珠江金小麦	54.00	90.00	66.67%
10	张裕赤霞珠	73.70	146.00	98.10%

图 10-67

下面我们来看复制公式后单元格的引用情况，选中 E5 单元格，在公式编辑栏显示该单元格的公式为“=(D5-C5)/C5”，如图 10-68 所示。选中 E9 单元格，在公式编辑栏显示该单元格的公式为“=(D9-C9)/C9”，如图 10-69 所示。

E5 =(D5-C5)/C5

序号	品名	进货价格	销售价格	利润率
1	天之蓝	290.00	418.00	44.14%
2	迎驾之星	105.30	188.00	78.54%
3	五粮春	158.60	248.00	56.37%
4	新开元	106.00	198.50	87.26%
5	润原液	98.00	156.00	59.18%
6	四开国缘	125.00	231.00	84.80%
7	新品兰十	56.00	104.00	85.71%
8	今世缘兰	89.00	149.00	67.42%
9	珠江金小麦	54.00	90.00	66.67%
10	张裕赤霞珠	73.70	146.00	98.10%

图 10-68

E9 =(D9-C9)/C9

序号	品名	进货价格	销售价格	利润率
1	天之蓝	290.00	418.00	44.14%
2	迎驾之星	105.30	188.00	78.54%
3	五粮春	158.60	248.00	56.37%
4	新开元	106.00	198.50	87.26%
5	润原液	98.00	156.00	59.18%
6	四开国缘	125.00	231.00	84.80%
7	新品兰十	56.00	104.00	85.71%
8	今世缘兰	89.00	149.00	67.42%
9	珠江金小麦	54.00	90.00	66.67%
10	张裕赤霞珠	73.70	146.00	98.10%

图 10-69

通过对比 E2、E5、E9 单元格的公式可以发现，当向下复制 E2 单元格的公式时，采用相对引用的数据源也发生了相应的变化，这正是计算其他产品利润率时所需要的正确公式（复制公式是批量建立公式求值的一个常见的方法，有效避免了逐一输入公式的烦琐程序）。

10.4.2 引用绝对数据源

绝对引用是指把公式移动或复制到其他单元格时，公式的引用位置保持不变。要判断公式中用了哪种引用方式很简单，它们的区别就在于单元格地址前面是否有“$”符号。“$”符号表示“锁定”，添加了“$”符号的引用方式就是绝对引用。

如图 10-70 所示的“培训成绩表”，我们在 E2 单元格输入公式“=$C$2+$D$2”计算该员工的总成绩，按 Enter 键即可得到计算结果。向下填充 E2 单元格的公式，得到如图 10-71 所示的结果，所有的单元格得到的结果相同，没有变化。

E2 =$C$2+$D$2

编号	姓名	营销策略	专业技能	总成绩
RY1-1	刘志飞	87	79	166
RY1-2	何许诺	90	88	
RY1-3	崔娜	77	81	
RY1-4	林成瑞	90	88	
RY1-5	童磊	92	88	
RY2-1	高攀	88	80	
RY2-2	陈佳佳	79	85	
RY2-3	陈怡	82	84	
RY2-4	周蓓	83	83	
RY2-5	夏慧	90	88	
RY3-1	韩燕	81	82	
RY3-2	刘江波	82	81	
RY3-3	王磊	84	88	
RY3-4	郝艳艳	82	83	
RY3-5	陶莉莉	82	83	

图 10-70

编号	姓名	营销策略	专业技能	总成绩
RY1-1	刘志飞	87	79	166
RY1-2	何许诺	90	88	166
RY1-3	崔娜	77	81	166
RY1-4	林成瑞	90	88	166
RY1-5	童磊	92	88	166
RY2-1	高攀	88	80	166
RY2-2	陈佳佳	79	85	166
RY2-3	陈怡	82	84	166
RY2-4	周蓓	83	83	166
RY2-5	夏慧	90	88	166
RY3-1	韩燕	81	82	166
RY3-2	刘江波	82	81	166
RY3-3	王磊	84	88	166
RY3-4	郝艳艳	82	83	166
RY3-5	陶莉莉	82	83	166

图 10-71

分别查看其他单元格的公式，可以看到 E3 单元格的公式是“=$C$2+$D$2”，如图 10-72 所示；E7 单元格的公式是“=$C$2+$D$2”，如图 10-73 所示。

E3 =$C$2+$D$2

	A	B	C	D	E
1	编号	姓名	营销策略	专业技能	总成绩
2	RY1-1	刘志飞	87	79	166
3	RY1-2	何许诺	90	88	166
4	RY1-3	崔娜	77	81	166
5	RY1-4	林成瑞	90	88	166
6	RY1-5	童磊	92	88	166
7	RY2-1	高攀	88	80	166
8	RY2-2	陈佳佳	79	85	166
9	RY2-3	陈怡	82	84	166
10	RY2-4	周蓓	83	83	166
11	RY2-5	夏慧	90	88	166
12	RY3-1	韩燕	81	82	166

图 10-72

E7 =$C$2+$D$2

	A	B	C	D	E
1	编号	姓名	营销策略	专业技能	总成绩
2	RY1-1	刘志飞	87	79	166
3	RY1-2	何许诺	90	88	166
4	RY1-3	崔娜	77	81	166
5	RY1-4	林成瑞	90	88	166
6	RY1-5	童磊	92	88	166
7	RY2-1	高攀	88	80	166
8	RY2-2	陈佳佳	79	85	166
9	RY2-3	陈怡	82	84	166
10	RY2-4	周蓓	83	83	166
11	RY2-5	夏慧	90	88	166
12	RY3-1	韩燕	81	82	166

图 10-73

因为所有的公式都一样，所以计算结果也一样，这就是绝对引用，不会随着位置的改变，而改变公式中引用单元格的地址。

显然上面分析的这种情况下使用绝对引用方式是不合理的，那么哪种情况需要使用绝对引用方式呢？

在如图 10-74 所示的表格中，我们要计算各个部门的销售金额占总销售金额的百分比时，首先在 D2 单元格中输入公式“=C2/SUM(C2:C8)”来计算销售一部的占比。

我们向下填充公式到 D3 单元格时，得到的就是错误的计算结果（被除数的计算区域发生了变化），如图 10-75 所示。

D2 =C2/SUM(C2:C8)

	A	B	C	D
1	序号	销售人员	销售额	占总销售额的比
2	1	杨佳丽	13554	15.90%
3	2	张瑞煊	10433	
4	3	张启云	9849	
5	4	唐小军	11387	
6	5	韩晓生	10244	
7	6	周志明	15433	
8	7	夏甜甜	14354	

图 10-74

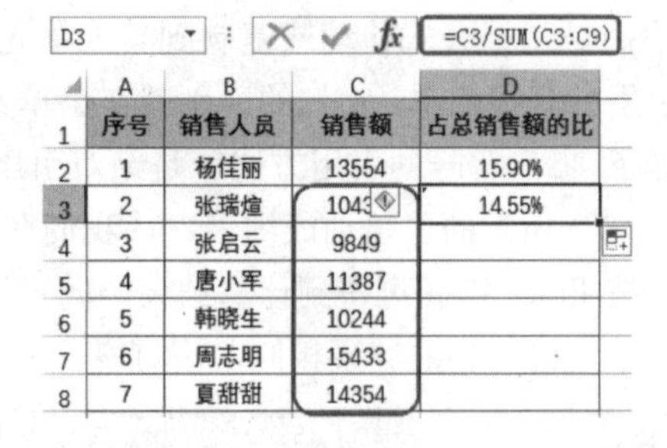

D3 =C3/SUM(C3:C9)

	A	B	C	D
1	序号	销售人员	销售额	占总销售额的比
2	1	杨佳丽	13554	15.90%
3	2	张瑞煊	1043	14.55%
4	3	张启云	9849	
5	4	唐小军	11387	
6	5	韩晓生	10244	
7	6	周志明	15433	
8	7	夏甜甜	14354	

图 10-75

这是因为除数是总销售额，即 SUM(B2:B5)是个定值，而我们采用了相对引用的方式，使得在填充公式时，单元格引用位置发生变化，这一部分求和区域需要使用绝对引用方式。

❶ 选中 D2 单元格，公式编辑栏中输入公式“=C2/SUM($C$2:$C$8)”，如图 10-76 所示。被除数（各部门的销售额）用相对引用，除数（总销售额求和）用绝对引用。

D2 =C2/SUM($C$2:$C$8)

	A	B	C	D	E
1	序号	销售人员	销售额	占总销售额的比	
2	1	杨佳丽	13554	15.90%	
3	2	张瑞煊	10433		
4	3	张启云	9849		
5	4	唐小军	11387		
6	5	韩晓生	10244		
7	6	周志明	15433		
8	7	夏甜甜	14354		

图 10-76

❷ 选中 D2 单元格，动右下角的填充柄至 D8 单元格，即可计算出其他销售员的销售额占总销售额的百分比，如图 10-77 所示。选中 D4 单元格，在公式编辑栏中可以看到该单元格的公式为“=C4/SUM($C$2:$C$8)”，如图 10-78 所示。

序号	销售人员	销售额	占总销售额的比
1	杨佳丽	13554	15.90%
2	张瑞煊	10433	12.24%
3	张启云	9849	11.55%
4	唐小军	11387	13.36%
5	韩晓生	10244	12.02%
6	周志明	15433	18.10%
7	夏甜甜	14354	16.84%

图 10-77

D4　=C4/SUM($C$2:$C$8)

序号	销售人员	销售额	占总销售额的比
1	杨佳丽	13554	15.90%
2	张瑞煊	10433	12.24%
3	张启云	9849	11.55%
4	唐小军	11387	13.36%
5	韩晓生	10244	12.02%
6	周志明	15433	18.10%
7	夏甜甜	14354	16.84%

图 10-78

通过对比 D2、D4 单元格的公式可以发现，当向下复制 D2 单元格的公式时，采用绝对引用的数据源未发生任何变化。本例中求取了第一个销售员的销售额占总销售额的比例后，要计算出其他员工的销售额占总销售额的比例，公式中“SUM($C$2:$C$8)”这一部分是不需要发生变化的，所以采用绝对引用。

10.4.3 引用当前工作表之外的单元格

日常工作中会不断产生众多数据，并且数据会根据性质的不同记录在不同的工作表中。而在进行数据计算时，相关联的数据则需要进行合并计算或引用判断等，这自然就造成建立公式时通常要引用其他工作表中的数据进行判断或计算。

在引用其他工作表的数据进行计算时，需要按照如下格式来引用：“函数（工作表名！数据源地址）”。下面通过一个例子来介绍如何引用其他工作表中的数据进行计算。

当前的工作簿中有两张表格，如图 10-79 所示的表格为“员工培训成绩统计分析表”，用于对成绩数据的记录与计算；如图 10-80 所示的表格为“成绩统计表”，用于对成绩按分部求平均值。显然求平均值的运算需要引用“员工培训成绩统计分析表”中的数据。

编号	姓名	营销策略	专业技能	总成绩
一分部-1	刘志飞	87	79	166
一分部-2	何许诺	90	88	178
一分部-3	崔娜	77	81	158
一分部-4	林成瑞	90	88	178
一分部-5	童磊	92	88	180
一分部-6	徐志林	83	86	169
二分部-1	高攀	88	80	168
二分部-2	陈佳佳	79	85	164
二分部-3	陈怡	82	84	166
二分部-4	周蓓	83	83	166
二分部-5	夏慧	90	88	178
二分部-6	韩文信	82	83	165
三分部-1	韩燕	81	82	163
三分部-2	刘江波	82	81	163
三分部-3	王磊	84	88	172
三分部-4	郝艳艳	82	83	165
三分部-5	陶莉莉	82	83	165
三分部-6	李君浩	92	89	181

员工培训成绩统计分析表　成绩统计表

图 10-79

分部	营销策略(平均)	专业技能(平均)	总成绩(平均)
一分部			
二分部			
三分部			

员工培训成绩统计分析表　成绩统计表

就绪

图 10-80

❶ 在“成绩统计表”中选中目标单元格，在公式编辑栏中输入“=AVERAGE()”函数，将光标定位到括号中，如图 10-81 所示。

❷ 在“员工培训成绩统计分析表”的工作表名称标签上单击，切换到“员工培训成绩统计分析表”中，选中要参与计算的数据，如图 10-82 所示。

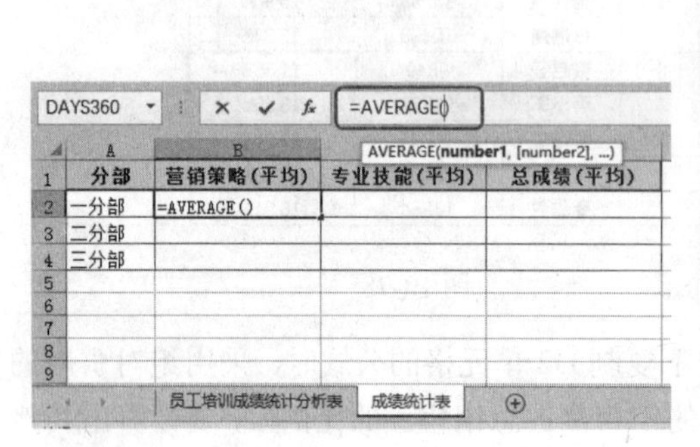
DAYS360　=AVERAGE()

分部	营销策略（平均）	专业技能（平均）	总成绩（平均）
一分部	=AVERAGE()		
二分部			
三分部			

员工培训成绩统计分析表　成绩统计表

图 10-81

DAYS360　=AVERAGE(员工培训成绩统计分析表!C2:C7)

编号	姓名	营销策略	专业技能	总成绩
一分部-1	刘志飞	87	79	166
一分部-2	何许诺	90	88	178
一分部-3	崔娜	77	81	158
一分部-4	林成瑞	90	88	178
一分部-5	童磊	92	88	180
一分部-6	徐志林	83	86	169
二分部-1	高攀	88	80	168
二分部-2	陈佳佳	79	85	164
二分部-3	陈怡	82	84	166
二分部-4	周蓓	83	83	166
二分部-5	夏慧	90	88	178
二分部-6	韩文信	82	83	165
三分部-1	韩燕	81	82	163
三分部-2	刘江波	82	81	163
三分部-3	王磊	84	88	172

员工培训成绩统计分析表　成绩统计表

图 10-82

❸ 公式输入完成后，按 Enter 键结束输入（见图 10-83 所示已得出计算值），如果还未建立完成，那么可以在“成绩统计表”工作表标签上单击切换回去，继续完成公式。

B2　=AVERAGE(员工培训成绩统计分析表!C2:C7)

分部	营销策略（平均）	专业技能（平均）	总成绩（平均）
一分部	86.5		
二分部			
三分部			

图 10-83

提 示

在需要引用其他工作表中的单元格时，也可以直接在公式编辑栏中输入公式，但注意使用“工作表名！数据源地址”这种格式。

10.5 常用函数范例

在 Excel 中为用户提供了很多函数，可以根据自己的需要选择。下面举例介绍一些较为常用的函数。

10.5.1 逻辑函数

IF 函数是用来判断指定条件的真假，当指定条件为真是返回指定的内容；当这个条件为假时返回另一个指定的内容。

IF 函数有三个参数，第一个参数用于条件判断的表达式，第二个参数为判断为真时返回的值，第二个参数是判断为假是返回的值。其中第 2、3 个参数可以忽略，默认返回值分别为“TRUE”和“FALSE”。

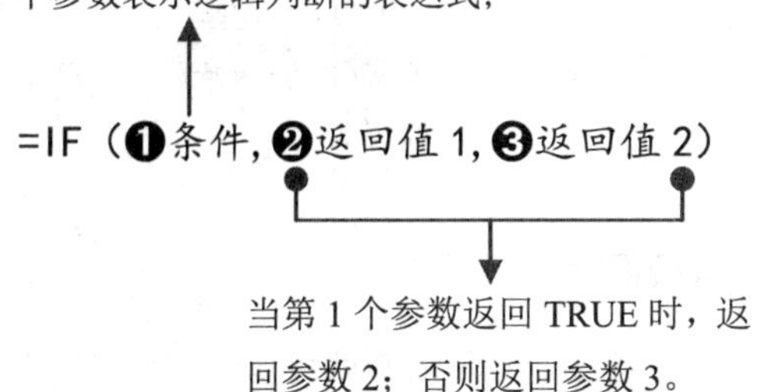

1. 判断库存数量是否充足

要求当库存量小于 20 件时返回“补货”文字，否则返回“充足”文字。

❶ 选中 C2 单元格，单击“公式”→“函数库”选项组中单击“逻辑”右侧的下拉按钮，在打开的下拉菜单中单击“IF”（见图 10-84），可以立即弹出“函数参数”对话框，分别设置三个参数，如图 10-85 所示（常量上的双引号不必输入，程序会自动生成）。

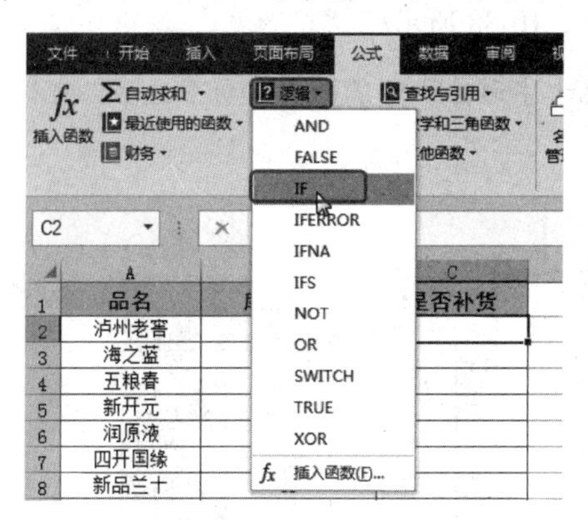

图 10-84

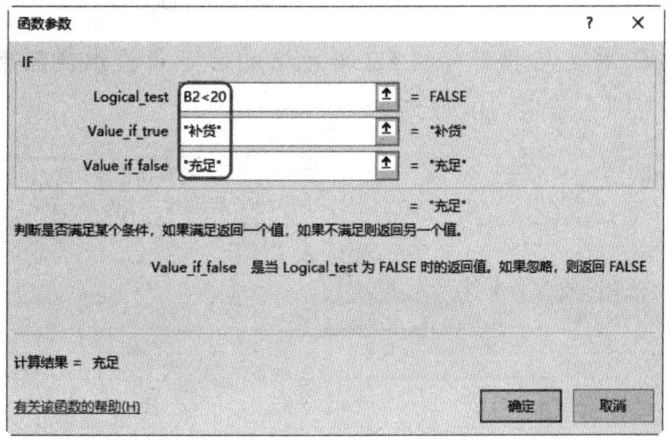

图 10-85

❷ 单击“确定”按钮，可以看到中 C2 单元格中返回了计算结果，同时在编辑栏中也可以看到完整的公式，如图 10-86 所示。

❸ 将鼠标指针指向 C2 单元格的右下角，出现黑色十字形时按住鼠标左键向下拖动，可以得出批量结果，如图 10-87 所示。

C2 fx =IF(B2<20,"补货","充足")

	A	B	C
1	品名	库存(箱)	是否补货
2	泸州老窖	50	充足
3	海之蓝	42	
4	五粮春	32	
5	新开元	10	
6	润原液	22	

图 10-86

	A	B	C	D
1	品名	库存(箱)	是否补货	
2	泸州老窖	50	充足	
3	海之蓝	42	充足	
4	五粮春	32	充足	
5	新开元	10	补货	
6	润原液	22	充足	
7	四开国缘	45	充足	
8	新品兰十	15	补货	
9	今世缘兰	25	充足	
10	珠江金小麦	12	补货	
11	张裕赤霞珠	8	补货	
12				

图 10-87

2. 根据消费积分判断顾客所得赠品

IF 函数是可以嵌套使用的，通过嵌套使用则就可以一次性判断多个条件了。例如下面的例子中是商场为了回馈顾客，根据不同积分预备发放礼品，其具体规则是：积分大于 10000 元的，赠送烤箱；积分大于 5000 小于 10000 的，赠送加湿器；积分大于 1000 小于 5000 元的，赠送洁面仪；积分小于 1000 元的赠送水杯。

❶ 选中 C2 单元格，在编辑栏中输入公式：

=IF(B2>10000,"烤箱",IF(B2>5000,"加湿器",IF(B2>1000,"洁面仪","水杯")))

按 Enter 键即可计算出第一位顾客所获的赠品，如图 10-88 所示。

❷ 将鼠标指针指向 C2 单元格的右下角，出现黑色十字形时按住鼠标左键向下拖动，可得出批量结果，如图 10-89 所示。

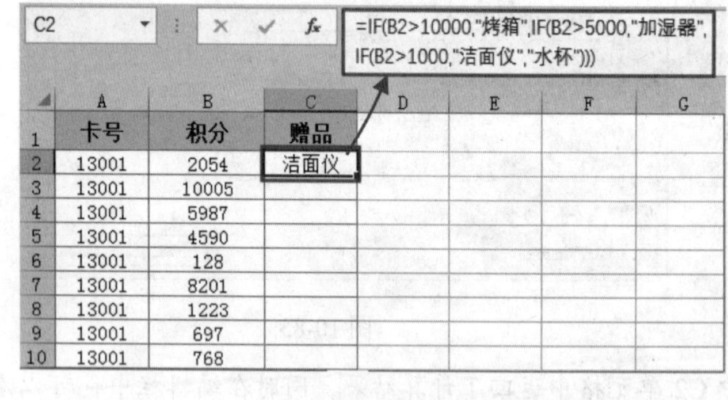
C2 fx =IF(B2>10000,"烤箱",IF(B2>5000,"加湿器",IF(B2>1000,"洁面仪","水杯")))

	A	B	C	D	E	F	G
1	卡号	积分	赠品				
2	13001	2054	洁面仪				
3	13001	10005					
4	13001	5987					
5	13001	4590					
6	13001	128					
7	13001	8201					
8	13001	1223					
9	13001	697					
10	13001	768					

图 10-88

	A	B	C	D
1	卡号	积分	赠品	
2	13001	2054	洁面仪	
3	13001	10005	烤箱	
4	13001	5987	加湿器	
5	13001	4590	洁面仪	
6	13001	128	水杯	
7	13001	8201	加湿器	
8	13001	1223	洁面仪	
9	13001	697	水杯	
10	13001	768	水杯	

图 10-89

3. 根据多项成绩判断最终考评结果是否合格

本例中需要三列成绩都达到 80 分时，才会显示“合格”，否则显示为“不合格”。可以利用 AND 函数配合 IF 函数进行成绩评定，AND 函数用来检验一组数据是否都满足条件。

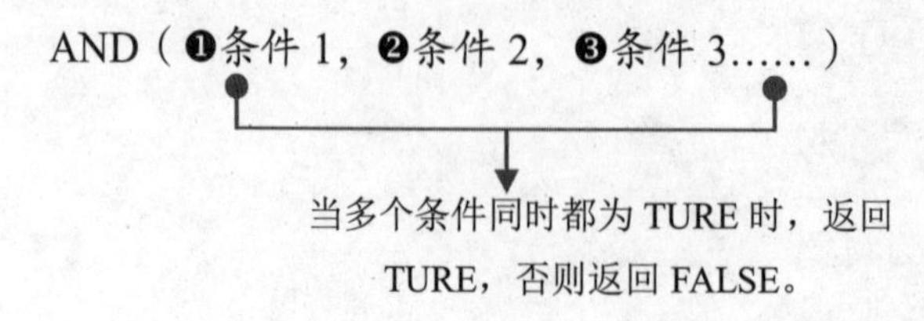

❶ 选中 E2 单元格，在编辑栏中输入公式“=IF(AND(B2>80,C2>80,D2>80),"合格","不合格")”，按 Enter 键即可判断 B2、C2、D2 单元格中的各个值是否全部大于 80，如果都满足条件，则返回结果为“合格”；如果有一项不满足，则返回结果为“不合格”，如图 10-90 所示。

❷ 将鼠标指针指向 E2 单元格的右下角，出现黑色十字形时按住鼠标左键向下拖动，可得出批量结果，如图 10-91 所示。

E2 =IF(AND(B2>80,C2>80,D2>80),"合格","不合格")

	A	B	C	D	E	F	G
1	姓名	面试	理论答题	技能测试	考评结果		
2	孙丽莉	60	88	87	不合格		
3	张敏仪	90	85	85			
4	何伊琳	87	82	90			
5	陈中	74	89	55			
6	邹洁	82	81	88			

图 10-90

	A	B	C	D	E
1	姓名	面试	理论答题	技能测试	考评结果
2	孙丽莉	60	88	87	不合格
3	张敏仪	90	85	85	合格
4	何伊琳	87	82	90	合格
5	陈中	74	89	55	不合格
6	邹洁	82	81	88	合格
7					

图 10-91

4. 根据多项成绩判断最终考评结果是否合格（IFS 函数）

IFS 函数是 Excel 2019 新增的实用函数，用于检查 IFS 函数的一个或多个条件是否满足，并返回到第一个条件相对应的值。IFS 可以进行多个嵌套 IF 语句，并可以更加轻松地阅读使用多个条件。

IF 函数有四个参数，第一个参数用于条件判断的表达式，第二个参数为判断为真时返回的值，第二个参数是用于再次执行条件判断的表达式，并依次类推，根据指定条件返回对应的值。

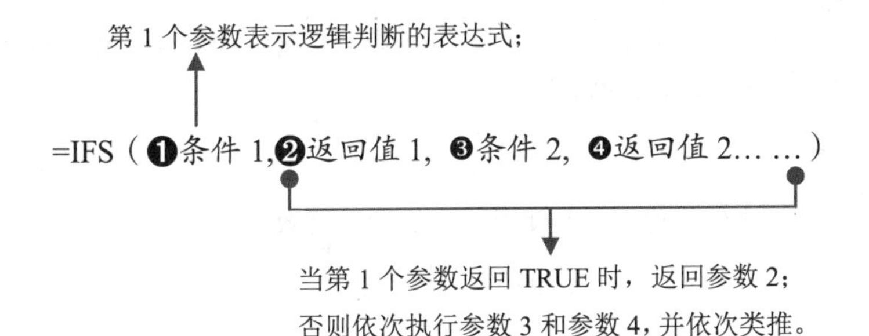

已知表格统计了学生的三门主科成绩并且计算了总分，下面要求根据不同的分数区间来判断成绩属于“不合格”（0~180 分）；“合格”（180~200 分）；“良好”（200~260 分）；还是“优秀”（260 分以上）。本例可以使用 IFS 函数实现多条件判断，避免使用 IF 函数设置多层嵌套，也比较容易出错。

❶ 选中 F2 单元格，在编辑栏中输入公式“=IFS(E2>260,"优秀",E2>200,"良好",E2>180,"合格",E2>0,"不合格")”，按 Enter 键即可判断 E2 单元格中的值是否在指定范围，并返回指定的评定结果，如图 10-92 所示。

SUMIF　=IFS(E2>260,"优秀",E2>200,"良好",E2>180,"合格",E2>0,"不合格")

	A	B	C	D	E	F	G	H	I	J
1	姓名	语文	数学	英语	总分	成绩评定				
2	李楠	90	85	90	265	合格")				
3	刘晓艺	55	85	90	230					
4	卢涛	55	58	50	163					
5	周伟	90	90	66	246					
6	李晓云	91	75	55	221					
7	王晓东	59	50	80	189					
8	蒋菲菲	90	85	88	263					
9	刘立	88	58	91	237					

图 10-92

❷ 将鼠标指针指向F2单元格的右下角，出现黑色十字形时按住鼠标左键向下拖动，即可得出批量运算结果，如图10-93所示。

	A	B	C	D	E	F
1	姓名	语文	数学	英语	总分	成绩评定
2	李楠	90	85	90	265	优秀
3	刘晓艺	55	85	90	230	良好
4	卢涛	55	58	50	163	不合格
5	周伟	90	90	66	246	良好
6	李晓云	91	75	55	221	良好
7	王晓东	59	50	80	189	合格
8	蒋菲菲	90	85	88	263	优秀
9	刘立	88	58	91	237	良好

图 10-93

10.5.2 日期函数

日期函数，顾名思义就是针对日期处理运算的函数，比如人事数据处理、财务数据处理等经常需要使用到日期函数。

1. 计算员工年龄

计算年龄要提取日期中的年份，需要使用的是YEAR函数。

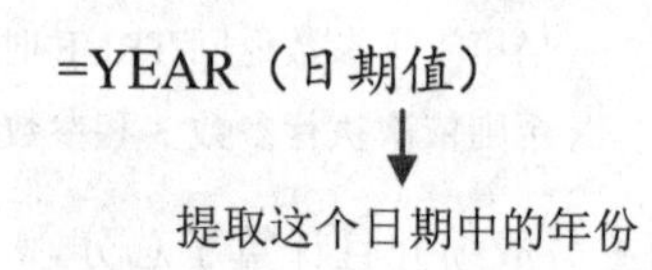

与YEAR函数相对应的还有MONTH函数与DAY函数，MONTH函数用于返回某日期对应的月份，返回值是介于1（一月）到12（十二月）之间的整数；DAY函数用于返回某日期对应的天数。它们都如同YEAR函数一样只有一个日期参数。

通过如图10-94所示的示例，可以理解YEAT、MONTH、DAY函数的基本用法及返回值。

	A	B	C
1	日期	提取	公式
2	2020/8/14	2020	=YEAR(A2)
3	2020/8/14	8	=MONTH(A3)
4	2020/8/14	14	=DAY(A4)
5			

图 10-94

在员工信息表中已知出生日期，可以快速计算出年龄。

❶ 选中 E2 单元格，在公式编辑栏中输入公式“=YEAR(TODAY())-YEAR(D2)”，按 Enter 键即可计算出第一位员工的年龄，如图 10-95 所示。

❷ 将鼠标指针指向 E2 单元格的右下角，出现黑色十字形时按住鼠标左键向下拖动，可以得出批量结果，如图 10-96 所示。

E2 =YEAR(TODAY())-YEAR(D2)

	A	B	C	D	E	F
1	员工工号	姓名	性别	出生日期	年龄	
2	NL001	刘志飞	男	1971-02-13	49	
3	NL002	何许诺	女	1991-03-17		
4	NL003	崔娜	女	1979-08-14		
5	NL004	林成瑞	女	1979-05-16		
6	NL005	童磊	女	1980-11-20		
7	NL006	徐志林	男	1976-10-16		
8	NL007	高攀	女	1969-02-26		
9	NL008	陈佳佳	女	1963-12-02		
10	NL009	陈怡	男	1968-05-02		
11	NL010	周蓓	女	1988-10-16		

图 10-95

	A	B	C	D	E
1	员工工号	姓名	性别	出生日期	年龄
2	NL001	刘志飞	男	1971-02-13	49
3	NL002	何许诺	女	1991-03-17	29
4	NL003	崔娜	女	1979-08-14	41
5	NL004	林成瑞	女	1979-05-16	41
6	NL005	童磊	女	1980-11-20	40
7	NL006	徐志林	男	1976-10-16	44
8	NL007	高攀	女	1969-02-26	51
9	NL008	陈佳佳	女	1963-12-02	57
10	NL009	陈怡	男	1968-05-02	52
11	NL010	周蓓	女	1988-10-16	32
12	NL011	夏慧	女	1991-11-03	29
13	NL012	韩文信	女	1989-02-25	31
14					

图 10-96

2. 计算总借款天数

要对借款天数计算牵涉到日期差值的计算，即计算两个日期值间隔的年数、月数、天数，常用的是 DATEIF 函数。

DATEDIF 函数有三个参数，分别用于指定起始日期、终止日期以及返回值类型。

第 1、2 参数用于指定参与计算的起始日期和终止日期：日期可以是带引号的字符串，日期序列号，单元格引用、其他公式的计算结果等。

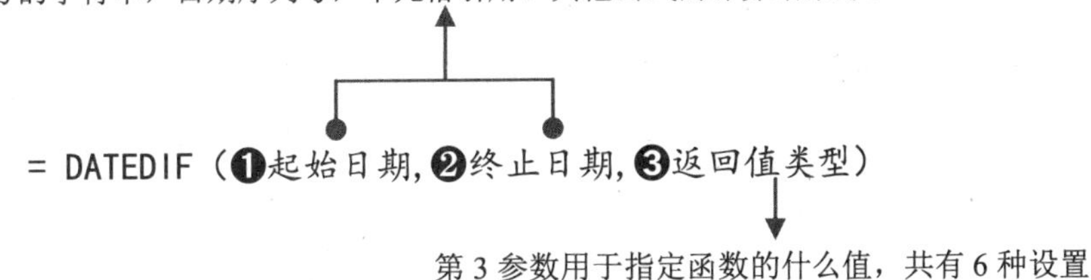

第 3 参数用于指定函数的什么值，共有 6 种设置

参数	函数返回值
"y"	返回两个日期值间隔的整年数
"m"	返回两个日期值间隔的整月数
"d"	返回两个日期值间隔的天数
"md"	返回两个日期值间隔的天数（忽略日期中的年和月）
"ym"	返回两个日期值间隔的月数（忽略日期中的年和日）
"yd"	返回两个日期值间隔的天数（忽略日期中的年）

❶ 选中 D2 单元格，在编辑栏中输入公式“=DATEDIF(B2,C2,"D")”，按 Enter 键计算出第一项借款的总借款天数，如图 10-97 所示。

❷ 将鼠标指针指向D2单元格的右下角，出现黑色十字形时按住鼠标左键向下拖动，可以得出批量的计算结果，如图10-98所示。

D2 =DATEDIF(B2,C2,"D")

	A	B	C	D	E
1	发票号码	借款日期	还款日期	借款天数	
2	65470	2019/12/1	2020/5/1	152	
3	12057	2019/12/4	2020/5/9		
4	23007	2019/12/5	2020/4/3		
5	15009	2019/12/2	2020/7/24		
6	63001	2019/11/9	2020/7/9		

图10-97

	A	B	C	D
1	发票号码	借款日期	还款日期	借款天数
2	65470	2019/12/1	2020/5/1	152
3	12057	2019/12/4	2020/5/9	157
4	23007	2019/12/5	2020/4/3	120
5	15009	2019/12/2	2020/7/24	235
6	63001	2019/11/9	2020/7/9	243
7				

图10-98

知识扩展

计算两个日期间隔的月份数

如果想计算出的是借款月份数，则只要将最后一个参数更改为"M"即可，如图10-所示表格中要求计算的是图书已借阅时间（按月），所以只要将第三个参数设置为"M"即可得到正确结果，如图10-99所示。

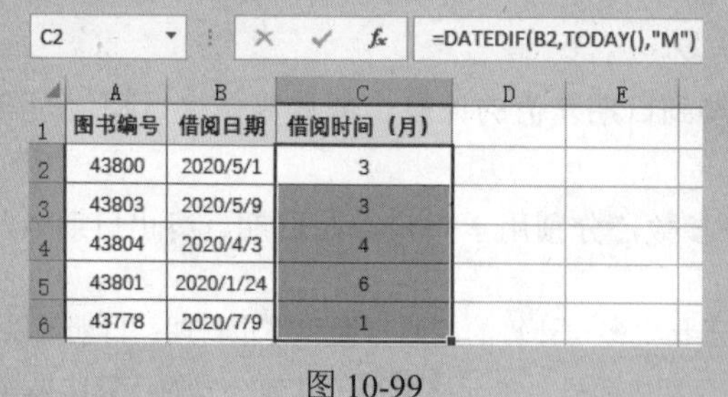

C2 =DATEDIF(B2,TODAY(),"M")

	A	B	C	D	E
1	图书编号	借阅日期	借阅时间（月）		
2	43800	2020/5/1	3		
3	43803	2020/5/9	3		
4	43804	2020/4/3	4		
5	43801	2020/1/24	6		
6	43778	2020/7/9	1		

图10-99

3. 返回值班日期对应的星期数

要返回日期对应的星期数，需要使用WEEKDAY函数。该函数用于返回某日期对应的星期数。默认情况下，其值为1（星期天）到7（星期六）。WEKKDAY函数有两个参数，分别用于指定日期，以及指定返回值的类型，其语法如下：

第1参数用于要返回星期几的日期；

= WEEKDAY（❶指定日期,❷返回值类型）

第2参数用于指定函数的返回值类型，共有3种设定。

参数	函数返回值
"1"	从1（星期日）到7（星期六）的数字
"2"	从1（星期一）到7（星期日）的数字
"3"	从0（星期一）到6（星期日）的数字

如果省略第 2 个参数，返回值与参数同为“1”。其值为以星期天为起始，如果想按我们日常工作中的习惯以星期一为起始，则可以将第 2 个参数指定为“2”即可。

❶ 选中 D2 单元格，在编辑栏中输入公式“=WEEKDAY(C2,2)”，按 Enter 键可以看到显示的值为代表日期的阿拉伯数字，如图 10-100 所示。

D2 =WEEKDAY(C2,2)

	A	B	C	D	E
1	序号	姓名	值班日期	星期数	
2	01	林成瑞	2020/3/24	2	
3	02	金璐忠	2020/3/25		
4	03	何佳怡	2020/3/26		
5	04	崔娜	2020/3/27		
6	05	金璐忠	2020/3/28		
7	06	李菲菲	2020/3/29		
8	07	华玉凤	2020/3/30		

图 10-100

❷ 此处要求公式值显示为“星期*”的形式，因此可以将公式改进为“=TEXT(WEEKDAY(C2),"aaaa")”，按 Enter 键并向下复制公式，可以看到返回了中文本星期值，如图 10-101 所示。

❸ 将鼠标指针指向 D2 单元格的右下角，出现黑色十字形时按住鼠标左键向下拖动，可以得出批量的计算结果，如图 10-102 所示。

D2 =TEXT(WEEKDAY(C2),"aaaa")

	A	B	C	D	E	F
1	序号	姓名	值班日期	星期数		
2	01	林成瑞	2020/3/24	星期二		
3	02	金璐忠	2020/3/25			
4	03	何佳怡	2020/3/26			
5	04	崔娜	2020/3/27			
6	05	金璐忠	2020/3/28			
7	06	李菲菲	2020/3/29			
8	07	华玉凤	2020/3/30			

图 10-101

	A	B	C	D
1	序号	姓名	值班日期	星期数
2	01	林成瑞	2020/3/24	星期二
3	02	金璐忠	2020/3/25	星期三
4	03	何佳怡	2020/3/26	星期四
5	04	崔娜	2020/3/27	星期五
6	05	金璐忠	2020/3/28	星期六
7	06	李菲菲	2020/3/29	星期日
8	07	华玉凤	2020/3/30	星期一
9	08	林成瑞	2020/3/31	星期二
10	09	何许诺	2020/4/1	星期三

图 10-102

提 示

TEXT 函数主要用于转换数据的显示样式，如将小写金额转换为大写金额、让数据显示统一位数、让日期显示为指定格式等。

TEXT 函数有两个参数，第 1 参数是要设置的数值，可以是数值或计算结果为数值的公式；第 2 参数是要显示的数字格式。本例中设置的就是要求将数字显示为文本的格式。

4. 判断值班日期是平时加班还是双休日加班

表格中显示了加班日期，要求根据加班日期判断出是工作日加班还是平时加班。此时可以配合 IF、OR、WEEKDAY 函数设计公式。

❶ 选中 D2 单元格，在编辑栏中输入公式“=IF(OR(WEEKDAY(C2,2)=6,WEEKDAY(C2,2)=7),"双休日加班","平时加班")”，按 Enter 键得出加班性质，如图 10-103 所示。

❷ 将鼠标指针指向D2单元格的右下角，出现黑色十字形时按住鼠标左键向下拖动，可以得出批量的计算结果，如图10-104所示。

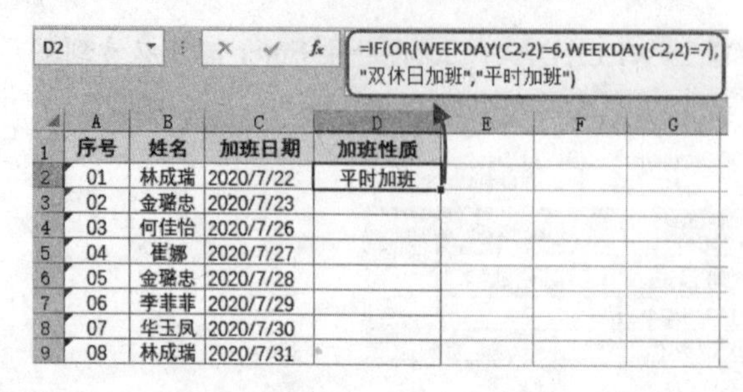

D2 =IF(OR(WEEKDAY(C2,2)=6,WEEKDAY(C2,2)=7),"双休日加班","平时加班")

	A	B	C	D	E	F	G
1	序号	姓名	加班日期	加班性质			
2	01	林成瑞	2020/7/22	平时加班			
3	02	金璐忠	2020/7/23				
4	03	何佳怡	2020/7/26				
5	04	崔娜	2020/7/27				
6	05	金璐忠	2020/7/28				
7	06	李菲菲	2020/7/29				
8	07	华玉凤	2020/7/30				
9	08	林成瑞	2020/7/31				

图10-103

	A	B	C	D
1	序号	姓名	加班日期	加班性质
2	01	林成瑞	2020/7/22	平时加班
3	02	金璐忠	2020/7/23	平时加班
4	03	何佳怡	2020/7/26	双休日加班
5	04	崔娜	2020/7/27	平时加班
6	05	金璐忠	2020/7/28	平时加班
7	06	李菲菲	2020/7/29	平时加班
8	07	华玉凤	2020/7/30	平时加班
9	08	林成瑞	2020/7/31	平时加班
10	09	何许诺	2020/8/1	双休日加班

图10-104

提 示

公式中使用WEEKDAY函数判断C2单元格中的星期数是否为6或者为7，如果是则返回“双休日加班”，否则返回“平时加班”。这个公式中嵌套使用了OR函数。OR函数用于判断给定的多个参数的逻辑值是否有一个为真，只要有一个为真就返回TRUE。

10.5.3 数学函数

数学函数类型中有几个函数是非常实用与常用的，如求和函数，以及由此衍生的按条件求和函数、按多条件求和函数等。另外像舍入函数、求余数函数等也比较常用。

1. 根据各月预算费用计算总预算费用

表格中统计了各类别费用1月、2月、3月的预算金额，要求用一个公式计算出总预算费用。

选中B10单元格，在编辑栏中输入公式“=SUM(B2:B8, ,D2:D8)”，按Enter组合键得出结果，如图10-105所示。

B10 =SUM(B2:B8,D2:D8)

	A	B	C	D
1	费用类别	1月预算	2月预算	3月预算
2	差旅费	￥4,000	￥2,000	￥3,000
3	餐饮费	￥2,000	￥2,000	￥1,000
4	通讯费	￥2,000	￥4,000	￥4,000
5	交通费	￥1,000	￥1,000	￥4,000
6	办公用品采购费	￥5,000	￥2,000	￥1,000
7	业务拓展费	￥4,000	￥10,000	￥7,000
8	招聘培训费	￥1,000	￥5,000	￥2,000
9				
10	1月与3月总费用	￥41,000		

图10-105

提 示

在使用SUM函数求和时，一般是设置一个单元格区域，该单元格区域是连续的，那么如果要实现对多个不连续的单元格区域求和应该如何操作呢？只需要使用逗号间隔多个数据区域即可。

2. 按部门分类统计工资总额

表格中统计了各员工的工资（分属于不同的部门），要求统计出各个部门的工资总额。可以使用SUMIF函数的进行统计。SUMIF函数用于按照指定条件对若干单元格、区域或引用求和。

SUMIF函数有三个参数，分别是用于条件判断的区域，条件，用于求和的区域。

第 1 参数是条件判断区域，例如在销售表中，它可以是销售人员列或所属部门列。

第 3 参数用于求和的区域，例如在销售表中，它可以是销售金额列。

=SUNIF（❶用于条件判断的区域，❷条件，❸用于求和的区域）

第 2 参数是条件，例如要求和的是某部门的金额或指定范围的日期。

❶ 在表格中建立求解标题，F2:F4 单元格区域中的数据公式需要引用到，如图 10-106 所示。

❷ 选中 G2 单元格，在编辑栏中输入公式“=SUMIF($C$2:$C$12,F2,$D$2:$D$12)”，按 Enter 键得出“财务部”的工资总额，如图 10-107 所示。

	A	B	C	D	E	F	G
1	序号	姓名	所属部门	工资		部门	工资总额
2	001	章丽	办公室	3565		财务部	
3	002	刘玲燕	财务部	3200		销售部	
4	003	韩要荣	销售部	14900		办公室	
5	004	侯淑媛	销售部	6680			
6	005	孙丽萍	办公室	2700			
7	006	李平	销售部	15000			
8	007	苏敏	财务部	3800			
9	008	张文涛	销售部	5200			
10	009	孙文胜	销售部	5800			
11	010	周保国	办公室	2280			
12	011	崔志飞	销售部	8000			

图 10-106

G2 =SUMIF($C$2:$C$12,F2,$D$2:$D$12)

	A	B	C	D	E	F	G
1	序号	姓名	所属部门	工资		部门	工资总额
2	001	章丽	办公室	3565		财务部	7000
3	002	刘玲燕	财务部	3200		销售部	
4	003	韩要荣	销售部	14900		办公室	
5	004	侯淑媛	销售部	6680			
6	005	孙丽萍	办公室	2700			
7	006	李平	销售部	15000			
8	007	苏敏	财务部	3800			
9	008	张文涛	销售部	5200			
10	009	孙文胜	销售部	5800			
11	010	周保国	办公室	2280			
12	011	崔志飞	销售部	8000			

图 10-107

❸ 将鼠标指针指向 G2 单元格的右下角，出现黑色十字形时按住鼠标左键向下拖动，可以得出“销售部”与“办公室”两个部门的工资总额。我们查看 G3 单元格的公式如图 10-108 所示，查看 G4 单元格的公式如图 10-109 所示。

G3 =SUMIF($C$2:$C$12,F3,$D$2:$D$12)

	A	B	C	D	E	F	G
1	序号	姓名	所属部门	工资		部门	工资总额
2	001	章丽	办公室	3565		财务部	7000
3	002	刘玲燕	财务部	3200		销售部	55580
4	003	韩要荣	销售部	14900		办公室	8545
5	004	侯淑媛	销售部	6680			
6	005	孙丽萍	办公室	2700			
7	006	李平	销售部	15000			
8	007	苏敏	财务部	3800			
9	008	张文涛	销售部	5200			
10	009	孙文胜	销售部	5800			
11	010	周保国	办公室	2280			
12	011	崔志飞	销售部	8000			

图 10-108

G4 =SUMIF($C$2:$C$12,F4,$D$2:$D$12)

	A	B	C	D	E	F	G
1	序号	姓名	所属部门	工资		部门	工资总额
2	001	章丽	办公室	3565		财务部	7000
3	002	刘玲燕	财务部	3200		销售部	55580
4	003	韩要荣	销售部	14900		办公室	8545
5	004	侯淑媛	销售部	6680			
6	005	孙丽萍	办公室	2700			
7	006	李平	销售部	15000			
8	007	苏敏	财务部	3800			
9	008	张文涛	销售部	5200			
10	009	孙文胜	销售部	5800			
11	010	周保国	办公室	2280			
12	011	崔志飞	销售部	8000			

图 10-109

通过公式可以发现，这是一个绝对引用与相对引用混合使用的例子，在复制填充公式时第 1 参数与第 3 参数是不做任何改变的，所以为了复制公式的方便将它们绝对引用起来，而在复制公式时需要改变的只有第 2 参数，因此使用相对引用方式。

3. 按日期汇总销售金额

如图 10-110 所示的表格中记录了销售日期、产品以及销售金额，现在要求将上半月销售金额的总值统计出来。

选中 E2 单元格，在编辑栏中输入以下公式“=SUMIF(A2:A17,"<=2020/11/15",C2:C17)”，按 Enter 键即可统计出上半月的销售额总计，如图 10-111 所示。

	A	B	C
1	日期	产品名称	销售金额
2	11/1	贴布刺绣中筒靴	¥ 2,685.00
3	11/2	侧拉时尚长靴	¥ 1,272.00
4	11/2	简约百搭小皮靴	¥ 1,490.00
5	11/4	韩版过膝磨砂长靴	¥ 676.00
6	11/4	简约百搭小皮靴	¥ 745.00
7	11/8	侧拉时尚长靴	¥ 954.00
8	11/10	时尚流苏短靴	¥ 890.00
9	11/11	侧拉时尚长靴	¥ 2,385.00
10	11/17	时尚流苏短靴	¥ 1,485.00
11	11/21	贴布刺绣中筒靴	¥ 1,790.00
12	11/18	韩版过膝磨砂长靴	¥ 845.00
13	11/25	复古雕花擦色单靴	¥ 1,790.00
14	11/25	侧拉时尚长靴	¥ 954.00
15	11/26	贴布刺绣中筒靴	¥ 716.00
16	11/27	时尚流苏短靴	¥ 1,890.00
17	11/28	韩版过膝磨砂长靴	¥ 845.00

图 10-110

E2 =SUMIF(A2:A17,"<=2020/11/15",C2:C17)

	A	B	C	D	E
1	日期	产品名称	销售金额		上半月销售额总计
2	11月1日	贴布刺绣中筒靴	¥ 2,685.00		11097
3	11月2日	侧拉时尚长靴	¥ 1,272.00		
4	11月2日	简约百搭小皮靴	¥ 1,490.00		
5	11月4日	韩版过膝磨砂长靴	¥ 676.00		
6	11月4日	简约百搭小皮靴	¥ 745.00		
7	11月8日	侧拉时尚长靴	¥ 954.00		
8	11月10日	时尚流苏短靴	¥ 890.00		
9	11月11日	侧拉时尚长靴	¥ 2,385.00		
10	11月17日	时尚流苏短靴	¥ 1,485.00		
11	11月21日	贴布刺绣中筒靴	¥ 1,790.00		
12	11月18日	韩版过膝磨砂长靴	¥ 845.00		
13	11月25日	复古雕花擦色单靴	¥ 1,790.00		
14	11月25日	侧拉时尚长靴	¥ 954.00		
15	11月26日	贴布刺绣中筒靴	¥ 716.00		
16	11月27日	时尚流苏短靴	¥ 1,890.00		
17	11月28日	韩版过膝磨砂长靴	¥ 845.00		

图 10-111

提 示

SUMIF 函数的第 2 参数用于条件的判断，可以是数字、文本、逻辑表达式或单元格的引用，如果是文本或逻辑表达式则需要对其使用双引号。

4. 统计指定店铺指定时间的销售金额

当前表格中按日期、按店铺统计的销售记录，现在要统计出上半月中各店铺的销售金额合计值。

本例中要满足指定日期与指定店铺这两个条件，而 SUMIF 函数只能满足一个条件，因此此时需要使用 SUMIFS 函数来解决问题。SUMIFS 函数就是判断多条件，然后再对满足多条件的数据进行求和运算。

=SUNIFS（❶用于求和的区域，❷用于条件判断的区域，❸条件，❹用于条件判断的区域，❺条件……）

❶ 在工作表中输入数据并建立好求解标题，F2:F3 单元格区域的值公式中需要使用到。

❷ 选中 G2 单元格，在编辑栏中输入公式“=SUMIFS($D$2:$D$17,$A$2:$A$17,"<=20-11-15",$B$2:$B$17,F2)”，按 Enter 键即可统计出“步行街专卖”上半月销售金额，如图 10-112 所示。

G2 =SUMIFS($D$2:$D$17,$A$2:$A$17,"<=20-11-15",$B$2:$B$17,F2)

	A	B	C	D	E	F	G
1	日期	店铺	产品名称	销售金额		店铺	上半月总销售金额
2	11月1日	步行街专卖	时尚流苏短靴	¥ 890.00		步行街专卖	¥3,936.00
3	11月2日	鼓楼店	侧拉时尚长靴	¥ 2,385.00		鼓楼店	
4	11月2日	步行街专卖	时尚流苏短靴	¥ 1,485.00			
5	11月4日	鼓楼店	贴布刺绣中筒靴	¥ 1,790.00			
6	11月4日	步行街专卖	韩版过膝磨砂长靴	¥ 845.00			
7	11月8日	鼓楼店	复古雕花擦色单靴	¥ 1,790.00			
8	11月10日	鼓楼店	侧拉时尚长靴	¥ 954.00			
9	11月11日	步行街专卖	贴布刺绣中筒靴	¥ 716.00			
10	11月17日	步行街专卖	时尚流苏短靴	¥ 1,890.00			
11	11月21日	鼓楼店	韩版过膝磨砂长靴	¥ 845.00			
12	11月18日	鼓楼店	贴布刺绣中筒靴	¥ 2,685.00			
13	11月25日	步行街专卖	侧拉时尚长靴	¥ 1,272.00			
14	11月25日	步行街专卖	简约百搭小皮靴	¥ 1,490.00			
15	11月26日	鼓楼店	韩版过膝磨砂长靴	¥ 676.00			
16	11月27日	步行街专卖	简约百搭小皮靴	¥ 745.00			
17	11月28日	鼓楼店	侧拉时尚长靴	¥ 954.00			

图 10-112

❸ 将鼠标指向 G2 单元格右下角的填充柄，向下复制公式到 G3 单元格，可以快速统计出“鼓楼店”上半月销售金额，如图 10-113 所示。查看 G3 单元格的公式为“=SUMIFS($D$2:$D$17,$A$2:$A$17,"<=20-11-15",$B$2:$B$17,F2)”。

G2 =SUMIFS($D$2:$D$17,$A$2:$A$17,"<=20-11-15",$B$2:$B$17,F2)

	A	B	C	D	E	F	G
1	日期	店铺	产品名称	销售金额		店铺	上半月总销售金额
2	11月1日	步行街专卖	时尚流苏短靴	¥ 890.00		步行街专卖	¥3,936.00
3	11月2日	鼓楼店	侧拉时尚长靴	¥ 2,385.00		鼓楼店	¥6,919.00
4	11月2日	步行街专卖	时尚流苏短靴	¥ 1,485.00			
5	11月4日	鼓楼店	贴布刺绣中筒靴	¥ 1,790.00			
6	11月4日	步行街专卖	韩版过膝磨砂长靴	¥ 845.00			
7	11月8日	鼓楼店	复古雕花擦色单靴	¥ 1,790.00			
8	11月10日	鼓楼店	侧拉时尚长靴	¥ 954.00			
9	11月11日	步行街专卖	贴布刺绣中筒靴	¥ 716.00			
10	11月17日	步行街专卖	时尚流苏短靴	¥ 1,890.00			
11	11月21日	鼓楼店	韩版过膝磨砂长靴	¥ 845.00			
12	11月18日	鼓楼店	贴布刺绣中筒靴	¥ 2,685.00			
13	11月25日	步行街专卖	侧拉时尚长靴	¥ 1,272.00			
14	11月25日	步行街专卖	简约百搭小皮靴	¥ 1,490.00			
15	11月26日	鼓楼店	韩版过膝磨砂长靴	¥ 676.00			
16	11月27日	步行街专卖	简约百搭小皮靴	¥ 745.00			
17	11月28日	鼓楼店	侧拉时尚长靴	¥ 954.00			

图 10-113

提 示

我们看到公式中用于求和的区域与用于条件判断的区域都不发生改变，唯一发生改变的就是 F 列中的关于店铺名称的判断条件。在进行条件判断时，并非只能设置两个条件，还可以有更多条件存在，只要依据参数设置的顺序依次设置即可。

10.5.4 统计函数

在 Excel 中将求平均值函数、计数函数、最大最小值函数、排位函数等都归纳到统计函数范畴中，而这几类函数也是日常办公中的常用函数。

1. 按部门统计平均工资

对于求平均值相信大家都知道要使用 AVERAGE 函数，例如在如图 10-114 所示的表格中求解平均工资并非什么难事。

针对上面的例子，如果想统计出指定部门的平均工资，则需要函数在计算前就能对部门进行判别，然后只对满足指定部门的工资额进行求平均值。这就需要使用按条件判断求平均值的 AVERAGEIF 函数。AVERAGEIF 函数也是最常用的函数之一。

=AVERAGEIF（❶判断区域，❷条件，❸求平均值区域）

可以是数字、文本、逻辑表达式或单元格的引用，如果是文本或逻辑表达式则需要对其使用双引号。

❶ 在工作表中输入数据并建立好求解标题，E2:E4 单元格区域中的数据公式中需要引用到。

❷ 选中 F2 单元格，在编辑栏中输入公式“=AVERAGEIF($B$2:$B$11,E2,$C$2:$C$11)”，按 Enter 键即可计算出“销售部”的平均工资，如图 10-115 所示。

C12　=AVERAGE(C2:C11)

	A	B	C	D
1	姓名	部门	工资	
2	宋燕玲	销售部	4620	
3	郑芸	企划部	3540	
4	黄嘉俐	企划部	2600	
5	区菲娅	销售部	5520	
6	江小丽	企划部	3500	
7	叶雯静	销售部	4460	
8	钟琛	销售部	3500	
9	李霞	销售部	4510	
10	周成	企划部	3000	
11	刘洋	企划部	5500	
12			4075	

图 10-114

F2　=AVERAGEIF($B$2:$B$11,E2,$C$2:$C$11)

	A	B	C	D	E	F	G
1	姓名	部门	工资		部门	平均工资	
2	宋燕玲	销售部	4620		销售部	4522	
3	郑芸	企划部	3540		企划部		
4	黄嘉俐	企划部	2600				
5	区菲娅	销售部	5520				
6	江小丽	企划部	3500				
7	叶雯静	销售部	4460				
8	钟琛	销售部	3500				
9	李霞	销售部	4510				
10	周成	企划部	3000				
11	刘洋	企划部	5500				

图 10-115

❸ 选中 F2 单元格，向下复制公式到 F3 单元格，可以快速统计出“企划部”的平均工资，如图 10-116 所示。查看 F3 单元格的公式为“=AVERAGEIF($B$2:$B$11,E3,$C$2:$C$11)”。

F3　=AVERAGEIF($B$2:$B$11,E3,$C$2:$C$11)

	A	B	C	D	E	F	G
1	姓名	部门	工资		部门	平均工资	
2	宋燕玲	销售部	4620		销售部	4522	
3	郑芸	企划部	3540		企划部	3628	
4	黄嘉俐	企划部	2600				
5	区菲娅	销售部	5520				
6	江小丽	企划部	3500				
7	叶雯静	销售部	4460				
8	钟琛	销售部	3500				
9	李霞	销售部	4510				
10	周成	企划部	3000				
11	刘洋	企划部	5500				

图 10-116

2. 计算平均分时忽略 0 值

计算平均分时，单元格中的 0 值也会被计算在内。如图 10-117 所示使用了 AVERAGE 函数求取了平均值，其中数据区域中包含两个 0 值。

如果想忽略这两个 0 值来求平均值，就要把“不等于 0”作为一个判断条件，可以使用 AVERAGEIF 函数来设置公式。

选中 F2 单元格，在编辑栏中输入公式“=AVERAGEIF(C2:C11,"<>0",C2:C11)”，按 Enter 键得出忽略 0 值后的平均分，如图 10-118 所示。

E2 | =AVERAGE(C2:C11)

	A	B	C	D	E
1	班级	姓名	考核成绩		平均分
2	1	简洁	94		69.8
3	2	李东涛	0		
4	1	何利民	67		
5	2	吴丹晨	92		
6	1	谭农志	90		
7	1	张瑞宣	95		
8	2	刘明璐	83		
9	2	黄永明	0		
10	1	陈成	98		
11	2	李玉佩	79		

图 10-117

F2 | =AVERAGEIF(C2:C11,"<>0",C2:C11)

	A	B	C	D	E	F
1	班级	姓名	考核成绩		平均分	平均分(排除0分)
2	1	简洁	94		69.8	87.25
3	2	李东涛	0			
4	1	何利民	67			
5	2	吴丹晨	92			
6	1	谭农志	90			
7	1	张瑞宣	95			
8	2	刘明璐	83			
9	2	黄永明	0			
10	1	陈成	98			
11	2	李玉佩	79			

图 10-118

3. 计算一车间女职工平均工资

本例中要求是满足“一车间”与性别为“女”这两个条件再求平均值，是典型的满足双条件求平均值，需要使用 AVERAGEIFS 函数。该函数用于计算满足多重条件的所有单元格的平均值（算术平均值）。

= AVERAGEIFS (❶求值区域❷条件 1 区域，条件 1❸条件 2 区域，条件 2❹条件 3 区域，条件 3……)

选中 D14 单元格，在编辑栏中输入公式“=AVERAGEIFS(D2:D12,B2:B12,"一车间",C2:C12,"女")”，按 Enter 键得出一车间女职工的平均工资，如图 10-119 所示。

D14 | =AVERAGEIFS(D2:D12,B2:B12,"一车间",C2:C12,"女")

	A	B	C	D
1	姓名	车间	性别	工资
2	苏佳佳	一车间	女	3620
3	简洁	二车间	女	3540
4	李东涛	二车间	女	2600
5	何利民	一车间	女	2520
6	吴丹晨	二车间	女	3450
7	谭农志	一车间	男	3900
8	张瑞宣	二车间	女	3460
9	刘明璐	一车间	男	3500
10	黄永明	一车间	女	2900
11	陈成	二车间	女	2810
12	周杰	一车间	男	3000
13				
14	一车间女职工平均工资			3013.33

图 10-119

4. 返回企业女性员工的最大年龄

对最大值的求解，需要使用的是 MAX 函数。该函数用于返回数据集中的最大值。

=MAX（❶数值 1，❷数值 2，❸数值 3……）

MAX 函数的语法很简单，表示可以要找出最大数值的 1~30 个数值，例如在销售记录表中返回销售金额的最大值或者在成绩表中返回最高分值等。

❶ 选中 E2 单元格，在“公式”→“函数库”选项组中单击“自动求和”下拉按钮，在弹出的下拉菜单中单击“最大值”命令（见图 10-120），建立公式如图 10-121 所示。

❷ 按 Enter 键即可得到求出的最大值，如图 10-122 所示。

图 10-120　　图 10-121　　图 10-122

如果想统计出女性工的最大年龄，则必须要满足“女”这个条件，但 Excel 函数中并没有 MAXIF 函数，参照前面学习的 SUMIF、AVERAGEIF 函数，我们可以推理出 MAX(IF)函数可以用来返回指定条件下最大的数值。由于并没有专门用于条件求最大值的函数，所以使用 MAX 函数配合数组公式即可实现按条件求最大值。

❶ 选中 E2 单元格，在编辑栏中输入公式“=MAX((B2:B14="女")*C2:C14)”，如图 10-123 所示。

❷ 按 Ctrl+Shift+Enter 组合键得出性别为“女”的最大年龄，如图 10-124 所示。

图 10-123

	A	B	C	D	E	F
1	姓名	性别	年龄		最大年龄	女职工最大年龄
2	李梅	女	31		49	45
3	卢梦雨	女	26			
4	徐丽	女	45			
5	韦玲芳	女	30			
6	谭谢生	男	39			
7	王家驹	男	30			
8	简佳丽	女	33			
9	肖菲菲	女	35			
10	邹默晗	女	31			
11	张洋	男	49			
12	刘之章	男	42			
13	段军鹏	男	29			
14	丁瑞	女	28			

图 10-124

提　示

与前面公式不同的是，此公式输入后是按 Ctrl+Shift+Enter 组合键结束而非 Enter 键结束，这是因为这个公式是一个数组公式（数组公式会以一对“{}”括住）。公式首先依次判断 B2:B14 单元格区域中有哪些是“女”，是则返回 TRUE，不是则返回 FALSE，返回的是一个数组，然后将数组中的值依次与 B2:B14 单元格区域中的数据相乘，即年龄值与 TRUE 相乘依旧是年龄值，年龄值与 FALSE 相乘得 0 值，得到的还是一个数组，再使用 MAX 函数从这个数组中取最大值。

与 MAX 函数用法完全相同的还有 MIN 函数。MIN 函数用于返回数据集中的最小值。

5. 统计满足条件的记录条数

要统计满足条件的记录条数，需要使用 COUNTIF 函数。COUNTIF 函数是最常用的函数之一，专门用于解决按条件计数的问题。

=COUNTIF（❶计数区域，❷计数条件）

可以是数字、文本、逻辑表达式或单元格的引用，如果是文本或逻辑表达式则需要对其使用双引号。

在下面的表格中想统计“女性”员工的人数。

选中 F2 单元格，在编辑栏中输入公式“=COUNTIF(C2:C12,"女")”，按 Enter 键即可统计出女性员工的人数，如图 10-125 所示。

F2 =COUNTIF(C2:C12,"女")

	A	B	C	D	E	F
1	姓名	车间	性别	工资		女性人数
2	苏佳佳	一车间	女	3620		8
3	简洁	二车间	女	3540		
4	李东涛	二车间	女	2600		
5	何利民	一车间	女	2520		
6	吴丹晨	二车间	女	3450		
7	谭农志	一车间	男	3900		
8	张瑞宣	二车间	女	3460		
9	刘明璐	一车间	男	3500		
10	黄永明	一车间	女	2900		
11	陈成	二车间	女	2810		
12	周杰	一车间	男	3000		

图 10-125

6. 统计大于指定分值的人数

在使用 COUNTIF 函数的参数时讲到第 2 参数为计数条件，它可以是数字、文本、逻辑表达式或单元格的引用，它是表达式时可以表示为“>80”“=60”，但却不能直接表示为“>H2”这种方式，即比较运算符不能直接与单元格的引用相连接，如何解决此问题呢？需要使用“&”这个连接运算符将比较运算符与单元格引用连接起来。

❶ 在工作表中输入数据并建立好辅助标题，其中 D2:D3 单元格区域中的数据公式需要引用到。

❷ 选中 E2 单元格，在编辑栏中输入公式“=COUNTIF($B$2:$B$15,">="&D2)”，按 Enter 键统计出大于 60 分的人数，如图 10-126 所示。

❸ 选中 E2 单元格，向下复制公式到 E3 单元格，即可统计出大于 80 分的人数，如图 10-127 所示。

E2 =COUNTIF($B$2:$B$15,">="&D2)

	A	B	C	D	E	F
1	学生姓名	分数		大于数值	记录条数	
2	何利民	78		60	10	
3	吴丹晨	60		80		
4	谭农志	91				
5	张瑞宣	88				
6	刘明璐	78				
7	黄永明	46				
8	陈成	32				
9	周杰	65				
10	陆穗平	64				
11	李玉琢	84				
12	李梅	86				
13	卢梦雨	84				
14	徐丽	45				
15	韦玲芳	51				

图 10-126

E3 =COUNTIF($B$2:$B$15,">="&D3)

	A	B	C	D	E	F
1	学生姓名	分数		大于数值	记录条数	
2	何利民	78		60	10	
3	吴丹晨	60		80	5	
4	谭农志	91				
5	张瑞宣	88				
6	刘明璐	78				
7	黄永明	46				
8	陈成	32				
9	周杰	65				
10	陆穗平	64				
11	李玉琢	84				
12	李梅	86				
13	卢梦雨	84				
14	徐丽	45				
15	韦玲芳	51				

图 10-127

7. 统计指定分部销量达标的人数

要统计出指定分部销量达标的人数，显然要求满足两件条件，一是指定分部，二是指定销量，因此需要使用 COUNTIFS 函数来设置公式。COUNTIFS 函数可以进行满足多条件时的计数统计。

=COUNTIFS（❶条件 1 表达式，❷条件 2 表达式，❸条件 1 表达式，❹条件 1 表达式……）

选中 E2 单元格，在编辑栏中输入公式“=COUNTIFS(B2:B11,"一部",C2:C11,">300")”，按 Enter 键即可统计出一部中销量达标（高于 300）的员工人数，如图 10-128 所示。

8. 统计指定品牌指定商品的最高销售额

MAXIFS 函数返回一组给定条件或标准指定的单元格中的最大值。

= MAXIFS（❶单元格区域，❷单元格，❸条件，❹附加条件……）

已知表格统计了各种品牌商品的销售额，要求统计指定品牌中的耳机最高销售额是多少。

选中 F2 单元格，在编辑栏中输入公式“=MAXIFS(D2:D9,C2:C9,"索尼",B2:B9,"耳机")”，按 Enter 键即可统计出“索尼”耳机的最高销售额，如图 10-129 所示。

E2 =COUNTIFS(B2:B11,"一部",C2:C11,">300")

	A	B	C	D	E	F
1	员工姓名	部门	季销量		一部员工销量达标的人数	
2	陈波	一部	234		2	
3	刘文水	三部	352			
4	郝志文	二部	526			
5	徐瑶瑶	一部	367			
6	个梦玲	二部	527			
7	崔大志	三部	109			
8	方刚名	一部	446			
9	刘楠楠	三部	135			
10	张宇	二部	537			
11	李想	一部	190			

图 10-128

DSUM =MAXIFS(D2:D9,C2:C9,"索尼",B2:B9,"耳机")

	A	B	C	D	E	F
1	商品货号	商品名	品牌	销售额		索尼耳机最高销售额
2	SN092	耳机	索尼	59980		59980
3	DE34	耳机	戴尔	106400		
4	DE221	戴尔笔记本	戴尔	29995		
5	SN091	耳机	索尼	40455		
6	GY78	冰箱除味器	根元	3206		
7	SN098	护眼台灯	索尼	335440		
8	LX001	联想笔记本	联想	79980		
9	SN110	机械键盘	索尼	54000		

图 10-129

9. 统计指定区域指定商品的最低销售额

MINIFS 函数返回一组给定条件或标准指定的单元格中的最小值。

= MINIFS（❶单元格区域，❷条件计算，❸条件，❹附加条件……）

本例表格统计了各个地区各类商品当月的销售额数据，要求统计上海地区女装类的最低销售额，可使用 MINIFS 函数设置满足多条件的最小值。

选中 F2 单元格，在编辑栏中输入公式“=MINIFS(D2:D14,C2:C14,"女装",B2:B14,"上海")”，按 Enter 键即可统计出“上海区女装”的最低销售额，如图 10-130 所示。

DSUM =MINIFS(D2:D14,C2:C14,"女装",B2:B14,"上海")

	A	B	C	D	E	F
1	销售员	地区	商品	销售额		上海区女装最低销售额
2	李晓楠	上海	女装	58900		58900
3	万倩倩	北京	男装	102546		
4	刘芸	广州	护肤品	9000		
5	王婷婷	上海	男装	8590		
6	李娜	北京	女装	6580		
7	张旭	上海	护肤品	11520		
8	刘玲玲	上海	女装	99885		
9	章涵	上海	男装	58900		
10	刘琦	北京	护肤品	60000		
11	王源	广州	女装	75000		
12	马楷	上海	护肤品	5220		
13	刘晓伟	北京	女装	9600		
14	李薇薇	上海	护肤品	10255		

图 10-130

10.5.5 查找函数

LOOKUP 函数与 VLOOKUP 函数是比较常用的查找函数。它们用于从庞大的数据库中快速找到满足条件的数据，并返回相应的值，是日常办公中不可缺少的函数之一。

1. 查找利器 LOOKUP

LOOKUP 函数是查找函数类型中一个较为重要的函数。它的参数如下。

LOOKUP 函数的第 2 参数可以设置为任意行列的常量数组或区域数组，但无论是什么数组，查找值所在行或列的数据都应按升序排列。

函数将在这个数组的首列中查找与第 1 参数匹配的值，并返回数值最后一列对应位置的数据。

如图 10-131 所示，在 G2 单元格中使用的公式“=LOOKUP（A2,C2:E9）”，我们看到，查找值“210”位于 C2:E9 单元格区域的首列上，找到后，返回对应在 E 列上的值。

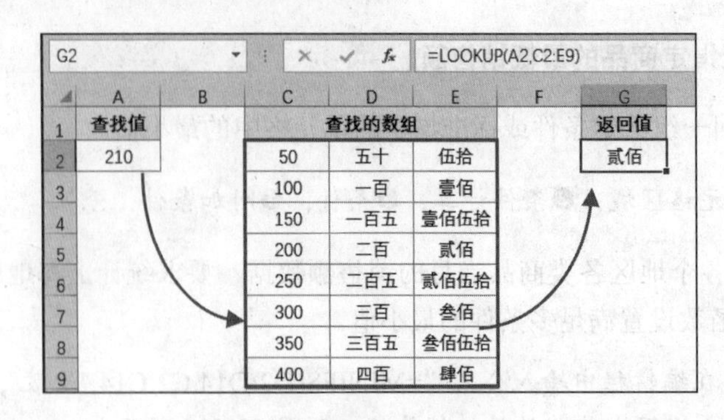

图 10-131

在人事信息数据表中记录了所有员工的性别和担任的职位，要求快速查找任意指定员工的职位信息。

❶ 单击 A 列中的任意单元格，在“数据”→“排序和筛选”选项组中单击“升序”按钮（见图 10-132），让表格中的数据按照姓名升序排列，如图 10-133 所示。（注意：利用 LOOKUP 函数查询时，一定要对数组的第一列进行升序排列。）

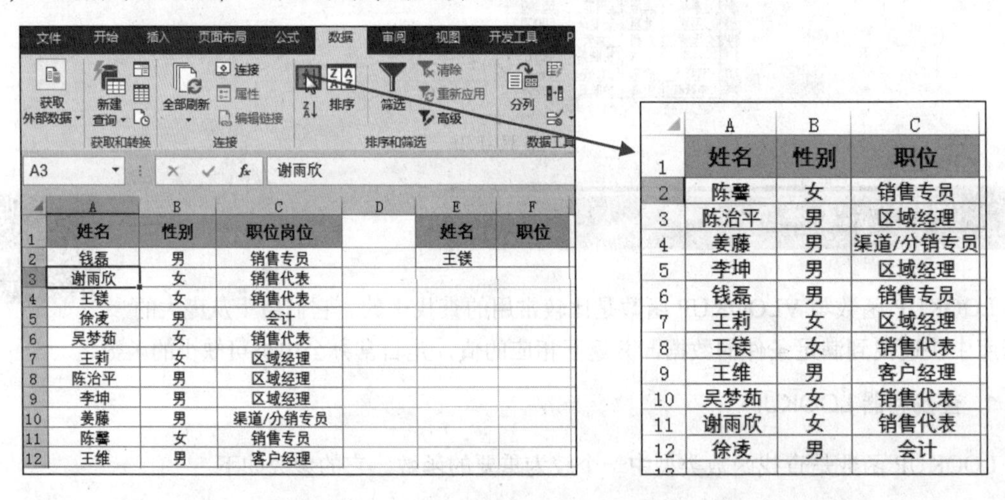

图 10-132　　　　图 10-133

❷ 选中 F2 单元格，在编辑栏中输入公式“=LOOKUP(E2, A2:C12)”，按 Enter 键即返回“王镁”的职位，如图 10-134 所示。

❸ 建立公式后，当改变 E2 单元中的查询对象时，F2 单元格则会重新自动查询。如输入“李坤”，按 Enter 键即可返回“李坤”的职位，如图 10-135 所示。

F2 =LOOKUP(E2,A2:C12)

	A	B	C	D	E	F
1	姓名	性别	职位		姓名	职位
2	陈馨	女	销售专员		王镁	销售代表
3	陈治平	男	区域经理			
4	姜藤	男	渠道/分销专员			
5	李坤	男	区域经理			
6	钱磊	男	销售专员			
7	王莉	女	区域经理			
8	王镁	女	销售代表			
9	王维	男	客户经理			
10	吴梦茹	女	销售代表			
11	谢雨欣	女	销售代表			
12	徐凌	男	会计			

图 10-134

	A	B	C	D	E	F
1	姓名	性别	职位		姓名	职位
2	陈馨	女	销售专员		李坤	区域经理
3	陈治平	男	区域经理			
4	姜藤	男	渠道/分销专员			
5	李坤	男	区域经理			
6	钱磊	男	销售专员			
7	王莉	女	区域经理			
8	王镁	女	销售代表			
9	王维	男	客户经理			
10	吴梦茹	女	销售代表			
11	谢雨欣	女	销售代表			
12	徐凌	男	会计			

图 10-135

2. VLOOKUP 函数

VLOOKUP 函数在表格或数值数组的首列查找指定的数值，并由此返回表格或数组当前行中指定列处的值。VLOOKUP 函数是一个非常常用的函数，是实现多表数据查找、匹配中发挥着重要的作用。

VLOOKUP 函数有三个参数，分别用来指定查找的值或单元格、查找区域以及返回值对应的列号。

=VLOOKUP（❶要查找的值或单元格，❷用于查找的区域，❸要返回值对应的列号）

第 3 参数决定了要返回的内容，对于一条记录，它有多种属性的数据，分别位于不同的列中，通过对该参数的设置可以返回要查看的内容。

在如图 10-136 所示中，H2 单元格中的公式指定返回第 2 列的数据，因此返回值为“周瑞”；在 H4 单元格中，公式指定返回第 4 列的数据，因此返回了“人事部”。

如图 10-137 所示的产品库存表，现在创建了另一张工作表（见图 10-138），要求从此产品库存表中匹配出这几个产品的库存的数量及出库的数量。

	A	B	C	D	E	F	G	H
1	序号	姓名	性别	部门	职位		查询值	01
2	01	周瑞	女	人事部	HR专员		返回值	周瑞
3	02	于青青	女	财务部	主办会计		公式	=VLOOKUP(H1,A2:E9,2)
4	03	罗羽	女	财务部	会计		返回值	人事部
5	04	邓志诚	男	财务部	会计		公式	=VLOOKUP(H1,A2:E9,4)
6	05	程飞	男	客服一部	客服			
7	06	周城	男	客服一部	客服			
8	07	张翔	男	客服一部	客服			
9	08	华玉凤	女	客服一部	客服			

图 10-136

	A	B	C	D	E	F
1	产品名称	规格	上月结余	本月入库	库存总量	本月出库
2	柔润盈透洁面泡沫	150g	900	3456	4356	3000
3	气韵焕白套装	套	890	500	1390	326
4	盈透精华水	100ml	720	300	1020	987
5	保湿精华乳液	100ml	1725	380	2105	1036
6	保湿精华霜	50g	384	570	954	479
7	明星美肌水	100ml	580	340	920	820
8	能量元面霜	45ml	260	880	1140	1003
9	明星眼霜	15g	1485	590	2075	1678
10	明星修饰乳	40g	880	260	1140	368
11	肌底精华液	30ml	290	1440	1730	1204
12	精华洁面乳	95g	605	225	830	634
13	明星睡眠面膜	200g	1424	512	1936	1147
14	倍润滋养霜	50g	990	720	1710	1069
15	水能量套装	套	1180	1024	2204	1347
16	去角质素	100g	96	110	206	101
17	鲜活水盈润肤水	120ml	352	450	802	124
18	鲜活水盈乳液	100ml	354	2136	2490	2291

图 10-137

❶ 选中 B2 单元格，在公式编辑栏中输入公式“=VLOOKUP(A2,Sheet2!A$1:F$18,5,FALSE)”，按 Enter 键即可从“Sheet2!$A$1:$F$18”这个区域的首列匹配 A2 数据，匹配后返回对应在第 5 列上的值，如图 10-139 所示。

	A	B	C	D
1	产品名称	库存	出库	
2	气韵焕白套装			
3	盈透精华水			
4	保湿精华乳液			
5	保湿精华霜			
6	明星眼霜			
7	明星修饰乳			
8	水能量套装			
9	鲜活水盈润肤水			

Sheet1 | Sheet2 | Sheet3

图 10-138

B2 =VLOOKUP(A2,Sheet2!$A1:$F18,5,FALSE)

	A	B	C	D	E	F
1	产品名称	库存	出库			
2	气韵焕白套装	1390				
3	盈透精华水					
4	保湿精华乳液					
5	保湿精华霜					
6	明星眼霜					
7	明星修饰乳					
8	水能量套装					
9	鲜活水盈润肤水					

图 10-139

❷ 按照相同的思路，在 C2 单元格中输入公式，与前面公式不同的只是第 3 参数，因为“出库”列位于“Sheet2!$A$1:$F$18”这个区域的第 6 列上，如图 10-140 所示。

❸ 选中 B2:C2 单元格区域，向下复制公式即可批量进行数据查询匹配，如图 10-141 所示。

C2 =VLOOKUP(A2,Sheet2!$A1:$F18,6,FALSE)

	A	B	C	D	E	F
1	产品名称	库存	出库			
2	气韵焕白套装	1390	326			
3	盈透精华水					
4	保湿精华乳液					
5	保湿精华霜					
6	明星眼霜					
7	明星修饰乳					
8	水能量套装					
9	鲜活水盈润肤水					

图 10-140

	A	B	C	D
1	产品名称	库存	出库	
2	气韵焕白套装	1390	326	
3	盈透精华水	1020	987	
4	保湿精华乳液	2105	1036	
5	保湿精华霜	954	479	
6	明星眼霜	2075	1678	
7	明星修饰乳	1140	368	
8	水能量套装	2204	1347	
9	鲜活水盈润肤水	802	124	

图 10-141

提 示

在建立了返回库存与出库的公式后，利用复制公式的办法快速得到了其他需要查询的产品的库存数与出库数。这是因为公式中对用于查询的区域“Sheet2!$A$1:$F$18”使用了绝对引用，以保障它使终不变，对查找对象使用相对引用，公式复制时会自动变动，另外，返回库存指定在“Sheet2!$A$1:$F$18”区域的第 5 列，返回出库指定在“Sheet2!$A$1:$F$18”区域的第 6 列。

3. LOOKUP 实现按多条件查找

在进行数据查找时，应对多条件查找一直是很多人都会遇到，却并不好解决的问题，使用 LOOKUP 函数可以很好地解决这个问题。

如图 10-142 所示的表格统计了各个店铺第一季度的营销数据，需要建立公式查询指定店铺指定月份对应的营业额。

❶ 选中 F3 单元格，在编辑栏中输入以下公式“=LOOKUP(1,0/((A2:A10=F1)*(B2:B10=F2)),C2:C10)”。

❷ 按 Enter 键，即可返回该店铺 2 月份的营业额，如图 10-143 所示。

	A	B	C	D	E	F
1	店铺	月份	营业额		查找店铺	上派
2	西都	1月	9876		查找月份	2月
3	红街	2月	10329		返回金额	
4	上派	3月	11234			
5	西都	1月	12057			
6	红街	2月	13064			
7	上派	3月	15794			
8	西都	1月	16352			
9	红街	2月	13358			
10	上派	3月	16992			

图 10-142

F3 = LOOKUP(1,0/((A2:A10=F1)*(B2:B10=F2)),C2:C10)

	A	B	C	D	E	F	G	H
1	店铺	月份	营业额		查找店铺	上派		
2	西都	1月	9876		查找月份	2月		
3	红街	1月	10329		返回金额	15794		
4	上派	1月	11234					
5	西都	2月	12057					
6	红街	2月	13064					
7	上派	2月	15794					
8	西都	3月	16352					
9	红街	3月	13358					
10	上派	3月	16992					

图 10-143

该公式是先执行两个比较运算“A2:A10=F1”和“B2:B10=F2”，判断店铺和月份是否满足查询条件，再执行乘法运算，得到一个由数组 0 和 1 组成的数组（只有 TRUE 与 TRUE 相乘时才返回 1，其他全部返回 0）。然后用数值 0 除以计算后得到的数组，得到一个由数值 0 和错误值#DIV/0 组成的数组。在该数组中，查找小于或等于 1 的最大值，返回③中对应位置的数据，即可得到满足两个查询条件的结果。

上述公式计算原理如果不能理解，只要记住如下一个查询模式，无论要求满足几个条件的查找都可以轻松实现。如果查询条件不止两个，只需在 LOOKUP 函数的第 2 参数中添加用于判断是否符合查询条件的比较计算式，即总是按照如下的模式来套用公式即可。

=LOOKUP(1,0/((条件 1 区域=条件 1)* (条件 2 区域=条件 2)* (条件 3 区域=条件 3)*...... (条件 n 区域=条件 n)),返回值区域)

当然我们实际工作中可能并不会应用太多的条件，一般两个或三个比较常用。

10.6 综合实例 1：员工信息表的完善及查询

身份证号码是人事信息中一项重要数据，在建表时一般都需要规划此项标识。并且身份证号码包含了持证人的多项信息，如性别信息、出生日期信息。同时通过员工的入职日期还可以计算工龄，并且当存在多条信息记录时，还能快速查询任意员工的信息。这些操作都可以利用函数建立公式实现。

10.6.1 身份证号码中提取有效信息

身份证号码的第 7~14 位表示出生年月日，第 17 位表示性别，单数为男性、偶数则为女性。因此可以建立公式提取这些信息。

❶ 选中 D3 单元格，在编辑栏中输入公式“=IF(MOD(MID(E3,17,1),2)=1,"男","女")”，按 Enter 键即可从第 1 位员工的身份证号码中判断出该员工的性别，如图 10-144 所示。

❷ 选中 D3 单元格，将鼠标指针指向 D3 单元格右下角，当其变为黑色十字形时，向下拖动填充柄填充公式，释放鼠标，即可快速得出每位员工的性别，如图 10-145 所示。

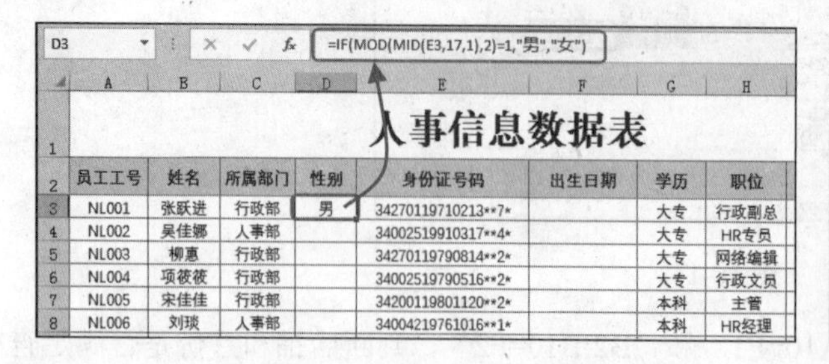

D3　=IF(MOD(MID(E3,17,1),2)=1,"男","女")

人事信息数据表

员工工号	姓名	所属部门	性别	身份证号码	出生日期	学历	职位
NL001	张跃进	行政部	男	34270119710213**7*		大专	行政副总
NL002	吴佳娜	人事部		34002519910317**4*		大专	HR专员
NL003	柳惠	行政部		34270119790814**2*		大专	网络编辑
NL004	项筱筱	行政部		34002519790516**2*		大专	行政文员
NL005	宋佳佳	行政部		34200119801120**2*		本科	主管
NL006	刘琰	人事部		34004219761016**1*		本科	HR经理

图 10-144

人事信息数据表

员工工号	姓名	所属部门	性别	身份证号码	出生日期	学历	职位
NL012	李敏	行政部	女	34222219890225**2*		本科	网络编辑
NL013	彭宇	人事部	男	34002519790228**3*		大专	HR专员
NL014	赵扬	研发部	男	34000119680308**5*		本科	研究员
NL015	袁茜	行政部	女	34270119890401**4*		本科	网络编辑
NL016	周聘婷	人事部	女	34002519920324**4*		本科	HR专员
NL017	张华强	财务部	男	34002519590213**7*		大专	主办会计
NL018	刘源	财务部	男	34002519760610**1*		本科	会计
NL019	陶菲	财务部	女	34200119800720**2*		大专	会计
NL020	卢明宇	研发部	男	34270119770217**7*		本科	研究员
NL021	周松海	研发部	男	34270119820213**7*		硕士	研究员
NL022	姜维	研发部	女	34270119820214**2*		本科	助理
NL023	柯娜	销售部	女	34270119790213**2*		本科	销售专员

图 10-145

> **提 示**
>
> 公式“=IF(MOD(MID(E3,17,1),2)=1,"男","女")”用来判断 18 位身份证号码的倒数第二位是否能被 2 整除，即判断其是奇数还是偶数。如果不能整除则返回“男”，否则返回“女”。这个公式中还有 MOD 函数（数学函数）、MID 函数（文本函数）。MOD 函数返回两数相除的余数，结果的符号与除数相同。MID 函数用于返回文本字符串中从指定位置开始的特定数目的字符，该数目由用户指定。

❸ 选中 F3 单元格，在编辑栏中输入公式“=CONCATENATE(MID(E3,7,4),"-",MID(E3,11,2),"-",MID(E3,13,2))”，按 Enter 键即可从第 1 位员工的身份证号码中判断出该员工的出生日期，如图 10-146 所示。

F3　=CONCATENATE(MID(E3,7,4),"-",MID(E3,11,2),"-",MID(E3,13,2))

人事信息数据表

员工工号	姓名	所属部门	性别	身份证号码	出生日期	学历	职位	入职时间
NL001	张跃进	行政部	男	34270119710213**7*	1971-02-13	大专	行政副总	2009/5/8
NL002	吴佳娜	人事部	女	34002519910317**4*		大专	HR专员	2020/6/4
NL003	柳惠	行政部	女	34270119790814**21		大专	网络编辑	2010/11/5
NL004	项筱筱	行政部	女	34002519790516**22		大专	行政文员	2019/3/12
NL005	宋佳佳	行政部	女	34200119801120**28		本科	主管	2018/3/5
NL006	刘琰	人事部	男	34004219761016**17		本科	HR经理	2020/6/18
NL007	蔡晓燕	行政部	女	34002519690226**63		本科	网络编辑	2014/2/15
NL008	吴春华	行政部	女	34022219631202**62		初中	保洁	2010/6/3
NL009	汪涛	行政部	男	34022219680502**52		高中	网管	2013/4/8
NL010	赵晓	行政部	女	34004219881016**27		大专	网管	2015/5/6
NL011	简佳丽	行政部	女	34212219911103**20		本科	网管	2013/6/11

图 10-146

❹ 选中 F3 单元格，将鼠标指针指向 F3 单元格右下角，当其变为黑色十字形时，向下拖动填充柄进行公式填充，即可快速得到每位员工的出生日期，如图 10-147 所示。

人事信息数据表

员工工号	姓名	所属部门	性别	身份证号码	出生日期	学历	职位	入职时间
NL010	赵晓	行政部	女	34004219881016**27	1988-10-16	大专	网管	2015/5/6
NL011	简佳丽	行政部	女	34212219911103**20	1991-11-03	本科	网管	2013/6/11
NL012	李敏	行政部	女	34222219890225**20	1989-02-25	本科	网络编辑	2015/1/2
NL013	彭宇	人事部	男	34002519790228**35	1979-02-28	大专	HR专员	2016/4/18
NL014	赵扬	研发部	男	34000119680308**52	1968-03-08	本科	研究员	2015/3/12
NL015	袁茜	行政部	女	34270119890401**43	1989-04-01	本科	网络编辑	2020/7/10
NL016	周聘婷	人事部	女	34002519920324**47	1992-03-24	本科	HR专员	2013/1/27
NL017	张华强	财务部	男	34002519590213**78	1959-02-13	大专	主办会计	2013/4/15
NL018	刘源	财务部	男	34002519760610**14	1976-06-10	本科	会计	2017/11/6
NL019	陶菲	财务部	女	34200119800720**28	1980-07-20	大专	会计	2014/2/15
NL020	卢明宇	研发部	男	34270119770217**73	1977-02-17	本科	研究员	2019/1/30
NL021	周松海	研发部	男	34270119820213**79	1982-02-13	硕士	研究员	2014/2/15
NL022	姜维	研发部	女	34270119820214**21	1982-02-14	本科	助理	2013/1/31
NL023	柯娜	销售部	女	34270119790213**28	1979-02-13	本科	销售专员	2008/5/2
NL024	张文婧	销售部	女	34002519950213**48	1995-02-13	本科	销售专员	2011/7/12
NL025	陶月胜	销售部	男	34002519690828**35	1969-08-28	本科	销售专员	2010/9/18
NL026	左亮亮	销售部	男	34270119690217**73	1969-02-17	大专	主管	2010/5/18

图 10-147

提 示

公式“=CONCATENATE(MID(E3,7,4),"－",MID(E3,11,2),"－",MID(E3,13,2))”表示从 E3 单元格的第 7 位开始提取共提取 7 位作为年、从 E3 单元格的第 11 位开始提取共提取 2 位作为月、从 E3 单元格的第 13 位开始提取共提取 2 位作为日，然后使用"-"符号将它们连接起来。

10.6.2 计算员工工龄

根据员工的入职时间，还可以使用函数计算出员工的工龄。

❶ 选中 J3 单元格，在编辑栏中输入公式“=DATEDIF(I3,TODAY(),"Y")”，按 Enter 键即可从第一位员工的入职时间中计算出出该员工的工龄，如图 10-148 所示。

J3 =DATEDIF(I3,TODAY(),"Y")

人事信息数据表

姓名	所属部门	性别	身份证号码	出生日期	学历	职位	入职时间	工龄
张跃进	行政部	男	34270119710213**7*	1971-02-13	大专	行政副总	2009/5/8	11
吴佳娜	人事部	女	34002519910317**4*	1991-03-17	大专	HR专员	2020/6/4	
柳惠	行政部	女	34270119790814**21	1979-08-14	大专	网络编辑	2010/11/5	
项筱筱	行政部	女	34002519790516**22	1979-05-16	大专	行政文员	2019/3/12	
宋佳佳	行政部	女	34200119801120**28	1980-11-20	本科	主管	2018/3/5	
刘琰	人事部	男	34004219761016**17	1976-10-16	本科	HR经理	2020/6/18	
蔡晓燕	行政部	女	34002519690226**63	1969-02-26	本科	网络编辑	2014/2/15	

图 10-148

❷ 选中 J3 单元格，鼠标指针指向 J3 单元格右下角，当其变为黑色十字形时，向下拖动填充柄填充公式即可得到每位员工的工龄，如图 10-149 所示。

人事信息数据表

姓名	所属部门	性别	身份证号码	出生日期	学历	职位	入职时间	工龄
蔡晓燕	行政部	女	34002519690226**63	1969-02-26	本科	网络编辑	2014/2/15	6
吴春华	行政部	女	34022219631202**62	1963-12-02	初中	保洁	2010/6/3	10
汪涛	行政部	男	34022219680502**52	1968-05-02	高中	网管	2013/4/8	7
赵晓	行政部	女	34004219881016**27	1988-10-16	大专	网管	2015/5/6	5
简佳丽	行政部	女	34212219911103**20	1991-11-03	本科	网管	2013/6/11	7
李敏	行政部	女	34222219890225**20	1989-02-25	本科	网络编辑	2015/1/2	5
彭宇	人事部	男	34002519790228**35	1979-02-28	大专	HR专员	2016/4/18	4
赵扬	研发部	男	34000119680308**52	1968-03-08	本科	研究员	2015/3/12	5
袁茵	行政部	女	34270119890401**43	1989-04-01	本科	网络编辑	2020/7/10	0
周聘婷	人事部	女	34002519920324**47	1992-03-24	本科	HR专员	2013/1/27	7
张华强	财务部	男	34002519590213**78	1959-02-13	大专	主办会计	2013/4/15	7
刘源	财务部	男	34002519760610**14	1976-06-10	本科	会计	2017/11/6	2
陶菲	财务部	女	34200119800720**28	1980-07-20	大专	会计	2014/2/15	6
卢明宇	研发部	男	34270119770217**73	1977-02-17	本科	研究员	2019/1/30	1
周松海	研发部	男	34270119820213**79	1982-02-13	硕士	研究员	2014/2/15	6
姜维	研发部	女	34270119820214**21	1982-02-14	本科	助理	2013/1/31	7
柯娜	销售部	女	34270119790213**28	1979-02-13	本科	销售专员	2008/5/2	12
张文婧	销售部	女	340025199502138548	1995-02-13	本科	销售专员	2011/7/12	9

图 10-149

提示

❶ TODAY 函数没有参数，它用于返回当前日期的序列号。

❷ “=DATEDIF(I3,TODAY(),"Y")” 计算出从 I3 单元格的日期到今天日期之间的差值。

❸ “Y” 这个参数用于决定提示取差值中的整年数。

10.6.3 建立员工信息查询系统

建立了人事信息数据表之后，如果企业员工较多，要想查询某位员工的数据信息会不太容易。我们可以利用 Excel 中的函数功能可以建立一个查询表，当需要查询某位员工的数据时，只需输入其工号即可快速查询。

❶ 员工信息查询建立在人事信息数据表上，所以选择在同一个工作簿中插入新工作表，并建立查询标题，如图 10-150 所示。

❷ 选中 D2 单元格，在“数据”→“数据工具”选项组中单击“数据验证”下拉按钮，在下拉菜单中单击“数据验证”命令（见图 10-151），通过数据验证功能设置此单元格的可选择序列，如图 10-152 所示。

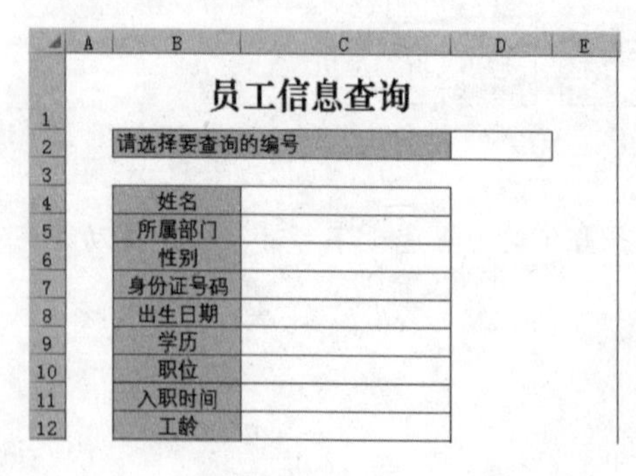

图 10-150

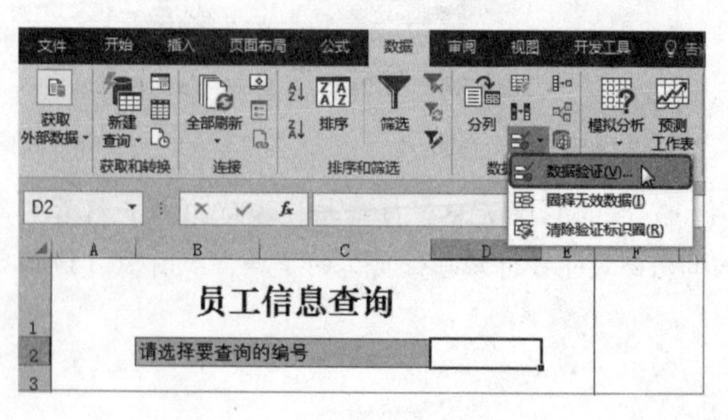

图 10-151

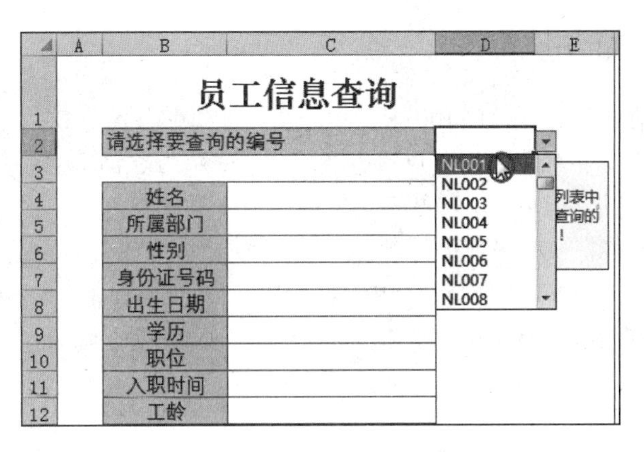

	A	B	C	D	E
1		员工信息查询			
2		请选择要查询的编号			
3					
4		姓名			
5		所属部门			
6		性别			
7		身份证号码			
8		出生日期			
9		学历			
10		职位			
11		入职时间			
12		工龄			

图 10-152

❸ 选中 C4 单元格，在编辑栏输入公式“=VLOOKUP($D$2,人事信息数据表!$A$3:$L$100,ROW(A2))”，按 Enter 键即可根据选择的员工工号返回员工的姓名，如图 10-153 所示。

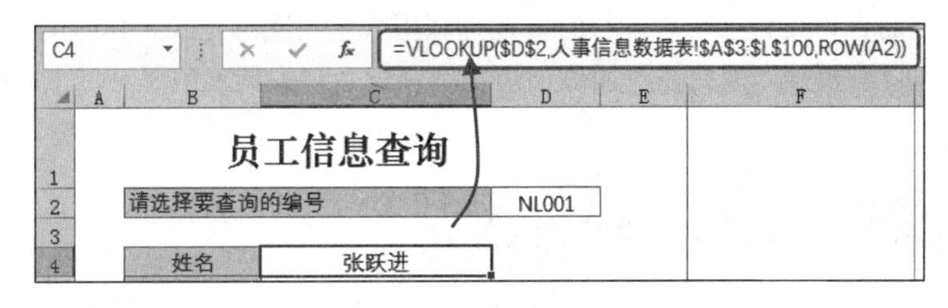

	A	B	C	D	E	F
1		员工信息查询				
2		请选择要查询的编号		NL001		
3						
4		姓名	张跃进			

图 10-153

❹ 选中 C4 单元格，鼠标指针指向 C4 单元格右下角，当其变为黑色十字形时向下拖动至 C12 单元格中，释放鼠标即可返回各项对应的信息，如图 10-154 所示。

❺ 单击 D2 单元格下拉按钮，在其下拉列表中单击其他员工工号，如“NL015”，系统即可自动更新出员工信息，如图 10-155 所示。

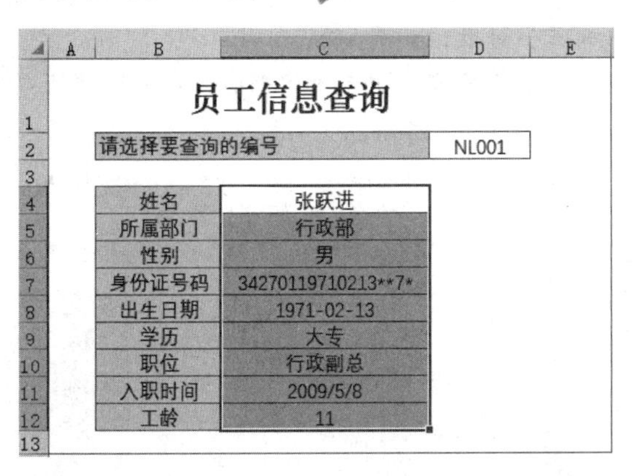

	A	B	C	D	E
1		员工信息查询			
2		请选择要查询的编号		NL001	
3					
4		姓名	张跃进		
5		所属部门	行政部		
6		性别	男		
7		身份证号码	34270119710213**7*		
8		出生日期	1971-02-13		
9		学历	大专		
10		职位	行政副总		
11		入职时间	2009/5/8		
12		工龄	11		
13					

图 10-154

	A	B	C	D	E
1		员工信息查询			
2		请选择要查询的编号		NL015	
3					
4		姓名	袁茵		
5		所属部门	行政部		
6		性别	女		
7		身份证号码	34270119890401**43		
8		出生日期	1989-04-01		
9		学历	本科		
10		职位	网络编辑		
11		入职时间	2020-07-10		
12		工龄	0		
13					

图 10-155

在人事信息数据表的$A$3:$L$100单元格区域的首列中查找与D2单格中相同的工号，找到后返回对应在第2列中的值，即对应的姓名。此公式中的查找范围与查找条件都使用了绝对引用方式，即在向下复制公式时都是不改变的，唯一要改变的是用于指定返回人事记录表中$B$3:$L$500单元格区域哪一列值的参数，本例中使用了“ROW(A2)”来表示，当公式复制到C5单元格时，“ROW(A2)”变为“ROW(A3)”，返回值为3；当公式复制到C6单元格时，“ROW(A2)”变为“ROW(A4)”，返回值为4，依次类推。

10.7 综合实例2：加班费统计

对于用人单位而言，支付加班费能够有效地抑制用人单位随意延长工作时间，从而保护劳动者的合法权益。因此在对加班记录正确登记后，到期末需要对每个人的加班费进行核算。

10.7.1 根据加班性质计算加班费

加班记录是需要按实际加班情况逐条记录的，每条记录都需要记录开始时间与结束时间，根据加班时间可以计算每条加班记录的加班费。

假设员工日平均工资为150元，平时加班费每小时为18.75元，双休日加班费为平时加班的2倍。有了这些已知条件后，可以设置公式来计算加班费。

❶ 选中G3单元格，在编辑栏输入公式“=(HOUR(F3)+MINUTE(F3)/60)-(HOUR(E3)+MINUTE(E3)/60)”，按Enter键即可计算出第一项加班记录的加班小时数，如图10-156所示。

❷ 选中G3单元格，鼠标指针指向G3单元格右下角，当其变为黑色十字形时，向下拖动填充柄填充公式，即可得到每条加班记录的加班小时数，如图10-157所示。

G3　=(HOUR(F3)+MINUTE(F3)/60)-(HOUR(E3)+MINUTE(E3)/60)

8月份加班记录表

编号	姓名	加班时间	加班类型	开始时间	结束时间	加班小时数	加班费统计
001	胡莉	2020/8/2	公休日	17:30	21:30	4	
002	王青	2020/8/2	公休日	18:00	22:00		
003	何以玫	2020/8/3	平常日	17:30	22:30		
004	王飞扬	2020/8/4	平常日	17:30	22:00		
005	童瑶瑶	2020/8/4	平常日	17:30	21:00		
006	王青	2020/8/5	平常日	9:00	17:30		
007	吴晨	2020/8/6	平常日	9:00	17:30		
008	胡莉	2020/8/7	平常日	17:30	20:00		
009	钱毅力	2020/8/8	公休日	18:30	22:00		

图10-156

8月份加班记录表

编号	姓名	加班时间	加班类型	开始时间	结束时间	加班小时数
001	胡莉	2020/8/2	公休日	17:30	21:30	4
002	王青	2020/8/2	公休日	18:00	22:00	4
003	何以玫	2020/8/3	平常日	17:30	22:30	5
004	王飞扬	2020/8/4	平常日	17:30	22:00	4.5
005	童瑶瑶	2020/8/4	平常日	17:30	21:00	3.5
006	王青	2020/8/5	平常日	9:00	17:30	8.5
007	吴晨	2020/8/6	平常日	9:00	17:30	8.5
008	胡莉	2020/8/7	平常日	17:30	20:00	2.5
009	钱毅力	2020/8/8	公休日	18:30	22:00	3.5
010	王飞扬	2020/8/9	公休日	17:30	22:00	4.5
011	管一非	2020/8/10	平常日	17:30	22:00	4.5
012	童瑶瑶	2020/8/10	平常日	17:30	21:00	3.5
013	胡莉	2020/8/11	平常日	17:30	21:30	4
014	吴晨	2020/8/12	平常日	9:00	17:30	8.5
015	胡莉	2020/8/13	平常日	9:00	17:30	8.5
016	王青	2020/8/14	平常日	17:30	20:00	2.5
017	王飞扬	2020/8/15	公休日	18:00	22:00	4
018	胡莉	2020/8/15	公休日	17:30	22:00	4.5
019	钱毅力	2020/8/16	公休日	17:30	22:00	4.5
020	王飞扬	2020/8/17	平常日	18:00	21:00	3

图10-157

提 示

先提取 F3 单元格中时间的小时数，再提取 F3 单元格所对应的分钟数，除以 60 转化为小时数，二者相加为 F3 单元格中时间的小时数；按照相同方法转换 E3 单元格中的时间，再取 F3 单元格时间对应小时数与其之间的差值得到的就是加班小时数。

❸ 选中 H3 单元格，在编辑栏输入公式“=IF(D3="平常日",G3*18.75,G3*(18.75*2))”按 Enter 键即可计算出第一项加班记录的加班费，如图 10-158 所示。

H3 =IF(D3="平常日",G3*18.75,G3*(18.75*2))

8月份加班记录表							
编号	姓名	加班时间	加班类型	开始时间	结束时间	加班小时数	加班费统计
001	胡莉	2020/8/2	公休日	17:30	21:30	4	150
002	王青	2020/8/2	公休日	18:00	22:00	4	
003	何以玫	2020/8/3	平常日	17:30	22:30	5	
004	王飞扬	2020/8/4	平常日	17:30	22:00	4.5	
005	童瑶瑶	2020/8/4	平常日	17:30	21:00	3.5	
006	王青	2020/8/5	平常日	9:00	17:30	8.5	
007	吴晨	2020/8/6	平常日	9:00	17:30	8.5	
008	胡莉	2020/8/7	平常日	17:30	20:00	2.5	
009	钱毅力	2020/8/8	公休日	18:30	22:00	3.5	
010	王飞扬	2020/8/9	公休日	17:30	22:00	4.5	
011	管一非	2020/8/10	平常日	17:30	22:00	4.5	
012	童瑶瑶	2020/8/10	平常日	17:30	21:00	3.5	

图 10-158

❹ 选中 H3 单元格，鼠标指针指向 H3 单元格右下角，当其变为黑色十字形时，向下拖动填充柄填充公式，即可得到每条加班记录的加班费，如图 10-159 所示。

8月份加班记录表							
编号	姓名	加班时间	加班类型	开始时间	结束时间	加班小时数	加班费统计
001	胡莉	2020/8/2	公休日	17:30	21:30	4	150
002	王青	2020/8/2	公休日	18:00	22:00	4	150
003	何以玫	2020/8/3	平常日	17:30	22:30	5	93.75
004	王飞扬	2020/8/4	平常日	17:30	22:00	4.5	84.375
005	童瑶瑶	2020/8/4	平常日	17:30	21:00	3.5	65.625
006	王青	2020/8/5	平常日	9:00	17:30	8.5	159.375
007	吴晨	2020/8/6	平常日	9:00	17:30	8.5	159.375
008	胡莉	2020/8/7	平常日	17:30	20:00	2.5	46.875
009	钱毅力	2020/8/8	公休日	18:30	22:00	3.5	131.25
010	王飞扬	2020/8/9	公休日	17:30	22:00	4.5	168.75
011	管一非	2020/8/10	平常日	17:30	22:00	4.5	84.375
012	童瑶瑶	2020/8/10	平常日	17:30	21:00	3.5	65.625
013	胡莉	2020/8/11	平常日	17:30	21:30	4	75
014	吴晨	2020/8/12	平常日	9:00	17:30	8.5	159.375
015	胡莉	2020/8/13	平常日	9:00	17:30	8.5	159.375
016	王青	2020/8/14	平常日	17:30	20:00	2.5	46.875
017	王飞扬	2020/8/15	公休日	18:00	22:00	4	150
018	胡莉	2020/8/15	公休日	17:30	22:00	4.5	168.75
019	钱毅力	2020/8/16	公休日	17:30	22:00	4.5	168.75
020	王飞扬	2020/8/17	平常日	18:00	21:00	3	56.25
021	胡莉	2020/8/18	平常日	18:00	21:30	3.5	65.625

图 10-159

10.7.2 每位加班人员加班费汇总统计

由于一位员工可能涉及多条加班记录，因此当完成了对本月所有加班记录的统计后，需要对每位加班人员加班费进行汇总统计。

❶ 在空白位置上建立“姓名”与“加班费”标题，注意姓名是不重复的，应为所有有加班情况的人员，如图 10-160 所示。

8月份加班记录表

编号	姓名	加班时间	加班类型	开始时间	结束时间	加班小时数	加班费统计		姓名	加班费
001	胡莉	2020/8/2	公休日	17:30	21:30	4	150		胡莉	
002	王青	2020/8/2	公休日	18:00	22:00	4	150		王青	
003	何以玫	2020/8/3	平常日	17:30	22:30	5	93.75		何以玫	
004	王飞扬	2020/8/4	平常日	17:30	22:00	4.5	84.375		王飞扬	
005	童瑶瑶	2020/8/4	平常日	17:30	21:00	3.5	65.625		童瑶瑶	
006	王青	2020/8/5	平常日	9:00	17:30	8.5	159.375		吴晨	
007	吴晨	2020/8/6	平常日	9:00	17:30	8.5	159.375		钱毅力	
008	胡莉	2020/8/7	平常日	17:30	20:00	2.5	46.875		管一非	
009	钱毅力	2020/8/8	公休日	18:30	22:00	3.5	131.25		胡梦婷	
010	王飞扬	2020/8/9	公休日	17:30	22:00	4.5	168.75			
011	管一非	2020/8/10	平常日	17:30	22:00	4.5	84.375			
012	童瑶瑶	2020/8/10	平常日	17:30	21:00	3.5	65.625			
013	胡莉	2020/8/11	平常日	17:30	21:30	4	75			
014	吴晨	2020/8/12	平常日	9:00	17:30	8.5	159.375			
015	胡莉	2020/8/13	平常日	9:00	17:30	8.5	159.375			
016	王青	2020/8/14	平常日	17:30	20:00	2.5	46.875			

图 10-160

❷ 选中 K3 单元格，在编辑栏输入公式“=SUMIF($B$2:$B$32,J3,$H$3:$H$32)”，按 Enter 键即可统计出“胡莉”这名员工的加班费总金额，如图 10-161 所示。

K3 =SUMIF($B$2:$B$32,J3,$H$3:$H$32)

8月份加班记录表

编号	姓名	加班时间	加班类型	开始时间	结束时间	加班小时数	加班费统计		姓名	加班费
001	胡莉	2020/8/2	公休日	17:30	21:30	4	150		胡莉	975
002	王青	2020/8/2	公休日	18:00	22:00	4	150		王青	
003	何以玫	2020/8/3	平常日	17:30	22:30	5	93.75		何以玫	
004	王飞扬	2020/8/4	平常日	17:30	22:00	4.5	84.375		王飞扬	
005	童瑶瑶	2020/8/4	平常日	17:30	21:00	3.5	65.625		童瑶瑶	
006	王青	2020/8/5	平常日	9:00	17:30	8.5	159.375		吴晨	
007	吴晨	2020/8/6	平常日	9:00	17:30	8.5	159.375		钱毅力	
008	胡莉	2020/8/7	平常日	17:30	20:00	2.5	46.875		管一非	
009	钱毅力	2020/8/8	公休日	18:30	22:00	3.5	131.25		胡梦婷	
010	王飞扬	2020/8/9	公休日	17:30	22:00	4.5	168.75			

图 10-161

❸ 选中 K3 单元格，鼠标指针指向 K3 单元格右下角，当其变为黑色十字形时，向下拖动填充柄填充公式，即可利用 SUMIF 函数求解出每一位员工的加班费合计金额，如图 10-162 所示。

8月份加班记录表

编号	姓名	加班时间	加班类型	开始时间	结束时间	加班小时数	加班费统计		姓名	加班费
001	胡莉	2020/8/2	公休日	17:30	21:30	4	150		胡莉	975
002	王青	2020/8/2	公休日	18:00	22:00	4	150		王青	403.125
003	何以玫	2020/8/3	平常日	17:30	22:30	5	93.75		何以玫	121.875
004	王飞扬	2020/8/4	平常日	17:30	22:00	4.5	84.375		王飞扬	384.375
005	童瑶瑶	2020/8/4	平常日	17:30	21:00	3.5	65.625		童瑶瑶	346.875
006	王青	2020/8/5	平常日	9:00	17:30	8.5	159.375		吴晨	271.875
007	吴晨	2020/8/6	平常日	9:00	17:30	8.5	159.375		钱毅力	225
008	胡莉	2020/8/7	平常日	17:30	20:00	2.5	46.875		管一非	459.375
009	钱毅力	2020/8/8	公休日	18:30	22:00	3.5	131.25		胡梦婷	84.375

图 10-162

提示

在统计每位员工的加班费时，可以在其他工作表中建立统计表，也可以如本例操作一样在当前表格中建立统计表。由公式得到的加班费可以转换为数值后随意移到其他位置上使用。

第11章
编辑 Excel 图表

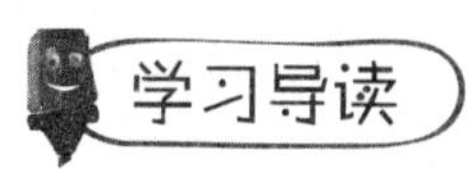

图表是将工作表中的数据用图形表现出来，能让用户更清晰、更有效地处理数据。图表是日常商务办公中是常用的数据分析工具之一。

- 了解并创建图表
- 编辑图表各种元素
- 美化图表
- 达标线图表、计划与实际营销对比图

11.1 正确认识图表

图表可以直观反应数据，在日常生活与工作中分析某些数据时，常会应用图表来比较数据、展示数据的发展趋势等。因此图表在现代商务办公中是非常重要的，比如总结报告、商务演示、招投标方案等，几乎应用到数据图表。

在报告中应用图表可以瞬间降低文字报告的枯燥感，同时提升数据的说服力。如图 11-1 所示的分析报表，运用了多个图表。通过这张图，相信每个人都能直观地感受到图表的可视化效果有多强大，它远比纯数据给人的脑海中留下的印象深刻得多，同时也比纯数据更易阅读，是现代商务办公人士所乐于接受的表达形式。

消费者购买产品时在考虑什么？

因素	人数	占比
价格	240	24.00%
体验	170	17.00%
信任	170	17.00%
花色品种	120	12.00%
退货政策	120	12.00%
价格	110	11.00%
体验	40	4.00%
信任	30	3.00%

图 11-1

要用好图表除了掌握其编辑方法外，这需要掌握一些图表设计规则，如图表的布局规则、美化规则等。

11.1.1 商务图表的布局特点

图表在现代商务办公中是非常重要的，它可以清晰呈现数据，将重要的信息更直观地传达给客户。因此要想做出专业的商务图表，了解其对布局的要求是有必要的。

我们先来看一个图表（见图 11-2），该图表就是一个典型的商务图表的范例。

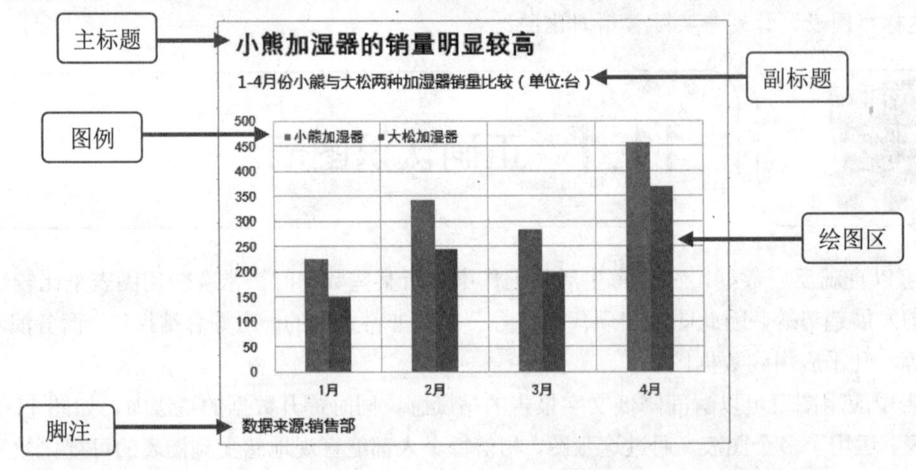

图 11-2

1. 完整的构图要素

图表除了绘制出数据外，更重要的是要让人一眼就能明白图表所表达的意思。根据图 11-2 所示的图表，我们总结出商务图表的 5 个基本构图要素，分别是主标题、副标题、图例、绘图和脚注。

主标题是用来阐明重要信息的，对任何图表而言，都不能缺少；而副标题是用来补充说明的，脚注一般表明数据来源等信息。图例是在两个或两个以上图表中出现的，一般在单数据系列的图表中不需要图例。

2. 突出的标题区

图表的标题与文档、表格的标题一样，是用来阐明图表的主要内容的。为了让人能够一眼就获取图表的重要信息，标题区需要鲜明突出，一般通过位置、字体的大小、文字格式等来突出标题区。图表的主标题有专用的占位符，一般我们将标题放在图表的最上方。

除了用字体与文字格式等来突出标题外，还要注意一定要把图表想表达的信息写入标题，因为通常标题明确的图表，能够更快速地引导阅读者理解图表意思，读懂分析目的。可以使用如“会员数量持续增加”“A、B 两种产品库存不足”“新包装销量明显提升”等类似直达主题的标题，不要使用模糊的、让使用者去分析表达目的的标题文字，如图 11-3 所示、图 11-4 所示的标题都直达主题，让人一目了然。

副标题一般放在主标题的下方，需要通过绘制文本框的方式添加，用于对图表信息做更加详尽的说明。主标题和副标题用字体的格式、字号来区分。

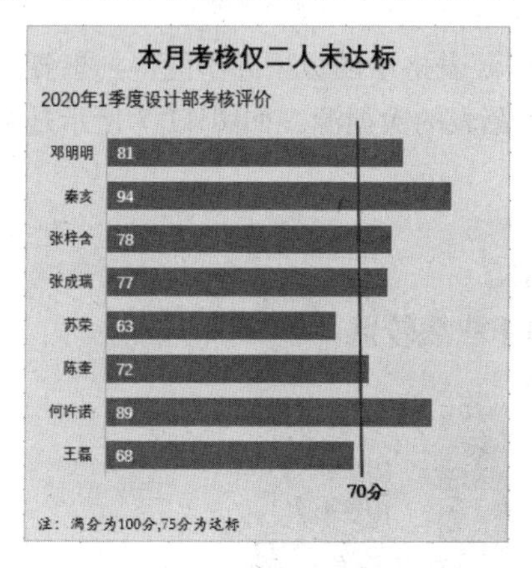

图 11-3

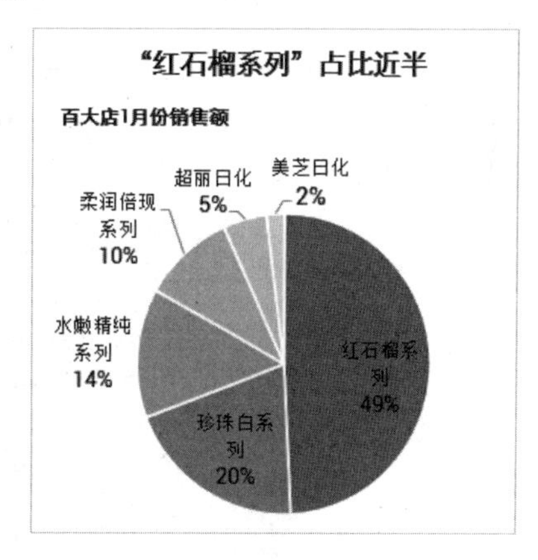

图 11-4

3. 不要把众多数据都写入图表

数据源表格通常会记录较多的数据信息，例如在销售业绩统计表中会记录销售员的姓名、销售数量、销售金额、提成金额数据。在创建图表时，假设我们选择所有数据，创建的图表如图 11-5 所示。此图表显然不知所云，表达效果极差。

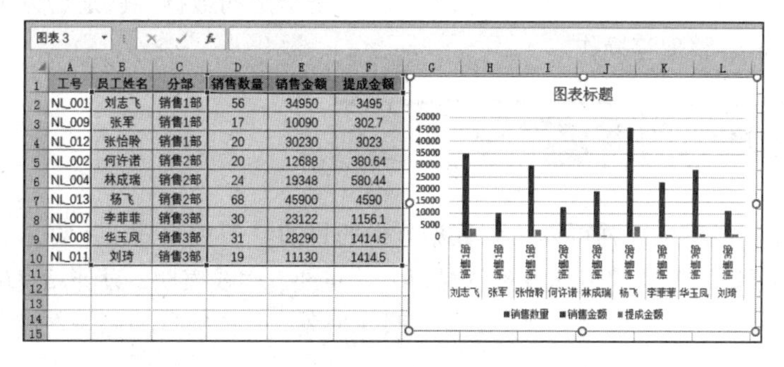

工号	员工姓名	分部	销售数量	销售金额	提成金额
NL_001	刘志飞	销售1部	56	34950	3495
NL_009	张军	销售1部	17	10090	302.7
NL_012	张怡聆	销售1部	20	30230	3023
NL_002	何许诺	销售2部	20	12688	380.64
NL_004	林成瑞	销售2部	24	19348	580.44
NL_013	杨飞	销售2部	68	45900	4590
NL_007	李菲菲	销售3部	30	23122	1156.1
NL_008	华玉凤	销售3部	31	28290	1414.5
NL_011	刘琦	销售3部	19	11130	1414.5

图 11-5

无论数据源表如何，创建图表时要根据所要表达的信息，选择合适的数据源创建的图表，才能达到目的。

如果要比较员工的销售金额，可以创建柱形图图表。只需要选中 B 列和 E 列中的数据即可得到比较员工销售金额的图表，如图 11-6 所示。

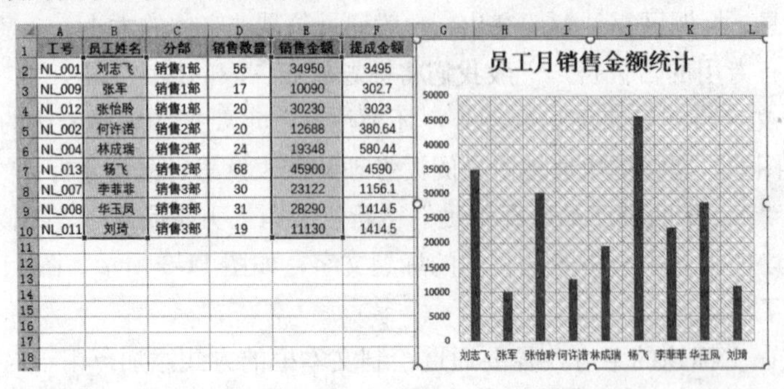

工号	员工姓名	分部	销售数量	销售金额	提成金额
NL_001	刘志飞	销售1部	56	34950	3495
NL_009	张军	销售1部	17	10090	302.7
NL_012	张怡聆	销售1部	20	30230	3023
NL_002	何许诺	销售2部	20	12688	380.64
NL_004	林成瑞	销售2部	24	19348	580.44
NL_013	杨飞	销售2部	68	45900	4590
NL_007	李菲菲	销售3部	30	23122	1156.1
NL_008	华玉凤	销售3部	31	28290	1414.5
NL_011	刘琦	销售3部	19	11130	1414.5

图 11-6

如果要比较各部门销售业绩时，直接使用原始数据源表格中的数据并不能得到想要的图表。这时可以利用分析工具或函数从原始数据源中提取创建图表的数据源。如图 11-7 所示是对三个销售分部的总销售额进行比较分析的图表。

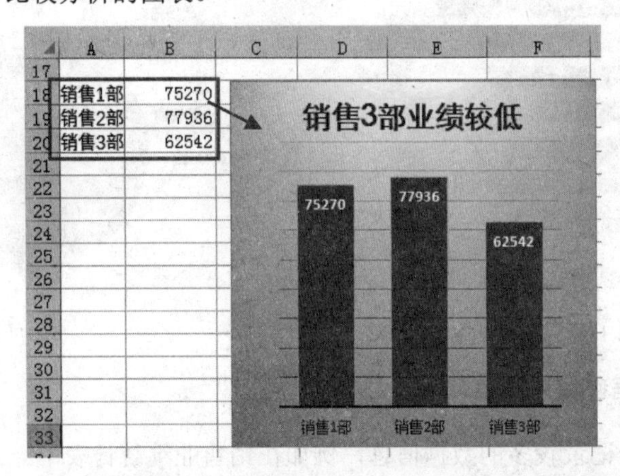

图 11-7

因此创建图表重要的是选取合适的数据源，并不是给定的数据源就适合创建图表，很多时候需要对数据进行提取、整理等操作。

11.1.2 商务图表的美化原则

外观粗劣的图表虽然也勉强可以达到数据分析的目的，但视觉效果不好，表达也不够直观。当图表需要对外展示时，图表的美化设置就显得尤其重要。实践表明，设计精良的图表确实给读者带来愉悦的体验，时刻向对方传达专业、敬业的职业形象。设计精良的图表在商务沟通中也扮演着越来越重要的角色。

商务图表的美化的过程中可以遵循如下几个原则。

1. 简约

我们这里所说的设计精良并非是指一味追求复杂图表，相反，越简单的图表，越容易让人理解，越能让人快速易懂地理解数据，这才是数据可视化重要的目的和最高追求。太过复杂的图表会直接给使用者，造成信息读取上的障碍，所以商务图表在美化时，首先要遵从的就是简约的原则。

简约的原则也可以理解为设计中常说的最大化数据墨水原则。最大化数据墨水原则指的是一幅图表的绝大部分笔墨应用于展示数据信息，每一点笔墨都要有其存在的理由。具体我们可以从以下几个方面把握这一原则。

- 背景填充色因图而异，需要时使用淡色。
- 网格线有时不需要，需要时使用淡色。
- 坐标轴有时不需要，需要时使用淡色。
- 图例有时不需要。
- 慎用渐变色。
- 不需要应用 3D 效果。

如图 11-8 所示的图表是著名的麦肯锡图表，这张图表直接反映了问题，并且在整体和局部上都设置的非常合理，恰到好处。图表并不复杂，但该有的元素都有，可以当作模板学习。

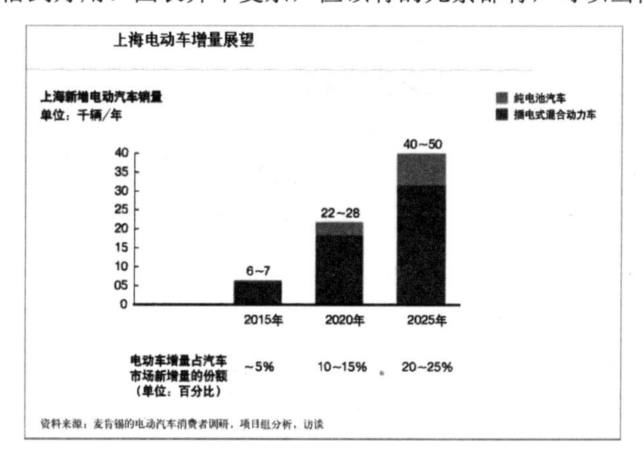

图 11-8

2. 对比强调

上面我们强调了简约这一设计原则，接下来介绍对比强调这一原则，在在弱化非数据元素的同时又增强和突出了数据元素。

如图 11-9 所示的图表，对重要的数据点设置了颜色强调，并且设置了发光效果，突出了空调夏季销售最高的信息。而图 11-10 所示的图表，通过对数据点分离扇面、颜色对比等操作，强调了空调在秋季销量最低的信息。

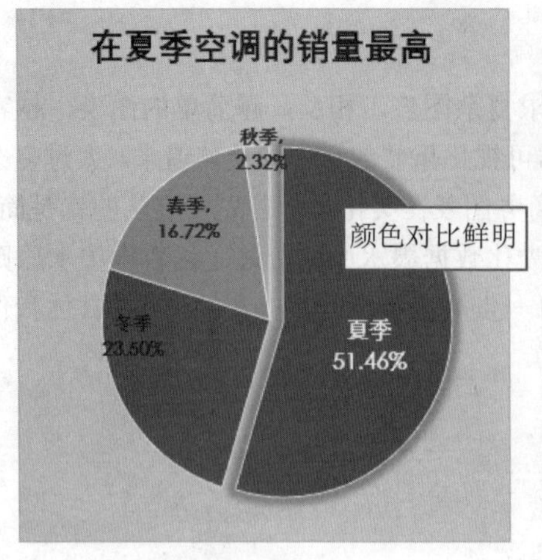

图 11-9

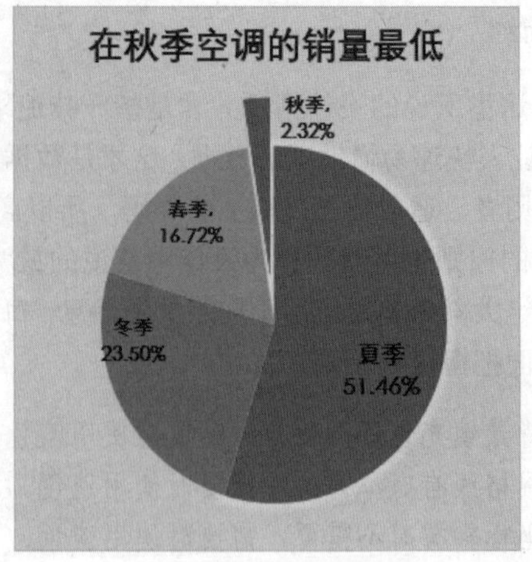

图 11-10

由此可见，对图表中那些非常重要的、想让人瞬间就注意到的重要信息，可以采取对比强调的原则来展现。

我们可以通过以下方法达到强调的效果：数据点的字体（大小、粗细）、数据点的颜色（冷暖、深浅或明暗等），设置不同的填充效果等。

11.1.3 学会选用正确的图表类型

对于初学者而言，如何根据当前数据源选择一个合适的图表类型是一个难点。不同的图表类型其表达重点有所不同，因此我们首先要了解各类型图表的应用范围，学会根据当前数据源以及分析目的选用合适的图表类型。

1. 柱形图

柱形图显示一段时间内数据的变化，或者显示不同项目之间的对比。柱形图是最常用的图表之一，如表 11-1 所示，其具有下面的子图表类型。

表 11-1 柱形图的子图表类型

<table>
<tr><td>簇状柱形图</td><td>用于比较类别间的值。如图 11-11 所示的图表。</td><td>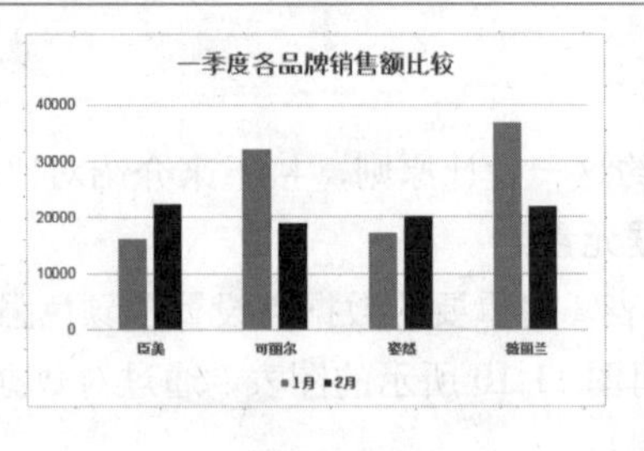

图 11-11</td><td>从图表中可直观比较各品牌两个月份中不同品牌销售额的对比情况</td></tr>
</table>

（续表）

堆积柱形图	显示各个项目与整体之间的关系，从而比较各类别的值在总和中的分布情况。如图 11-12 所示	图 11-12	从图表中可以直观看出哪种品牌商品的销售额最高，那种最低
百分比堆积柱形图	以百分比形式比较各类别的值在总和中的分布情况。如图 11-13 所示的图表	图 11-13	垂直轴的刻度显示的为百分比而非数值，因此图表显示了各个品牌中在 1 月与 2 月所占百分比情况

提 示

簇状柱形图、堆积柱形图、百分比堆积柱形图都是二维格式，这几种图表类型都可以以三维效果显示，其表达效果与二维效果一样，只是显示的柱状不同，分别有柱形、圆柱状、圆锥形、棱锥形。

2. 条形图

条形图是显示各个项目之间的对比情况，主要用于表现各项目之间的数据差额。它可以看成是顺时针旋转 90° 的柱形图，因此条形图的子图表类型与柱形图基本一致，各种子图表类型的用法与用途也基本相同，如表 11-2 所示。

表 11-2　条形图的子图表类型

簇状条形图	用于比较类别间的值。如图 11-14 所示的图表	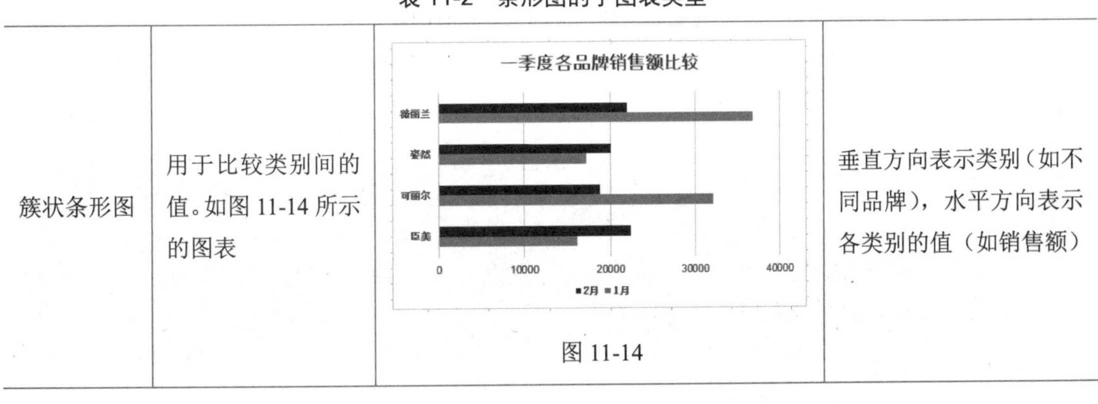 图 11-14	垂直方向表示类别（如不同品牌），水平方向表示各类别的值（如销售额）

（续表）

堆积条形图	显示各个项目与整体之间的关系，从而比较各类别的值在总和中的分布情况。如图 11-15 所示	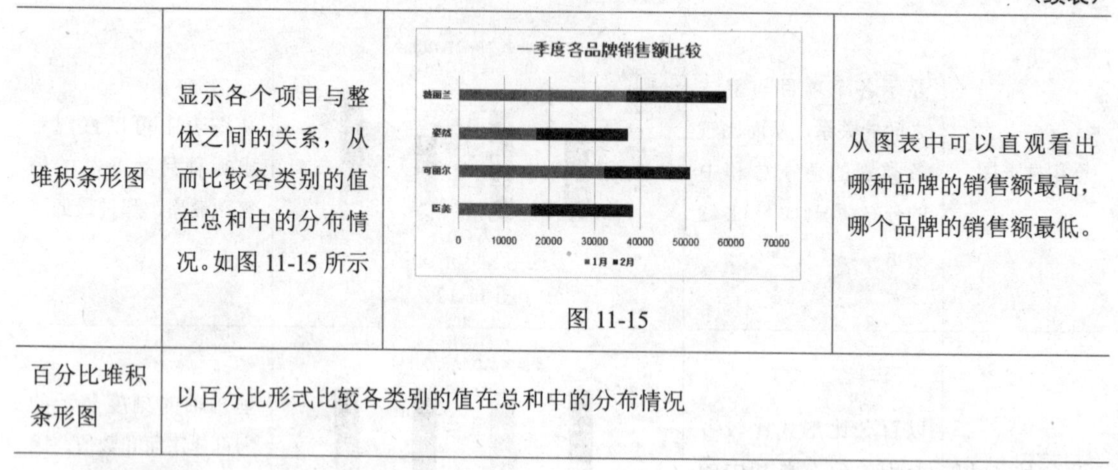 图 11-15	从图表中可以直观看出哪种品牌的销售额最高，哪个品牌的销售额最低。
百分比堆积条形图	以百分比形式比较各类别的值在总和中的分布情况		

3. 折线图

折线图显示随时间或类别的变化趋势。如表 11-3 所示为折线图的子图表类型，分为带数据标记与不带数据标记两大类，不带数据标记是指只显示折线不带标记点。

表 11-3　折线图的子图表类型

折线图	显示各个值的分布随时间或类别的变化趋势。如图 11-16 所示	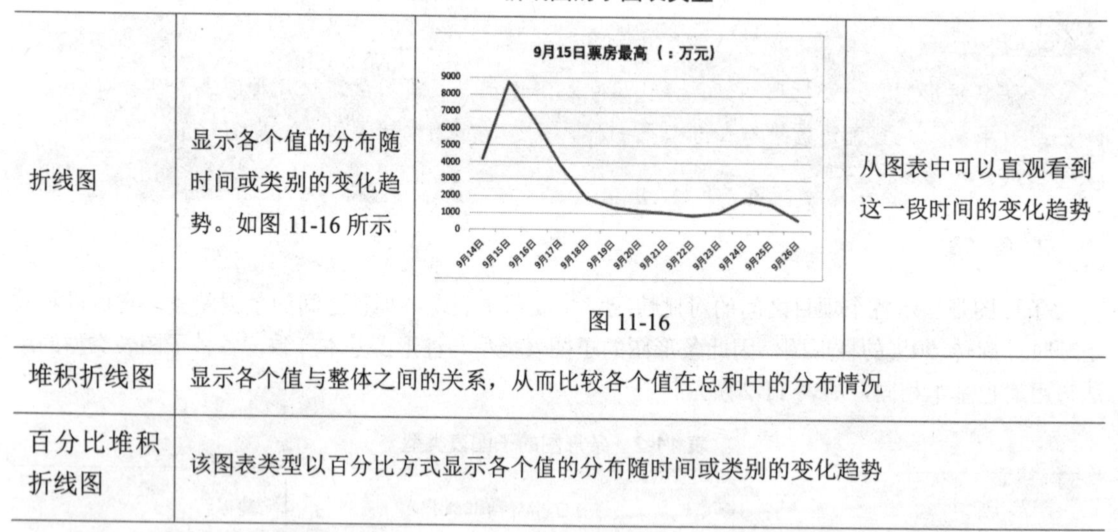 图 11-16	从图表中可以直观看到这一段时间的变化趋势
堆积折线图	显示各个值与整体之间的关系，从而比较各个值在总和中的分布情况		
百分比堆积折线图	该图表类型以百分比方式显示各个值的分布随时间或类别的变化趋势		

知识扩展

面积图

强调随时间变化的幅度时，除了折线图，也可以使用面积图。如图 11-17 所示，同样可以看到票房最高点和最低点以及变化趋势。

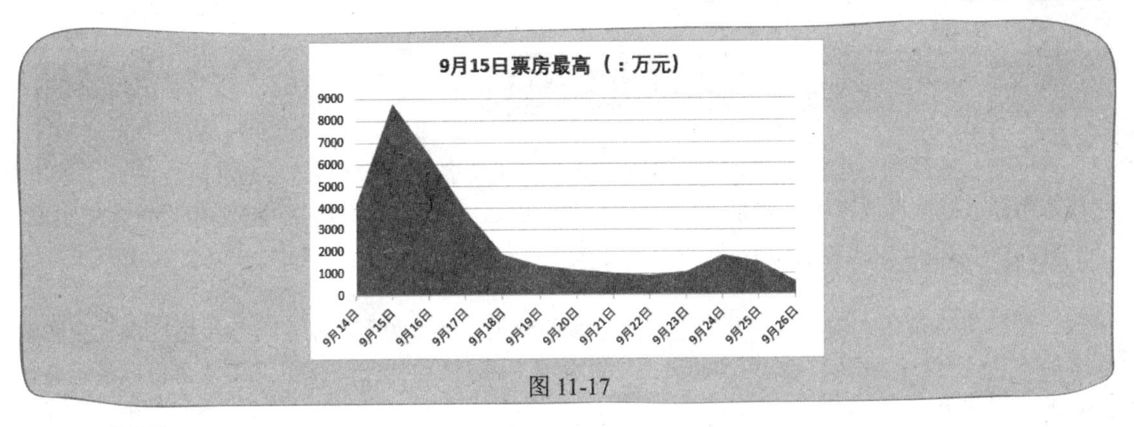

图 11-17

4. 饼图

饼图显示组成数据系列的项目在项目总和中所占的比例。饼图通常只显示一个数据系列（建立饼图时，如果有几个系列同时被选中，那么图表只绘制其中一个系列），如表 11-4 所示。饼图有饼图与复合饼图两种类别。

表 11-4　饼图的子图表类型

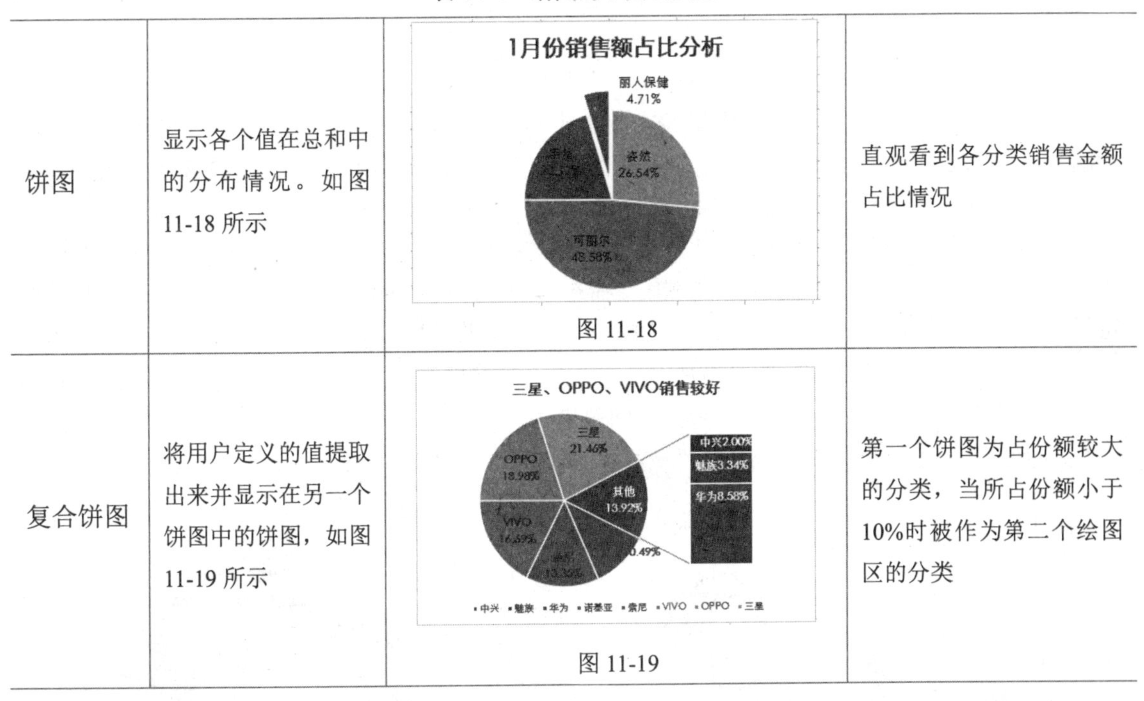

饼图	显示各个值在总和中的分布情况。如图 11-18 所示	图 11-18	直观看到各分类销售金额占比情况
复合饼图	将用户定义的值提取出来并显示在另一个饼图中的饼图，如图 11-19 所示	图 11-19	第一个饼图为占份额较大的分类，当所占份额小于 10%时被作为第二个绘图区的分类

提　示

饼图在绘制过程中，必须注意以下两点：一是饼图只显示一个数据系列，即在绘制过程中数据只能是排列在工作表的一行或一列中的数据；二是类别数目建议不超过 6 个，如果超过 6 个，应该选择最重要的 6 个类目，其余的类目统归于“其他”类别。因为过多的分类会导致图表表达效果并不直观。

11.1.4 Excel 2019 新增的实用图表

除了上文介绍的常规型图表外，在 Excel 2019 中还新增了几类图表，要想在过去版本中建立这些图表，可能需要进行重新组织数据源、创建辅助数据并进行多步设置才能实现。

1. 展示数据二级分类的旭日图

二级分类是指在大的一级的分类下还有下级的分类，甚至更多级别（当然级别过多也会影响图表的表达效果）。如图 11-20 所示的表格中是公司 1~4 月份的支出金额，其中 4 月份记录了各个项目的明细支出。

	A	B	C
1	月份	项目	金额（万）
2	1月		8.57
3	2月		14.35
4	3月		24.69
5	4月	差旅报销	20.32
6		办公品采购	6.20
7		通讯费	4.63
8		礼品	2.57

图 11-20

使用旭日图，既能四个月中比较各项支出金额的大小，又能比较 4 月份的各明细项目支出金额的大小。Excel 2019 中新增了专门用以展现数据二级分类的旭日图。旭日图与圆环图类似，是个同心圆环，最内层的圆表示层次结构的顶级，往外是下一级分类。

选中如图 11-21 所示的数据源（注意数据源的构造要遵循表格中所给的格式），在“插入”→“图表”选项组中单击“插入层次结构图表”命令，在下拉菜单中可以看到“旭日图”。单击后即可创建图表，对图表进行格式设置可达到如图 11-22 所示的效果。

通过旭日图既可以比较 1 月到 4 月中，支出金额最高的月份，也可以比较 4 月份的支出金额里，差旅报销费用最高，即达到了二级分类的效果。

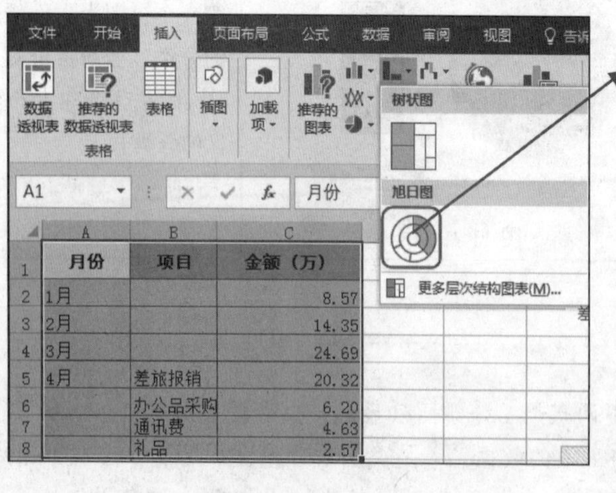

图 11-21

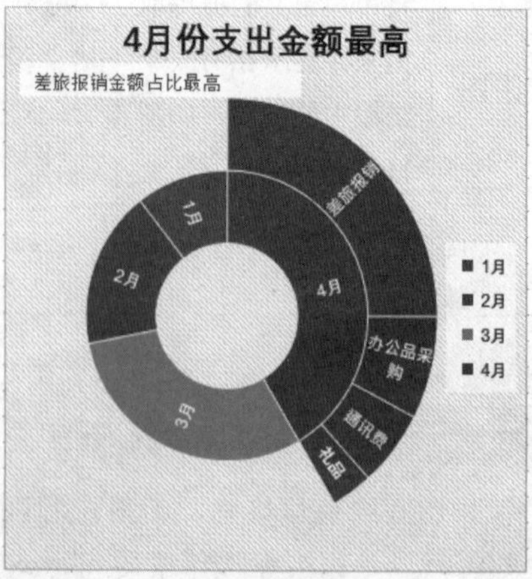

图 11-22

2. 展示数据累计的瀑布图

瀑布图名称来源应该是其外观看起来像瀑布，瀑布图是柱形图的变形，悬空的柱子代表数值的增减，通常用于表达数值之间的增减演变过程。瀑布图可以很直观地显示数据增加与减少后的累计情况。在理解一系列正值和负值对初始值的影响时，这种图表非常有用。

选中如图 11-23 所示的数据源，在“插入”→“图表”选项组中单击“插入瀑布图和股价图”命令，在下拉菜单中可以看到“瀑布图”。单击后即可创建图表，对图表进行格式设置可达到如图 11-24 所示的效果。

	A	B	C
1	项目	金额（万）	
2	差旅报销	20.32	
3	办公品采购	6.20	
4	通讯费	4.63	
5	礼品	2.57	
6	总支出	33.72	
7			
8			

图 11-23

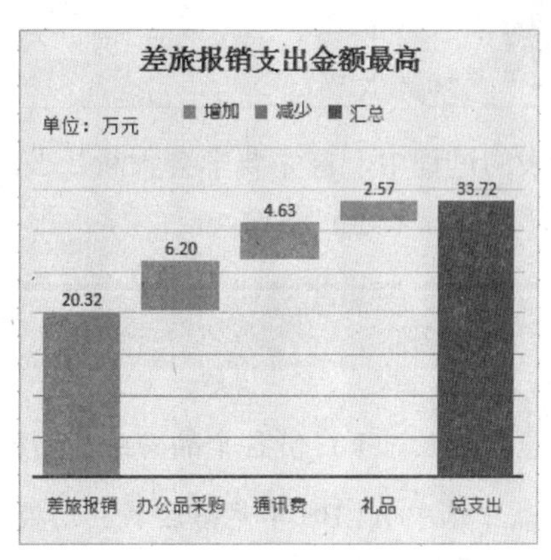

图 11-24

3. 瞬间分析数据分布区域的直方图

直方图是分析数据分布比重和分布频率的利器。为了更加简便的分析数据的分布区域，Excel 2016 版本中就已经新增了直方图类型的图表，利用此图表可以让看似找寻不到规律的数据或大数据能在瞬间得出分析图表，从图表中可以很直观地看到这批数据的分布区间。

根据图 11-25 所示的表格，可以创建分析此次大赛中参赛者得分整体分布区间的直方图，如图 11-26 所示。通过这个直方图，我们从庞大的数据区域中找寻到相关的规律，本例中就可以直接判断出分布在 6.6~8.2 的这个分数段的人数最多。

	A	B	C	D
1	序号	参赛者	得分	
2	1	庄美尔	9.5	
3	2	廖凯	5.5	
4	3	陈晓	9.8	
5	4	邓敏	8.1	
6	5	霍晶	8.1	
7	6	罗成佳	6.9	
8	7	张泽宇	7.5	
9	8	蔡晶	4.7	
10	9	陈小芳	8.2	
11	10	陈曦	5.9	
12	11	陆路	8.2	
13	12	吕梁	8.8	
14	13	张奎	7.5	
15	14	刘萌	9.1	
16	15	崔衡	7.1	
17	16	张爱朋	8.2	
18	17	刘宇	6.1	
19	18	白雪	8.4	
20	19	张亮	8	
21	20	陈曦	7.4	
22	21	潘辰	6.1	
23	22	李阳	5.9	
24	23	丁家宜	9.4	
25	24	秦玉	8.1	
26	25	陆怡宁	8.7	
27	26	郝水文	8.4	

图 11-25

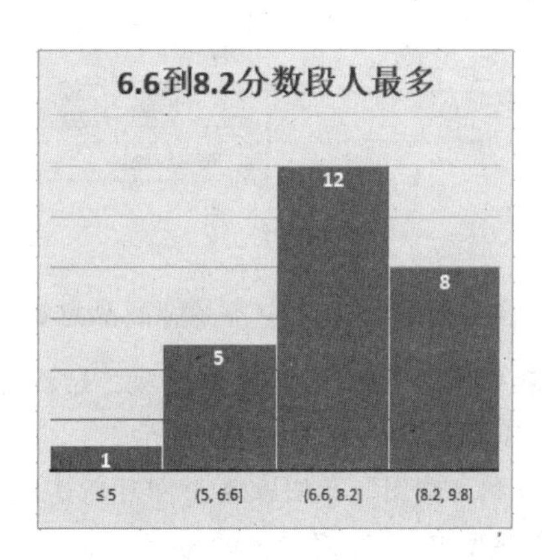

图 11-26

提 示

对于瀑布图、直方图这些图表类型，如果默认的图表类型不能满足要求，也需要进行格式的设置。例如建立直方图后，当默认的箱数不满足要求时，可以自定义箱数，并且也可以自定义箱宽度。

11.2 图表的创建与编辑

在使用图表的过程中，首先要学会判断什么样的数据使用哪种图表类型合适，然后就是要从当前表格中选择数据源来建立图表。

11.2.1 新建图表

当前需要建立图表对1月份各个品牌商品销售金额比较，具体操作步骤如下。

❶ 在数据表中选中A1:B6单元格区域，切换到“插入”→“图表”选项组中单击“柱形图”下拉按钮，展开下拉菜单，如图11-27所示。

❷ 单击“簇状条形图”子图表类型，即可新建图表，如图11-28所示。图表中的柱子的长短代表了销售金额，哪个柱子最长表示销售金额最高，效果十分明显。

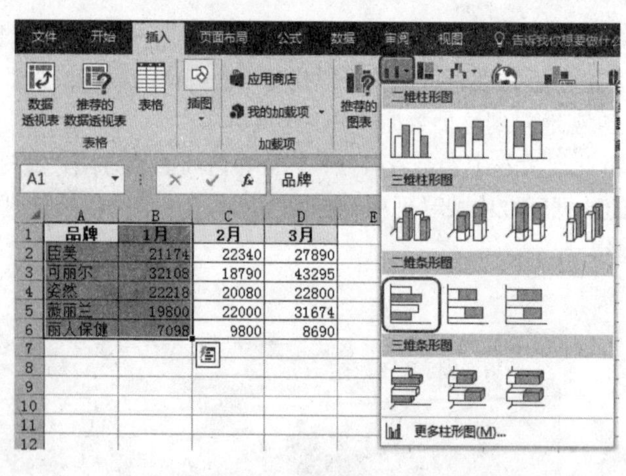

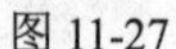

图 11-27

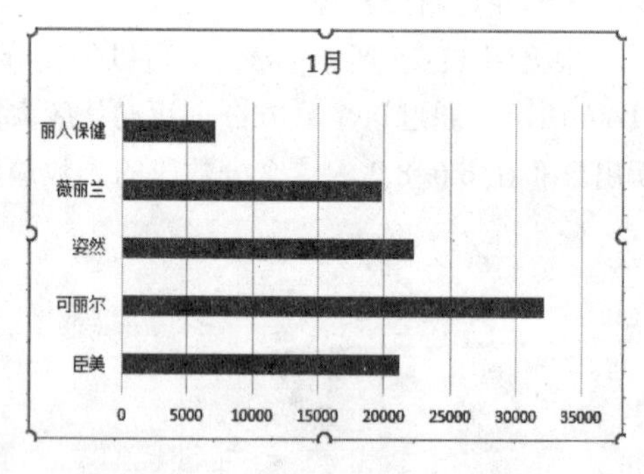

图 11-28

还可以创建图表对第一季度中各品牌商品总销售额进行比较，具体操作步骤如下。

❶ 在数据表中选中A1: D6单元格区域，切换到“插入”→“图表”选项组中单击“柱形图”下拉按钮，展开下拉菜单，如图11-29所示。

❷ 单击“堆积柱形图”子图表类型即可新建图表，如图11-30所示。图表一方面可以很直观地显示在第一个季度中，“可丽尔”的总销售金额是最高的，同时还可以看到各个品牌的销售金额在三个月中的分布情况。

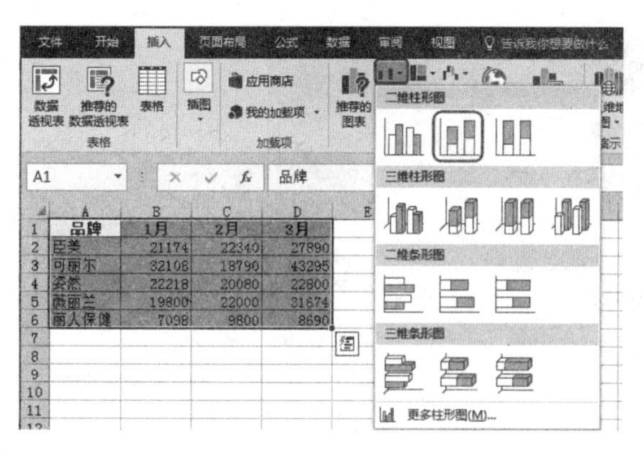

图 11-29

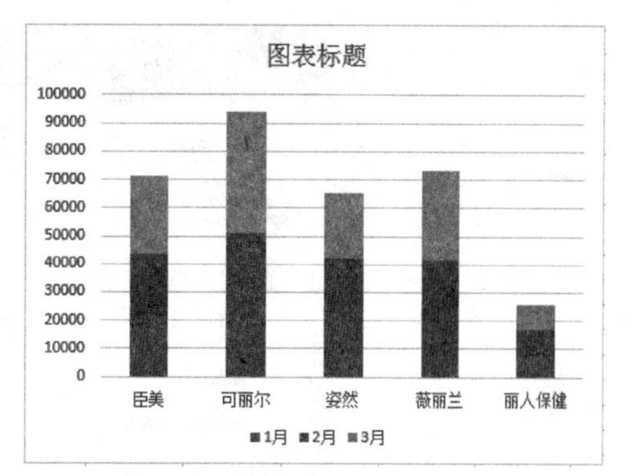

图 11-30

11.2.2 添加图表标题

默认创建的图表有时包含标题，但一般只会显示“图表标题”字样，如果有默认的标题框，只要在标题框中重新输入标题文字即可，如果没有标题框则需要通过设置显示出标题框再输入文字。

❶ 选中默认包含标题框，则只需要要标题框中单击即可进入文字编辑状态，重新编辑标题即可，如图 11-31 所示。

❷ 如果图表默认未包含标题框 ，则选中图表，单击右上角的“图表元素”按钮，在展开的列表中选中“图表标题”复选框即可显示出标题框，如图 11-32 所示。

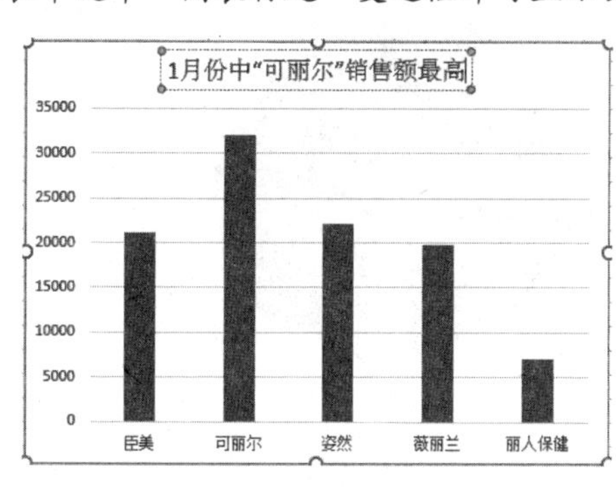

图 11-31

图 11-32

❸ 在添加的标题框中输入文字标题即可。

11.2.3 重新更改图表的类型

图表创建完成后，如果想更换一下图表类型，可以直接在已建立的图表上进行更改，而不必重新创建图表。

❶ 选中要更改其类型的图表，切换到“图表工具-设计”选项卡→“类型”选项组中单击“更改图表类型”按钮，如图 11-33 所示。

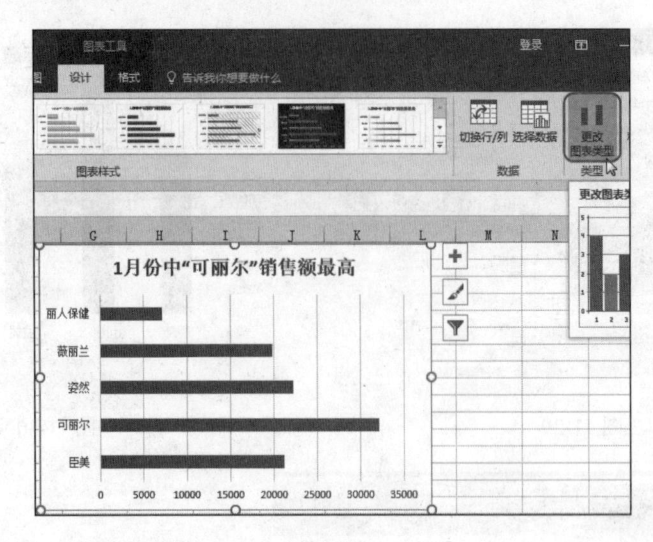

图 11-33

❷ 在打开的“更改图表类型”对话框中选择要更改的图表类型，本例中选择饼图，如图 11-34 所示。

❸ 单击“确定”按钮即可将图表更改为饼图，如图 11-35 所示。

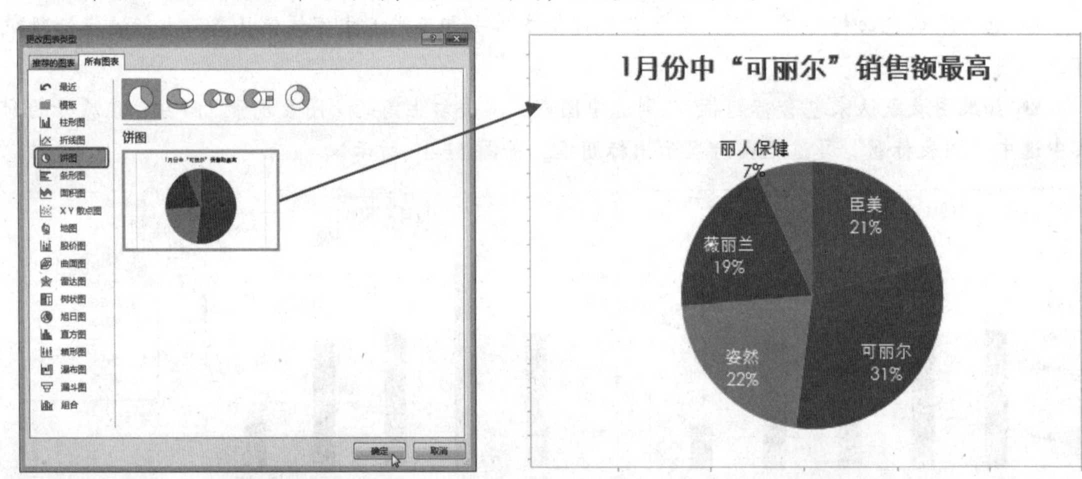

图 11-34　　图 11-35

11.2.4 更改图表的数据源

图表建立完成后，可以不重新建立图表而重新更改图表的数据源，还可以向图表中添加新数据或删除不需要的数据。

1. 重新选择数据源

创建图表后，如果想重新更改图表的数据源，不需要重新创建图表，在原图表上可以直接更改数据源。

❶ 选中图表，切换到“图表工具-设计”→“数据”选项组中单击“选择数据”按钮（见图 11-36），打开“选择数据源”对话框。

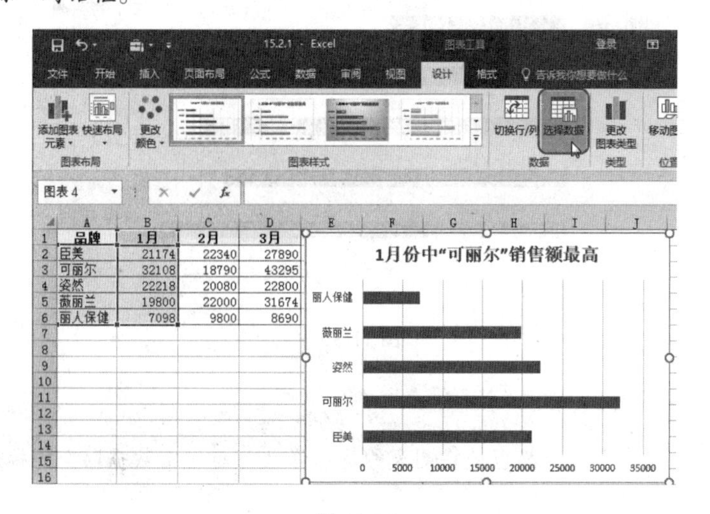

品牌	1月	2月	3月
臣美	21174	22340	27890
可丽尔	32108	18790	43295
姿然	22218	20080	22800
薇丽兰	19800	22000	31674
丽人保健	7098	9800	8690

图 11-36

❷ 单击“图表数据区域”右侧的按钮（见图 11-37），回到工作表中重新选择数据源，如图 11-38 所示（选择第一个区域后，按住 Ctrl 键不放，再选择第二个区域）。

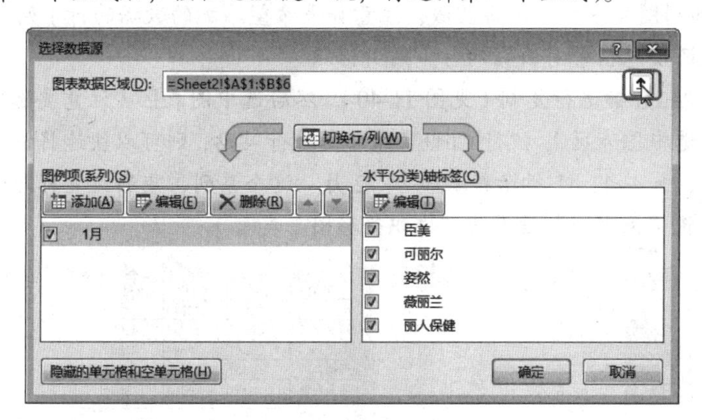

图 11-37

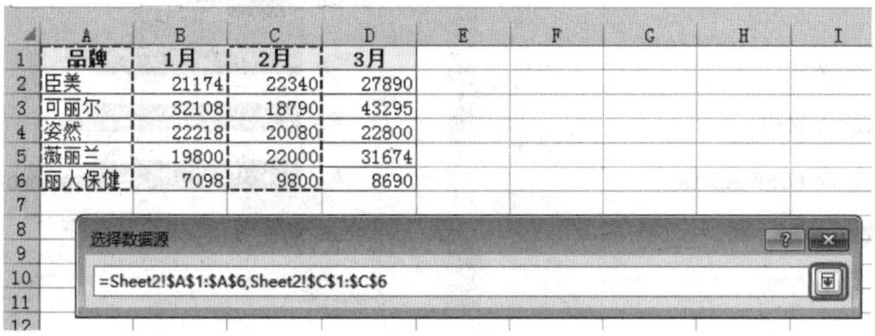

品牌	1月	2月	3月
臣美	21174	22340	27890
可丽尔	32108	18790	43295
姿然	22218	20080	22800
薇丽兰	19800	22000	31674
丽人保健	7098	9800	8690

选择数据源

=Sheet2!$A$1:$A$6,Sheet2!$C$1:$C$6

图 11-38

❸ 选择完成后，单击按钮回到“选择数据源”对话框中，单击“确定”按钮，可以看到图表的数据源被更改了，如图 11-39 所示。

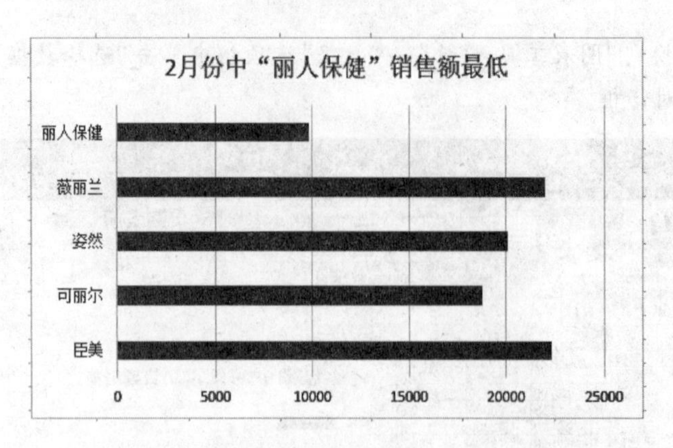

图 11-39

提 示

在更改图表数据源后，要相应地将图表的标题修改为与当前数据贴合的标题。

2. 添加新数据

通过复制和粘贴的方法可以快速地向图表中添加新数据。

❶ 选择要添加到图表中的单元格区域，注意如果希望添加的数据的行（列）标题也显示在图表中，则选定区域还应包括含有数据的行（列）标题。

❷ 执行 Ctrl+C 组合键进行复制（见图 11-40），然后选中图表区（注意要选中图表区，在图表边缘上单击鼠标可选中图表区），执行 Ctrl+V 组合键进行粘贴，则可以快速将该数据作为一个数据系列添加到图表中，如图 11-41 所示新添加了“2 月”这个系列，重新设置标题即可（为了数据分析更加规范，这里将“条形图”设置为“堆积条形图”类型）。

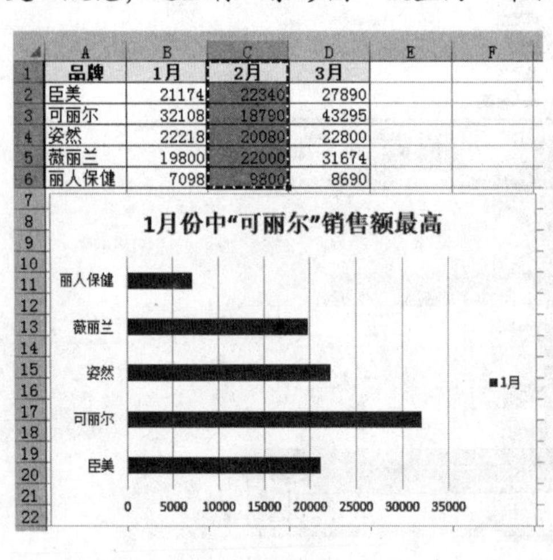

品牌	1月	2月	3月
臣美	21174	22340	27890
可丽尔	32108	18790	43295
姿然	22218	20080	22800
薇丽兰	19800	22000	31674
丽人保健	7098	9800	8690

图 11-40

品牌	1月	2月	3月
臣美	21174	22340	27890
可丽尔	32108	18790	43295
姿然	22218	20080	22800
薇丽兰	19800	22000	31674
丽人保健	7098	9800	8690

各品牌1、2月销量对比图表

图 11-41

3. 删除图表中的数据

在图表中准确选中要删除的系列（见图 11-42），然后按键盘上的 Delete 键即可删除选中的数据系列，如图 11-43 所示。

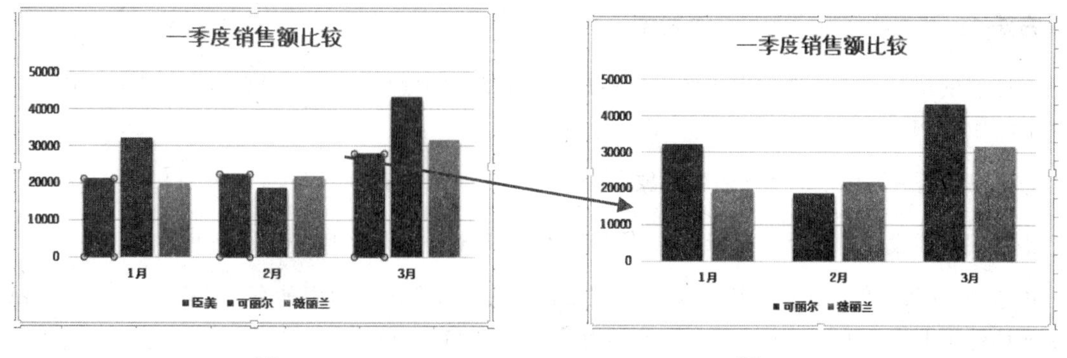

图 11-42

图 11-43

11.2.5 图表中对象的隐藏、显示及准确选中

在前文讲解图表的美化原则时，其中一个重要的原则就是“简洁”，因此图表中不需要的元素可以隐藏起来，当需要再次显示的元素的也可以重新显示。

1. 隐藏不必要的元素

单数据系列时图例可隐藏，添加数据标签时数值轴也可以隐藏，网格线不需要时也可以隐藏。对于图表中要隐藏的元素，可由当前的排版需求来决定。

要隐藏图表中的元素操作起来比较简单，准确选中对象（选中的对象四角出现蓝色的圆圈），按键盘上的 Delete 键即可，如果想让其重新显示出来，则选中整个图表，再单击右上角的图表元素按钮，在展开的列表中可以看到有多个项，勾选复选框表示显示（见图 11-44），撤选复选框表示隐藏。鼠标指针指向相应图表元素时如果出现向右的黑色箭头（▶）表示还有子列表（见图 11-45），展开后凡是带复选框的项都可以通过选中来显示或撤选复选框来隐藏图表元素。

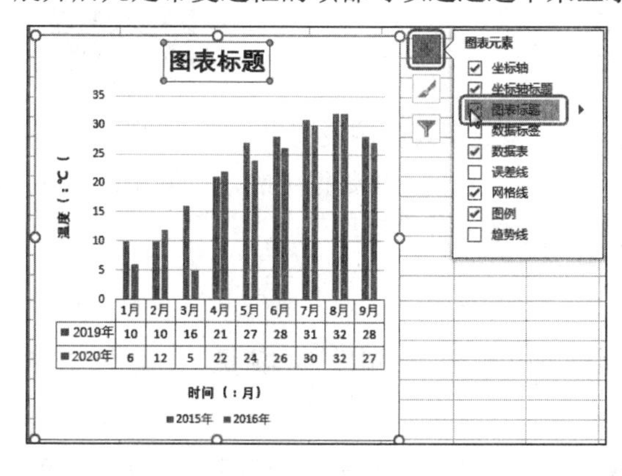

	1月	2月	3月	4月	5月	6月	7月	8月	9月
2019年	10	10	16	21	27	28	31	32	28
2020年	6	12	5	22	24	26	30	32	27

图 11-44

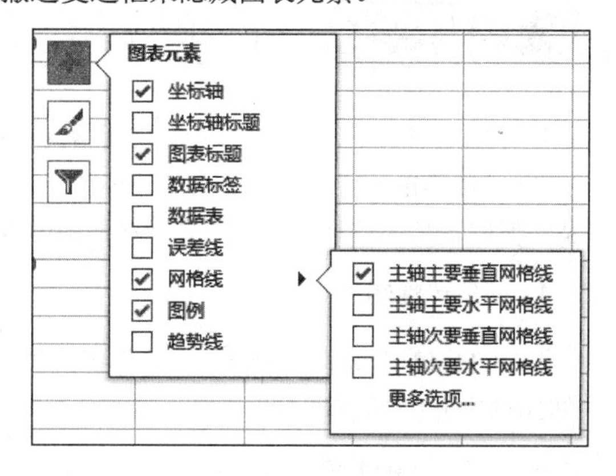

图 11-45

2. 准确选中待编辑对象

一张图表含有多个图形对象，如标题、坐标轴、网络线、坐标轴标签、数据标签等。无论哪一个对象，当要对它进行编辑时，首先就是选中这个对象，之后才能对其进行设置。这里我们介绍

选中图表中对象的方法，后面在针对图表中对象的操作时不再赘述。

方法 1：利用鼠标选择图表各个对象

在图表的边线上单击选中整张图表，然后将鼠标移动要选中对象上（可停顿两秒，即出现提示文字，如图 11-46 所示），单击即可选中对象。

方法 2：利用工具栏选择图表各对象

当我们需要设置的对象用鼠标点选时感觉操作不便时，可以利用工具栏来准确选取。

❶ 单击图表，在“图表工具-格式”→“当前所选内容”选项组中单击“图表区”按钮，在弹出的下拉列表中显示了该图表应用的所有的对象，如图 11-47 所示。

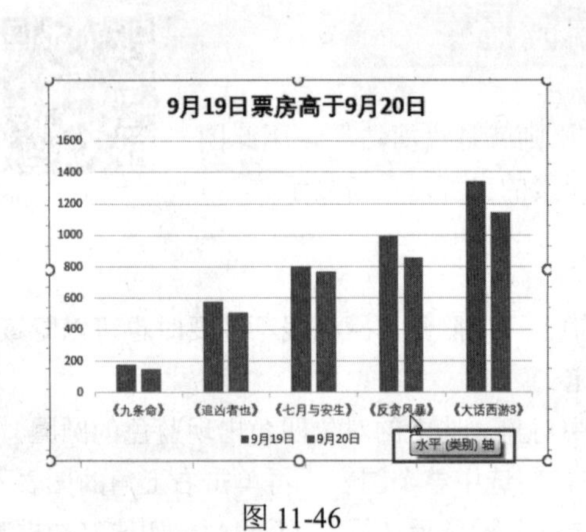

图 11-46

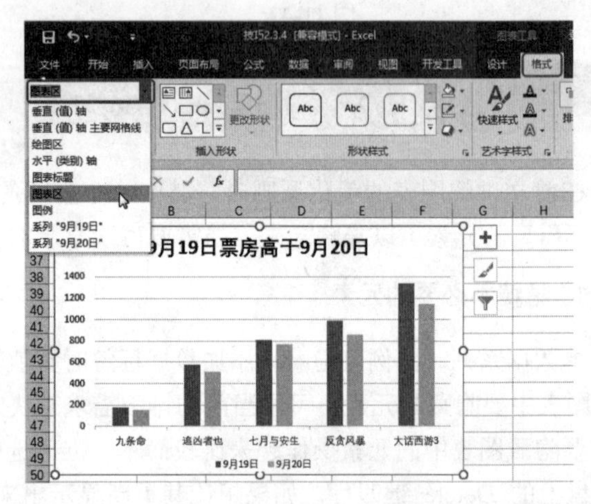

图 11-47

❷ 找到想要编辑的对象，单击即可选中。

11.2.6 快速创建迷你图

迷你图是 Excel 2013 版本之后才新增的一种将数据形象化呈现的图表制作工具，它以单元格为绘图区域，简单便捷地绘制出简明的小图表。从迷你图中可以看出一组数据中的最大值和最小值，以及数值的走势等信息。迷你图只有柱形图、折线图、盈亏图三种类型。

1. 创建迷你图

如图 11-48 所示的数据表建立迷你折线图，以显示黄山风景区一年里的客流量，并比较 2019 年和 2018 年的月客流量变化情况。

❶ 选中 B2:B13 单元格区域，在“插入”→“迷你图”选项组中单击“折线图”按钮，如图 11-48 所示。

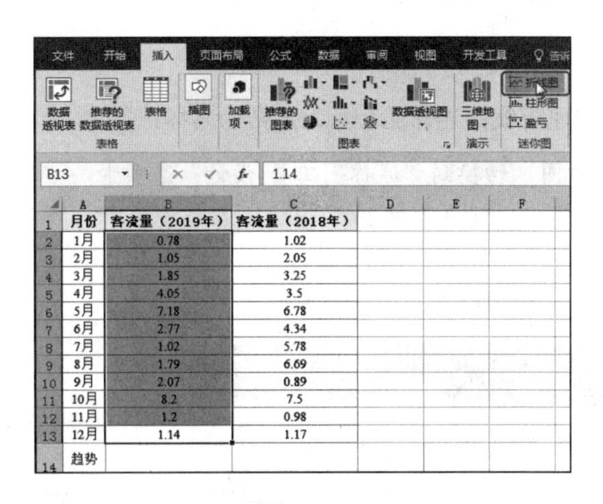

	A	B	C
1	月份	客流量（2019年）	客流量（2018年）
2	1月	0.78	1.02
3	2月	1.05	2.05
4	3月	1.85	3.25
5	4月	4.05	3.5
6	5月	7.18	6.78
7	6月	2.77	4.34
8	7月	1.02	5.78
9	8月	1.79	6.69
10	9月	2.07	0.89
11	10月	8.2	7.5
12	11月	1.2	0.98
13	12月	1.14	1.17
14	趋势		

图 11-48

❷ 弹出的“创建迷你图”对话框，在“位置范围”文本框中输入要放置迷你图的位置为 B14 单元格，如图 11-49 所示。

❸ 单击“确定”按钮，返回到工作表中，即可看到创建的迷你图，如图 11-50 所示。

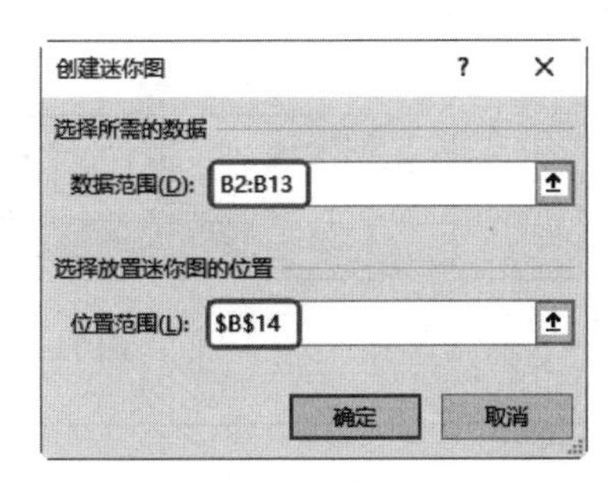

图 11-49

A	B	C
月份	客流量（2019年）	客流量（2018年）
1月	0.78	1.02
2月	1.05	2.05
3月	1.85	3.25
4月	4.05	3.5
5月	7.18	6.78
6月	2.77	4.34
7月	1.02	5.78
8月	1.79	6.69
9月	2.07	0.89
10月	8.2	7.5
11月	1.2	0.98
12月	1.14	1.17
趋势		

图 11-50

创建一个迷你图后，如果其他连续的单元格中也需要创建同类型的迷你图，则可以利用填充的方法快速创建。

❶ 选中 B14 单元格，将光标放在单元格右下角，待光标变成十字形状后，向右拖动，如图 11-51 所示。

❷ 松开鼠标后即可看到 C14 单元格中填充了迷你图，如图 11-52 所示。

	A	B	C
1	月份	客流量（2019年）	客流量（2018年）
2	1月	0.78	1.02
3	2月	1.05	2.05
4	3月	1.85	3.25
5	4月	4.05	3.5
6	5月	7.18	6.78
7	6月	2.77	4.34
8	7月	1.02	5.78
9	8月	1.79	6.69
10	9月	2.07	0.89
11	10月	8.2	7.5
12	11月	1.2	0.98
13	12月	1.14	1.17
14	趋势		
15			

图 11-51

	A	B	C
1	月份	客流量（2019年）	客流量（2018年）
2	1月	0.78	1.02
3	2月	1.05	2.05
4	3月	1.85	3.25
5	4月	4.05	3.5
6	5月	7.18	6.78
7	6月	2.77	4.34
8	7月	1.02	5.78
9	8月	1.79	6.69
10	9月	2.07	0.89
11	10月	8.2	7.5
12	11月	1.2	0.98
13	12月	1.14	1.17
14	趋势		

图 11-52

2. 标记顶点

为了便于查看，在创建折线图迷你图之后，通常为其标记顶点。

❶ 选中要设置的迷你图，切换到“迷你图工具-设计”选项卡→“样式”选项组中单击“标记颜色”下拉按钮，在展开的下拉菜单中单击“标记”，在子菜单中选择需要使用的标记颜色，如图 11-53 所示。

❷ 执行上述操作后，迷你图效果如图 11-54 所示。

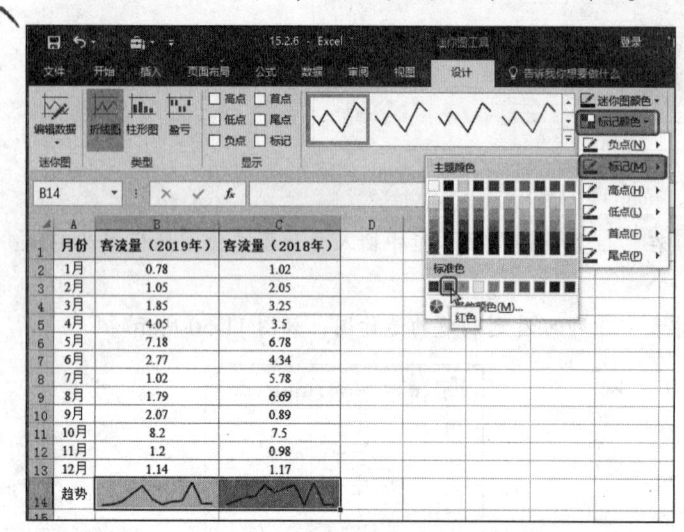

	A	B	C
1	月份	客流量（2019年）	客流量（2018年）
2	1月	0.78	1.02
3	2月	1.05	2.05
4	3月	1.85	3.25
5	4月	4.05	3.5
6	5月	7.18	6.78
7	6月	2.77	4.34
8	7月	1.02	5.78
9	8月	1.79	6.69
10	9月	2.07	0.89
11	10月	8.2	7.5
12	11月	1.2	0.98
13	12月	1.14	1.17
14	趋势		

图 11-53

11	10月	8.2	7.5
12	11月	1.2	0.98
13	12月	1.14	1.17
14	趋势		

图 11-54

11.3 编辑图表坐标轴与数据系列

通过对坐标轴与数据系列的编辑可以实现对图表的优化设置，而且有些图表的效果是默认状态无法达到的，这时则必须要进行相应的格式设置。

11.3.1 编辑图表坐标轴

坐标轴分为水平轴与垂直轴，水平轴为分类轴，垂直轴为数值轴（条形图相反），对坐标轴的设置可以包括对刻度数值的设置、标签的显示位置设置、水平轴与垂直轴交叉位置的设置等。

1. 重新设置坐标轴的刻度

创建的图表，Excel 程序会根据所选数据的情况以及图表类型综合考虑数值轴中值的范围。而系统给定的默认值只会大于当前系列的最高值，往往会出现默认值过大，为了让图表显示的更加紧凑，当最大值不适合时可以重新修改。

如图 11-55 所示的图表，数值轴上默认的最大数值是 4，实际 3.5 就够了。

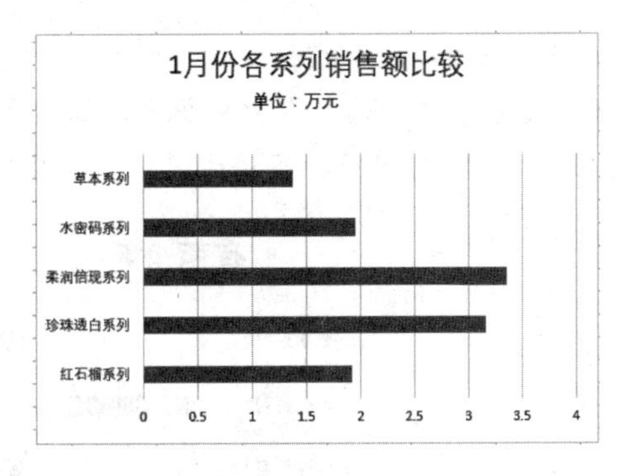

图 11-55

❶ 在垂直轴上双击，打开“设置坐标轴格式”窗格。

❷ 单击“坐标轴选项”标签按钮，在“边界”栏中将“最大值”设置为“9000”，如图 11-56 所示。设置后的图表效果如图 11-57 所示。

图 11-56

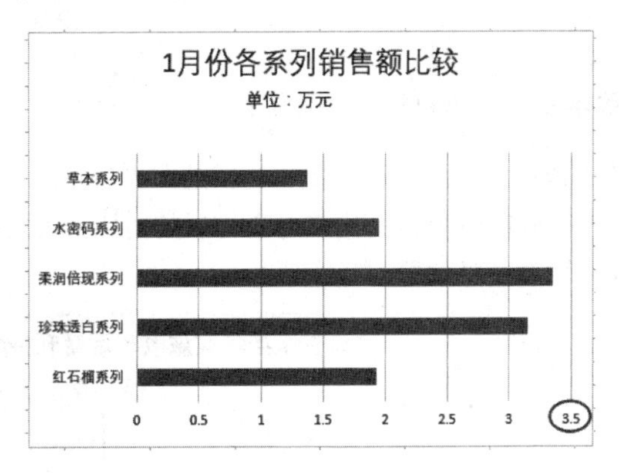

图 11-57

2. 避免负值系列与坐标轴标签重叠问题

坐标轴的数据标签默认显示在轴旁，因此当条形图中出现负值时，数据标签会默认被负值系列覆盖，如图 11-58 所示。这种情况下需要将数据签标移至图外。

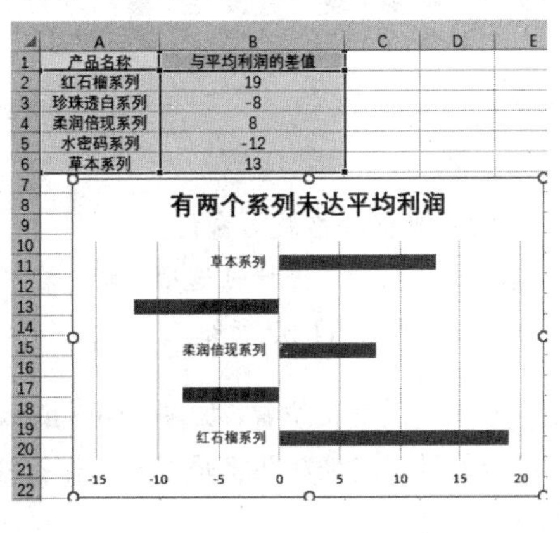

图 11-58

❶ 双击垂直轴，打开“设置坐标轴格式”窗格。

❷ 单击“坐标轴选项”标签按钮，在“标签”栏中单击“标签位置”后的下拉按钮，在弹出的下拉列表中单击“低”（见图 11-59），即可将标签移至图外，如图 11-60 所示。

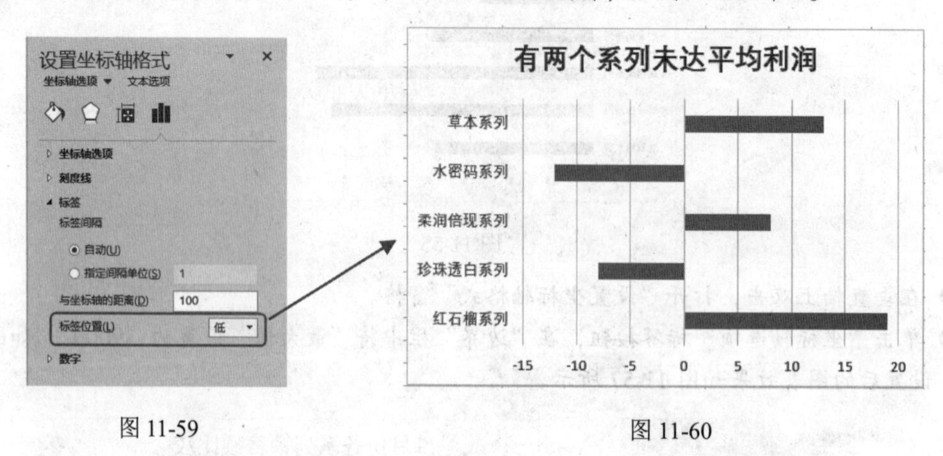

图 11-59　　　　图 11-60

3. 更改水平轴与垂直轴的交叉位置

在日常工作中常见到这样的图表，就是图表处于左右分隔状态（见图 11-61），这样的图表常用于表示某项措施前后数据变化前与变化后的对比，效果很好。要实现这样的效果，需要重新设置水平轴与垂直轴的交叉位置。

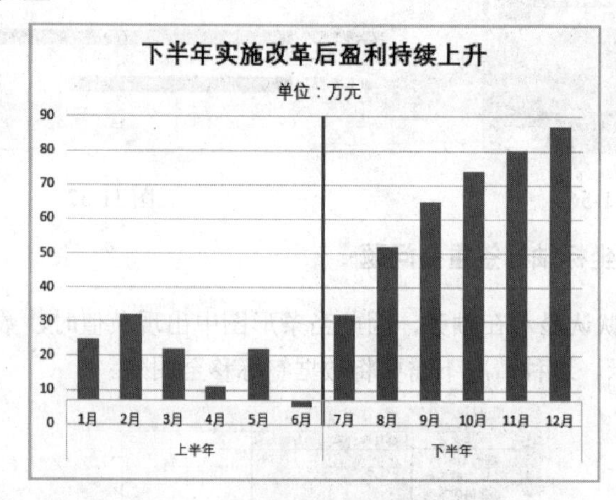

图 11-61

❶ 在水平轴上双击，打开“设置坐标轴格式”窗格。

❷ 单击“坐标轴选项”标签按钮，展开“坐标轴选项”栏，在“纵坐标轴交叉”栏中单击“分类编号”单选按钮，并设置值为“7”，如图 11-62 所示。

设置完成后即可将坐标轴移至指定的交叉位置，如图 11-63 所示。由于垂直轴的线条默认是被隐藏的，因此还需要通过设置将线条显现出来，并将垂直轴的标签移至最左端，就能实现用 Y 轴左右分隔图表。

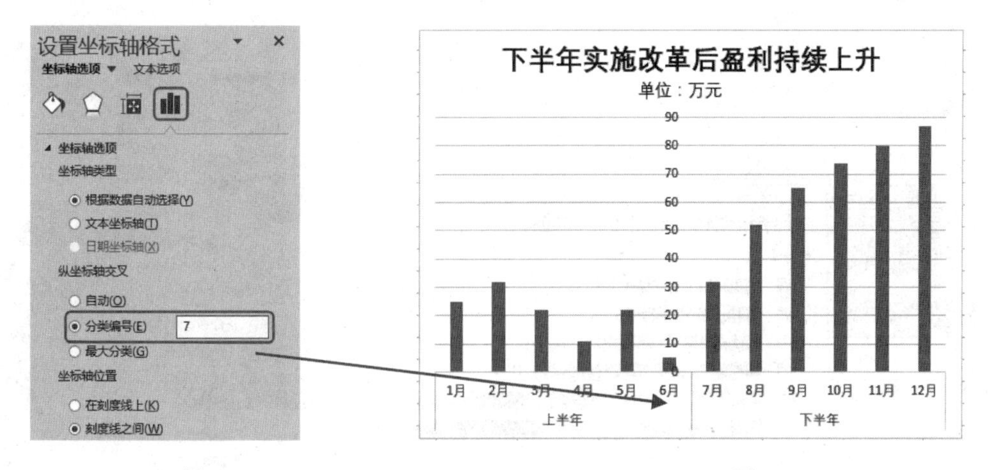

图 11-62　　　　图 11-63

❶ 在垂直轴上双击，打开“设置坐标轴格式”右侧窗格，单击“填充与线条”标签按钮，展开“线条”栏，选中“实线”单选按钮，单击“颜色”设置框下拉按钮，可选择线条颜色，设置宽度值（即改变粗细），如图 11-64 所示。

❷ 单击“坐标轴选项”标签按钮，在“标签”栏下单击“标签位置”后的下拉按钮，弹出下拉列表，单击“低”选项，如图 11-65 所示。完成设置后所实现的效果就是显示出坐标轴线条并将数据标签显示到图外。

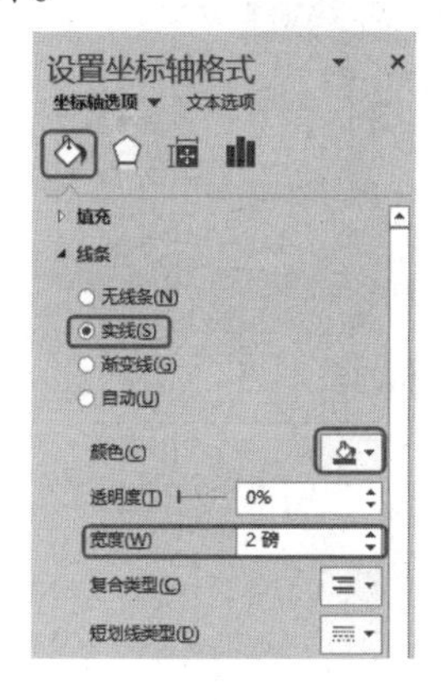

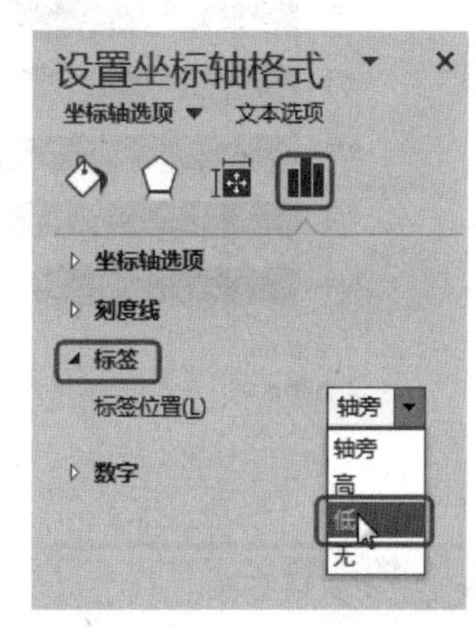

图 11-64　　　　图 11-65

4. 解决条形图分类轴的标签与数据源顺序相反问题

在建立条形图时，默认情况下分类轴的标签显示出来都与实际数据源顺序相反。如图 11-66 所示的图表，数据源从 1 月到 6 月显示，但绘制出的图表却是从 6 月到 1 月。

因此一般来说，在建立条形图时，如果数据是时间序列，要么特意在建立数据源时就特意将数据源以相反次序建立，否则需要对建立图表后进行如下的更改。

❶ 在垂直轴（分类轴）上右击，打开“设置坐标轴格式”右侧窗格。

❷ 单击“坐标轴选项”标签按钮，在“坐标轴选项”栏同时选中“逆序类别”复选框与“最大分类”单选按钮，如图 11-67 所示。设置完成后即可让条形图按照正确的顺序建立，如图 11-68 所示。

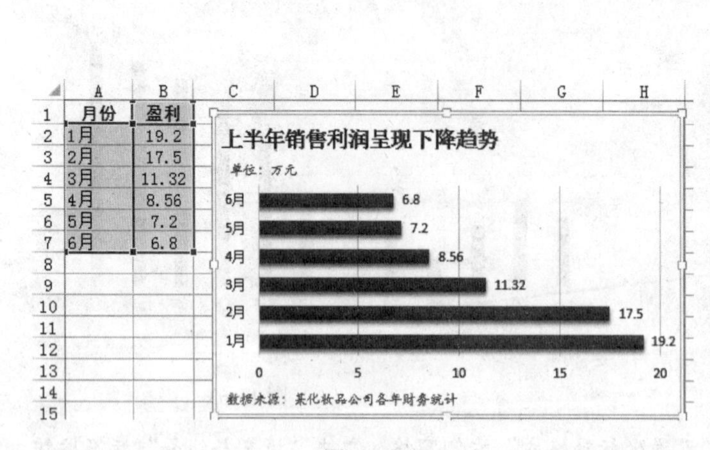

图 11-66

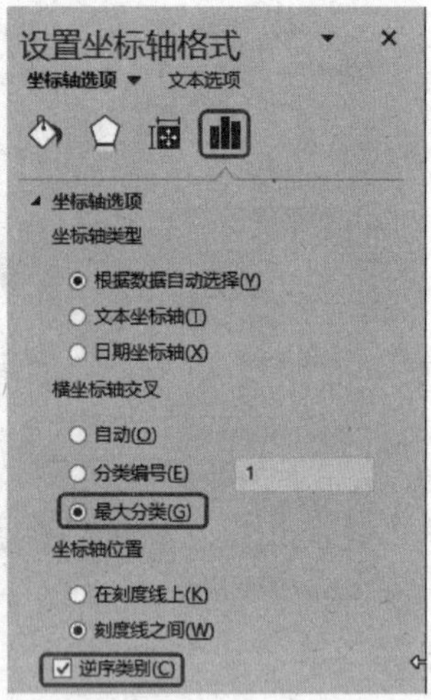

图 11-67

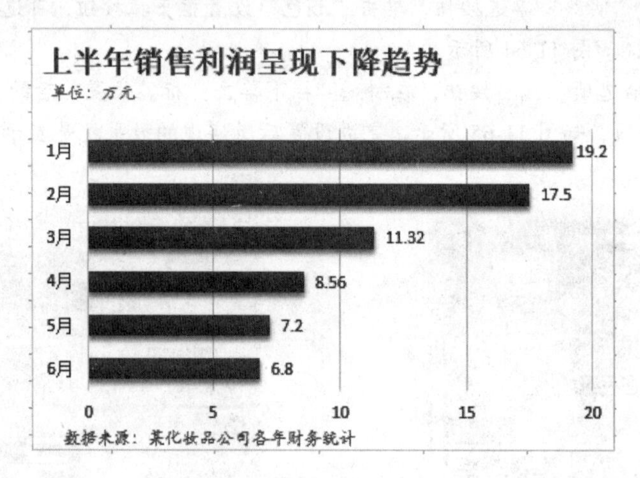

图 11-68

11.3.2 编辑数据系列

在前面 11.2.4 节中讲解更改图表数据源、删除图表中数据时实际已经讲解了关于系列的操作。因为添加数据源就是添加数据系列、删除图表中数据就是删除系列。系列就是图表的主体，如柱形图中的柱子、折线图中的线条、条形图中的条状等。本小节继续讲解为数据系列添加数据标签、调整系列的分类间距等操作。

1. 快速添加数据标签

添加数据系列标签是指将数据系列的值显示在图表上，即将其值显示在系列上，即使不显示刻度，也可以直观地对比数据。

❶ 选中图表，单击“图表元素”按钮，在弹出的菜单中指向“数据标签”，单击右侧的按钮，可以选择让数据标签显示在什么位置，如图 11-69 所示。

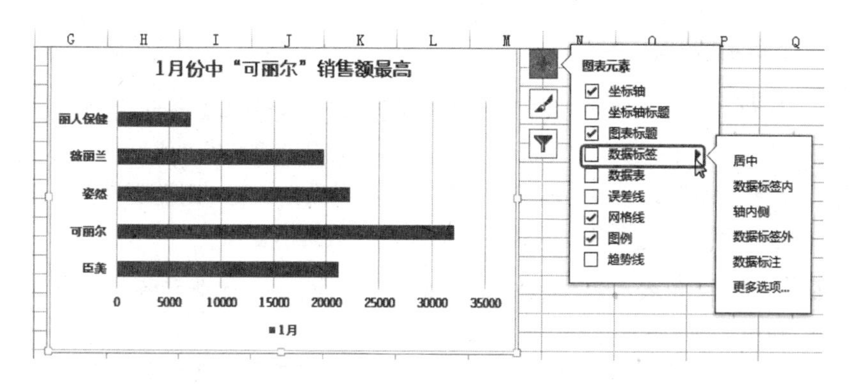

图 11-69

❷ 单击“数据标签外”命令，添加后的效果如图 11-70 所示。

❸ 当选择为图表添加了数据标签后，可以将数值轴删除，从而让图表更加简洁，如图 11-71 所示为删除了图表的图例、数值轴、网格线后的效果。

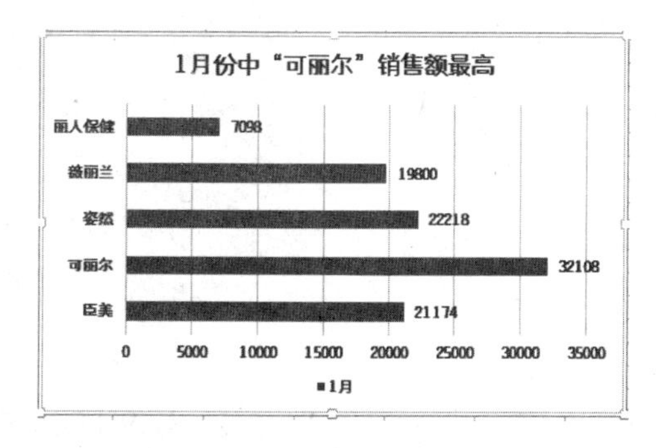

图 11-70

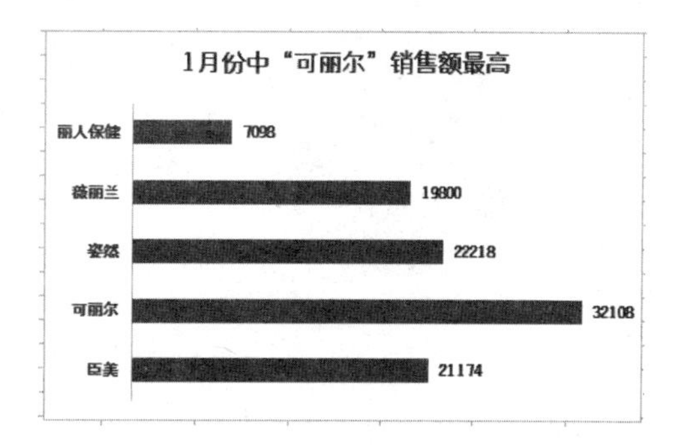

图 11-71

知识扩展

添加单个数据点的数据标签

当前图表中不只有一个系列，如果想为图表中所有的系列添加数据标签，就需要选中图表区，然后执行添加数据标签的命令。如果只想为某一个数据系列或者单个数据点（如突出显示最大值数据点）添加数据标签，其要点是要准确选中数据系列或单个数据点，再执行添加数据标签的命令，添加后如图 11-72 所示。

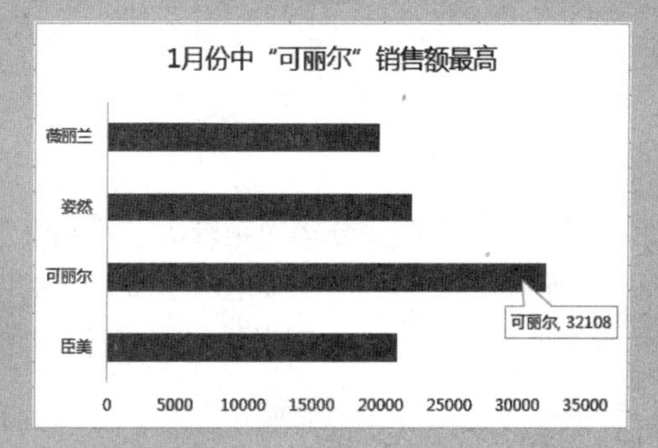

图 11-72

2. 应用更加详细的数据标签

数据标签一般包括“值”“系列名称”“类别名称”数据标签。通过上面小节中的方法单击“数据标签”按钮，在展开的子菜单中无论选择哪个选项都只能显示“值”数据标签，只是显示的位置有所不同。如果想添加其他数据标签或一次显示多个数据标签，则需要打开“设置数据标签格式”窗格进行设置。例如饼图很多时候就需要添加多种数据标签。

❶ 选中图表，单击“图表元素”按钮，在弹出的菜单中指向“数据标签”，在子菜单中单击“更多选项”命令，如图 11-73 所示。

❷ 打开“设置数据标签格式”右侧窗格，单击“标签选项”标签按钮，选择想显示的标签，如此处选中“类别名称”“百分比”复选框，如图 11-74 所示。

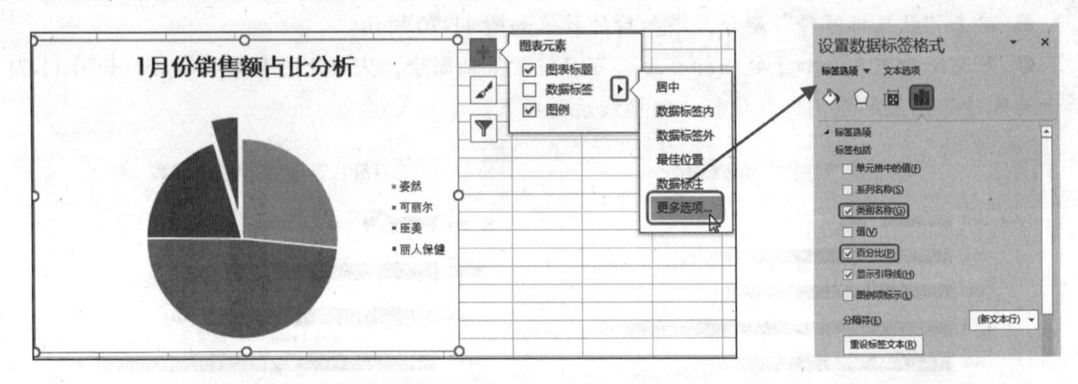

图 11-73　　　　图 11-74

❸ 执行上述操作后，可以看到图表中显示“类别名称”“百分比”数据标签，如图 11-75 所示。

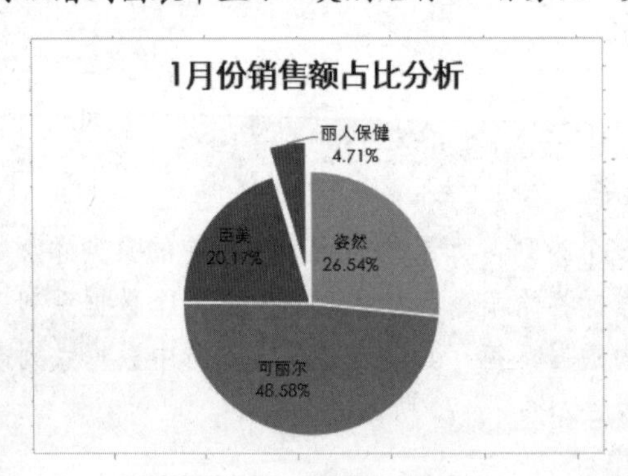

图 11-75

3. 调整系列的分类间距

在创建柱形图或条形图时，有些图表往往分类间距较大，不利于观察，同时也不太美观。对于默认的分类间距是可以根据实际需要进行调整的。如图 11-76 所示的图表，默认的分类间距较大，柱子细长，可以通过更改默认分类间距的方法来对图表进行调整，使图表能够更加准确地传递信息。

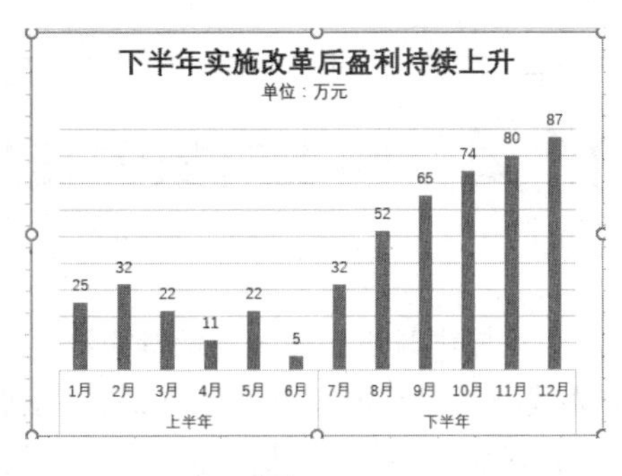

图 11-76

❶ 在图表的柱形上双击，打开“设置数据系列格式”窗格，单击“系列选项”标签按钮，在“分类间距”文本框中调整分类间距，如图 11-77 所示（间隙宽度可调整的值在 0%到 500%之间。百分比值越大，意味着间隙宽度越大，反之越小）。

❷ 关闭“设置数据系列格式”右侧窗格，图表最终效果如图 11-78 所示。

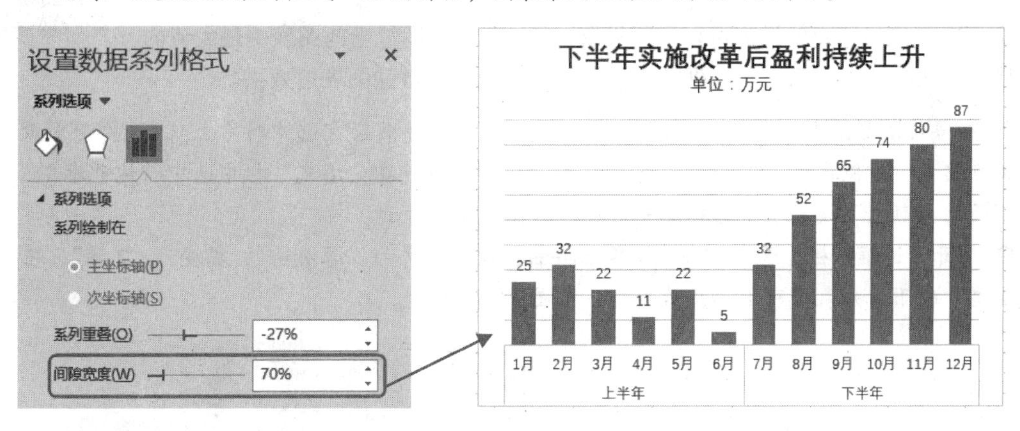

图 11-77　　　　图 11-78

知识扩展

将分类间距调整为 0

如果将间隙宽度调整为 0，可以让图表获取不一样的视觉效果，如图 11-79 所示。如果日常中我们见到这样的图表，便可以知道其设置方法了。

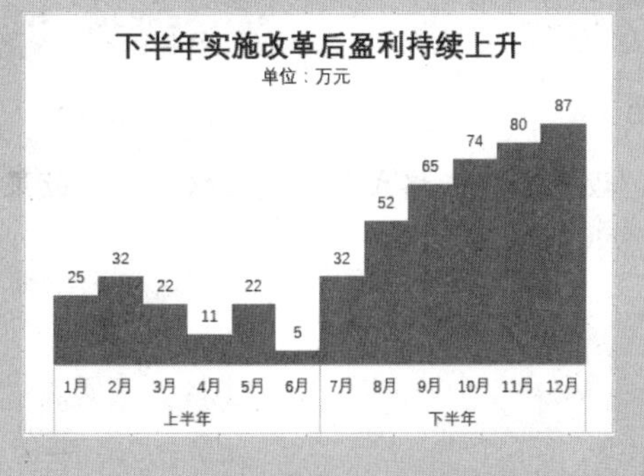

图 11-79

11.4 图表对象的美化设置

在 11.1.2 小节中讲解图表的美化原则时讲到图表要保持简洁、美化要恰到好处，不建议过分夸张。图表中对象的美化可以分为线条美化与填充美化两个部分，虽然操作并不复杂，但我们首先要知道其操作方法，在美化原则的基础上对图表进行合理的编辑。

在前面我们说到要实现对图表中各对象的编辑，首先需要准确地选中目标对象。因此下面我们会列举介绍一些对象，其他对象的设置（无论设置边框还是填充），其操作方法都是一样的。

11.4.1 设置图表中对象填充效果

图表中对象的填充效果都可以重新设置，例如下面要设置当前图表中最大值的条状显示特殊的填充颜色，以达到特殊强调的效果，从而增强图表达效果。

❶ 在当前条形图中选中最大值条状图形（见图 11-80），然后在选中对象上双击，即可打开“设置数据点格式”右侧窗格，单击“填充与线条”标签按钮，在“填充”栏中选中“纯色填充”，然后在下面的“颜色”设置框中选择填充颜色，如图 11-81 所示。

❷ 展开“边框”栏，选中“实线”单选按钮，设置颜色为“深灰色”，宽度为“2 磅”，在“短划线类型”的下拉列表中可选择虚线类型，如图 11-82 所示。

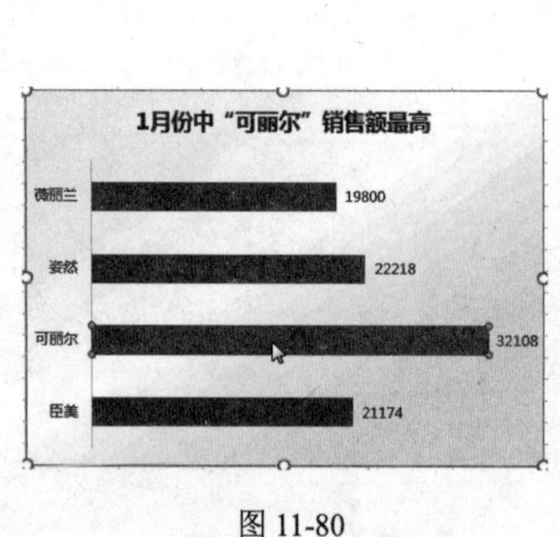

图 11-80

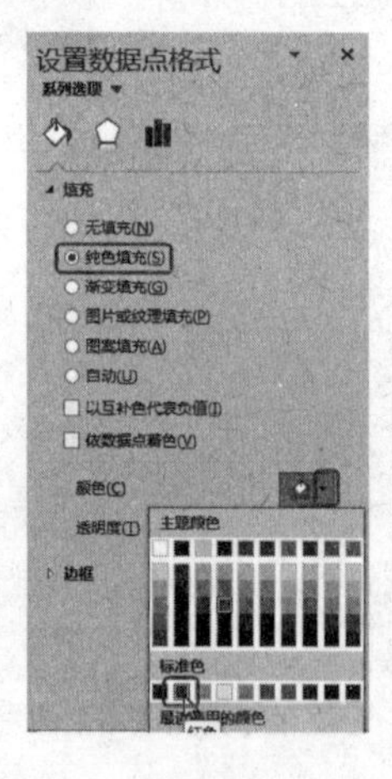

图 11-81

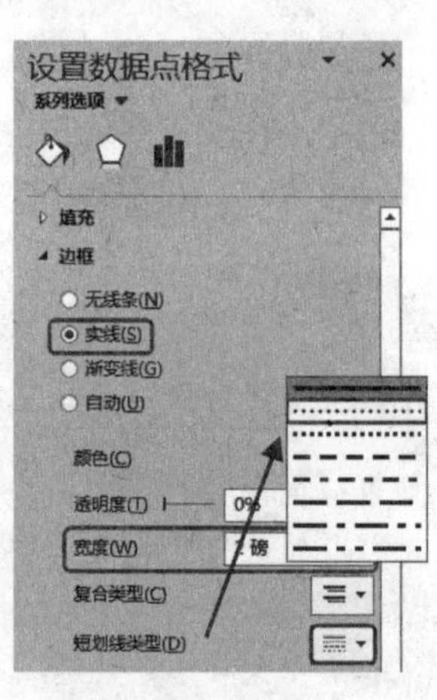

图 11-82

❸ 完成上述设置后关闭“设置数据点格式”右侧窗格，图表效果如图 11-83 所示。

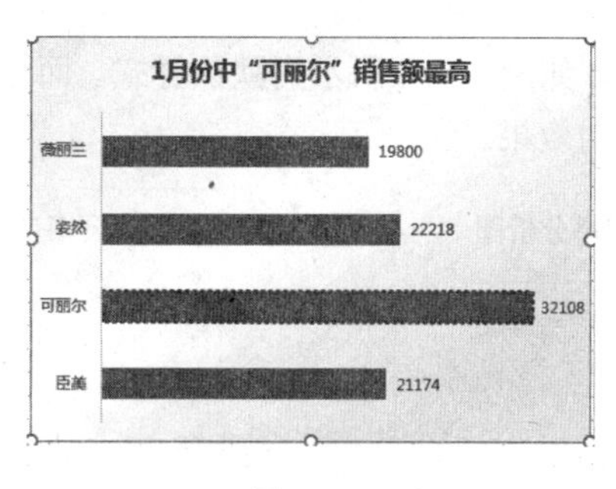

图 11-83

下面要为图表的图表区设置纹理填充效果。

❶ 在目标图表中选中图表区，在图表区上双击，打开"设置图表区格式"右侧窗格，单击"填充与线条"标签按钮，选中"图案填充"单选按钮，然后在下面的"前景"与"背景"设置框中选择前景色与背景色，在列表中选择图案样式，如图 11-84 所示。

❷ 完成上述设置后关闭"设置数据点格式"右侧窗格，图表区填充效果如图 11-85 所示。

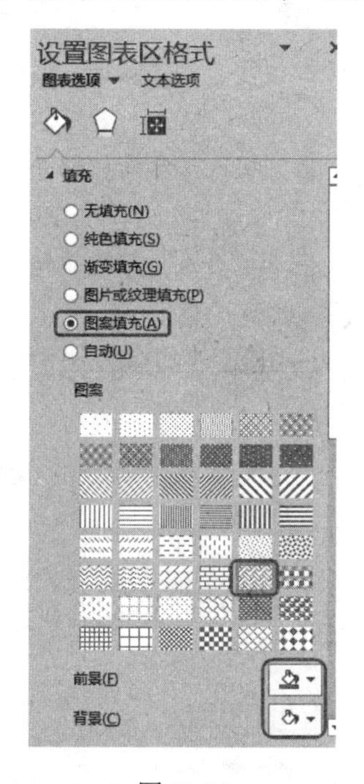

图 11-84

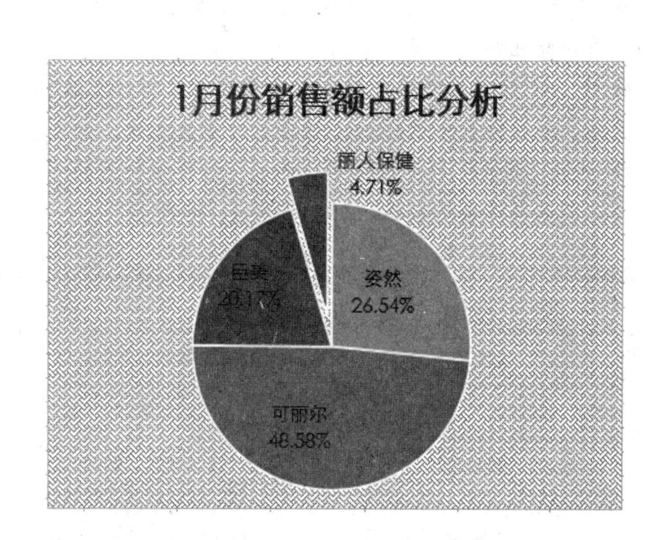

图 11-85

提 示

在图表的数据系列上单击时默认选中的是整个数据系列，如果要选中单击数据点，方法是先选中数据系列，然后在目标数据点上单击一次即可选中。

11.4.2 折线图线条及数据标记点格式设置

我们默认创建的折线图线条颜色为蓝色，线条粗细为 2.25 磅，线条为锯齿线

形状，连接点的标记一般被隐藏，如图 11-86 所示为默认样式。而通过线条及数据标记点格式设置可以让图表达到如图 11-87 所示的效果。

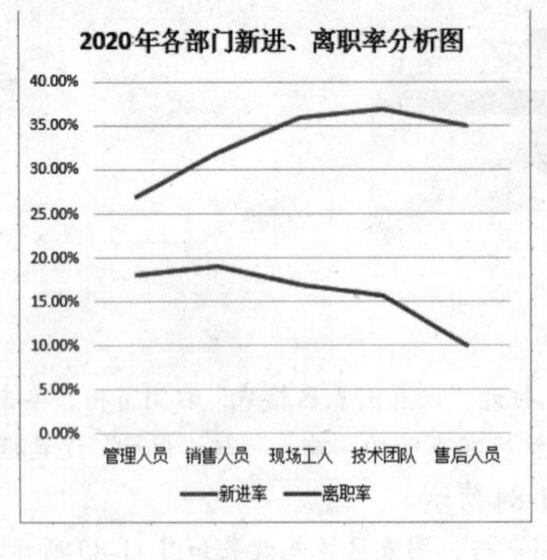

图 11-86

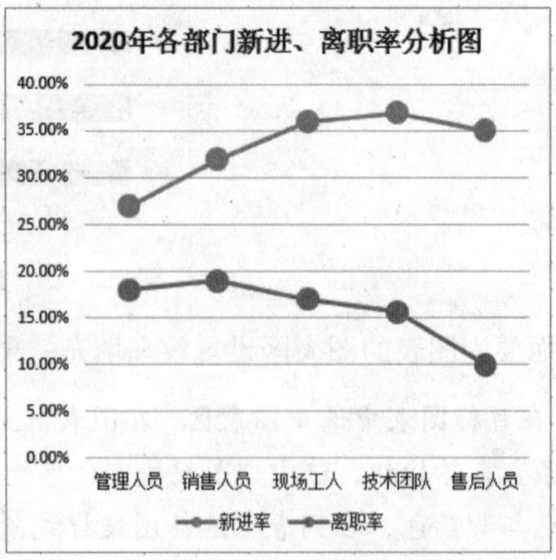

图 11-87

❶ 选中目标数据系列，在线条上（注意不要在标记点位置）双击打开“设置数据系列格式”右侧窗格。

❷ 单击“填充与线条”标签按钮，在展开的“线条”栏下，单击“实线”单选按钮，设置折线图线条的颜色和粗细值，如图 11-88 所示。

❸ 单击“标记”标签按钮，在展开的“数据标记选项”栏下，单击“内置”单选按钮，接着在“类型”下拉列表中选择标记样式，并设置大小，如图 11-89 所示。

❹ 展开“填充”栏（注意是“标记”标签按钮下的“填充”栏），单击“纯色填充”单选按钮，设置填充颜色与线条的颜色一样，如图 11-90 所示。

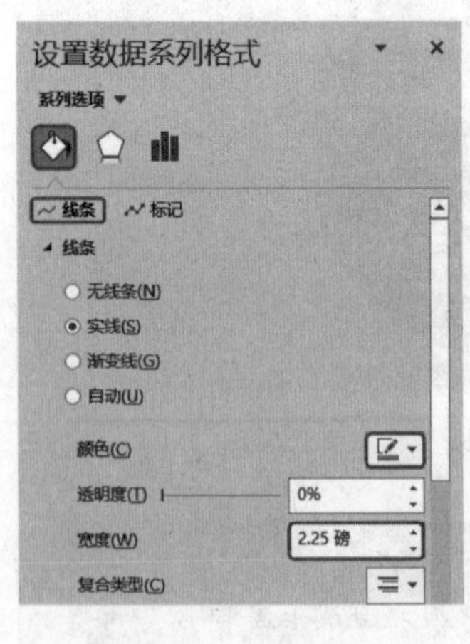

图 11-88

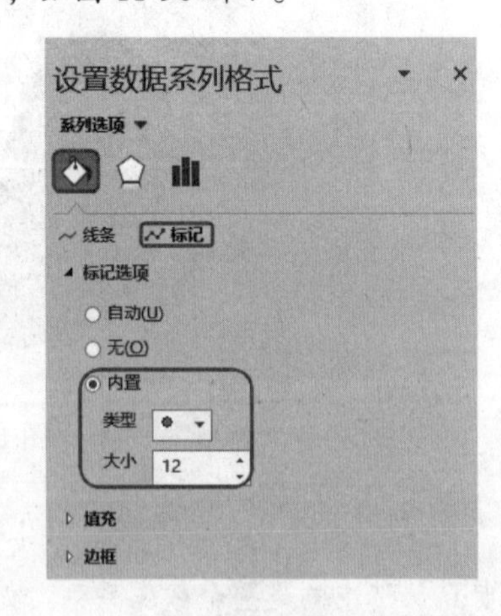

图 11-89

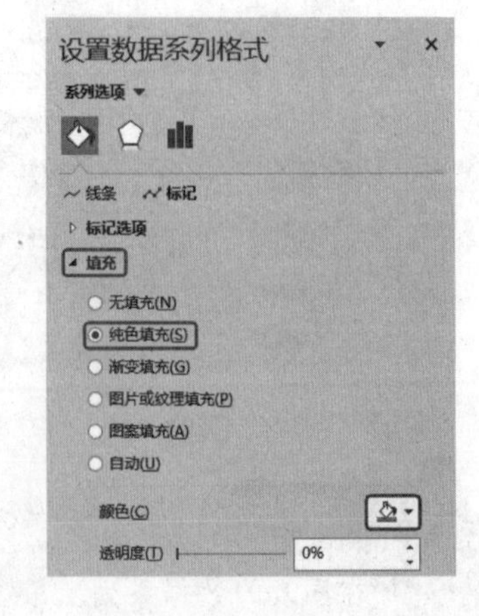

图 11-90

❺ 展开“边框”栏，单击“无线条”单选按钮，如图 11-91 所示。设置完成后，可以看到 “新进率”这个数据系列的线条和标记的效果如图 11-92 所示。

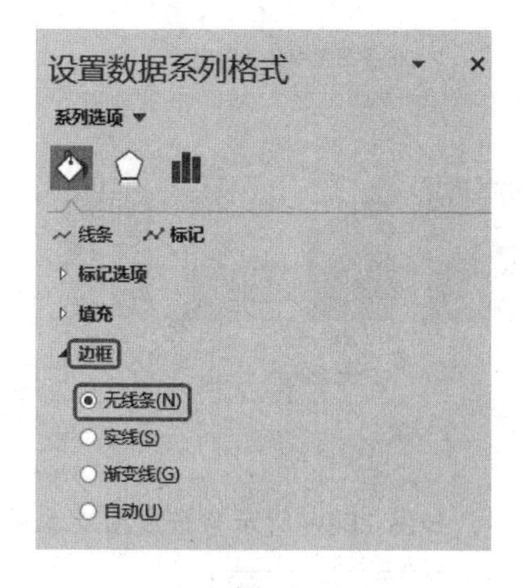

图 11-91

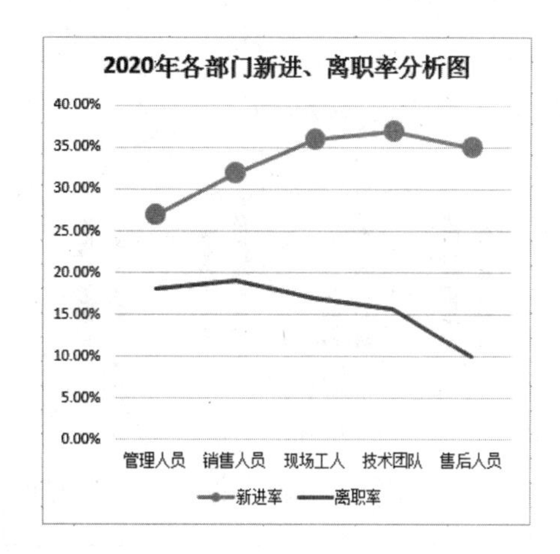

图 11-92

❻ 选中“离职率”数据系列，打开“设置数据系列格式”窗格，可按照相同的方法完成对线条及数据标签格式的设置。

11.4.3 套用图表样式快速美化图表

从 Excel 2013 版本开始，Excel 对图表样式库进行了提升，它融合了布局样式及外观效果两大版块，即通过套用样式可以同时更改图表的布局样式及外观效果。这为初学者带来了福音，当建立默认图表后，通过简单的图表样式套用即可瞬间投入使用。而对于有更高求的用户而言，也可以先选择套用大致合适的样式，然后对不满意的部分做局部的调整编辑。

❶ 如图 11-93 所示为创建的默认图表样式及布局。选中图表，单击右上角的“图表样式”按钮，在子菜单中可以显示出所有可以套用的样式。

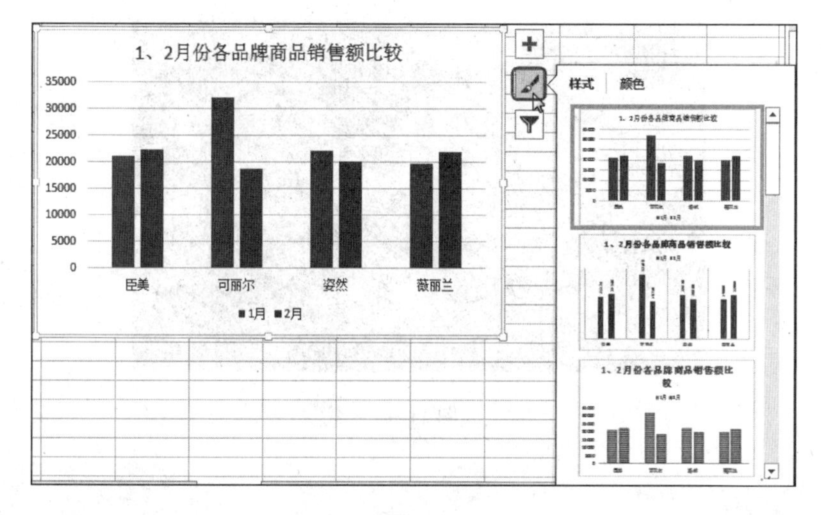

图 11-93

❷ 如图 11-94 与图 11-95 所示为套用的两种不同的样式。

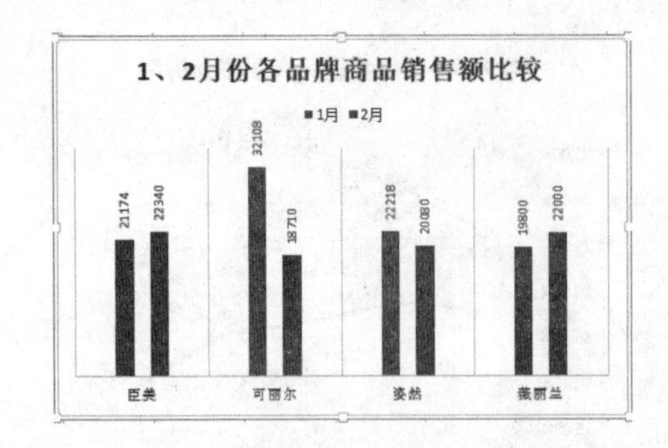

图 11-94

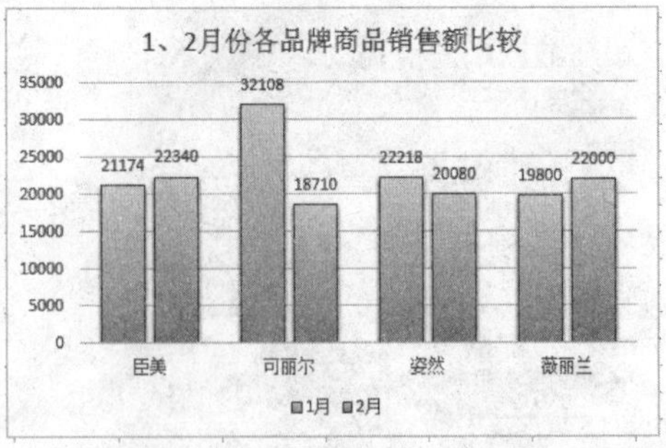

图 11-95

❸ 针对不同的图表类型，程序给出的样式会有所不同，如图 11-96 所示为折线图及其样式。

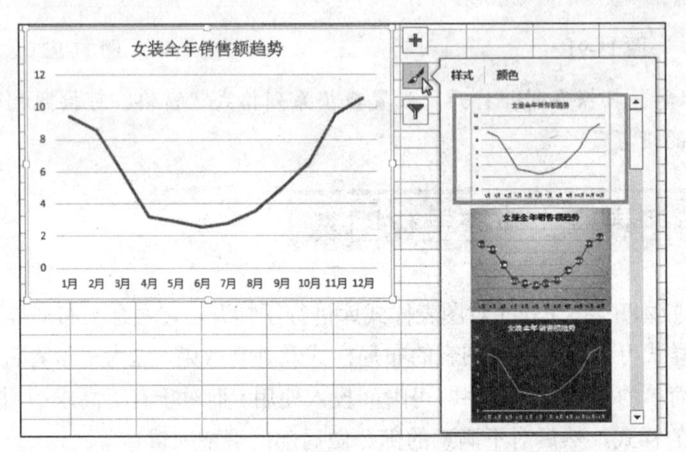

图 11-96

❹ 如图 11-97 所示为套用“样式 3”后的图表效果。

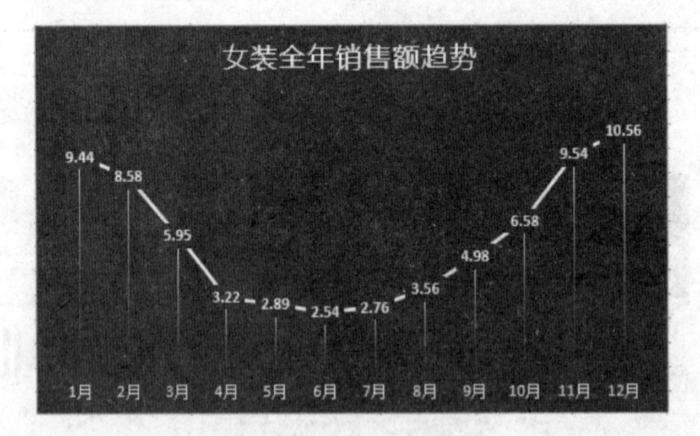

图 11-97

提 示

当套用样式后会覆盖之前设置的所有格式，因此如果预备套用样式，则可以先套用，然后补充设置的办法。

11.5 综合实例 1：达标线图表

达标线图表是通过在数据源表格上添加辅助数据，然后创建柱表图与折线图组合图。通过添加的辅助线，对比数据点柱子的高度，就可以判断该数据点与达标线的关系。当然这个辅助数据可以是一个自定义的达标值，也可以是求取的平均值。

❶ 在数据源表格中，添加如图 11-98 所示的辅助数据，注意是整列相同数据（如果是平均值可以使用 AVERAGE 函数求取）。

❷ 选中 A1:C9 单元格区域，在“插入”→“图表”选项组中单击 下拉按钮，在弹出的下拉菜单中单击“簇状柱形图-折线图”命令（见图 11-99），即可快速创建平均线图表雏形，如图 11-100 所示。

	A	B	C
1	姓名	业绩	达标业绩
2	王磊	3800	5000
3	何许诺	5240	5000
4	陈奎	5290	5000
5	苏荣	4300	5000
6	张成瑞	5400	5000
7	张梓含	5360	5000
8	秦亥	6400	5000
9	邓明明	6010	5000

图 11-98

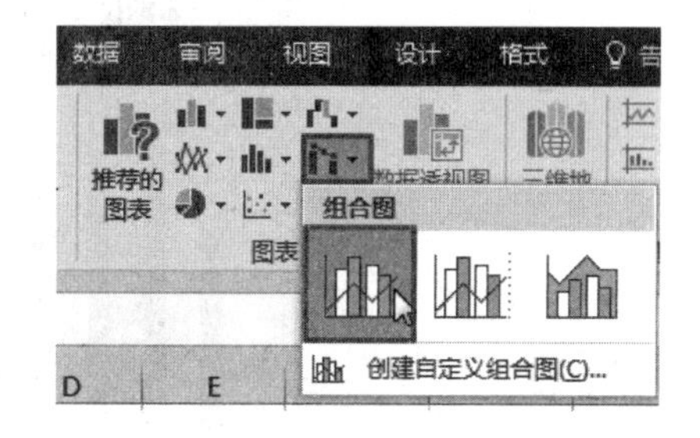

图 11-99

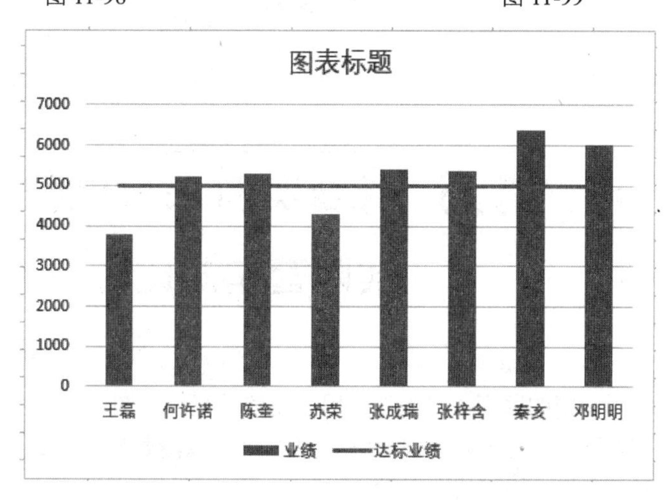

图 11-100

❸ 选中图表，将鼠标指针指向右下角控点，按住鼠标左键拖动（见图 11-101）可调节图表的横纵比，调节后可以看到图表变为纵向版式，这种版式也是商务图表中常用的效果，如图 11-102 所示。

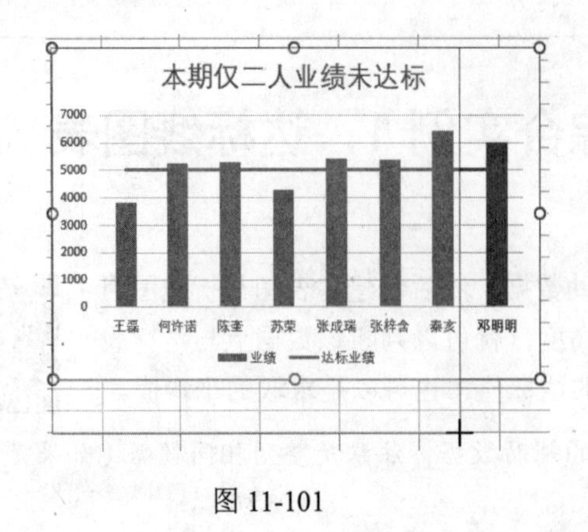

图 11-101

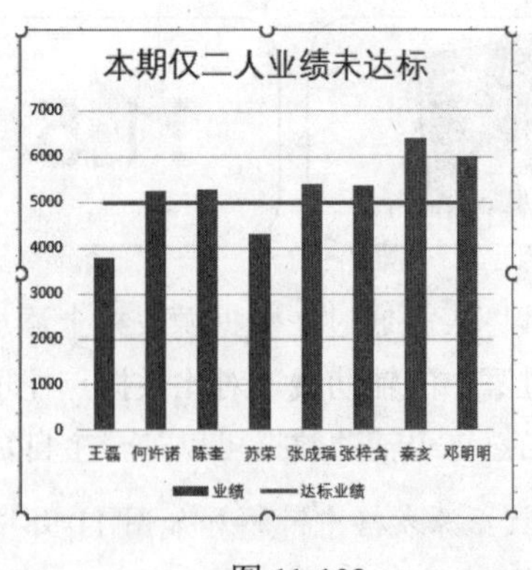

图 11-102

❹ 执行上面步骤后，图表已基本完成，可以按自己的设计要求对图表进行填充设置、线条设置等，如图 11-103 所示。

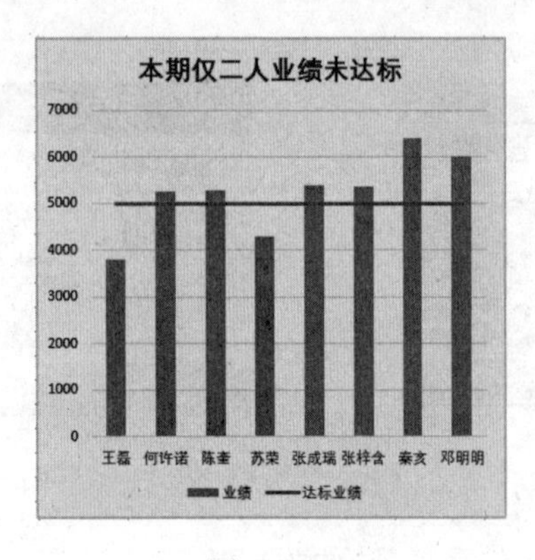

图 11-103

11.6 综合实例 2：计划与实际营销对比图

为了比较计划与实际营销的区别，可以创建用于比较的温度计图表。如图 11-104 所示的温度计图表是预计销售日与实际销售额相比较的情况，从图中可以清楚地看到哪一月份销售额没有达标。温度计图表还常用于今年与往年的数据对比。

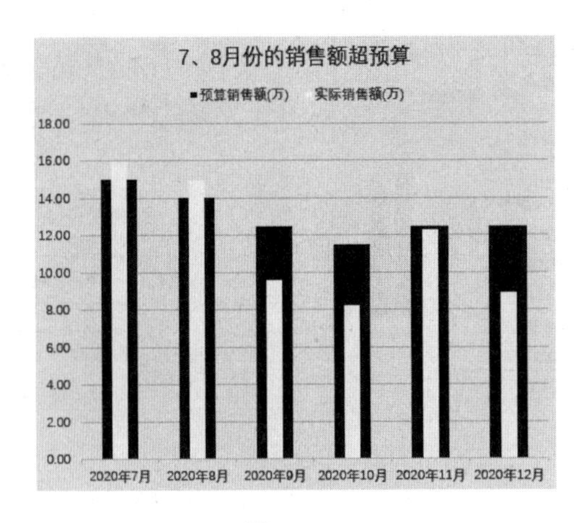

图 11-104

11.6.1 创建图表

❶ 选中 A1:C7 单元格区域，在“插入”→“图表”选项组中单击“插入柱形图或条形图”下拉按钮，弹出下拉菜单，在“二维柱形图”组中单击“簇状柱形图”选项（见图 11-105）即可在工作表中插入柱形图，如图 11-106 所示。

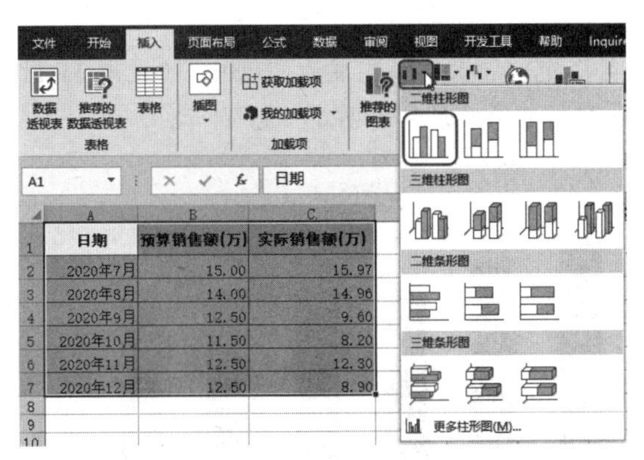

图 11-105

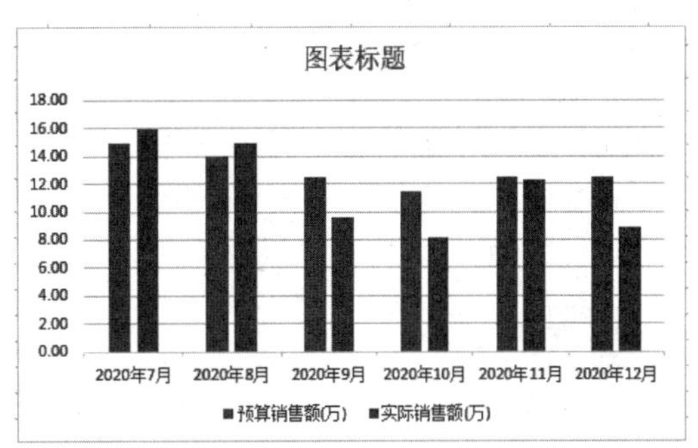

图 11-106

❷ 在“实际销售额”数据系列上单击一次将其选中，选中该数据系列后右击，在弹出的快捷菜单中单击“设置数据系列格式”命令（见图 11-107），打开“设置数据系列格式”窗格。

❸ 选中“次坐标轴”单选按钮（此操作将“实际业绩”系列沿次坐标轴绘制），接着将间隙宽度设置为“400%”，如图 11-108 所示。设置后图表显示如图 11-109 所示的效果。

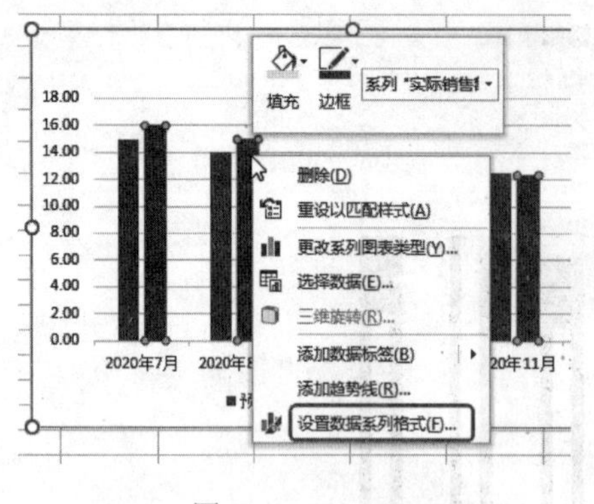

图 11-107

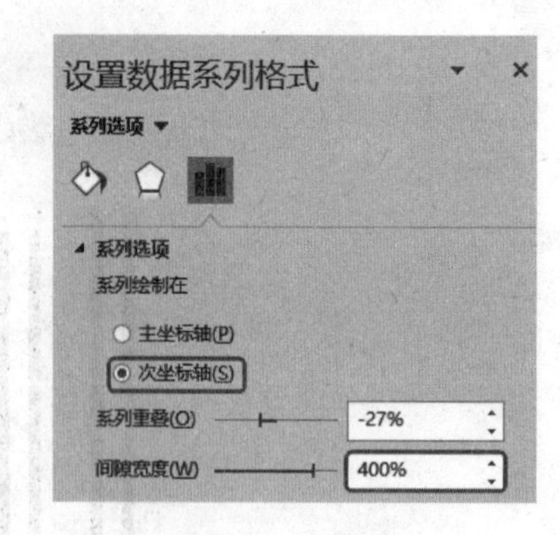

图 11-108

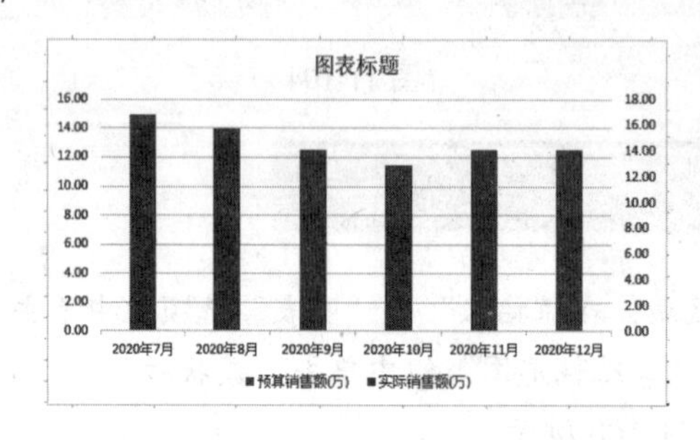

图 11-109

❹ 在“预算销售额”数据系列上单击一次将其选中，设置间隙宽度为“110%”（见图 11-110）即可实现让“实际业绩”系列位于“业绩目标”系列内部的效果，如图 11-111 所示。

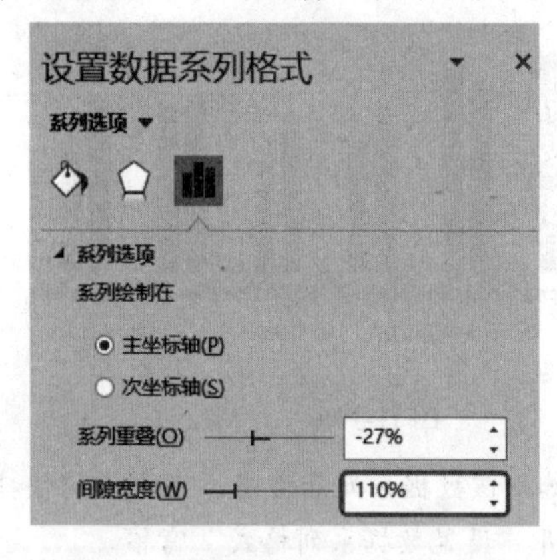

图 11-110

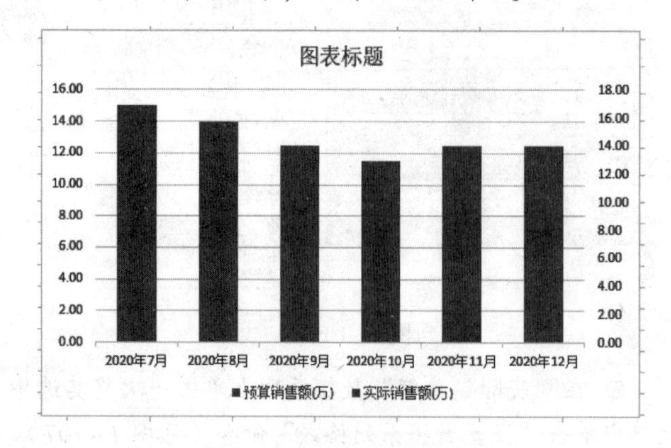

图 11-111

11.6.2 固定坐标轴的最大值

本例最主要的一项操作是使用次坐标轴，而使用次坐轴的目的是让两个不同系列拥有各自不同的分类间距，即图 11-111 中所示的实际销售额柱子显示在预算销售额柱子内部的效果。但是二者的坐标轴值必须保持一致，在如图 11-111 中可以看到左侧坐标轴的最大值为“16”，右侧的最大值却为“18”，这是程序默认生成的，从而造成了两个系列的绘制标准不同了，因此必须要把两个坐标轴的最大值固定为相同。

❶ 选中次坐标轴上双击，打开“设置坐标轴格式”窗格，单击“坐标轴选项”标签按钮，在“最大值”数值框中输入“18.0”，如图 11-112 所示。

❷ 按照相同的方法在主坐标轴上双击，也设置坐标轴的最大值为“18.0”，从而保持主坐标轴和次坐标轴数值一致，如图 11-113 所示。

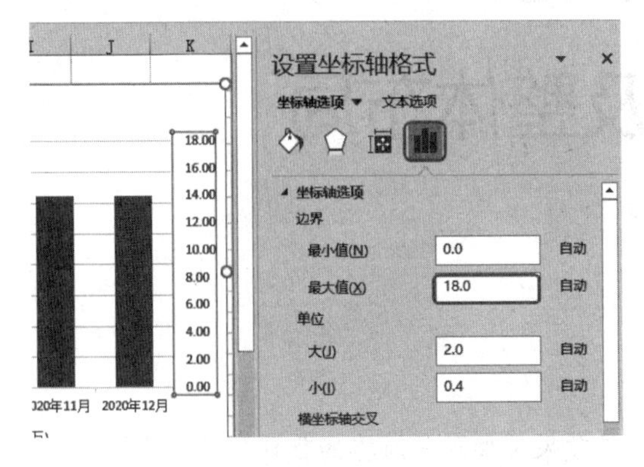

图 11-112

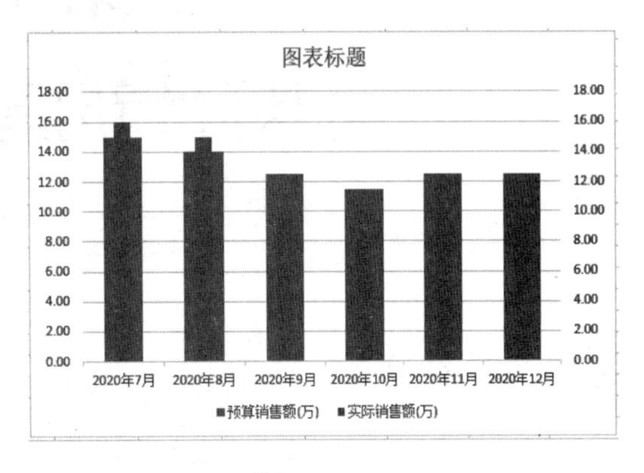

图 11-113

❸ 单击图表右上角的图表元素按钮，在打开的菜单中单击“坐标轴”右侧的按钮，弹出子菜单，撤选“次要坐标轴”复选框（见图 11-114），即可隐藏次要坐标轴，如图 11-115 所示。

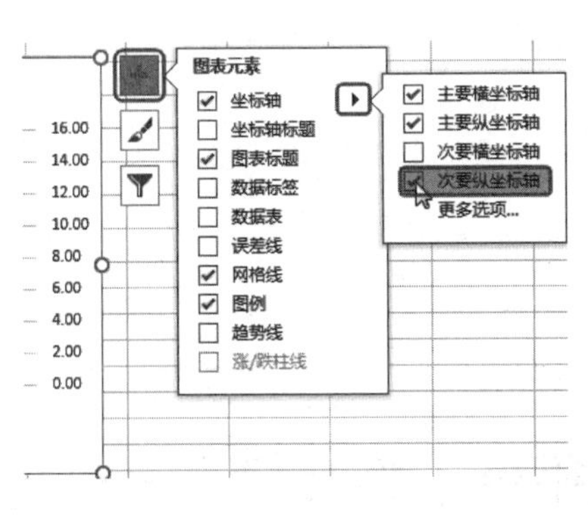

图 11-114

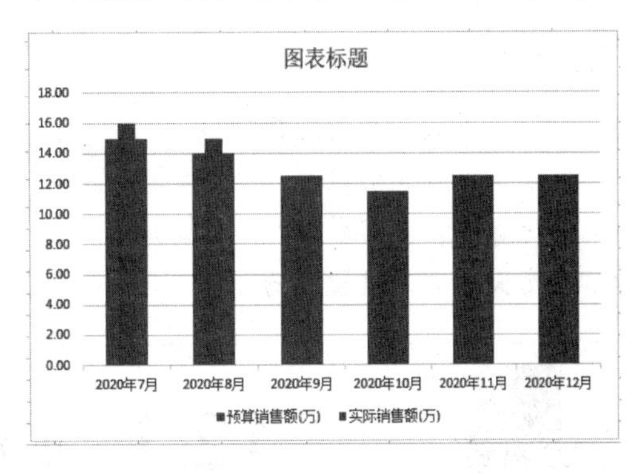

图 11-115

❹ 完成上面的操作步骤后，图表的必要设置就已经完成了，后面是添加图表标题、调节版式及图表美化的操作，在本节引文部分已给出效果图，读者可按本章介绍的知识点去自定义图表效果。

提 示

该图表的创建与编辑涉及的知识点非常多，有些是对前面介绍知识点的综合应用，有些是新的知识点。

（1）为什么要启用次坐标轴？目的是为了让两个系列绘制到不同的坐标轴，这样才能设置不同的分类间距。有了不同的分类间距才能让一个柱子位于另一个柱子内侧。

（2）对坐标轴刻度的固定。两个系列虽然位于不同坐标轴，但因为是在同一图表中进行比较，所以它们的绘制标准是一样的，最大值必须保持一致，这时就必须要固定最大值。

（3）坐标轴的隐藏。

第 12 章
幻灯片新建及整体布局

学习导读

一个演示文稿中的幻灯片应该具备统一的布局效果（如同一风格的背景效果、统一的文字格式、统一的页面装饰等），而不是各行其是、各不相同的风格，因此幻灯片的整体布局是创建演示文稿的首要工作。

学习要点

- 选择并下载指定类型模板
- 创建指定版式幻灯片
- 在母版中设置布局
- 自定义版式的设置技巧

12.1 创建“年终工作总结”演示文稿

使用 PowerPoint 制作的文件统称为演示文稿，演示文稿是微软公司 Office 办公套件中的一个重要组件，其主要作用是用于设计制作会议总结、专家报告、产品演示、广告宣传、教学授课等电子版幻灯片。使用演示文稿能够把静态文件制作成动态文件，相对于枯燥的文字而言，可以让复杂的问题变得通俗易懂，更加便于阅读与理解，并且它可以配合公众演示，在愉快的环境中将信息传达。

在幻灯片演示中，会议总结是比较常见的商务活动演示文稿，是对前期工作的总结以及对今后工作的规划。下面介绍如何初始地创建“年终工作总结”演示文稿并加以保存。

12.1.1 以模板创建新演示文稿

在计算机中启动 PowerPoint 程序就是新建了一个演示文稿。默认创建的演示文稿是空白幻灯片，没有任何内容和对象。除此之外我们可以套用模板创建新演示文稿。

1. 使用程序自带模板

❶ 在桌面左下角单击“开始”按钮，然后依次单击“开始屏幕”→“PowerPoint”，如图 12-1 所示。

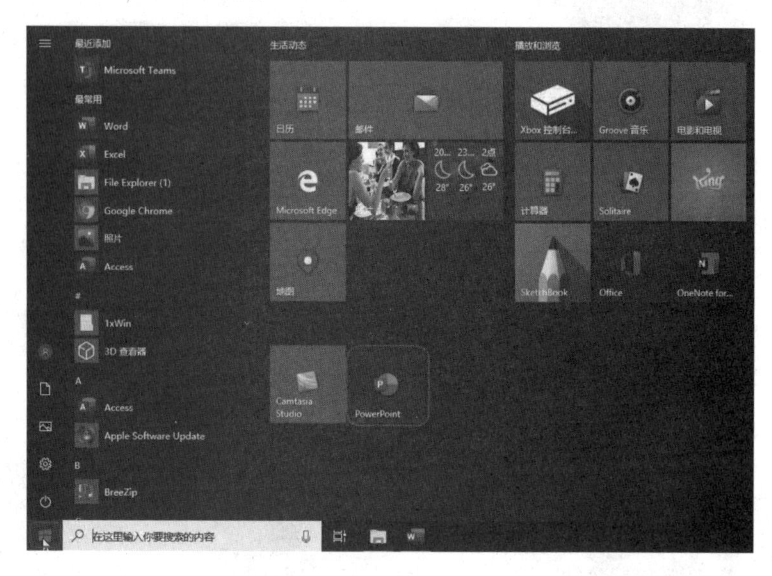

图 12-1

❷ 启动 PowerPoint 2019，进入 PowerPoint 启动界面，在右侧窗格中单击选中想要使用的目标模板，如图 12-2 所示（在此界面中可以选择创建空白演示文稿，也可以选择以模板创建演示文稿）。

❸ 单击目标模板，弹出窗口，单击“创建”按钮，如图 12-3 所示。

图 12-2

图 12-3

提 示

模板是 PPT 骨架，它定义了幻灯片整体设计风格（使用的版式、色调以及使用什么图形、图片作为设计元素等），模板包括封面页、目录页、过渡页、内页、封底等，有了这样的模板，在实际创建 PPT 时可以填入相应内容，再补充设计即可。

想要制作精彩的演示文稿，离不开好的内容和模板，光有好的内容，模板选择的不合适，最终效果也是大大减分的，所以选择合适的模板也是至关重要的。

❹ 此时即可以选中的模板创建新演示文稿，如图 12-4 所示。

图 12-4

知识扩展

在打开的 PPT 程序中创建新演示文稿

如果已经打开了 PPT 程序，而又要再创建另一个新演示文稿，则在程序中单击左上角位置的“文件”选项卡，在弹出的界面中单击“新建”标签，然后在右侧可以选择创建新演示文稿或依据模板创建新演示文稿。

提 示

如果经常要使用到演示文稿，用户可以在“开始”菜单中将 PowerPoint 2019 发送到桌面快捷方式或锁定到任务栏中，这样在创建演示文稿时只需要双击图标即可。

2. 在 Office Online 上搜索模板

程序列举的模板有限，而且很多效果稍显老旧并不符合现代商务办公的需求，因此还可以通过搜索的方式获取 Office Online 上的模板，搜索想使用的模板后，下载即可使用。

❶ 在 PowerPoint 启动面板中，或单击“文件”选项卡，在展开的界面中单击“新建”标签，在右侧窗格中可以看到有一个搜索文本框。在搜索框中输入关键字，如输入“工作总结”关键字（见图 12-5），然后单击“⌕”按钮即可实现搜索。

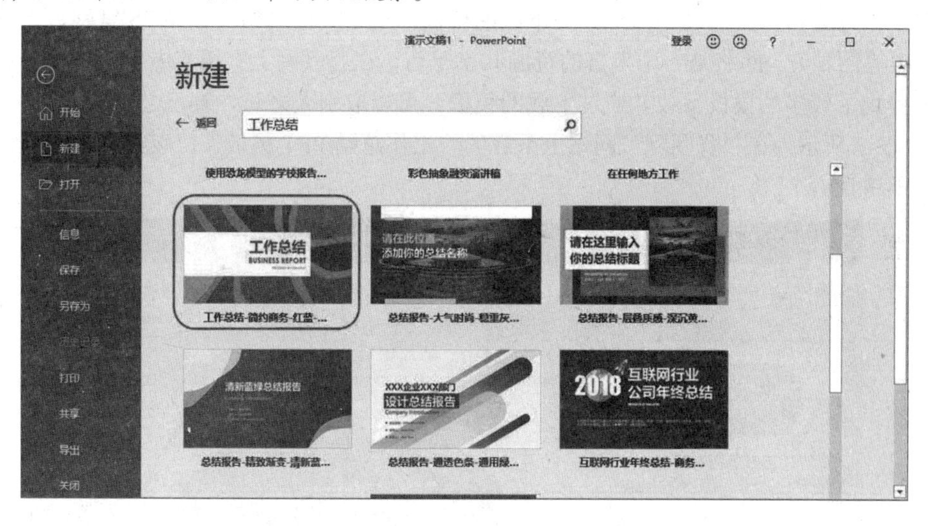

图 12-5

❷ 搜索到的模板会呈现出来，在需要的模板上单击，然后单击“创建”按钮（见图 12-6）即可以此模板创建新演示文稿。

图 12-6

12.1.2 下载模板并使用

好的模板绝对离不开好的设计，但是现实工作或学习中，需要使用 PPT 软件时，对软件模板与样式的设计丝毫不通的人大有人在。因此模板的下载使用就显得尤其重要。

PowerPoint 2019 中的模板有几种来源，一种是软件自带的模板（通过上一节介绍知道这些模板效果并不很好）；二是通过 Office.com 下载的模板；三是其他网站（如 WPS 官网、无忧 PPT、锐普、扑奔等网站）。网络是一个丰富的资源共享平台，在互联网上有很多专业的、非专业的 PPT 网站中都提供了较多的模板下载。通过下载的模板，可以取别人之长，补己之短。

如图 12-7 所示为在“我图网”网站上下载的“工作总结 PPT 模板”，版式非常齐全，设计元素简约而不单调。

图 12-7

❶ 打开“我图网”网页，在主页上方搜索导航框内输入“工作总结 PPT”搜索关键字，单击

按钮，如图 12-8 所示。

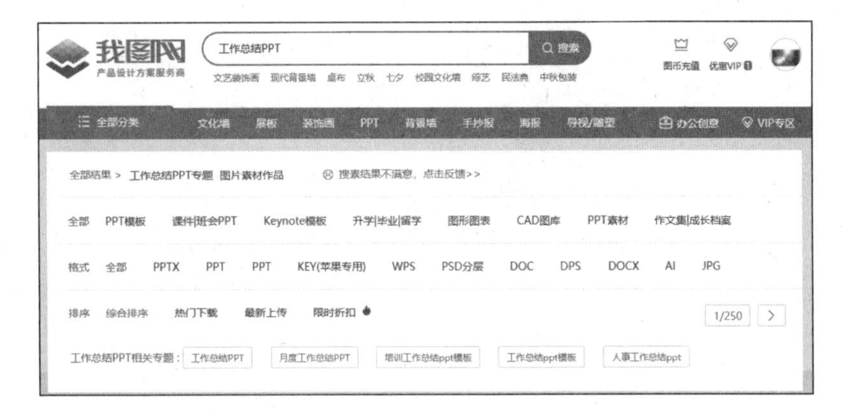

图 12-8

❷ 打开“工作总结 PPT”搜索列表，（见图 12-9），单击“简约商务总结计划 PPT”模板，打开“简约商务总结计划”下载网页，单击“立即下载”按钮，如图 12-10 所示。

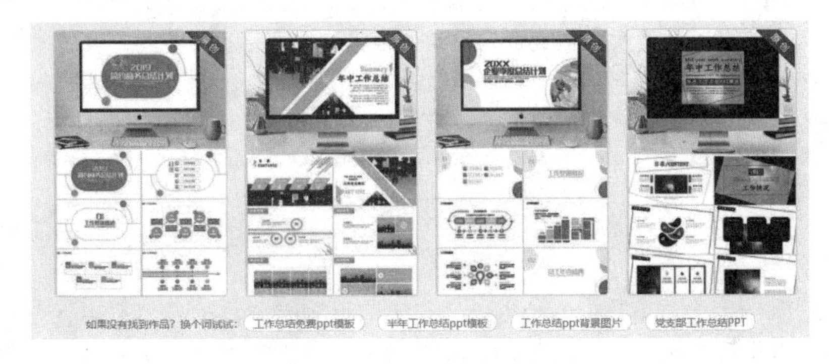

图 12-9

图 12-10

❸ 下载完成后，可以打开下载的模板并使用，如图 12-11 所示。

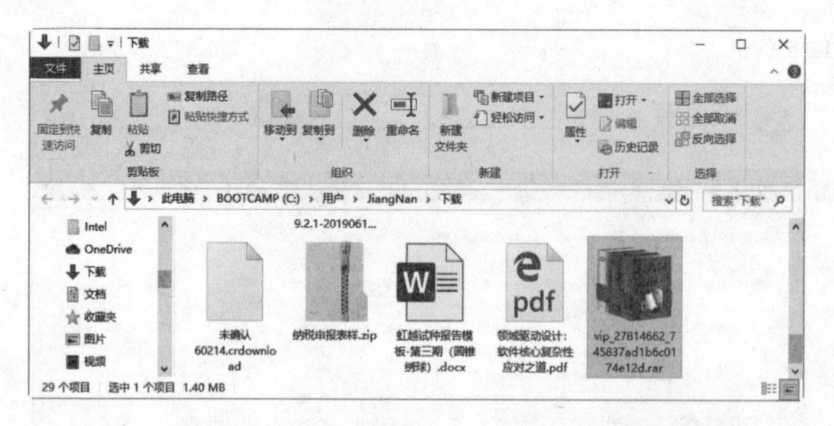

图 12-11

知识扩展

其他模板网站

“扑奔 PPT”“无忧 PPT”“泡泡糖模板”以及“3Lian 素材”是目前几家不错的 PPT 网站。用户可以利用百度搜索，然后进入网站，根据这些网站上提供的站内搜索来搜索需要的模板。但用户要注意的一点是，大部分网站是需要通过注册才能完成下载，部分网站还需要通过积分或付费形式去使用更多的优质资源。

知识扩展

解压 PPT 压缩包

下载的 PPT 多数以压缩包形式存在，因此下载后，需要对文件进行解压。解压的前提是必须保障电脑程序中安装有解压软件，比如“闪电好压”。解压的方法是双击压缩包则会进入解压软件中，选中指定文件，单击“解压”按钮（见图 12-12），设置解压文件的保存路径为一般默认安装包设置位置，解压完成后即可使用。

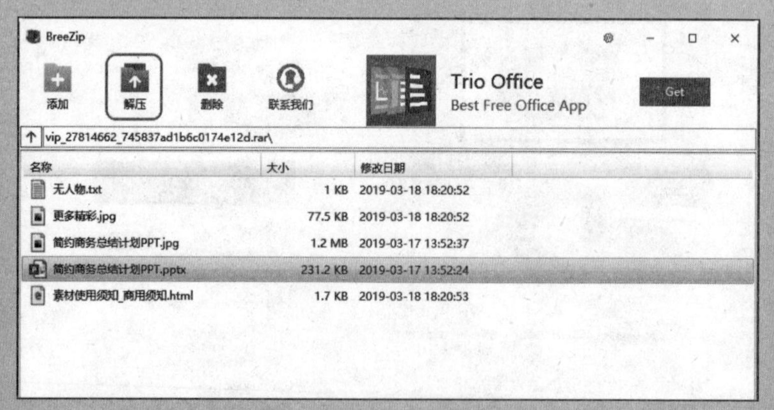

图 12-12

12.1.3 保存演示文稿

在创建演示文稿后要进行保存操作，即将它保存到电脑中的指定位置，这样下次才能进入这个保存目录中再次打开使用或编辑。可以在创建演示文稿后就保存（上一节下载模板时，下载过程中就设置了它的保存位置），也可以在编辑后保存，建议是先保存，设置保存名称与保存位置后，后期的整个编辑过程中随时单击左上角的“保存”按钮及时更新保存即可。

如图 12-13 所示演示文稿是在第 12.1.1 小节中以模板创建的演示文稿（默认名称为“简约商务总结计划 PPT”），现在已经完成了标题幻灯片的操作，现在需要将其保存到电脑中。

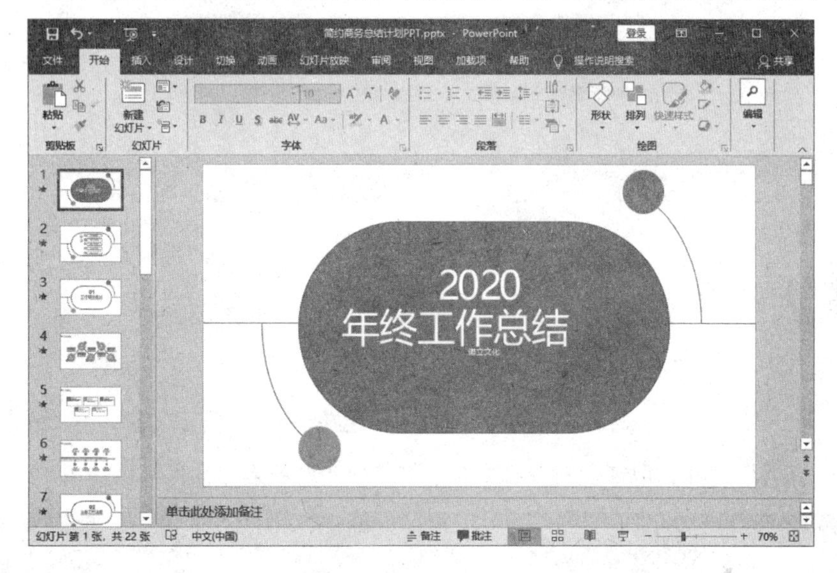

图 12-13

❶ 创建演示文稿或编辑演示文稿后，在左上角的“文件”按钮（见图 12-14），再单击“另存为”标签，弹出“另存为”界面，单击“浏览”命令（见图 12-15），弹出“另存为”对话框。

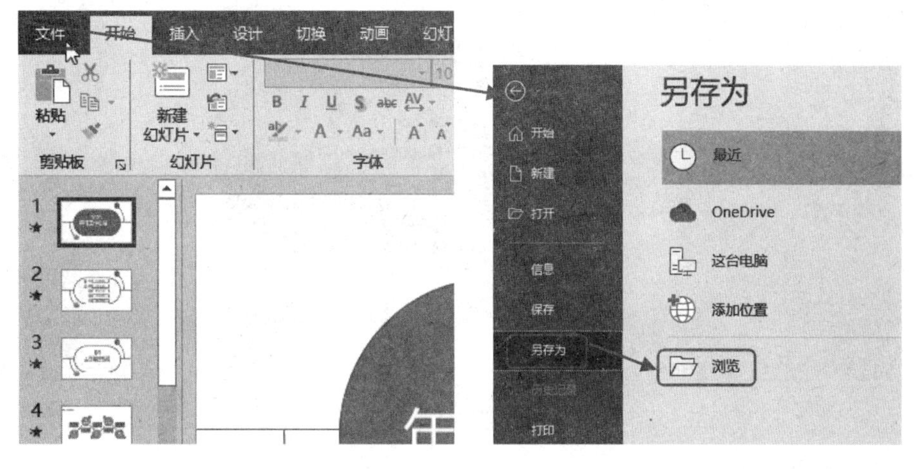

图 12-14　　　　图 12-15

❷ 在地址栏中设置好保存位置，在其下方单击“文件名”文本框，输入文件名，设置文件名和保存位置后，单击“保存”按钮，如图 12-16 所示。

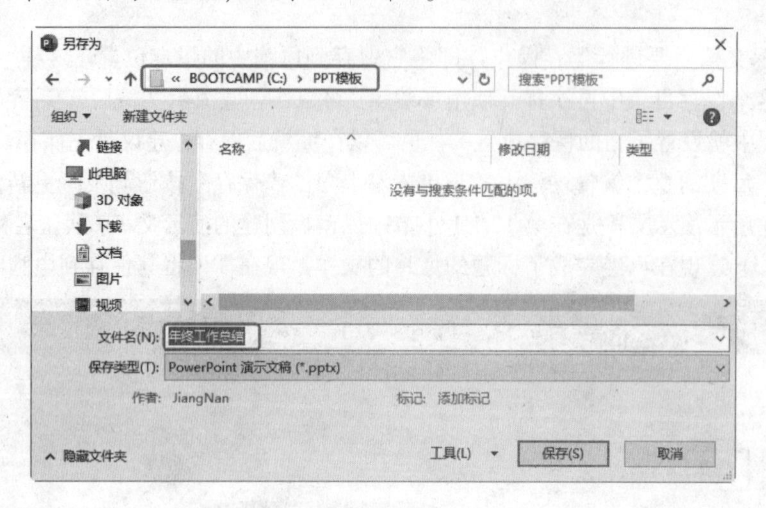

图 12-16

提 示

在设置保存位置时，可以从左侧的树状目录中依次点击进入，直到找到要保存的位置，如本例中就是先单击“本地磁盘(E:)”，然后单击“PPT 文件”目录可进入此目录下。

❸ 单击“保存”按钮，即可看到当前演示文稿已按指定的名称被保存，如图 12-17 所示。

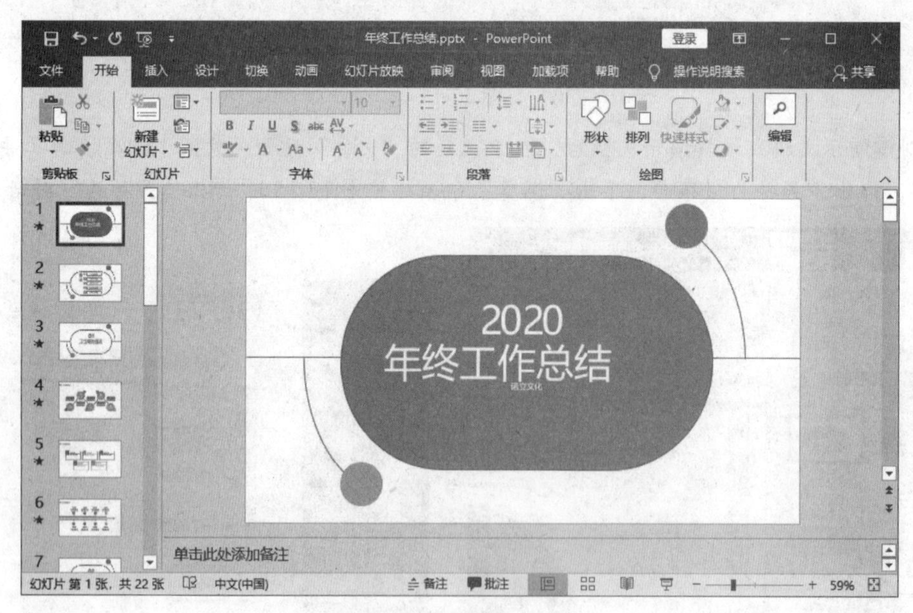

图 12-17

提 示

创建新演示文稿后首次单击“保存”按钮会提示设置其保存位置，对于已保存的演示文稿或下载时已经设置保存位置的演示文稿，编辑过程中随时单击左上角的按钮将不再提示设置保存位置，只是对已保存文件进行更新保存，或者直接按 Ctrl+S 组合键实现快速更新保存。

知识扩展

更改演示文稿的保存类型

在保存演示文稿时，如果不设置“保存类型”选项，程序默认保存为普通的 PPT 文稿。除此之外，PowerPoint 支持将演示文稿保存为其他格式的文档，如图 12-18 所示。

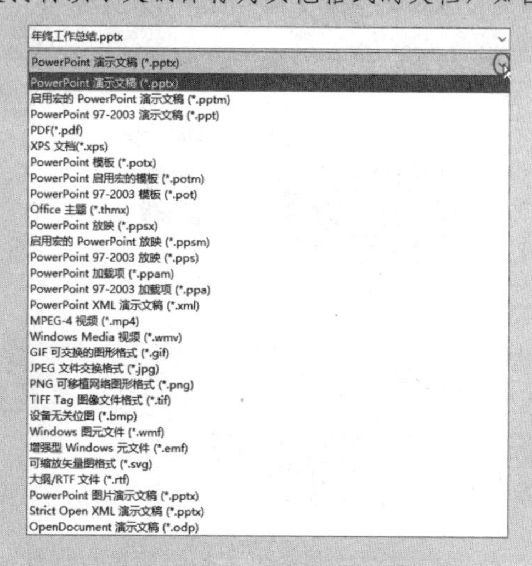

图 12-18

比如选择“保存为 PowerPoint 97-2003 演示文稿”，可以实现让保存的演示文稿也能在低版本 PowerPoint 软件中打开；选择保存为“PowerPoint 模板”，可以实现让这篇演示文稿能重复使用。下面介绍保存为模板的步骤。

❶ 如图 12-19 所示选择“保存类型”为“PowerPoint 模板”后，可以看到保存位置会默认定位到模板的保存位置，此位置不要更改。单击“保存”按钮即可将此演示文稿保存为模板。

❷ 保存模板完成后，后面如果需要以此模板创建演示文稿，直接进入演示文稿新建界面后，单击“个人”（见图 12-20），进入后即可看到所保存的模板。双击即可进入创建页面。

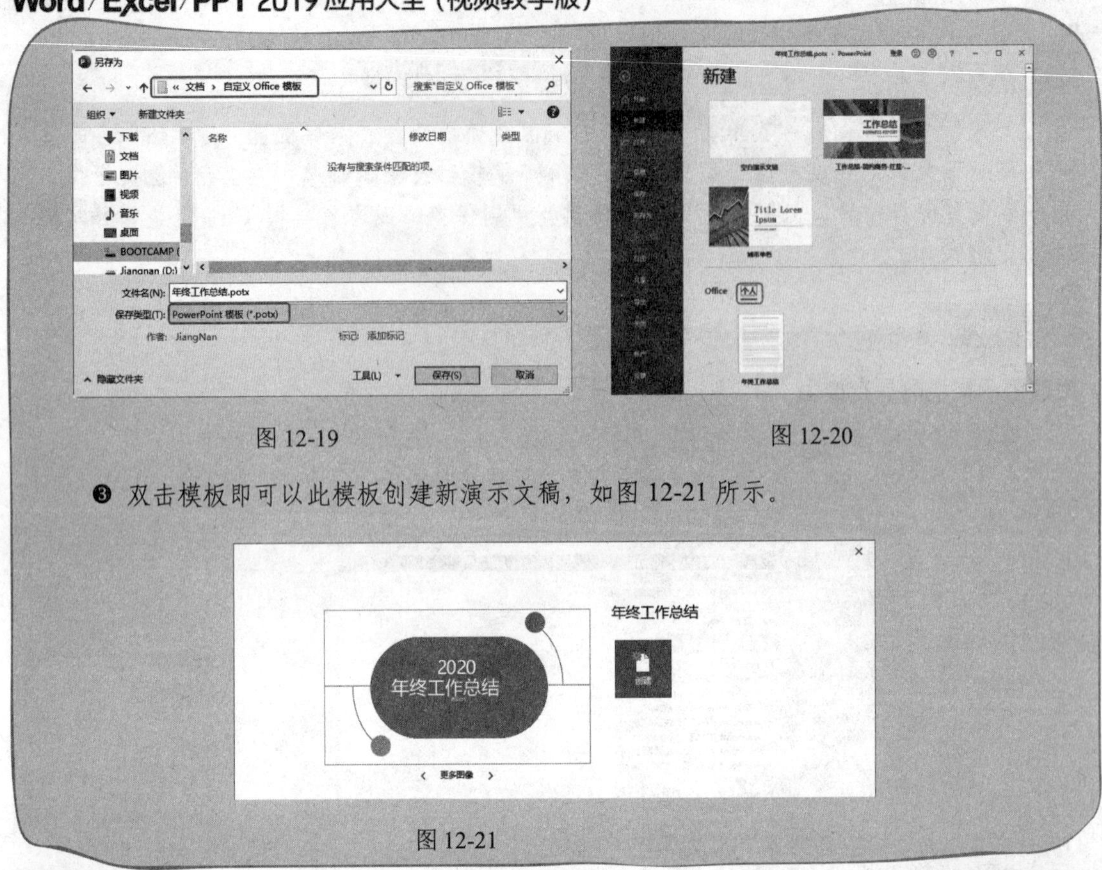

图 12-19　　　　图 12-20

❸ 双击模板即可以此模板创建新演示文稿，如图 12-21 所示。

图 12-21

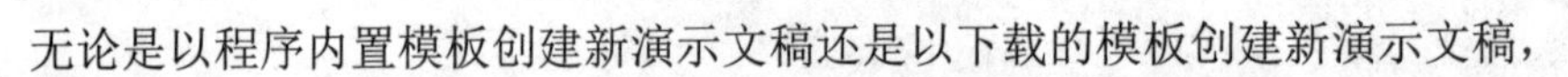

12.1.4 创建新幻灯片

无论是以程序内置模板创建新演示文稿还是以下载的模板创建新演示文稿，当所提供的幻灯片版式或幻灯片张数无法满足需求时，都可以通过创建新幻灯片来完成幻灯片内容的编辑、排版与设计。

❶ 打开“年终工作总结”演示文稿，在“开始”→“幻灯片”选项组中单击“新建幻灯片”按钮，在其下拉菜单中选择想要使用的版式，比如“6_节标题”版式，如图 12-22 所示。

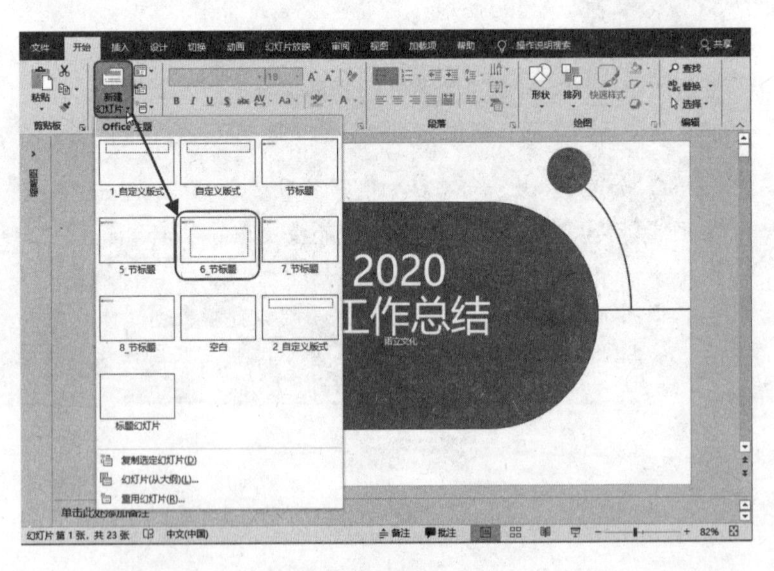

图 12-22

❷ 单击即可以此版式创建一张新的幻灯片，如图 12-23 所示。

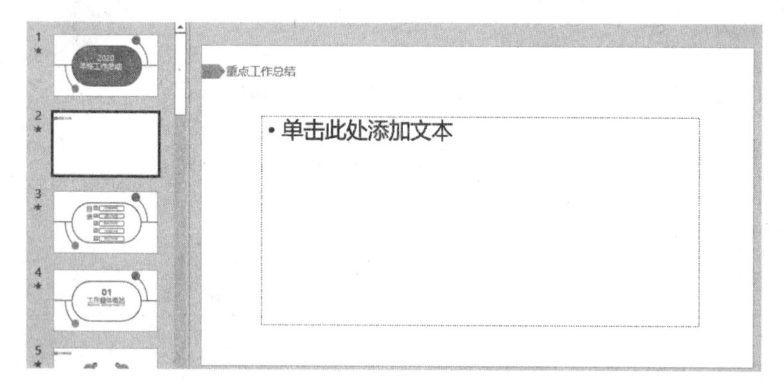

图 12-23

❸ 此时可以在此幻灯片中编辑内容，达到如图 12-24 所示的效果。

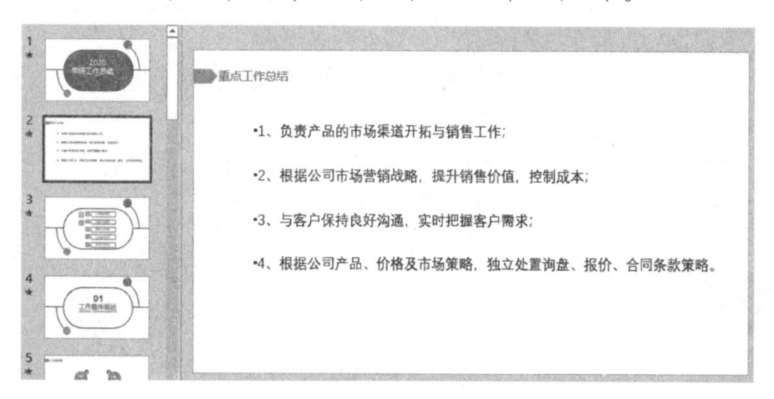

图 12-24

知识扩展

快速新建幻灯片

除了上述所讲的方法创建幻灯片以外，还可以使用快捷键快速创建。在幻灯片窗格中选中目标幻灯片后，按下 Enter 键或 Ctrl+M 组合键就可以依据上一张幻灯片的版式创建新幻灯片。

知识扩展

复制幻灯片

我们在依据上一张幻灯片按 Enter 键新建幻灯片时，仅仅是新建与上一张幻灯片相同的版式，如果对于其中的元素也想包括进去的话，像节标题幻灯片都是可以通过复制的方法批量建立。

选中目标幻灯片，在右击的快捷菜单中单击“复制幻灯片”命令（见图 12-25），即可依据选中的幻灯片进行复制。

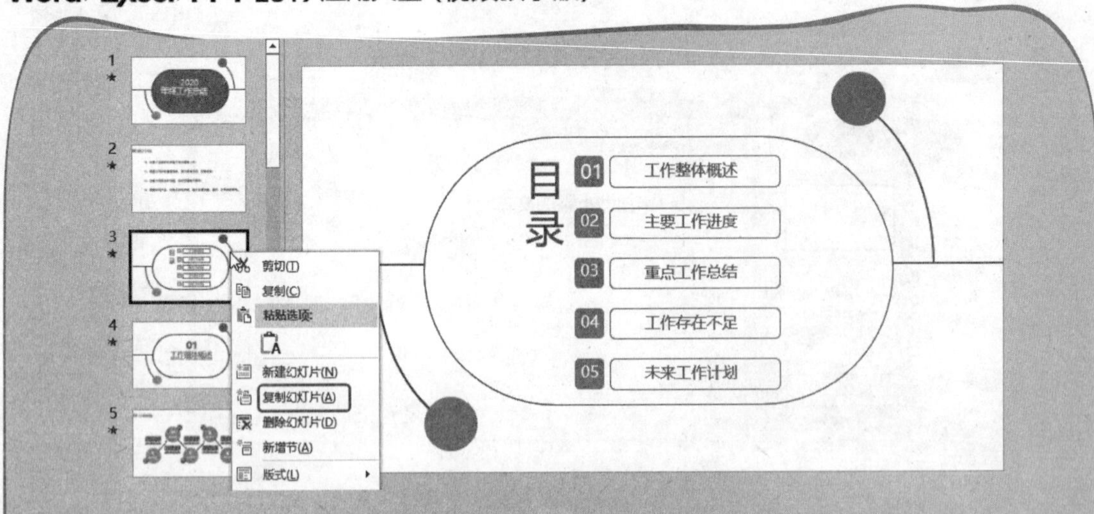

图 12-25

移动幻灯片

复制来的幻灯片与其他幻灯片在位置上不对应时，此时不需要删除任何幻灯片再新建以达到统一，只需要通过移动幻灯片即可。

选中目标幻灯片，按住鼠标左键不放，此时滚动条自动滚动（见图 12-26），将其移到需要的位置，释放鼠标左键即可移动幻灯片，并重新对幻灯片编号。

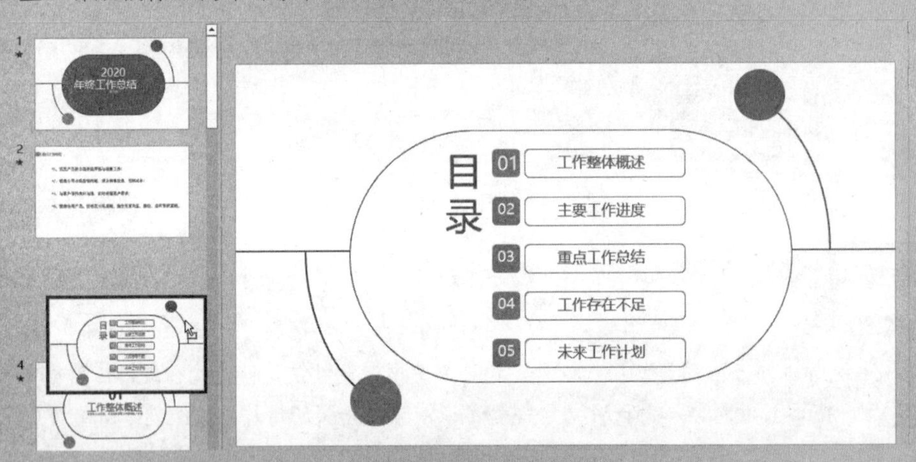

图 12-26

删除幻灯片

选中幻灯片并右击，在弹出的快捷菜单中可以看到对幻灯片的删除操作，单击“删除幻灯片”命令即可删除幻灯片。

12.2 创建“销售报告”演示文稿模板

上一节以创建“年终工作总结”为例介绍演示文稿的相关操作点，本小节以“销售报告”演示文稿为例介绍如何创建演示文稿的模板。

12.2.1 了解幻灯片母版

1. 了解模板

在幻灯片的框架布局上必须要遵循两个要点：

- 整体布局的统一协调

完整的幻灯片是一个整体，所以在所有幻灯片中表现信息的手法要保持一致，以达到布局协调的效果。布局协调不仅要求过渡页间、内容页间具有类似的合成元素，并且要求演示文稿文字的色彩、样式、文字效果也应该保持统一，才能让演示文稿具有整体感，也符合人们的视觉习惯，保持整体主题风格的统一。

- 统一的设计元素

对于一个空白的演示文稿一般都需要使用统一的页面元素进行布局，比如在顶部或底部添加图形或图片进行装饰，它是幻灯片组成的一部分，一般起到点缀美化的的作用。统一的页面元素并不是说所有幻灯片的页面元素完全一致，而是应用相同风格元素，比如色调统一、形状统一等，但排列方式所变异这反而会增强整体幻灯片的灵动性。

如图 12-27 所示的组图，可以看到幻灯片不仅具有统一的布局，也具有统一的设计元素。

图 12-27

在框架布局上要做到这两点，首先要为幻灯片建立模板。模板是PPT骨架，它体现了幻灯片整体设计风格，即使用哪些版式、使用什么色调，使用什么图片、图形作为统一的设计元素等。此外模板中还包含版式，比如你在一组演示文稿中经常使用某一种版式，而默认版式中又不包含，这时可以自己新建一个版式，创建版式后就可以像默认版式一样保存下来重新使用（12.2.6小节将介绍自定义版式的操作）。

如图12-28所示的组图是一套模板，有了这样的模板，幻灯片的整体设计风格就确定了，剩余的工作就是按实际内容对幻灯片逐张编辑。

图12-28

2. 了解母版

说到模板的创建自然离不开母版。我们先来了解一下什么是幻灯片母版？使用母版有什么作用？

幻灯片母版是定义演示文稿中所有幻灯片页面格式的幻灯片视图，包括使用的字体、占位符大小或位置、背景设计和配色方案等。使用幻灯片母版的目的是为了对整个演示文稿进行全局设计或更改，并使该更改应用到演示文稿中的所有幻灯片。因此在母版中的设置即为演示文稿中的共有信息，因此让演示文稿中各张幻灯片具有相同的外观特点，比如设置所有幻灯片统一字体、定制统项目符号、添加图形修饰、添加页脚以及LOGO标志，都可以借用母版统一设置。在下面的小节中会更加详细地介绍在母版中的操作，深入了解母版中的编辑为整篇演示文稿带来的影响。

在“视图”→“母版视图”选项组中单击“幻灯片母版”按钮（见图12-29），即可进入母版视图，可以看到幻灯片版式与占位符等，如图12-30所示。

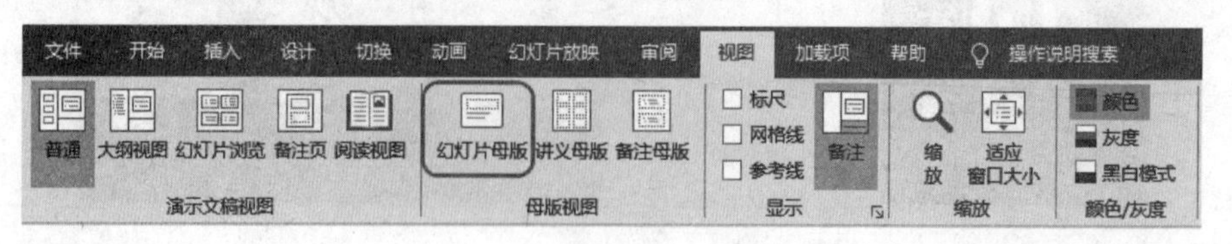

图12-29

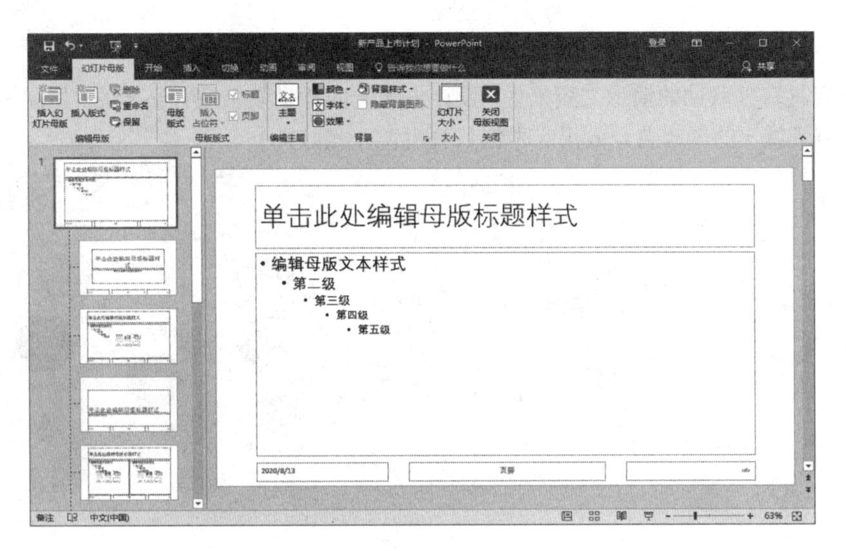

图 12-30

- 版式：左侧列表中列出多种版式，一般包括“标题幻灯片”“标题和内容”“图片和标题”“空白”“比较”等 11 种版式，这些版式都是可以进行修改与编辑的。
- 占位符：一种带有虚线或阴影线边缘的框，绝大部分幻灯片版式中都有这种框，在这些框内可以放置标题及正文，或者是图表、表格和图片等对象，并规定这些内容默认放置的位置和区域面积。占位符就如同一个文本框，还可以自定义它的边框样式、填充效果等，定义后，应用此版式创建新幻灯片时就会呈现出所设置的效果。如图 12-31 所示的幻灯片中，可以看到几种不同的占位符，同时有些占位符被设置了填充色。

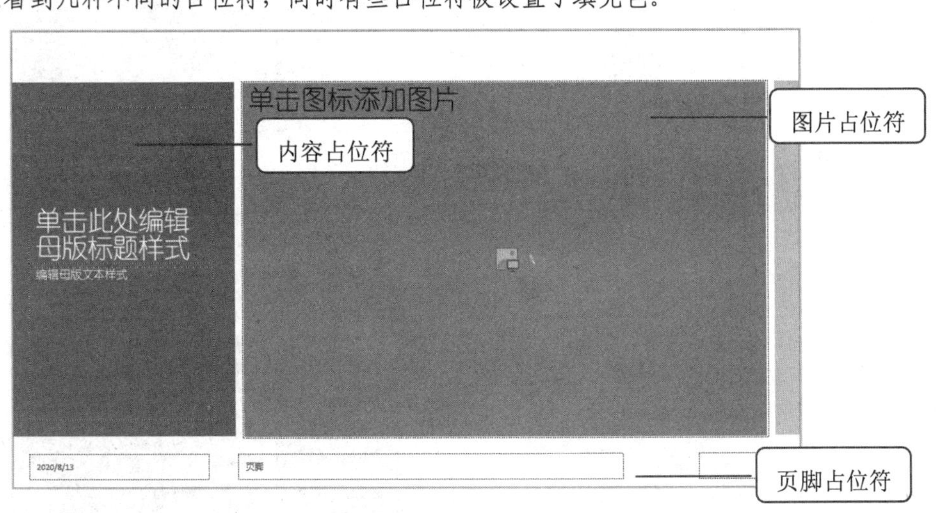

图 12-31

12.2.2 定制统一背景

所谓幻灯片的背景是指幻灯片内容主体后面所呈现的背景效果，它能够在一定程度上对幻灯片主题起到衬托作用，同时也能够丰富幻灯片整体设计效果。常见的背景主要有纯色背景（如白色、灰色、蓝色等）、图片背景、纹理背景、图案填充背景等。

对于一套具有关联性的演示文稿来说，设计出统一的背景效果是有必要的。如图 12-32 所示即为幻灯片应用了统一的图片背景效果（本例只列举两张幻灯片）。

图 12-32

当需要为所有幻灯片应用统一的背景效果时，就需要进入母版中进行设置。

❶ 在“视图”→“母版视图”选项组中单击“幻灯片母版”按钮，进入母版视图中。

❷ 在左侧选中主母版（见图 12-33），在占位符以外的空白位置右击，在弹出的快捷菜单中单击“设置背景格式”命令（见图 12-34），打开“设置背景格式”右侧窗格。

图 12-33

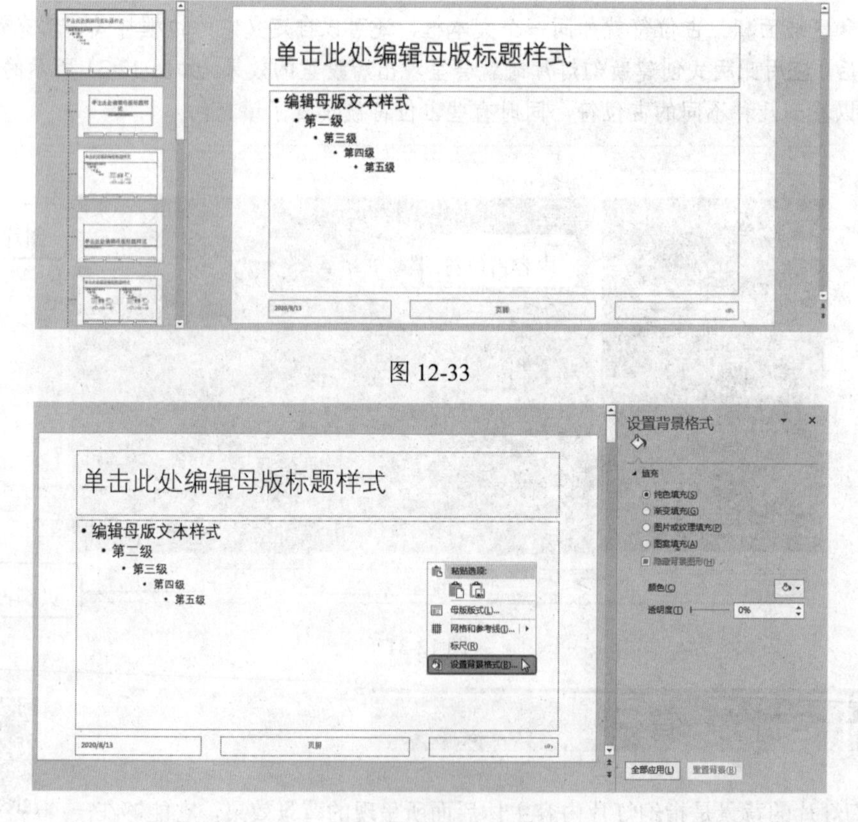

图 12-34

❸ 选中“图片或纹理填充”单选按钮，单击“插入”按钮（见图 12-35），依次打开“插入图片”对话框，找到图片所在路径并选中，如图 12-36 所示。

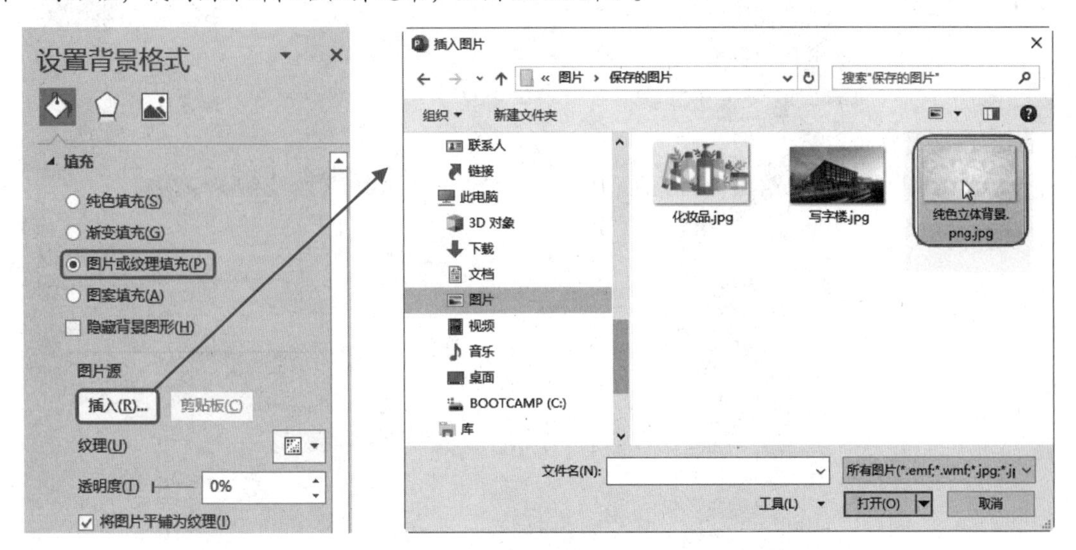

图 12-35　　　　　　　　　　　　　　　　图 12-36

❹ 单击“插入”按钮，此时所有版式都应用了所设置的图片背景（在左侧的版式列表中可以看所有的版式都应用了图片背景），如图 12-37 所示。

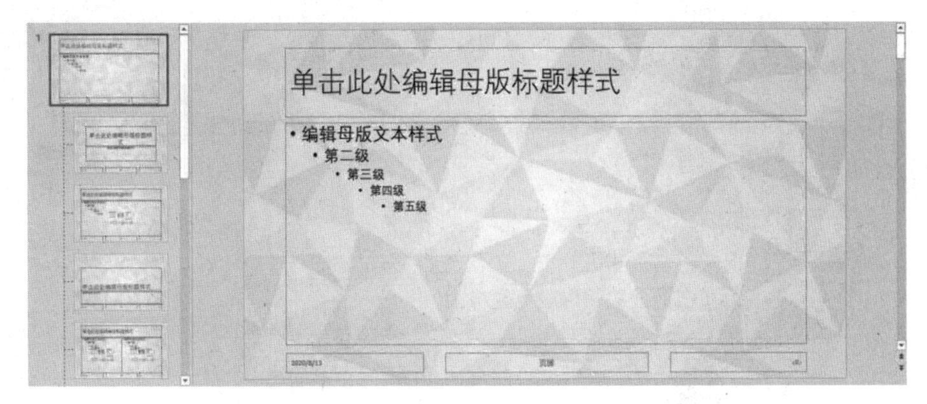

图 12-37

❺ 在“幻灯片母版”→“关闭”选项组中单击“关闭母版视图”按钮退出母版，可以看到整篇演示文稿都使用了刚才所设置的背景。

提　示

图片背景及纯色背景是比较常用的背景格式。纯色背景的设置方法较为简单，只要在“设置背景格式”右侧窗格中选中“纯色填充”单选按钮，然后设置颜色即可。要设置背景时要注意不应选择过出鲜艳、突出的颜色，毕竟背景都是辅助幻灯片设计的一个元素，不应掩盖主题，应以突出主题为主。

知识扩展

其他背景格式

除了图片背景及纯色背景外，还可以设置图案背景与渐变背景，其中渐变背景也较为常用。

如图 12-38 所示，在“设置背景格式”右侧窗格中选中“渐变填充”并设置渐变参数，可以实现渐变背景效果。

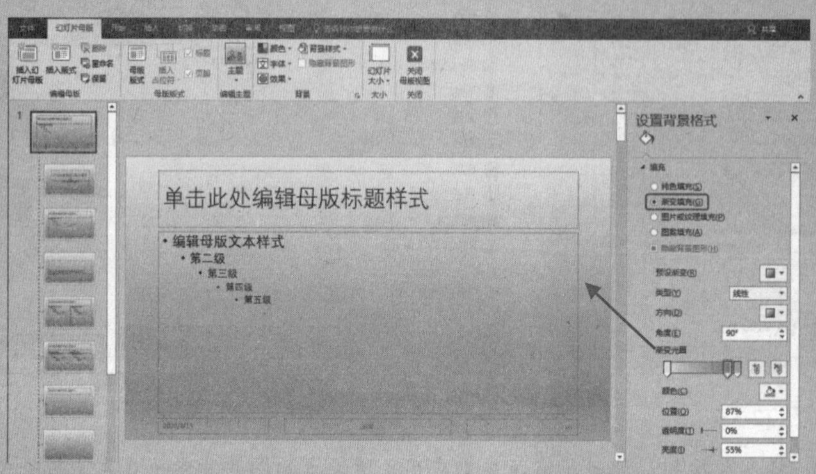

图 12-38

如图 12-39 所示，在“设置背景格式”右侧窗格中选中“图案填充”并设置参数，可以实现图案背景效果。

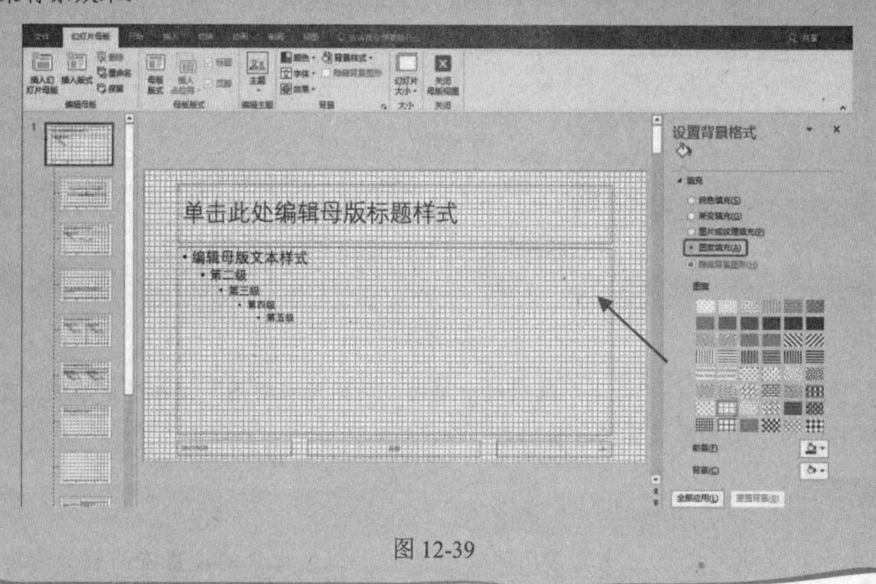

图 12-39

12.2.3 统一使用图形图片布局页面

在制作应用型演示文稿时，除了先设置好背景外，经常还会使用图形、图片作为幻灯片整布局的修饰，如添加统一的企业 LOGO 标志，在标题位置上设计图形修饰等或给标题添加修饰性文本框以丰富版面。如图 12-40 所示为幻灯片母版添加了 LOGO 标志，并添加图形以修饰标题文本。以这两种元素为例，还可以根据实际需要设计更多效果。

提 示

共有元素在母版中去添加与设计，非共有元素在普通视图中逐一选中幻灯片后逐一进行设置。

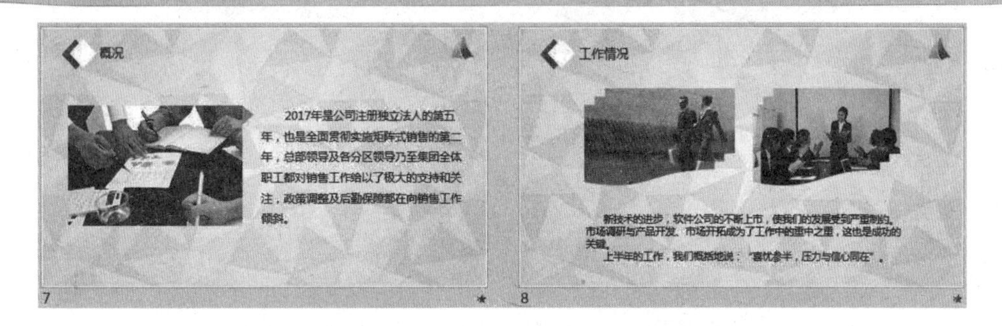

图 12-40

1. 插入图片

❶ 在“视图”→“母版视图”选项组中单击“幻灯片母版”按钮，进入母版视图中，在左侧选中主母版。

❷ 在“插入”→“图像”选项组中单击“图片”按钮，在打开的下拉菜单中单击“此设备”命令（见图 12-41），打开“插入图片”对话框，在地址栏中依次进入图片的保存位置（或从左侧树状目录中确定），选中图片，如图 12-42 所示。

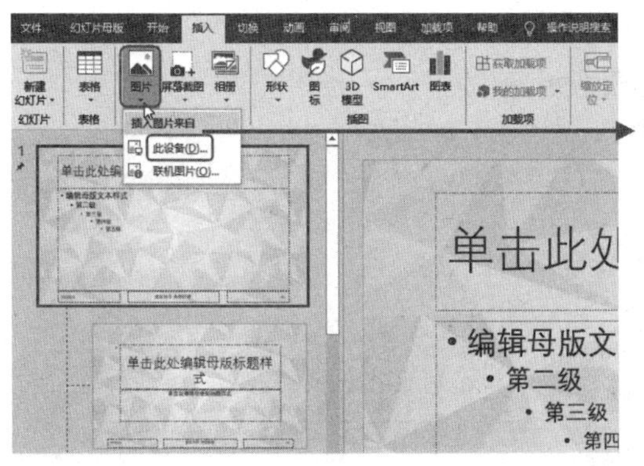

图 12-41

图 12-42

❸ 单击“插入”按钮，即可将 LOGO 标志添加到所有版式母版中（注意看左侧版式列表中，每个版式上都有添加的 LOGO 图标），如图 12-43 所示。

❹ 此时根据版面将图片移动到合适的位置，如图 12-44 所示。

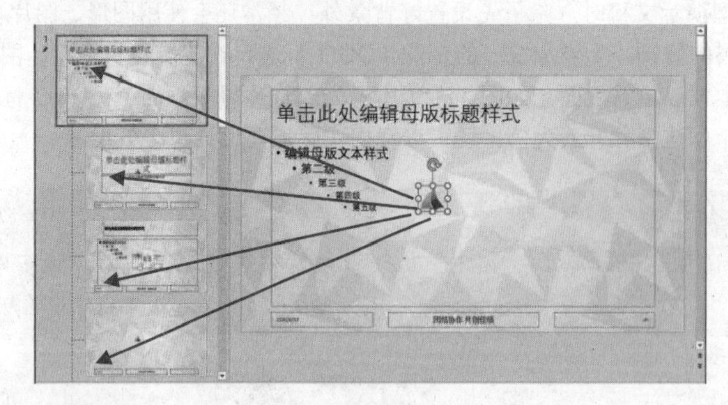

图 12-43

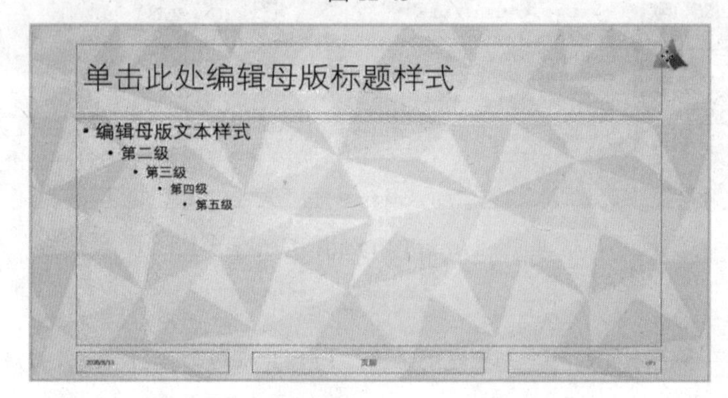

图 12-44

2. 添加图形修饰

❶ 接着在左侧列表中选中“标题和内容”版式母版，如图 12-45 所示。

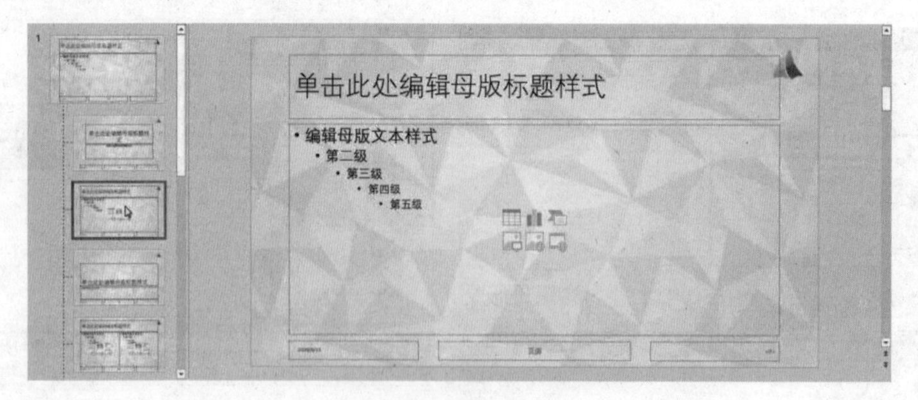

图 12-45

❷ 在“插入”→“插图”选项组中单击“形状”下拉按钮，在下拉菜单中单击选中“菱形”图形样式（见图 12-46），此时光标变为十字图形样式，在选定的幻灯片版式上完成绘制，如图 12-47 所示。

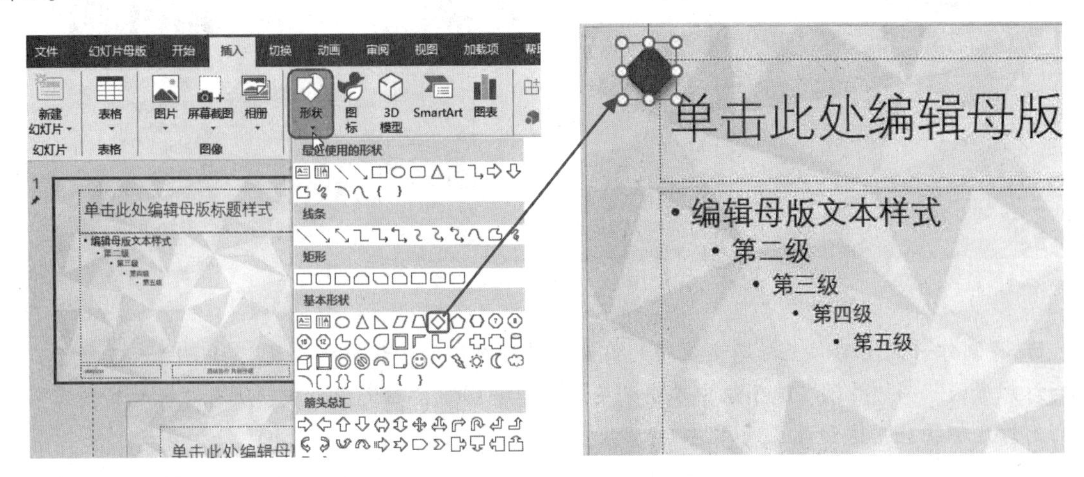

图 12-46　　　　　　　　　　　　　图 12-47

❸ 保持图形选中状态，在“绘图工具-格式”→“形状样式”选项组中单击“形状填充”下拉按钮，在下拉菜单中单击“无轮廓”命令即可取消图形的轮廓线，如图 12-48 所示。

❹ 接着单击“形状效果”下拉按钮，在下拉菜单中单击“阴影”→“偏移：右下”，使图形状具立体感，如图 12-49 所示。

❺ 接着复制当前图形并按一定的位置叠加（见图 12-50），在“绘图工具-格式”→“形状样式”选项组中单击“形状填充”下拉按钮，在下拉菜单中重置图形填充色为“白色，背景 1”，如图 12-51 所示。

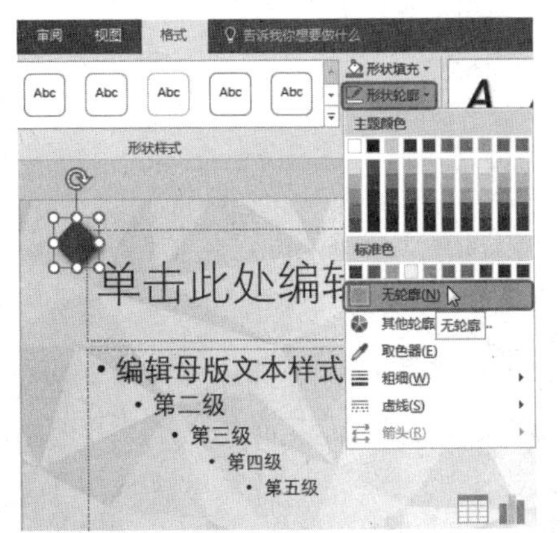

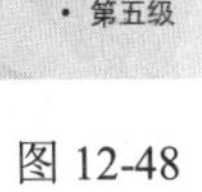

图 12-48

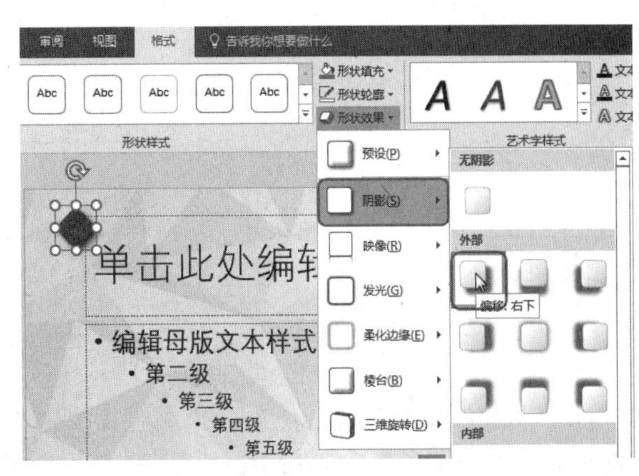

图 12-49

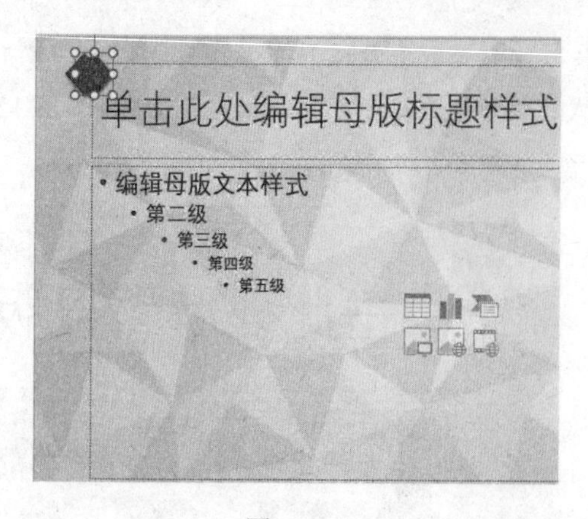

图 12-50

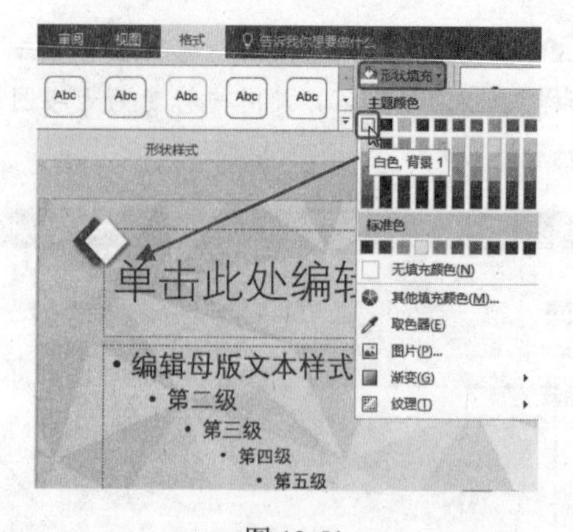

图 12-51

❻ 将制作好的图形移至标题占位符的前面（或按自己的设计思路放置），如图 12-52 所示。在“幻灯片母版”→“关闭”选项组中单击“关闭母版视图”按钮退出母版，所有“标题和内容”版式的幻灯片都将应用这种效果。

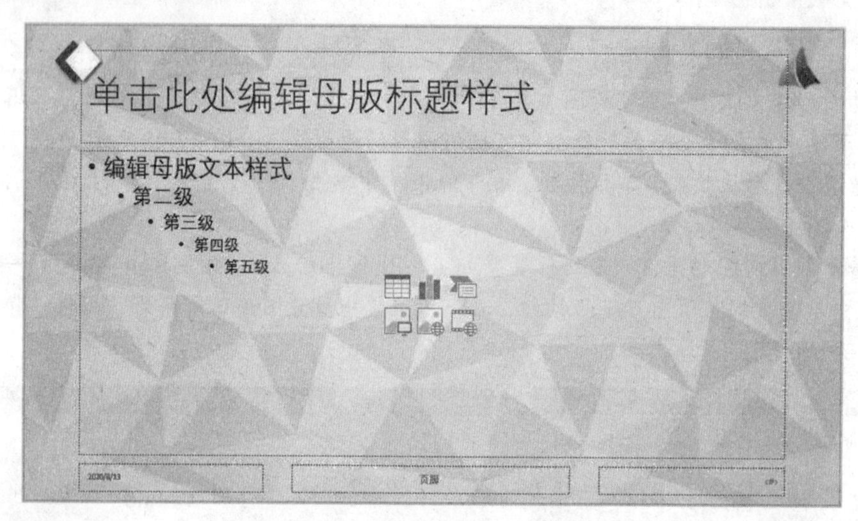

图 12-52

提 示

如果对主母版进行编辑，那么接下来进行的设置将应用于所有版式母版，即无论以哪个版式创建幻灯片，则都会包含这些设计元素；如果选中主母版下的某个版式母版，那么接下来进行的设置将只应用于这个版式，即当以这个版式新建幻灯片时应该效果，以其他版式新建幻灯片时不应用。

12.2.4 定制统一的文字格式

无论是新建空白的演示文稿，还是套用模板或主题创建新演示文稿，我们看到标题文字与正文文字的格式都采用默认的字体、字号。如果想更改整篇演示文稿中的文字格式（如标题想统一使用另外的字体或字号），可以进入幻灯片母版中进行操作。

1. 统一的文字格式

如图 12-53 所示幻灯片标题与内容使用的是默认的文字格式，可以看到标题文字与下一级文字的格式；如图 12-54 所示是进入母版后对标题文字与各级文字的格式进行了设置。

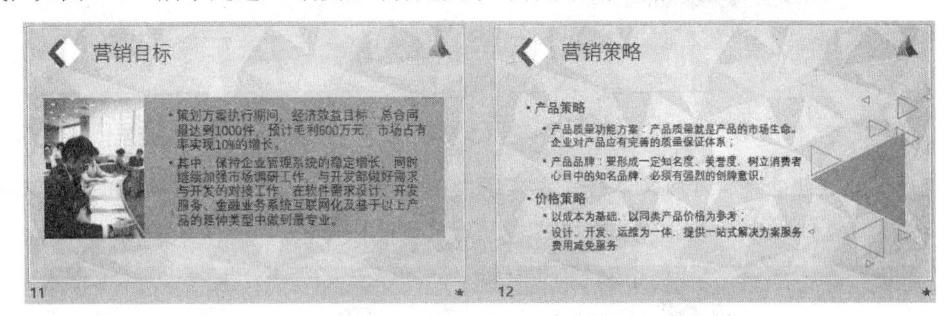

图 12-53

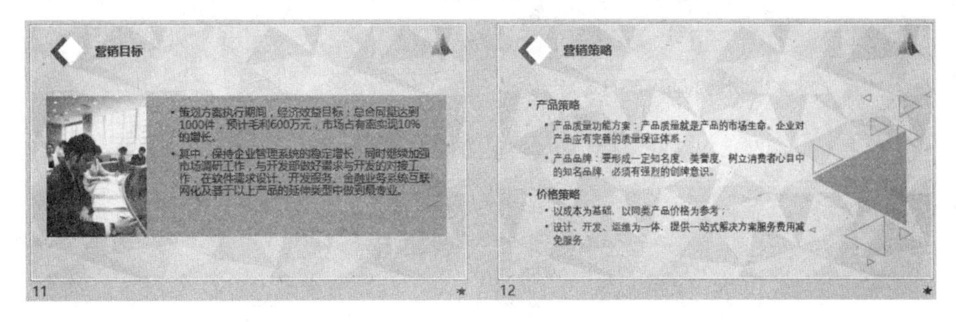

图 12-54

❶ 在“视图”→“母版视图”选项组中单击“幻灯片母版”按钮，进入母版视图中，在左侧选中“标题和内容”版式母版，如图 12-55 所示。

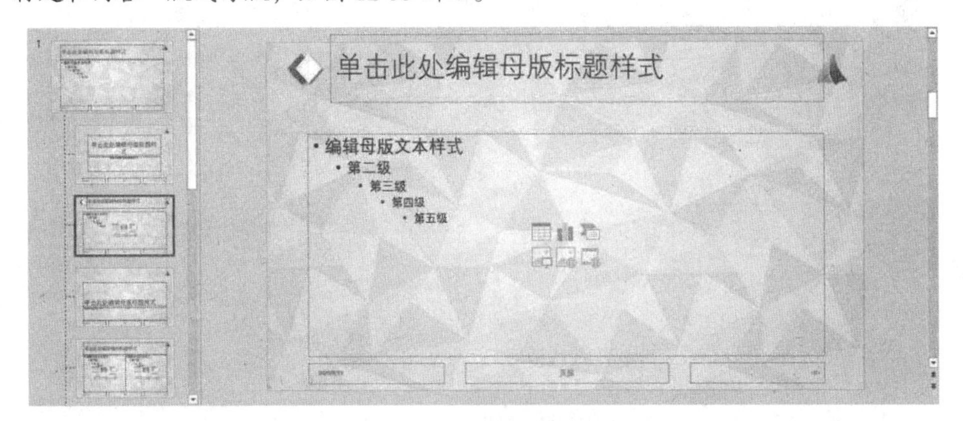

图 12-55

❷ 选中“单击此处编辑母版标题样式”文字，在“开始”→“字体”选项组中设置文字格式（字体、字形、颜色等），如图 12-56 所示。

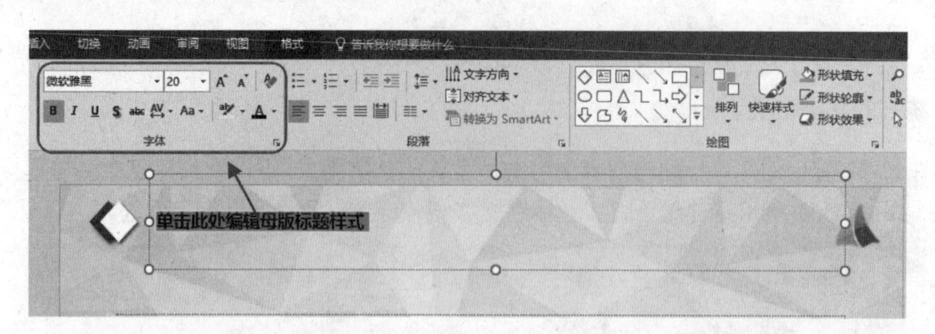

图 12-56

❸ 选中“单击此处编辑母版文本样式”文字，在“开始”→“字体”选项组中设置文字格式（字体、字形、颜色等），如图 12-57 所示。

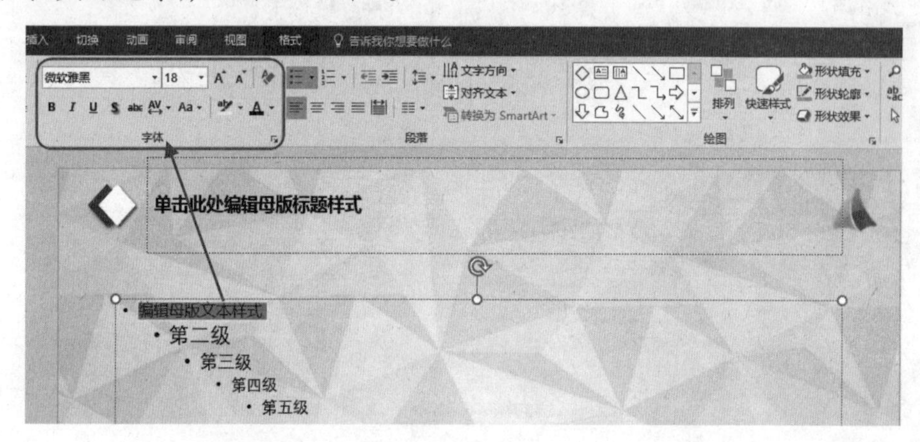

图 12-57

❹ 再依次设置其他级别文本格式并调整占位符的位置，达到如图 12-58 所示的效果。

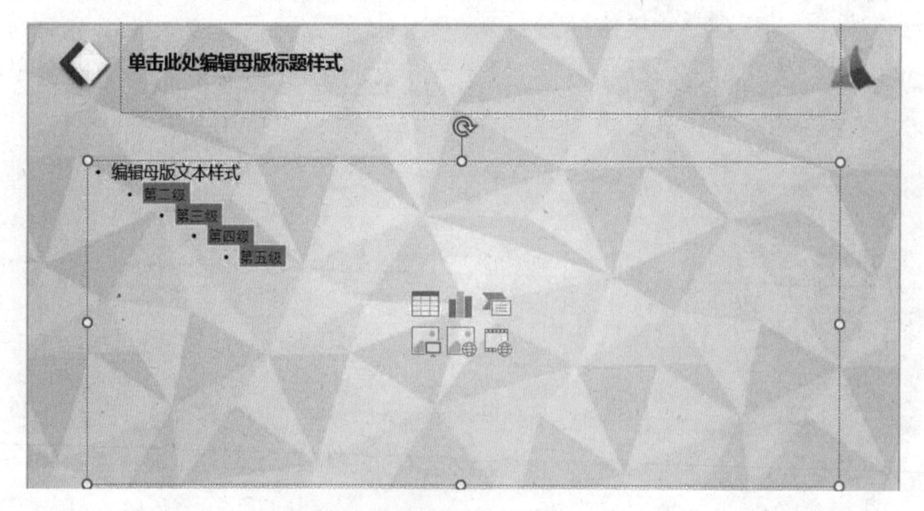

图 12-58

❺ 在“关闭”选项组中单击“关闭母版视图”按钮回到幻灯片中，可以看到所有幻灯片标题

文本与一级文本的格式都已按照在母版中所设置的效果显示。

2. 统一的项目符号

从幻灯片的默认版式中可以看到，内容占位符中都有项目符号，用于显示不同级别的条目文本。那么如果默认的项目符号不美观，可以进入母版中统一进行定制。

❶ 在“视图”→“母版视图”选项组中单击“幻灯片母版”按钮，进入母版视图中，在左侧选中“标题和文本”版式。

❷ 光标定位于“编辑母版文本样式”文字前，在“开始”→“段落”选项组中单击“项目符号”下拉按钮，在打开的下拉菜单中选中“带填充效果的钻石形项目符号”，如图 12-59 所示。

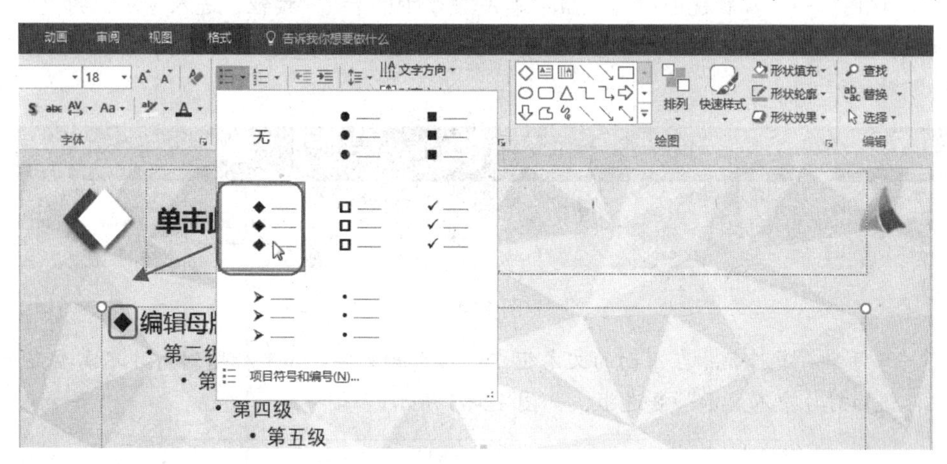

图 12-59

❸ 关闭母版视图，可以看到这一级文本前面的项目符号样式都被改变了，如图 12-60 所示。

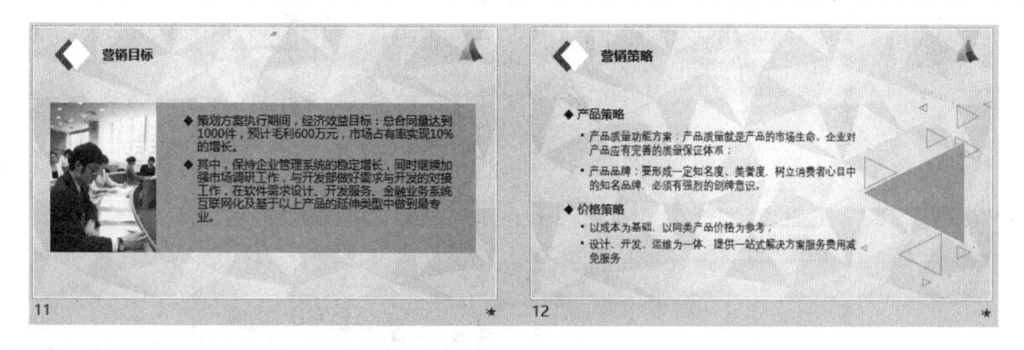

图 12-60

12.2.5 统一个性页脚

如果希望所有幻灯片都使用相同的页脚效果，也需要进入到母版视图中进行编辑。如图 12-61 所示为所有幻灯片都使用“团结协作 共创佳绩”页脚的效果（其中封面幻灯片未应用页脚）。

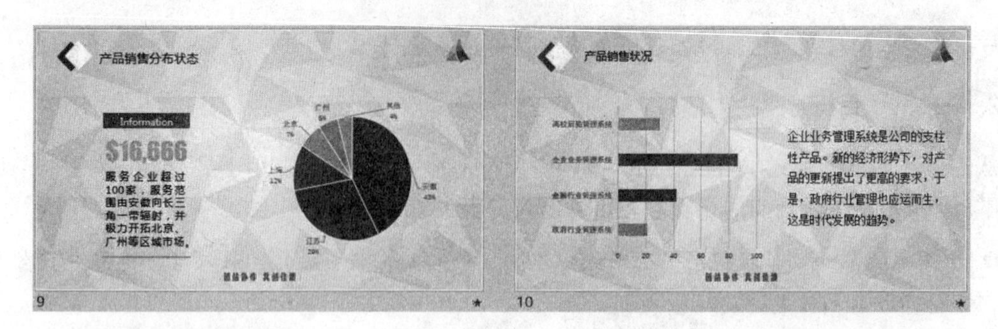

图 12-61

❶ 在“视图”→“母版视图”选项组中单击“幻灯片母版”按钮，进入母版视图中。在左侧选中主母版，在“插入”→“文本”选项组中单击“页眉和页脚”按钮（见图 12-62），打开“页眉和页脚”对话框。

图 12-62

❷ 选中“页脚”复选框，在下面的文本框中输入页脚文字，如果标题幻灯片不需要显示页脚，则撤选“标题幻灯片中不显示”复选框，如图 12-63 所示。

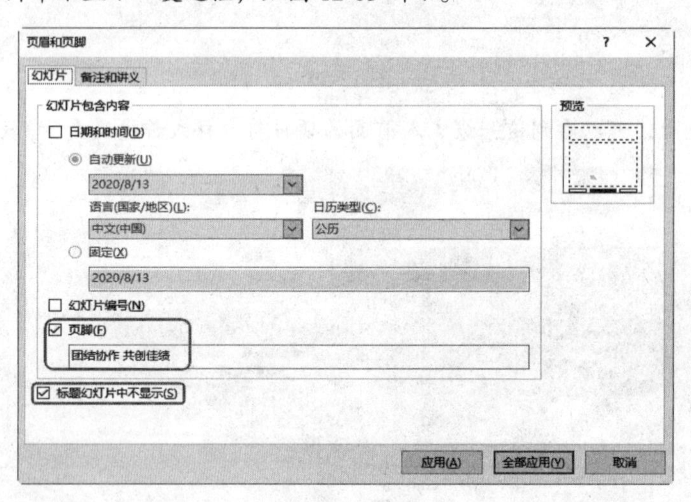

图 12-63

❸ 单击“全部应用”按钮即可在母版中看到页脚文字，如图 12-64 所示。

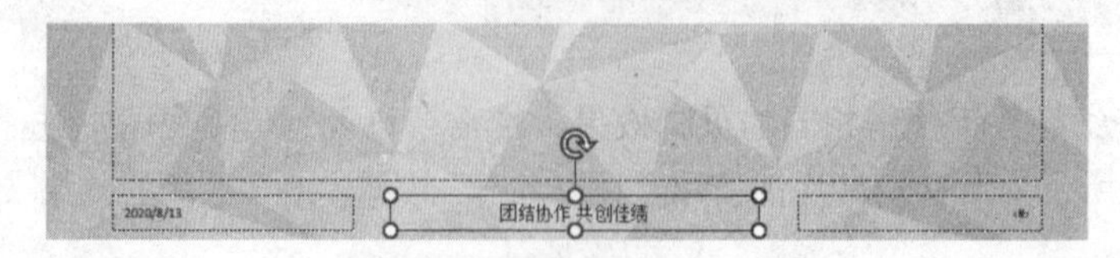

图 12-64

❹ 对文字及文本框进行格式设置，可以设置字体、字号、字形，即根据设计思路选用合理的美化方案，如图 12-65 所示。

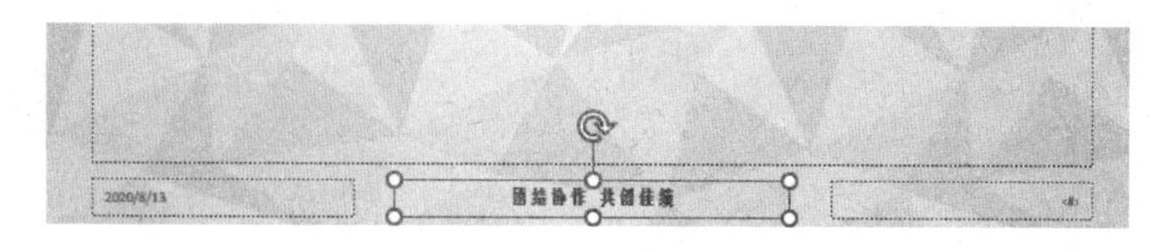

图 12-65

❺ 设置完成后，关闭母版视图即可看到每张幻灯片都显示了相同的页脚。

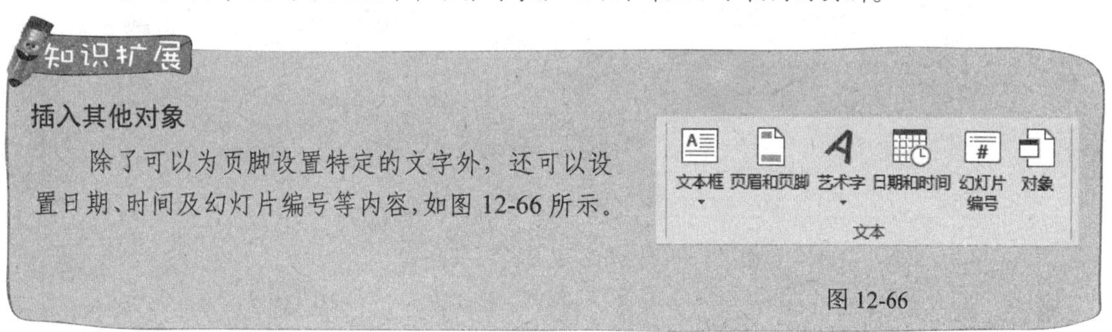

知识扩展

插入其他对象

除了可以为页脚设置特定的文字外，还可以设置日期、时间及幻灯片编号等内容，如图 12-66 所示。

图 12-66

12.2.6 自定义版式

系统自带了 11 种版式，像“标题幻灯片”“标题和内容”“两栏内容”等都是程序自带的版式。在新建幻灯片时可以选择这些版式创建新幻灯片（在 12.1.4 小节中已经讲解过）。但如果想使用的版式是这些列表中没有的，则可以自定义创建新版式。自定义创建新版式可以在原版式上修改，也可以完成重新创建一个新版式。无论是哪种情况，所做的更改都会保存到版式列表中，方便重复使用。

例如我们要创建一个转场页的版式（因为这个版式整篇演示文稿需要多次使用到），下面以“节标题”版式为基础进行修改。

1. 在母版中编辑版式

❶ 在“视图”→“母版视图”选项组中单击“幻灯片母版”按钮，进入母版视图中，在左侧选中“节标题”版式，如图 12-67 所示。

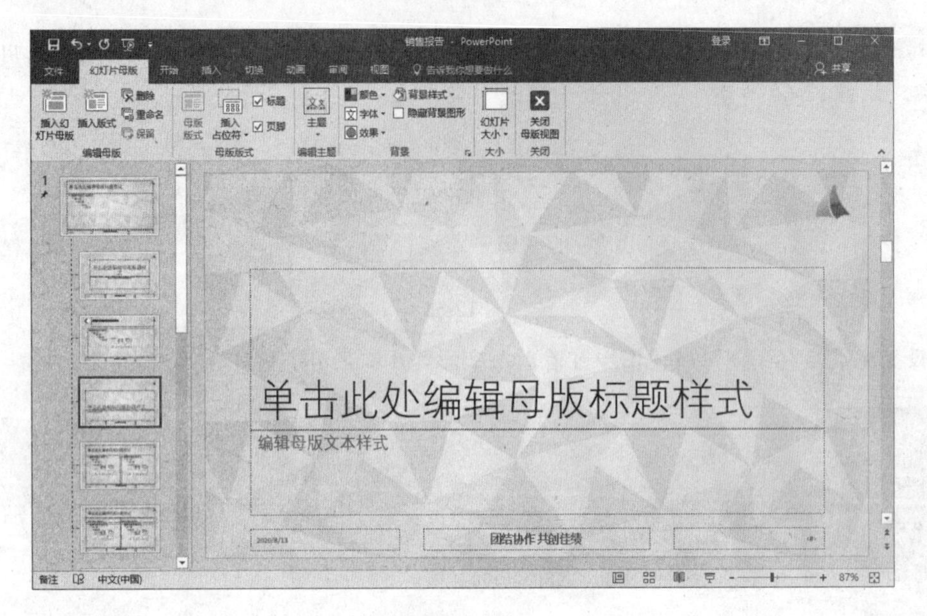

图 12-67

❷ 在“插入”→“插图”选项组中单击“形状”下拉按钮，在下拉菜单中单击选中“矩形”图形样式（见图 12-68），此时光标变为十字图形样式，在选定的幻灯片版式上完成绘制，如图 12-69 所示。

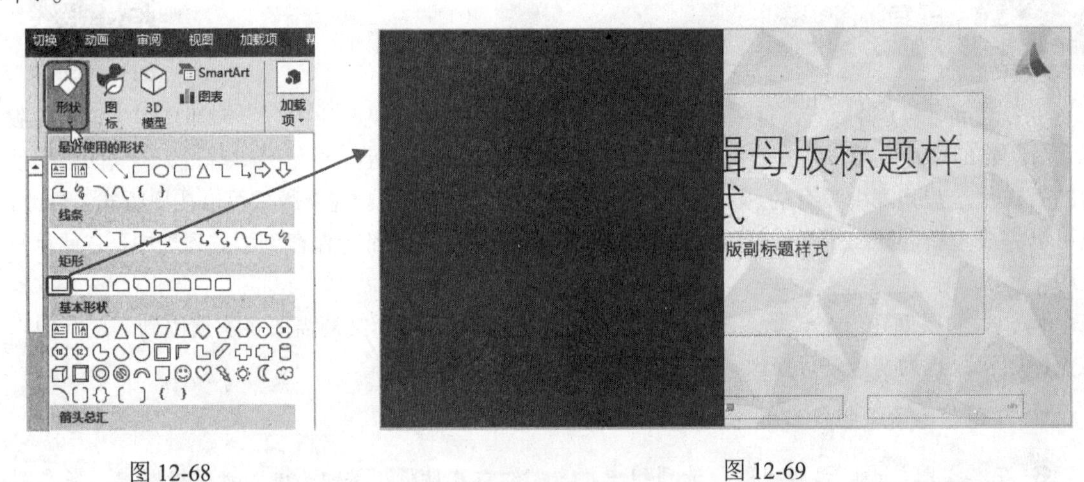

图 12-68　　　　图 12-69

❸ 按照同样的方法在“矩形”图形的右侧边线上绘制“等腰三角形”图形，如图 12-70 所示。

❹ 接着添加圆形，并设置内侧圆形为纯白色无轮廓形状效果，设置外侧圆形为无填充圆点轮廓效果，如图 12-71 所示。

图 12-70

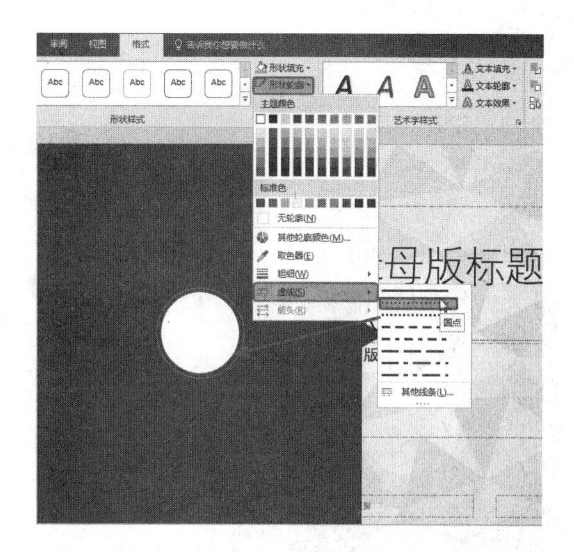

图 12-71

提 示

图形是幻灯片设计中一个非常重要的元素，通过图形的组合设计可以完成很多有创意的设计效果，关于图形的应用及格式设置将在后面的章节中重点介绍。

❺ 选中标题占位符，将鼠标指针指向左上角拐角处（见图 12-72），按住鼠标左键向右下角拖动即可更改占位符的大小，如图 12-73 所示的效果。

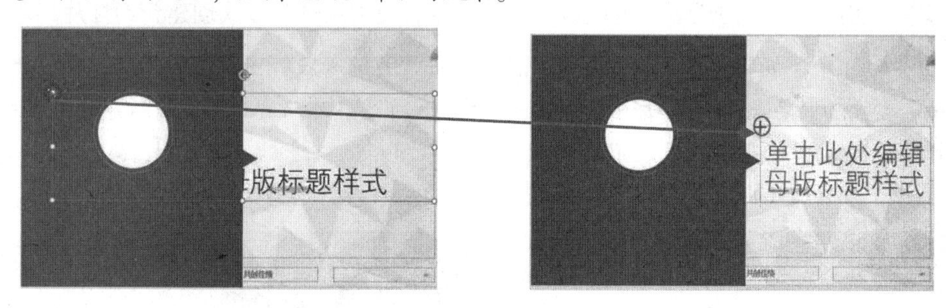

图 12-72　　图 12-73

❻ 选中占位符中的文本（见图 12-74），可对文字的格式进行设置（12.2.3 小节已做讲解），如图 12-75 所示的效果。

图 12-74

图 12-75

知识扩展

解决占位符被覆盖的问题

在添加图形后，如果占位符被图形遮挡，并想让占位符显示在图形的上方，则需要选中占位符，单击鼠标右键，在弹出的快捷菜单中单击“置于顶层→置于顶层”命令（见图 12-76），即可达到目的，如图 12-77 所示。

图 12-76 　　图 12-77

2. 应用版式创建新幻灯片

在母版中将版式编辑完成后，可以退出母版，然后使用编辑的版式创建新幻灯片。

❶ 在“幻灯片母版”选项卡的“关闭”组中单击“关闭母版视图”退出母版，在“开始”→“幻灯片”选项组中单击“新建幻灯片”按钮，打开下拉菜单可以看到“节标题”这个版式的效果已经被更改了，如图 12-78 所示。

❷ 单击“节标题”版式，即可以此版式创建新的幻灯片，如图 12-79 所示。

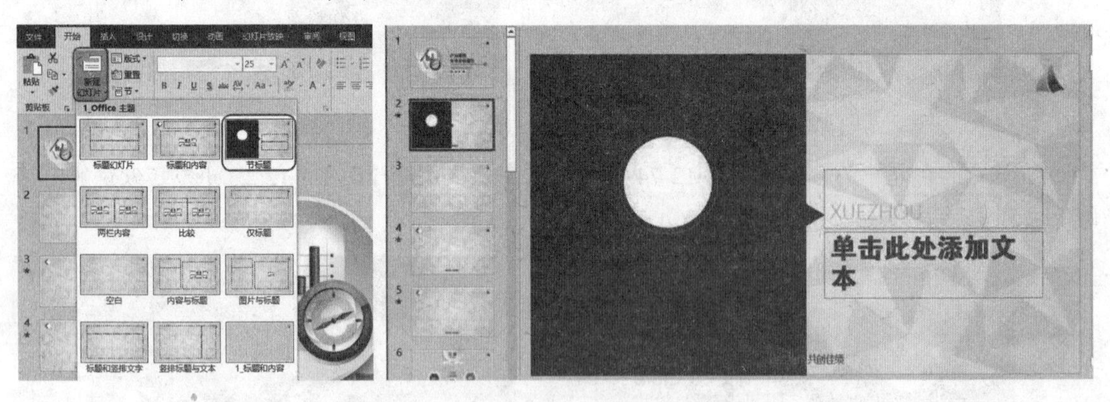

图 12-78　　图 12-79

❸ 在幻灯片中编辑文本，生成第一张节标题幻灯片，如图 12-80 所示。当进入下一节时，再依据此版式创建新幻灯片，然后编辑相应内容即可，如图 12-81 所示。

图 12-80

图 12-81

12.3 输入与编辑文本

文字是 PPT 页面的重要组成部分。虽然很多时候我们都在强调要多用图少用字，甚至是能用图的就不用字，但是任何观点都不是绝对的，假如你想表达较为抽象的一个观点，只用图？试想一下，有多少人愿意花费过多的心思去思索或是揣测，可能这时还不如用总结性的文字更加直接。

当然对于这必不可少的文字信息，我们也不是不做任何处理得随意堆积于幻灯片上，对于大篇幅的文字该总结的要总结，该提炼的要提炼，该设计的还要设计，这样才能让文字信息有条理地展现出来，重点信息突出展现出来，同时也优化了版面的视觉效果。

12.3.1 在占位符中输入文本

幻灯片上的“占位符“是指先占住一个固定的位置，表现为一个虚框，虚框内部有“单击此处添加标题”之类的提示语（见图 12-82），一旦单击之后，提示语会自动消失。

图 12-82

❶ 将鼠标指针指向占位符的任意位置处，单击一次提示文字消失，并且光标在框内闪烁（见图 12-83），此时即可输入文本，如图 12-84 所示。

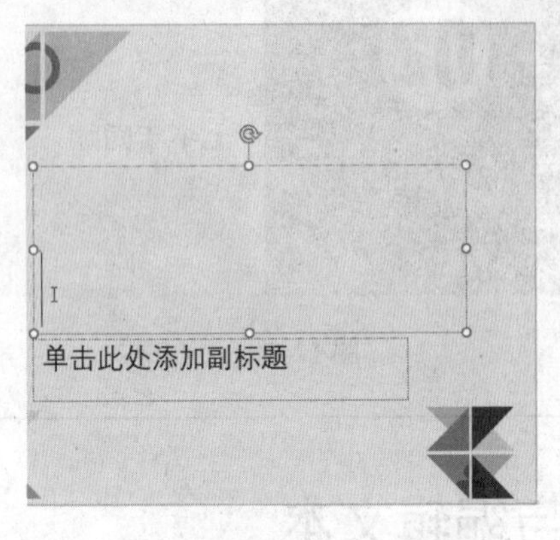

图 12-83

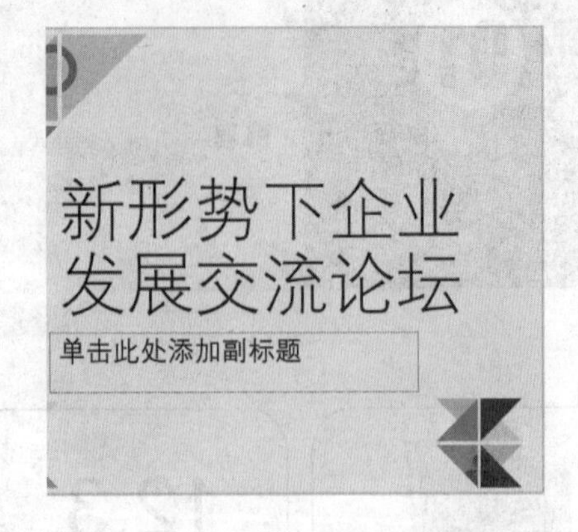

图 12-84

❷ 接着鼠标指针指向副标题占位符，按照同样的方法输入副标题，如图 12-85 所示。

❸ 为了使标题更具加醒目，输入文字后可以设置字体格式（12.3.4 小节中会着重讲解），可达到如图 12-86 所示的效果。

图 12-85

图 12-86

知识扩展

其他占位符

除了文本占位符外，有些版式中还有图片占位符、图表占位符以及媒体占位符都是类似于文本占位符用来排版，以达到幻灯片内容不错乱的目的，使用户更能有效地输入和编辑内容，也可根据实际内容调整占位符。

12.3.2 调整占位符的大小及位置

无论是幻灯片母版中的占位符还是普通版式中的占位符，在实际编辑时都可以按照当前的排版方案对占位符的大小与位置进行调整。

❶ 选中内容占位符，鼠标指针指向占位符边框右下方尺寸控点上，当其变为“”样式时（见图 12-87），按住鼠标左键当指针变为“+”样式时向左上方拖动到需要的大小（见图 12-88），释放

鼠标后即完成对占位符大小的调整。

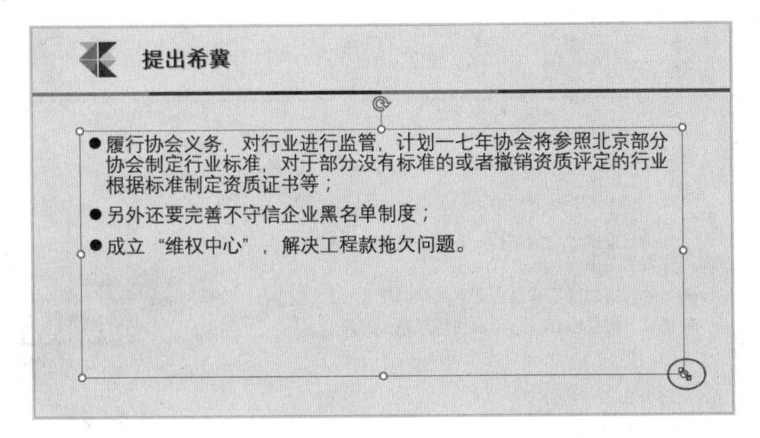

图 12-87

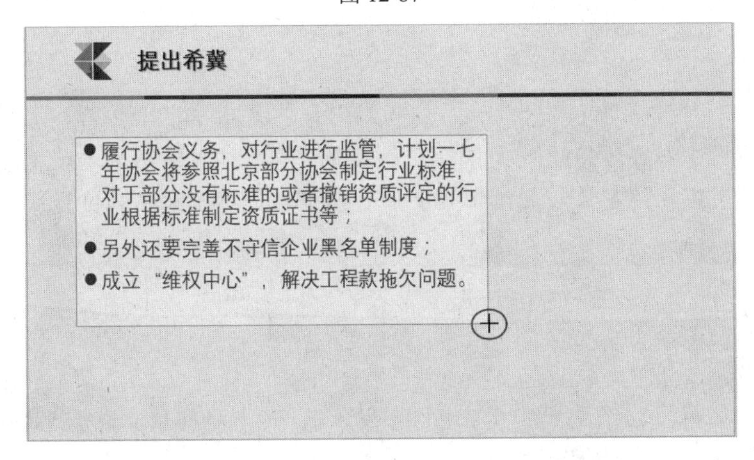

图 12-88

❷ 保持占位符选中状态，将鼠标指针指向占位符边线上（注意不要定位在调节控点上），当其变为“⁜”样式时（见图 12-89），按住鼠标左键当指针变为“⁜”样式时向下拖动到合适位置（见图 12-90），释放鼠标后即可完成对占位符位置的移动。

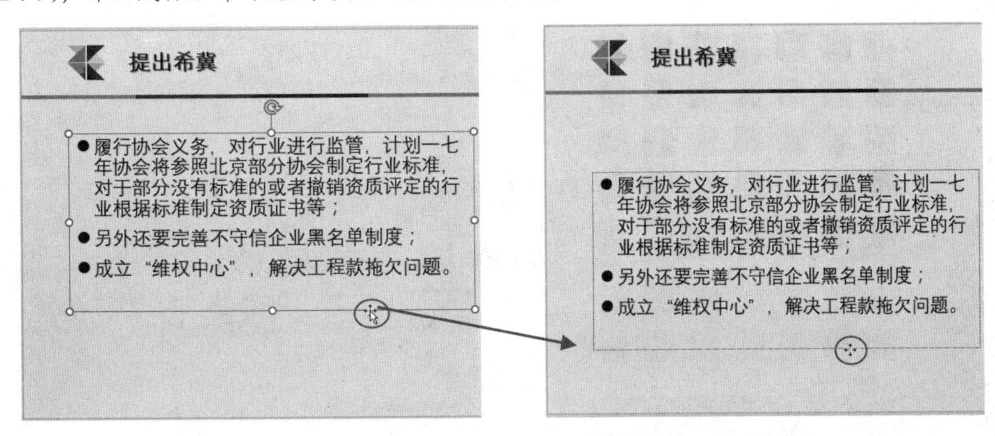

图 12-89　　　　图 12-90

❸ 调节占位符后可根据实际需要添加图片、图形元素以布局版面，如图 12-91 所示。

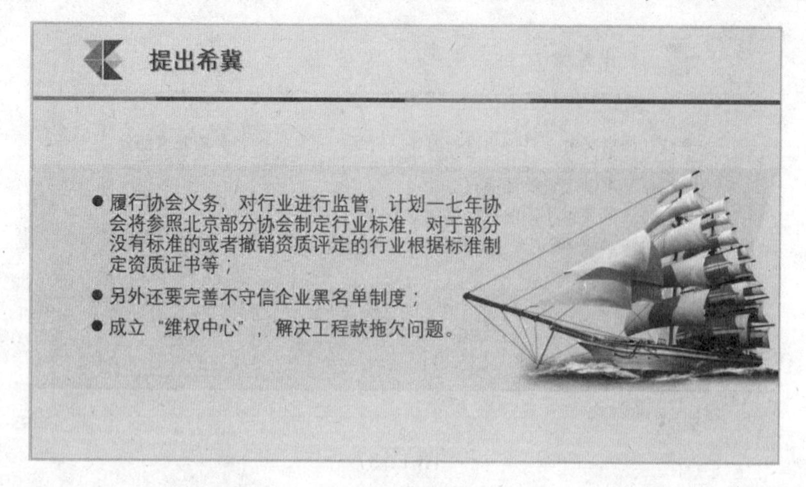

图 12-91

提示

在普通视图中向占位符输入文本时，如果占位符不足以满足文本长度的大小，会导致文本自动换行或压缩字号，此时都需要通过调整占位符的大小和位置以使文本能够完整呈现。

知识扩展

快速美化占位符

在占位符输入文本后，占位符实就是一个文本框，我们通过格式设置快速美化占位符。

选中占位符框，在“绘图工具-格式”→“形状样式”选项组中单击“▾”下拉按钮，在下拉菜单中单击样式即可快速应用到选中的占位符上，如图 12-92 所示。

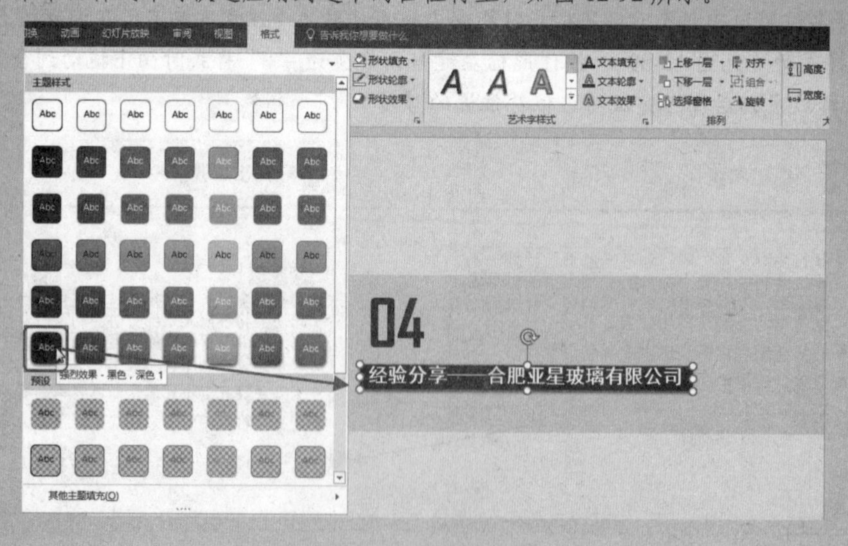

图 12-92

12.3.3 利用文本框添加文本

如果幻灯片使用的是默认版式，如“标题和内容”和“两栏内容”版式等，其中包含的文本占位符是有限的。有些幻灯片版面布局活跃，设计感明显，此时需要更加灵活地使用文本框，即当某个位置需要输入文本时，直接绘制文本框并输入文字。如图 12-93 所示幻灯片中，多处包含自由文本框。

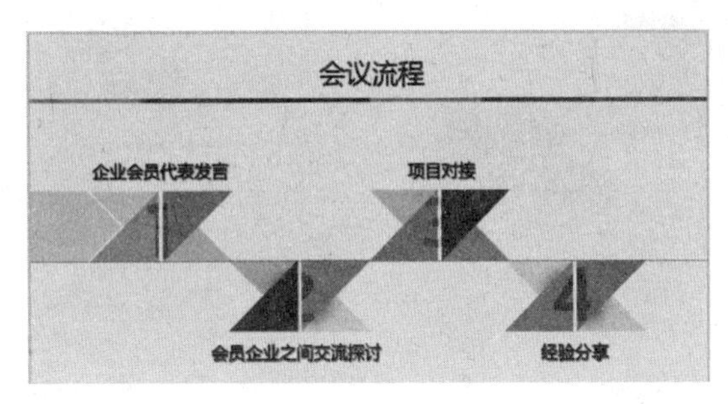

图 12-93

1. 绘制文本框

❶ 在“插入”→“文本”选项组中单击“文本框”下拉按钮，在下拉菜单中单击“横排文本框”命令，如图 12-94 所示。

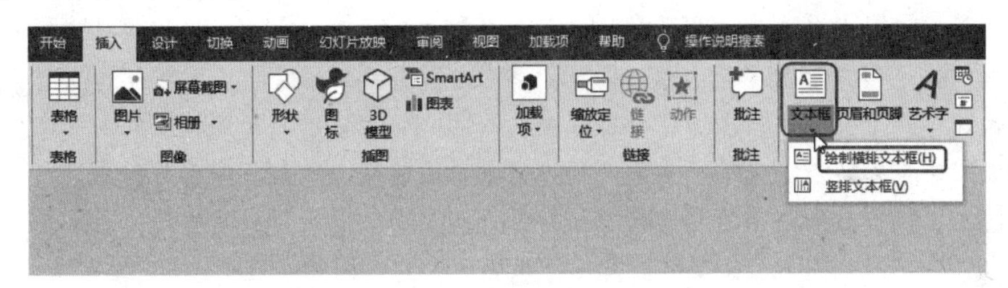

图 12-94

❷ 执行❶步命令后，鼠标指针变为“↓”样式（见图 12-95），在需要的位置上按住鼠标左键不放拖动即可绘制文本框，如图 12-96 所示。

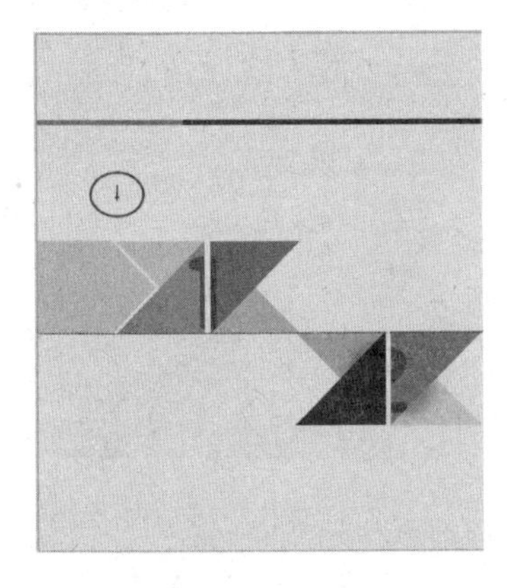

图 12-95

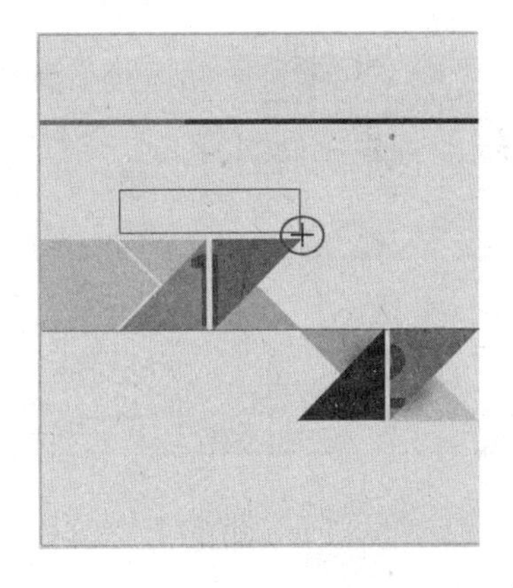

图 12-96

❸ 绘制完成后释放鼠标，光标自动定位到文本框进入文本编辑状态（见图 12-97），此时可在文本框里编辑文字，如图 12-98 所示。

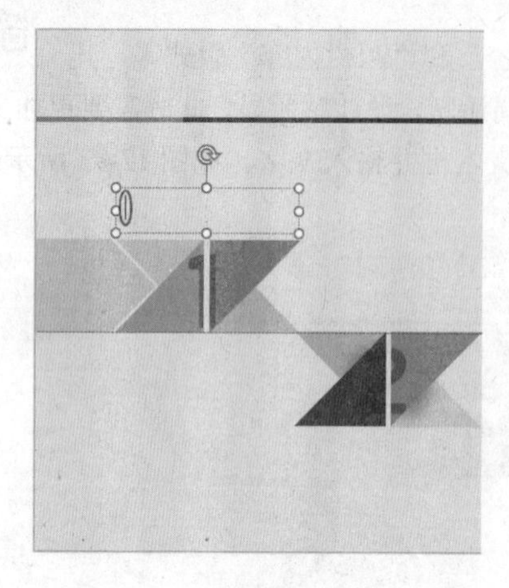

图 12-97

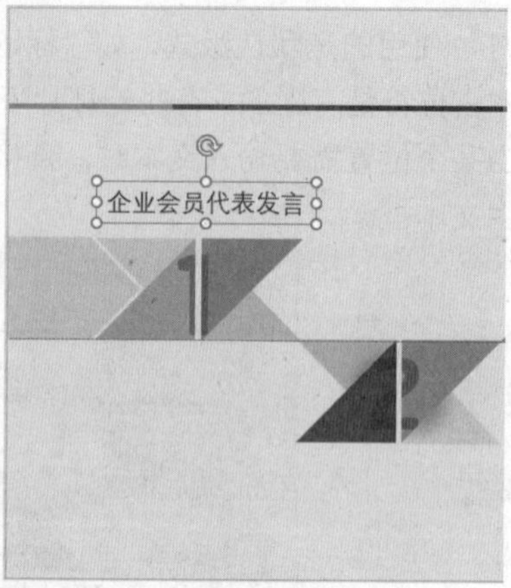

企业会员代表发言

图 12-98

❹ 按照此操作方法可添加其他文本框并输入文字。

知识扩展

关于占位符文本与文本框文本

有的用户会认为使用文本框比使用占位符更加自由灵活，是不是可以直接使用文本框而不使用占位符了呢？针对这一问题，需要了解占位符起到的作用。占位符不但存在于普通幻灯片中，还存在于母版中，因此在占位符中输入的文本可以通过母版控制它的文字格式，而文本框中的文本无法控制。如果演示文稿只有少量的张数，而且每张都是特殊设计的，那么可以不使用占位符；而如果演示文稿页面数量大，页面版式可以分为固定的若干类，那么对于文本内容这一部分则很有必要使用占位符来统一控制它们的文字格式。

如图 12-99 所示的两张幻灯片，虽然页面效果不尽相同，但是都包含标题与正文文本，使用的在占位符中输入文本的方式，对于标题与正文的格式可以通过母版中统一控制和调节。

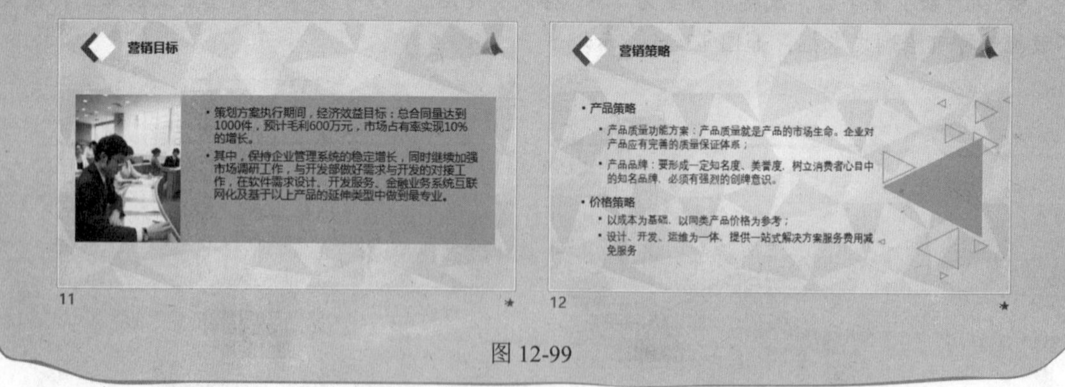

图 12-99

提 示

如果某处的文本框与前面的文本框格式基本相同，可以选中文本框，执行 Ctrl+C 组合键复制，然后按 Ctrl+V 组合键粘贴下来，再重新编辑文字，只要将文本框移至需要的位置上即可。

2. 自定义文本框的外观

无论是文本占位符，还是文本框，在本质上都是实现文本的编辑，所以也都可以为它们设置边框或填充，起到美化的作用。

❶ 选中文本框，在“绘图工具-格式”→“形状样式”选项组中单击“形状填充”下拉按钮，在下拉菜单中为文本框应用能够匹配幻灯片基调的填充色，如图 12-100 所示（鼠标指向时预览，单击即可应用）。

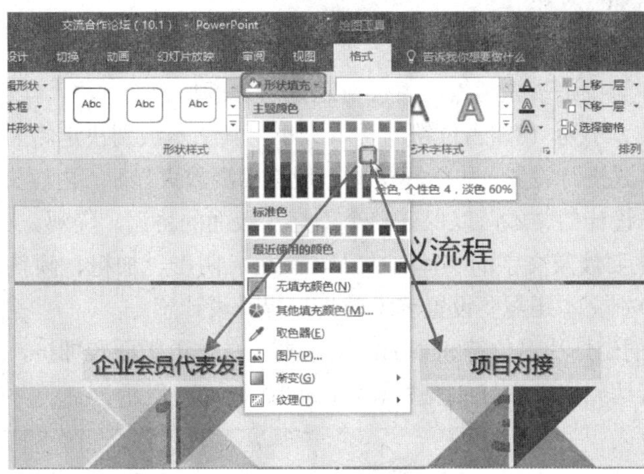

图 12-100

❷ 接着单击“形状轮廓”下拉按钮，在“主题颜色”区域单击即可为文本框应用边框颜色，如图 12-101 所示。

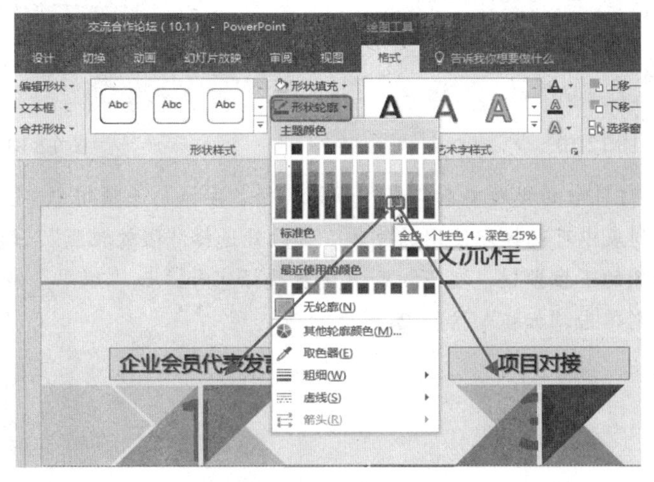

图 12-101

❸ 在如图 12-102 所示幻灯片中，为上面两个文本框应用了填充颜色与线条，下面两个文本框为默认的无填充色无线条，可比对效果。

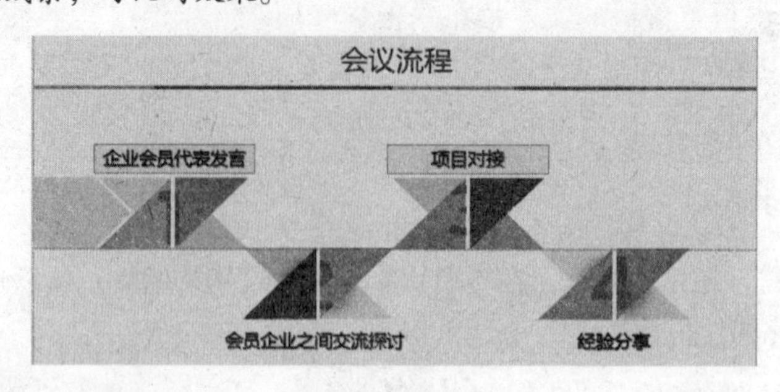

图 12-102

12.3.4 文字格式的设置

由以上内容可见，无论是事先插入的占位符还是后来添加的文本框，默认字体一般为“等线”，字号大小为 18，占位符的文本大小由其文本级别决定。因此很多时候都需要根据设计思路对文字的格式进行设置，如标题文本一般都需要放大显示、内容文本需要保障清晰，另外，还有一些需要特殊设计的文本，以保证整个幻灯片版面的协调、美观。

对文字格式设置主要涉及文字的字体、大小、颜色、阴影、加粗、倾斜、下划线、突出显示颜色的强调效果等，个别文本还需要设置艺术效果以提升设计感。

如图 12-103 所示的幻灯片占位符和添加的文本框，总体上版面较拥挤，可读性差，通过字体格式的设置，可以使其达到比较良好的视觉效果，如图 12-104 所示。

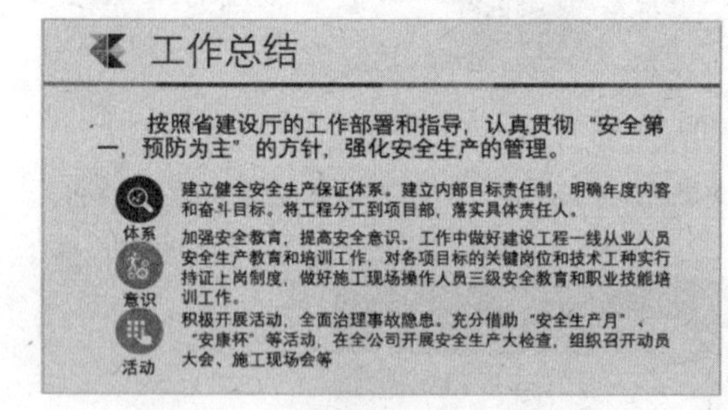

图 12-103

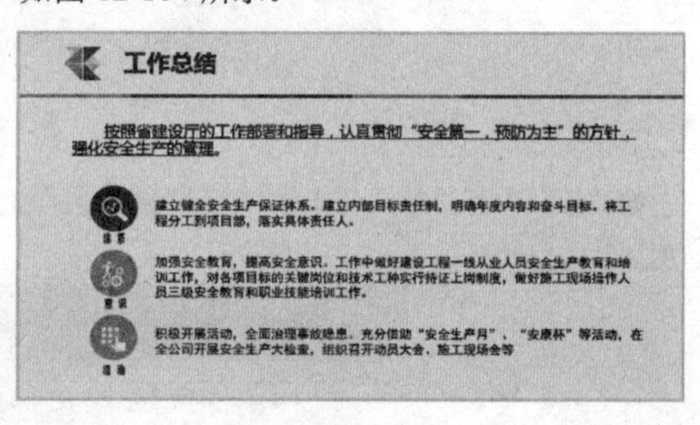

图 12-104

❶ 选择第一张幻灯片中的标题文本，在“开始”→“字体”选项组中单击“字体”设置框右侧下拉按钮，在下拉列表中可选择想使用的字体，如此处选择“微软雅黑”，如图 12-105 所示；单击“字号”设置框右侧的下拉按钮，在下拉列表中可选择字号，如“28“，如图 12-106 所示。如果文字想加粗显示，则单击“加粗”按钮 **B** 一次。

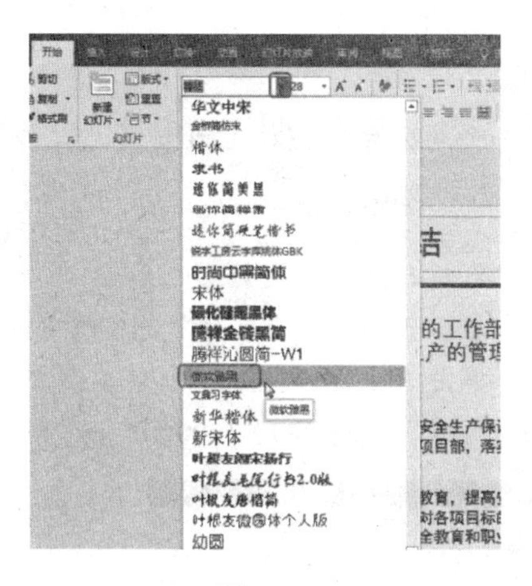

图 12-105

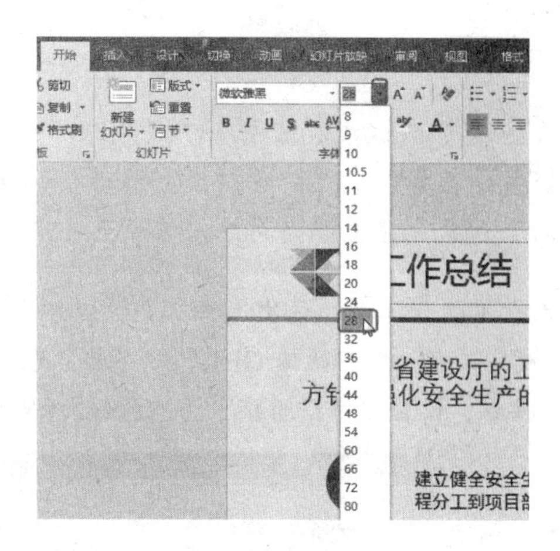

图 12-106

❷ 接着选择内容文本，在“开始”→“字体”选项组中，按相同的方法更改“字体”为“微软雅黑”，设置“字号”为“17”（字号也可以直接在设置框中输入），并单击“加粗”按钮 U，如图 12-107 所示。

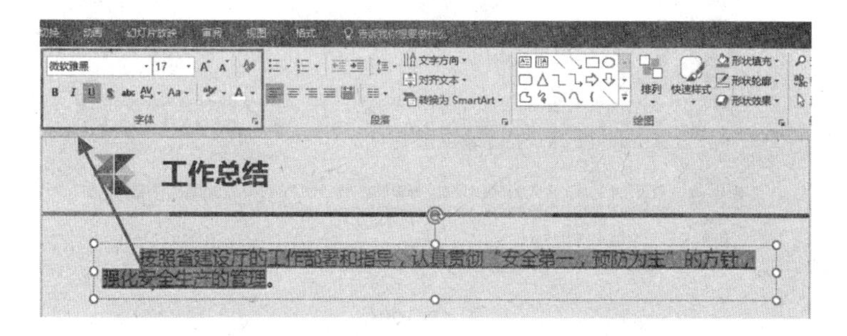

图 12-107

❸ 按住 Ctrl 键不放，依次选择三个类目文本框，在“开始”→“字体”选项组中重置“字体”为“黑体”，“字号”为“14”，如图 12-108 所示。

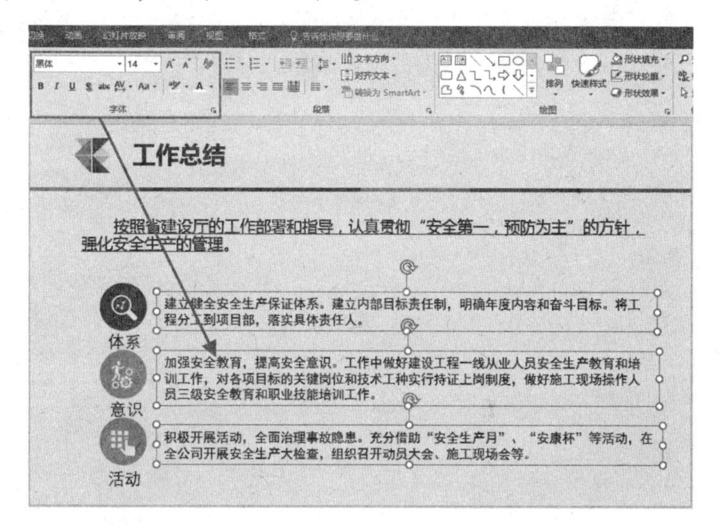

图 12-108

提 示

在配合 Ctrl 键依次选中多个对象时，选中第一个对象后，按住 Ctrl 键不放，再将指针移至另一目标对象上，在对象上移动指针，直到指针变为 样式时，单击一次才可选中第二个对象，接着按相同方法依次选中其他对象。

❹ 按住 Ctrl 键不放，依次选择三个关键词文本框，在“开始”→“字体”选项组中重置“字体”为“锐字工房云字库姚体 GBK”，“字号”为“12”，单击“阴影”按钮，接着单击“”（字符间距）按钮，设置“字符间距”为“稀疏”（默认为“常规”），如图 12-109 所示。

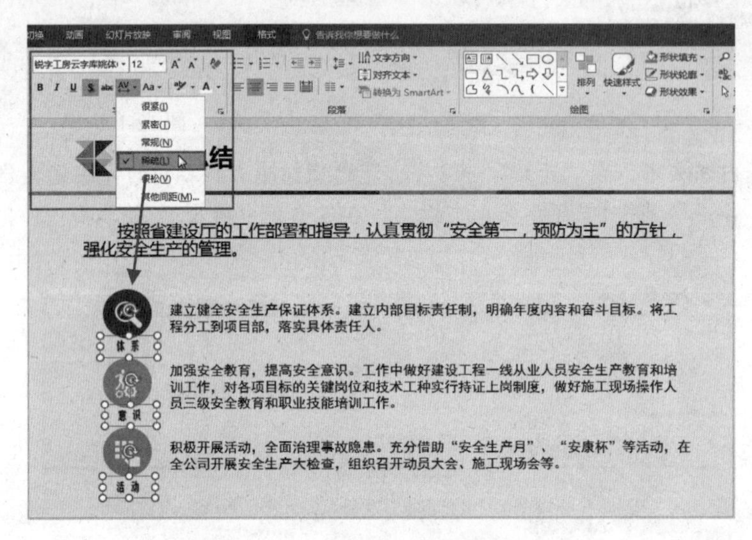

图 12-109

知识扩展

清除文字格式

如果对格式设置不满意，可以选中文本，在“开始”→“字体”选项组中单击“清除所有格式”按钮，实现一次性对所有格式的彻底清除。

第 13 章 图文混排型幻灯片的编排

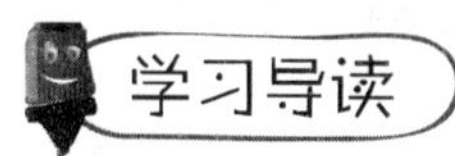

学习导读

图片与图形是增强幻灯片可视化效果的核心元素。在添加图片和图形到幻灯片中后，既可以对单个对象进行美化编辑，同时也要注意整张幻灯片中的布局安排与混排效果。

学习要点

- 在幻灯片中添加图形、图片
- 图形填充、边框、特殊效果的设置
- 应用 SmartArt 图
- 图形的修整及在幻灯片中的排版

13.1 “产品展示”演示文稿中编排图片

图片是增强幻灯片可视化效果的核心元素。合理使用图片元素能够辅助观众解读幻灯片中的信息内容。在幻灯片中插入精美的图片还能够使画面更加丰富，更加吸引观众视线。因为图片不仅能直观地传递信息，还能够美化页面，渲染演示气氛。但要想让图片真正起到上面所描述的效果，就一定要选对图片。在幻灯片中一般会使用两种类型的图片。

- 有创意关联

有创意关联，简言之就是要兼顾美观、匹配和故事性。美观可以包含色彩、清晰度以及与背景是否协调等；匹配是指要与当前表达的主题有关联；故事性是指最好再能给人延伸及遐想的兴趣。这三方面的要求至少要做到两样，才能算是用了基本正确的图片。

- 有真实形象

有时，需要提供真实图片才具说服力，比如产品的图片避免所获取的成就实拍展示等。一般与工作有关的场景很多时候需要使用真实的图片进行展示。

使用这类图片在保护原始性的同时，要对图片进行处理，高矮、大小不一，随意粗糙堆积在一起。其实处理起来也很容易，例如使用统一边框、裁切为统一形状等。

“产品展示”类演示文稿是一种常用的工作型PPT，通常新品首发或者产品介绍时都要用到。下面以建立“产品展示”演示文稿为例介绍如何应用及编排图形。

13.2 插入图片及其大小位置调整

要使用图片必须先插入图片，插入的默认图片其大小和位置有时并不适合版面要求，为了达到预期的设计效果，通常都需要对图片的大小和位置进行调整。

13.2.1 插入图片

❶ 选中目标幻灯片，在“插入”→“图像”选项组中单击“图片”按钮（见图13-1），打开“插入图片”对话框，在地址栏中定位到图片的保存位置，选中目标图片，如图13-2所示。

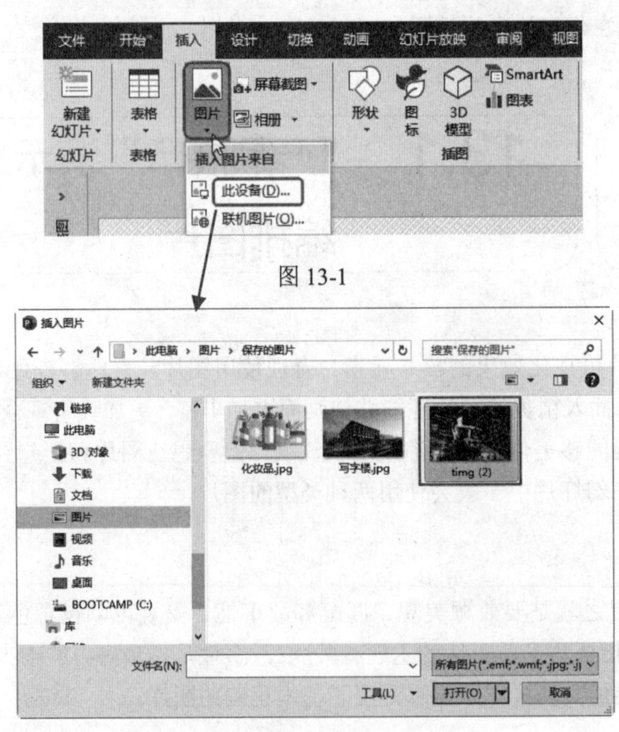

图 13-1

图 13-2

❷ 单击“插入”按钮，插入后效果如图 13-3 所示。

图 13-3

❸ 保持图片的选中状态，将鼠标指针指向左上方拐角（见图 13-4），光标变为样式，按住鼠标左键不放，光标变为＋样式，拖动鼠标可成比例放大或缩小图片，如图 13-5 所示。

图 13-4

图 13-5

❹ 图片大小调到合适的尺寸后，继续保持图片选中状态，光标定位除边缘控点外的任意位置，光标变为样式（见图 13-6），此时按住鼠标左键不放，光标变为样式，可将图片移动合适的位置（见图 13-7），释放鼠标即可。

图 13-6

图 13-7

❺ 为图片设置边框并使用图形进行边角修饰，可达到如图 13-8 所示的效果。

图 13-8

提 示

如果要使用的图片是当前从网络中搜索到的，可以将其保存到电脑中再按上面操作执行插入，也可以复制图片，然后切换到目标幻灯片中，按 Ctrl+V 组合键粘贴到幻灯片。

13.2.2 插入图标

在 PowerPoint 2019 版中可以插入指定图标，程序内置了一些矢量图标，如果设计中想使用这些图标就不必去搜索了，直接在程序中就可以插入。

❶ 选中目标幻灯片，在“插入”→“插图”选项组中单击“图标”按钮（见图 13-9），打开“插入图标”对话框。

图 13-9

❷ 左侧列表是对图标的分类，可以选择相应的分类，然后在右侧选择想使用的图标，可以一次性选中多个，如图 13-10 所示。

❸ 单击“插入”按钮即可插入图标到幻灯片中，如图 13-11 所示。

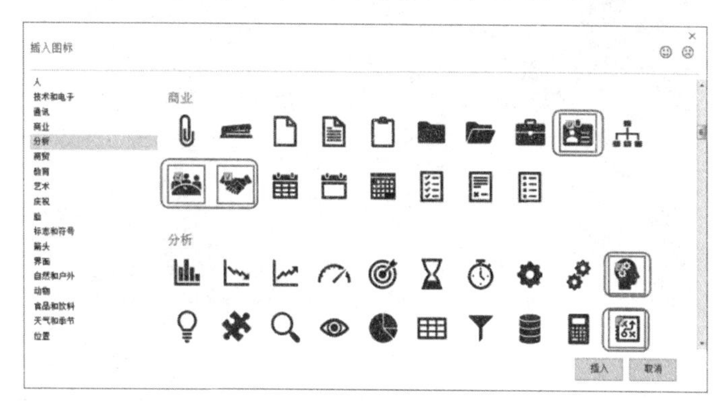

图 13-10

图 13-11

❹ 图标可以移至目标位置（见图 13-12），并且可以在“图形工具-格式”→“图形样式”选项组中单击“图形填充”按钮，在下拉菜单中可选择颜色对图形重新着色，如图 13-13 所示。

图 13-12

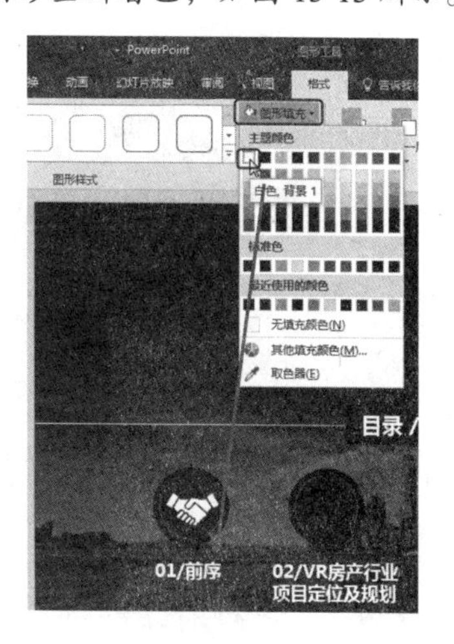

图 13-13

❺ 如图 13-14 所示是多图标应用于幻灯片中的效果。

图 13-14

13.3 裁剪图片

默认插入的图片不一定能正好满足版面的设计需要，我们可能需要的只是图片的部分元素，这时可以对图片进行裁剪。裁剪有两种方式，一是自由裁剪，即裁剪掉图片的上下左右多余的部分；二是将图片整体裁剪为自选图形样式。

13.3.1 裁剪图片多余部分

当前插入的图片如图 13-15 所示，下面对此图进行裁剪，让其贴切地应用于幻灯片中。

图 13-15

❶ 选中图片，在“图片工具-格式”→“大小”选项组中单击“裁剪”按钮，此时图片边缘上会出现 8 个裁切控制点，如图 13-16 所示。

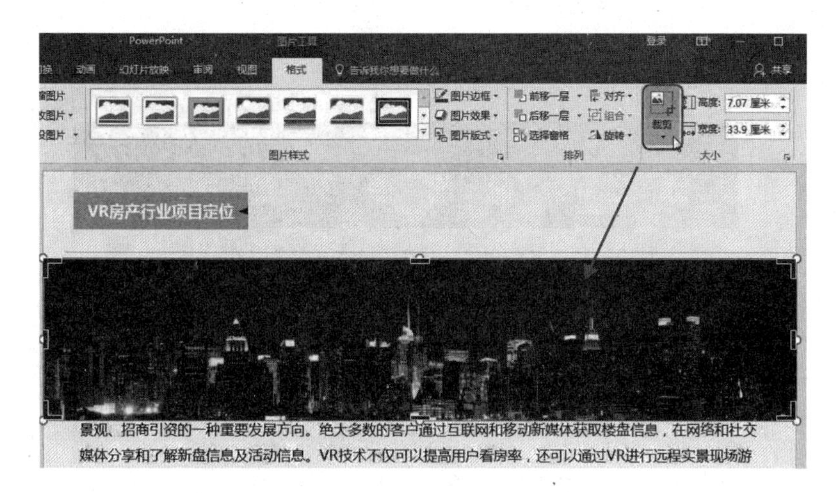

图 13-16

❷ 使用鼠标左键拖动相应的控制点到合适的位置即可对图片进行裁剪。先定位到底部中间控点，向上拖动可裁剪底部，如图 13-17 所示；定位到顶部中间控点，向下拖动可裁剪顶部，如图 13-18 所示。

图 13-17

图 13-18

❸ 调整完成后在图片以外的位置任意单击一次即可完成图片的裁剪。稍后移动图片到合适位置，幻灯片效果如图 13-19 所示。

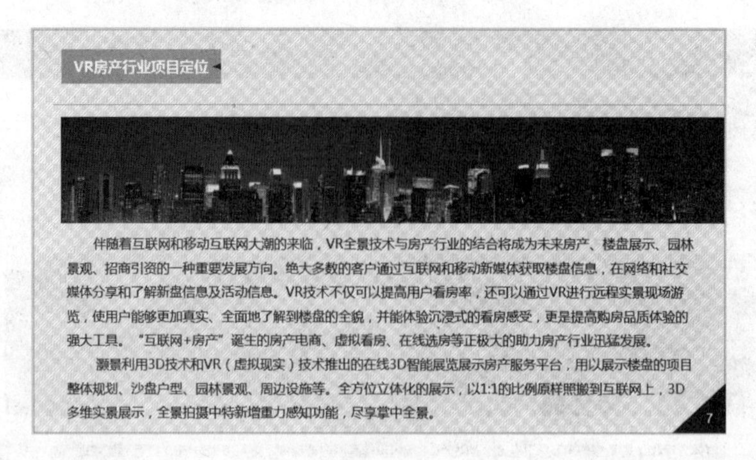

图 13-19

13.3.2 将图片裁剪为自选图形样式

插入图片后为了满足设计需求也可以快速将图片裁剪为自选图形的样式。

❶ 选中图片，在“图片工具-格式”→“大小”选项组中单击“裁剪”下拉按钮，在下拉菜单中选中“裁剪为形状”，在弹出的子菜单中选择“平行四边形”，如图 13-20 所示。

图 13-20

❷ 单击“平行四边形”即可将图形裁剪为指定形状样式，达到如图 13-21 所示的效果。

图 13-21

13.4 图片的边框调整

在插入图片后，默认情况下图片是不具备边框线的（见图 13-22），但有时为了美化图片需要为图片添加边框。

图 13-22

13.4.1 快速应用框线

❶ 选中图片，在“图片工具-格式”→“图片样式”选项组中单击“图片边框”下拉按钮，在下拉菜单的“主题颜色”区域中选择边框颜色，如图 13-23 所示。

❷ 接着在“图片边框”下拉按钮的下拉菜单中单击“粗细”选项，在子菜单中选择线条的粗细值，如图 13-24 所示。

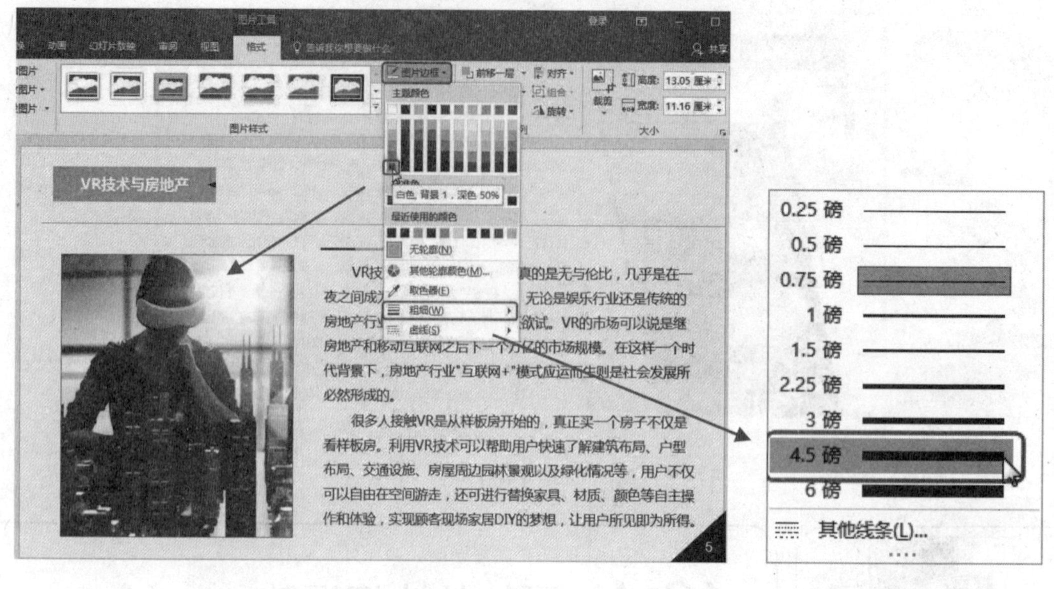

图 13-23　　　　图 13-24

❸ 设置线条的粗细值后，图片边框如图 13-25 所示。

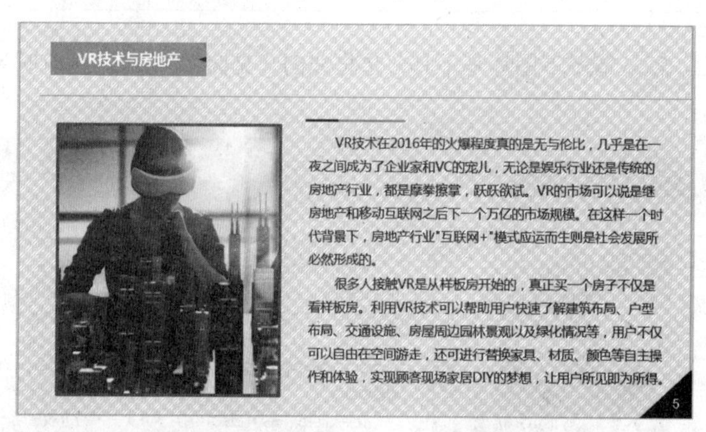

图 13-25

13.4.2 精确设置边框效果

除了在以上功能区域设置图片的边框效果以外，还可以打开"设置图片格式"右侧窗格进行边框线条的设置，而有些线条格式（如双线效果、渐变线效果）则必须打开右侧窗格来设置。

❶ 选中图片（可以一次性选中多张），在"图片工具-格式"→"图片样式"选项组中单击◲按钮（见图 13-26），打开"设置图片格式"右侧窗格。

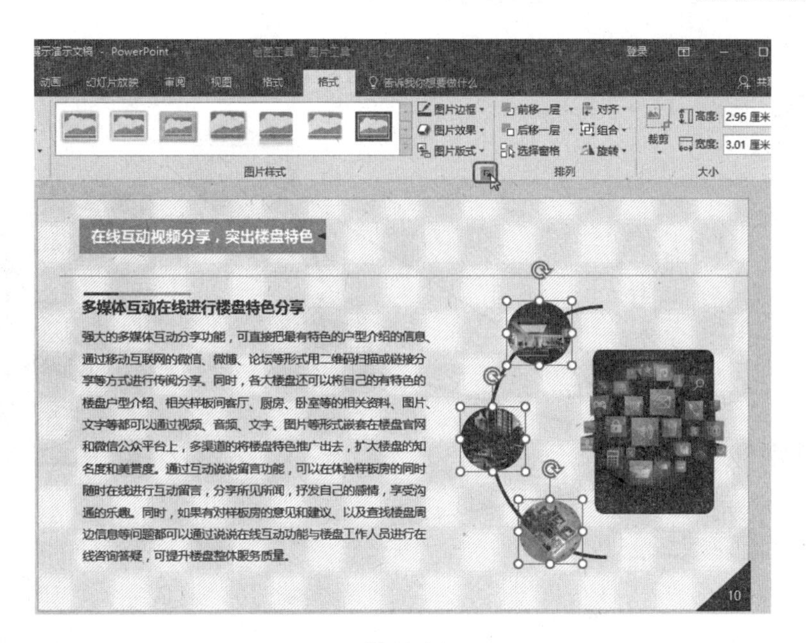

图 13-26

❷ 单击“填充与线条”标签按钮，展开“线条”栏，选中“实线”单选按钮，设置颜色、“宽度”框中设置的是线条的粗细值，单击“复合类型”右侧的下拉按钮，可以选择几种复合线条类型，如图 13-27 所示。

❸ 设置完成后，即可为图片应用所设置的边框效果，如图 13-28 所示。

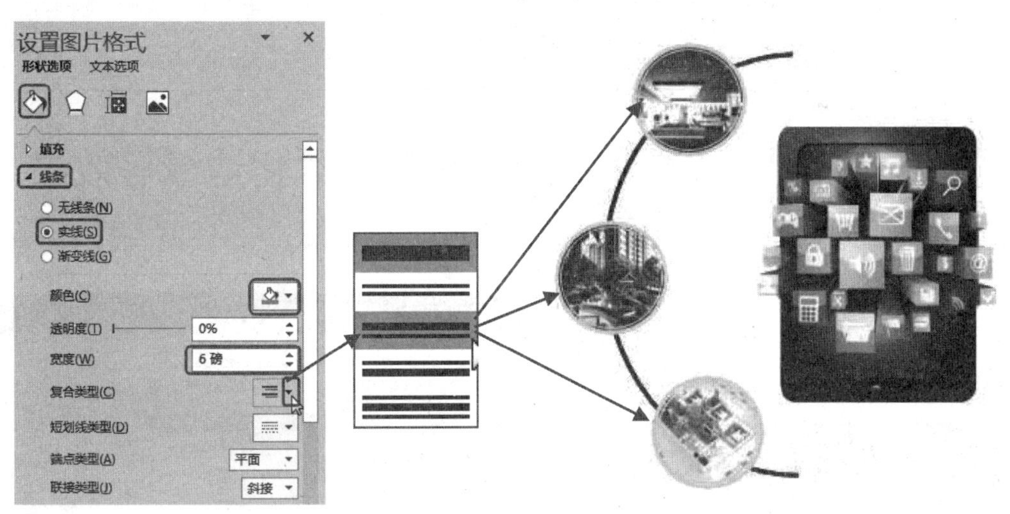

图 13-27　　图 13-28

如果想实现渐变线的效果，则单击选中“渐变线”单选按钮，设置渐变参数，如图 13-29 所示。设置后即可将渐变线的效果应用于图片边框，如图 13-30 所示。

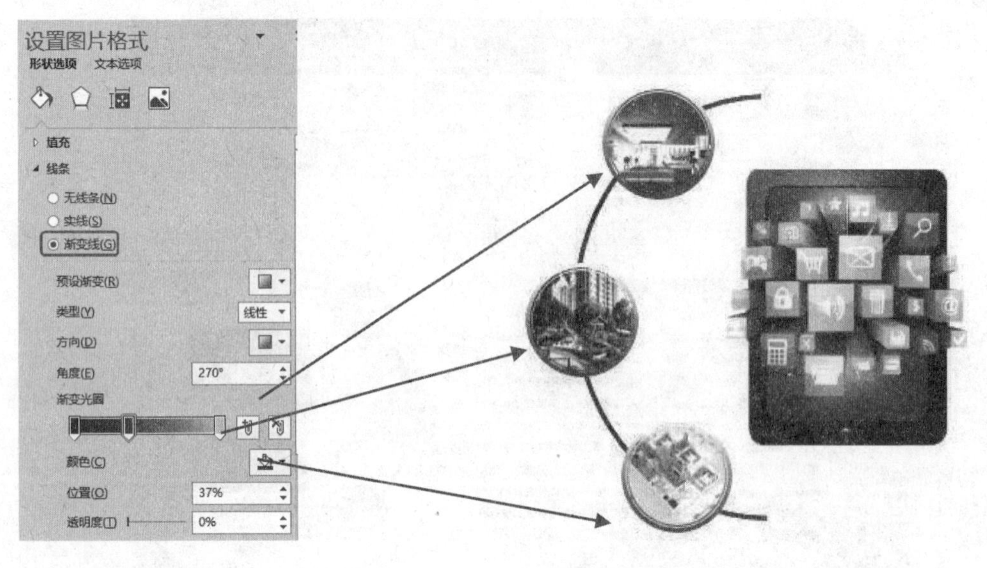

图 13-29　　　　　　　　　　　　　　图 13-30

提　示

无论是填充线条或图形，还是填充文字，凡是用到渐变效果，对参数的设置方法是一样的，即可以选择预设渐变，设置渐变类型，设置渐变方向，调整光圈位置、设置光圈颜色、增减光圈等。

在设置图片边框线条为渐变效果时，一是注意线条最好粗一些；二是只要确定要使用的颜色，对其他参数的设置可以不必那么精确。

13.5 图片阴影、柔化边缘等效果

同文本、图形一样，图片也可以设置一些特殊效果，如阴影效果、柔化边缘效果、映射效果等。

13.5.1 设置图片阴影效果

❶ 选中图片，在“图片工具-格式”→“图片样式”选项组中单击“图片效果”下拉按钮，在下拉菜单中鼠标指针指向“阴影”，在弹出的子菜单中选择“偏移 左下”，如图 13-31 所示。

图 13-31

❷ 继续选择“阴影选项”命令，打开“设置形状格式”右侧窗格，在“阴影”一栏中，对阴影参数进行调整（见图 13-32 所示，调整了两项参数），图片的阴影效果如图 13-33 所示。

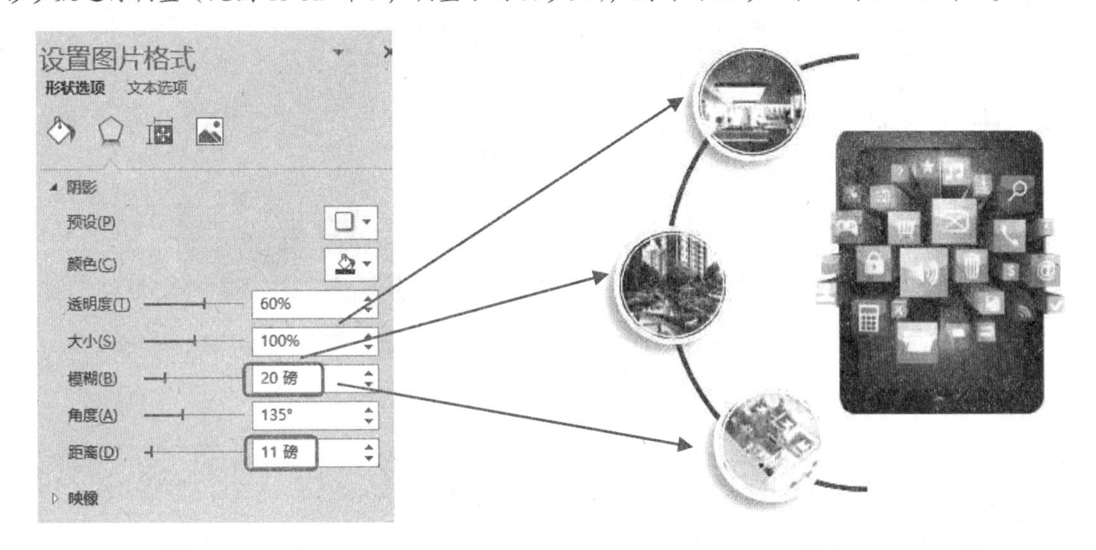

图 13-32　　　　图 13-33

13.5.2 设置图片柔化边缘效果

图片插入到幻灯片时，很多时候会存在硬边缘，这让图片不能很好地与背景融合，如图 13-34 所示幻灯片中，最右侧图片存为白色边缘，而幻灯片底纹使用的是浅灰色，因此图片与幻灯片的融合度不好，这样的问题可以使用柔化图片边缘的功能轻松解决。

图 13-34

❶ 选中图片，在“图片工具-格式”→“图片样式”选项组中单击“◪”按钮（见图 13-35），打开“设置图片格式”右侧窗格。

❷ 单击“效果”标签按钮，展开“柔化边缘”栏，拖动标尺调整柔化的幅度，如图 13-36 所示。经过调整后可以看到改善后的图片效果。

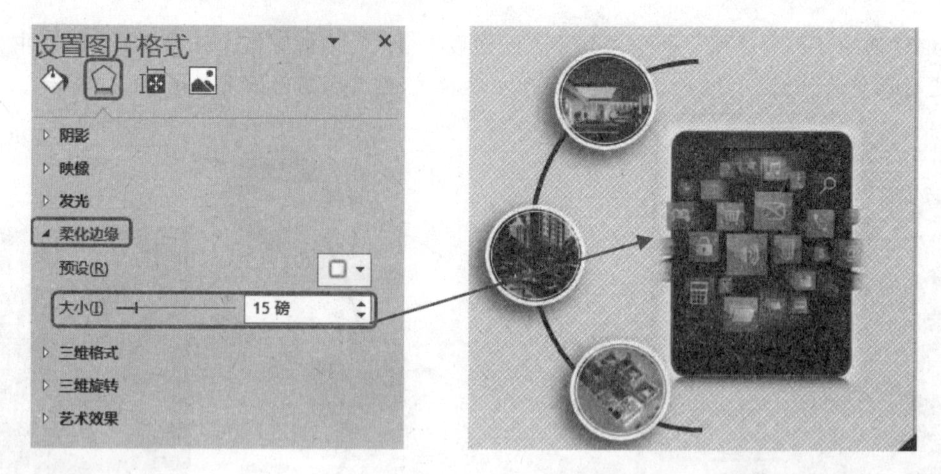

图 13-35

图 13-36

知识扩展

套用图片样式快速美化图片

图片样式是程序内置的用来快速美化图片的模板，它们一般是应用了多种格式设置，包括边框、柔化、阴影、三维效果等，如果没有特别的设置要求，通过套用样式是快速美化图片的捷径。

按 Ctrl 键一次性选中所有图片，在“图片工具-格式”→“图片样式”选项组中单击“其他”按钮，在下拉列表中选择一种图片样式，如图 13-37 所示。

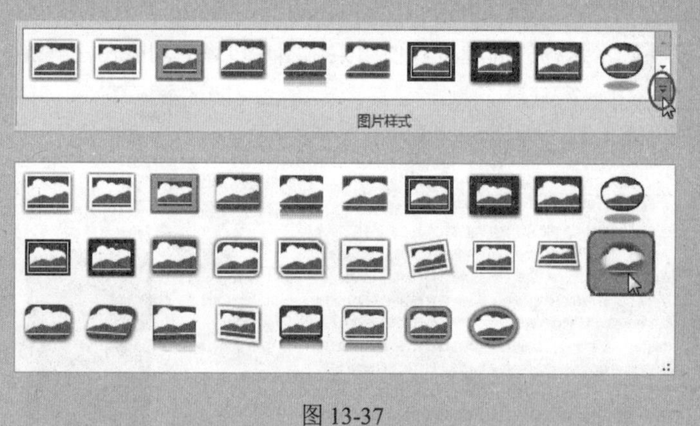

图 13-37

13.6 全图型幻灯片

全图通常都是作为幻灯片的背景使用。使用全图作为幻灯片的背景时，注意要选用背景相对单一的图片，以便为文字预留空间；更多时候会使用图形遮挡来预留文字空间。全图型 PPT 中的文字可以简化到只有一句，这样重要的信息就不会被干扰，最终效果完全聚焦在主题上。

如图 13-38 所示为设计合格的全图型幻灯片。

图 13-38

❶ 选中目标幻灯片，在右键快捷菜单中单击“设置背景格式”命令（见图 13-39），打开“设置背景格式”右侧窗格。

❷ 在“填充”一栏中，选中“图片或纹理填充”单选按钮，单击“插入”按钮（见图 13-40），依次打开“插入图片”对话框。

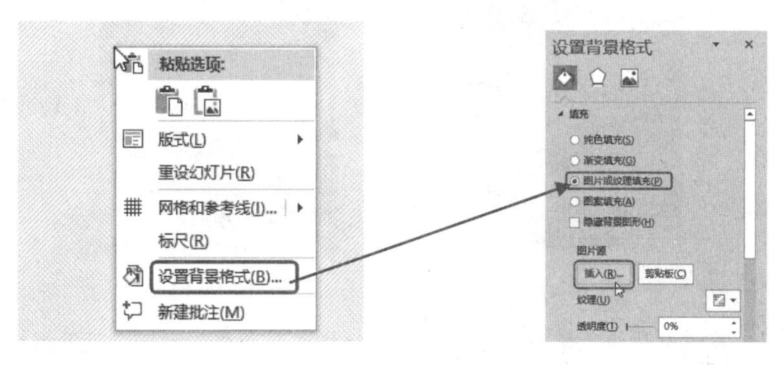

图 13-39　　　　图 13-40

❸ 找到图片存放位置，选中目标图片，单击“打开”按钮（见图 13-41），即可设置图片为幻灯片背景。

图 13-41

❹ 在“插入”→“插图”选项组中单击“形状”下拉按钮，在下拉列表中选择“椭圆”并按 Shift 键绘制，如图 13-42 所示。

图 13-42

❺ 绘制完成后，效果如图 13-43 所示。按 Ctrl+C 组合键复制，再按 Ctrl+V 组合键粘贴，得到同一个图形，调整其大小并按如图 13-44 所示样式叠放。

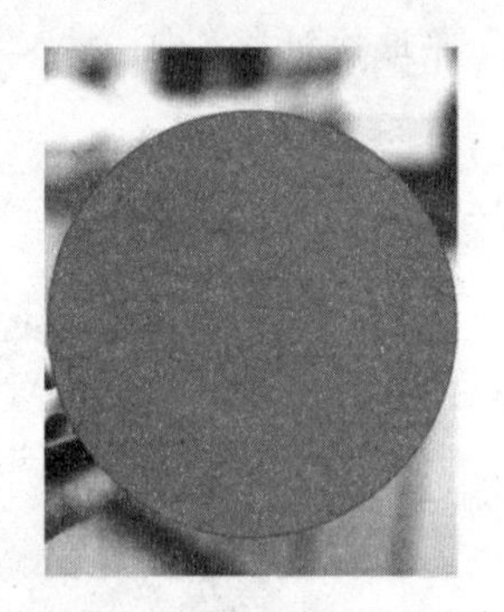

图 13-43

图 13-44

❻ 选中大圆，在右键快捷菜单中单击“设置形状格式”命令，打开“设置形状格式”右侧窗格，展开“填充”栏，设置填充颜色为“黑色”，透明度为“30%”（见图 13-45）；再选中小圆，设置填充颜色为“红色”，如图 13-46 所示。

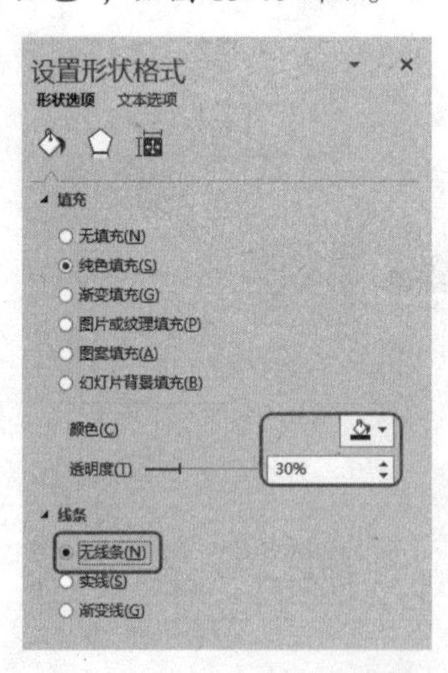

图 13-45

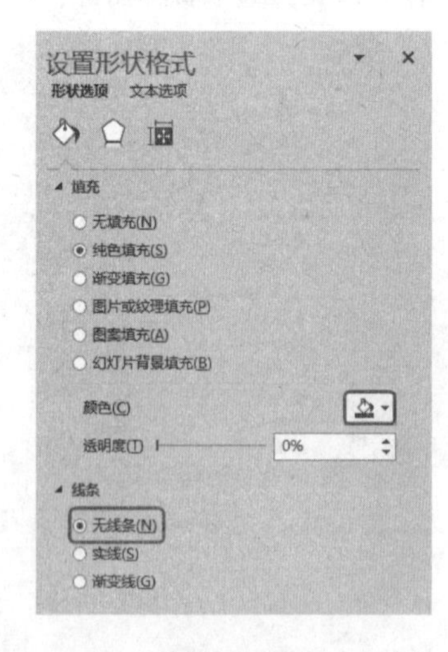

图 13-46

❼ 设置完图形的填充色和边框后，保持小圆选中状态，在右键快捷菜单中单击“编辑文字”

命令（见图 13-47），即可在图形中输入文字，达到如图 13-47 所示的效果。

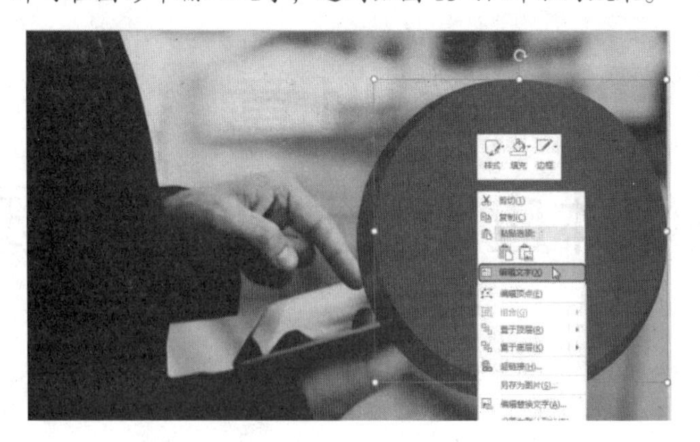

图 13-47

如图 13-48 所示与图 13-49 所示的幻灯片都是全图作为幻灯片背景的范例。如图 13-48 所示的幻灯片在设置全图为幻灯片背景后，使用图形作为文字编辑区。如图 13-49 所示的幻灯片在设置全图为幻灯片背景后，又绘制一个与幻灯片相同大小的矩形图形，并设置图形为半透明的效果，这样使得图片上的其他元素不被底图干扰，这也是全图型幻灯片中一种常用的处理方式。

图 13-48

图 13-49

第 14 章
多媒体应用及动画效果实现

学习导读

视频与音频属于幻灯片中的多媒体应用，比如幻灯片添加背景音乐、添加活动录制的视频等经常要用到。另外，在幻灯片中合理使用动画可以更好地展现幻灯片中的重要元素，帮助演示者吸引观众的注意力。

学习要点

- 插入与编辑音频、视频文件
- 设置切片动画
- 设置对象动画

14.1 应用音频和视频文件

将音频与视频文件集成到 PPT 演示文稿中的做法已经变得越来越普遍了。无论是一段营造气氛的音乐、增加强调的声音效果、录像产品的演示；还是吸引观众注意的动画，对音频/视频与多媒体的有效使用都将起到丰富播放效果、调动观众情绪与兴趣的作用。

14.1.1 插入并编辑音频文件

在制作 PPT 时，根据设计需要，有些幻灯片需要使用音频文件。此时可以将音频文件准备好存放到计算机中，然后将音频文件添加到幻灯片中。在幻灯片的放映过程中，默认添加的音频需要单击才能播放，再次单击则停止播放。

❶ 选中目标幻灯片，在“插入”→“媒体”选项组中单击“音频”下拉按钮，在弹出的下拉菜单中单击“PC 上的音频”命令（见图 14-1），打开“插入音频”对话框，找到音频文件存放位置，如图 14-2 所示。

图 14-1

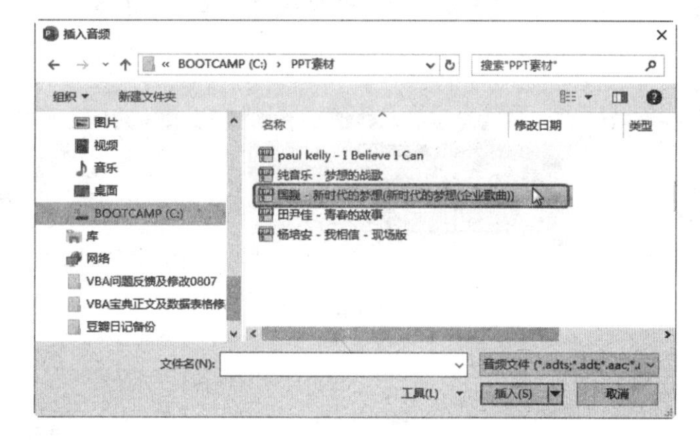

图 14-2

❷ 单击“插入”按钮即可在幻灯片中插入音频，如图 14-3 所示。

图 14-3

❸ 在小喇叭以外的位置单击可以看到控制条隐藏，只显示小喇叭图标，如图 14-4 所示。

图 14-4

1. 背景音乐循环播放效果

如果是浏览型的幻灯片，为幻灯片制定贯穿始终的背景音乐效果则显得非常必要。不仅如此，普通幻灯片在讲解过程中也可以插入舒缓的音乐作为背景音乐。

在演示文稿的首张幻灯片中插入音频，选中插入音频后显示的小喇叭图标，将其移动到幻灯片合适位置，在“音频工具-播放”→“音频选项”选项组中勾选“循环播放，直到停止”复选框，如图 14-5 所示。

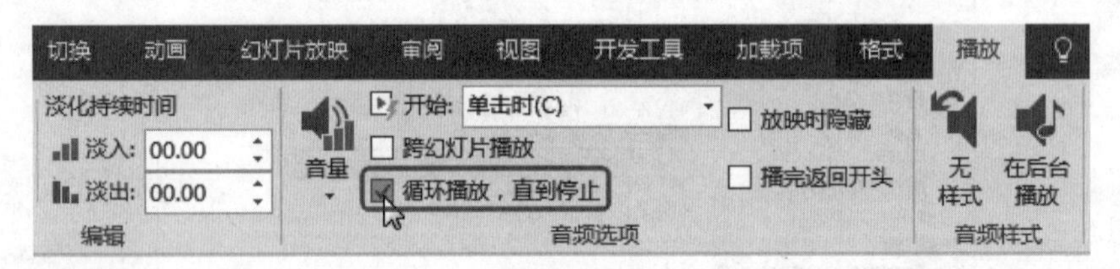

图 14-5

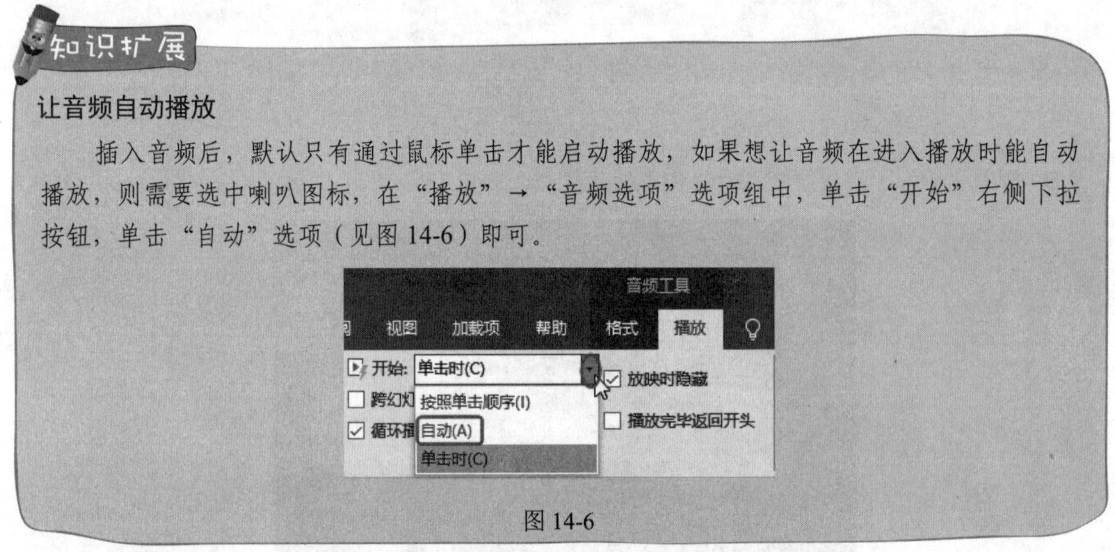

知识扩展

让音频自动播放

插入音频后，默认只有通过鼠标单击才能启动播放，如果想让音频在进入播放时能自动播放，则需要选中喇叭图标，在“播放”→“音频选项”选项组中，单击“开始”右侧下拉按钮，单击“自动”选项（见图 14-6）即可。

图 14-6

2. 设置音乐淡入/淡出效果

插入的音频开头或结尾有时过于高潮化，影响整体播放效果，可以将其设置为淡入/淡出的播放效果，这种设置比较符合人们缓进与缓出的听觉习惯。

选中插入音频后显示的小喇叭图标，在“音频工具-播放”→“编辑”选项组中，在“淡化持续时间”下的“淡入”和“淡出”设置框中输入淡入/淡出时间或者通过大小调节按钮“⁝”选择时间（默认都是 0），如图 14-7 所示。

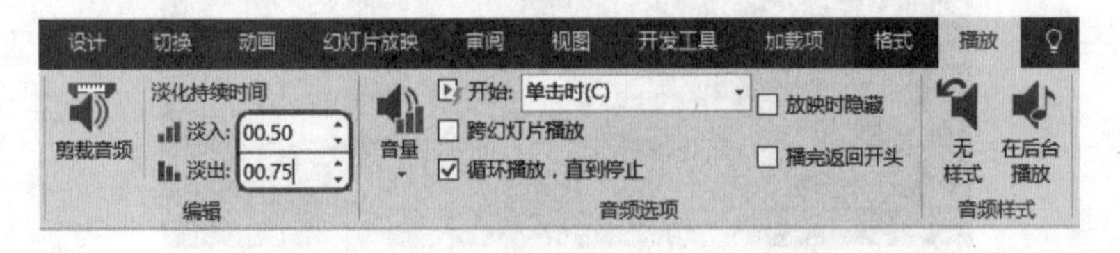

图 14-7

3. 在幻灯片中录制声音

除了向幻灯片中插入音乐外，还可以向幻灯片中录制声音，如领导致词、祝福语等都可以采取录制的办法实现。

❶ 选中幻灯片，在“插入”→“媒体”选项组中单击“音频”下拉按钮，在弹出的下拉菜单中选择“录制音频”命令，打开“录音”对话框。在“名称”文本框中输入“公司介绍”，如图 14-8 所示。

❷ 单击“录制”按钮后，即可使用麦克风进行录制，录制完成后单击“停止”按钮，如图 14-9 所示。

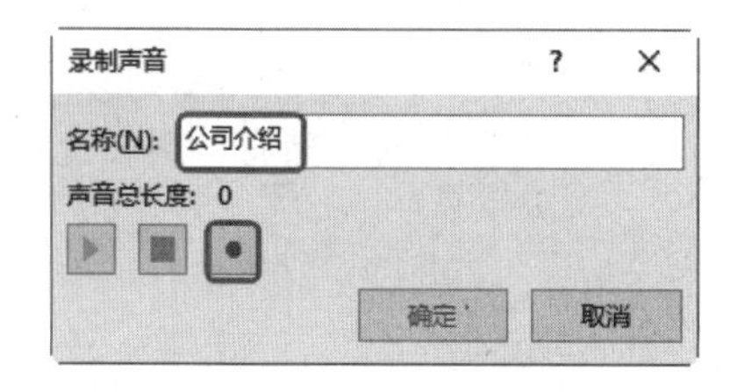

图 14-8

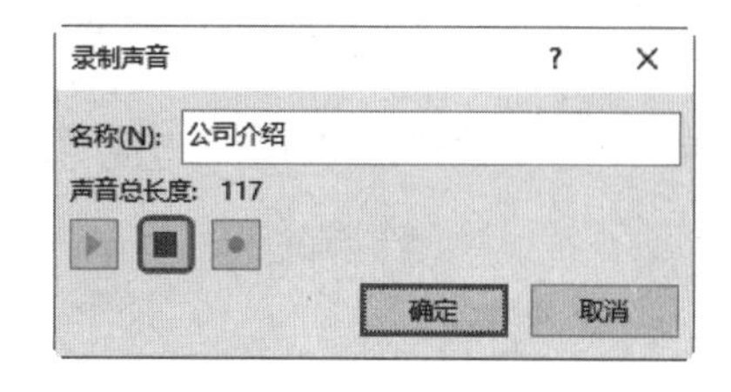

图 14-9

❸ 单击“确定”按钮即可插入录制的音频，如图 14-10 所示。

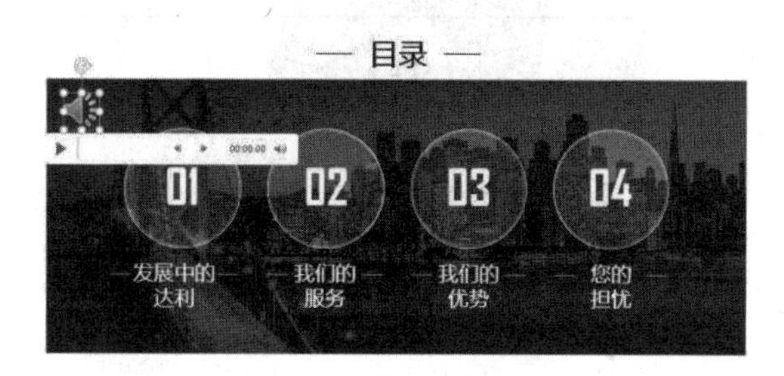

图 14-10

14.1.2 插入并编辑视频文件

如果需要在 PPT 中插入影片文件，可以事先将文件下载到计算机上，然后将其插入到幻灯片中。

❶ 打开要插入视频文件的幻灯片，在“插入”→“媒体”选项组中单击“视频”下拉按钮，在下拉菜单中单击“PC 上的视频”命令（见图 14-11），打开“插入视频文件”对话框，找到视频所在路径并选中视频，如图 14-12 所示。

图 14-11

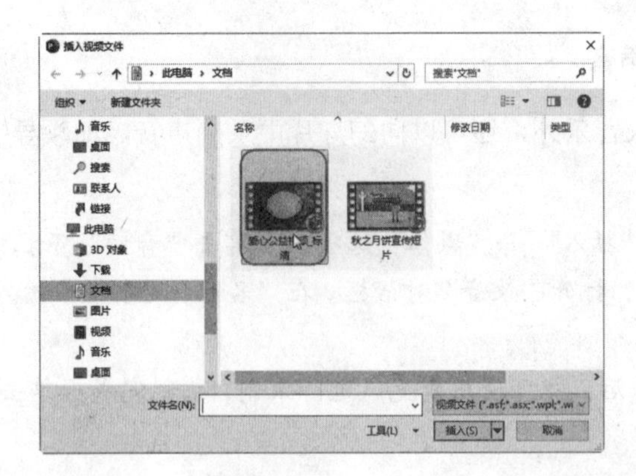

图 14-12

❷ 单击“插入”按钮，即可将选中的视频插入到幻灯片中，拖动视频窗口到合适位置，如图 14-13 所示。

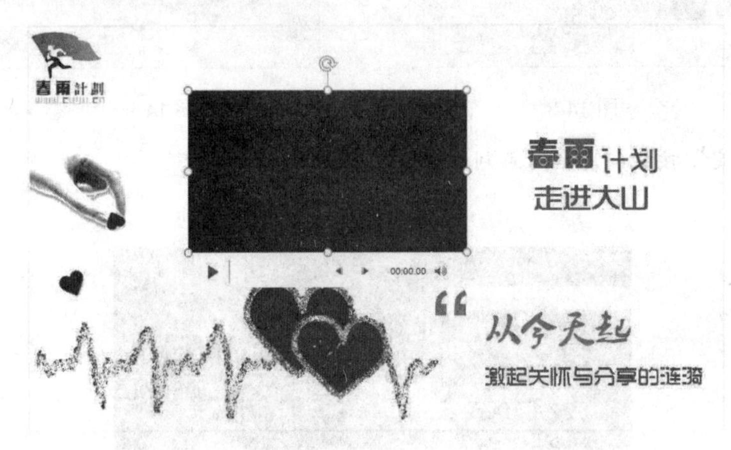

图 14-13

❸ 插入视频后，选中视频时下面会出现播放控制条，单击“播放”按钮即可开始播放视视频，如图 14-14 所示。

图 14-14

提 示

PPT 对导入的视频的格式要求很严格，不是什么格式的视频都能播放，所以很多视频插入 PPT 后无法正常播放，像 MP4、AVI、MLV 等。对于不能播放的视频格式，可以通过格式工厂进行转换，比如狸窝全能视频转换器，再插入 PPT 中就能播放了。

1. 自定义视频播放窗口的样式

系统默认播放插入视频的窗口是长方形的，可以将其设置为其他的外观样式。

❶ 选中视频，在“视频工具-格式”→“视频样式”选项组中单击“视频形状”下拉按钮，在下拉列表中选择 “流程图：多文档”图形，如图 14-15 所示。

图 14-15

❷ 程序会自动根据选择的形状更改视频的窗口的外观形状，如图 14-16 所示。

图 14-16

2. 重设视频的封面

在幻灯片中插入视频后，默认显示视频第一帧处的图像（见图 14-17）。如果不想让观众看到第一帧处的图像，可以重新设置其他图片作为视频的封面，也可以将视频中指定帧处的图像作为视频的封面。

图 14-17

3. 设置图片为封面

❶ 选中视频，在“视频工具-格式”→“调整”选项组中单击“海报框架”下拉按钮，在下拉菜单中单击“文件中的图像”命令，如图 14-18 所示。

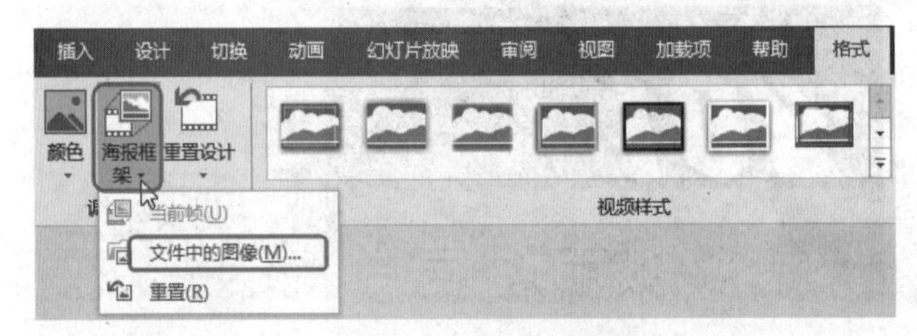

图 14-18

❷ 单击“来自文件”按钮（见图 14-19），打开“插入图片”对话框，找到要设置为视频封面的图片所在的路径并选中图片，如图 14-20 所示。

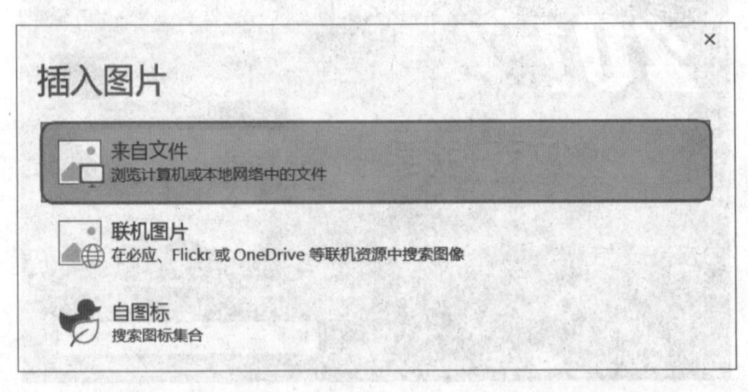

图 14-19

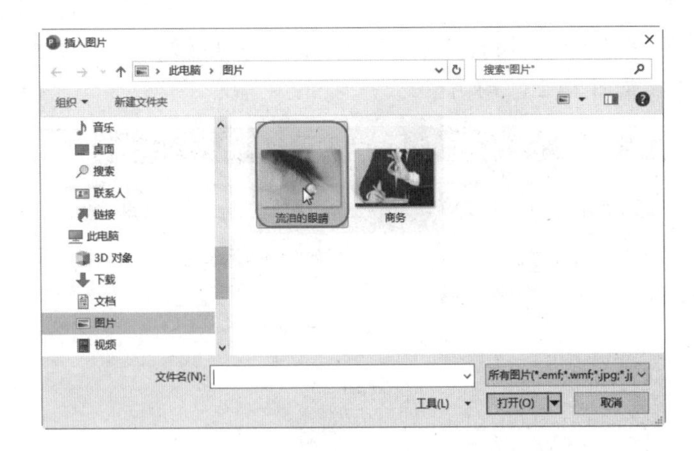

图 14-20

❸ 单击“插入”按钮，即可在视频上覆盖插入的图片，如图 14-21 所示。单击“播放”按钮，即可进入视频播放模式（这里的封面图片只是起到一个遮盖的作用）。

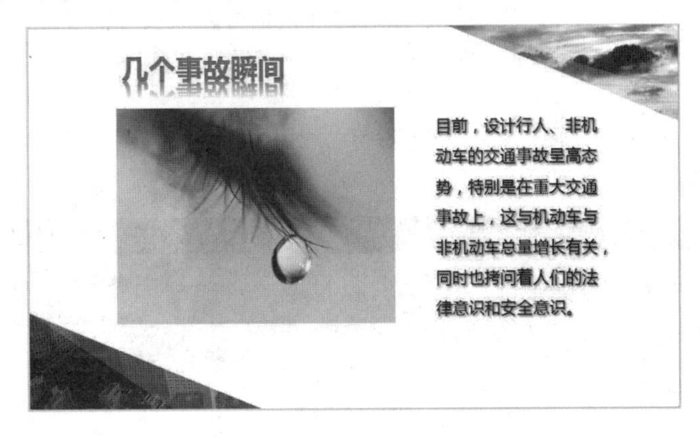

图 14-21

4. 将视频中的重要场景设置为封面

如果视频中的某个场景适合用来设置为封面，则也可以快速设置。

❶ 播放视频到需要的画面时，单击“暂停”按钮将画面定格，如图 14-22 所示。

图 14-22

❷ 在“视频工具-格式”→“调整”选项组中单击“海报框架”下拉按钮，在展开设置菜单中单击“当前帧”命令（见图 14-23）即可。

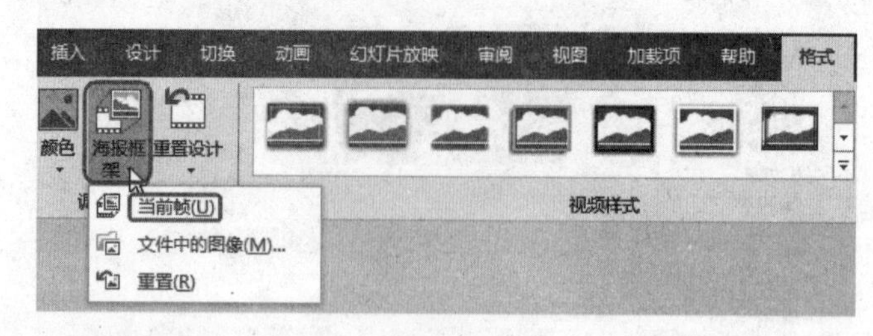

图 14-23

14.1.3 裁剪音频或视频

如果对插入的音频部分地方不满意（尤其是录制音频可能存在杂音），可以对其进行裁剪，然后保留整个音频中有用的部分。同理对于插入的视频也可以按实际需要裁剪只保留需要的部分。

1. 裁剪音频

❶ 选中插入的音频文件，在“音频工具-播放”→“编辑”选项组中单击“裁剪音频”按钮（见图 14-24），打开“裁剪音频”对话框。

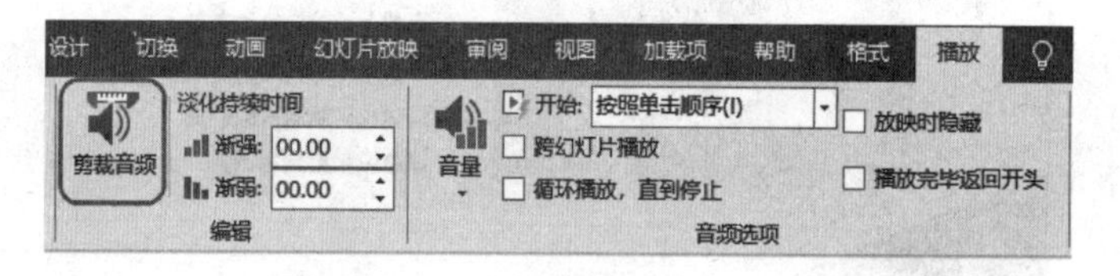

图 14-24

❷ 单击“▶”按钮预览音频，接着拖动进度条上的两个标尺确定裁剪的位置（两个标尺中间的部分是保留部分，其他部分会被裁剪掉），如图 14-25 所示。

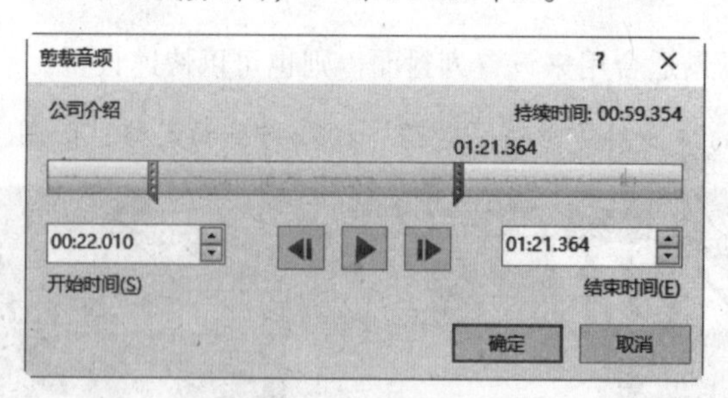

图 14-25

❸ 裁剪完成后，再次单击“播放”按钮试听截取的声音，如果还有要截取掉的部分则按相同的方法进行裁剪。

2. 裁剪视频

如果插入的视频有不适宜播放的部分，也可以对其进行裁剪，只播放有效部分的视频。

❶ 选中插入的视频，在“视频工具-播放”→“编辑”选项组中单击“裁剪视频”按钮（见图 14-26），打开“裁剪视频”对话框。

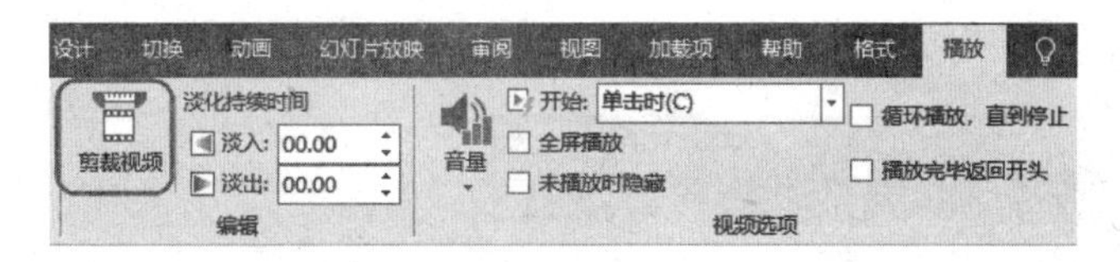

图 14-26

❷ 单击“▶”按钮预览视频，接着拖动进度条上的两个标尺确定裁剪的位置（两个标尺中间的部分是保留部分，其他部分会被裁剪掉），如图 14-27 所示。

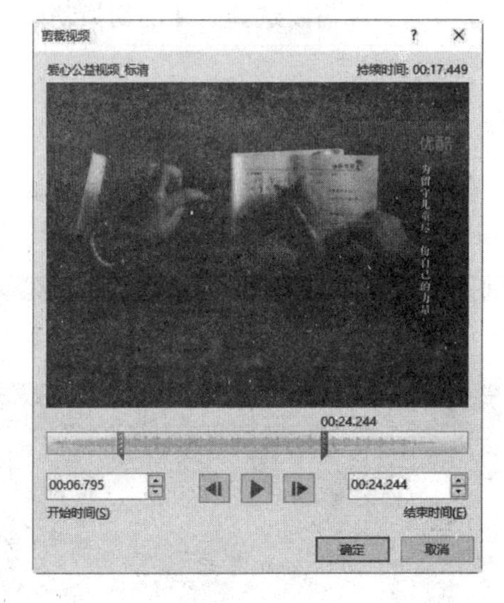

图 14-27

❸ 裁剪完成后，再次单击“播放”按钮预览视频，如果还有需要再次截取的部分，则按相同的方法操作。

14.2 设置动画效果

动画可以更好地展现幻灯片中的各个元素，帮助演示者吸引观众的注意力。另外，对于一些逻辑性较强的图示图表，通过使用动画，可按顺序逐个地显示幻灯片中的项目元素，让观众从头开始阅读，能更直观地了解项目间的逻辑性。

然而，如果只是为了增强效果而滥用动画，将不但失去动画原本的优势所在，还给人带来杂乱的感觉。因此设计动画也要遵循一定的原则。

首先，自然有序是动画设计的首要原则。自然就是遵循事物本身的变化规律，符合人们的常识。文字、图形元素易采用柔和地出现的方式，为使幻灯片内容有条理、清晰地展现给观众，一般都是遵循从上到下、逐条按顺序的原则。

其次，重点用动画强调。幻灯片中有需要重点强调的内容时，动画就可以发挥很大的作用。比如用片头动画集中观众的视线；在关键处用夸张的动画引起观众的重视等。使用动画旨在吸引大家的注意力，从而达到强调的效果。

14.2.1 设置幻灯片切换动画

在放映幻灯片时，当前一张放映结束并进入下一张放映时，可以设置不同的切换方式。PowerPoint 2019 中提供了非常多的切片效果以供使用。页面切换动画主要是为了缓解幻灯片页面之间转换时的单调感而设计的，应用这一功能能够使幻灯片放映时相对于传统幻灯片生动了许多。

放映幻灯片的过程中，可以根据实际需要选择合适的切换动画。切换动画类型主要包括细微型、华丽型以及动态内容。

1. 为幻灯片添加切换动画

❶ 选中要设置的幻灯片，在“切换”→“切换到此幻灯片”选项组中单击“▾”按钮（见图 14-28），在下拉列表中选择切换效果，本例选择“随机线条”，如图 14-29 所示。

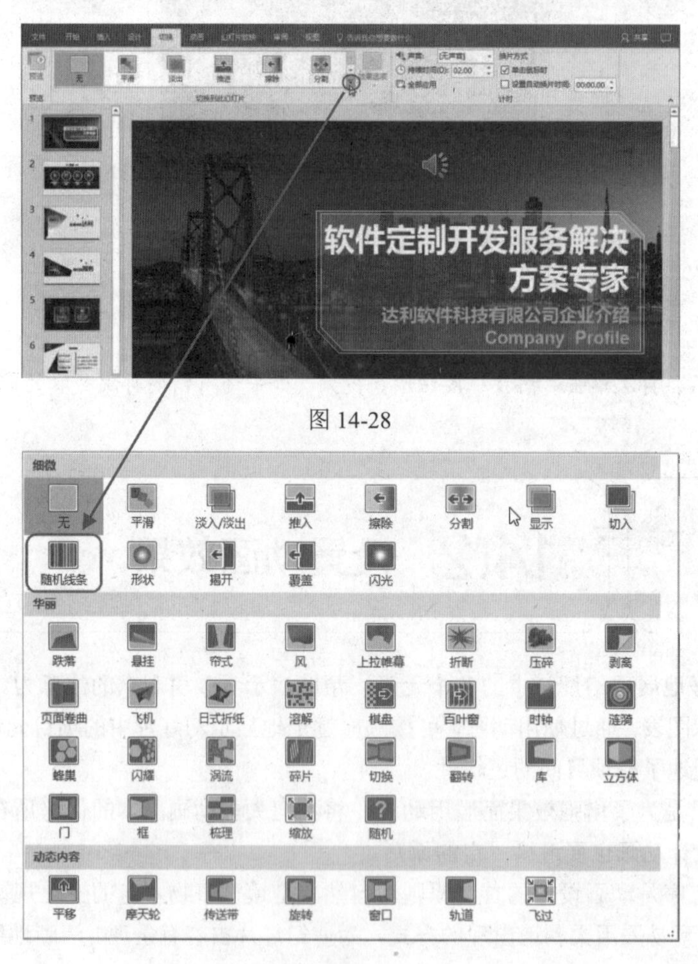

图 14-28

图 14-29

❷ 设置完成后，当在播放幻灯片时即可在幻灯片切换时使用切换效果，如图 14-30 所示为“随机线条”切换动画，如图 14-31 所示为“蜂巢”切换动画。

图 14-30

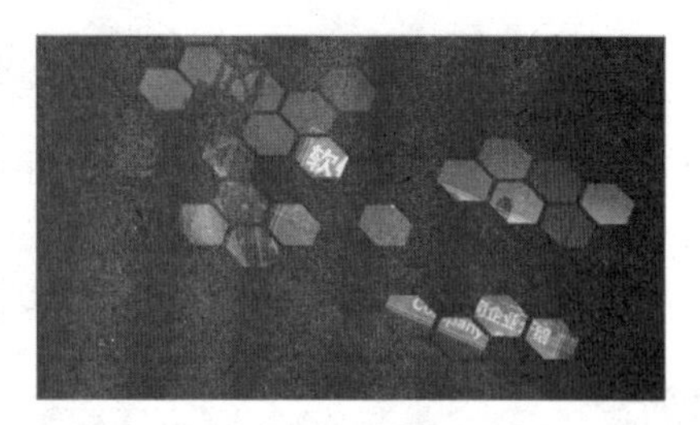

图 14-31

2. 切换效果的统一设置

在设置好某张幻灯片的切换效果后，为了省去逐一设置的麻烦，用户可以将幻灯片的切换效果一次性应用到所有幻灯片中。

其方法为：设置好幻灯片的切换效果之后，单击“切换”→“计时”选项组中的“应用到全部”按钮（见图 14-32），即可同时设置全部幻灯片的切换效果。

图 14-32

3. 自定义切换动画的持续时间

为幻灯片添加了切换动画后，一般默认时间是 01:00 秒，这个切换的速度是比较快的。而切换动画的速度是可以改变的，而且根据不同的切换效果应当选择不同的持续时间。

❶ 设置好幻灯片的切换效果之后，在“切换”→“计时”选项组中的“持续时间”设置框里可以看到默认持续时间，如图 14-33 所示。

图 14-33

❷ 此时可根据每张幻灯片切换效果的不同来输入不同的持续时间。在左侧缩略图中选中目标幻灯片，然后通过上下调节按钮设置持续时间，如图 14-34 所示。

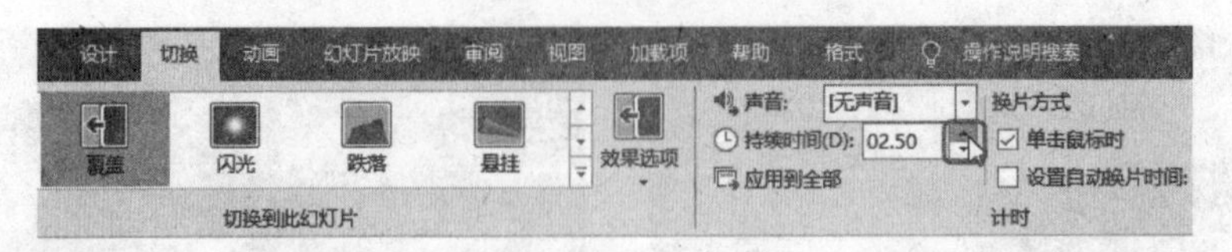

图 14-34

知识扩展

一次性清除切换动画

如果想一次性取消所有的切换动画效果，其操作方法如下。

在幻灯片的缩略图列表中按 Ctrl+A 组合键一次性选中所有幻灯片，单击“切换”→“切换到此幻灯片”选项组中的“其他”按钮，在打开的下拉列表中选择“无”选项，即可取消幻灯片所有切换效果。

14.2.2 添加动画

幻灯片中的元素包括图形、图片对象以及文字对象，对于这些对象都可以为其添加动画效果。如图 14-35 所示的幻灯片中，首先为左侧底部圆形添加进入动画。

图 14-35

❶ 选中圆形图形，在“动画”→“动画”选项组中单击“⁼”按钮，在其下拉列表的“进入”栏中选中“轮子”动画样式，如图 14-36 所示。此时对象旁出现一个“1”，表示已添加了动画，如图 14-37 所示。

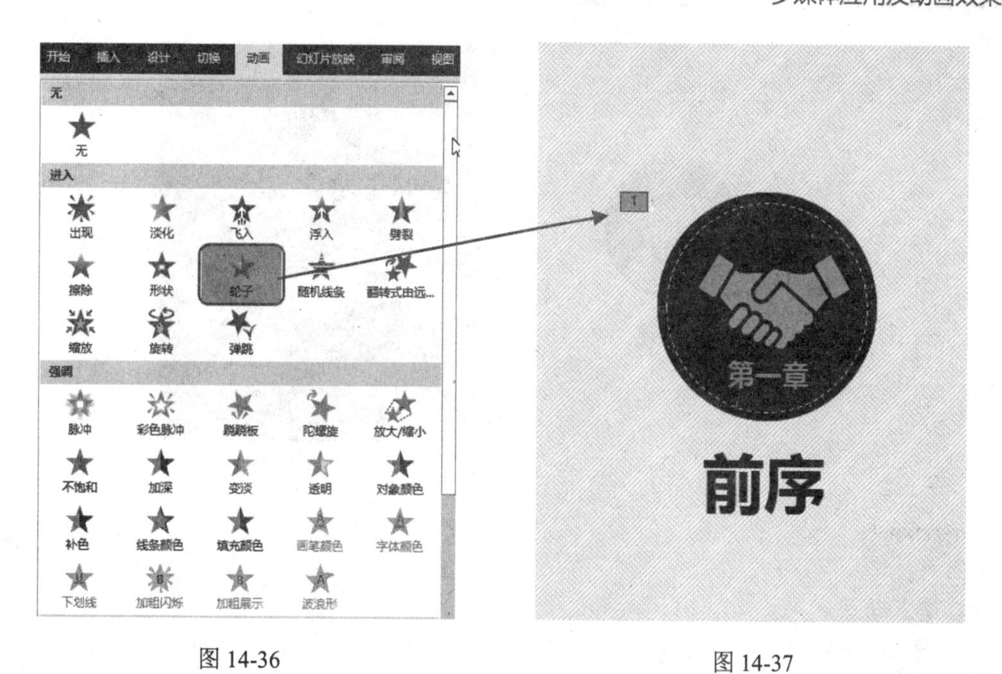

图 14-36　　　　图 14-37

❷ 选中虚线圆形图形，在“动画”→“动画”选项组为该对象应用“陀螺旋”动画样式，如图 14-38 所示。此时对象旁出现一个“2”，表示已添加了动画，如图 14-39 所示。

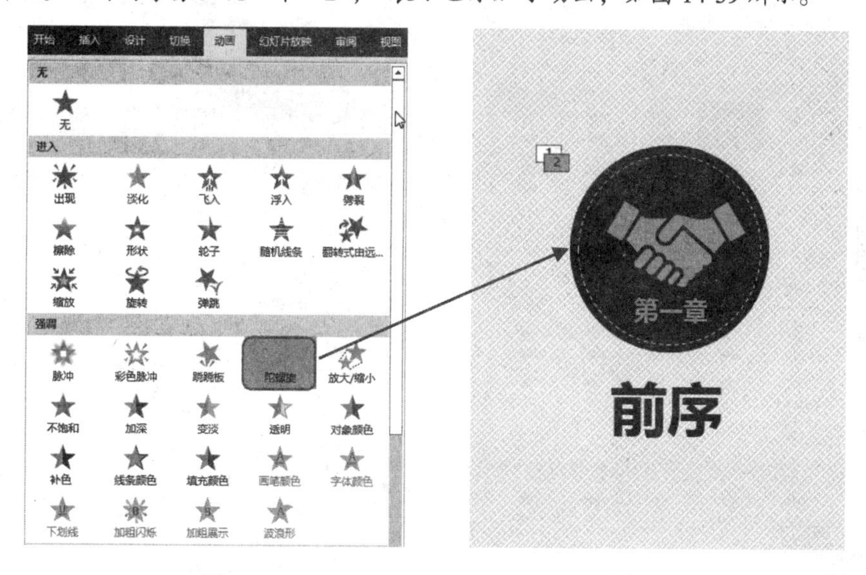

图 14-38　　　　图 14-39

❸ 接着依次选中手形图片、“第一章”文字、“前序”文字等，分别为它们添加动画。每添加一个动画旁边都会添加动画序号，如图 14-40 所示的幻灯片中添加了 7 个动画。

图 14-40

知识扩展

更多进入动画

在动画列表中显示的动画效果有限，如果想寻找更加合适的动画效果，则可以在列表底部单击“更多进入动画”（如果设置强调动画就单击“更多强调动画”），如图 14-41 所示。打开“更多进入效果”对话框（见图 14-42），在这里可以选择更多样式的动画效果。

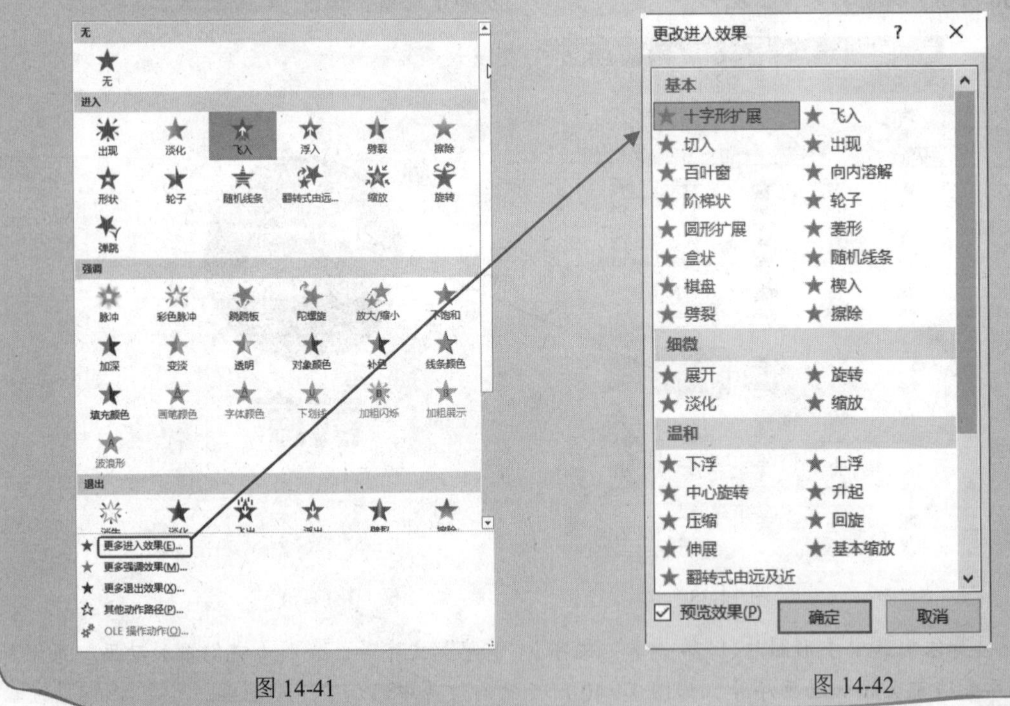

图 14-41　　图 14-42

14.2.3 动画开始时间、持续时间等属性设置

在依序为对象添加动画后，按照对象添加的顺序，对象旁会依次显示 1、2、3……这样的序号。

在默认情况每单击一次就进入下一项动画，但更多时候我们是需要动画能依次自动播放，而且有的动作的持续时间也需要调整，有的动作需要一直保持着运动状态等，要达到这些效果都需要对动作属性进行设置。

1. 设置动画的持续时间

为对象添加动画后，默认播放速度都很快，通过设置动画的播放时间可以让动作慢一些。

其方法为：选中需要调节的动画，在“动画”→“计时”选项组中，调节“持续时间”设置框里上下调节按钮，即可调整此动画的播放时间。如图 14-43 所示为“轮子”动画的默认持续时间是 2 秒；如图 14-44 所示为将时间调整为 4 秒，时间越长，速度越慢。

图 14-43

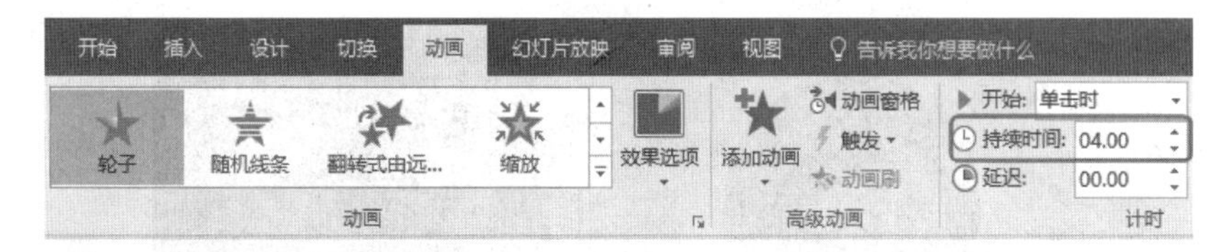

图 14-44

2. 控制动画的开始时间

在播放动画时，如果希望一个动画播放后能自动进入下一个动画，需要重新设置动画的开始时间。

如图 14-45 所示为动画的默认的开始时间，即“单击时”。

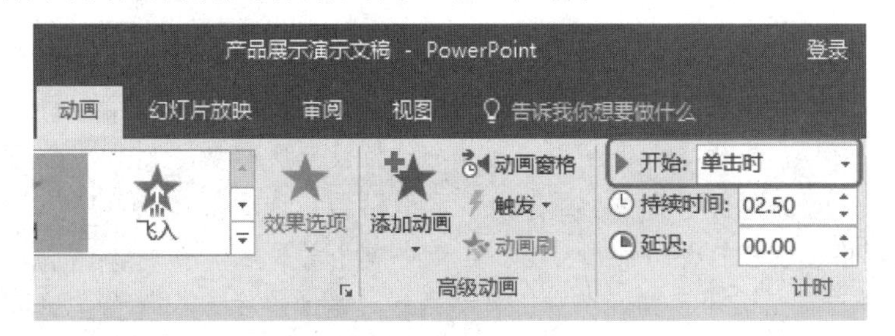

图 14-45

❶ 选中需要调整动画开始时间的对象，在“动画”→“计时”选项组中的“开始”设置框里右侧下拉按钮下选择“上一动画之后”选项，如图 14-46 所示。此时可以看到这个动画的序号变为与前一动画相同，如图 14-47 所示。

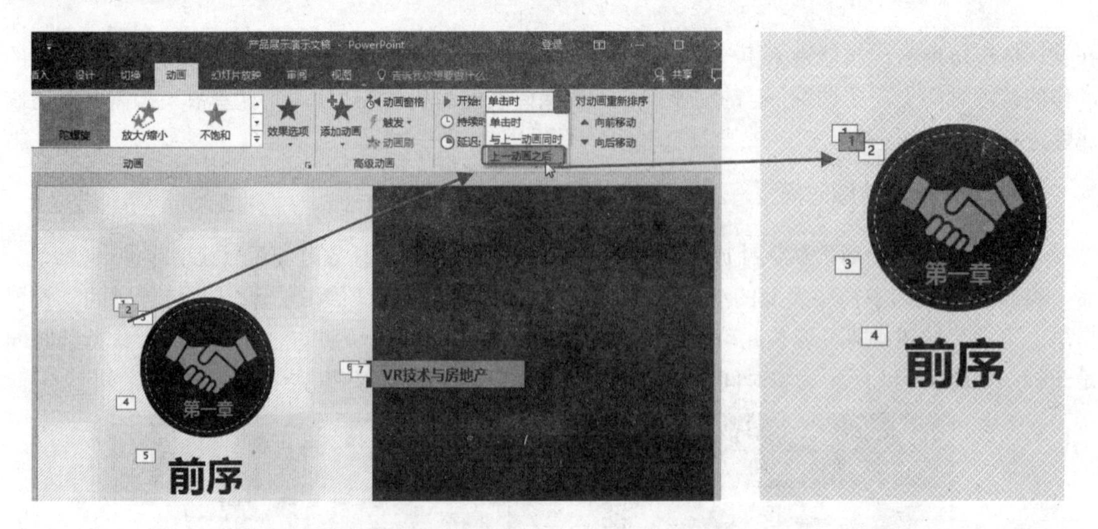

图 14-46　　　　图 14-47

❷ 按相同的方法将除第一个动画之外的所有动画的开始时间都更改为“上一动画之后”，如图 14-48 所示中可以看到所有的动画的序号都显示为 1。

图 14-48

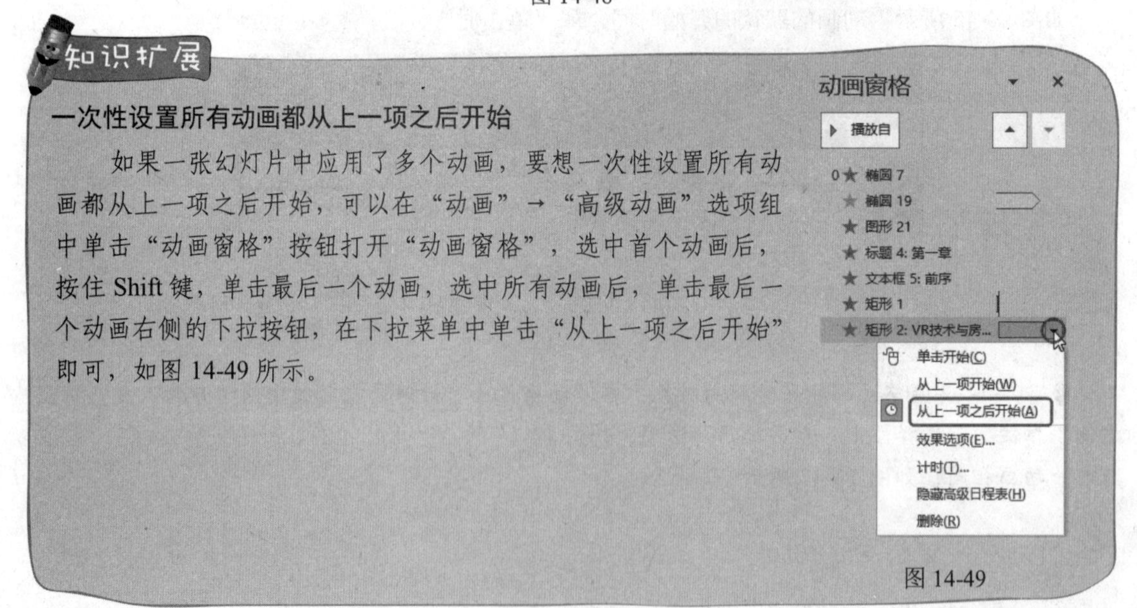

一次性设置所有动画都从上一项之后开始

如果一张幻灯片中应用了多个动画，要想一次性设置所有动画都从上一项之后开始，可以在“动画”→“高级动画”选项组中单击“动画窗格”按钮打开“动画窗格”，选中首个动画后，按住 Shift 键，单击最后一个动画，选中所有动画后，单击最后一个动画右侧的下拉按钮，在下拉菜单中单击“从上一项之后开始”即可，如图 14-49 所示。

图 14-49

3. 让某个对象始终是运动的

在播放动画时，动画播放一次后就会停止，如果为了突出幻灯片中的某个对象，可以设置让其始终保持运动状态。本例要设置虚线圆形图形始终保持着“陀螺旋”动作（其他动作运动时这个动作也一直保持）。

❶ 在“动画”→“高级动画”选项组中单击“动画窗格”按钮（见图 14-50），打开“动画窗格”。

图 14-50

❷ 在“动画窗格”中找到目标动画并选中，单击动画右侧的下拉按钮，在下拉菜单中单击“计时”命令（见图 14-51），打开对话框。

❸ 单击“重复”设置框右侧的下拉按钮，在下拉列表中单击“直到幻灯片末尾”选项，如图 14-52 所示。

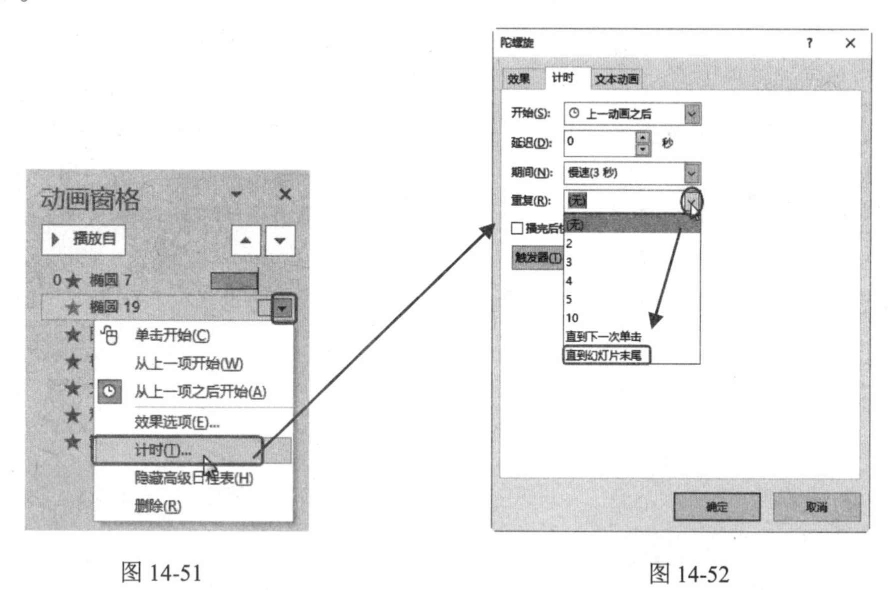

图 14-51　　图 14-52

❹ 单击“确定”按钮，当在幻灯片放映这个动作会始终运作，直到这张幻灯片放映结束。

通过 14.2.2 小节与 14.3.3 小节的设置，下面对此张幻灯片的动画效果进行预览，效果如图 14-53~图 14-56 所示。

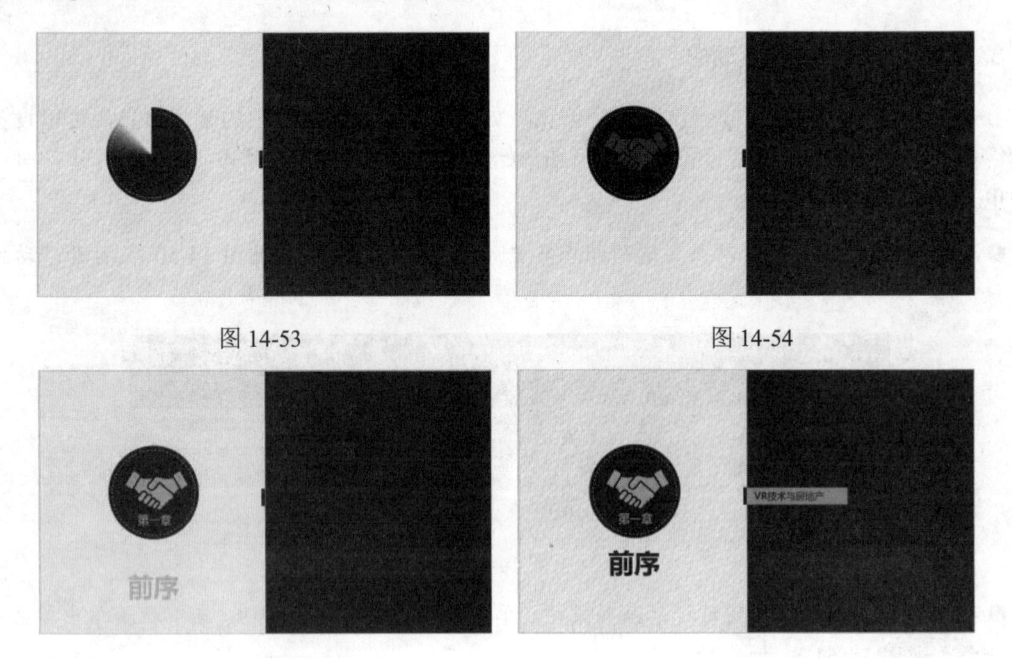

图 14-53　　图 14-54

图 14-55　　图 14-56

4. 播放动画时让文字按字、词显示

在为一段文字添加动画后，系统默认是将一段文字作为一个整体来播放，即在动画播放时整段文字同时出现。通过设置可以实现让文字按字、词播放。

❶ 选中已设置动画的对象，在“动画”→“高级动画”选项组中单击“动画窗格”按钮，打开“动画窗格”。

❷ 在“动画窗格”中找到目标动画，选中动画，单击动画右侧的下拉按钮，在下拉菜单中单击“效果选项”命令（见图 14-57），打开“上浮”对话框。

❸ 单击“设置文本动画”设置框右侧下拉按钮，在下拉列表中选择“按词顺序”选项，如图 14-58 所示。

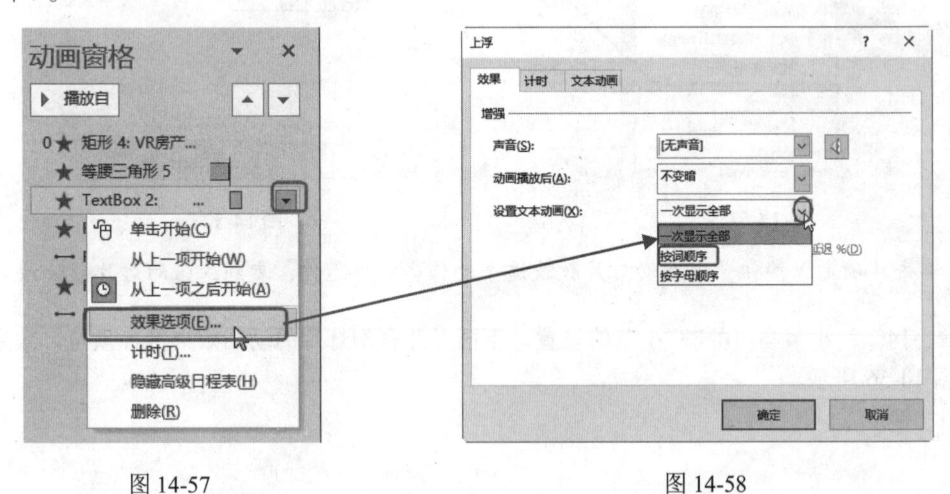

图 14-57　　图 14-58

❹ 单击“确定”按钮，返回幻灯片中，即可在播放动画时按字/词来显示文字，预览效果如图 14-59 所示。

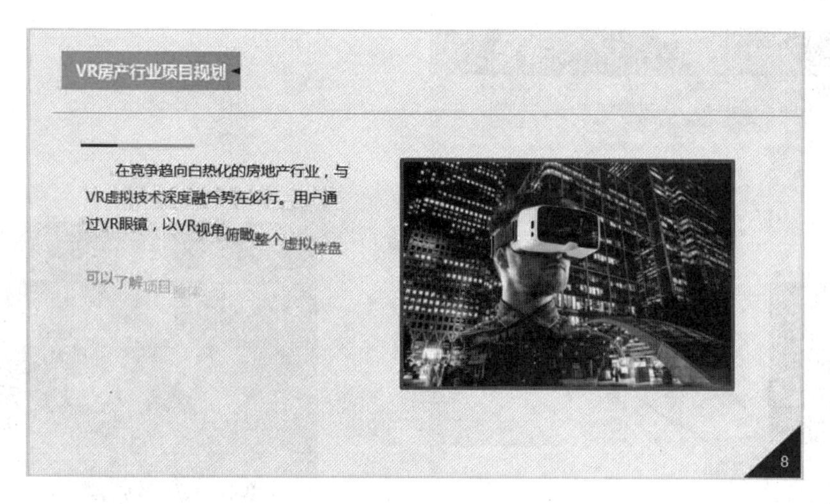

图 14-59

14.2.4 设置路径动画

在幻灯片中使用动画可以使幻灯片看起来更加精彩，除了常用的进入、退出、强调动画之外，还可以添加路径动画，使某一对象按照设计的运动路径进行运动。路径动画使用恰当会让幻灯片页面看起来更加有生动并且有创意。

❶ 选中对象，本例中是图片左上角上的图形，在“动画”→“动画”选项组中可以看到已经设置了“出现”动画，如图 14-60 所示。

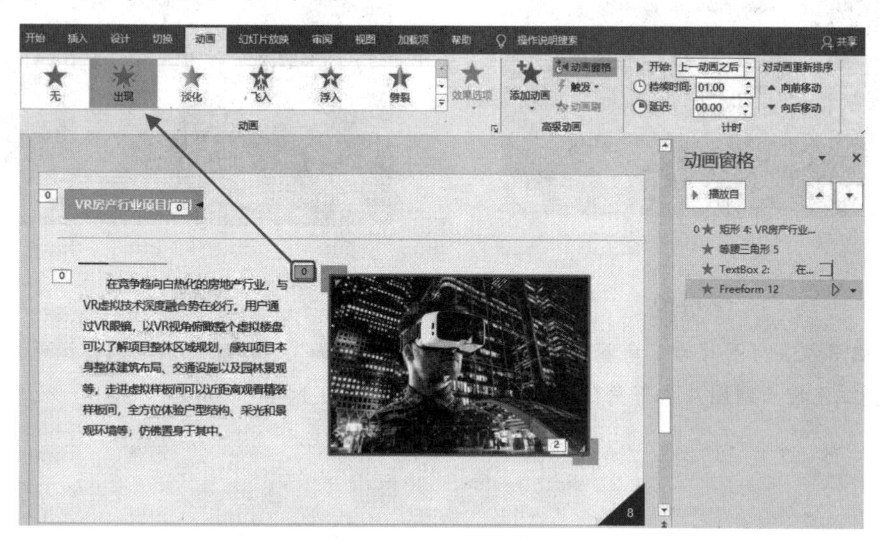

图 14-60

❷ 保持选中对象，在“动画”→“高级动画”选项组中单击“添加动画”下拉按钮，在打开

的下拉列表中的“动作路径”组中单击“直线”路径（见图 14-61），此时可以看到对象的动作路径如图 14-62 所示。

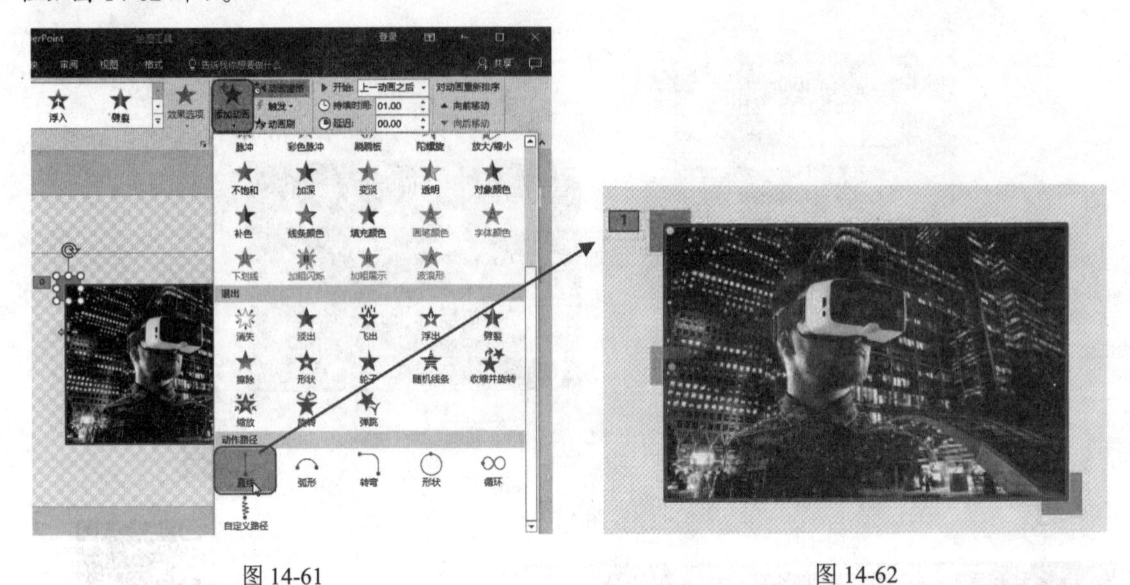

图 14-61　　　　图 14-62

❸ 插入的动作路径中绿色控点为路径起点，红色控点为路径终点。这两个点可以根据需要设置调整位置。如图 14-63 所示拖动绿色控点到图片中心；接着拖动红色控点到图片左上角位置，调整后的路径如图 14-64 所示。

图 14-63　　　　图 14-64

❹ 按相同方法为图片右下角图形添加“直线”路径，如图 14-65 所示。调整绿色控点到图片中心，调整红色控点到图片右下角位置，调整后的路径如图 14-66 所示。

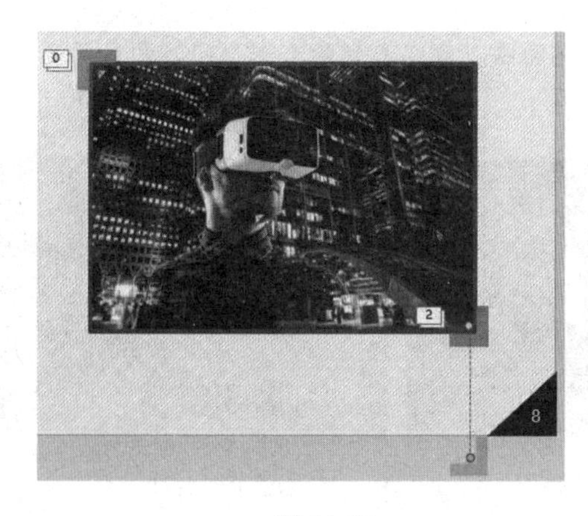

图 14-65

图 14-66

❺ 在“动画窗格”中选中为左上角图形添加的两个动画，单击右下角的下拉按钮，在打开的下拉菜单中单击“从上一项之后开始”命令，如图 14-67 所示。

图 14-67

❻ 在“动画窗格”中选中为右下角图形图表添加的两个动画，单击右下角的下拉按钮，在打开的下拉菜单中单击“从上一项开始”，如图 14-68 所示。(此操作的目的是让两个图形能同时动作，即左上角图形动作时，右下角图形同时动作。)

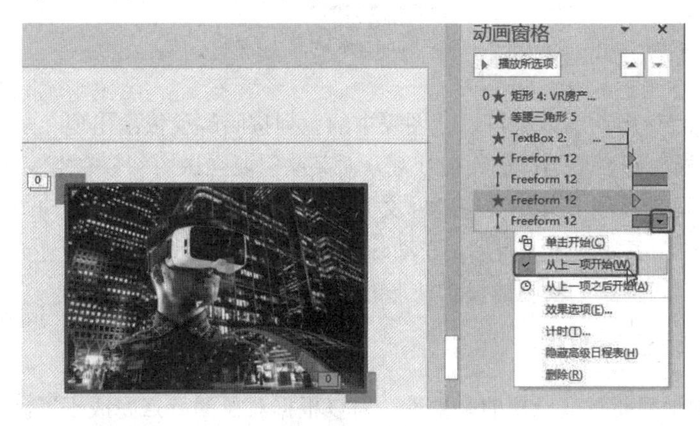

图 14-68

❼ 完成动作路径及它们的开始时间设置后，预览动画，可以看到两个图形同时向对角运动，如图 14-69~图 14-71 所示。

图 14-69

图 14-70

图 14-71

提 示

在本例的步骤❶中介绍了左上角图形已添加了“出现”动画，那么如果同时为其应用“路径”动画，则需要单击“动画”→“高级动画”选项组中单击“添加动画”命令按钮来添加第二种动画。由此得知，一个对象是可以使用多种动画的，但在添加时有一点需要注意，就是应用第二种动画时，必须使用“添加动画”命令按钮来添加，如果只在“动画”选项组中设置，则会用新设置的动画替换原有的动画。

知识扩展

手动自定义动作的路径

除了使用程序提供的路径样式外（当然路径添加后可以在其基础上调整），还可以使用“自定义路径”这个选项，手动绘制任意路径。如图 14-72 所示是正在绘制路径的过程。

值得注意的是，即使使用手动绘制路径，也要注意遵循事物的运动规律，切忌不可随意满屏乱绘，这样只会给幻灯片的播放带来极坏的负面作用。

图 14-72

14.2.5 图表动画

对幻灯片中图表使用动画效果可以让图表中的系列按照解说依次出现，从而让幻灯片整体效果更具有逻辑性，层次感也更加，进而能让观众对某些需要强调的部分有更深刻的印象。

给图表添加动画的时候尤其需要遵循前文介绍的原则，因为用适合的动画才能更好地展现演示的效果。例如，饼图多为圆形或扇形，在动画中选择“轮子”动画会比较适合饼图；柱形图一般都是条状图形，选择“擦除”动画能展示柱形的出现。

1. 饼图的轮子动画

PPT 中每个动画都要有其设置的必要性，可以根据对象的特点完成设置，比如为饼图设置轮子动画正是符合了饼图的特征。

❶ 选中饼图，在“动画”→“动画”选项组中单击▾按钮，在其下拉列表中选择“进入”→“轮子”动画样式（见图 14-73），即可为图添加该动画效果。

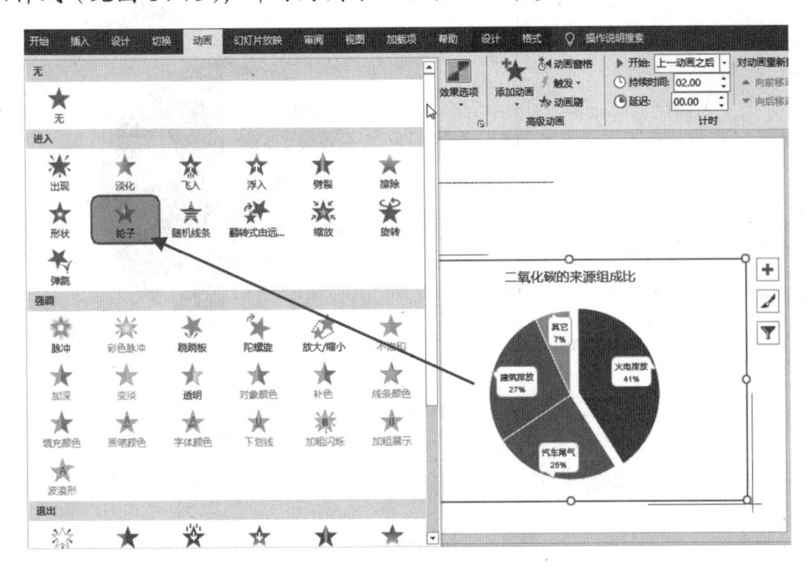

图 14-73

❷ 选中图表，单击“动画”→“动画”选项组中的“效果选项”的下拉按钮，在下拉菜单中选择“按类别”命令（见图 14-74），即可实现单个扇面逐个进行轮子动画的效果，如图 14-75 所示图中可以看到有多个动画序号。

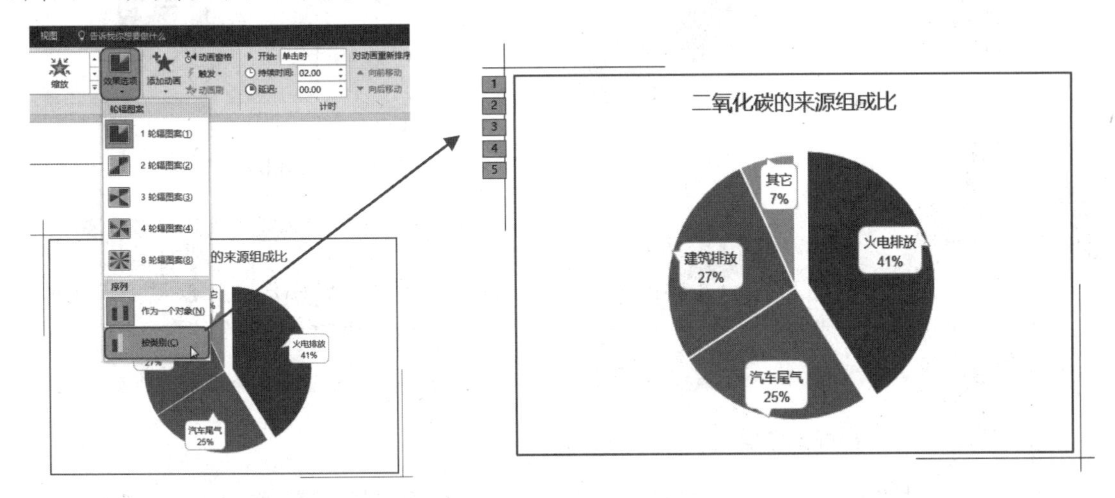

图 14-74　　　　　　　　　　图 14-75

❸ 打开“动画窗格”，在列表中选中关于图表的所有图画，单击下拉按钮，在打开的下拉菜单中单击“从上一项之后开始”命令，如图 14-76 所示。设置后可以看到所有动画序号变为同一序号（见图 14-77），即它们在一个扇面动作完成后自动进入下一扇面，而不必使用鼠标单击。

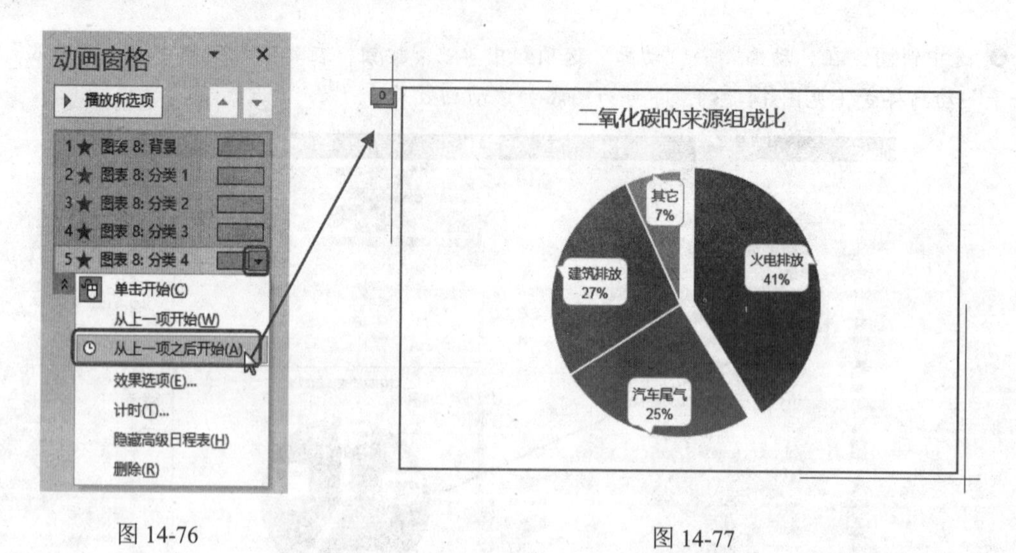

图 14-76　　　　图 14-77

❹ 完成动画的设置后，预览动画，可以看到饼图逐个扇面轮子播放的效果，如图 14-78、图 14-79 所示。

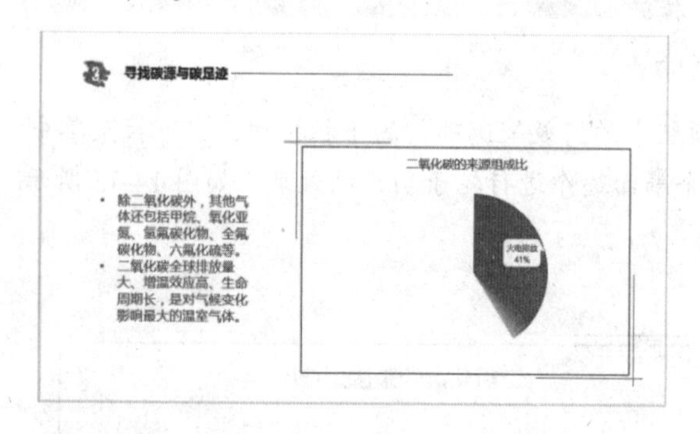

图 14-78

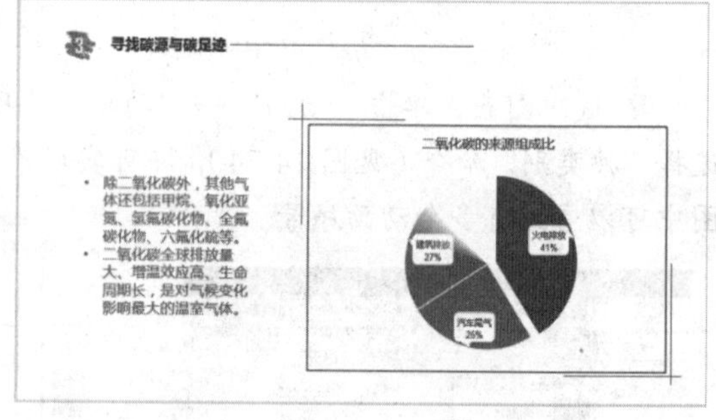

图 14-79

提 示

轮子动画默认是“作为一个对象”动作的，作为一个对象时无法实现按单个轮子动作。因此需要设置“按类别”进行动作，从而实现各个扇面逐一动作，这项操作是完成动画的关键设置。

2. 柱形图的逐一擦除式动画

根据柱形图中各柱子代表着不同的数据系列，可以为柱形图制作逐一擦除式动画效果，从而引导观众对图表的理解。

❶ 选中图形，在“动画”→“动画”选项组中单击按钮，在其下拉列表中选择“进入”→“擦除”动画样式，如图 14-80 所示。

❷ 在“动画”→“计时”选项组中，在“持续时间”设置框里将持续时间设置为“02:00”。单击“动画”→“动画”选项组中“效果选项”的下拉按钮，在下拉菜单“方向”栏中选择“自底部”选项，在“序列”栏中选择“按系列”选项，如图 14-81 所示。

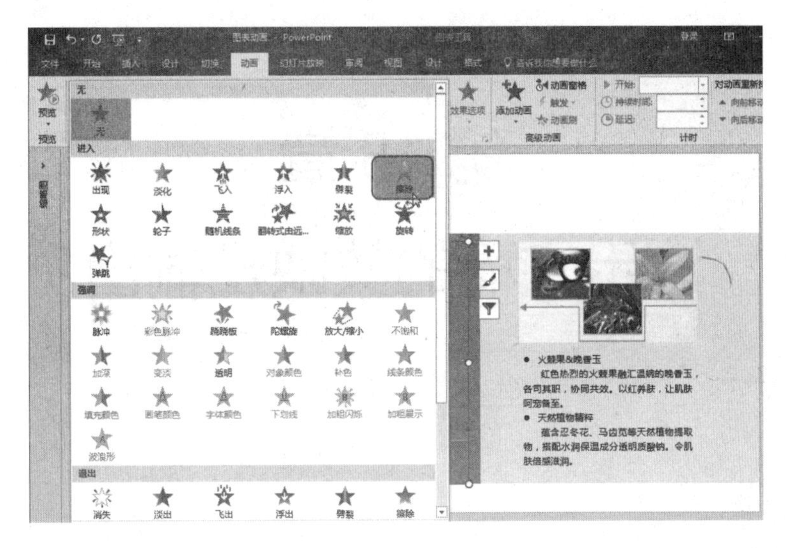

图 14-80

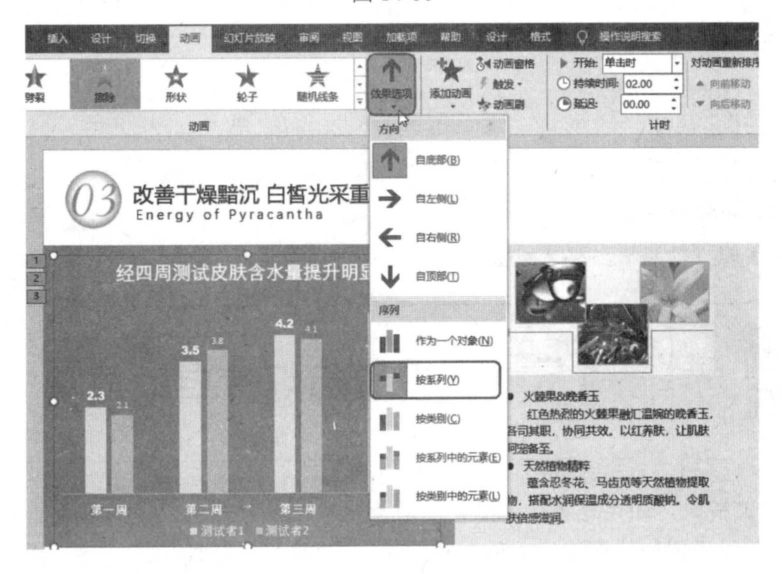

图 14-81

❸ 完成上述设置后，图表播放动画时即可按系列从底部擦除出现，如图 14-82、图 14-83 所示。

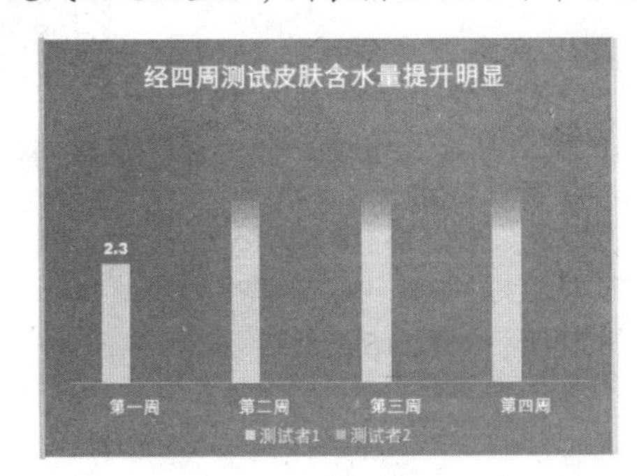

图 14-82

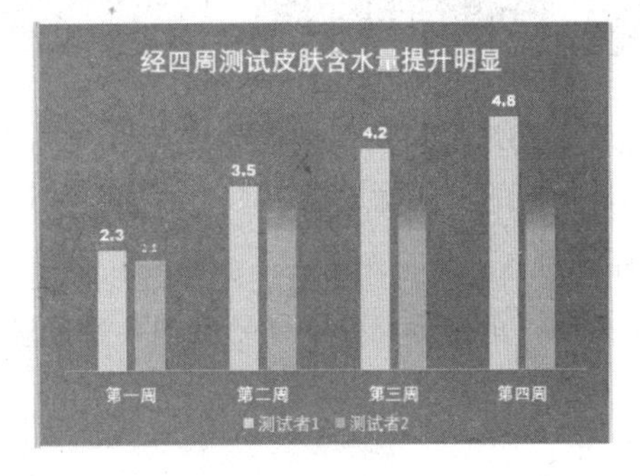

图 14-83

第 15 章 演示文稿的放映及输出

学习导读

演示文稿制作完成后，放映、转换为 PDF 文件、转换为视频文件、创建讲义等都属于不同的应用方式，也是创建演示文稿的最终目的。

学习要点

- 设置幻灯片自动放映
- 手动放映中的一些操作
- 演示文稿的打包与输出格式设置

15.1 设置幻灯片自动放映

在放映演示文稿时，如果是人工放映，一般都是单击一次才进入下一对象的放映。如果不采用单击的方式，可以设置让整篇演示文稿自动放映。一些浏览性质的演示文稿中通常要采用这种播放方式。

15.1.1 设置自动切换

通过设置幻灯片自动切换的方式可以实现让幻灯片自动换片播放。此方式下每张幻灯片的播放时长都是一样的，即播放指定时长后就自动进入下一张幻灯片。

❶ 打开演示文稿，选中第一张幻灯片，在“切换”→“计时”选项组中选中“设置自动换片时间”复选框，单击右侧数值框的微调按钮设置换片时间，如图 15-1 所示。

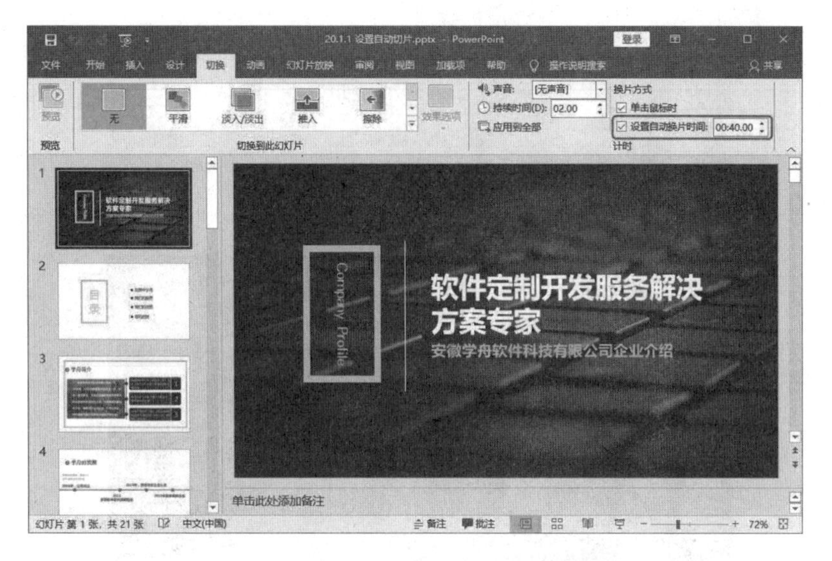

图 15-1

❷ 设置好换片时间后，在“计时”选项组中单击“应用到全部”按钮（见图 15-2），即可快速为整个演示文稿设置相同的换片时间。

图 15-2

提 示

值的注意的是在单击“应用到全部”按钮时，程序默认对切换效果和计时都同时统一应用。如果想要实现不同的幻灯片以不同的播放时间进行放映，就需要单独设置。在设置完任意一张幻灯片的播放时间后，可以按照相同的操作方法设置下一张幻灯片播放时间。

15.1.2 使用排练计时实现自动放映

根据幻灯片内容长度的不同，如果对幻灯片播放时间无法精确控制，就可以通过排练计时来自由设置播放时间。排练时间就是在放映前预放映一次，而在预放映的过程中，程序记录每张幻灯片的播放时间，在设置无人放映时就可以让幻灯片自动以这个排练的时间来自动放映。

❶ 切换到第一张幻灯片，在“幻灯片放映”→“设置”选项组中单击“排练计时”按钮（见图 15-3），此时会切换到幻灯片放映状态，并在屏幕左上角出现一个“录制”对话框，其中显示出时间，如图 15-4 所示。

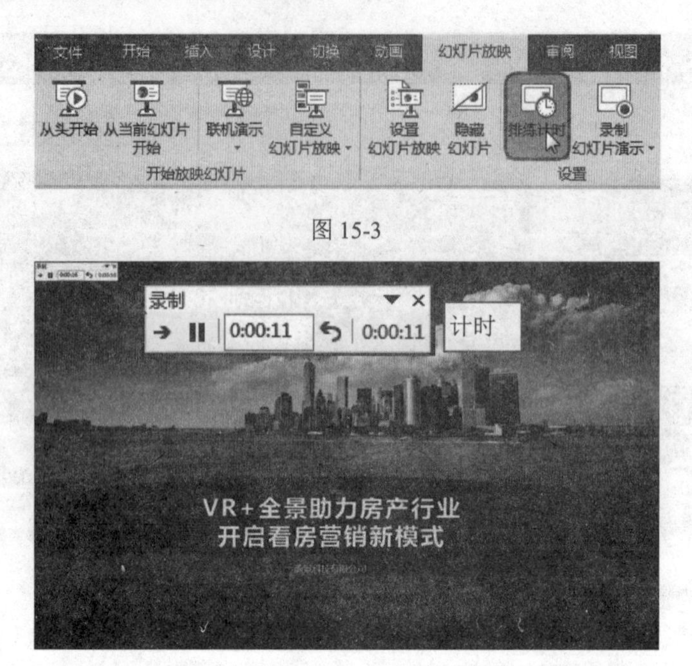

图 15-3

图 15-4

❷ 当达到预定的时间后，单击“下一项”按钮，即可切换到下一个动作（如果幻灯片添加了动画、音频、视频等会包含多个动作）或者下一张幻灯片，开始对下一项进行计时，并在右侧显示总计时，如图 15-5 所示。

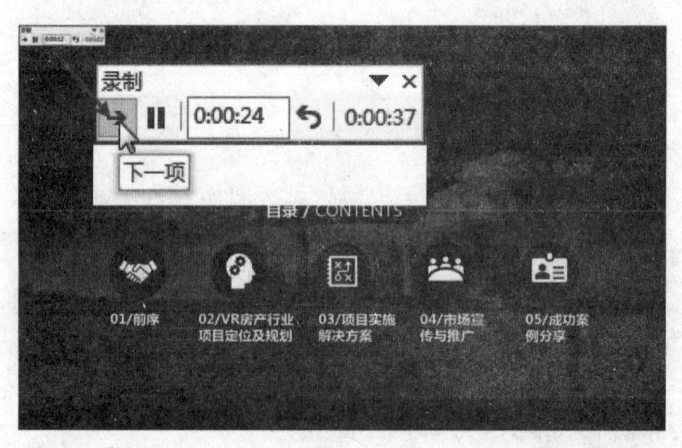

图 15-5

❸ 依次单击“下一项”按钮，直到幻灯片排练结束，按 Esc 键退出播放，系统自动弹出提示，询问是否保留此次幻灯片的排练时间，如图 15-6 所示。

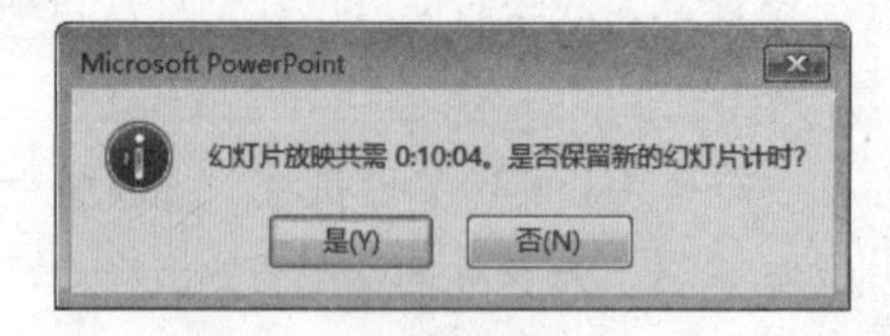

图 15-6

❹ 单击“是”按钮，演示文稿自动切换到幻灯片浏览视图，每张幻灯片右下角会显示出该幻灯片的排练时间，如图 15-7 所示。

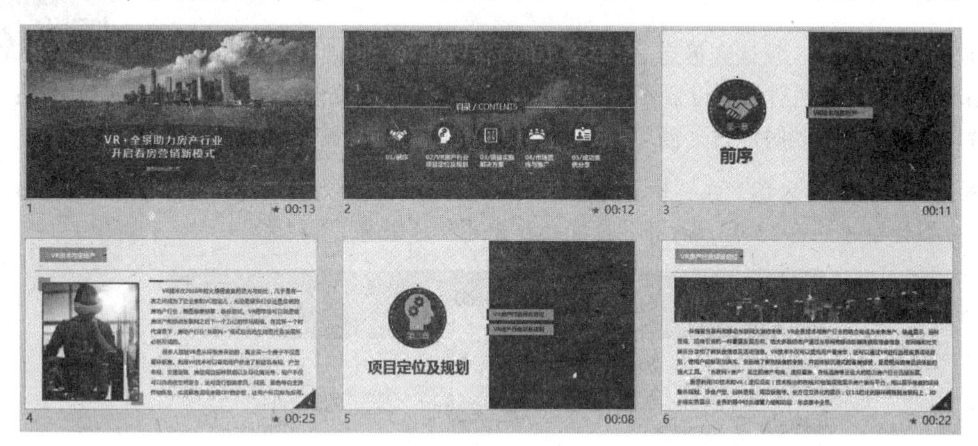

图 15-7

完成上述设置后，进入幻灯片放映时即可按照排练计时设置的时间自动进行播放，而无须使用鼠标单击。

知识扩展

清除排练时间

如果不再需要演示文稿中的排练时间设置，可以将其删除。方法如下：

在“幻灯片放映”→“设置”选项组中单击“录制幻灯片演示”下拉按钮，在下拉菜单中光标指向“清除”，在其子菜单中单击“清除所有幻灯片中的计时”命令（见图 15-8），即可清除添加的排练计时。

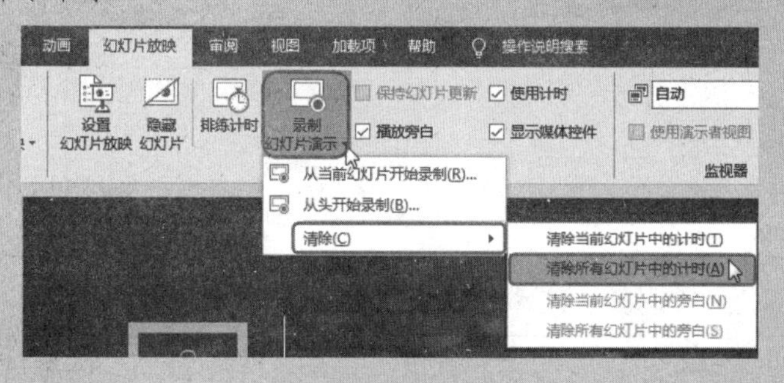

图 15-8

提　示

设置排练计时实现幻灯片自动放映与幻灯片自动切片实现自动放映的区别在于：排练计时是以一个对象为单位的，比如幻灯片中的一个动画、一个音频等都是一个对象，可以分别设置它们的播放时间。而自动切换是以一张幻灯片为单位，例如设置的切换时间为 1 分钟，那么一张幻灯中的所有对象的动作都要在这 1 分钟内完成。

15.1.3 设置循环播放幻灯片

在幻灯片放映时，默认到最后一张幻灯片时会自动结束放映，如果希望幻灯片能循环放映，可以通过如下设置实现。尤其是为演示文稿设置自动放映后，很多时候需要进行这项设置以实现无人放映时能自动循环播放。

❶ 打开目标演示文稿，在“幻灯片放映”→“开始放映幻灯片”选项组中单击“设置幻灯片放映”命令按钮（见图 15-9），打开“设置放映方式”对话框。

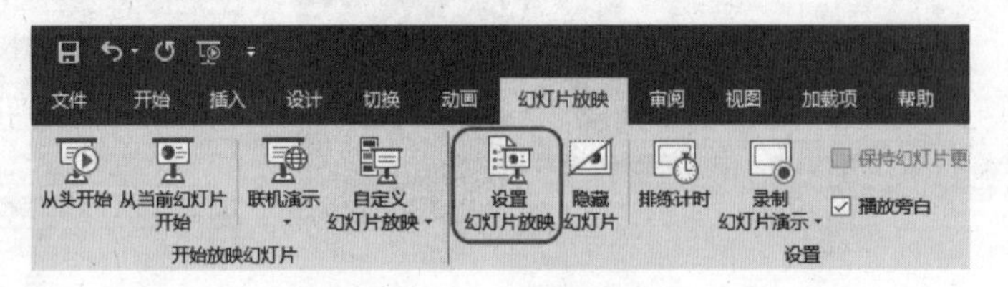

图 15-9

❷ 选中“循环放映，按 ESC 键终止”复选框（见图 15-10），单击“确定”按钮完成设置即可。

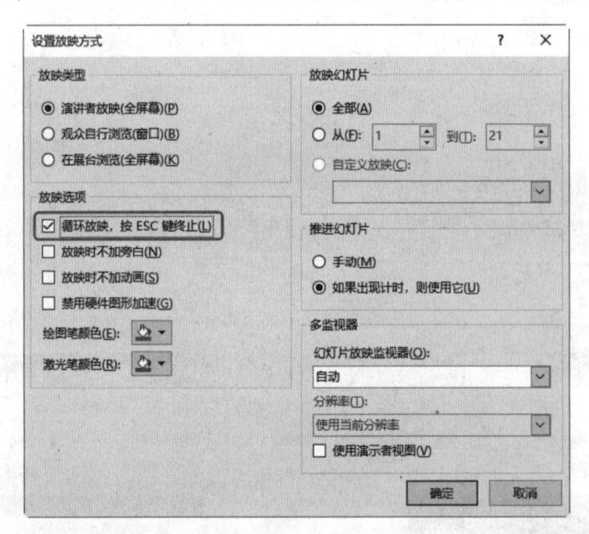

图 15-10

15.2 手动放映中的操作

在实际放映幻灯片的过程中有一些必要的操作需要掌握，例如幻灯片间的随意跳转、边放映边用笔做标记讲解等。

15.2.1 放映时任意切换到其他幻灯片

在放映幻灯片时，是按顺序依次播放每张幻灯片的，如果在播放过程中需要跳转到某张幻灯片，可以按如下操作实现。

❶ 在播放幻灯片时，在屏幕上单击鼠标右键，在弹出的快捷菜单中指向“指针选项”，在子菜单中单击“查看所有幻灯片”命令，如图 15-11 所示。

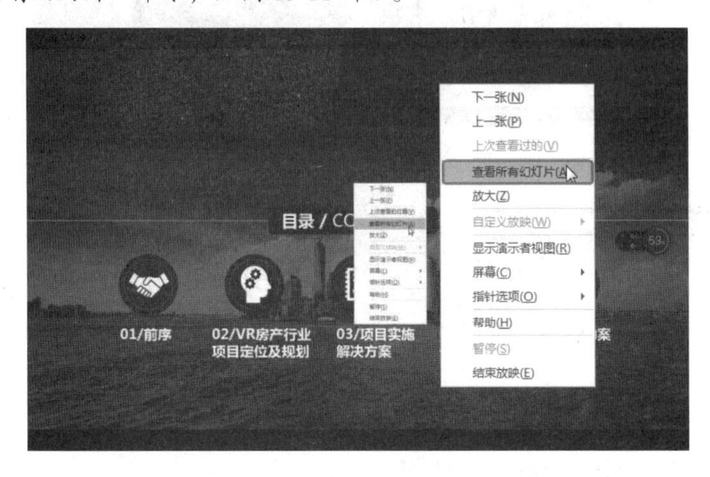

图 15-11

❷ 此时进入幻灯片浏览视图状态，选择需要切换的幻灯片（见图 15-12），单击即可实现切换，如图 15-13 所示。

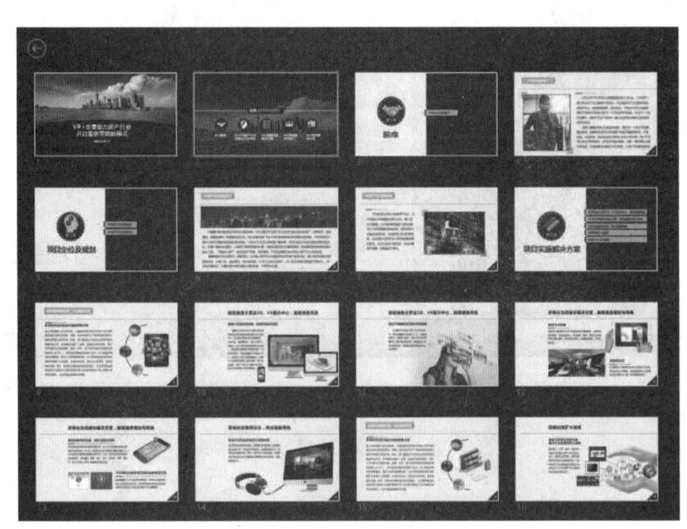

图 15-12

图 15-13

15.2.2 放映时边讲解边标记

当在放映演示文稿的过程中需要讲解时，还可以将光标变成笔的形状，在幻灯片上直接画线做标记。

❶ 进入幻灯片放映状态，在屏幕上单击鼠标右键，在弹出的快捷菜单中光标指向“指针选项”，在子菜单中单击“笔”命令，如图 15-14 所示。

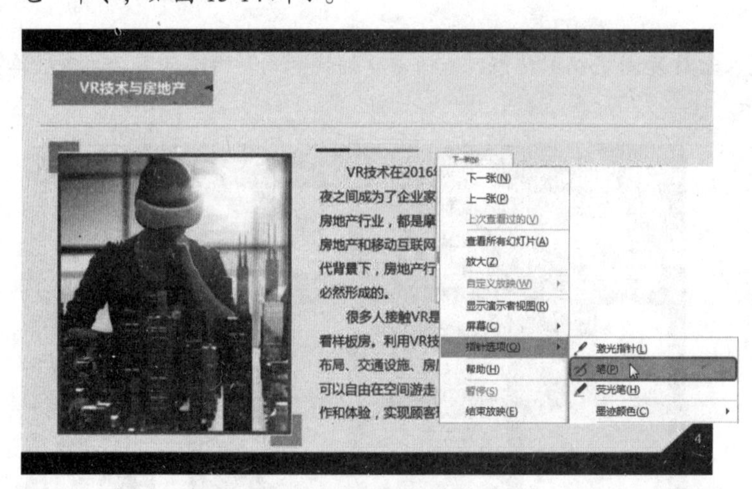

图 15-14

❷ 此时鼠标变成一个红点，拖动鼠标即可在屏幕上留下标记，如图 15-15 所示。

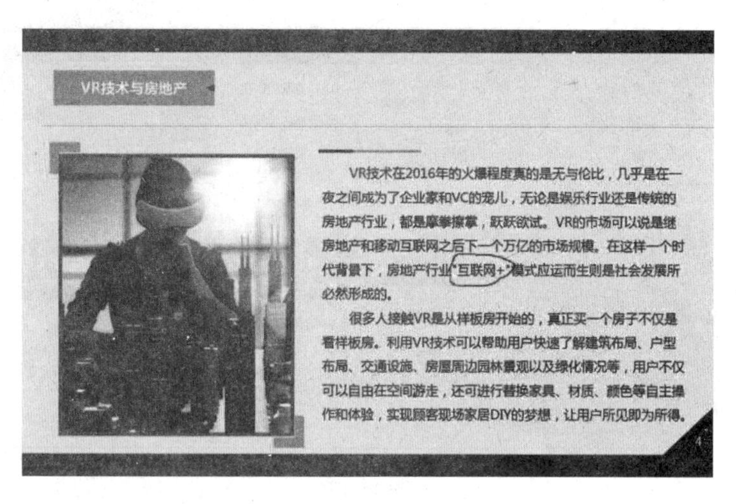

图 15-15

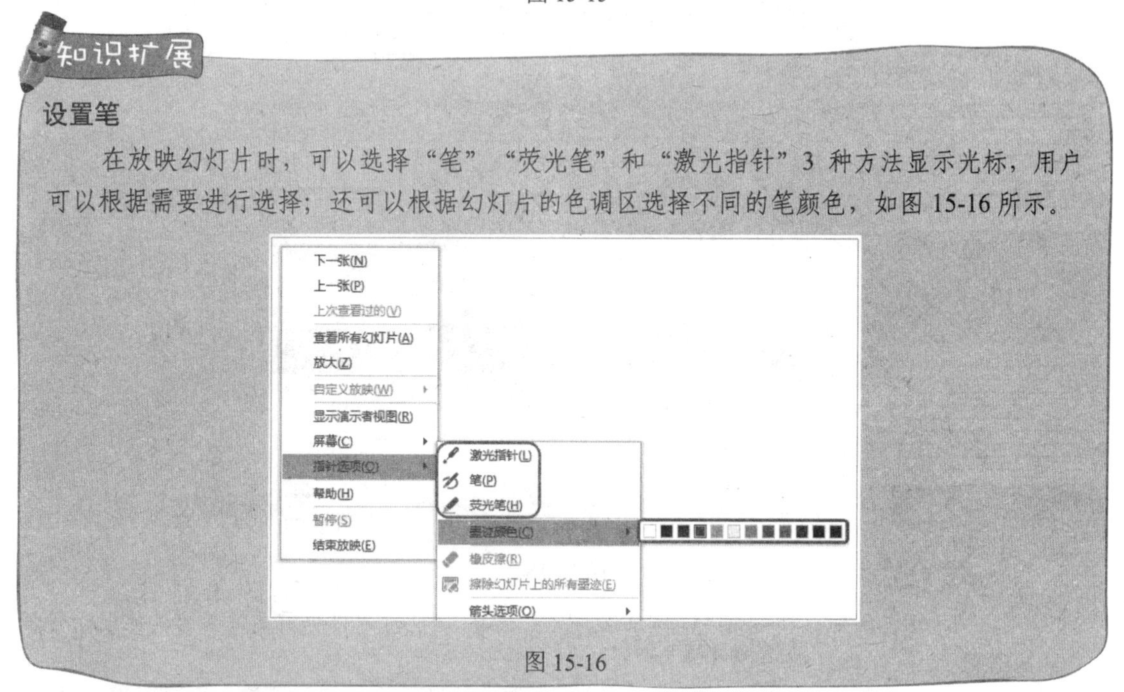

知识扩展

设置笔

在放映幻灯片时，可以选择“笔”“荧光笔”和“激光指针”3 种方法显示光标，用户可以根据需要进行选择；还可以根据幻灯片的色调区选择不同的笔颜色，如图 15-16 所示。

图 15-16

15.2.3 插入缩放定位辅助放映切换

缩放定位是新版 PowerPoint 2019 为放映幻灯片灵活跳转开发的新功能，若幻灯片张数比较多，为了灵活控制放映，需要在章节、转场页、内页之间快速切换，就可以使用缩放定位功能。摘要缩放定位是针对整个演示文稿而言的，可以将选择的节或幻灯片生成一个“目录”，这样演示时可以使用缩放从一个页面跳转到另一个页面进行放映。

❶ 打开幻灯片，在“插入”→“链接”选项组中单击“缩放定位”下拉按钮，在展开的下拉菜单中单击“摘要缩放定位”命令（见图 15-17），打开“插入摘要缩放定位”对话框。

图 15-17

❷ 勾选需要添加至摘要的多张幻灯片复选框，如图 15-18 所示。

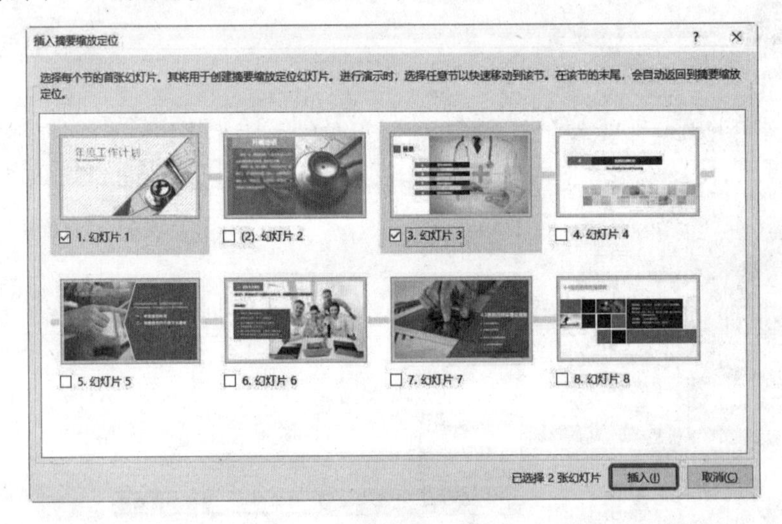

图 15-18

❸ 单击“插入”按钮返回幻灯片。修改名称为“摘要”（也可以根据需要设置为其他便于管理和放映的名称），如图 15-19 所示。

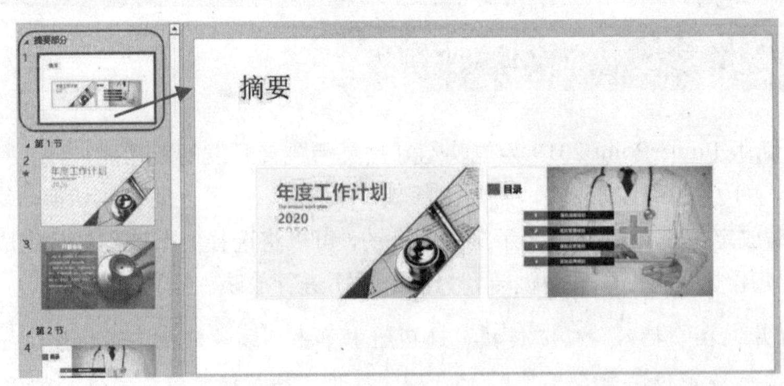

图 15-19

❹ 进入幻灯片放映状态，在“摘要”幻灯片中可以看到添加的幻灯片缩略图，在其中单击某一张缩略图（见图 15-20），即可跳转至该幻灯片，如图 15-21 所示。

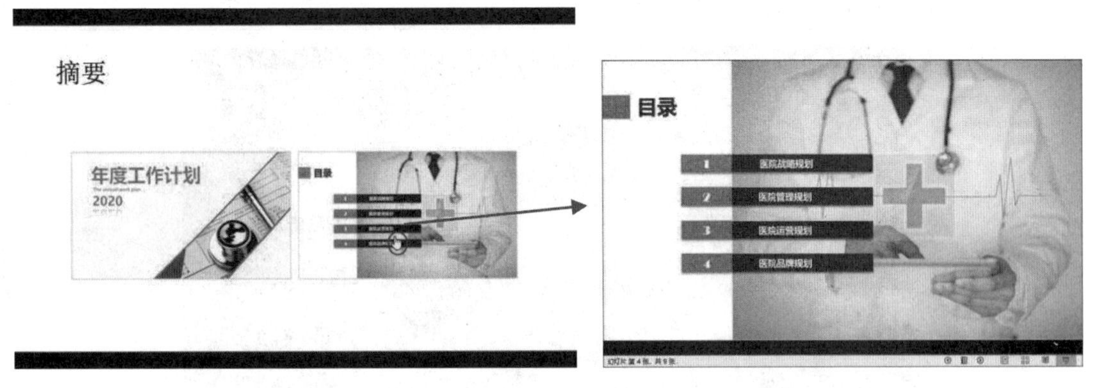

图 15-20　　图 15-21

提　示

如果要将整个演示文稿汇总到一张幻灯片上，可以在“插入”→“链接”选项组中单击“缩放定位”下拉按钮，选择“摘要缩放定位”；如果要仅显示选定的幻灯片，可以选择“幻灯片缩放定位”；如果要仅显示单个节，可以选择“节缩放定位”。

15.2.4 放映时放大局部内容

在 PPT 放映时，可能会有部分文字或图片较小的情况，在放映时可以通过局部放大 PPT 中的某些区域，使内容被放大而清晰呈现在观众面前。

❶ 进入幻灯片放映状态，在屏幕上单击鼠标右键，在弹出的快捷菜单中单击“放大”命令，如图 15-22 所示。

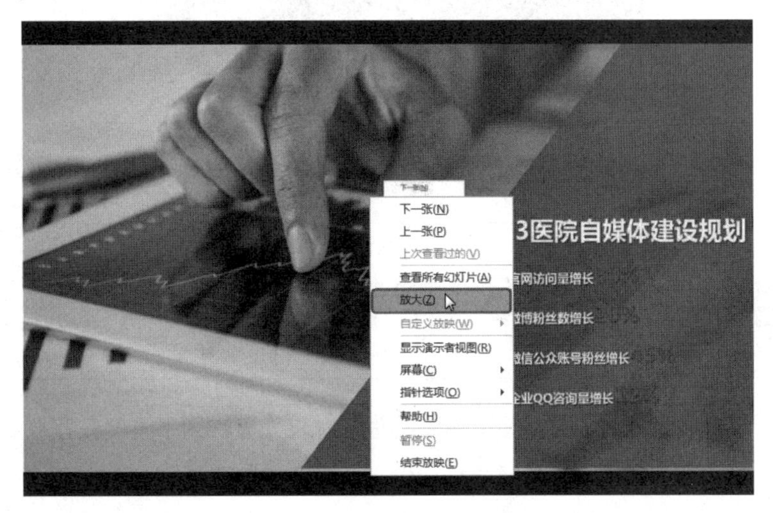

图 15-22

❷ 此时幻灯片编辑区的鼠标指针变为一个放大镜的图标，鼠标周围是一个矩形的区域，其他部分则是灰色，矩形所覆盖的区域就是即将放大的区域，将鼠标移至要放大的位置后，单击一下鼠标即可放大该区域，如图15-23所示。

图15-23

❸ 点击放大之后，矩形覆盖的区域占据了整个屏幕，这样就实现了局部内容被放大，如图15-24所示。

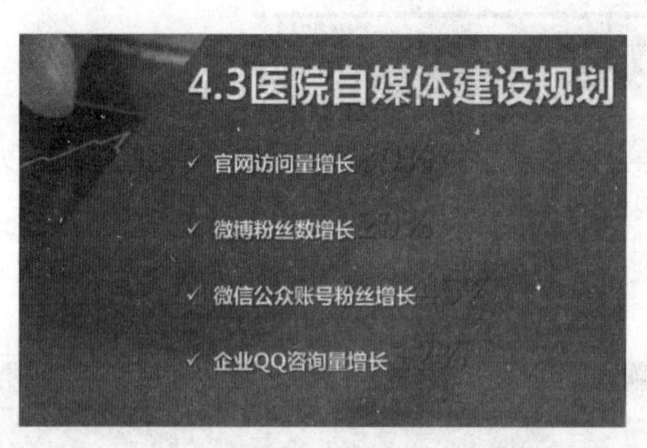

图15-24

❹ 当查看内容后，单击鼠标右键即可恢复到原始状态。

15.3 演示文稿的输出

演示文稿创建完成后，为了方便使用通常会进行打包处理。为了方便在任意载体上播放需要实现转换成PDF或视频文件等，这些操作都归纳为演示文稿的输出。

15.3.1 打包演示文稿

许多用户都有过这样的经历，在自己计算机中放映顺利的演示文稿，当复制到其他计算机中进行播放时，原来插入的声音和视频都不能播放了，或者字体也不能正常显示了。要解决这样的问题，可以使用 PowerPoint 2019 的打包功能，将演示文稿中用到的素材打包到一个文件夹中。打包后的文件无论拿到什么地方放映都可正常显示与播放。

❶ 打开目标演示文稿，单击“文件”选项卡，单击“导出”标签，在右侧窗口中单击“将演示文稿打包成 CD”选项，然后单击“打包成 CD”按钮（见图 15-25），打开“打包成 CD”对话框。

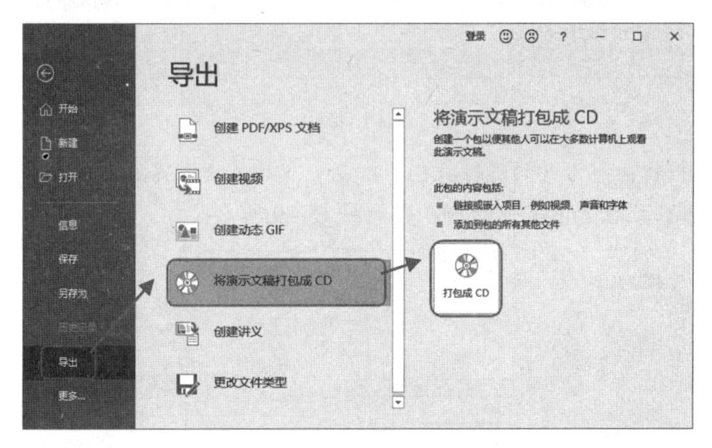

图 15-25

❷ 单击“复制到文件夹”按钮（见图 15-26），打开“复制到文件夹”对话框，在“文件夹名称”文本框中输入名称，在“位置”文本框中单击右侧的“浏览”按钮，设置好保存路径，如图 15-27 所示。

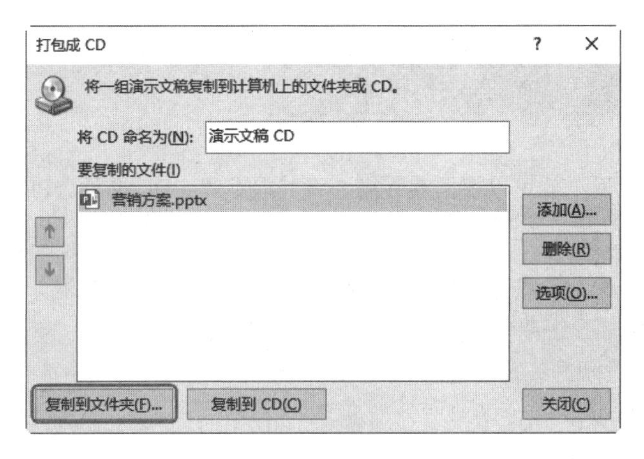

图 15-26

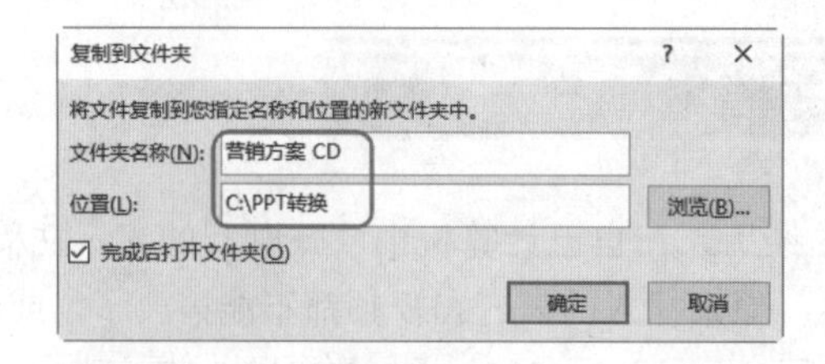

图 15-27

❸ 单击“确定”按钮，弹出提示框询问是否要在包中包含链接文件，如图 15-28 所示。

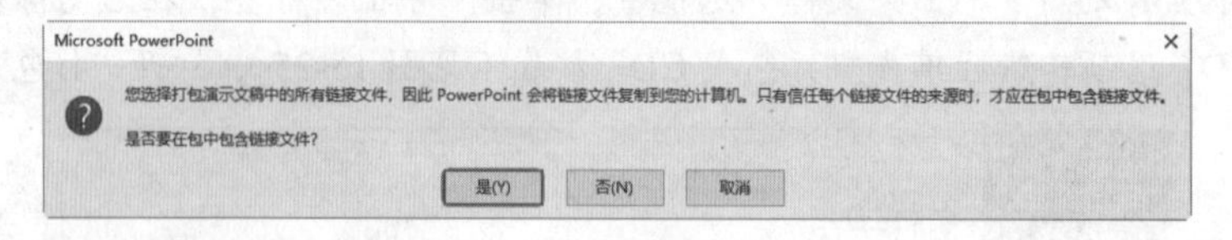

图 15-28

❹ 单击“是”按钮，即可开始进行打包。打包完成后，进入保存的文件夹中，可以看到除了包含一个演示文稿外，还包含着其他的内容，如图 15-29 所示。

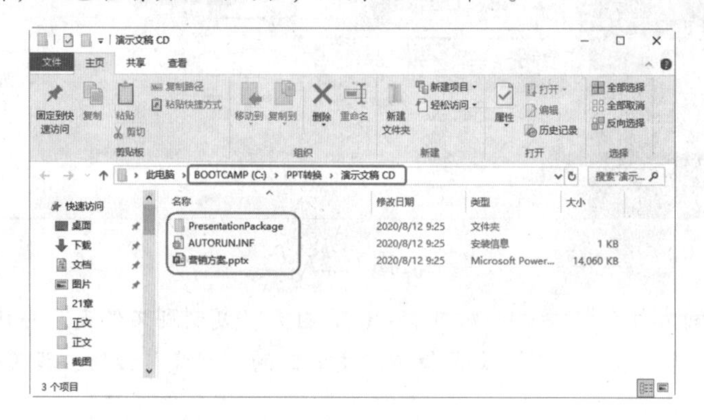

图 15-29

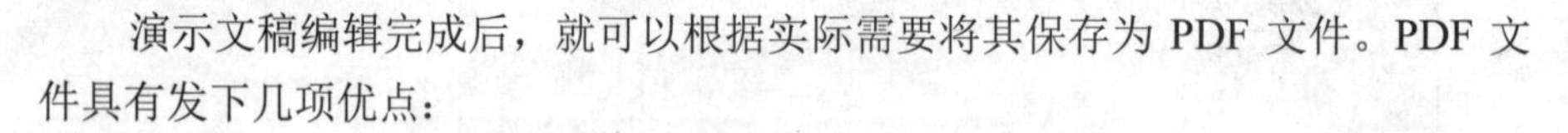

15.3.2 演示文稿转换为 PDF 文件

演示文稿编辑完成后，就可以根据实际需要将其保存为 PDF 文件。PDF 文件具有发下几项优点：

- 任何支持 PDF 的设备都可以打开，排版和样式不会乱。
- 能够嵌入字体，不会因为找不到字体而显示的杂乱无章。
- 文件体积小，方便网络传输。
- 支持矢量图形，放大缩小不影响清晰度。

正因为如下的一些优点，因此可以将制作好的演示文稿转换为 PDF 文件，以方便查看与传阅。

如图 15-30 所示是在查看 PDF 文件的状态。PDF 由 Adobe 公司开发，要打开 PDF 文件必须确保计算机安装了相关程序。

图 15-30

❶ 打开目标演示文稿，单击“文件”选项卡，在界面中单击“导出”标签，在右侧单击“创建 PDF/XPS 文档”选项，然后单击“创建 PDF/XPS”按钮，如图 15-31 所示。

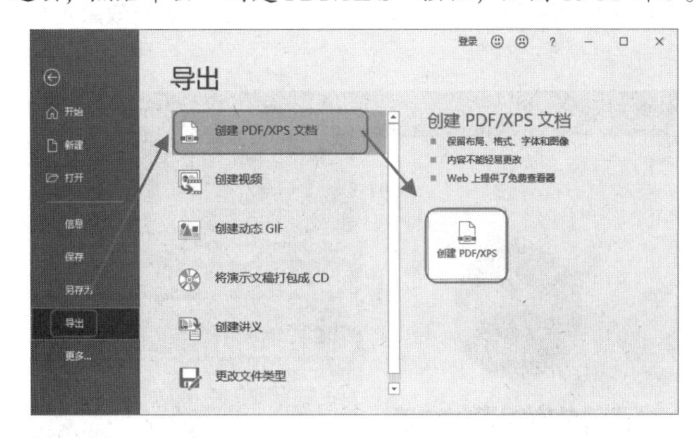

图 15-31

❷ 打开“发布为 PDF 或 XPS”对话框，设置 PDF 文件保存的路径，如图 15-32 所示。

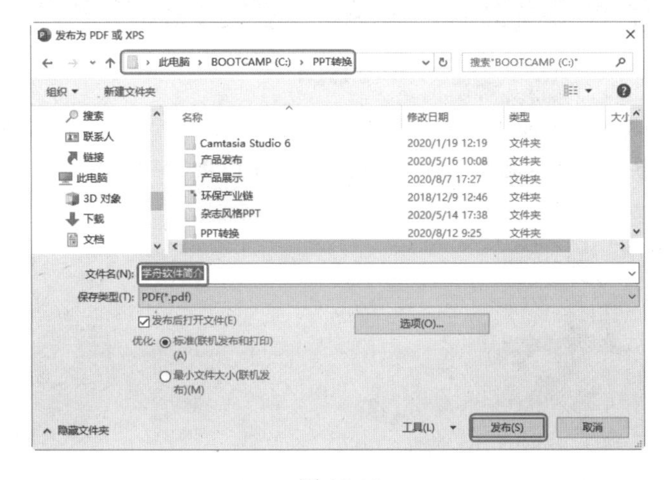

图 15-32

❸ 单击“发布”按钮，即可看到任务栏显示“正在发布”，如图15-33所示。发布完成后，即可将演示文稿保存为PDF格式。

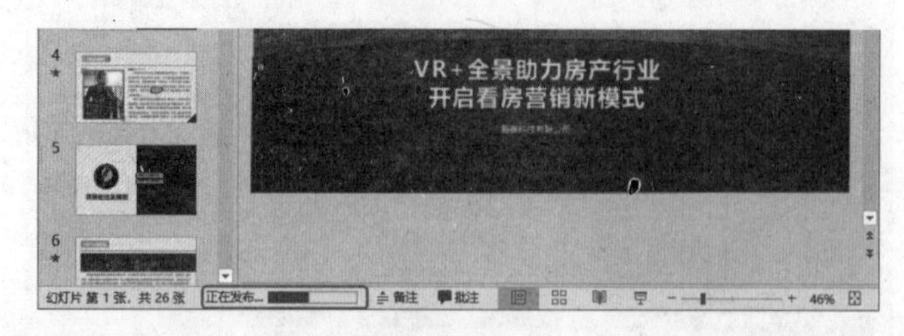

图15-33

15.3.3 演示文稿转换为视频文件

将制作好的演示文稿转换为视频文件可以方便携带，也便于在特定的场合中观看。PowerPoint自带了转换工具，可以很方便地进行转换操作。

如图15-34所示是正在以视频形式播放的演示文稿。要达到这一效果需要将制作好的演示文稿保存为视频文件。

图15-34

❶ 打开目标演示文稿，单击“文件”选项卡，单击“导出”标签，在右侧的窗口中单击“创建视频”命令，然后单击“创建视频”按钮（见图15-35），打开“另存为”对话框。

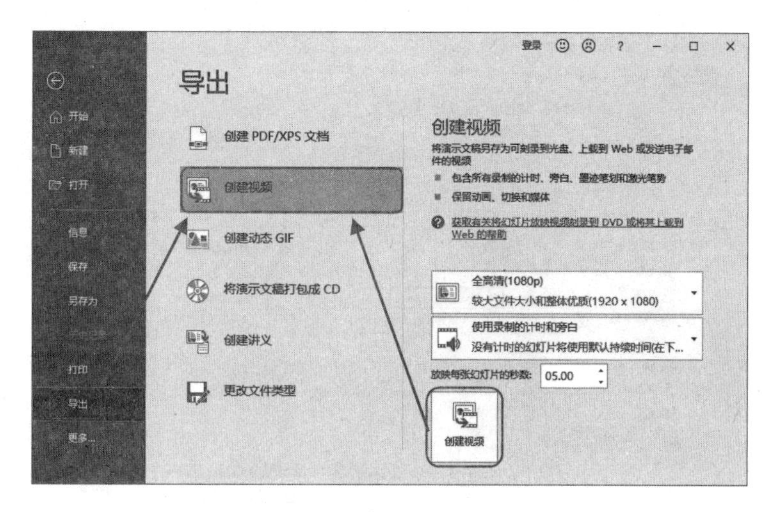

图 15-35

❷ 设置视频文件保存的路径与保存名称，如图 15-36 所示。

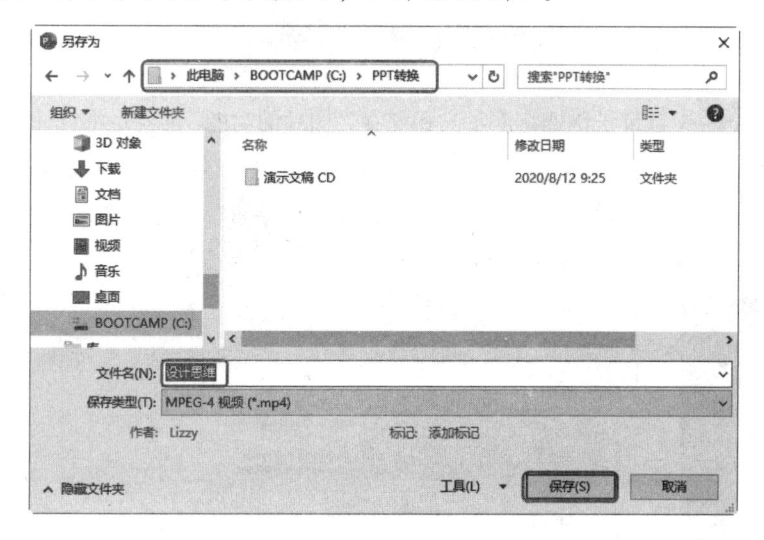

图 15-36

❸ 单击“保存”按钮，可以在演示文稿下方看到正在制作视频的提示（见图 15-37）。制作完成后，找到保存路径（见图 15-38），即可将演示文稿添加到视频播放软件中进行播放。

图 15-37

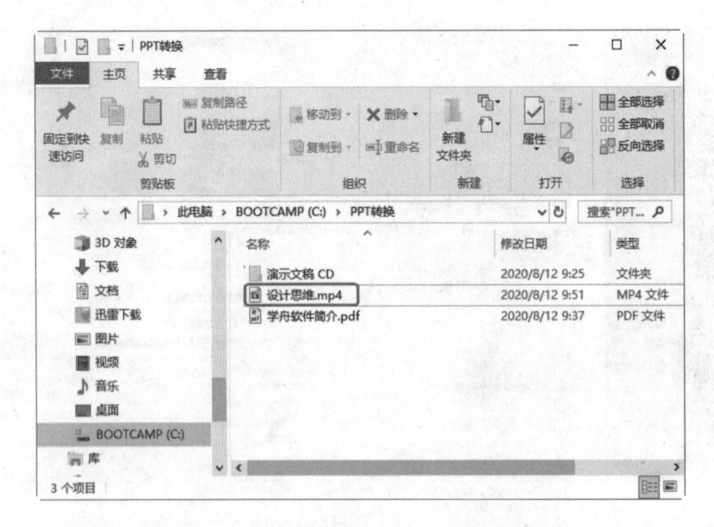

图 15-38

15.3.4 将每张幻灯片批量输出为单张图片

PowerPoint 2019 中自带了快速将演示文稿保存为图片的功能，也就是将设计好的每张幻灯片都转换成图片。转换后的图片可以像普通图片一样使用，并且使用起来很方便。

❶ 打开目标演示文稿，单击“文件”选项卡，单击“导出”标签，在右侧窗口中单击“更改文件类型”选项，然后在右侧选择“JPEG 文件交换格式”，单击“另存为”按钮，如图 15-39 所示。

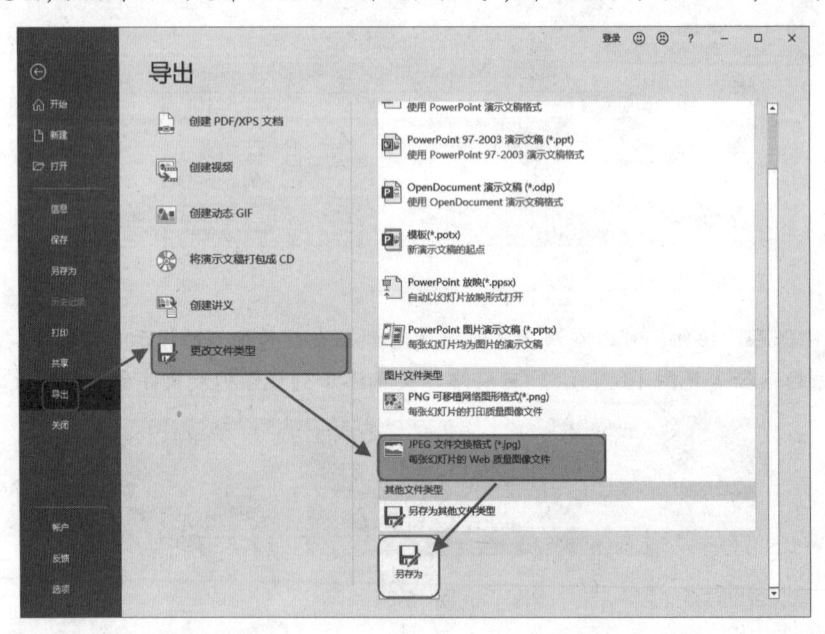

图 15-39

❷ 打开“另存为”对话框，设置文件保存的路径与保存名称，如图 15-40 所示。

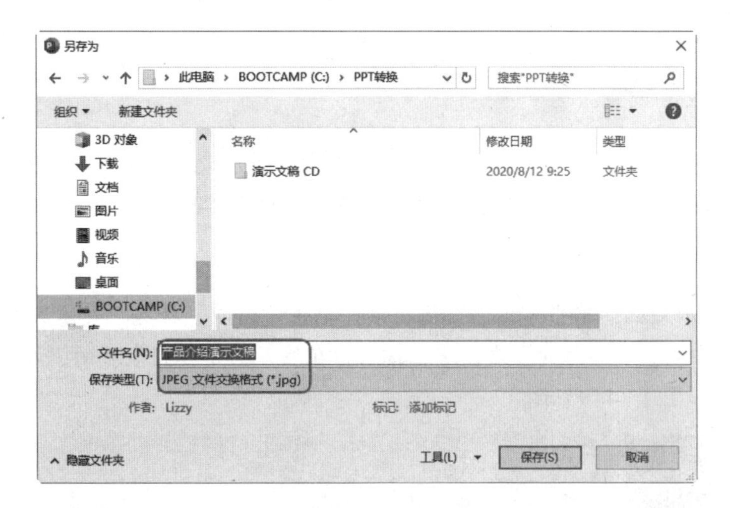

图 15-40

❸ 单击“保存”按钮，弹出“Microsoft PowerPoint”对话框（见图 15-41），按照提示单击“所有幻灯片”，导出成功后弹出如图 15-42 所示的提示，即可将各张幻灯片导出为图片格式，并保存到指定的文件夹中，如图 15-43 所示。

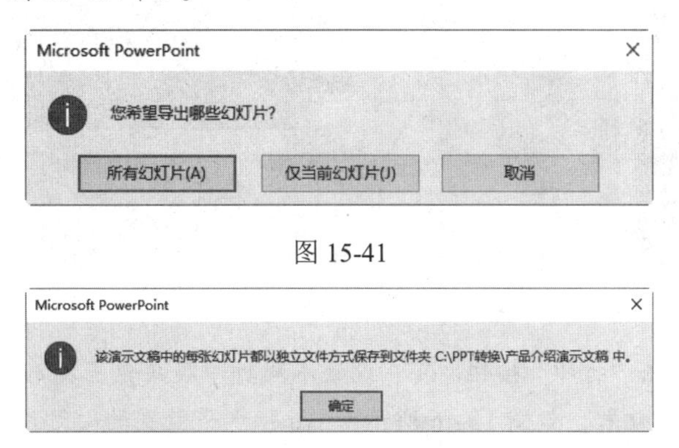

图 15-41

图 15-42

图 15-43

15.3.5 创建讲义

讲义是指一页中包含 1 张、2 张、3 张、4 张、6 张或 9 张幻灯片，将讲义打印出来，可以方便演讲者使用，或提前分发到观众手中作为资料使用。

1. 创建讲义

❶ 打开目标演示文稿，单击“文件”选项卡，单击“打印”标签，在右侧窗口“打印”栏的“设置”区域内单击“整页幻灯片”右侧下拉按钮，在展开的下拉列表中的“讲义”栏下选择合适的讲义打印选项，如图 15-44 所示。

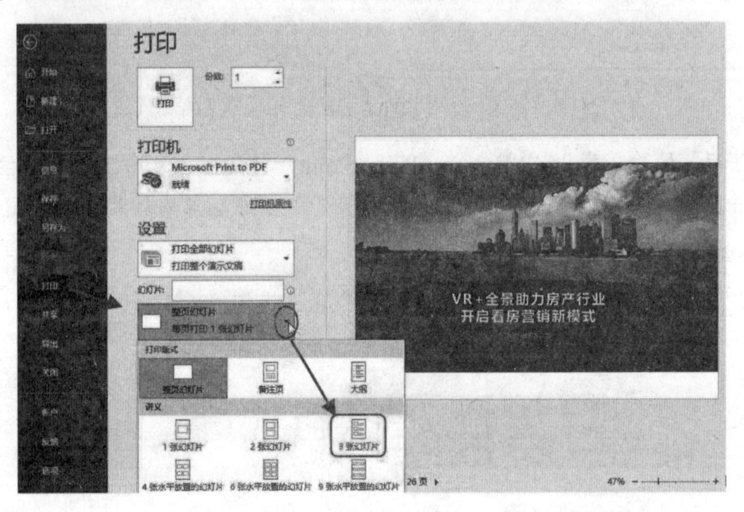

图 15-44

❷ 设置完成后，单击“打印”按钮即可，设置不同打印版式会呈现不同打印效果，如图 15-45 所示为“3 张幻灯片”的效果，如图 15-46 所示为“6 张水平放置的幻灯片”的效果。

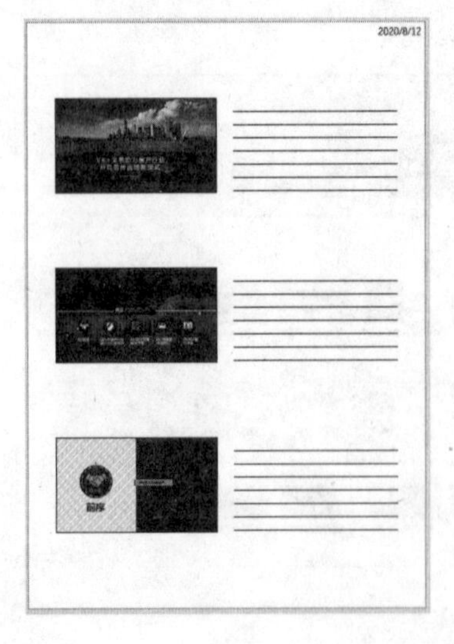

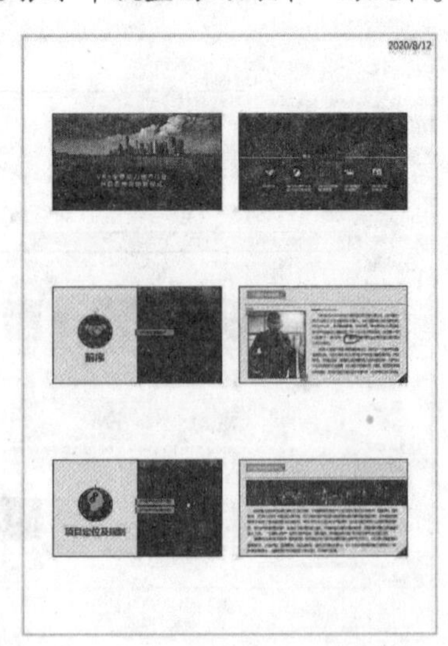

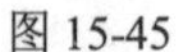
图 15-45

图 15-46

2. 在 Word 中创建讲义

在保存演示文稿时，可以将其以讲义的方式插入 Word 文档中，并且每张幻灯片都以图片的形式显示出来，并且如果在创建幻灯片时为幻灯片添加了备注信息，其会显示在幻灯片的旁边。

❶ 打开编辑完成后的目标演示文稿，单击“文件”选项卡，单击“导出”标签，在右侧窗口中单击“创建讲义”选项，然后单击“创建讲义”按钮，如图 15-47 所示。

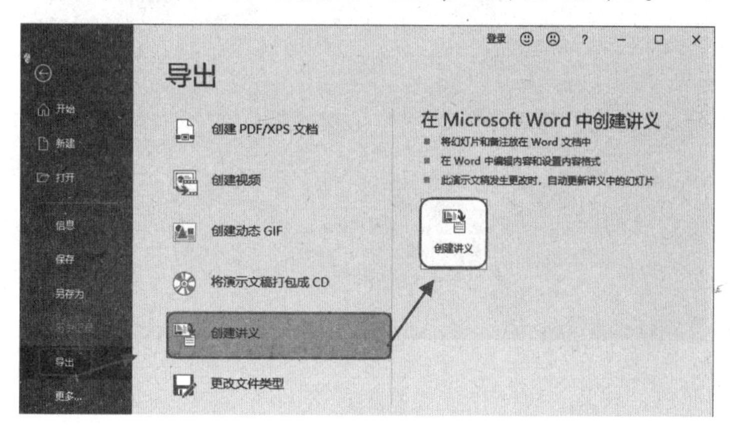

图 15-47

❷ 打开“发送到 Microsoft Word”对话框，在列表中选择一种版式，如图 15-48 所示。

❸ 单击“确定”按钮，即可将演示文稿以讲义的方式发送到 Word 文档中，如图 15-49 所示。

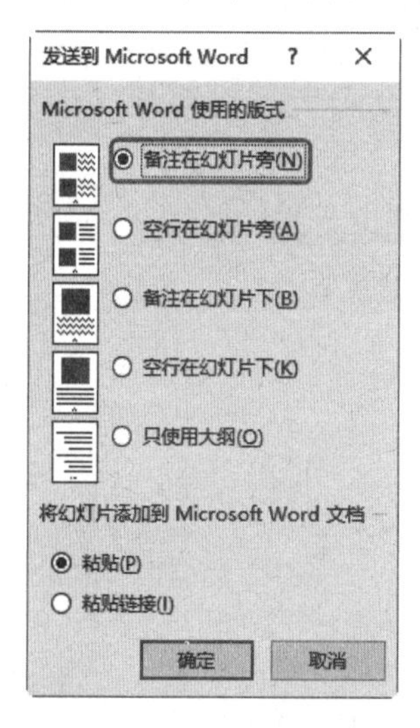

图 15-48

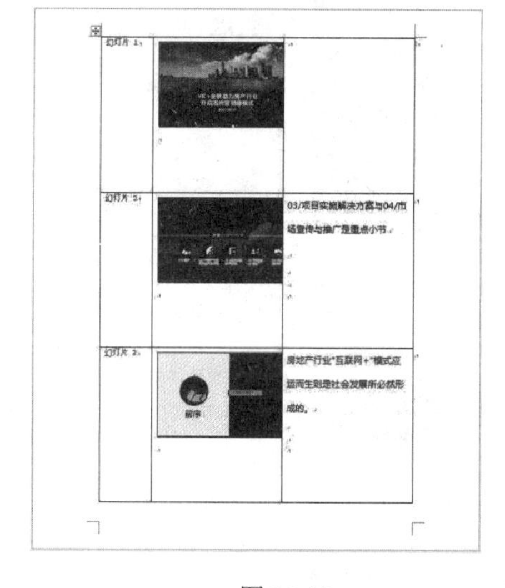

图 15-49

15.3.6 演示文稿转换为 GIF 动图

将制作好的演示文稿转换为 GIF 文件可以方便携带，也便于发送给其他人观看。PowerPoint 程序自带了转换工具，可以很方便地进行转换操作。

如图 15-50 所示是正在以 GIF 形式播放的演示文稿。要达到这一效果需要将制作好的演示文稿保存为 GIF 文件。

图 15-50

❶ 打开目标演示文稿，单击“文件”选项卡，单击“导出”标签，在右侧的窗口中单击“创建动态 GIF”选项，然后单击“创建 GIF”按钮（见图 15-51），打开“另存为”对话框。

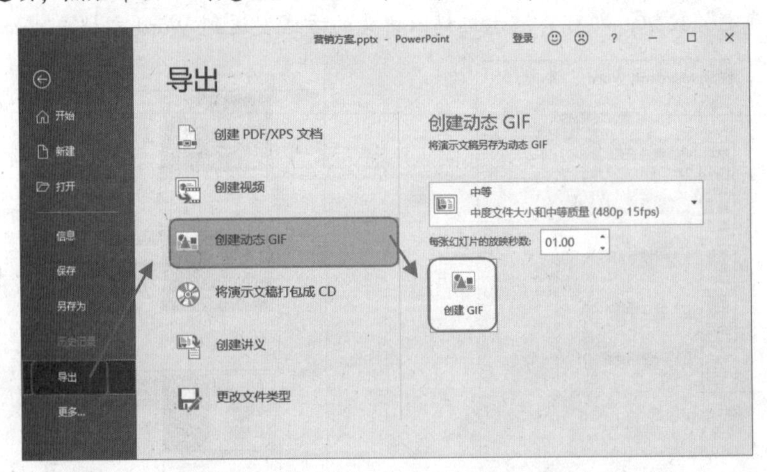

图 15-51

提 示

在“创建动态 GIF”界面中可以设置 GIF 动图的大小和每张幻灯片的放映秒数。

❷ 设置 GIF 文件保存的路径与保存名称，如图 15-52 所示。

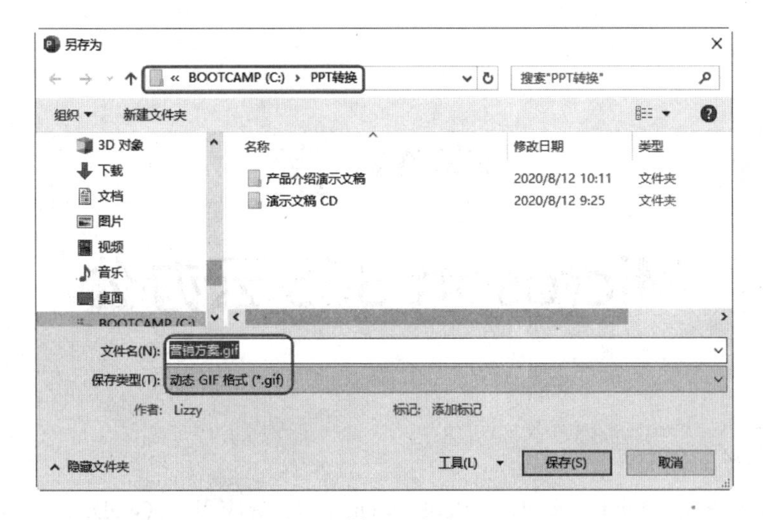

图 15-52

❸ 单击“保存”按钮，即可看到任务栏显示“正在保存”，如图 15-53 所示。保存完成后，即可将演示文稿保存为 GIF 文件，如图 15-54 所示。

图 15-53

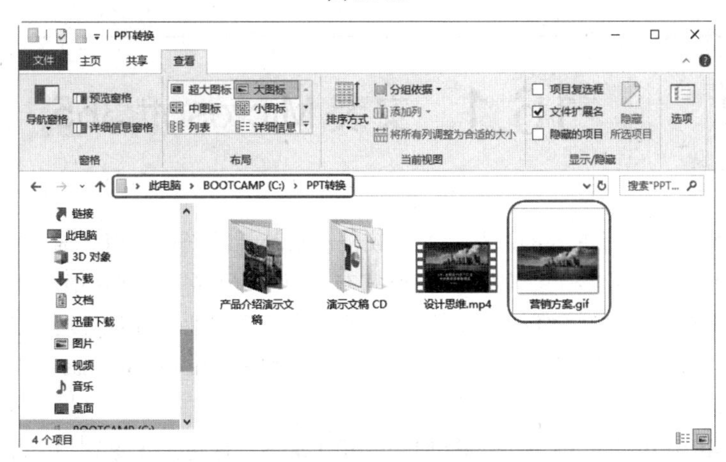

图 15-54

第16章 Microsoft 365 云办公

学习导读

通过将 Word、PowerPoint、Excel、Outlook 和 OneNote 等应用与 OneDrive 和 Microsoft Teams 等强大的云服务相结合，可以实现让任何人使用任何设备时能够随时随地创建和共享内容。

学习要点

- 安装 Microsoft 365
- 内容协作与 OneDrive 云端共享
- Microsoft Teams 与团队及时沟通

16.1 安装 Microsoft 365

Microsoft 365 是一种订阅式的跨平台办公软件，它基于云平台为用户提供多种服务，让任何人使用任何设备随时随地创建和共享内容。微软宣布 Office 365 将于 2020 年 4 月 21 日正式升级为 Microsoft 365。Office 365 将 Office 桌面端应用的优势结合企业级邮件处理、文件分享、即时消息和可视网络会议（Exchange Online、SharePoint Online 和 Skype for Business）的融为一体，满足不同类型企业的办公需求。

今年推出的 Microsoft Family Safety 和 Microsoft Teams。这也是大家在日常生活和工作中经常用到的主流功能。Microsoft 365 将这些应用程序整合到一起，为用户提供一站式的解决方案。在 Microsoft 365 上，这一切都被搬到了云端上，为大家带来了极大的便利。

Microsoft 365 作为 Microsoft 公司推出的软件和云服务，包含的应用归类分为如下几方面：

- 编辑和创作类，Word、PowerPoint、Excel 等用来编辑、创作内容。
- 邮件和社交类，Outlook、Exchange、Yammer、Teams、Office 365 微助理。
- 站点及网络内容管理类，以 SharePoint、OneDrive 产品为主，做到同步编辑、共享文件、达成协作。
- 会话和语音类，比如 Skype for Business。

- 报告和分析类，Power BI、MyAnalytics 等。
- 业务规划和管理类， Microsoft Bookings、StaffHub，还有 Project Online、Visio Online，是项目管理、绘图等方面的。

在高级安全方面，Microsoft 365 支持勒索软件检测与恢复，如果检测到勒索软件攻击，Microsoft 365 将向用户发出警报，帮助还原 OneDrive，并在其后 30 天内获得文件的备份。在勒索软件等恶意攻击、文件损坏或意外删除和编辑后至多 30 天内恢复整个 OneDrive。

1. 注册 Microsoft 账户

使用 Microsoft 365 相关订阅服务，需要首先在网站注册自己的账户。

❶ 打开网页，在地址栏输入网址“Office.com”(见图 16-1)，按回车键进入首页。单击“登录”按钮，在新打开的页面中单击“创建一个”链接(见图 16-2)，进入创建账户页面。

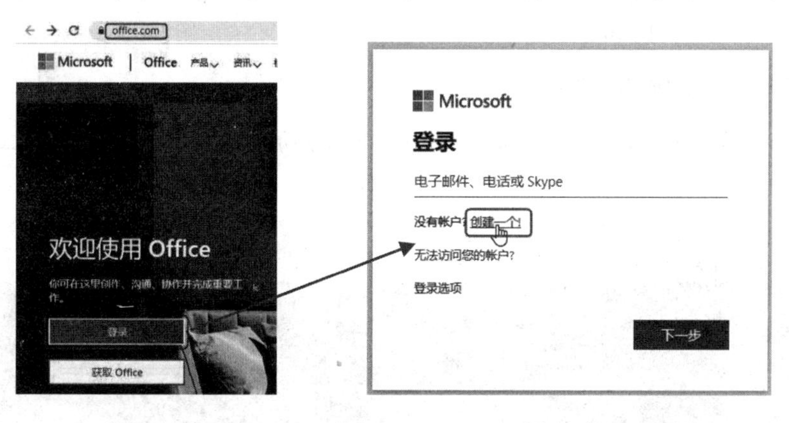

图 16-1　　　　图 16-2

❷ 输入邮件地址作为账户名(见图 16-3)，单击“下一步”按钮进入账户创建页面。根据提示一步一步设置用户基本信息，如图 16-4 所示。

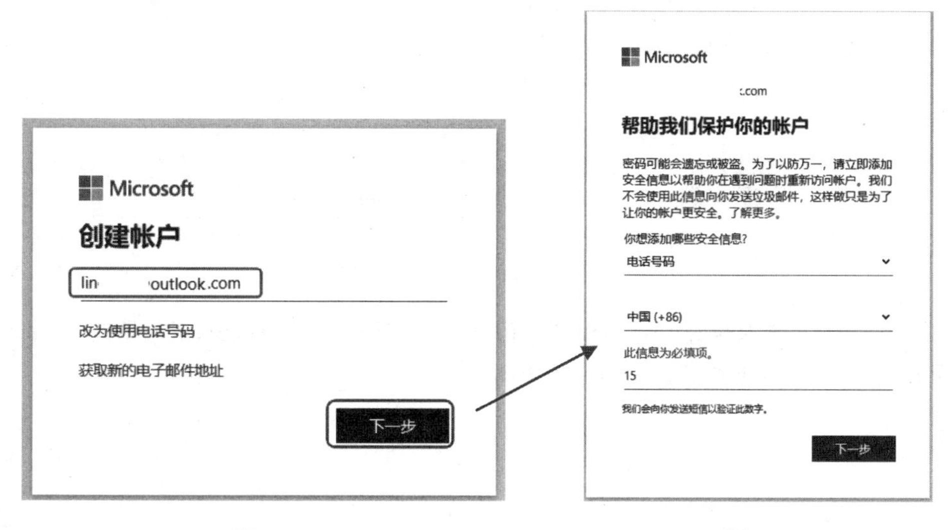

图 16-3　　　　图 16-4

❸ 注册完毕后，进入登录页面，输入账户名（见图 16-5），单击“下一步”按钮进入新页面，输入登录密码即可，如图 16-6 所示。

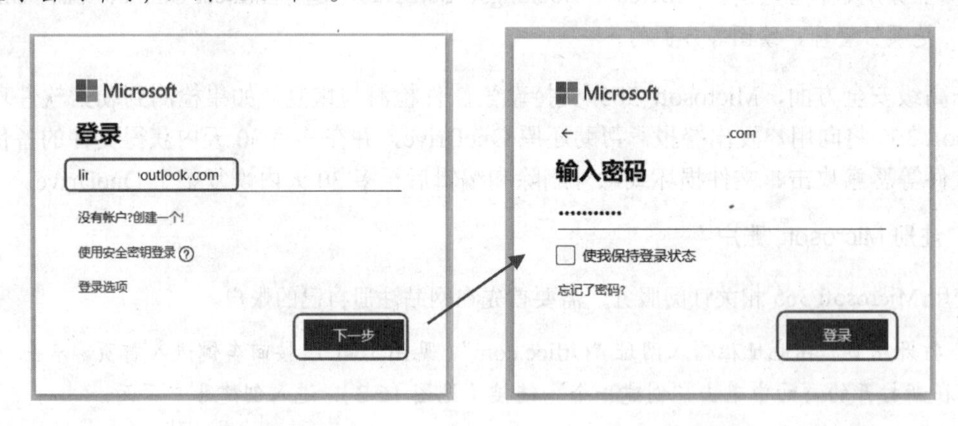

图 16-5　　图 16-6

2. 下载并安装 Microsoft 365

❶ 用于 Microsoft 账户后，进入 Microsoft 365 下载界面，单击“安装应用”按钮（见图 16-7），进入下载安装页面。

图 16-7

❷ 依次根据提示进入如图 16-8 所示的界面，单击“下一步”按钮进入下载界面。单击“安装”按钮（见图 16-9），即可下载安装 Microsoft 365。

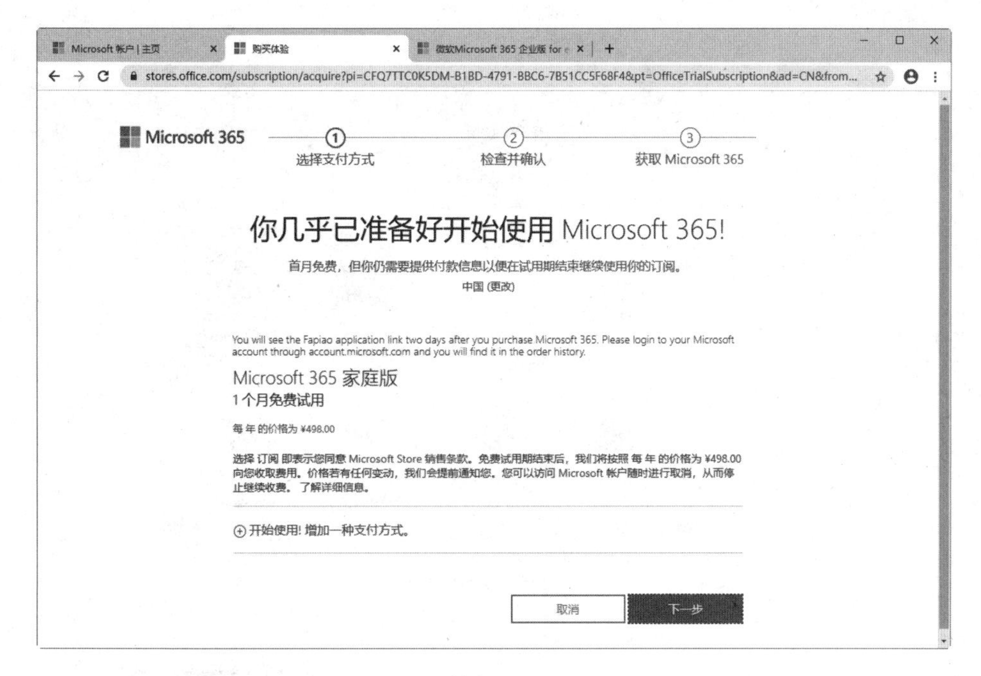

图 16-8

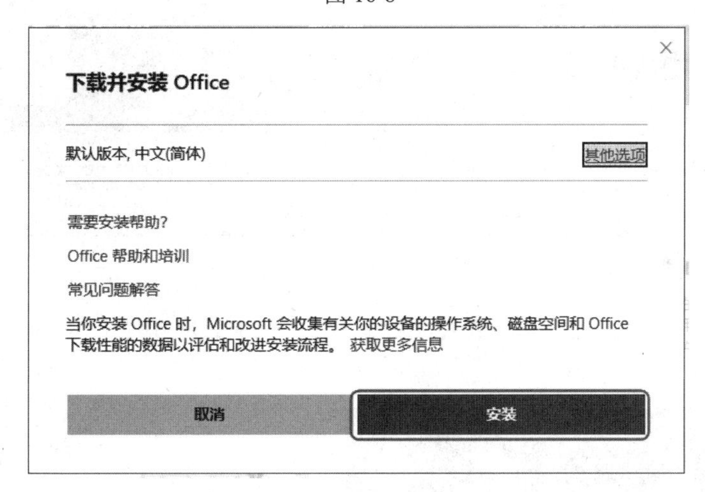

图 16-9

❸ 打开文件存储所在文件夹，双击安装程序图标（见图 16-10），即可进入安装界面如图 16-11、图 16-12 所示。

图 16-10

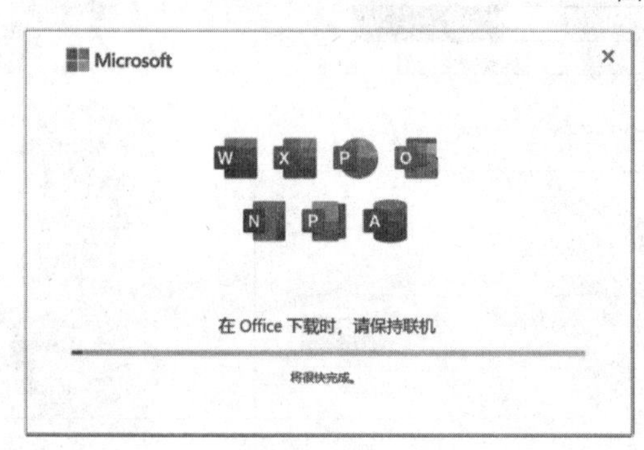

图 16-11

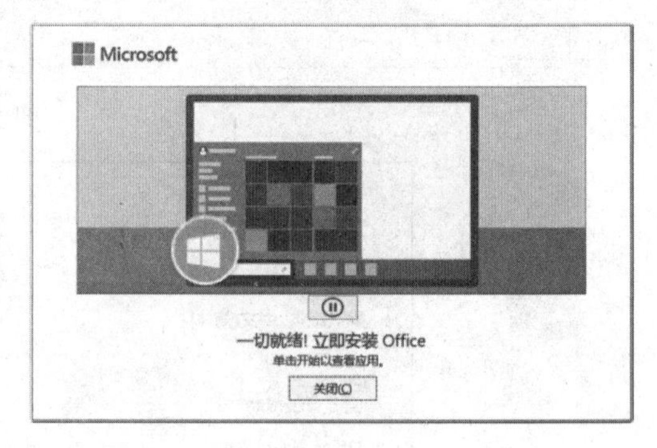

图 16-12

❹ 依次单击“开始”→“Word”图标按钮（见图 16-13），即可打开 Microsoft 365 Word 程序，如图 16-14 所示。

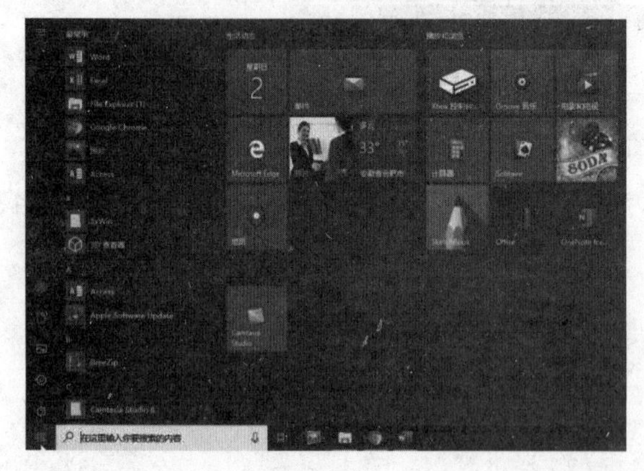

图 16-13

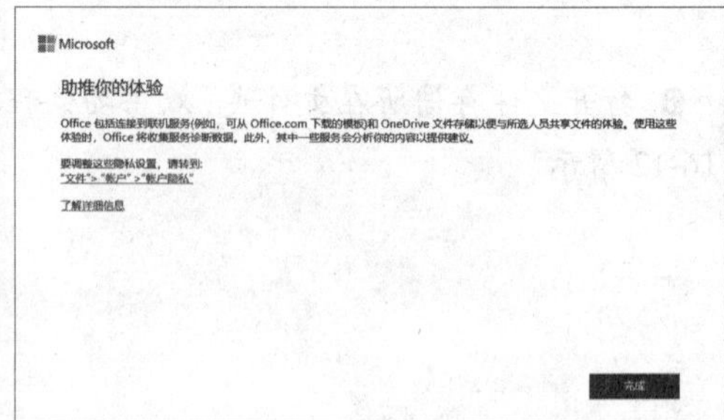

图 16-14

3. Microsoft 365 新特性

从 Office 365 升级到 Microsoft 365 之后，微软还带来了不少新的特性和功能，包括提供了 Getty Images 上 8000 多张精美图片和 175 个循环视频，以及 300 种新字体和 2800 个新图标的独家使用权限，帮助用户创造出更具影响力和视觉吸引力的文档。如图 16-15 所示是在 Word 程序中打开“联机图片”对话框后显示的各种高清图片缩略图。

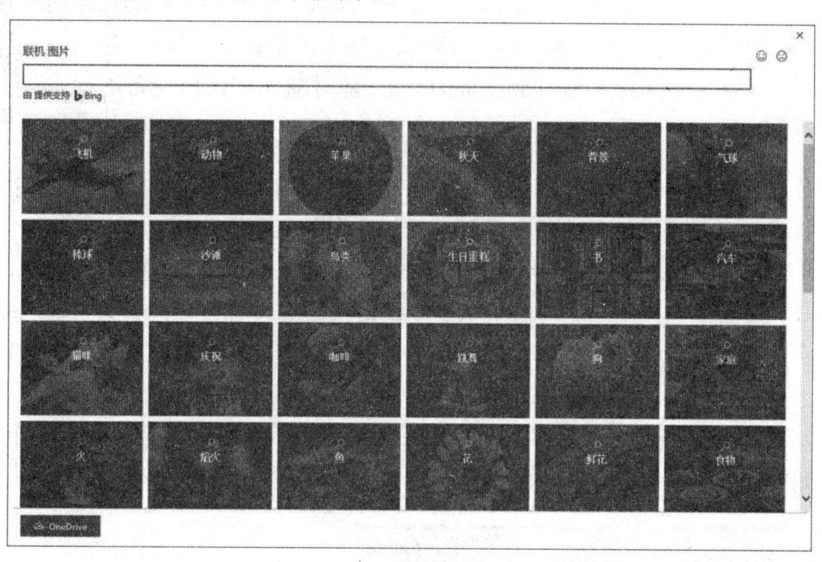

图 16-15

Microsoft 365 的订阅用户还可以在 Word、Excel 和 PowerPoint 中独家使用 200 多个新的高级模板。如图 16-16 所示为打开 Word 程序后进入新建文件页面后显示的模板缩略图。

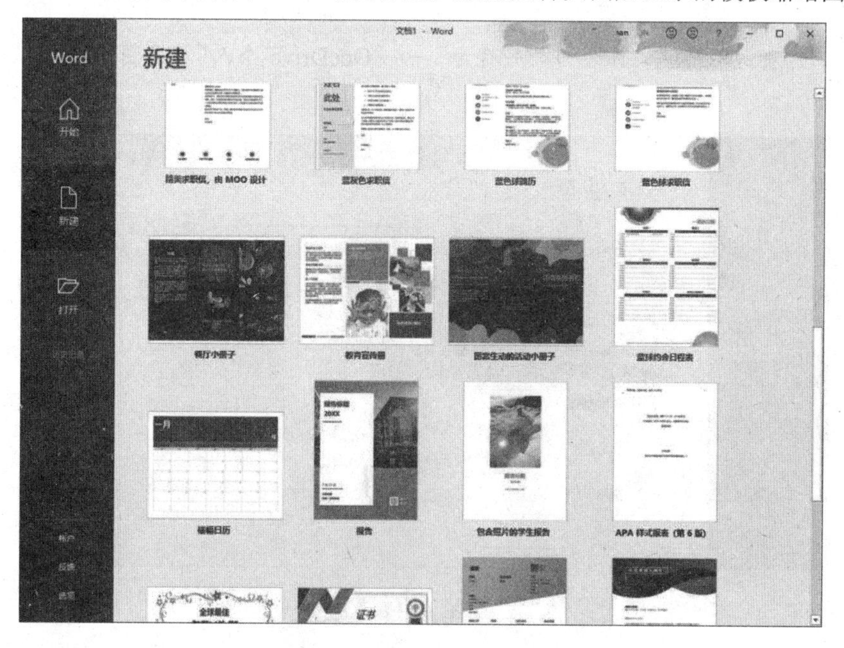

图 16-16

16.2 畅享 OneDrive 云端空间

Microsoft 365 中的 Word、Excel、PowerPoint 等 Office 文件拥有自动保存功能，这样用户就不会丢失文件了，保存的地址可以选择你的个人 OneDrive 存储。Microsoft 用户可以将文件和照片保存到 OneDrive，随时随地从任何设备进行访问。OneDrive 提供的功能包括：

- 相册的自动备份功能，即无需人工干预，OneDrive 自动将设备中的图片上传到云端保存，即使设备出现故障时，用户仍然可以从云端获取和查看图片。
- 在线 Office 功能，微软将万千用户使用的办公软件 Office 与 OneDrive 结合，用户可以在线创建、编辑和共享文档，而且可以和本地的文档编辑进行任意切换，本地编辑在线保存或在线编辑本地保存。在线编辑的文件是实时保存的，可以避免本地编辑时宕机造成的文件内容丢失，提高了文件的安全性。
- 分享指定的文件、照片或者整个文件夹，只需提供一个共享内容的访问链接给其他用户，其他用户就可以且只能访问这些共享内容，无法访问非共享内容。

16.2.1 云存储同步文件

下面介绍如何将 Excel 工作簿文件上传到云，存储至 OneDrive 实现重要文件的云存储。

1. 存储至 OneDrive

❶ 打开工作表，单击“文件”→“另存为”→“OneDrive-个人”（见图 16-17），打开“另存为”对话框。

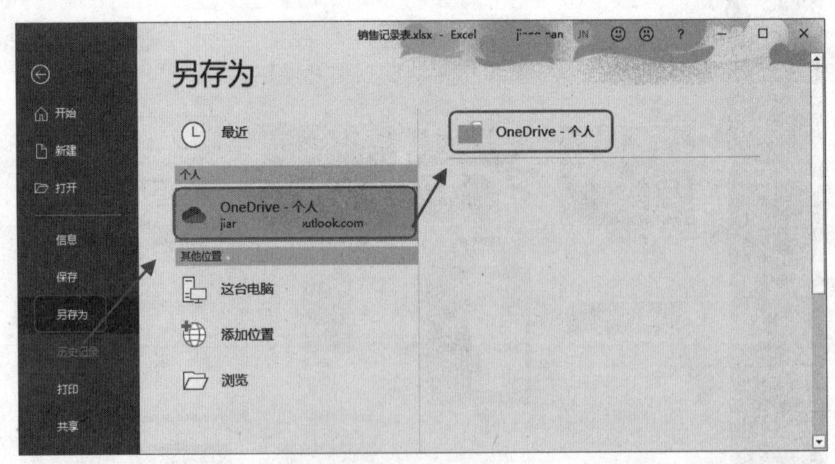

图 16-17

❷ 在打开的默认文件夹中设置文件名即可，如图 16-18 所示。

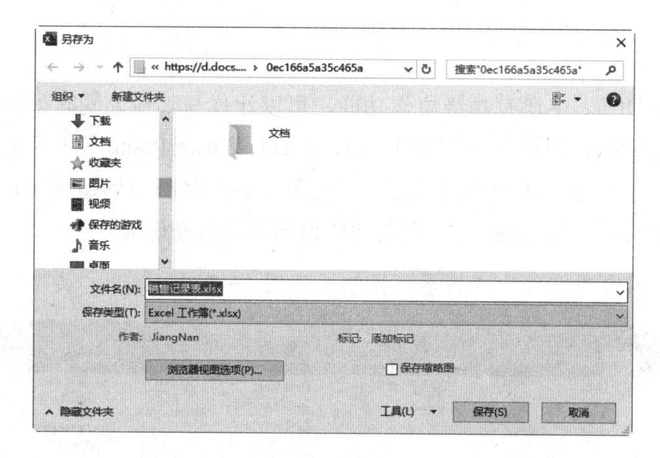

图 16-18

❸ 单击“保存”按钮返回表格中，可以看到任务栏显示“正在上传到 OneDrive”的提示文字，如图 16-19 所示。

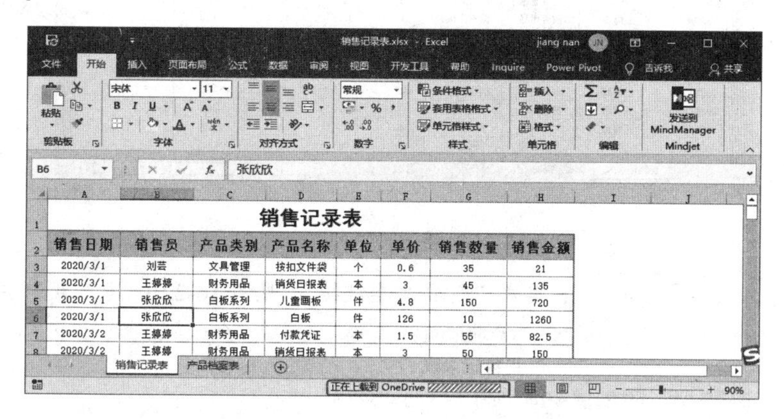

销售日期	销售员	产品类别	产品名称	单位	单价	销售数量	销售金额
2020/3/1	刘芸	文具管理	按扣文件袋	个	0.6	35	21
2020/3/1	王婷婷	财务用品	销货日报表	本	3	45	135
2020/3/1	张欣欣	白板系列	儿童画板	件	4.8	150	720
2020/3/1	张欣欣	白板系列	白板	件	126	10	1260
2020/3/2	王婷婷	财务用品	付款凭证	本	1.5	55	82.5
2020/3/2	王婷婷	财务用品	销货日报表	本	3	50	150

图 16-19

❹ 打开网页进入 OneDrive，即可看到上传完毕同步到云端的“销售记录表”工作簿，如图 16-20 所示。

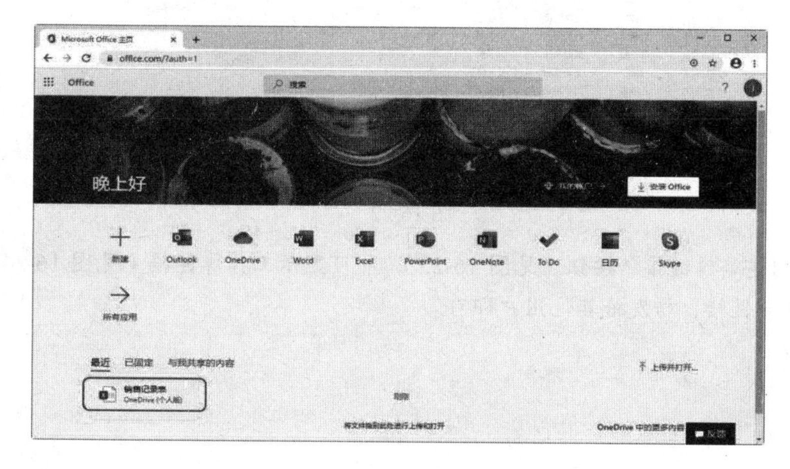

图 16-20

2. 文件共享

Microsoft 365 的 Office 中还有高级协作功能，可以让你与其他人同时处理文件，无论是在桌面应用程序内部还是在 Web 网页上。单击 Word、Excel、PowerPoint 右上角的“共享”按钮即可进行“协同合作”“资源共享”等云办公功能。用户可以直接复制与粘贴链接，或者将链接通过电子邮件发送；也可以配置允许编辑权限、设置到期日期和设置密码等。

❶ 打开工作簿，单击右上角的“共享”按钮（见图 16-21），打开“共享”窗格。

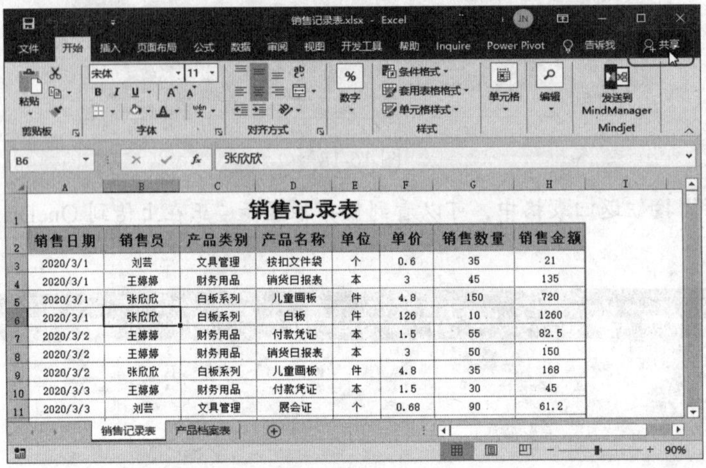

图 16-21

❷ 设置共享方式为“可编辑”，单击“获取共享链接”（见图 16-22），进入获取共享连接界面。

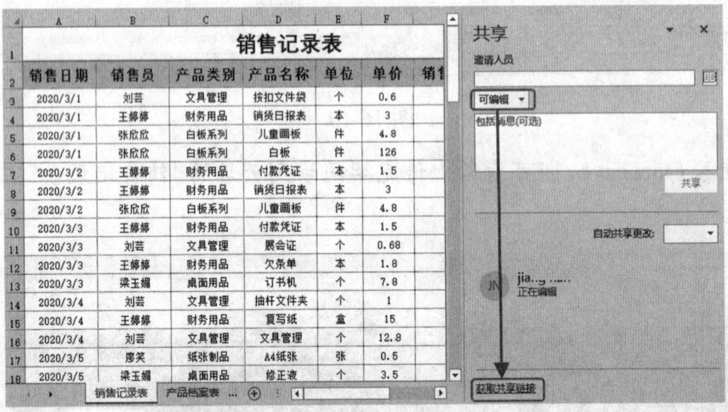

图 16-22

❸ 单击“创建编辑链接”按钮（见图 16-23），即可显示工作簿链接（见图 16-24），单击“复制”按钮即可复制链接，转发给其他用户即可。

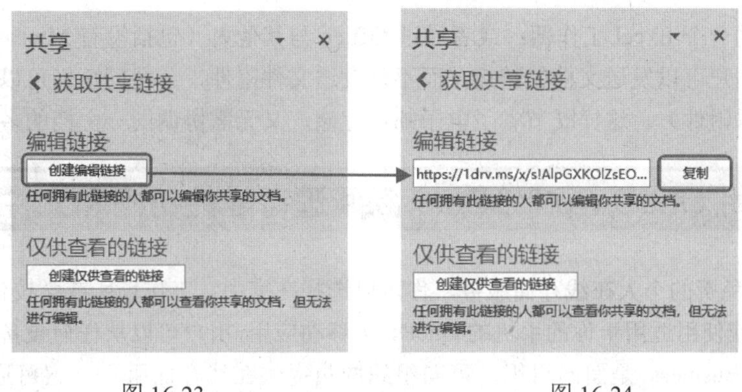

图 16-23　　　　图 16-24

16.2.2 Exchange Online 服务（托管邮件系统和日历共享服务）

Microsoft Exchange Online 是一款将 Microsoft Exchange Server 功能作为基于云的服务提供的托管消息传递解决方案。它支持用户从电脑、Web 和移动设备访问电子邮件、日历、联系人和任务。它与 Active Directory 全面集成，支持管理员使用组策略以及其他管理工具来管理整个环境中的 Exchange Online 功能。

Exchange Online 提供的邮件审批、邮件加密、数据丢失防护（DLP）、移动设备数据擦除、强大的高级威胁保护（ATP）等技术保证了邮件系统的安全性和稳定性，可避免机密信息外泄。

如图 16-25 所示为进入 Microsoft 管理后台后，显示的 Exchange Online 服务购买界面。

图 16-25

16.3 内容协作

使用 Office 的 OneDrive 或 SharePoint，多个用户可以协作处理 Word 文档、Excel 电子表格或 PowerPoint 演示文稿。当所有人都在同一时间工作，这就是所谓的共同创作。比如公司同事相互之间可打开并处理同一个 Excel 工作簿；或者通过 Office 与其他人（包括没有 Microsoft Office 的用户）轻松协作，用户可以发送文档的链接，而不是发送文件附件，公司同事们可以在 Office 网页版中查看（和编辑附件）。这样既节省了电子邮件存储，又无需协调同一文档的多个版本。

16.3.1 使用 OneDrive for Business 进行随处访问和文件共享

OneDrive 是免费的个人在线存储服务，你可以选择在家中、工作场所或学校使用它。通过访问 OneDrive 网站或使用适用于你的手机的 OneDrive 移动应用，用户可以从任何设备访问你的文件。而 OneDrive for Business 是面向组织，可向组织成员提供在线存储服务。它可通过任意设备在 Microsoft 365 中（包括 Microsoft Teams）轻松存储、访问，发现你的个人和共享工作文件，如图 16-26 所示。

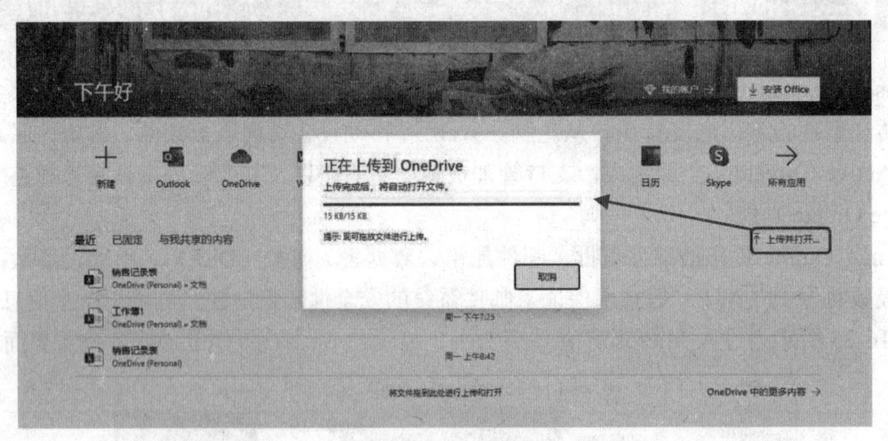

图 16-26

16.3.2 使用 SharePoint Online 团队协同工作

SharePoint Online 是一种基于云的服务，由 Microsoft 托管，适用于各种规模的企业。任何企业都可以订阅 Office 365 计划或独立的 SharePoint Online 服务，来实现共享和管理内容、知识和应用程序，加强团队合作、快速查找信息并在整个组织实现无缝协作。

通过电脑、Mac 或移动设备上的 Microsoft SharePoint，用户可以实现以下操作：

- 生成 Intranet 站点，创建页面、文档库和列表。
- 添加 Web 部件以自定义内容。
- 显示重要的视觉对象、新闻以及团队或通信网站的更新。
- 发现、关注、搜索网站、文件以及公司人员。
- 使用工作流、表格和列表管理日程。
- 在云中同步和存储文件，与任何人员实现安全协作。
- 通过移动应用随时了解最新资讯。

16.4 即时沟通和联机会议

无论你在哪里工作，都能使用 Microsoft Teams 与团队保持联系。用户可以下载或者使用 Web 网页版随时随地聊天沟通与参加视频会议。向一个人或一组人发送即时消息，快速接入视频通话，或通过共享屏幕来快速制定决策。在对话界面进行简单高效的即时聊天，避免烦琐低效的邮件往来。

16.4.1 群组聊天

注册 Microsoft Teams 之后，可以在网站上下载 Microsoft Teams，添加新的联系人实现群组聊天。

1. 注册 Microsoft Teams

❶ 打开 Microsoft Teams 网页，单击“免费注册”按钮，如图 16-27 所示，进入注册页面。

图 16-27

❷ 如果已经注册 office 账户，可以直接使用该账户依次注册登录 Microsoft Teams，如图 16-28、图 16-29、图 16-30、图 16-31 所示。

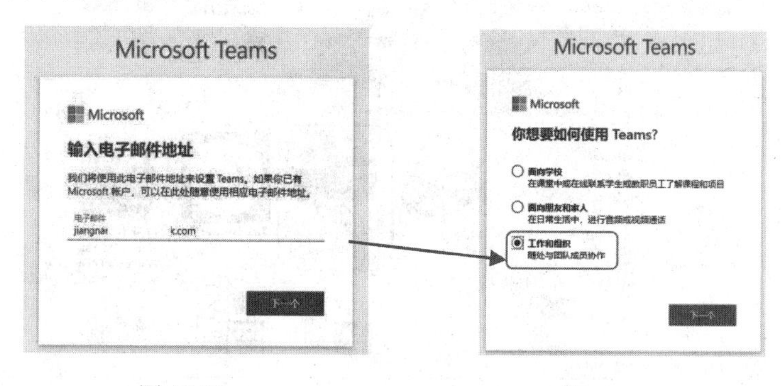

图 16-28　　图 16-29

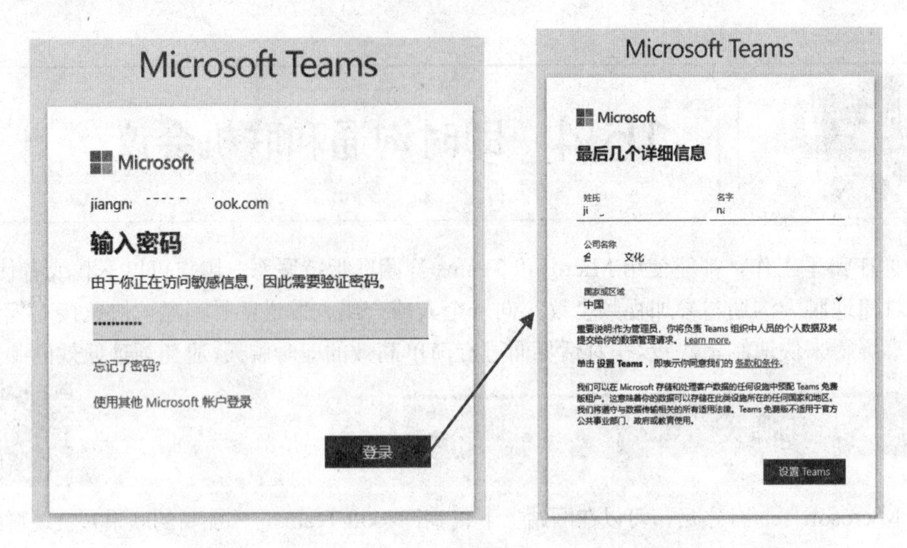

图 16-30　　　　图 16-31

❸ 完成账户注册后，进入 Microsoft Teams 下载页面，单击“下载 Windows 应用”按钮（见图 16-32），即可下载 Microsoft Teams。

图 16-32

2. 安装使用 Microsoft Teams

❶ 打开 Microsoft Teams 程序保存文件夹，双击安装图标，如图 16-33 所示。

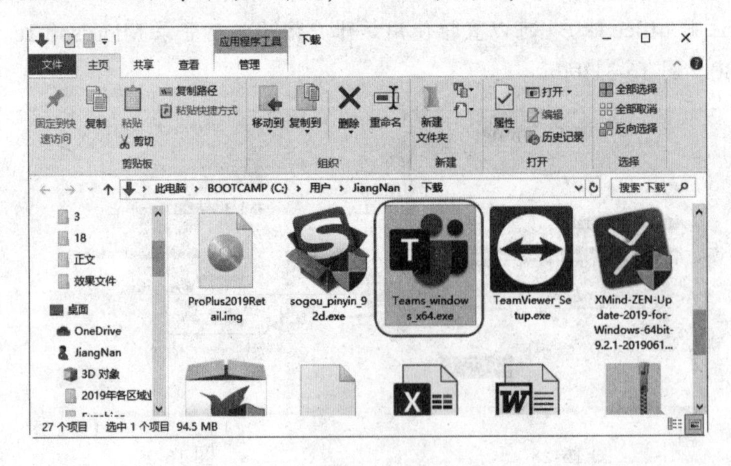

图 16-33

❷ 进入安装界面后，根据提示依次输入用户名和登录密码，如图 16-34、图 16-35、图 16-36、图 16-37 所示。

图 16-34

图 16-35

图 16-36

图 16-37

❸ 登录完毕后进入 Microsoft Teams 主界面，如图 16-38 所示。

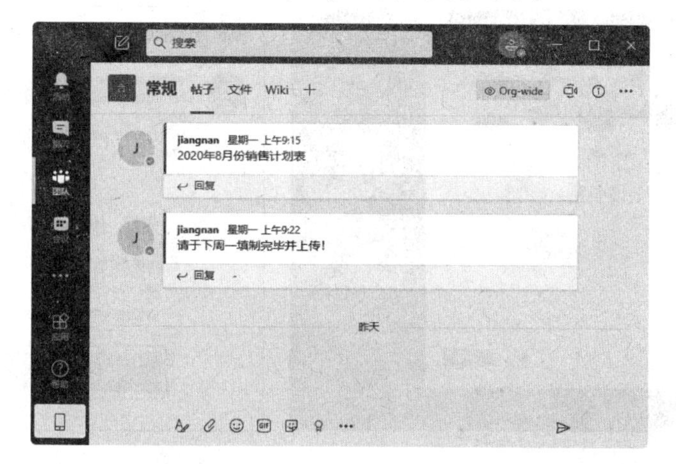

图 16-38

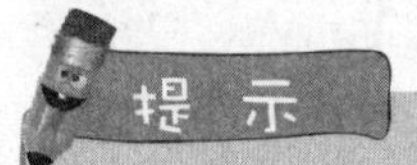

如果不想下载程序，可以在 Microsoft Teams 安装页面中选择“改用 Web 应用”。

3. 添加联系人

❶ 单击左侧的“聊天”图标，单击左下角的“邀请联系人”，打开邀请联系人界面。继续单击“发送电子邮件邀请”链接，如图 16-39 所示。

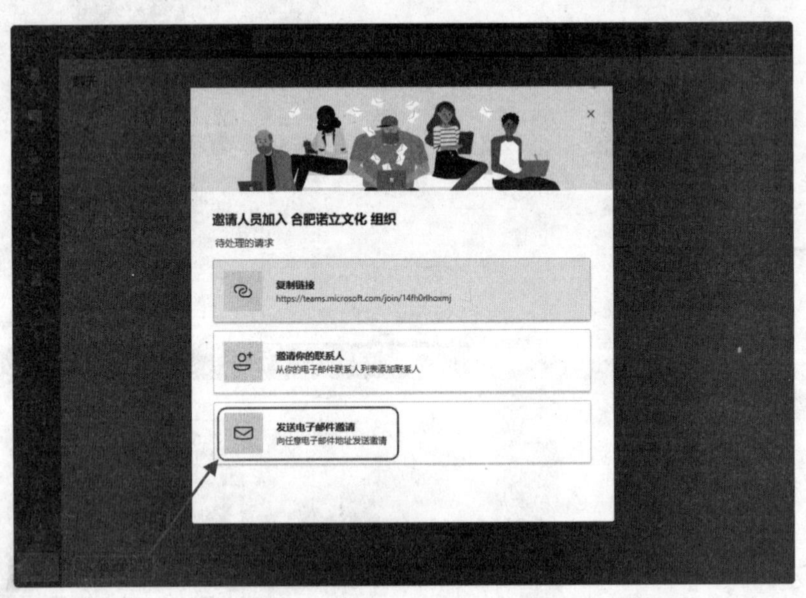

图 16-39

❷ 在打开的新界面中输入邀请的成员地址，如图 16-40 所示。单击“发送邀请”按钮即可发送邀请邮件。

❸ 被邀请人员打开邮箱后，可以看到邀请邮件，单击“加入 Teams”按钮即可，如图 16-41 所示。

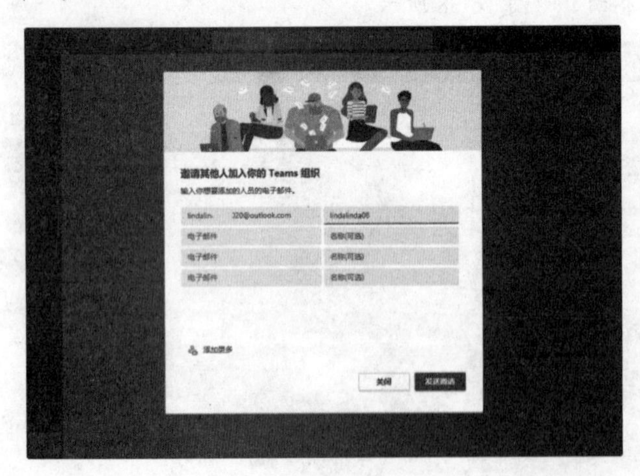

图 16-40

图 16-41

4. 开始聊天

继续在 Microsoft Teams 主界面中的文本框内输入信息，再单击右侧的“发送”按钮，即可发送指定信息实现群组聊天，如图 16-42 所示。

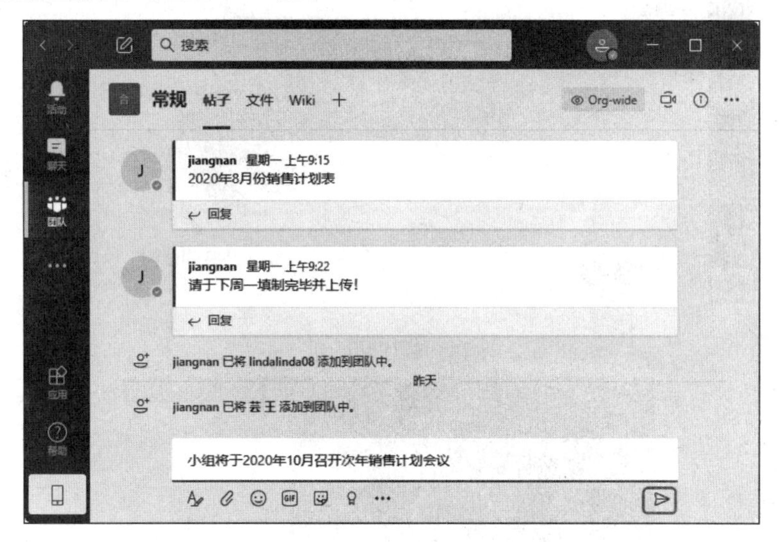

图 16-42

16.4.2 语音视频通话

除了使用文字与组员沟通聊天，还可以直接使用语音视频功能直接沟通工作内容。

❶ 打开 Microsoft Teams 主界面，单击左侧的“通话”图标，再单击“发起通话”按钮（见图 16-43），进入通话联系人的添加界面。

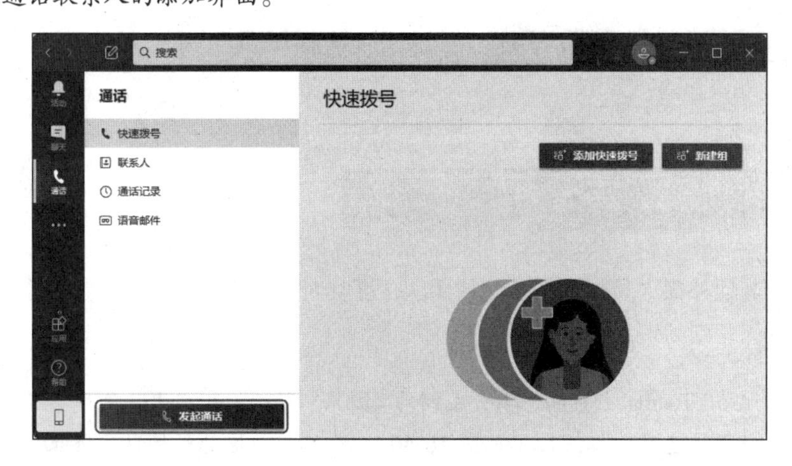

图 16-43

❷ 单击左下角的“语音”按钮（见图 16-44），即可进入语音通话界面，如图 16-45 所示。

图 16-44

图 16-45

知识扩展

视频通话

在“通话”界面选择“视频通话”按钮，即可激活计算机的摄像头和麦克风与联系人进行视频通话。

16.4.3 邀请外部人员临时加入群组

如果要邀请其他外部人员加入新创建的团队，可以创建好团队之后再添加特定的联系人即可。

1. 创建团队

❶ 打开 Microsoft Teams 主界面，单击左侧的“团队”图标，进入团队创建界面。继续单击“加入或创建团队”→“创建团队”按钮（见图 16-46），进入“创建你的团队”界面。

图 16-46

❷ 单击“从头开始创建团队”图标，如图 16-47 所示，进入设置类型页面。

图 16-47

❸ 单击“专用”图标（见图 16-48），继续在打开的新页面中单击“创建”按钮即可，如图 16-49 所示。

图 16-48

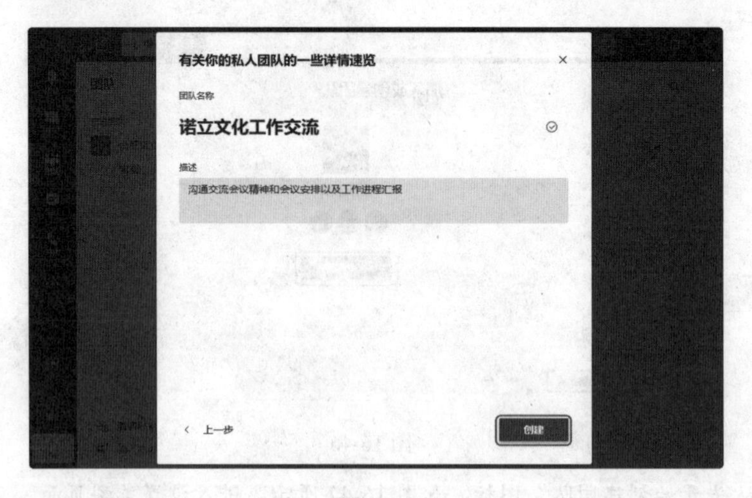

图 16-49

2. 添加新成员

❶ 进入团队设置界面后，单击“诺立文化工作交流”团队图标右侧的“更多设置”按钮，在打开的列表单击“添加成员”选项（见图 16-50），进入添加新成员界面。

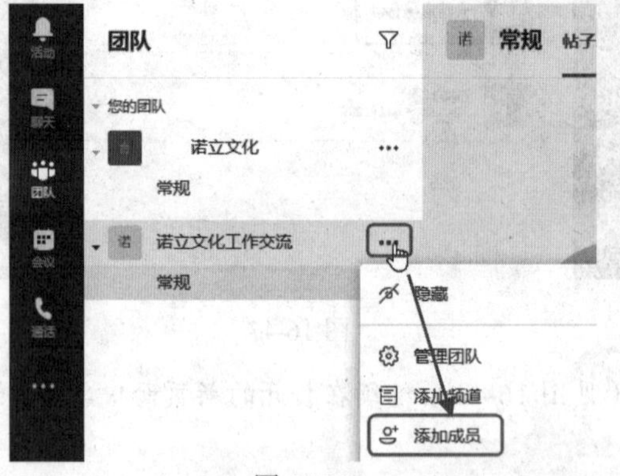

图 16-50

❷ 输入联系人账户名（见图 16-51），单击“添加”按钮，即可将其添加至联系人，如图 16-52 所示。

❸ 返回主界面后，可以看到添加新成员的提示，如图 16-53 所示。

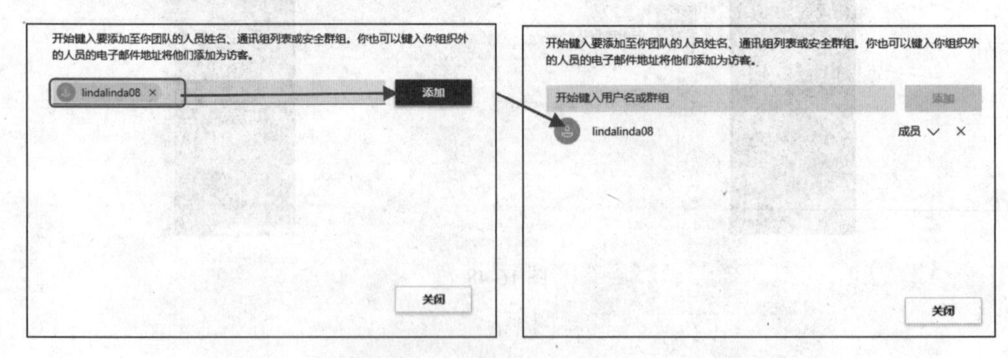

图 16-51

图 16-52

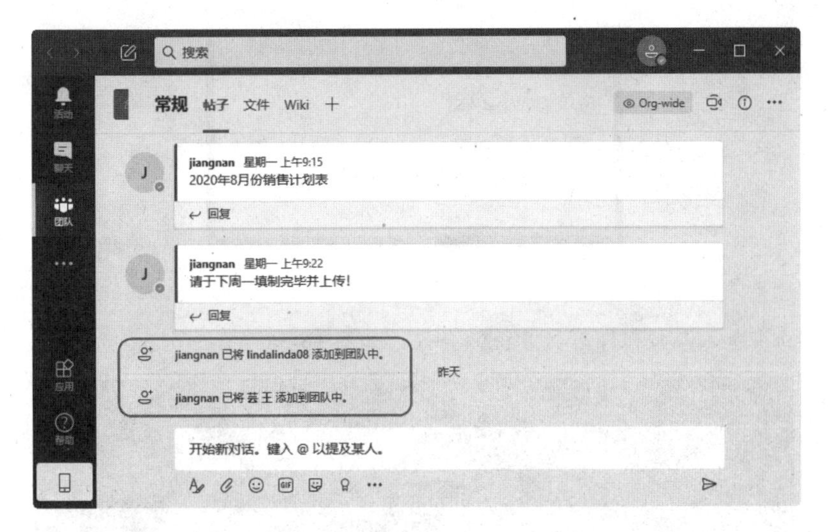

图 16-53

16.4.4 多方高清视频会议

在 Microsoft Teams 中可以邀请多方人员加入视频会议，用户可以在电脑端开展视频会议，也可以在 Pad 或者智能手机端参加多方视频会议，用户可以在任意端口随意切换及即时参加会议。

1. 添加与会人员

❶ 打开主界面后，单击左侧的“会议”图标，进入会议设置界面，继续单击“立即开会”按钮（见图 16-54），进入视频会议设置界面。

图 16-54

❷ 弹出想要使用摄像头和麦克风的提示框，单击“允许”按钮（见图 16-55），即可进入视频会议。

图 16-55

❸ 单击“立即加入”按钮即可打开视频会议，如图 16-56 所示。

图 16-56

❹ 激活视频会议界面后，单击悬浮工具栏上的“联系人”图标（见图 16-57），打开“邀请联系人加入”设置框。

❺ 单击“通过电子邮件邀请”图标，即可添加参会人员地址。

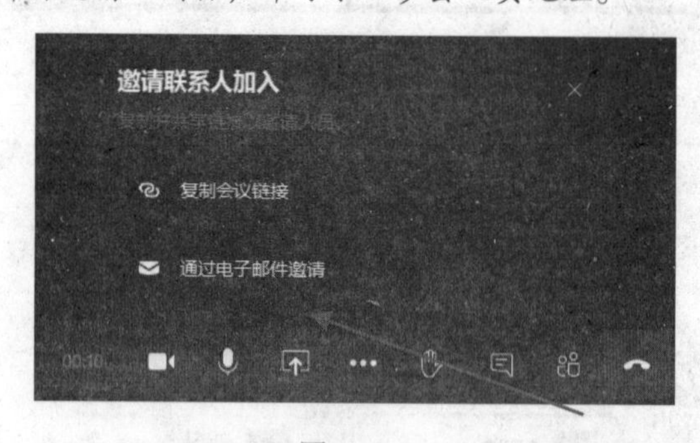

图 16-57

❻ 被邀请人打开邮箱后，单击加入会议的链接即可（见图 16-58），单击打开的新页面中的“立即加入”按钮即可，如图 16-59 所示。

图 16-58

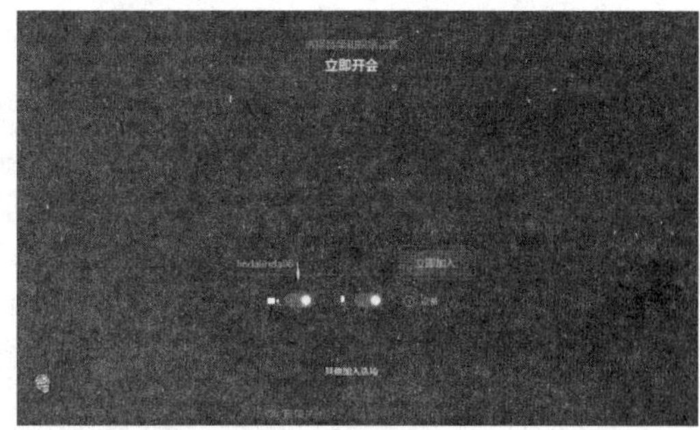

图 16-59

❼ 开通会议的主持人单击“联系人”图标后，可以看到新消息，单击“允许”按钮即可，如图 16-60 所示。此时即可看到当前参会的所有人员，如图 16-61 所示。

图 16-60

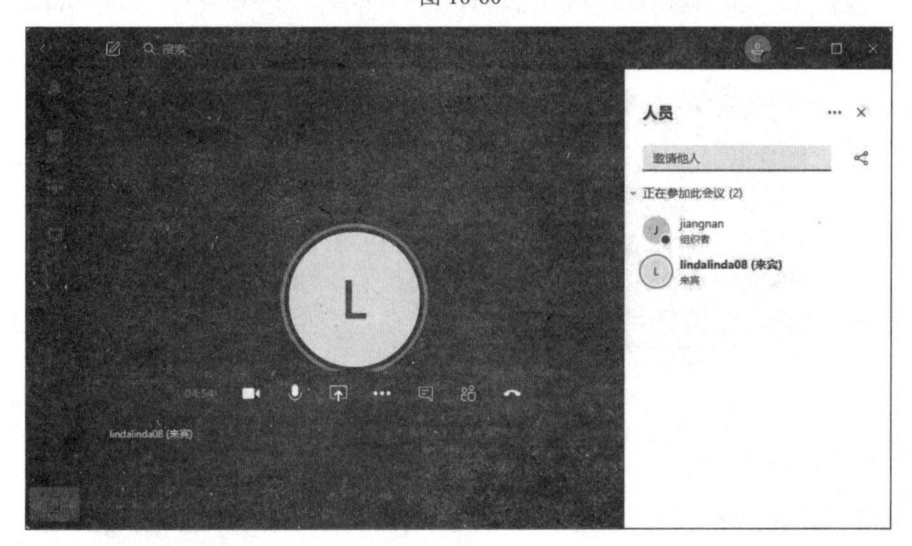

图 16-61

2. 设置会议背景

默认的视频会议背景是空白的，可以根据需要添加内置的图片作为视频会议的背景效果。

❶ 在视频会议主界面中，单击悬浮工具栏中的“更多设置”图标，在打开的列表中单击“显示背景效果”（见图16-62），打开“背景设置”设置框。

❷ 单击合适的图片缩略图后，单击“预览”按钮（见图16-63），即可完成背景图片的添加。

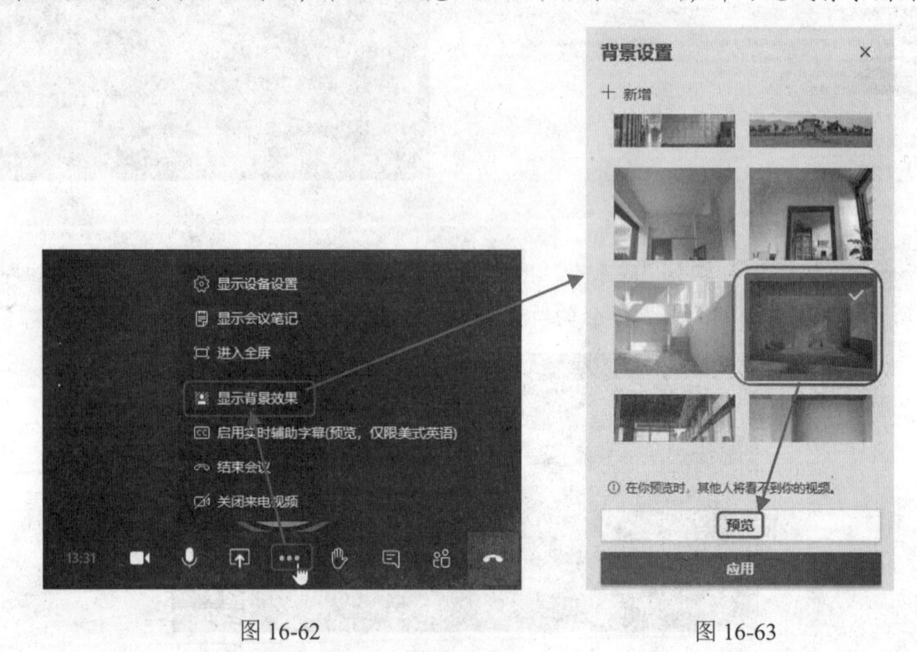

图16-62　　　　图16-63

❸ 此时在被邀请人的视频会议界面中，可以看到添加图片背景的效果，如图16-64所示。

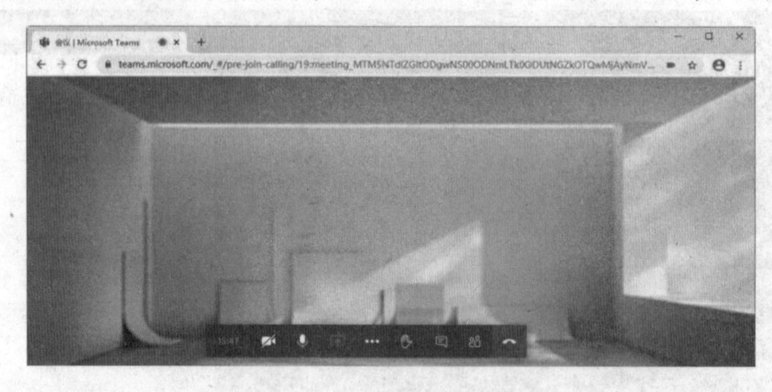

图16-64

3. 会议中聊天

单击悬浮工具栏中的“聊天”图标，可以在右侧打开“会议聊天”框（见图16-65），参会人员可以在其中输入聊天内容并查看所有聊天信息，如图16-66所示。

图 16-65

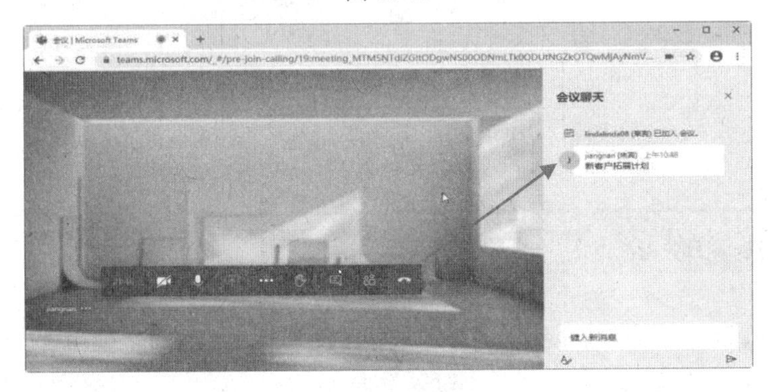

图 16-66

16.4.5 控制与会者权限

邀请新成员参加视频会议之后，可以重新设置与会者的权限，包括是否禁止与会者发言、是否将与会者设置为演示者等权限。

❶ 打开视频会议联系人界面后，单击指定与会人员右侧的“更多设置”图标（见图 16-67），打开提示框。单击“更改”按钮（见图 16-68），即可将邀请的外部人员设置为与会人员。

❷ 继续打开权限设置列表，单击“将参与者设为静音”（见图 16-69），即可禁止其他人员在会议中发言。

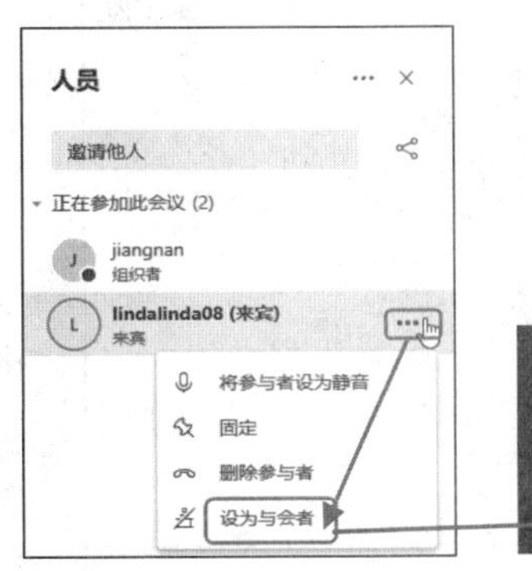

图 16-67

是否更改可演示的人员?

这将影响谁可共享内容，还将影响谁可将人员设为静音、删除人员和准许大厅中的人员

取消　更改

图 16-68

图 16-69

❸ 在权限设置列表中单击“设为演示者”（见图 16-70），即可将指定与会人员设置会演示者。

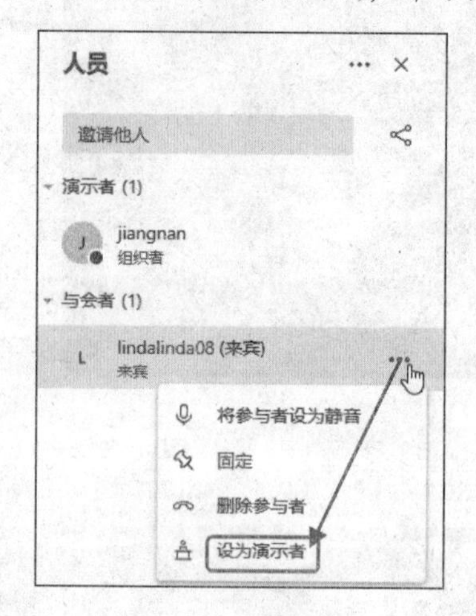

图 16-70

16.4.6 在移动设备上继续参会

使用 Microsoft Teams 程序可以实现随时随地即时沟通，用户也可以使用智能手机在任何地方实现组员交流，下面介绍如何在移动设备上继续参会。

❶ 使用智能手机进入 APP 下载界面，输入“Microsoft Teams”（见图 16-71），即可搜索并获取该应用。

❷ 双击打开该应用后，输入账户名以及登录密码，如图 16-72、图 16-73 所示。

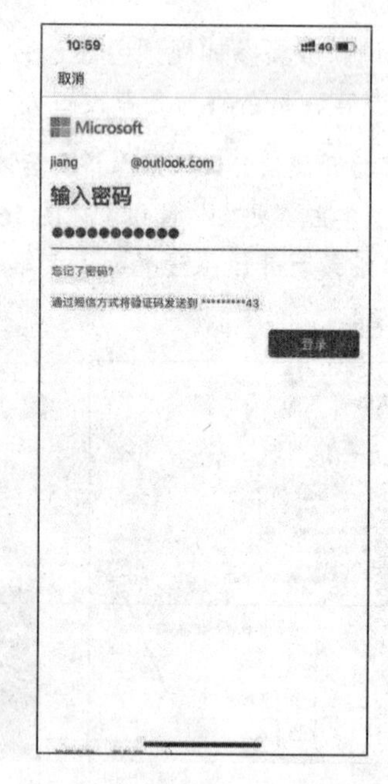

图 16-71　　图 16-72　　图 16-73

❸ 单击“登录”按钮即可登录该应用。切换至“聊天”界面后，可以看到目前正在开展的视频会议，单击该会议（见图 16-74），进入会议加入界面。

❹ 单击“加入”按钮（见图 16-75），即可打开视频会议界面，单击“立即加入”按钮即可，如图 16-76 所示。

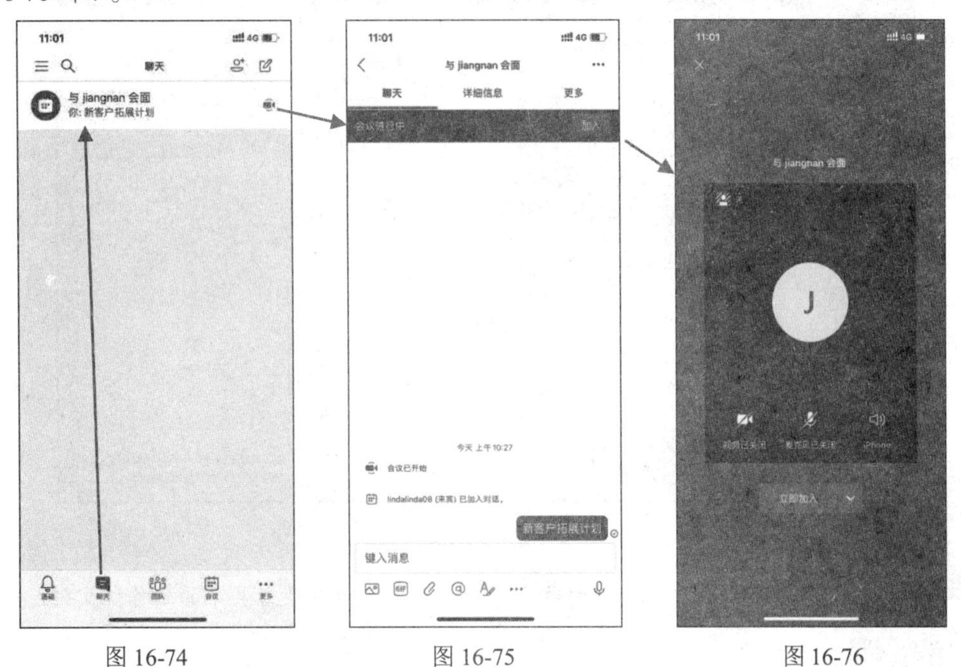

图 16-74　　图 16-75　　图 16-76

16.4.7 会议中共享其他文件

借助安全的云文件共享，即使分处两地也能协同工作。用户也可以在 Teams 中存储、共享和编辑文件。下面介绍如何在视频会议中将指定的 Excel 工作簿文件共享给其他与会人员查看。

❶ 在视频会议悬浮工具栏中单击“共享”图标，打开共享设置页。单击“销售记录表”图标（见图 16-77），即可实现文件共享。

图 16-77

❷ 此时该工作簿四周会出现红色加粗实心边框，通过鼠标可以拖动控制点来控制红框的大小，如图 16-78 所示。

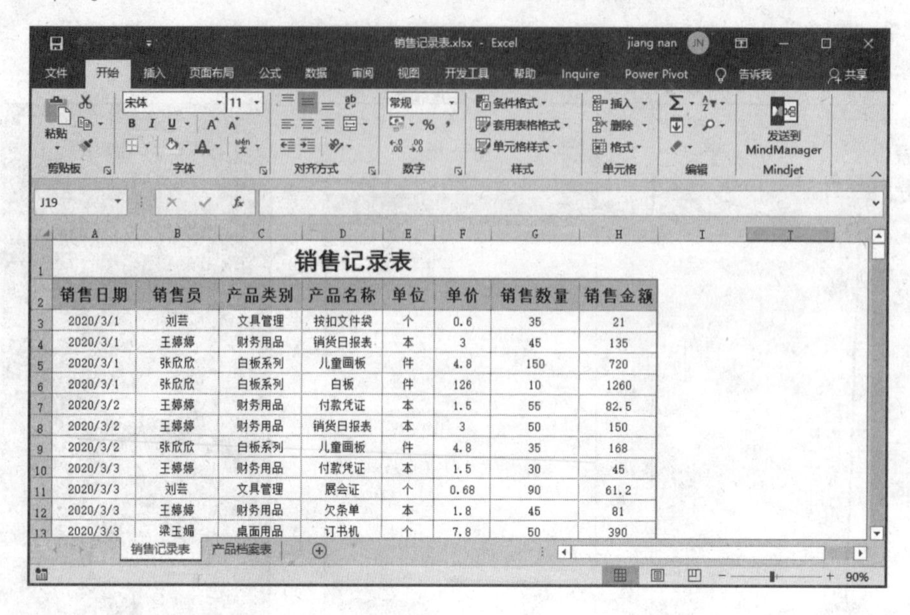

销售记录表							
销售日期	销售员	产品类别	产品名称	单位	单价	销售数量	销售金额
2020/3/1	刘芸	文具管理	按扣文件袋	个	0.6	35	21
2020/3/1	王婷婷	财务用品	销货日报表	本	3	45	135
2020/3/1	张欣欣	白板系列	儿童画板	件	4.8	150	720
2020/3/1	张欣欣	白板系列	白板	件	126	10	1260
2020/3/2	王婷婷	财务用品	付款凭证	本	1.5	55	82.5
2020/3/2	王婷婷	财务用品	销货日报表	本	3	50	150
2020/3/2	张欣欣	白板系列	儿童画板	件	4.8	35	168
2020/3/3	王婷婷	财务用品	付款凭证	本	1.5	30	45
2020/3/3	刘芸	文具管理	展会证	个	0.68	90	61.2
2020/3/3	王婷婷	财务用品	欠条单	本	1.8	45	81
2020/3/3	梁玉媚	桌面用品	订书机	个	7.8	50	390

图 16-78

❸ 参加会议的人员可以在自己的视频聊天界面中看到会议开展者共享的工作簿文件，如图 16-79 所示。

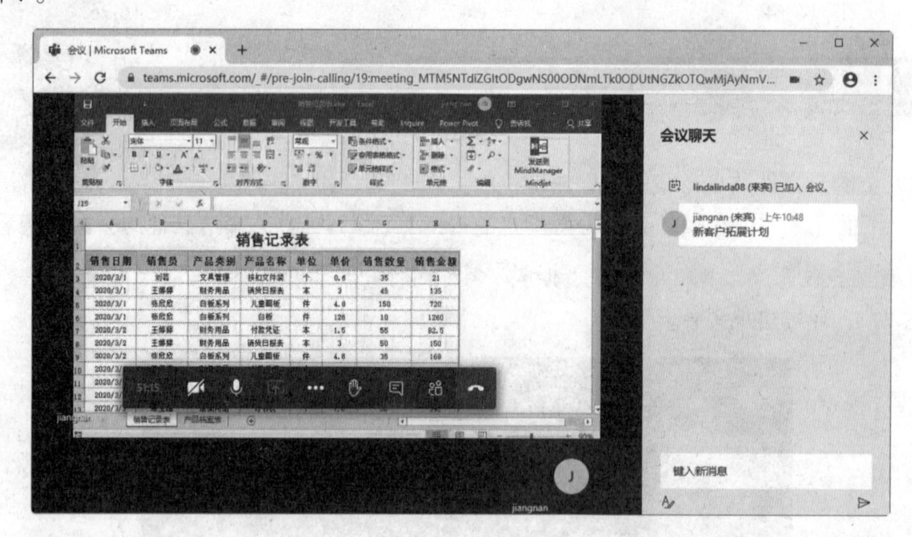

图 16-79